Torsten Bergau (Hrsg.)
Praxishandbuch Unternehmenskauf
De Gruyter Praxishandbuch

Praxishandbuch Unternehmenskauf

Recht, Steuern, Finanzen, Bewertung, Prozess

Herausgegeben von
Torsten Bergau, Hoffmann Liebs Fritsch & Partner Rechtsanwälte mbB, Düsseldorf

Bearbeitet von
Dr. iur. Torsten Bergau, LL.M., Rechtsanwalt und Partner, Hoffmann Liebs Fritsch & Partner Rechtsanwälte mbB, Düsseldorf; **Thomas Brücker**, Consulta AG, Rüti/Schweiz; **Fin Bruhn**, Wirtschaftsprüfer, Steuerberater und Partner, RSM Altavis GmbH, Berlin; **Claus Eßers**, Rechtsanwalt und Partner, Fachanwalt für Steuerrecht, Hoffmann Liebs Fritsch & Partner Rechtsanwälte mbB, Düsseldorf; **Dr. iur. Paul Fort**, Rechtsanwalt und Syndikus, Bayer AG, Leverkusen; **Dr. iur. Volker Hees**, Rechtsanwalt und Partner, Fachanwalt für Insolvenzrecht, Hoffmann Liebs Fritsch & Partner Rechtsanwälte mbB, Düsseldorf; **Julian Hoff**, Rechtsanwalt, Hoffmann Liebs Fritsch & Partner Rechtsanwälte mbB, Düsseldorf; **Stephan Illi**, Partner, Consulta AG, Rüti/Schweiz; **Daniel-Sebastian Kaiser**, Rechtsanwalt und Partner, Hoffmann Liebs Fritsch & Partner Rechtsanwälte mbB, Düsseldorf; **Marc Lange**, RSM Altavis GmbH, Berlin; **Heiko Langer**, Maître en Droit, Rechtsanwalt und Partner, Fachanwalt für Arbeitsrecht, Hoffmann Liebs Fritsch & Partner Rechtsanwälte mbB, Düsseldorf; **Rainer Mück**, Partner, MMP Mück Management Partners AG, Schindellegi/Schweiz; **Claas-Tido Risse, LL.M.**, Steuerberater und Partner, RLT Ruhrmann Tieben & Partner mbB, Essen; **Tom Schmähling**, GfK SE, Nürnberg; **Holger Stabenau**, Rechtsanwalt und Partner, Hoffmann Liebs Fritsch & Partner Rechtsanwälte mbB, Düsseldorf; **Stefan Tieben**, Wirtschaftsprüfer, Steuerberater und Partner, RLT Ruhrmann Tieben & Partner mbB, Essen

DE GRUYTER

Zitiervorschlag: Bergau/*Illi*/*Brücker* Praxishandbuch Unternehmenskauf, Kap. 1 Rn 4

Hinweis:
Alle Angaben in diesem Werk sind nach bestem Wissen unter Anwendung aller gebotenen Sorgfalt erstellt worden. Trotzdem kann von dem Verlag und den Autoren keine Haftung für etwaige Fehler übernommen werden.

ISBN 978-3-11-036384-5
e-ISBN (PDF) 978-3-11-036389-0
e-ISBN (EPUB) 978-3-11-039157-2

Bibliografische Information der Deutschen Nationalbibliothek
Die Deutsche Nationalbibliothek verzeichnet diese Publikation in der Deutschen Nationalbibliografie; detaillierte bibliografische Daten sind im Internet über http://dnb.d-nb.de abrufbar.

Einbandabbildung: gargantiopa/iStock/thinkstock
Datenkonvertierung/Satz: jürgen ullrich typosatz, Nördlingen
Druck: CPI books GmbH, Leck
♾ Gedruckt auf säurefreiem Papier
Printed in Germany

MIX
Papier aus verantwortungsvollen Quellen
FSC® C083411
FSC www.fsc.org

www.degruyter.com

Vorwort

Die betriebswirtschaftliche Literatur über Mergers & Acquisitions (M&A), also den Kauf und Verkauf von Unternehmen, beschreibt sechs M&A-Wellen seit dem Ende des 19. Jahrhunderts. Die sechste Welle, geprägt nicht zuletzt von der Deregulierung der Finanzmärkte, endete abrupt 2007 mit dem Platzen der Immobilienblase in den USA. Die Zeit seitdem war geprägt von knappen Krediten und abwartendem Verhalten aller Marktteilnehmer.

Die letzten Jahre verzeichnen wieder einen immer stärker werdenden Anstieg sowohl der Zahl wie auch der Volumina von Unternehmenskäufen. Viele Beobachter sprechen bereits von einer siebten M&A-Welle. Auch wenn die aktuellen Staatsschuldenkrisen und geopolitische Krisen noch den Markt verunsichern, ist das Thema M&A jedenfalls so aktuell wie schon lange nicht mehr.

Das Praxishandbuch Unternehmenskauf richtet sich an alle, die mit M&A-Transaktionen befasst sind, ohne bereits ausgewiesene Experten auf diesem Gebiet zu sein, und einen umfassenden Überblick über den gesamten Themenbereich gewinnen wollen. Ihnen bietet das Werk einen praxistauglichen Einstieg und Überblick. Ausgewiesenen Experten dient es als Einstieg in die Aspekte, die nicht das jeweils eigene Fachgebiet betreffen. Insbesondere richtet sich das Buch an:

- Unternehmer, die vor einer Nachfolgeplanung stehen
- strategische Investoren
- Private Equity-Firmen
- Venture Capital-Firmen
- Strategieabteilungen
- Business Development-Abteilungen
- M&A-Abteilungen
- Rechtsabteilungen
- M&A-Beratungsfirmen
- Anwaltskanzleien

Ein besonderer Schwerpunkt liegt in der umfassenden und praxisgerechten Darstellung aller für die erfolgreiche Durchführung einer Transaktion zu berücksichtigenden Aspekte. Dazu gehören neben rechtlichen Gesichtspunkten die Themen Steuern, Finanzen, Unternehmensbewertung, Due Diligence sowie Vertrags- und Prozessgestaltung.

Die Autoren sind Praktiker, die für Praktiker schreiben. Ziel des Buches ist ein aktueller Überblick über Vorbereitung und Durchführung von Unternehmenskäufen als Hilfestellung in der alltäglichen Praxis. Dem Praxischarakter des Werkes tragen die vielen Beispiele, Praxistips, Muster und Checklisten Rechnung.

Frau Manuela Eßer danke ich für die umsichtige und geduldige Betreuung des Manuskripts.

Über Anregungen und Vorschläge zur Verbesserung des Werks freuen sich Autoren wie Herausgeber.

Düsseldorf, im August 2015
Torsten Bergau

Inhaltsübersicht

Inhaltsverzeichnis

Kapitel 5
Financial Due Diligence

Kapitel 6
Legal Due Diligence

Kapitel 10
Besonderheiten beim Kauf eines Unternehmens in Krise und Insolvenz

Kapitel 11
Unternehmenskauf unter Beteiligung von Private Equity-Unternehmen

Literaturverzeichnis

A. Kommentare/Monographien

Achleitner, Ann-Kristin/*Thoma, Georg F.* Handbuch Corporate Finance, 1999 (zit.: Achleitner/Thoma/*Bearbeiter*)

Albert, Carsten F. Patente in der Fusionskontrolle, 2011 (zit.: *Albert*)

Bamberger, Heinz Georg/Roth, Herbert Beck'scher Online-Kommentar BGB, Stand 1.2.2015 (zit.: BeckOK-BGB/*Bearbeiter*)

Baumann, Rolf/Fitze, Robert/Schaefer, Karin (Hrsg.) Nachfolge im Unternehmen: Eine Herausforderung für Unternehmer. Verwaltungsräte und Familienaktionäre, Zürich 2010 (zit.: Baumann/Fitze/Schaefer)

Baumbach, Adolf/Hopt, Klaus J. Handelsgesetzbuch, Kommentar, 36. Aufl. 2014 (zit.: Baumbach/Hopt/*Bearbeiter*)

Baumbach, Adolf/Hueck, Alfred GmbHG, 20. Aufl. 2013 (zit.: Baumbach/Hueck/*Bearbeiter*)

Bauer, Jobst-Hubertus/Diller, Martin Wettbewerbsverbote, 7. Aufl. 2015 (zit.: Bauer/Diller)

Bechtold, Rainer Kartellgesetz: GWB, Kommentar, 8 Aufl. 2014 (zit.: *Bechtold*)

Beck'scher Bilanz-Kommentar, Handelsbilanz Steuerbilanz, 9. Aufl. 2014 (zit.: Beck'scher Bilanzkommentar/*Bearbeiter*)

Beisel, Daniel/Andreas, Friedhold E. Beck'sches Mandatshandbuch Due Diligence, 2. Aufl. 2010 (zit.: Beisel/Andreas/*Bearbeiter*)

Beisel, Wilhelm/Klumpp, Hans-Hermann Der Unternehmenskauf, 6. Aufl. 2009 (zit.: Beisel/Klumpp/*Bearbeiter*)

Berens, Wolfgang/Brauner, Wolfgang/Strauch, Joachim/Knauer, Thorsten Due Diligence bei Unternehmensakquisitionen, 2013 (zit.: *Berens/Brauner/Strauch/Knauer*)

Bergau, Torsten Die Sanierungsfusion im europäischen Kartellrecht. Dissertation der Universität St. Gallen (HSG), 2002 (zit.: *Bergau*)

Birk, Dieter Transaktionen, Vermögen, Pro Bono, Festschrift zum zehnjährigen Bestehen von P+P Pöllath + Partners, 2008 (zit.: Birk/*Bearbeiter*)

Bodmer, Adriana/et al. Bewertung von Private Equity Anlagen aus der Sicht einer Bank: Beispiel UBS Capital; Bank- und finanzwirtschaftliche Doktorantenseminar zum Thema Private Equity W/S 1999/2000, am Institut für schweizerisches Bankwesen an der Universität Zürich, 2000 (zit.: *Bodmer*)

Brackert, Helmut/Wefelmeyer, Fritz Naturplan und Verfallskritik. Zu Begriff und Geschichte der Kultur, 1984 (zit.: Brackert/Wefelmeyer/*Bearbeiter*)

Brück, Michael J.J./Sinewe, Patrick Steueroptimierter Unternehmenskauf, 2. Aufl. 2009 (zit.: Brück/Sinewe/*Bearbeiter*)

Büchting, Hans-Ulrich/Heussen, Benno Beck'sches Rechtsanwalts-Handbuch, 10. Aufl. 2011 (zit.: Büchting/Heussen/*Bearbeiter*)

Buth, Andrea/Hermanns, Michael Restrukturierung, Sanierung, Insolvenz, 4. Aufl. 2014 (zit.: Buth/Hermanns/*Bearbeiter*)

Cartwright,Sue/Cooper, Cary Managing Mergers Acquisition and strategic alliances, England 1996 (zit.: *Cartwright/Cooper*)

Cheridito, Yves/Schneller, Thomas Discounts und Premia in der Unternehmensbewertung – Sorgfältige Analyse und Anwendungshinweise unerlässlich, Zürich 2008 (zit.: Cheridito/Schneller)

Damodaran, Aswath Corporate Finance – Theory and Practice (Stern School of Business), New York 1997 (zit.: *Damodaran* Corporate Finance)

Damodaran, Aswath The Dark Side of Valuation – Valuing Young, Distressed and Complex Businesses, New Jersey 2010 (zit.: *Damodaran* Dark Side)
Dauner-Lieb, Barbara/Langen, Werner Kommentar zum BGB Schuldrecht 2. Aufl. 2012 (zit.: Dauner-Lieb/Langen/*Bearbeiter*)
Dichtl, Erwin/Issing, Otmar Vahlens Großes Wirtschaftslexikon – Band 1 bis 4, 1994 (zit.: Dichtl/Issing)
EACVA, Trainingsunterlagen –Trainingswoche, Band 1–3, Schlangenbad 2011 (zit.: EACVA)
Eilers, Stephan/Koffka, Nils Matthias/Mackensen, Marcus Private Equity 2. Aufl. 2012 (zit.: Eilers/Koffka/Mackensen/*Bearbeiter*)
Emmerich, Volker Kartellrecht, 13. Aufl. 2014 (zit.: *Emmerich*)
Emmerich, Volker/Habersack, Mathias Aktien- und GmbH-Konzernrecht, 7. Aufl. 2013 (zit.: Emmerich/Habersack/*Bearbeiter*)
Erman BGB Kommentar 14. Aufl. 2014 (zit.: Erman/*Bearbeiter*)
Ernst, Dietmar/Schneider, Sonja/Thielen, Bjoern Unternehmensbewertungen erstellen und verstehen – Ein Praxisleitfaden, 4. Aufl. 2010 (zit.: *Ernst/Schneider/Thielen*)
Ettinger, Jochen/Jaques, Henning Beck'sches Handbuch Unternehmenskauf im Mittelstand, 2012 (zit.: *Ettinger/Jaques*)
Fett, Torsten/Spiering, Christoph Handbuch Joint Venture, 2010 (zit.: *Fett/Spiering*)
Fezer, Karl-Heinz Markenrecht, 4. Aufl. 2009 (zit.: Fezer/*Bearbeiter*)
Gebhardt, Günther/Gerke, Wolfgang/Steiner, Manfred Handbuch des Finanzmanagements, Instrumente und Märkte der Unternehmensfinanzierung, 1993 (zit.: Gebhardt/Gerke/Steiner)
Gessinger, Gernot Materials and Innovative Product Development. Oxford US, 2009 (zit.: *Gessinger*)
Gesellschaftsrechtliche Vereinigung Gesellschaftsrecht in der Diskussion 2014, 2015 (zit.: *Bearbeiter* Gesellschaftsrechtliche Vereinigung (2014))
Gesellschaftsrechtliche Vereinigung Gesellschaftsrecht in der Diskussion 2013, 2014 (zit.: *Bearbeiter* Gesellschaftsrechtliche Vereinigung (2013))
Goette, Wulf/Habersack, Matthias/Kalss, Susanne Münchener Kommentar zum Aktiengesetz, 3. Aufl. 2008 (zit.: MünchKomm-AKtG/*Bearbeiter*)
Göpfert, Burkhard Handbuch Arbeitsrecht in Restrukturierung und Insolvenz, 2013 (zit.: *Göpfert*)
Grabowski, Roger/Harrington, James Risk Premium Report 2013, Duff & Phelps, New York 2013 (zit.: *Duff&Phelps*)
Grobshäuser, Uwe/Maier, Walter/Kies, Dieter Besteuerung der Gesellschaften, 4. Aufl. 2014 (zit.: *Grobshäuser/Maier/Kies*)
Grobys, Marcel/Panzer, Andrea StichwortKommentar Arbeitsrecht, 2. Aufl. 2014 (zit.: Grobys/Panzer/*Bearbeiter*)
Hauschka Christoph E. Corporate Compliance 2. Aufl. 2010 (zit.: Hauschka/*Bearbeiter*)
Hayn, Marc Bewertung junger Unternehmen, 1998 (zit.: *Hayn*)
Heckschen, Heribert/Herrler, Sebastian/Starke, Timm Beck'sches Notar-Handbuch 6. Aufl. 2015 (zit.: Heckschen/Herrler/Starke/*Bearbeiter*)
Heidel, Thomas/Hüßtege, Rainer/Mansel, Heinz-Peter/Noack, Ulrich Bürgerliches Gesetzbuch: BGB, Band 1: Allgemeiner Teil und EGBGB, 2. Aufl. 2011 (zit.: Heidel/Hüßtege/Mansel/Noack/*Bearbeiter*)
Henselmann, Klaus/Barth, Thomas Übliche Bewertungsmethoden – Eine empirische Erhebung für Deutschland, Bewertungspraktiker Nr. 2, 2009 (zit.: *Henselmann/Barth*)
Henssler, Martin/Strohn, Lutz Gesellschaftsrecht: GesellschaftsR, 2. Aufl. 2014 (zit.: Henssler/Strohn/*Bearbeiter*)
Henssler, Martin/Willemsen, Heinz Josef/Kalb, Heinz-Jürgen Arbeitsrecht Kommentar, 6. Aufl. 2014 (zit.: HWK/*Bearbeiter*)

Hettler, Stephan/Stratz, Rolf-Christian/Hörtnagel, Robert Beck'sches Mandatshandbuch Unternehmenskauf, 2. Aufl. 2013 (zit:: Hettler/Stratz/Hörtnagel/*Bearbeiter*)
Hüffer, Uwe Aktiengesetz, 11. Aufl. 2014 (zit.: Hüffer/*Bearbeiter*)
Hoffmann, E./Walter, Josef/Köhler-Rott, Renate Praxis der Kommunalverwaltung, 2012 (zit.: PdK-Bund/*Bearbeiter*)
Hoffmann-Becking, Michael/Rawert, Peter Beck'sches Formularbuch Bürgerliches, Handels- und Wirtschaftsrecht 11. Aufl. 2013 (zit.: Hoffmann-Becking/Rawert/*Bearbeiter*)
Hölscher, Luise/Nestler, Anke/Otto, Ralf Handbuch Financial Due Diligence, 1. Aufl. 2007 (zit.: *Hölscher/Nestler/Otto*)
Hölters, Wolfgang Handbuch Unternehmenskauf, 8. Aufl. 2015 (zit.: Hölters/*Bearbeiter* Unternehmenskauf)
Hölters, Wolfgang Aktiengesetz 2. Aufl. 2014 (zit.: *Hölters* Aktiengesetz)
Holzapfel, Hans-Joachim/Pöllath, Reinhard Unternehmenskauf in Recht und Praxis, 15. Aufl. 2015 (zit.: *Holzapfel/Pöllath*)
IDW WP Handbuch 2014 – Wirtschaftsprüfung, Rechnungslegung, Beratung – Band 2, 2014 (zit.: *Bearbeiter* WP-Handbuch 2014 Bd. II)
IDW Standard Grundsätze zur Durchführung von Unternehmensbewertungen; (IDW S1 i.d.F. 2008), 2008 (zit.: IDW S1)
Immenga, Ulrich/Mestmäcker, Ernst-Joachim Wettbewerbsrecht, Band 1: EU Kommentar, 5. Aufl. 2014 (zit.: Immenga/Mestmäcker/*Bearbeiter* EU)
Immenga, Ulrich/Mestmäcker, Ernst-Joachim Wettbewerbsrecht, Band 2/Teil 1 GWB: §§ 1–96, 130, 131, Kommentar, 5. Aufl. 2014 (zit.: Immenga/Mestmäcker/*Bearbeiter*)
Ingerl, Reinhard/Rohnke, Christian Markengesetzkommentar, 3. Aufl. 2010 (zit.: *Ingerl/Rohnke*)
Jansen, Stephan Mergers & Akquisitions, 2008 (zit.: Jansen)
Jesch, Thomas/Striegel, Andreas/Boxberger, Lutz Rechtshandbuch Private Equity, 2010 (zit.: Jesch/Striegel/Boxberger/*Bearbeiter*)
Kästle, Florian/Oberbracht, Dirk Unternehmenskauf – Share Purchase Agreement, 2. Aufl. 2010 (zit.: *Kästle/Oberbracht*)
Kay, Rosemarie/Suprinovič, Olga Unternehmensnachfolgen in Deutschland 2014 bis 2018, in: Institut für Mittelstandsforschung Bonn (Hrsg.): Daten und Fakten Nr. 11, 2013 (zit.: *Kay/Suprinovič*)
Keller, Gerald/Warrack, Brian Statistics for Management and Economics, Pacific Grove, 2000 (zit.: *Keller/Warrack*)
Kirchhoff, Paul Einkommensteuergesetz Kommentar, 14. Aufl. 2015 (zit.: *Kirchhoff*)
Kirchhof, Hans-Peter/Stürner, Rolf/Eidenmüller, Horst Münchener Kommentar zur InsO, 3. Aufl. 2014 (zit.: Kirchhof/Stürner/Eidenmüller/*Bearbeiter*)
Klein, Franz Abgabenordnung, Kommentar, 12. Aufl. 2014 (zit.: Klein/*Bearbeiter*)
Klemm, Hans A. Die Finanzierung und Betreuung von Innovationsvorhaben durch Venture-Capital-Gesellschaften: Möglichkeiten und Grenzen der Übertragung des amerikanischen Venture Capital Konzeptes auf die Bundesrepublik Deutschland, 1988 (zit.: *Klemm*)
Kneip, Christoph/Jänisch, Christian Tax Due Diligence, 2. Aufl. 2010 (zit.: *Kneip/Jänisch*)
Koch, Wolfgang/Wegmann, Jürgen Praktiker-Handbuch Due Diligence – Chancen-/Risiken-Analyse mittelständischer Unternehmen, 1998 (zit.: *Koch/Wegmann*)
Kotler, Philip Kotler on Marketing. New York 1999 (zit.: *Kotler*)
Kraßer, Rudolph Patenrecht, 6. Aufl. 2009 (zit.: *Kraßer*)
Langen, Eugen/Bunte, Hermann-Josef Kommentar zum deutschen und europäischen Kartellrecht, 12. Aufl. 2014 (zit.: Langen/Bunte/*Bearbeiter*)
Leopold, Günter/Fromann, Holger Eigenkapital für den Mittelstand: Venture Capital im In- und Ausland, 1998 (zit.: *Leopold/Fromann*)

Liebs, Rüdiger Der Unternehmenskauf – Praktikerhinweise und -empfehlungen für Unternehmenskäufer und -verkäufer sowie ihre Berater, 2. Aufl. 2003 (zit.: *Liebs*)

Lucks, Kai M&A Projekte erfolgreich führen, 2013 (zit.: Lucks/*Bearbeiter*)

Lutter, Marcus/Hommelhoff, Peter GmbH-Gesetz, 18. Aufl. 2012 (zit.: Lutter/Hommelhoff/*Bearbeiter*)

Mandl, Gerwald/Rabel, Klaus Unternehmensbewertung: eine Praxis orientierte Einführung, Wien 1997 (zit.: *Mandl/Rabel*)

Mäger, Thorsten Europäisches Kartellrecht, 2. Aufl. 2011 (zit.: Mäger/*Bearbeiter*)

Merkblatt – Inlandsauswirkungen in der Fusionskontrolle, 30. September 2014 (zit.: Merkblatt – Inlandsauswirkungen)

Mes, Peter Patentgesetz, Gebrauchsmustergesetz, 4. Aufl. 2015 (zit.: *Mes*)

Michalski, Lutz Kommentar zum Gesetz betreffend die Gesellschaften mit beschränkter Haftung (GmbH-Gesetz), 2. Aufl. 2010 (zit.: Michalski/*Bearbeiter*)

Müller-Glöge, Rudi Erfurter Kommentar zum Arbeitsrecht, 15. Aufl. 2015 (zit.: ErfKomm/*Bearbeiter*)

Nerlich, Jörg/Krepin, Georg Münchener Anwaltshandbuch Insolvenz und Sanierung, 2. Aufl. 2012 (zit.: Nerlich/Krepin/*Bearbeiter*)

Nowak, Karsten Marktorientierte Unternehmensbewertung – Discounted Cash Flow, Realoption, Economic Value Added und der Direct Comparison Approach, 2000 (zit.: *Nowak*)

Niggemann, Karl/Hartisch, Boris Durch Strategie und Taktik zum maximalen Unternehmens-Verkaufspreis, 2011 (zit.: *Niggemann/Hartisch*)

Palandt Bürgerliches Gesetzbuch, Kommentar, 74. Aufl. 2015 (zit: Palandt/*Bearbeiter*)

Pfaff, Dieter/Osterrieth, Christian Lizenzverträge, 3. Aufl. 2010 (zit.: Pfaff/Osterrieth/*Bearbeiter*)

Petersen, Karl/Zwirner, Christian/Brösel, Gerrit Handbuch Unternehmensbewertung, 1. Aufl. 2013 (zit.: Petersen/Zwirner/Brösel/*Bearbeiter*)

Picot, Gerhard Handbuch Mergers & Acquisitions, 5. Aufl. 2012 (zit.: Picot/*Bearbeiter* Handbuch M&A)

Picot, Gerhard Unternehmenskauf und Restrukturierung, 4. Aufl. 2013 (zit.: Picot/*Bearbeiter* Unternehmenskauf)

Puempin, Cuno/Liechtenstein, Heinrich/Hashemi, Fariba/Hashemi, Brian The Empowered Investor – 7 Principles for Strategic Wealth Creation in a New Financial World, 2014 (zit.: *Puempin/Liechtenstein/Hashemi/Hashemi*)

Rau, Günter/Dürrwächter, Erich Umsatzsteuergesetz Kommentar, Loseblatt, Stand: Dezember 2014 (zit.: *Rau/Dürrwächter*)

Rappaport, Alfred Creating Shareholder Value, New York 1986 (zit.: *Rappaport*)

Ring, Gerhard/Grziwotz, Herbert/Keukenschrijver, Alfred BGB-Sachenrecht, 3. Aufl. 2012 (zit.: Ring/Grziwotz/Keukenschrijver/*Bearbeiter*)

Rödder, Thomas/Hötzel, Oliver/Mueller-Thuns, Thomas Unternehmenskauf, Unternehmensverkauf, 2003 (zit: *Rödder/Hötzel/Mueller-Thuns*)

Römermann, Volker Münchener Anwalts Handbuch GmbH-Recht, 3. Aufl. 2014 (zit.: Römermann/*Bearbeiter*)

Roth, Günther/Almeppen, Holger Gesetz betreffend die Gesellschaften mit beschränkter Haftung: GmbHG, 7. Aufl. 2012 (zit.: Roth/Almeppen/*Bearbeiter*)

Rudolf, Bernd Unternehmensfinanzierung und Kapitalmarkt, 2006 (zit.: *Rudolf*)

Runkel, Hans/Schmidt, Jens Anwalts-Handbuch Insolvenzrecht, 3. Aufl. 2015 (zit. Runkel/Schmidt/*Bearbeiter*)

Säcker, Franz Jürgen/Rixecker, Roland Münchener Kommentar zum Bürgerlichen Gesetzbuch, 6. Aufl. 2012 (zit.: MünchKomm-BGB/*Bearbeiter*)

Saenger, Ingo/Aderhold, Lutz/Lenkaitis, Karlheinz/Speckmann, Gerhard Handels- und Gesellschaftsrecht Praxishandbuch 2. Aufl. 2011 (zit.: Saenger/Aderhold/Lenkaitis/ Speckmann/*Bearbeiter*)
Seibt, Christoph H. Beck'sches Formularbuch Mergers & Acquisitions, 2. Aufl. 2011 (zit.: Seibt/ *Bearbeiter*)
Schmidt, Ludwig Einkommensteuergesetz Kommentar, 33. Aufl. 2014 (zit.: *Schmidt, L.*)
Schmidt, Andreas Hamburger Kommentar zum Insolvenzrecht, 5. Aufl. 2015 (zit.: Schmidt, A./ *Bearbeiter*)
Schulte, Josef L. Handbuch Fusionskontrolle, 2. Aufl. 2010 (zit.: Schulte/*Bearbeiter*)
Schulze, Reiner/Grziwotz, Herbert/Lauda, Rudolf Bürgerliches Gesetzbuch, 2. Aufl. 2014 (zit.: Schulze/Grziwotz/Lauda/*Bearbeiter*)
Schwetzler, Bernhard Lehrstuhl für Finanzmanagement & Banken; Höhere Handelsschule Leipzig (HHL), Graduate School of Management, Leipzig o.J. (zit.: Schwetzler Lehrstuhl)
Sinewe, Patrick Tax Due Diligence beim Unternehmenskauf, 2. Auflage 2014 (zit.: *Sinewe*)
Spindler, Gerald/Stilz, Eberhard Kommentar zum Aktiengesetz: AktG, 2. Aufl. 2010 (zit.: Spindler/ Stilz/*Bearbeiter*)
Spindler, Gerald/Schuster, Fabian Recht der elektronischen Medien, 3. Aufl. 2015 (zit.: Spindler/ Schuster/*Bearbeiter*)
Staudinger, Julius v. Kommentar zum BGB mit Einführungsgesetzen und Nebengesetzen, 2014 (zit.: Staudinger/*Bearbeiter*)
Superina, Marco Praxis der Discounted Cash Flow-Methode in der Schweiz, unter besonderer Berücksichtigung theorethischer und praktischer Anwendungsprobleme, Bern 2000 (zit.: *Superina*)
Tipke, Klaus/Kruse, Heinrich Wilhelm Abgabenordnung / Finanzgerichtsordnung, Loseblatt, Stand: Februar 2015 (zit.: *Tipke/Kruse*)
Tipke, Klaus/Lang, Joachim Steuerrecht, 21. Aufl. 2013 (zit.: *Tipke/Lang*)
Umbach, Dieter C./Urban, Richard/Fritz, Roland/Böttcher, Horst-Eberhard/von Bargen, Jochen Das wahre Verfassungsrecht – Zwischen Lust und Leistung, 1984 (zit.: *Umbach/Urban/Fritz/ Böttcher/von Bargen*)
Viguerie, Patrick The Granularity of Growth, 2008 (zit.: *Viguerie*)
Vogel, Dieter M&A – Ideal und Wirklich, 1. Aufl. 2002 (zit.: *Vogel*)
Volkard, Rudolf Unternehmensbewertung und Akquisitionen, Zürich 2002 (zit.: *Volkard*)
Von Dietze, Philipp/Janssen, Helmut Kartellrecht in der anwaltlichen Praxis, 4. Aufl. 2011 (zit.: *Von Dietze/Janssen*)
Walz, Robert Beck'sches Formularbuch Zivil-, Wirtschafts- und Unternehmensrecht, 3. Aufl. 2014 (zit.: Walz/*Bearbeiter*)
Wandtke, Artur-Axel/Bullinger, Winfried Kommentar zum Urheberrecht, 4. Aufl. 2014 (zit.: Wandtke/ Bullinger/*Bearbeiter*)
Weber, Jürgen Einführung in das Controlling, 8. Aufl. 1999 (zit.: *Weber*)
Weise, Stefan Beck'sche Online-Formulare Vertrag, 32. Aufl. 2015 (zit.: BeckOF-Vertrag/*Bearbeiter*)
Weitnauer, Wolfgang Handbuch Venture Capital von der Innovation zum Börsengang, 2000 (zit.: *Weitnauer*)
Wiese, Günther/Kreutz, Peter/Oetker, Hartmut/Raab, Thomas/Weber, Christoph/Franzen, Martin/ Gutzeit, Martin/Jacobs, Matthias Gemeinschaftskommentar zum Betriebsverfassungsgesetz: GK-BetrVG, 10. Aufl. 2014 (zit.: GK-BetrVG/*Bearbeiter*)
Willemsen, Josef/Hohenstatt, Klaus-Stefan/Schweibert, Ulrike/Seibt, Christoph H. Umstrukturierung und Übertragung von Unternehmen, Arbeitsrechtliches Handbuch, 4. Aufl. 2011 (zit.: WHSS/ *Bearbeiter*)

B. Zeitschriften/Online-Artikel/Berichte/Studien

Achleitner, Ann-Kristin Start-up-Unternehmen – Bewertung mit der Venture Capital-Methode, BB 2001, Vol. 56, S. 1841–1842

Appel, Andrew M./Dhadwal, Amit/Dorgan, Stephen J./Dowdy, John When IT creates Value. McKinsey on IT, 2004 (http://www.impalium.eu/LinkClick.aspx?fileticket=r9EHVYRBD3M%3D&tabid=38&mid=472&language=en-US)

ASCO – Association of Management Consultants Switzerland ASCO-Beratermarktstudie 2013: Schweizer Beratungsmarkt entwickelt sich stabil. Medienmitteilung, 2013 (http://www.asco.ch/fileadmin/Template_Fluid/Public/Downloads/MM_ASCO_Studie_18.06.2013.pdf)

BDU – Bundesverband Deutscher Unternehmensberater Facts & Figures zum Beratermarkt 2013/2014. Marktstudie & Pressemitteilung, 2014 (http://www.bdu.de/media/3976149/jpk_beratermarkt_2014.pdf)

Binder Corporate Finance M&A Outlook Schweiz, 2015, Studie (http://www.binder.ch/fileadmin/daten/publikationen/BCF_MA-Outlook_Schweiz.pdf)

Blunk, Andreas/Rabe, Sebastian Bilanz- und Eigenkapitalgarantien beim GmbH-Geschäftsanteilskauf, GmbHR 2011, S. 408–413

Bruno, Albert/Tyebjee, Tyzoon/Anderson, James Finding a way through the venture capital maze, Volume 28, 1985

Bundeskartellamt Leitfaden zur Marktbeherrschung in der Fusionskontrolle (zit.: Leitfaden Marktbeherrschung) (http://www.bundeskartellamt.de/SharedDocs/Publikation/DE/Leitfaden/Leitfaden%20-%20Marktbeherrschung%20in%20der%20Fusionskontrolle.pdf?__blob=publicationFile&v=12)

CFB UniSG – Universität St. Gallen, Center for Family Business Erfolgsfaktoren für Schweizer KMU – Unternehmensnachfolge in der Praxis, Studie – Ausgewählte Erkenntnisse, 2013 (http://www.kmu.unisg.ch/~/media/internet/content/dateien/instituteundcenters/cfb-hsg/nafo-2013.pdf?fl=de)

CMS (2014) CMS European M&A Study 2014. Studie (http://www.cms-hs.com/CMS_MuA_Study_2014)

Consulta AG Nachfolgeplanung für Unternehmen (AXA Winterthur). Informationsbroschüre, 2014 (http://www.nachfolge-navigator.ch / http://www.consulta-ag.ch/consulta/images/consulta/documents/netzwerk/Nachfolgeregelung.pdf)

Credit Suisse Private Equity – eine Einführung. Broschüre 2011 (https://www.credit-suisse.com/media/production/pb/docs/ch/privatkunden/factsheet-private-equity-3171-de.pdf)

Credit Suisse Erfolgsfaktoren für Schweizer KMU – Unternehmensnachfolge in der Praxis. Studie des CFB der Universität St. Gallen, 2013 (https://www.credit-suisse.com/media/production/pb/docs/unternehmen/kmugrossunternehmen/kmu-erfolgsfaktoren-2013-de.pdf)

Deloitte Schweizer KMU M&A Aktivitäten im Jahr 2013. Studie (http://www2.deloitte.com/content/dam/Deloitte/ch/Documents/mergers-acqisitions/ch-de-mid-cap-pme-2014.pdf)

Destatis – Statistisches Bundesamt Wichtige gesamtwirtschaftliche Größen. Volkswirtschaftliche Gesamtrechnungen, 2015 (https://www.destatis.de/DE/ZahlenFakten/Gesamtwirtschaft Umwelt/VGR/Inlandsprodukt/Tabellen/Gesamtwirtschaft.html)

Dörr, Ingmar/Geißelmeier, Werner/Mayr, Eliane NWB Steuer- und Wirtschaftsrecht, Fach 17, S. 2.081–2.088

Fehr, Mark M&A-Markt – Die Rückkehr der Mammut-Deals. Wirtschaftswoche, 2015 (http://www.wiwo.de/unternehmen/dienstleister/munda-markt-die-rueckkehr-der-mammut-deals/11228038.html)

Grundlehner, Werner Elefantenhochzeiten sind out, Einfache Strukturen gefragt. Neue Zürcher Zeitung NZZ, 2014 (http://www.nzz.ch/wirtschaft/wirtschafts-und-finanzportal/einfache-strukturen-gefragt-1.18289208)

Grundlehner, Werner Die Firmenkäufer werden nicht satt. Neue Zürcher Zeitung NZZ, 2015 (http://zeitungsarchiv.nzz.ch/neue-zuercher-zeitung-vom-28-03-2015-seite-37.html?hint=64675751)

Gysin-Rosenberger, Christine Der Weg zu einer gelungenen Übernahmefinanzierung. L-Bank – Staatsbank für Baden-Württemberg, 2007 (https://www.l-bank.de/lbank/download/dokument/101452.pdf)

HTW Chur Erfolg durch Einbindung des Kunden in die Ideengenerierung. Medienmitteilung, 2014 (http://www.htwchur.ch/ueber-uns/oeffentlichkeitpresse/medienmitteilungen/medienmitteilungen.html?no_cache=1&tx_ttnews%5Btt_news%5D=595&cHash=e79787130344283fc313b00800c4688e&sword_list%5b%5d=kti&sword_list%5b%5d=ziltener&no_cache=1)

KMU Forschung Austria Unternehmensübergaben und -nachfolgen in Österreich. Status quo 2014: Aktuelle Situation und zukünftige Entwicklungen. Forschungsbericht, 2014

KMU Next KMU Nachfolge – Quo Vadis?. Marktstudie 2013 (http://www.kmunext.ch/fileadmin/_migrated/content_uploads/Stiftung_KMU_Next_Quartalsbericht_01_2012_aktualisiert_130613.pdf)

Neumann, Uwe Innovation – Mobile Verbindungen: So fern und doch so nah. Credit Suisse, Artikel 2013 (https://www.credit-suisse.com/ch/de/news-and-expertise/topics/innovation.article.html/article/pwp/news-and-expertise/2013/11/de/mobile-connections-so-far-yet-so-near.html)

Rappaport, Alfred Strategic Analysis for more profitable acquisitions: A seller's market demands more careful evaluation than ever before; in: Harvard Business Review, 1979 (zit.: *Rappaport*)

Rathje, Stefanie Zusammenhalt in der Zwischenzeit, Interculture Journal 2006

Reifenpresse Ni hao statt ciao – Pirelli wird chinesisch, Artikel. Neue Reifenzeitung, 2015 (http://reifenpresse.de/2015/03/23/ni-hao-statt-ciao-pirelli-wird-chinesisch/?utm_source=rss&utm_medium=rss&utm_campaign=ni-hao-statt-ciao-pirelli-wird-chinesisch)

Schenk, Otmar Cultural Due Diligence oder warum die meisten Fusionen scheitern, Magazin Kredit und Ratingpraxis, Heft 4/2007 (zit: *Schenk*) (http://www.r-cockpit.com/uploads/media/Artikel_Cultural_Due_Diligence__Magazin_Kredit_und_Rating_Praxis__04-2007_.pdf)

Schiffers, Joachim Tax Due Diligence beim Unternehmenskauf Teil I und II, GmbH-Steuerberater 2004, S. 239–242, S. 277–281

Statistik Austria Bruttoinlandsprodukt und Hauptaggregate. Volkswirtschaftlichen Gesamtrechnungen, 2015 (http://www.statistik.at/web_de/statistiken/volkswirtschaftliche_gesamtrechnungen/) (1)

Statistik Schweiz Bruttoinlandprodukt – Daten, Indikatoren. Volkswirtschaftlichen Gesamtrechnungen, 2015 (http://www.bfs.admin.ch/bfs/portal/de/index/themen/04/02/01/key/bip_gemaess_produktionsansatz.html)

Stockley, Sean 1Q Global M&A Highest Since 2007. Dealogic, 2015 (http://www.dealogic.com/media/market-insights/ma-statshot/)

The Economist Tax-driven mergers – Inverse logic. Artikel 2014 (http://www.economist.com/news/business/21604555-rush-firms-fleeing-america-tax-reasons-set-continue-inverse-logic)

VC-Magazin Märkte & Zahlen. 7. Januar 2014 (http://www.vc-magazin.ch/news/maerkte-zahlen/item/2647-ma-markt-schafft-2013-keine-trendwende)

Wiens, Elmer G. Operations Research – Game Theory. 2015 (http://www.egwald.ca/operationsresearch/gameintroduction.php#minmaxtheorem)

WKO – Wirtschaftskammer Wien IT- und Beratungsbranche für 7% des österreichischen BIP 2013 verantwortlich. UBIT-Radar, Artikel 2014 (https://www.wko.at/Content.Node/branchen/w/sparte_iuc/Unternehmensberatung-und-Informationstechnologie/Zahlen/Radar/UBIT_Radar_2014.html)

Bearbeiterverzeichnis

Torsten Bergau, Dr. iur., LL.M., Jg. 1969; Rechtsanwalt und Partner bei Hoffmann Liebs Fritsch & Partner Rechtsanwälte mbB in Düsseldorf. Studium an der Friedrich-Alexander Universität Erlangen-Nürnberg, der Universität St. Gallen (HSG) und der New York University. Auslandstätigkeit in Brüssel, Birmingham und London. Er berät nationale und internationale Konzerne ebenso wie mittelständische Unternehmen in den Bereichen M&A, Private Equity und Venture Capital, häufig bei internationalen Transaktionen. Zahlreiche Vorträge und Fachveröffentlichungen.

Thomas Brücker, Jg. 1983; begann seine Karriere als Berater in der Medienbranche, studierte dann internationale Betriebswirtschaft in Köln und der Volksrepublik China und gründete aus dem Studium heraus sein eigenes Unternehmen. Er stieg 2010 als Berater bei der Consulta AG ein und ist heute Bereichsleiter Consulting.

Fin Bruhn, Jg. 1964; Wirtschaftsprüfer und Steuerberater, Partner und Niederlassungsleiter bei der RSM Altavis GmbH Wirtschaftsprüfungsgesellschaft Steuerberatungsgesellschaft in Berlin. Seine Tätigkeitsschwerpunkte sind Wirtschaftsprüfung, Transaktionsberatung und Unternehmensbewertung.

Claus Eßers, Jg. 1954; Rechtsanwalt und Fachanwalt für Steuerrecht, Partner bei Hoffmann Liebs Fritsch & Partner Rechtsanwälte mbB. Seine Tätigkeit reicht von der umfassenden wirtschaftsrechtlichen Begleitung eines Unternehmens bis zur Beratung in komplexen Transaktionen und ausgefallenen Spezialmaterien. Seit über 16 Jahren begleitet er deutsche Mittelständler nach China und berät chinesische Unternehmen bei ihrem Eintritt in den deutschen Markt.

Paul Fort, Dr. iur., Jg. 1973; Studium und Promotion in Münster; Rechtsanwalt und Syndikus der Bayer AG. Dr. Fort ist in dem Bereich Mergers & Acquisitions der Rechtsabteilung der Bayer AG tätig und für die kartellrechtliche Betreuung der M&A-Transaktionen des Bayer-Konzerns zuständig. Ferner ist er Co-Leiter der Global Practice Group Antitrust des Konzerns.

Volker Hees, Dr. iur., Jg. 1970; Studium der Rechtswissenschaften und Promotion an der Westfälischen Wilhelms-Universität zu Münster; zunächst seit 1999 Rechtsanwalt bei BBLP Beiten Burkhardt Mittl & Wegener; seit 2002 bei Hoffmann Liebs Fritsch & Partner Rechtsanwälte mbB als Rechtsanwalt und Partner mit Tätigkeitsschwerpunkt Insolvenzrecht; Mitglied in der „Düsseldorfer Vereinigung für Insolvenz- und Sanierungsrecht e.V."; diverse Fachveröffentlichungen.

Julian Hoff, Jg. 1983; Rechtsanwalt bei Hoffmann Liebs Fritsch & Partner Rechtsanwälte mbB in Düsseldorf. Studium an der Westfälischen Wilhelms-Universität zu Münster. Herr Hoff berät Mandanten aus dem In- und Ausland bei Unternehmenskäufen sowie in Fragen der Vertragsgestaltung und des Gesellschaftsrechts. In seinen Tätigkeitsgebieten hält er regelmäßig Seminare und Vorträge.

Stephan Illi, Jg. 1974; schloss im Jahr 2000 sein Studium an der Universität St. Gallen (HSG) als lic.oec.HSG ab und war anschließend bei einem börsennotierten IT-Beratungsunternehmen tätig. 2006 stieg er bei der Consulta AG, einer Schweizer Beratungsboutique, als Bereichsleiter ein. 2011 wurde die familieninterne Nachfolge vollzogen. Seitdem ist er Inhaber, CEO und Präsident des Verwaltungsrates.

Daniel-Sebastian Kaiser, Jg. 1972; Rechtsanwalt und Partner bei Hoffmann Liebs Fritsch & Partner Rechtsanwälte mbB in Düsseldorf. Daniel-Sebastian Kaiser berät seit mehr als 14 Jahren vorwiegend mittelständische Mandanten bei Unternehmenskäufen und Beteiligungserwerben sowie in komplexen Gerichtsverfahren. Er hält regelmäßig Fachvorträge im Bereich M&A und zu aktuellen Themen des Gesellschaftsrechts.

Marc Lange, Jg. 1979; Certified Valuation Analyst, Manager und Prokurist im Bereich Corporate Finance bei der RSM Altavis GmbH Wirtschaftsprüfungsgesellschaft Steuerberatungsgesellschaft in Berlin. Seine Tätigkeitsschwerpunkte sind Unternehmensbewertung, Financial Modelling und Financial Due Diligence.

Heiko Langer, Maître en Droit, Jg. 1968; Fachanwalt für Arbeitsrecht und Partner bei Hoffmann Liebs Fritsch & Partner Rechtsanwälte mbB in Düsseldorf. Heiko Langer berät deutsche und internationale Unternehmen ausschließlich zu arbeitsrechtlichen Fragen. Einen Schwerpunkt seiner Tätigkeit bildet die Beratung bei arbeitsrechtlichen Umstrukturierungen und M&A-Transaktionen. Heiko Langer tritt regelmäßig als Autor von Fachartikeln in Erscheinung.

Rainer Mück, Jg. 1966; Gründungspartner der M&A Boutique MMP Mück Management Partners AG in Schindellegi/Schweiz. Er berät seit 2007 vorwiegend mittelständische Unternehmen in sämtlichen Fragen des Unternehmenskaufs und -verkaufs. Vorher war er als CFO bei OC Oerlikon, Leiter Steuern der Commerzbank AG, Leiter Steuern Deutschland bei General Electric und Steuerberater bei Price Waterhouse tätig.

Claas-Tido Risse, LL.M., Jg. 1975; Steuerberater und Partner bei der RLT Ruhrmann Tieben & Partner mbB am Standort Essen; Studium in Münster und Graz. Er berät seit mehr als zehn Jahren mittelständische Unternehmen aller Rechtsformen und Eigentümerfamilien in steuerlichen Gestaltungsfragen, bei der Planung von steueroptimierten Unternehmensstrukturen sowie bei Mergers & Acquisitions – insbesondere in Tax Due Diligence-Projekten.

Tom Schmähling, CVA, Jg. 1976; Studium der Internationalen Betriebswirtschaft in Dortmund, Madrid und Stellenbosch, Südafrika. Nach dem Abschluss des MBA (University of Stellenbosch) verschiedene Tätigkeiten in der Logistikbranche und im Investmentbanking, seit einigen Jahren Berater von Unternehmen bei M&A-Transaktionen. Seine Schwerpunkte sind das Management von M&A-Prozessen und Due Diligence-Prüfungen, vor allem aber alle Fragen, die mit der Bewertung von Unternehmen zusammenhängen. Derzeit ist Tom Schmähling verantwortlich für M&A-Projekte bei der GfK SE und Associate Director bei der MMP AG.

Holger Stabenau, Jg. 1976; Rechtsanwalt und Partner bei Hoffmann Liebs Fritsch & Partner Rechtsanwälte mbB im Bereich Corporate/M&A. Studium an der Ruhr-Universität Bochum. Von 2002 bis 2011 Rechtsanwalt und Counsel bei Hogan Lovells und Vorgängersozietäten an den Standorten Düsseldorf und London. Von 2011 bis 2014 Partner und Standortleiter der KPMG Rechtsanwaltsgesellschaft mbH in Essen. Herr Stabenau ist spezialisiert auf die Vertretung in- und ausländischer Mandanten (Finanz- und strategische Investoren) bei dem Erwerb und Verkauf von Unternehmen und Unternehmensteilen sowie der Strukturierung, Verhandlung und Auflösung von Joint Ventures.

Stefan Tieben, Dipl.-Kfm., Jg. 1971; Wirtschaftsprüfer, Steuerberater und Partner bei der RLT Ruhrmann Tieben & Partner mbB am Standort Essen; Studium in Münster. Nach vierjähriger Tätigkeit bei einer internationalen Wirtschaftsprüfungsgesellschaft berät er seit etwa 15 Jahren vorwiegend mittelständische Unternehmen und deren Gesellschafter bei steuerlichen und betriebswirtschaftlichen Fragestellungen.

Kapitel 1
Grundlagen

M&A Transaktionen erfahren weltweit einen neuen **Boom**. Die weltumspannende Finanzkrise hatte in den letzten Jahren zu einem deutlichen Rückgang von Unternehmenskäufen geführt. Diese Talfahrt scheint mittlerweile beendet. Sowohl die Zahl der verzeichneten Transaktionen als auch die Transaktionssummen erreichen wieder Vorkrisenniveau. Auch im Megadeal-Bereich (Transaktionsvolumen von mehr als 10 Mrd. USD) ist ein erheblicher Anstieg festzustellen.[1] Das Jahr 2015 zeigt bereits im ersten Quartal eine deutliche Steigerung im Vergleich zu den letzten Jahren. Neben dem globalen M&A Volumen pro 1. Quartal seit 2007 zeigt Abbildung 1 auch, welchen Anteil des Gesamtvolumens man auf Aktivitäten von Finanzinvestoren, bzw. institutionellen Anlegern (Financial Sponsors), zurückführen kann:[2] 1

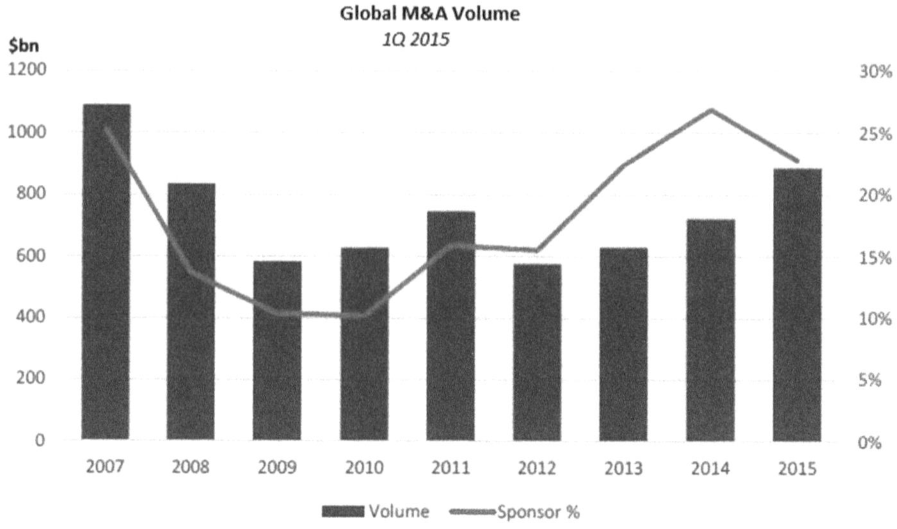

Abb. 1: Globales M&A-Volumen[3]

1 Vgl. *Fehr* Wirtschaftswoche, Artikel 2015.
2 Für eine ausführliche Beschreibung von Finanzinvestoren siehe Rn 7 ff.
3 *Stockley* 1Q Global M&A Highest Since 2007. Dealogic, Studie 2015.

A. Wirtschaftliche Bedeutung von M&A Transaktionen

I. Gliederung des Marktes

2 Die folgende Abbildung verschafft einen Überblick über die Gliederung des M&A Marktes.

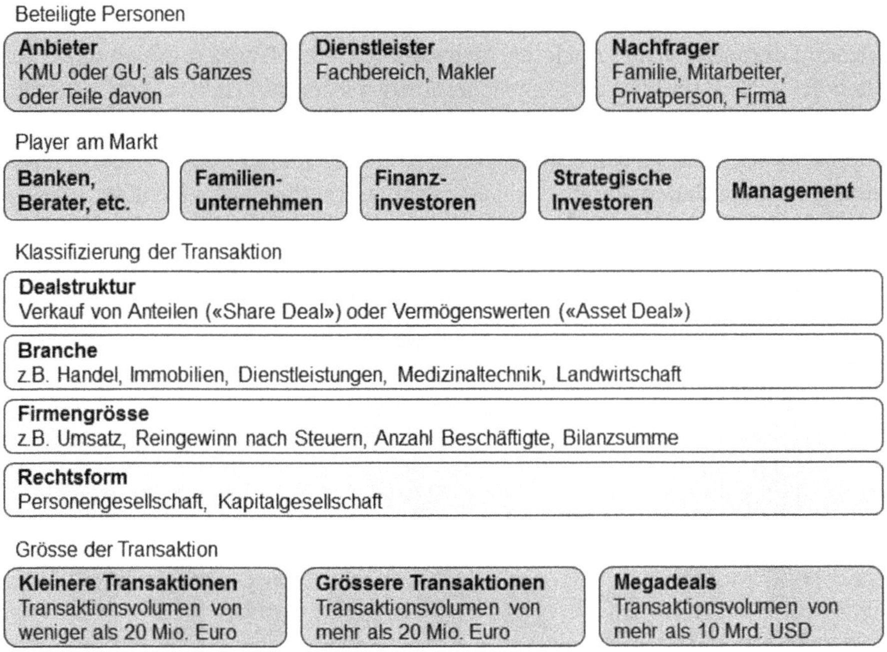

Abb. 2: Übersicht Marktgliederungskriterien

3 Wie in jedem Markt treffen auch im Rahmen einer M&A-Transaktion mindestens zwei Akteure aufeinander: Ein **Nachfrager** und ein **Anbieter**. Kaufgegenstand ist die Zielgesellschaft. In der Praxis sind oft mehrere Nachfrager oder Anbieter an der Transaktion beteiligt. Daneben gibt es verschiedene **Dienstleister**, die die Parteien unterstützen.

4 Käufer und Verkäufer können ganz unterschiedliche Interessen haben, je nach dem, um welche Unternehmen es sich handelt. Die Grenzen sind fließend. Hilfreich ist jedoch die folgende grobe Qualifizierung.

1. Strategische Investoren

5 Die klassische Käufergruppe sind strategische Investoren. Wie bereits der Begriff andeutet, suchen strategische Investoren nach einer sinnvollen **Ergänzung** zu ih-

rem Unternehmen oder ihrer Unternehmensgruppe. Sie wollen durch sinnvolle Akquisitionen wachsen und **Synergien** mit der eigenen Geschäftstätigkeit realisieren. Synergien können sich beispielsweise aus dem Zugriff auf Technologien und **Know-how**, dem Zugang zu neuen Absatzmärkten oder dem Zukauf von Marktanteilen ergeben.[4]

Da sich für einen strategischen Käufer neben dem finanziellen Erfolg auch strategische Vorteile aus der Unternehmensakquisition ergeben können, bewertet er das Übernahmeobjekt eher höher und ist eher bereit, mehr dafür zu bezahlen als ein Finanzinvestor.[5] 6

2. Finanzinvestoren (Private Equity)

Private Equity bezeichnet eine Beteiligungsform, bei der institutionelle Anleger, aber auch private Kapitalgeber, Kapital in Unternehmen investieren. Dabei wird das Beteiligungskapital oft über einen darauf **spezialisierten Fonds** einer Private Equity Gesellschaft investiert. Diese Gesellschaften agieren selbst als Käufer oder Verkäufer im M&A-Markt und suchen institutionelle Anleger wie zum Beispiel Banken, Pensionskassen, Versicherungen oder auch vermögenden Privatpersonen als Geldgeber. Die gesammelten finanziellen Mittel werden in bestehende Unternehmen investiert. Die eingeworbenen Mittel dienen als Eigenkapital (Equity). Dazu kommt typischerweise Fremdkapital in erheblichem Umfang. Die Investoren versuchen, den Wert eines Unternehmens zu steigern und die Anteile anschließend wieder zu verkaufen. Derartige Investitionen sind **risikoreich**. Im Erfolgsfall sind aber hohe Renditen möglich. Oftmals unterstützen Private Equity-Anleger die Führungsverantwortlichen des Unternehmens während des Investitionszeitraums auch fachlich.[6] Meist suchen Finanzinvestoren nach **Wachstumsunternehmen**. Häufig sind jedoch auch Unternehmen für Finanzinvestoren interessant, die **reorganisations**- oder **restrukturierungsbedürftig** sind oder bei denen sogar ein Turnaround erforderlich ist. Gerade in diesen Situationen lassen sich hohe Renditen erzielen, wenn es gelingt, angeschlagene Unternehmen wieder erfolgreich zu machen. 7

Der Einstieg der Anleger eröffnet dem Zielunternehmen oftmals neue Möglichkeiten. Mit zusätzlichen finanziellen Mitteln, dem Beziehungsgeflecht oder dem eingebrachten Know-how des Investors kann es zum Beispiel neue Märkte erschließen, neue Produkte entwickeln oder passende Unternehmen akquirieren.[7] 8

---

4 Zu einzelnen strategischen Anlässen siehe Rn 50 ff.

5 Jansen.

6 *Credit Suisse* Private Equity – eine Einführung. Broschüre 2011.

7 Vgl. http://www.bvkap.de/privateequity.php.

9 Eine besondere Form von Private Equity sind **Venture-Capital-Anlagen**. Sie bezeichnen Investitionen in sehr junge Unternehmen, die ein hohes Wachstumspotenzial aufweisen. Venture Capital wird auch als Risikokapital bezeichnet, da derartige Investitionen besonders risikoreich sind.[8]

3. Familienunternehmen

10 Familienunternehmen treten im M&A-Markt sowohl als kaufende als auch als verkaufende Partei auf.

11 Kleinere Familienunternehmen treten im M&A-Markt eher als **Zielgesellschaft** in Erscheinung. Eine typische Konstellation ist hier ein möglicherweise bereits seit mehreren Generationen von einer Familie geführtes Unternehmen, das keinen familieninternen Nachfolger mehr findet. In diesem Fall bleibt als Nachfolger nur ein externer Käufer.[9] Als Käufer treten kleinere Familienunternehmen seltener in Erscheinung, da sie meist nicht über genügend freies Kapital für Akquisitionen verfügen. Außerdem gelten Familienunternehmen in der Regel als weniger risikofreudig.

12 Anders sieht dies bei größeren Familienunternehmen aus. Sie treten sowohl als Finanzinvestoren als auch als strategische Käufer auf. Oft verwaltet ein sogenanntes **Family Office** das Vermögen einer Unternehmerfamilie und investiert dieses im Rahmen von Private Equity-Anlagen in andere Unternehmen. Zudem suchen große Familienunternehmen auch oft geeignete **strategische Übernahmeobjekte**, die sie sinnvoll in ihr bestehendes Tätigkeitsgebiet integrieren können.

4. Management

13 Eine Sonderform stellt die Übertragung im Rahmen eines Management Buy-Outs (MBO) oder eines Management Buy-Ins (MBI) dar. In beiden Fällen stellt sich die Frage der Finanzierung, falls der übernehmende Manager als Privatperson nicht über genügend finanzielle Mittel verfügt. Für diese Fälle sind diverse Finanzierungslösungen und Vereinbarungen zwischen Käufer und Verkäufer denkbar.[10]

a) Management Buy-Out (MBO)

14 Ein MBO bezeichnet die **unternehmensinterne Nachfolge**, bei der das Unternehmen an einen oder mehrere (Führungs-)Mitarbeiter verkauft wird. Familienunternehmen als Verkäufer sind angesichts der oft langjährigen Beziehung und dem

---

8 *Rudolf.*
9 Vgl. dazu Rn 45.
10 *Baumann/Fitze/Schaefer.*

bestehenden Vertrauen zum Käufer in diesem Fall gelegentlich bereit, das Unternehmen zu einem reduzierten Preis zu übergeben. Der Fortbestand des Unternehmens und die Weitergabe an eine **Vertrauensperson** sind für viele abtretende Unternehmer wichtiger als die Aussicht auf einen hohen Verkaufserlös.

Zu den Vorteilen eines MBO gehören das Know-how und die Erfahrung der Füh- 15 rungskräfte des Unternehmens, die das Unternehmen übernehmen sollen. Auch die möglicherweise langjährigen Beziehungen zu Mitarbeitern, Kunden und Lieferanten können vorteilhaft sein. Da der oder die neuen Inhaber aus der bisherigen Unternehmensleitung stammen, ist eine **Kontinuität** bei wichtigen Prozessen und der grundlegenden Strategie zu erwarten. Nicht immer reibungslos verläuft der Rollenwechsel des bestehenden Managements dann, wenn es bisher nur auf der zweiten Führungsebene und somit nicht hauptverantwortlich agierte.

b) Management Buy-In (MBI)

Gibt es im Unternehmen keinen Mitarbeiter, der als Nachfolger in Betracht kommt, 16 kann das Unternehmen auch an einen **außenstehenden** Manager verkauft werden. Auch der externe Manager muss Führungskompetenz und Managementerfahrung einbringen können.

Für einen potentiellen Nachfolger kann ein MBI eine einzigartige Chance dar- 17 stellen, ohne Neugründung und die damit verbundenen Schwierigkeiten die Führung in einem bereits bestehenden und erfolgreichen Unternehmen zu übernehmen. Unterschiede zum MBO bestehen darin, dass die reibungslose Übergabe des Know-hows im MBI nicht ohne weiteres gewährleistet ist. Der Nachfolger muss sich mit der **bestehenden** Unternehmenskultur, Kunden und Lieferanten vertraut machen.

II. Wirtschaftliche Bedeutung von M&A-Transaktionen

M&A ist nicht nur ein Phänomen im Umfeld von großen Unternehmen. Eine Um- 18 frage bei 100 mittelgroßen Schweizer Unternehmen (50 bis max. 250 Mitarbeiter) hat ergeben, dass rund zwei Drittel eine Akquisition planen und ca. 20% einen (Teil-)Verkauf zumindest in Erwägung ziehen.[11]

M&A-Transaktionen spielen insgesamt nicht nur für die **Arbeitsplatzsicherheit** 19 einer Volkswirtschaft eine erhebliche Rolle, sondern haben auch einen bedeutenden Einfluss auf die vom Staat eingenommenen **Steuern**.

---

11 Siehe *Binder Corporate Finance* M&A Outlook Schweiz, Jan. 2015. Studie 2015.

1. Wirtschaftliche Bedeutung für eine Volkswirtschaft

20 In Deutschland werden sich nach Schätzungen des Instituts für Mittelstandsforschung Bonn zwischen 2014 und 2018 ca. 135.000 von den insgesamt 3,7 Millionen Familienunternehmen mit einem Jahresgewinn von mindestens 50.000 € mit ihrer Nachfolge beschäftigen. Das entspricht ca. 2 Millionen Arbeitsplätzen oder einem Anteil von 7,4% aller Beschäftigten (bei insg. 27 Mio. sozialversicherungspflichtigen Beschäftigten in Deutschland), die mittelbar von einer Nachfolgeregelung betroffen sind.[12]

21 Momentan werden jährlich Vermögenswerte von 109,7 Mrd. USD an Firmenwert verschoben, was ein Steuervolumen von geschätzten 20%, also über 20 Mrd. € auslöst.[13]

22 In Österreich sind es rund 23.000 Unternehmen, bzw. 5,6% von insgesamt 413.000 KMU, bei denen in den nächsten fünf Jahren eine Nachfolge ansteht.[14] Dabei werden, wenn man dieselben Transaktionsvolumina wie in Deutschland zugrunde legt, insgesamt Vermögenswerte von 18 Mrd. € an Firmenwerten verschoben, was – wieder die gleichen Rechengrundlagen wie in Deutschland verwendet – ein Steuervolumen von ca. 3,6 Mrd. € auslöst.

23 In der Schweiz sind es, konservativ gerechnet, in den kommenden fünf Jahren über 70.000 Firmen (insgesamt ca. 300.000 KMU, also ca. 20%) oder mehr als eine halbe Million Arbeitsplätze (>10%), die von einem Eigentumswechsel betroffen sein werden.[15] Dabei wurden im Jahr 2013 insgesamt Vermögenswerte von 28 Mrd. USD an Firmenwert verschoben, was schätzungsweise ein Steuervolumen von rund 3–5 Mrd. USD auslöste. Aufgrund der eher abwartenden Haltung vieler Unternehmen und einem daraus resultierenden Mangel an Transaktionen mit bedeutendem Umfang ist hier ein Rückgang von 80% zum Jahr 2012 (130 Mrd. USD) zu verzeichnen.[16]

24 Neben weiteren attraktiven Steuerkonditionen in der Schweiz ist unter anderem der steuerfreie Kapitalgewinn für im Privatvermögen gehaltene Kapitalgesellschaften ein wichtiger Grund, weshalb das Steuervolumen geringer ausfällt als in den anderen deutschsprachigen Ländern.

---

12 *Kay/Suprinovič.*

13 Vgl. *VC-Magazin* Märkte & Zahlen. 7. Jan. 2014. Onlineartikel (http://www.vc-magazin.ch/news/maerkte-zahlen/item/2647-ma-markt-schafft-2013-keine-trendwende) 2014 (Achtung: Transaktionsvolumen bezieht sich auf alle Unternehmen in Deutschland, nicht nur auf KMU).

14 *KMU Forschung Austria* Unternehmensübergaben und -nachfolgen in Österreich. Status quo 2014: Aktuelle Situation und zukünftige Entwicklungen. Forschungsbericht, 2014.

15 *Credit Suisse* Private Equity – eine Einführung. Broschüre, 2013, S. 19.

16 *Deloitte* Schweizer KMU M&A Aktivitäten im Jahr 2013. Studie, 2014, S. 4.

2. Wirtschaftliche Bedeutung für die Beratungsindustrie

Bei M&A Transaktionen ist eine **Vielzahl unterschiedlicher Kompetenzen** gefragt. 25
Je nach Transaktion werden einige oder viele dieser Kompetenzfelder von externen Beratern abgedeckt.

Die Beratungsindustrie erwirtschaftet in Deutschland ein Honorarvolumen von 26
insgesamt 23,7 Mrd. €,[17] was rund 0,85% des Bruttoinlandproduktes (BIP) entspricht.[18] In Österreich beträgt dieses Honorarvolumen insgesamt 3,65 Mrd. €,[19] was ca. 1,1% des BIPs entspricht (BIP Österreich 2013: 322 Mrd. €).[20] In der Schweiz sind es 1,4 Mrd. CHF,[21] was 0,22% entspricht (BIP Schweiz 2012: 625 Mrd. CHF).[22]

B. Aktuelle Trends

I. M&A-Zyklen haben ein Muster

Über M&A-Transaktionen versuchen Unternehmen, Synergien mit anderen Unter- 27
nehmen zu nutzen (Kosten einsparen oder Qualität für den Kunden zu verbessern), ihre Risiken zu diversifizieren oder neue Dienstleistungen und Produkte anzubieten (Innovation). Mit allen Initiativen versuchen sie, die **langfristige Rendite** des Unternehmens zu erhöhen. Vor diesem Hintergrund ist es einleuchtend, dass der gesamte M&A-Markt dem **Wirtschaftszyklus** folgt. Die folgende Abbildung zeigt diesen Zyklus auf.

---

17 *BDU* Facts & Figures zum Beratermarkt 2013/2014. Marktstudie & Pressemitteilung 2014.

18 *Destatis* Wichtige gesamtwirtschaftliche Größen. Volkswirtschaftliche Gesamtrechnungen 2015.

19 *WKO* IT- und Beratungsbranche für 7% des österreichischen BIP 2013 verantwortlich. UBIT-Radar, Artikel 2014.

20 Statistik Austria, Bruttoinlandsprodukt und Hauptaggregate. Volkswirtschaftlichen Gesamtrechnungen, 2015.

21 *ASCO* Beratermarktstudie 2013: Schweizer Beratungsmarkt entwickelt sich stabil. Medienmitteilung, S. 1.

22 Statistik Schweiz, Bruttoinlandprodukt – Daten, Indikatoren. Volkswirtschaftlichen Gesamtrechnungen, 2015.

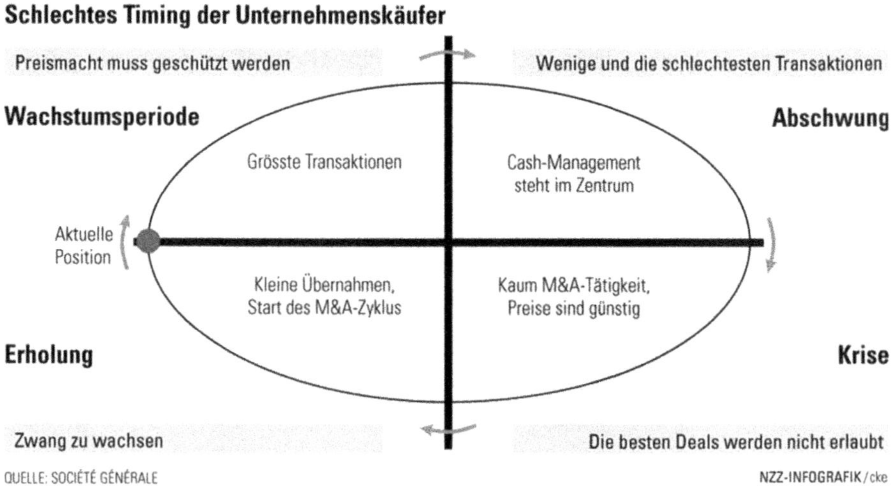

Abb. 3: M&A Zyklen[23]

28 In Zeiten des **Abschwungs** werden weniger Umsätze generiert. Damit stehen insgesamt weniger finanzielle Mittel für Firmenkäufe zur Verfügung.

29 In der **Krise** ist die Nachfrage nach Firmen geringer, da deutlich weniger finanzielle Mittel zur Verfügung stehen. Reserven werden für das bestehende operative Geschäft benötigt, Projekte werden verzögert oder vollständig gestoppt.

30 In der **Erholungsphase** gibt es kleinere Transaktionen – die M&A-Tätigkeit nimmt an Fahrt auf. Die meisten Transaktionen werden noch über Eigenkapital finanziert. Preisphantasien haben noch Raum nach oben.

31 In Zeiten des **Wachstums** werden meist höhere, teils überhöhte Preise für Unternehmen gezahlt – für den Käufer handelt es sich um ein schlechtes Timing. Nun finden die ganz großen Transaktionen statt, weil Geschäftsleitungen von Großkonzernen die den Anlegern versprochenen Wachstumsziele kurzfristig über organisches Wachstum nicht mehr bewerkstelligen können. Die Banken haben einen Anlagenotstand – gute, glaubhafte Projekte haben es einfacher, Fremdkapital zu beschaffen. Umgekehrt werden Unternehmensteile, welche ausgegliedert werden können und die geforderte EBIT-Marge nicht erreicht haben, verkauft.

II. Expansive Geldpolitik und das Niedrigzinsumfeld

32 Eine expansive Geldpolitik führt zu niedrigen Zinsen. Die sicheren Anlagen (wie z.B. Bonds) werden unattraktiver gegenüber einer Anlage in Aktien. Banken und

23 *Grundlehner* Neue Zürcher Zeitung NZZ, Artikel 2014.

Investoren stehen unter dem Druck, die verfügbaren flüssigen Mittel zu investieren.

Dieser Zusammenhang wirkt sich unmittelbar auf die **Entwicklung der Unternehmenswerte** aus. Unternehmenswerte werden in der Regel nach der Ertragswertmethode ermittelt. Als Faustformel entspricht der Unternehmenswert nach der Ertragswertmethode den kapitalisierten zukünftig erzielbaren betrieblichen Reingewinnen, zuzüglich der nichtbetrieblichen Substanz.[24] 33

Die DCF- oder Ertragswertmethode zieht Reingewinne mit dem Kapitalisierungszinssatz zur Berechnung der Annuität (ewige Rente) heran. Dieser Satz ist abhängig von dem von der Europäischen Zentralbank (EZB) vorgegebenen Zinssatz. 34

Somit erscheinen Investitionen in eine M&A-Transkation für einen Investor relativ attraktiver, wenn das allgemeine Zinsumfeld tief ist. Ohne Zutun des Unternehmers ist die Unternehmung 2014 15% mehr wert als vor 8 Jahren (nur aufgrund der Zinspolitik der EZB: 2014 liegt der Zins bei knapp 0%, vor 8 Jahren lag er bei knapp 3% – damit ist auch der Diskontierungssatz heute 3 Prozentpunkte tiefer). 35

Diese Niedrigzinspolitik der Notenbanken heizt den M&A-Markt also zusätzlich an. 36

III. Weitere Einflussfaktoren

Das M&A-Jahr 2015 ist mit der Fusion von Kraft Foods und Heinz für 55 Mrd. USD bereits mit einem Zusammenschluss weltweit bekannter Firmen gestartet, die Übernahme von Pirelli durch die China National Chemical Corporation wurde ebenfalls bereits im März bekannt.[25] Es hat den Anschein, als würde das M&A-Volumen im Jahr 2015 noch **höher** ausfallen als im **Rekordjahr 2014**. Dies ist allerdings weniger auf einige große Deals als vielmehr auf eine breit gestreute M&A-Aktivität zurückzuführen. 37

Neben den anhaltend **niedrigen Zinsen** ist vor allem die Suche nach immer **höheren Wachstumsraten** der größte Treiber im Markt. Insbesondere im Life-Science-Bereich ist dies zu beobachten: Pharmaunternehmen geraten unter Druck, weil ihre Patente auslaufen. Sie versuchen, sich durch Übernahmen neue Anwendungen zu sichern. 38

Beispiel
Insbesondere Pfizer hat in diesem Bereich Nachholbedarf. Die Übernahme von Astra-Zeneca ist gescheitert, jetzt sucht die US-Gesellschaft weiter nach Wachstum. Der Kauf des Biosimilar-Herstellers Hospira für 15 Mrd. USD wird für den Pharmariesen nur der Anfang gewesen sein.

24 Vgl. Kap. 3 Rn 90 ff.
25 *Reifenpresse* Neue Reifenzeitung 2015.

39 M&A-Tätigkeiten korrelieren eng mit der generellen **Konjunkturentwicklung**. In den USA hat dies bereits zu einem Abschwung geführt – die **Dynamik im Markt** ist etwas zurückgegangen. Beobachter gehen davon aus, dass sich dafür das Übernahmekarussell in Europa bald schneller drehen wird. Besonders von Schweizer Unternehmen wird wegen des starken Franken erwartet, dass sie vermehrt als Käufer im Ausland auftreten.

40 Die tiefen Zinsen haben dazu geführt, dass viele Anleger ihr Engagement im alternativen Anlagesegment verstärkt haben, da traditionelle Anlagemöglichkeiten zu geringe Profite versprechen. Dies führt zu einem regen Anstieg im Private Equity Bereich. Wenn viele potentielle Käufer Interesse an den gleichen Objekten bekunden, steigt deren Preis. Wer in Europa also ein Unternehmen verkaufen wolle, kann dies nun deutlich besser tun – so das Fazit einer kürzlich veröffentlichten CMS European M&A Study.[26]

41 Zudem befördert das Interesse aus China den M&A-Markt. **Chinesische Käufer** haben in den ersten drei Monaten des Jahre 2015 für 12 Mrd. USD in Europa eingekauft, während es im gesamten vergangenen Jahr 22 Mrd. USD waren. Es geht ihnen dabei weniger darum, den europäischen Markt aufzurollen, als darum, funktionierende Geschäftsmodelle in ihre Heimat zu übertragen.[27]

IV. Durch Regulierung und Steuern induzierte M&A-Trends

42 **Staatliche Regulierungen**, das **Kartellrecht** sowie das **Steuerrecht** können zu erhöhter M&A-Tätigkeit führen. So berichtete der Economist im Juni 2014 darüber, dass große US-amerikanische Firmen ähnlich große Firmen in Irland kaufen, um die außerhalb von den USA erzielten Gewinne bei der Rückführung in die USA nicht mit 35% versteuern zu müssen.[28] Dank eines Wechsels des Hauptsitzes nach Europa wurde dies möglich. Diese enormen Einsparungspotenziale treiben die Preise für Firmenübernahmen in die Höhe.

43 Bemerkenswert ist in diesem Zusammenhang das aus der Literatur bekannte **„Hawk-Dove Gleichgewicht“**. In Märkten, die hohe Investitionskosten erfordern, um überhaupt Dienstleistungen und Produkte anbieten zu können, kann die Androhung eines großen Anbieters, in diesen Markt einzutreten, kleinere Anbieter davon abhalten, dies ebenfalls zu tun.[29]

---

26 *CMS* CMS European M&A Study 2014. Studie 2014.

27 *Grundlehner* Neue Zürcher Zeitung NZZ, Artikel 2015; vgl. dazu auch Kap. 12 Rn 41 ff.

28 Vgl. *The Economist* Tax-driven mergers – Inverse logic. Artikel 2014.

29 Siehe dazu: *Wiens* Operations Research – Game Theory. Webseite (http://www.egwald.ca/operationsresearch/gameintroduction.php#minmaxtheorem).

Die glaubhafte Bekundung eines großen Anbieters führt dazu, dass Eigentümer von kleineren Anbietern bereit sein werden, mit einem Abschlag ihre Firmen zu verkaufen. 44

V. Abnahme familieninterner M&A-Transaktionen

Noch zu Beginn der 90er Jahren betrug die familieninterne Nachfolgerate über 75%.[30] Damals waren die **Alternativen** zur Nachfolge im Familienbetrieb für Nachkommen sehr viel **geringer** als heute. Dies liegt vor allem am Wandel des gesellschaftlichen Umfelds. Der Wohlstand ist deutlich gestiegen und der Ausbildungsstandard ist höher. Das führt auch dazu, dass heute **mehr Wahlmöglichkeiten** bestehen. Heute werden nur noch ca. 40% der Unternehmen familienintern weitergegeben.[31] 45

C. Anlässe für M&A-Transaktionen im Überblick

I. Überblick

Nach empirischen Untersuchungen überleben Firmen, die überdurchschnittlich wachsen und dabei eine Profitabilitätsrate von 10% halten oder übertreffen können, überdurchschnittlich lange. Dies überrascht noch wenig. Erstaunlich ist allerdings, dass **M&A-Transaktionen** nur zu 3,1 Prozentpunkten zum Umsatzwachstum beitragen. Der größte Umsatzwachstumsanteil stammt aus **Investitionen** in strategische Geschäftsfelder, die Produkte und Dienstleistungen in von sich aus wachsenden Märkten anbieten (6,6%). Nur 0,4% des Umsatzwachstums stammen aus **Marktanteilsgewinnen** in bestehenden Geschäftsfeldern, die in stagnierenden oder gar schrumpfenden Märkten engagiert sind.[32] Denn in diesen herrschen Verdrängungs- und damit Preiskämpfe – die bereits getätigten Investitionen müssen sich noch amortisieren. Als Folge pendeln sich die Preise mittel- bis langfristig auf dem Niveau der variablen Kosten ein. Die Investitionskosten müssen abgeschrieben werden. 46

Vor diesem Hintergrund lassen sich folgende Anlässe für M&A-Transaktionen ableiten, bei denen der Käufer Profitabilität und Umsätze gleichzeitig steigern kann: **Diversifikation** in neue Geschäftsfelder (Produkt-Markt Kombinationen), Erreichung der **Kostenführerschaft** über (vermehrte) Nutzung von Skalenerträgen so- 47

---

30 *Gysin-Rosenberger* Der Weg zu einer gelungenen Übernahmefinanzierung. L-Bank – Staatsbank für Baden-Württemberg, Vortragspräsentation 2007.

31 *KMU Next* Unternehmensübergaben und -nachfolgen in Österreich. Status quo 2014: Aktuelle Situation und zukünftige Entwicklungen. Forschungsbericht 2013.

32 Viguerie, Position 397/2250 (Kindle Edition).

wie **Devestition** von nicht mehr zum Portfolio des Unternehmens passenden Geschäftsfeldern.

48 Neben diesen strategischen Anlässen sind zudem **persönliche Anlässe** denkbar – beispielsweise aus gesundheitlichen Gründen oder aus Altersgründen (Unternehmer) und aus Sanierungsgründen (Unternehmen).

49 Im Folgenden wird ein Überblick zu den wichtigsten Anlässen, die es für eine M&A-Transaktion gibt, verschafft.

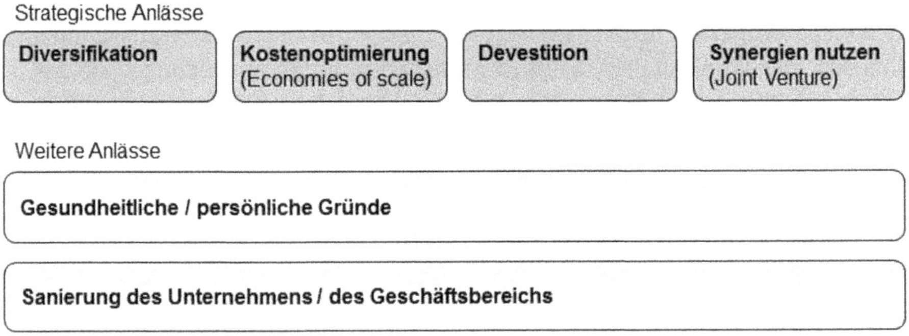

Abb. 4: Anlässe für M&A

II. M&A aus strategischem Anlass: Renditesteigerung

50 Gemäß der **Erfahrungskurve** kann die verarbeitende Industrie alle 18 Monate einen **Effizienzgewinn** von 30% realisieren.[33] Die Dienstleistungsindustrie kann dies durch den gezielten Einsatz von Informationstechnologie und durch die Nutzung von Netzwerkeffekten sehr viel schneller erreichen:[34] Der **Netzwerkeffekt** führt dazu, dass das gesamte Leistungssystem durch die Anzahl der Kunden und deren Vernetzung untereinander einen Mehrwert für jeden einzelnen Kunden schafft – die Dienstleistungsqualität steigt. Der intelligente Einsatz von Informationstechnologien kann Prozesse kostengünstiger orchestrieren und damit den Endpreis für den Konsumenten senken.

Beispiel
Der Fahrdienst Uber hat es durch den Einsatz von Informationstechnologien geschafft, im Dienstleistungsbereich „Taxi" eine höhere Qualität zu einem halb so hohen Preis anzubieten.[35]

33 Siehe Gabler Wirtschaftslexikon, Stichwort Erfahrungskurve.
34 Vgl. *Neumann* Credit Suisse, Artikel 2013.
35 Siehe hierzu: https://www.uber.com/.

Eine empirische Untersuchung der London School of Economics zusammen mit Mc- 51
Kinsey zu Beginn dieses Jahrhunderts hat gezeigt, dass **produktivitätssteigernde** Maßnahmen dann am effektivsten sind, wenn der Einsatz von Informationstechnologien mit einer Verbesserung der Führung des Unternehmens einhergeht, wie auch die folgende Abbildung zeigt:

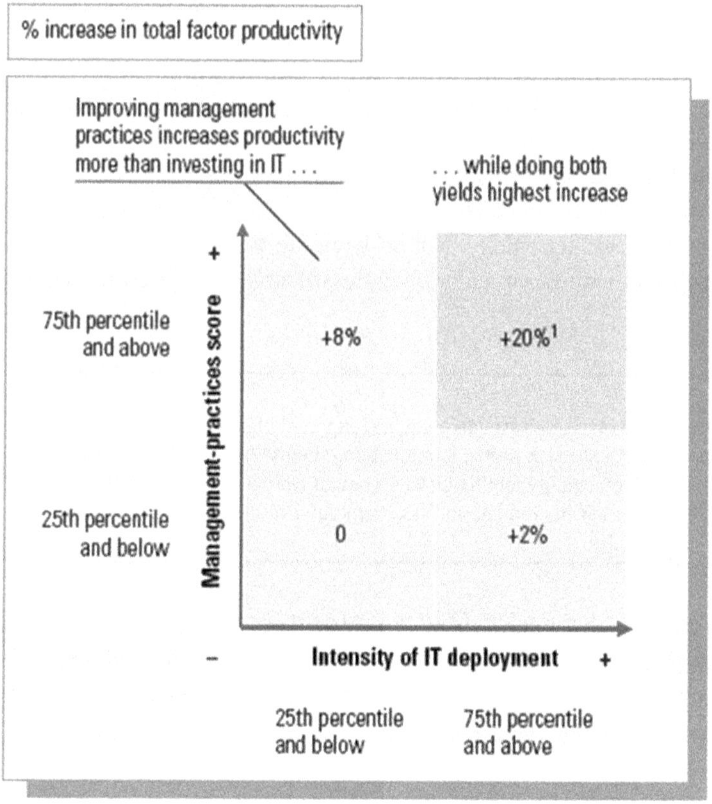

Abb. 5: Produktivitätssteigerung (IT und neue Führungsinstrumente)[36]

36 Siehe *Appel/Dhadwal/Dorgan/Dowdy* When IT creates Value. McKinsey on IT, Artikel 2004.

52 Die hohe Innovationsrate in der Informationstechnologie, einhergehend mit der fortschreitenden Standardisierung in diesem Bereich, dürfte diese Produktivitätssteigerungen noch erhöht haben. Bei unverzerrten Marktverhältnissen führt dies zu laufend sinkenden Preisen. Ist ein Unternehmen selber nicht das beste in seinem Marktsegment, welches diesen Trend vorgibt und damit Preisführer ist, werden die Margen zwangsläufig immer geringer, bis schließlich der Marktpreis für die Produkte und Dienstleistungen den variablen Kosten entspricht. Diesem Trend muss jeder Unternehmer entgegenwirken – **M&A** ist ein Mittel, dies zu tun.

53 Durch die geschickte Orchestrierung der **Wertschöpfungskette** lassen sich, unterstützt durch ein zielgerichtetes Marketing, Einzigartigkeiten von Leistungssystemen herausarbeiten, die preisunelastischer sind – es können höhere Margen erzielt werden. Die **Innovationsfähigkeit** einer Firma, bzw. die Fähigkeit, innovative Firmen mit den eigenen Leistungssystemen zu verbinden, spielt in diesem Zusammenhang eine wesentliche Rolle. Nur so kann die Marktdynamik mitgestaltet werden, und so kann eine Firma nicht beeinflussbaren externen Einflüssen begegnen.

! **Praxistipp**

Käufer eines Unternehmens müssen insbesondere die Nutzenpotentiale des eigenen Unternehmens sowie die der Zielgesellschaft – für sich und in Kombination – beurteilen. Damit stellen sie sicher, dass die erhofften Synergiepotenziale identifiziert und genutzt werden. Prof. Cuno Pümpin bietet mit seinen Nutzenpotenzialen ein Instrument an, das den Käufer in diesem Prozess unterstützen kann.[37]

---

54 Die beschriebene Marktdynamik führt dazu, dass M&A-Transaktionen vor allem aus den folgenden zwei strategischen Anlässen durchgeführt werden: Die **Diversifikation** in neue Geschäftsfelder sowie die Erschließung von **Kostensenkungspotentialen**. Beides führt zu höheren Renditen.

1. Strategischer Anlass: Diversifikation

55 Grundsätzlich lassen sich alle Typen der Diversifikation gemäß der Produkt-Markt-Matrix von Ansoff und der Weiterentwicklung mit Kotler mittels M&A-Transaktion erschließen.[38]

---

37 Siehe hierzu: http://www.consag.ch/consulta/index.php/de/unsere-geschaeftsfelder/strategie-app.

38 *Kotler.*

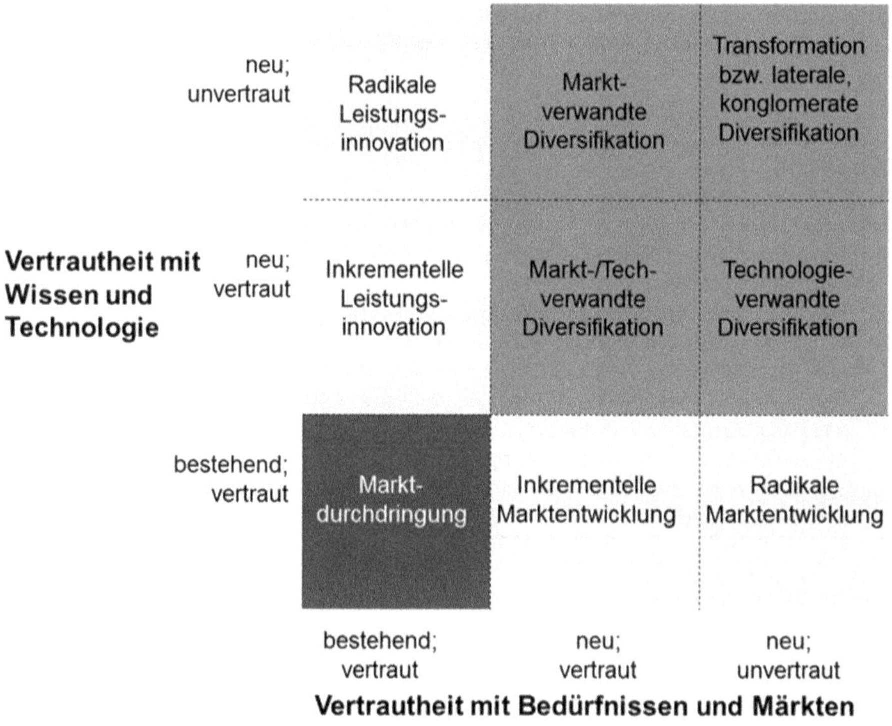

Abb. 6: Diversifikation im Überblick[39]

Die X-Achse beschreibt die Vertrautheit mit den **Bedürfnissen** und **Märkten**: Je neuer und unvertrauter diese sind, desto schwieriger ist es, sich dieses Know-how selber anzueignen. Die Y-Achse beschreibt die Vertrautheit mit dem **Wissen** und der **Technologie** eines Produktes oder einer Dienstleistung. Je weniger vertraut diese sind, umso schwieriger und teurer ist die Diversifikation aus eigenen Kräften – und umso günstiger erscheint der Kauf einer Firma, welche die Verhältnisse dieses Geschäftsfeldes (Produkt-Markt Kombination) kennt. 56

„Eine der größten Herausforderungen von Technologieunternehmen in der heutigen Zeit sind begrenzte Marktsegmente und die starke Abhängigkeit von bestehenden Märkten. Trotz ihrer technologischen Kompetenz können die Unternehmen mögliche Wachstumspotenziale nicht genügend ausschöpfen. Vor allem in KMU mangelt es an Ressourcen, Partner-Netzwerken und Marktkenntnissen.“[40]

---

39 Vgl. *Gessinger*.

40 *HTW Chur* Erfolg durch Einbindung des Kunden in die Ideengenerierung. Medienmitteilung 2014.

57 Als Alternative zum Kauf eines Unternehmens bietet sich auch der Einsatz eines Beratungsteams an, welches den Unternehmer bei seinen Diversifizierungsbestrebungen unterstützt.[41]

Praxistipp

Bei der Prüfung, ob sich der Kauf eines Unternehmens lohnt, helfen (in Anlehnung an Pümpin) die folgenden Fragen:[42]

1. Welche Stärken und Fähigkeiten hat das eigene Unternehmen? Welche Stärken hat die Zielgesellschaft?
2. Welche Unternehmen bieten derzeit gute Gelegenheiten?
3. Welche Netzwerke können genutzt werden?
4. In welchen Feldern kann sich das Unternehmen von anderen differenzieren?
5. Welche Risiken gibt es? Welche Risiken können abgeschätzt werden?
6. Wie sind die zeitlichen Verhältnisse zu beurteilen?
7. Mit welchen Investitionskosten ist zu rechnen? Welche Betriebskosten fallen in Zukunft an?
8. Welche anderen Chancen können aufgrund des Kaufs nicht mehr wahrgenommen werden (Opportunitätskosten)?

2. Strategischer Anlass: Erschließung von Kostensenkungspotentialen (Economies of Scale)

58 Fixkostenintensive Geschäftsmodelle können nur bestehen, wenn die Fixkosten auf möglichst viele Einheiten verteilt werden. Hierzu müssen möglichst **große Stückzahlen** verkauft werden. Wenn Fixkostenblöcke nicht voll ausgelastet sind, kann der Zukauf eines Unternehmens (und damit von Kundenaufträgen) die Profitabilität steigern.

Beispiel

Eine Druckerei, welche eine neue Maschine gekauft hat und nicht voll ausgelastet ist, kann durch den Zukauf von anderen Druckereien, deren Maschinen abgeschrieben sind und erneuert werden müssen, die Fixkosten auf größere Stückzahlen verteilen und profitabler arbeiten.

59 Zusammenfassend lässt sich für die beiden strategischen Anlässe „**Diversifikation**" und „**Kostensenkungspotentiale**" folgende Checkliste ableiten:

41 Siehe http://consag.ch/consulta/index.php/de/unsere-geschaeftsfelder/wachstum-durch-diversifikation.

42 *Puempin/Liechtenstein/Hashemi/Hashemi* S. 107.

Checkliste Diversifikation und Kostensenkungspotenziale !

Analyse für neu zu erschließende Geschäftsfelder:

- Kann das Unternehmen schnell genug neue Geschäftsfelder selbständig, d.h. ohne M&A-Transaktion, erschließen?
- Welche Synergien bringt der Kauf eines Unternehmens?
- Welche bestehenden Stärken und Chancen kann eine M&A Transaktion multiplizieren?
- Welche Schwächen und Bedrohungen kann eine M&A Transaktion kompensieren oder neutralisieren?
- Wächst der Markt, in welchem das zu akquirierende Unternehmen tätig ist, von sich aus, oder findet bereits ein Preiskampf statt?

3. Strategischer Anlass: Devestition

Professor Scott F. Meadow formuliert das Wesen von M&A bei einer Einführungs- 60
veranstaltung der Chicago Booth University sinngemäß wie folgt: Bevor eine Firma gegründet oder gekauft wird, sollte der Unternehmer sich fragen, wann er wieder verkaufen möchte.

Die Boston Consulting Group Matrix,[43] ein Analysetool zur Beurteilung von Ge- 61
schäftsfeldern, unterstützt den Unternehmer bei der Entscheidungsfindung, ob ein Geschäftsbereich **gehalten**, selbständig **weiterentwickelt** oder **verkauft** werden soll.

Für Unternehmer und CEOs hilft folgende Checkliste, die Ausgangslage für be- 62
stehende Geschäftsfelder zu analysieren. Falls mindestens eine Frage mit nein beantwortet wird, sollte der Verkauf (**Devestition**) des Geschäftsbereichs erwogen werden, um die dadurch gewonnen finanziellen Ressourcen und personellen Managementkapazitäten für **wachsende** und **profitable** Geschäftsfelder einsetzen zu können.

Checkliste Devestition !

Analyse für die Devestition bestehender Geschäftsfelder:

- Sind die vom Unternehmen bearbeiteten Geschäftsfelder profitabel? Wenn sie es nicht sind, ist es absehbar, dass diese in den kommenden drei bis fünf Jahren wieder profitabel werden?
- Gibt es die Möglichkeit, die Profitabilität zu steigern und die Margen zu erhöhen?
- Wächst der Anteil am Geschäftsfeld relativ zu den Konkurrenten? Wie entwickeln sich die Marktanteile?
- Wächst der Markt von sich aus?
- Gibt es neu eintretende Konkurrenten?
- Ist die Verhandlungsmacht der Kunden, Lieferanten und Mitarbeiter nicht übermäßig groß?

43 Für eine detaillierte Beschreibung der Mechanik siehe Gabler Wirtschaftslexikon, Stichwort Portfolio-Analyse.

63 Trennt sich ein Unternehmen oder eine Unternehmensgruppe von einem Teil ihrer bisherigen Geschäftstätigkeit, spricht man von einem **Spin-Off**. Wesentlicher Grund für einen Spin-Off ist, dass der abgespaltene Bereich **eigenständig** genug (geworden) ist, um als eigenes Unternehmen zu operieren, oder dass beide Unternehmensteile getrennt voneinander langfristig **höhere Gewinne** erwirtschaften können, als dies gemeinsam möglich wäre. Für einen Spin-Off wird der Eigentümer des abspaltenden Unternehmens in jedem Fall **entschädigt** – hierbei spielt es keine Rolle, ob dies mit Anteilen des dann eigenständigen Unternehmens oder durch Geld eines potentiellen Käufers geschieht.

III. Joint Venture

64 Bei einem Joint Venture beteiligen sich mindestens zwei Unternehmen **partnerschaftlich** an einem neuen Unternehmen, weil sie überzeugt sind, dass sie gemeinsam mehr erreichen können als alleine. Der Preis für diese Kooperationsform liegt darin, dass der Koordinationsaufwand relativ hoch ist – insbesondere dann, wenn die Partner gleichberechtigt sind. Dem Thema Governance muss bei der Planung einer solchen Kooperation große Beachtung geschenkt werden.[44]

65 Das Hauptmotiv für ein Joint Venture liegt darin, dass in einem Markt, in dem ein starker Preiskampf herrscht und relativ geringe Margen erwirtschaftet werden können, Größe eine Rolle spielt. Es müssen **Synergien gebildet** werden. Die gemeinsamen bestehenden Fixkosten werden verringert, da Infrastruktur, IT-Systeme, Know-how und Vertriebskanäle gemeinsam genutzt werden.

Beispiel
ASENDIA wurde aus den beiden internationalen Tochtergesellschaften der Schweizerischen Post und der französischen La Poste gegründet.[45] Beide Gesellschaften waren vor dem Joint Venture in mehreren Ländern der Welt im grenzüberschreitenden Postverkehr tätig – teilweise in den gleichen Ländern. Mit dem Joint Venture soll eine gleichbleibende oder gar steigende Zahl von Verkaufseinheiten auf einen gemeinsamen Fixkostenblock verteilt werden können. Außerdem spielt die Marktdurchdringung eine große Rolle: So kann der Marktführer (Deutsche Post) dank der größeren Anzahl von Vertriebsstellen (relativ und absolut) ein größeres Marktgebiet bedienen und teilweise höhere Preise durchsetzen. Durch einen Zusammenschluss der beiden kleineren Firmen Swiss Post International und La Poste international konnten auch im Vertrieb Synergien gebildet werden. Das Joint Venture ist somit konkurrenzfähiger, als es die beiden Partner alleine wären.

44 Gabler Wirtschaftslexikon, Stichwort Joint Venture.
45 Siehe http://www.asendia.com.

IV. M&A aus gesundheitlichen Gründen oder wegen Alter des Unternehmers

Inhabergeführte Unternehmen sind gerade im KMU-Umfeld stark abhängig vom Unternehmer selbst. Ein Unfall oder eine Krankheit des Unternehmers kann die Fortführung des Unternehmens infrage stellen. Noch schwieriger wird es, wenn im Rahmen des **Risikomanagements** keine Vorsorge für diesen Fall getroffen wurde. 66

Praxistipp !
Jeder Unternehmer sollte einen Stellvertreter, oder mindestens einen externen Partner, der diese Rolle in kurzer Zeit einnehmen könnte, engagieren. Das Führungsgremium sollte gemeinsam ein Notfallkonzept ausarbeiten.

Es ist ein menschliches Phänomen, dass viele Unternehmer viel zu spät daran denken, sich selbst in ihrem Unternehmen überflüssig zu machen. Der Alterungsprozess schreitet voran, und Arbeiten, die im **Ablösungsprozess** in Angriff genommen werden müssten, werden aufgeschoben. 67

Dank des verbesserten Gesundheitssystems und des allgemein höheren Wohlstands werden Unternehmer heute älter als in der Vergangenheit. Die Lebensqualität im Alter hat ebenfalls zugenommen – all dies erlaubt es Unternehmern, ihre Nachfolge auch später in Angriff zu nehmen. Die generell höhere Lebenserwartung führt zu einem deutlich entspannteren Umgang mit diesem Thema. 68

Fettnapf !
Gerade in einem inhabergeführten KMU-Umfeld dauert die Übergabe des Kerngeschäfts oft zwischen 3–6 Jahren. Inhaber eines kleineren KMU sollten frühzeitig mit der Planung der Nachfolgeregelung beginnen. Es ist nicht ohne große Abstriche beim Verkaufspreis möglich, das Unternehmen in kürzerer Zeit zu verkaufen.

Die demographische Entwicklung in den deutschsprachigen Ländern führt dazu, dass derzeit verhältnismäßig wenig junge Menschen aufwachsen, die für Unternehmer als potentielle Nachfolger in Frage kämen. Der **Mangel** an möglichen Nachfolgern wird dadurch verschärft, dass möglicherweise bessere Ausbildungsmöglichkeiten und Arbeitsbedingungen bei Großunternehmen und Konzernen potenziellen Kandidaten attraktiver erscheinen als bei Unternehmen des Mittelstands. Auch die Option einer eventuellen Übernahme zu einem späteren Zeitpunkt überzeugt viele vielversprechende Kandidaten nicht, eine Anstellung in einem KMU anzutreten. 69

V. M&A als Sanierungsmaßnahme eines Unternehmens

Ein weiterer M&A-Anlass ist die Sanierung eines Unternehmens – die **Sanierungsfusion**. 70

71 *„Die Sanierungsfusion hat zum Ergebnis, dass ein vom Scheitern bedrohtes Unternehmen nicht den Markt verlassen muss, sondern, gegebenenfalls innerhalb eines neu entstehenden Unternehmens, fortbesteht.“*[46]

VI. Exkurs: Die M&A-Transaktion im Vergleich zur Gründung eines Startups

72 Untersuchungen haben gezeigt, dass nach fünf Jahren nur noch 50% der neugegründeten Unternehmen am Markt tätig sind. Demgegenüber sind 95% der Unternehmen, die vor fünf Jahren den Besitzer gewechselt haben, immer noch im Markt aktiv.[47]

73 Für Jungunternehmer ist es eine **ernstzunehmende Option**, ein bestehendes Unternehmen zu übernehmen und ihre neuen Produkte und Dienstleistungen in diesem Unternehmen einzubringen oder zu entwickeln.

D. Besonderheiten der Nachfolge in Familienunternehmen

74 Wenn eine **familieninterne Nachfolgeregelung** gelingen soll, müssen verschiedene Voraussetzungen erfüllt sein. Grundvoraussetzung ist, dass sich ein Sohn, eine Tochter oder ein anderer Verwandter bereit erklärt, die Nachfolge anzutreten. Allerdings sollte der Nachfolger nicht nur gewillt sein, die unternehmerische Nachfolge anzutreten, er oder sie sollte auch ausreichend **qualifiziert und geeignet** sein, die wirtschaftliche und fachliche Herausforderung anzunehmen, die mit der Übernahme einer Führungsaufgabe im eigenen Unternehmen einhergeht. Verfügt der Nachfolger nicht über die notwendige Qualifikation, die nötige Erfahrung oder den nötigen Geschäftssinn, der bestenfalls mit solider beruflicher Erfahrung verbunden ist, reduzieren sich die Erfolgschancen einer erfolgreichen Unternehmensnachfolgeregelung erheblich.

75 Berücksichtigt man nur die schiere Zahl von Transaktionen, ist die familieninterne Nachfolge die am **häufigsten** vorkommende Option bei Firmenübertragungen – auch wenn sich die Zahlen momentan rückläufig entwickeln. Während sich noch vor 20 Jahren sieben von zehn Unternehmen für eine familieninterne Lösung entschieden haben, reduziert sich dieses Verhältnis momentan drastisch. In einigen Jahren werden nur noch 40% aller Unternehmensübertragungen in der Schweiz innerhalb der Familie stattfinden.[48]

---

46 Vgl. *Bergau* S. 8.

47 *CFB UniSG* Erfolgsfaktoren für Schweizer KMU – Unternehmensnachfolge in der Praxis, Studie – Ausgewählte Erkenntnisse 2013, S. 4.

48 Vgl. hierzu http://www.kmu.admin.ch/nachfolge-betriebseinstellung.

Bei familieninternen Firmenverkäufen sollte der erhöhten **emotionalen** Bindung des Verkäufers mit dem Käufer Beachtung geschenkt werden. Es ist meist ein Wunsch des heutigen Inhabers, seine „Gene" auch im Geschäft weiterzugeben. Folgende zwei Möglichkeiten existieren für eine familieninterne Lösung: 76

I. Verkauf an Kinder

Oftmals haben Unternehmer den Wunsch, ihr **Lebenswerk** an die eigenen **Nachkommen** weiterzugeben, damit diese das Unternehmen weiterführen. Auch wenn diese Zahlen rückläufig sind, haben oft auch die Kinder ein verstärktes Interesse daran, in die Fußstapfen des Unternehmers zu treten und das **Familienunternehmen** weiterzuführen. 77

Diese Lösung bietet sich an, da der Unternehmer bei einer Übertragung an die eigenen Erben eine **Kontinuität** bei der Weiterführung der Geschäfte annehmen kann. Eine oftmals komplizierte und aufwändige Suche nach einem externen Nachfolger entfällt, ebenso wie eine langwierige Einarbeitungszeit, während der die Belastung für den Unternehmer meist nochmals deutlich ansteigt. Der **Erbe des Unternehmers** hat seit Kindestagen den Alltag im Geschäft miterlebt, hat im besten Fall bereits vor der Übernahme im Unternehmen gearbeitet und hat bereits Verantwortung übernommen. In solchen Fällen geht die **Loyalität** der Angestellten in der Regel auf den Erben über, was eine weitere Zusammenarbeit stark vereinfacht. 78

Die familieninterne Unternehmensübergabe birgt aber auch Risiken. Speziell bei mehreren potentiellen Erben kann es zu **Interessenskonflikten** zwischen den einzelnen Anspruchsgruppen kommen. Vor allem aber können **emotionale Faktoren** die Bewertung der Kompetenzen der eigenen Kinder trüben. Auch ein rational handelnder Unternehmer kann sich bei der Beurteilung der Fähigkeiten der eigenen Kinder täuschen und diese **überschätzen**, was erhebliche Auswirkungen auf das Unternehmen haben kann. Auch nach der (erfolgreichen) Übergabe kann es zu Problemen kommen. Nicht selten fällt es Unternehmern besonders schwer loszulassen, wenn die eigenen Kinder den Betrieb weiterführen, und sie mischen sich weiter in die Belange der Firma ein. Ebenso ist es für die nachfolgende Generation schwer, sich aus der Gewohnheit zu lösen, aus Respekt oder Angst keine Veränderungen an Abläufen und Strukturen am Unternehmen vorzunehmen. 79

Erben erwerben ein Unternehmen in der Regel nicht zum Marktpreis. Vielmehr wird ein durchschnittlicher **Rabatt** von 42% auf den Marktpreis gewährt. In ca. 20% der Nachfolgefälle, bei denen die eigenen Kinder die Nachfolge des Unternehmers antreten, erfolgt die Transaktion ganz ohne finanziellen Ausgleich.[49] 80

---

49 *Credit Suisse* Erfolgsfaktoren für Schweizer KMU – Unternehmensnachfolge in der Praxis. Studie des CFB der Universität St. Gallen 2013.

Gesamtansicht Nachfolge-Navigator® (www.nachfolge-navigator.de)

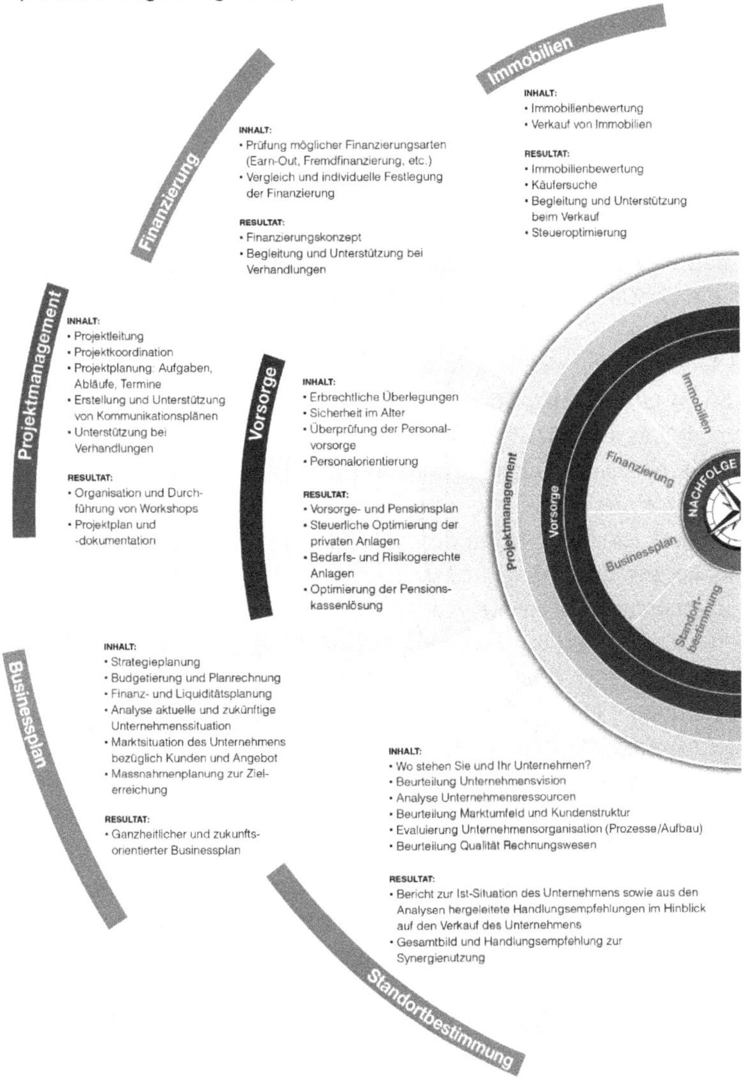

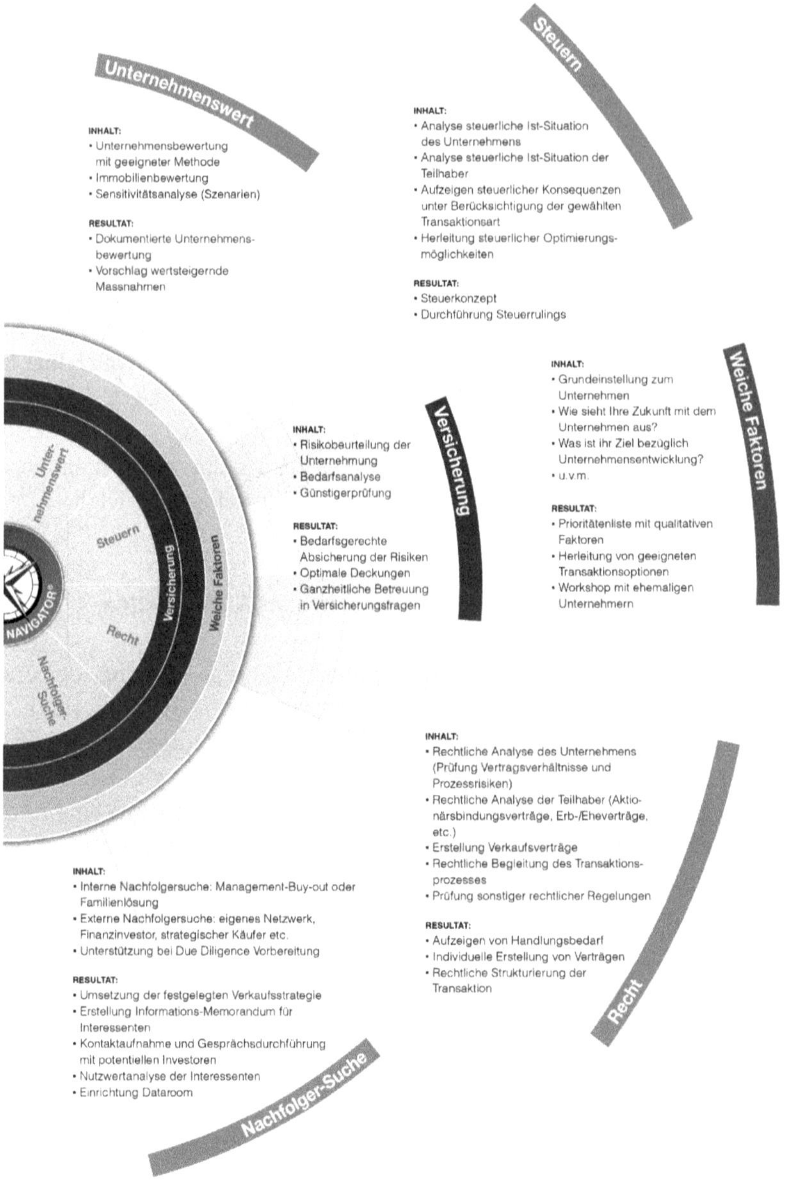

Abb. 7: Nachfolge-Navigator®: Überblick der im M&A-Prozess benötigten Kompetenzen[50]

50 *Consulta AG* Nachfolgeplanung für Unternehmen (AXA Winterthur). Informationsbroschüre 2014, S. 5 ff.; siehe auch http://consag.ch/consulta/images/consulta/documents/netzwerk/Nachfolgeregelung.pdf.

II. Verkauf an Verwandtschaft

81 Bei der familieninternen Übergabe eines Unternehmens an andere Verwandte als die eigenen Kinder verhält es sich ähnlich. Bei der Auswahl des Nachfolgers sollte verstärkt Wert auf eine **neutrale Beurteilung** der Fähigkeiten gelegt werden, um ein böses Erwachen zu einem späteren Zeitpunkt zu vermeiden. Die Qualifikation in fachlicher und persönlicher Hinsicht spielt eine grundlegende Rolle.

82 Grundsätzlich ist es einfacher, das Unternehmen an einen Verwandten zu übergeben, der bereits vorher im Unternehmen gearbeitet hat und von den Beschäftigten bereits respektiert wird. Allerdings verhält es sich auch bei den Risiken einer Nachfolge aus der Verwandtschaft ähnlich wie bei den eigenen Kindern – auch hier kann zu großer **Respekt** vor dem Werk des übergebenden Unternehmers zu Stillstand führen.

83 Anders als bei den eigenen Kindern kommt es bei der Übergabe an andere Verwandte vermutlich seltener zu Transaktionen ohne finanziellen Ausgleich.

III. Weitere Lösungen der Nachfolge-Regelung ohne M&A-Transaktion

84 **Fremdmanagement**, Einbringen des Unternehmens in eine **Stiftung**, der Erwerb anderer Unternehmen, eine **Fusion** oder ein **Börsengang** (IPO) sind weitere Möglichkeiten, eine Firma weiterzuentwickeln, anstatt sie zu verkaufen.

85 Wenn ein Unternehmen nicht familienintern auf die nächste Generation übertragen und auch nicht verkauft werden kann, stellt die **Liquidation** eine Alternative dar – sie ist allerdings mit schwerwiegenden Nachteilen verbunden. Die Auflösung des Unternehmens führt in aller Regel zu einer Vermögensentwertung. So kann das Anlagevermögen oft nur mehr zu Liquidationswerten (also Tiefstpreisen) veräußert werden und der Wert bestimmter immaterieller Güter, wie etwa Kunden- und Lieferantenbeziehungen, geht vollständig verloren. Auch steuerlich wirkt sich eine Liquidierung nachteilig aus. Daher wird diese Lösung nur gewählt, wenn keine bessere Lösung zur Verfügung steht und keine Alternative gefunden werden kann.

IV. Benötigte Kompetenzen bei einer M&A-Transaktion

86 Bei einer M&A-Transaktion sind verschiedene Aufgaben abzuarbeiten, viele Entscheidungen zu treffen und **zahlreiche unterschiedliche Kompetenzen** zu koordinieren.

Der Nachfolge-Navigator wurde speziell für den Verkauf **inhabergeführter KMU** 87 entwickelt. In der einen oder anderen Form sind die meisten der angesprochenen Themen jedoch bei allen Transaktionen relevant. Beispielhaft verschafft der Nachfolge-Navigator einen Überblick über Themen, die im Rahmen einer Transaktion zu bedenken sind. Einige **ausgewählte Fragestellungen** von besonderer Bedeutung behandelt dieses Praxishandbuch im Folgenden vertieft.

Kapitel 2
Struktur des Prozesses

A. Einleitung

Das folgende Kapitel soll ein Grundverständnis für den M&A-Prozess und die Notwendigkeit seiner sorgfältigen Planung wecken. Der Prozess soll hier gesamthaft dargestellt werden, während in den weiteren Kapiteln auf die wesentlichen Schwerpunkte detaillierter eingegangen wird. 1

I. Warum überhaupt ein strukturierter Prozess?

Der **Verkauf eines Unternehmens** unterscheidet sich fundamental von sonstigen Transaktionen, mit denen man sich in seinem Leben beschäftigt. Egal ob Auto oder Haus verkauft werden sollen: Bei einem Unternehmen steckt mehr dahinter als einfach nur der Verkauf eines Gegenstandes. Hier geht es um einen Organismus mit verschiedensten Einflussfaktoren wie Mitarbeiter, Kunden, Lieferanten, Konkurrenten oder aber auch Technologien, Patente, Produktionsprozesse. 2

Während es bei einem Auto- oder Hausverkauf hauptsächlich ein Zeitverlust ist, wenn man das Verkaufsobjekt verschiedenen Investoren erfolglos präsentiert, hat man bei einem Unternehmensverkauf ganz andere Risiken zu befürchten: 3

- Der **Konkurrent** hat sich ein Bild über die Technologie und die Produktionsprozesse gemacht;
- Die **Mitarbeiter** sind verunsichert, wenn ständig neue Interessenten das Unternehmen ansehen und werden sich vielleicht umorientieren, im schlimmsten Fall sogar von einem der Interessenten abgeworben, wenn hier keine Vorsorge getroffen wird;
- Die **Kunden** suchen sich andere Lieferanten, da sie sich nicht sicher sein können, ob und in welcher Struktur das Unternehmen fortbesteht;
- **Lieferanten** ändern auf Grund der Unsicherheit ihre Liefer- und Zahlungsbedingungen;
- **Banken** verlangen zusätzliche Sicherheiten.

Geht es um den Kauf eines Unternehmens, stellen sich die **Risiken** eines schlecht vorbereiteten Prozesses zunächst nicht ganz so drastisch dar, aber alleine der **Einsatz** des eigenen Personals bei der Prüfung verschiedener Targets hält dieses ab von anderen Tätigkeiten, von den zusätzlichen **Kosten** für Berater, Anwälte und Wirtschaftsprüfer ganz zu schweigen. Weiterhin muss man aber nach den **Konsequenzen** eines Unternehmenskaufes fragen, wenn man sich nicht ausrei- 4 chend vorbereitet hat. Diese werden sich erst dann massiv niederschlagen, wenn man ein paar Jahre später merkt, dass man das falsche Unternehmen zu teuer gekauft hat.

5 War es in der Vergangenheit noch möglich und teilweise erfolgreich, spontan und unvorbereitet eine Transaktion durchzuführen, ist das heute auf Grund der **Komplexität**, **Professionalisierung** und eines immer schwierigeren und schnelllebigeren **Umfelds** nicht mehr möglich.

6 Größere Unternehmen haben eigene M&A- oder Business-Development-**Spezialisten**, die sich täglich mit diesen Prozessen beschäftigen, aber auch sie greifen in Transaktionen regelmässig auf externe Unterstützung zurück.

7 Für kleinere und in derartigen Fragestellungen nicht so erfahrene Unternehmen ist es unerlässlich, sich frühzeitig mit einem spezialisierten **Berater** oder einer **Investment Bank** in Verbindung zu setzen. Diese stellen einerseits eine saubere Prozessorganisation und -durchführung sicher und wissen auch, wann weitere Spezialisten (Rechtsanwälte, Steuerberater, Wirtschaftsprüfer) hinzuzuziehen sind, andererseits vermeiden sie die vielen Fallstricke, die in solchen Prozessen lauern und sorgen für ein optimales Ergebnis. Letzteres muss nicht zwangsläufig eine reine Frage des Preises sein.

8 Ist die Entscheidung für eine Transaktion gefallen, muss ein Prozess professionell festgelegt werden, in dem zunächst die **wichtigsten Fragen** zu klären sind:
- Was ist die strategische Logik?
- In welcher Form soll die Transaktion durchgeführt werden?
- Welchen Preis will ich erzielen/bezahlen?
- Wie ist der zeitliche Ablauf?
- Wann gebe ich welche Informationen frei?
- Wann involviere ich welche Mitarbeiter/Berater?
- Wann und wie kommuniziere ich mit meinem Umfeld (Mitarbeiter, Kunden, Lieferanten, Banken)?

9 Bei einer M&A-Transaktion handelt es sich nicht um Tagesgeschäft. Es gibt viele **Fallstricke**. Bei einer unzureichenden Strukturierung des Prozesses droht zum einen eine gefährliche **Vernachlässigung des Tagesgeschäfts**. Zum anderen kann ein Verhandlungsprozess, wenn nicht vorher klare Regelungen und Grenzen besprochen wurden, eine unerwünschte **Eigendynamik** entwickeln. Man muss wissen, worauf man sich einlässt und Zeit, finanzielle und personelle Ressourcen genau planen.

II. Ein Prozess – zwei Sichtweisen

10 Unternehmenskauf und Unternehmensverkauf folgen grundsätzlich dem gleichen Prozess von zwei verschiedenen Seiten. Je nachdem, auf welcher Seite man

steht, müssen aber deutlich **unterschiedliche Schwerpunkte** gesetzt werden, da der aktive Teil der Teilnahme anders ausgeprägt ist und die Interessen gegenläufig sind.

Eine **saubere Vorbereitung** und ein **klares Strategieverständnis** des eigenen Geschäfts sind zunächst die Hauptvoraussetzung für eine langfristig erfolgreiche M&A Transaktion, egal ob Kauf oder Verkauf. Was in der ersten Phase des Prozesses einmal festgelegt wurde, gibt die **Richtung** vor und hat damit auch entscheidenden Einfluss auf das spätere Ergebnis. Nur in den seltensten Fällen werden die hier getroffenen Entscheidungen im Laufe eines Prozesses auf Grund opportunistischer Alternativen umgestoßen. 11

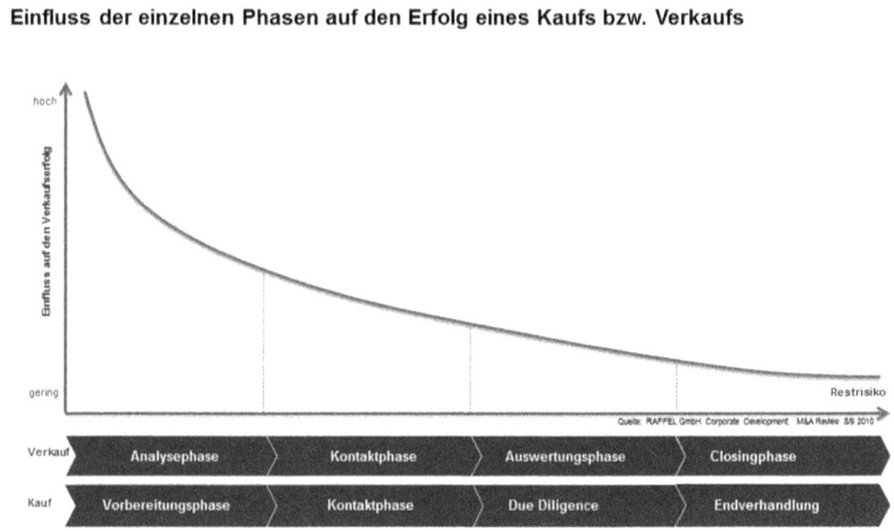

Abb. 1: Der M&A-Prozess

Wenn die Rahmenbedingungen gesetzt sind, ist die **Geschwindigkeit entscheidend**. Die gute Vorbereitung ermöglicht eine zügige Durchführung des Prozesses und schnelle Entscheidungen. Damit behält man das Heft des Handelns in der Hand und kann den Prozess in seinem Sinne führen. 12

Der **Kaufprozess** verlangt neben einer klaren **Abgrenzung** der Kaufkriterien ein hohes Verständnis in der **Analyse** der bereitgestellten (und nicht bereitgestellten) Informationen. Wichtig ist, sich nicht von Emotionen innerhalb des Prozesses leiten zu lassen. Ebenso ist ein ganz wesentlicher Erfolgsfaktor in der Integration des erworbenen Geschäftes zu sehen. Gerade in der aktuellen Marktsituation ist ein **aktives Marktscreening** ein wichtiger Bestandteil, da in der Regel die attraktiven Unternehmen nicht offen auf dem Markt angeboten werden. 13

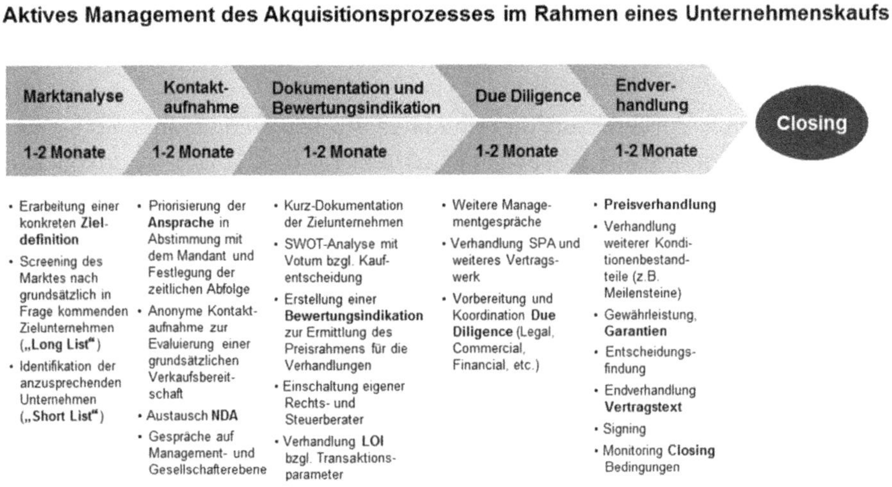

Abb. 2: Der Kaufprozess

14 Der **Verkaufsprozess** verlangt eine saubere Vorbereitung sämtlicher Unterlagen vor dem Prozessstart. Hier ist es sehr wichtig, zu welchem **Zeitpunkt** welche Stakeholder (Mitarbeiter/Berater/Banken) in den Prozess einbezogen werden und wann das Umfeld (Kunden, Lieferanten) über die Transaktion aktiv informiert wird. Auch muss der Verkäufer sich die **Auswirkung** des Prozesses auf den Ablauf des Tagesgeschäftes und die eigene **Verfügbarkeit** vorab bewusst machen.

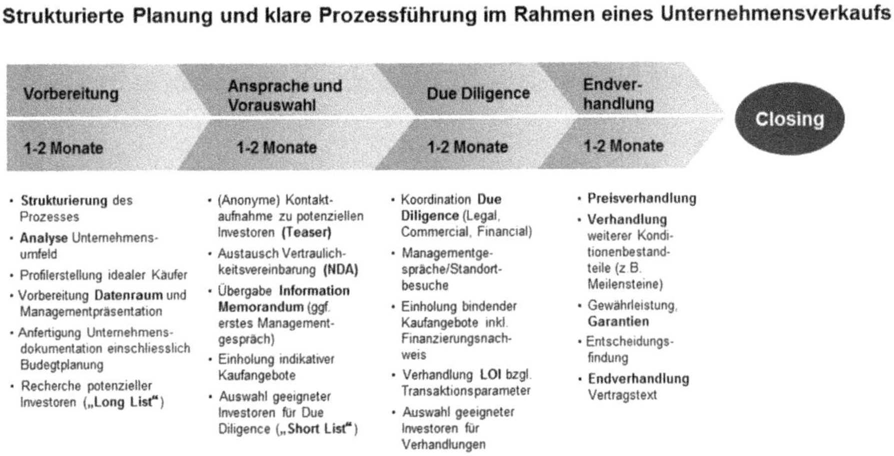

Abb. 3: Der Verkaufsprozess

B. Kaufprozess

Im Folgenden soll von einem **aktiven Kaufprozess** ausgegangen werden, d.h. der Käufer hat sich generell entschieden, eine Akquisition zu tätigen. Hier kommt der **Analysephase** entscheidende Bedeutung zu, da die Chance auf eine erfolgreiche Akquisition wesentlich höher ist, wenn man selbst am Markt tätig wird und aktiv Unternehmen anspricht, die vielleicht noch nicht über einen Verkauf nachgedacht haben. Die **Geschwindigkeit** des Prozesses ist wichtig, um diesen exklusiven Status zu sichern. Eine professionelle **Vorbereitung** schafft einen Informationsvorsprung vor möglichen Konkurrenten. Der zeitliche Aspekt kann hier zum entscheidenden Erfolgsfaktor werden. 15

Sollte man beim Kaufprozess aktiv von einem Verkäufer bzw. dessen Berater angesprochen werden, ist nach Auswertung der Kurzdarstellung („Teaser") und Unterzeichnung der Vertraulichkeitsvereinbarung der Prozessverlauf ab der Analysephase simultan. Häufig kann es dazu kommen, dass zusätzlich zur eigenen Suche weitere Unternehmen angeboten werden, vor allem, wenn die Kaufabsicht am Markt bekannt wird. 16

Die nachfolgende Beschreibung der einzelnen Phasen mündet jeweils in einer zusammenfassenden Darstellung der **Ressourcenplanung**, um ein Gefühl für den Umfang und Aufwand eines derartigen Prozesses zu vermitteln. Die Erfolgsaussichten bei einem solch existenziellen Thema hängen ganz wesentlich von der **Professionalität** der Beteiligten ab. Auch bei der Einschaltung eines erfahrenen Beraters ist eine aktive Unterstützung durch das Unternehmen und dessen Mitarbeiter aber unerlässlich. 17

I. Analysephase

1. Zieldefinition

Oft wird ein M&A Prozess gestartet, weil gerade genug Geld vorhanden ist oder man einer spontanen Idee folgt. Die Folgen können verheerend sein. Das liegt nicht nur an dem aufwendigen Prozess und der Bindung personeller und finanzieller Ressourcen, sondern viel mehr an dem Ergebnis des unüberlegten Handelns. 18

Wichtig ist es immer, zunächst die eigene **Position** im Markt klar zu verstehen. Nur aus diesem Verständnis lässt sich eine **Strategie** ableiten, die es möglicherweise erlaubt, auch Akquisitionen in Betracht zu ziehen. Wenn die eigene Position und die des möglichen Zielunternehmens sowie der aus dem Kauf entstehende **Mehrwert** verstanden sind, kann man sich gedanklich mit dem eigentlichen Prozess beschäftigen. 19

Natürlich gibt es **Opportunitäten**, die von extern angeboten werden. Aber auch in diesem Fall ist die Strategieüberlegung unerlässlich. Was nutzt es, den grössten 20

Konkurrenten vermeintlich günstig zu erwerben, wenn der Markt gar nicht mehr das Potenzial für das neue Gemeinschaftsunternehmen hat?[1]

Ableitung der Akquisitionsstrategie aus der Unternehmensstrategie

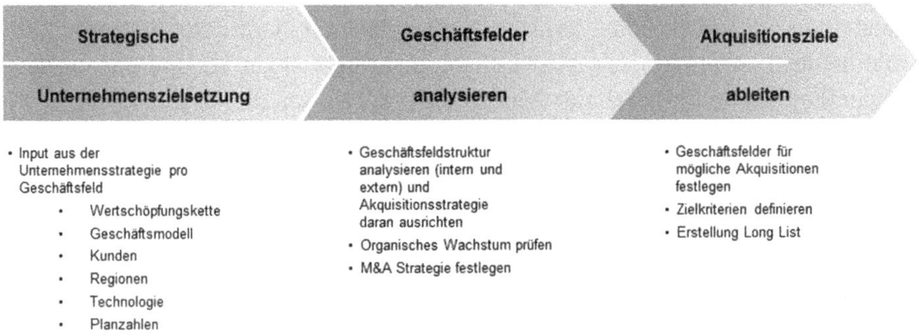

Abb. 4: Strategie Check

21 Der **Zeitplan** des Prozesses sollte von Beginn an ebenso klar sein wie die benötigten personellen und finanziellen **Ressourcen**. Da Geschwindigkeit ein wesentlicher Faktor ist, muss man sich frühzeitig darüber im Klaren sein, dass es in gewissen Situationen gilt, schnell die richtigen **Entscheidungen** zu treffen. Die Entscheidung, in den Prozess einzutreten, will vorab wohl überlegt sein, sollte innerhalb des Prozesses – außer bei Eintreten von außergewöhnlichen Entwicklungen – aber nicht mehr in Frage gestellt werden.

2. Long List

22 Basis für die Erstellung einer Long List sind die **Zielkriterien** für das Marktscreening (Marktsegment, geographischer Fokus, finanzielle Situation, Unternehmensstruktur, Erwerbsstruktur). Nur mit einer sauberen Erarbeitung der Zielkriterien werden später auch die passenden Unternehmen angesprochen und untersucht. In einem von Anfang an richtig aufgesetzten Prozess ergeben sich die Zielkriterien als Resultat aus der Unternehmensstrategie.

23 Ziel der Long List ist es, möglichst alle auf Grund der Zielkriterien in Frage kommenden Unternehmen zu identifizieren, auch wenn diese aus verschiedenen anderen Gründen möglicherweise nicht als Kaufobjekt in Frage kommen. Dies erweitert das Verständnis des bearbeiteten Marktes.

1 Einen kurzen Abriss über die Unternehmensstrategie im Rahmen von M&A-Projekten geben Lucks/*Rothenbücher*/*Niewein* S. 90–100. Die Ausführungen beziehen sich auf Großkonzerne, sind aber auch auf kleinere und mittlere Unternehmen übertragbar.

Dabei gilt es, gleich zu Beginn so viel wie möglich über die potenziellen **Zielunternehmen** herauszufinden. 24 Bei größeren Unternehmen ist das im Regelfall häufig problemlos über das Internet möglich, wo zumindest die wesentlichen Finanzkennzahlen sowie die Anzahl der Mitarbeiter und die Unternehmensstruktur zu finden sind. Schwieriger stellt sich die Situation bei kleineren Unternehmen, speziell Familienbetrieben dar. Hier ist es notwendig, sämtliche **Kontakte** und **Netzwerke** zu aktivieren, um diese Unternehmen zu finden und zumindest ein Gefühl von deren wesentlichen Parametern zu bekommen.[2]

Praxistipp
Neben der Marktkenntnis aus dem eigenen Unternehmen findet man schnell einen guten Überblick in aktuellen Ausstellerverzeichnissen relevanter Messen sowie den Mitgliederlisten entsprechender Branchenverbände.

3. Short List

Die Überleitung von der Long List zur Short List bedeutet nichts anderes als einer- 25
seits Unternehmen der Long List direkt auszuschließen und andererseits eine **Gruppierung** in der **Ansprache** der verbleibenden Unternehmen vorzunehmen. Wichtig ist hier, nicht auf Grund mangelnder Informationen mögliche Zielunternehmen zu frühzeitig von der Liste zu nehmen.

Umfangreiche Dienstleistungen vor dem eigentlichen Kaufprozess erhöhen die Entscheidungssicherheit und sind die Basis einer erfolgreichen Transaktion

	Durchschn. Anzahl an Manntagen
Erarbeiten einer konkreten Zieldefinition ▪ Ausgangspunkt: Verständnis der bestehenden Bereiche sowie der Entwicklung der entsprechenden Märkte ▪ Marktbetrachtungen und -verständnis (Abgrenzung Teilmärkte, Fokussierung) ▪ Identifikation der wesentlichen Wettbewerber sowie deren strategischen Ausrichtung ▪ Berücksichtigung externer Effekte (politischer Einfluss, Währungsthema, demographische Entwicklungen etc.)	5-15
Vollständiges Markt-Screening (Long List) ▪ Analyse sämtlicher Datenbanken / Recherche über Börsen, Verbände, Messen, Print-Medien ▪ Persönliche Gespräche mit Branchenspezialisten aus dem eigenen Netzwerk ▪ Komplette Einbeziehung sämtlicher Konzerne vor dem Hintergrund möglicher Spin offs / PE-Portfolios ▪ Analyse von Synergiepotenzialen	15-30
Identifikation anzusprechender Unternehmen (Short List) ▪ Detaillierte Analyse sämtlicher Unternehmen der Long List (Unternehmenskennzahlen, Shareholderstrukturen, Produktverständnis, Kundenstrukturen, Marktsegmente, Marktanteile)	10-15

Abb. 5: Ressourcenplanung – Analysephase

2 Gerade im Mittelstand und der dort herrschenden Intransparenz kommt dem Berater bei der Identifizierung von Zielunternehmen eine entscheidende Bedeutung zu. Eine gute und praxisnahe Darstellung dieser Thematik findet sich bei Lucks/*Röver* S. 510–519.

II. Kontaktphase

1. Priorisierung

26 Innerhalb der **Short List** ist eine weitere Priorisierung für die Ansprache notwendig. Man will nicht um jeden Preis irgendein Unternehmen kaufen und hat normalerweise auch nicht die **Kapazitäten**, sich gleichzeitig eine größere Anzahl Zielunternehmen intensiv anzusehen. Daher ist es sehr wichtig, hier die richtige **Auswahl** zu treffen. Das setzt voraus, dass in der Analysephase die wesentlichen Informationen zusammengestellt wurden. Das zeigt einmal mehr, wie wichtig und vor allem richtungsweisend eine saubere Vorbereitung des eigentlichen Kaufprozesses ist.

2. Anonyme Kontaktaufnahme

27 Bei der Kontaktaufnahme ist es entscheidend, dass der richtige **Ansprechpartner** beim Zielunternehmen gefunden wird. Dies gestaltet sich nicht immer einfach. Zum einen ist manchmal nicht klar, wer das wirklich ist. Zum anderen kann es sehr schwer sein, diese Person zu erreichen. Aber nur mit den richtigen Kontakten können vorab die wesentlichen Fragen geklärt werden. Beispielsweise kann der Fremdgeschäftsführer durchaus andere Interessen verfolgen als der Unternehmensinhaber.

28 Mindestens genauso wichtig ist es, die Zielperson innerhalb der ersten Kontaktaufnahme davon zu überzeugen, dass es für sie interessant und wichtig sein kann, über einen möglichen Verkauf nachzudenken. Dazu sollte man aus den Kenntnissen des eigenen Unternehmens, des Marktes und des Zielunternehmens eine entsprechende **Verkaufslogik („Strategic Rationale“)** vorbereitet haben.

Beispiel
Im Rahmen eines Kaufmandates eines weltweit führenden Unternehmens in der Baubranche wurden mögliche Zukäufe in einem kleineren Segment geprüft. Der Markt war überschaubar und neben zwei großen Playern von einer Vielzahl kleinerer, regionaler und hochspezialisierter Unternehmen geprägt. Da für diese Unternehmen auf Grund ihrer Größe und Marktzugänge ein internationales Wachstum sehr schwierig war, gaben das weltweite Netzwerk und die damit verbundenen Vertriebs- und Expansionsmöglichkeiten des Interessenten regelmäßig den Ausschlag zur Aufnahme von Gesprächen.

29 Inwieweit man hier bereits den Namen des Käufers nennt, ist abhängig von der jeweiligen Situation. Normalerweise sollte dieser auch nur **anonym** – aber mit seinen Vorzügen – beschrieben werden, um die Neugier des Verkäufers und die Chancen auf die Unterzeichnung einer Vertraulichkeitsvereinbarung mit anschließendem Informationsaustausch zu erhöhen.

3. Unterzeichnung Vertraulichkeitsvereinbarung

Bevor man erste Details sowie später auch weitere Informationen austauscht, ist der Abschluss einer **Vertraulichkeitsvereinbarung („Non-Disclosure-Agreement")** notwendig. In der Praxis hat sich leider herausgestellt, dass es selbst bei offensichtlichen Brüchen dieser Vereinbarung sehr schwer ist, entsprechenden **Schadenersatz** durchzusetzen. 30

Aus **Käufersicht** ist dieser Bereich weniger kritisch, da hier lediglich am Markt bekannt wird, dass man an Zukäufen interessiert ist, was im Zweifel als positives Signal wahrgenommen wird. Schwieriger sieht es für den **Verkäufer** aus, der zumindest so weit als möglich Vorsorge treffen und bei der **Informationsbereitstellung** selektiv und schrittweise vorgehen sollte. 31

Praxistipp

Wenn der Verkäufer noch nicht auf den Verkauf vorbereitet war, sollte man als Käufer versuchen, für die Phase der Analyse der Informationen und Abgabe eines Angebotes Exklusivität zu erlangen. Damit verhindert man gerade in derzeit vorherrschenden „Verkäufermärkten" die Konkurrenz in einem Auktionsprozess. Allerdings ist dabei das strategische Zeitmanagement sehr wichtig, um die Transaktion auch innerhalb dieser Phase erfolgreich abzuschließen.

---

4. Gespräche mit dem Target

Es empfiehlt sich, möglichst schnell ein erstes Gespräch auf **Entscheiderebene** zu organisieren. Dabei gilt es gerade für den Käufer, **Vertrauen aufzubauen**, das eigene Unternehmen vorzustellen und eine erste Idee möglicher Strategien mit dem zu kaufenden Unternehmen zu präsentieren. 32

Zunächst sollten danach die Informationen geprüft werden, die wesentlich für die Entscheidung des Käufers sind, den Prozess weiter zu verfolgen. Damit kann für beide Seiten unnötiger Aufwand vermieden werden. 33

Praxistipp

Eine frühzeitige aktive Involvierung der Entscheidungsträger des Käufers in den Prozess signalisiert die Ernsthaftigkeit und verhilft häufig zu einem offeneren und vertrauensvolleren Prozessverlauf.

Beispiel

In einem Kaufprozess eines Maschinenbauunternehmens brachte der Kaufinteressent, der deutlich größer war als das zu verkaufende Unternehmen, sämtliche Mitglieder des Aufsichtsrates zum ersten Gespräch mit. Diese betonten ihr Interesse an dem Unternehmen und erklärten den Wunsch nach einem schnellen, offenen und fairen Prozess. Damit konnten die Verkäufer und deren Berater davon ausgehen, dass ein ernsthaftes Kaufinteresse vorhanden war und die Transaktion wurde kurzfristig erfolgreich durchgeführt.

Die persönliche und detaillierte Ansprache garantiert dem Erwerber einen bestmöglichen Informationsstand zu einer frühen Prozessphase

	Durchschn. Anzahl an Manntagen
Priorisierung und Kontaktaufnahme ▪ Gemeinsame Auswertung der Analyse und Festlegung der Taktung der weiteren Vorgehensweise ▪ Ansprache möglichst immer sofort auf Level des Entscheiders ▪ Darstellung einer generellen „Strategic Rationale" auf anonymisierter Basis ▪ Austausch NDA	20-30
Gespräch mit dem Target ▪ Meeting mit den Entscheidern am Ort des Targets ▪ Vorstellung des Kaufinteressenten ▪ Erfragung der wesentlichen Informationen (Produkte, Financials, mögliche Transaktionsstrukturen) ▪ Besichtigung der Räumlichkeiten / Produktion	10-15

Abb. 6: Ressourcenplanung – Kontaktphase

III. Auswertungsphase

1. Auswertung Unterlagen

34 Das **Information Memorandum** stellt eine ausführliche Beschreibung des zu verkaufenden Unternehmens dar. Es enthält sämtliche Fakten des Unternehmens, der Märkte und Konkurrenten sowie die wesentlichen Zahlen aus der Vergangenheit und Planzahlen der Zukunft.

35 Das Information Memorandum soll den Interessenten in die Lage versetzen, ein erstes **indikatives Angebot** abzugeben, auf dessen Basis der Verkäufer entscheidet, ob der Interessent in den weiteren Prozess aufgenommen wird.

36 Es ist zu bedenken, dass das Information Memorandum zwar einerseits objektive Informationen enthält, andererseits aber auch ein **Verkaufsprospekt** ist, welches die positiven Aspekte des Unternehmens in den Vordergrund stellt. Daher ist es wichtig, diese Informationen genau zu analysieren und einer kritischen **Stärken-Schwächen-Analyse** zu unterziehen. Es ist dem Käufer nicht geholfen, in dieser Phase potenzielle **Deal Breaker** zunächst zu ignorieren, nur weil er noch kein bindendes Angebot abgeben muss. Immerhin investiert er Zeit und Geld in den Prozess, die er bei frühzeitiger Kenntnis bzw. richtiger Auswertung besser in ein anderes Zielunternehmen investieren könnte.

Beispiel

Bei der Durchsicht eines Information Memorandums eines internationalen Elektronikunternehmens durch einen Kaufinteressenten im Rahmen eines Auktionsprozesses war relativ schnell klar, dass das Unternehmen zwar strategisch sehr interessant ist, die weitere positive Entwicklung jedoch wesentlich auf einem neuen Produkt basiert, welches nicht in das Portfolio des Kaufinteressenten passte. Außerdem war offensichtlich, dass für dieses Produkt ein Oligopolmarkt besteht und die anderen Marktteilnehmer einen hohen Preis bieten würden. Daher wurde die Transaktion von dem Kaufinteressenten an dieser Stelle abgebrochen, obwohl ein grundsätzliches Interesse bestand, um wichtige Ressourcen und Geld zu sparen.

---

2. Bewertungsindikation

Normalerweise erhält der Käufer im Rahmen des Information Memorandum genügend Informationen, um eine erste Bewertung im Rahmen der **gängigen Bewertungsverfahren** vorzunehmen. Sollte dies nicht der Fall sein, muss er die fehlenden Informationen vor Abgabe des indikativen Angebotes nachfragen. Dies ist auch im Interesse des Verkäufers, da er dann mit einem ernsthaften Angebot rechnen kann. 37

Auf jeden Fall sollte sich der Käufer rechtzeitig über die entsprechenden **marktüblichen Multiplikatoren** informieren und parallel verschiedene Bewertungsverfahren zur Wertermittlung heranziehen.[3, 4] 38

Den einen **wahren Wert** eines Unternehmens gibt es nicht. Sowohl die gewählten Bewertungsverfahren selbst als auch kleinere Veränderungen einzelner Parameter innerhalb dieser Verfahren zeigen die große Bandbreite möglicher Werte. Es ist aber wichtig, diese Bewertungen durchzuführen und zu verstehen. Im Regelfall wird der Verkäufer im Rahmen des indikativen Angebots die **Darstellung der Bewertungsgrundlagen** verlangen. Die Diskussion über die herangezogenen Parameter ist Teil der Preisverhandlungen. 39

Mögliche **Synergieeffekte** nach einem erfolgreichen Kauf sollte der Käufer ebenfalls bei der Wertermittlung berücksichtigen, aber nicht dem Verkäufer gegenüber offenlegen. Zum einen erhöhen Synergien nicht den objektiven Wert des zu verkaufenden Unternehmens, sondern kommen nur durch die Kombination der beiden Unternehmen (hoffentlich) zu Stande. Zum anderen verschafft sich der Käufer so einen gewissen **Spielraum bei der Preisverhandlung**. 40

Praxistipp !

Bauen Sie frühzeitig eine entsprechend flexible Bewertungsstruktur auf („Modelling"), innerhalb der Sie bei Erlangung neuer Kenntnisse z.B. im Rahmen der Due Diligence entsprechende Anpassungen vornehmen können.

---

3. Abgabe indikatives Angebot

Das indikative Angebot spiegelt den **Kenntnisstand** der überlassenen Informationen wider. Dennoch kann es aus verschiedenen Gründen ratsam sein, ein **höheres Angebot** abzugeben, als die Datenbasis eigentlich zulassen würde. Das kann im Vorliegen von Synergien begründet sein, aber auch in der Tatsache, dass man auf jeden Fall weitere Informationen im Rahmen der Due Diligence sichten möchte. 41

---

3 Einen guten Überblick über die gängigen Bewertungsverfahren geben *Volkard* sowie Lucks/ *Aders/Wiedemann/Pöschl* S. 207–215.

4 Für eine erste Indikation eignet sich immer das Heranziehen von Multiples. Aktuelle Informationen über Branchen und verschiedene Unternehmensgrößen findet man unter http://www.finance-magazin.de/research/multiples/.

42 Allerdings ist es schwierig zu begründen, von einem entsprechend hohen Angebot wieder abzuweichen, wenn sich in der weiteren Phase des Prozesses keine objektiven Anhaltspunkte finden lassen.

43 Umgekehrt kann es auch eine Strategie sein, zunächst ein **niedrigeres Angebot** abzugeben, um den finalen Preis möglichst gering zu halten. Sollte dieser Preis nicht ausreichend für die Teilnahme am weiteren Prozess sein, gibt es in der Regel immer noch die Möglichkeit, das Angebot **nachzubessern.**

44 Letztendlich müssen diese Entscheidungen immer jeweils auf Basis der **aktuellen Gesamtsituation** des Verkaufsprozesses getroffen werden.

4. Due Diligence

a) Datenraumphase

45 Die Datenraumphase sollte sorgfältig vorbereitet werden, da hier verschiedene Gruppen parallel agieren. Der Umfang einer Due Diligence hängt insbesondere von der **Unternehmensgröße** ab. Die regelmäßig erforderliche Einbeziehung externer Berater (Wirtschaftsprüfer, Steuerberater, Rechtsanwälte, Umweltgutachter, Immobilienexperten) erfordert einen hohen **Koordinationsaufwand**, um den richtigen Fokus sicherzustellen und die Themen entsprechend zu verteilen. **Typische Bereiche** einer Due Diligence sind Steuern, Finanzen und Recht. Bei größeren Transaktionen gibt es neuere Tendenzen: Compliance (fast schon generell üblich), Environmental & Health, Betriebliche Altersvorsorge, etc.

46 Generell ist es üblich, dass der Kaufinteressent – basierend auf dem Informationsstand des Information Memorandums sowie weiterer benötigter Informationen – dem Verkäufer eine **Liste** mit den gewünschten Informationen aus den verschiedenen Bereichen zukommen lässt. Hierzu gibt es verschiedenste umfangreiche Muster und Vorlagen. Entscheidend ist aber die Konzentration auf die im Einzelfall **relevanten Informationen**. Eine umfassende und allgemeine Anfrage kann dazu führen, dass der Verkäufer diese nicht komplett beantworten kann und dann eine Auswahl nach seinem Geschmack trifft.

47 Selbstverständlich gibt es gewisse **Standardanfragen**, die für jeden Prozess gelten (z.B. Unternehmenszahlen aus der Vergangenheit, Planungszahlen, wesentliche Verträge, Produktinformationen, Lieferanten- und Kundenstruktur). Für jeden Prozess werden jedoch **individuelle Informationen** benötigt, um ein Unternehmen realistisch beurteilen und ein angemessenes finales Angebot abgeben zu können.

48 Eine Herangehensweise mit **Augenmaß** stellt einerseits sicher, dass auch die wesentlichen Informationen abgefragt werden und führt auch andererseits dazu, das Verhältnis zwischen Käufer und Verkäufer nicht über Gebühr zu belasten.[5]

---

5 Eine ausführliche Darstellung der Due Diligence Thematik einschließlich entsprechender Checklisten findet sich bei *Berens/Brauner/Strauch/Knauer.*

Praxistipp

Die Koordination der Due Diligence sollte von einem erfahrenen Projektleiter vorgenommen werden, der sicherstellt, dass die wesentlichen Informationen abgefragt werden und ein regelmäßiger Austausch der verschiedenen Due Diligence Teams stattfindet. Möglicherweise kann es aus Käufersicht sinnvoll sein, zunächst eine eingeschränkte Due Diligence durchzuführen, wenn bereits der Verdacht besteht, dass kritische Themen vorliegen, die die Transaktion scheitern lassen können („Red Flag Due Diligence"). Das spart Zeit und Ressourcen.

Beispiel

Im Rahmen eines Kaufprojektes eines Unternehmens aus dem Bereich Automobilzulieferer traten in der Vergangenheit bei dem Unternehmen verschiedenste Turbulenzen auf und es bestand eine hohe Wahrscheinlichkeit, dass es im Rahmen der Due Diligence zu einem Deal Breaker kommen konnte. Daher hat der Kaufinteressent zunächst nur mit einem sehr kleinen Team von Spezialisten eine Red Flag Due Diligence durchgeführt. In der Tat wurden dadurch bereits schnell Informationen bekannt, die den potenziellen Käufer aus dem Prozess aussteigen ließen. Dieses Vorgehen führte zu einer deutlichen Kosten- und Zeitersparnis.

b) Managementgespräche

Die Managementgespräche dienen aus Sicht des Käufers zum einen dazu, Informa- 49
tionen aus dem Datenraum zu hinterfragen. Zum anderen vermitteln sie auch ein Bild der **Führungsmannschaft**, die an Bord bleiben soll.

Die Gespräche sollten **keine Einbahnstraße** sein, auch der Käufer ist hier ge- 50
fordert, das Management von sich zu überzeugen und für eine zukünftige Zusammenarbeit zu motivieren.

Praxistipp

Im Vorfeld sicherstellen, dass die Manager, die man möglicherweise schon als Schlüsselpersonen identifiziert hat, auf jeden Fall an den Managementgesprächen teilnehmen.

c) Q&A

Neben den Managementgesprächen wird es innerhalb der Datenraumphase einen 51
Austausch bezüglich der vorhandenen und nicht vorhandenen Informationen im Datenraum geben. Im Regelfall wird der Verkäufer Sorge tragen, dass auch dieser Prozess strukturiert abläuft und Fragen **gebündelt** eingereicht werden. Zusätzlich zu den allgemeinen Fragen ist hier besonderer Wert darauf zu legen, dass alle Fragen beantwortet werden, die für eine objektive Bewertung des Unternehmens notwendig sind und auch die strategischen Fragen beantwortet werden, die einen möglichen Mehrwert des Unternehmens für den Käufer betreffen. **Fehlende Informationen** an dieser Stelle müssen im Preis entsprechend berücksichtigt werden.

Ein professionell begleiteter Kaufprozess schafft Sicherheit und reduziert Kosten

	Durchschn. Anzahl an Manntagen
Information Memorandum ▪ Darstellung sämtlicher unternehmensrelevanten Daten ▪ Bewertungsindikatoren unter differenzierten Annahmen (Preisindikationen) ▪ Qualitative Beurteilung (SWOT-Analyse) ▪ Koordination persönlicher Gespräche mit Management / Gesellschaftern und Beratern der Targets ▪ Erstellen eines möglichen Zeitplans	15-20
Indikatives Angebot **Due Diligence** ▪ Koordination Financial DD, Legal DD, Commercial DD ▪ Laufende Anpassung der Bewertungsindikationen (Modelling) ▪ Koordination des Berichtswesens / Kommunikation ▪ Berücksichtigung „weicher" Faktoren (Culture Due Diligence) als mögliche Deal Breaker ▪ Q&A	20-40

Abb. 7: Ressourcenplanung – Auswertungsphase

IV. Closingphase

1. Abgabe finales Angebot

52 Mit der Abgabe eines bindenden Angebotes begibt man sich in die Endphase der Transaktion. Neben dem reinen Kaufpreis sind die **Transaktionsstruktur**, die **Gewährleistungen** und **Garantien** sowie die **Closingbedingungen** von entscheidender Bedeutung.

2. Preisverhandlung

53 Der Kaufpreis stellt das Ergebnis der Verhandlungen zwischen Käufer und Verkäufer dar. Hier geht es jedoch häufig nicht nur um einen festen **Einmalbetrag**. Die heutemeist sehr komplexen und umfangreichen Kaufverträge enthalten oft vielfältige weitere **Nebenbedingungen**, die den Kaufpreis noch deutlich verändern können.

54 An einfachsten ist die Situation bei einem echten **Fixpreis**, der keinerlei Anpassungen zulässt. Mögliche Interessengegensätze der Parteien werden hier nicht überbrückt, sondern finden als Risiken Eingang in den Preis. Diese einfache und rasche Lösung findet vor allem beim Kauf von **Wirtschaftsgütern und Minderheitsanteilen** Anwendung.

55 Ähnlich verhält es sich mit dem sogenannten **Locked-Box Mechanismus**. Hier wird der Preis auf das Datum des letzten (Zwischen-)Abschlusses fixiert. Für die Zeit bis zum Closing ist im Regelfall eine **Verzinsung** vorgesehen, der Verkäufer muss das Unternehmen im Sinne eines ordentlichen und gewissenhaften Geschäftsführers bis zu diesem Zeitpunkt führen. Das operative Risiko liegt in dieser Phase allerdings beim Käufer und lässt sich lediglich durch sogenannte **MAC-Klauseln (Mate-**

rial Adverse Change) abfedern. Darin kann festgelegt werden, dass wesentliche Änderungen in vorher definierten Bereichen eine entsprechende Auswirkung auf den Kaufpreis haben.

Immer häufiger enthalten Unternehmenskaufverträge jedoch **Preisanpassungsklauseln**, insbesondere, wenn zwischen der Einigung über den Kaufpreis und dem Closing eine längere Zeitspanne liegt, aber auch bei gewissen Abhängigkeiten des Unternehmens vom Verkäufer. Hier erfolgt eine Anpassung des Kaufpreises aufgrund der **Veränderung von Parametern**, die für den Unternehmenswert relevant sind. Dies können je nach Art des Geschäftes das Nettoumlaufvermögen, Nettoverschuldung/Nettobarmittel, Eigenkapital, Assets under Management o.ä. sein. Wichtig ist in jedem Fall eine **genaue Definition** der einzelnen Parameter, da diese komplexe Vorgehensweise nicht selten zu Diskussionen führt. 56

Da der Preis in der Regel für eine zukünftige (positive) Entwicklung des Unternehmens gezahlt wird, hat der Käufer ein Interesse, diesen Teil des Kaufpreises auch erst zu bezahlen, wenn die positive Entwicklung tatsächlich eintrifft. Dies kann über sogenannte **Earn Out Bedingungen** geschehen, d.h. erst bei Eintritt gewisser Ereignisse (Umsatz-/Gewinnhöhe, Kundengewinnung etc.) wird auch dieser Teil des Preises fällig. 57

Ein weiterer Vorteil derartiger Regelungen aus Käufersicht ist die Tatsache, dass man in dieser Phase bereits Eigentümer des Unternehmens ist und somit einen **wesentlichen Einfluss** auf die Größen hat, die dem Earn Out zu Grunde liegen. Dennoch ist es gerade bei derartigen Klauseln wichtig, dass man **vertrauensvoll** miteinander umgeht und die Bedingungen **fair und objektiv nachprüfbar** festlegt. Eine spätere Auseinandersetzung unter Einbeziehung verschiedener Anwälte und Wirtschaftsprüfer schadet allen Beteiligten und vor allem dem Unternehmen und seiner Reputation. 58

3. Transaktionsstruktur

Die Struktur der Transaktion wird häufig von **steuerlichen Überlegungen** der Vertragspartner bestimmt. Hier gilt es, ein **Gleichgewicht der Interessen** zu finden, wobei sich eine Vertragspartei **Kompromisse** mit steuerlichen Vorteilen der anderen Vertragspartei im Regelfall über den **Kaufpreis** vergüten lässt. 59

Unproblematisch ist die Struktur normalerweise bei einem einfachen **Share Deal**, d.h. der Übertragung von Anteilen an einem Unternehmen. Schwieriger wird es bereits, wenn es sich um mehrere Gesellschaften handelt, diese nicht unter einer einheitlichen Holdinggesellschaft und möglicherweise noch in verschiedenen Ländern aufgehängt sind. Hier kann es auf Grund verschiedener Rechtssysteme zu unterschiedlichsten Präferenzen kommen. Im einfachsten Fall wird die finale Strukturierung der zu verkaufenden Gesellschaften bereits vom Verkäufer vorgenommen und dann als **finale Struktur** übergeben. 60

61 Noch komplexer wird es bei einem **Asset Deal**, d.h. der Übertragung einzelner Wirtschaftsgüter, Personen etc. Auch hier kann die Zielstruktur über einen **Carveout** bereits im Vorfeld vom Verkäufer vorgenommen werden, im Regelfall wird diese jedoch über die bestehende Struktur des Käufers abgebildet.

62 Wichtig ist es in diesen Fällen, mit der Übertragung Verträge abzuschließen, die eine **Einbildung in das Unternehmen des Käufers** und den damit verbundenen reibungslosen operativen Betrieb sicherstellen (z.B. Shared Service Agreements, Cash Pooling Vereinbarungen, Lieferantenvereinbarungen, etc.).

4. Gewährleistungen/Garantien

63 Abhängig von der Art und den dadurch bedingten **Risiken** des operativen Geschäftes des Zielunternehmens sowie der Qualität und Aussagekraft des Zahlenwerkes werden die Garantien entsprechend ausfallen. Als Käufer ist man sowohl inhaltlich als auch zeitlich an möglichst **weitreichenden Garantien** interessiert. In bestimmten Bereichen ist es generell üblich, dass der Verkäufer alle erst nach Durchführung der Transaktion hervortretenden, die Zeit vor dem Verkauf betreffenden und nicht durch Rückstellungen gedeckte Risiken trägt (z.B. nicht durch Rückstellungen abgedeckter Steueraufwand für Altjahre nach einer Betriebsprüfung, Sanierungskosten aus Altlasten oder spätere Zahlungen auf Grund bekannter Prozesse).

64 In anderen Bereichen wird der Verkäufer möglicherweise nicht gewillt sein, derartige **Gewährleistungen für die Vergangenheit** abzugeben. Umso wichtiger ist es für den Käufer, diese Punkte in der Due Diligence zu identifizieren, zu quantifizieren und im Kaufpreis zu berücksichtigen. Sollte eine detailliertere Klärung unter zeitlichen Bedingungen möglich sein, bietet es sich an, diese in die **Closingbedingungen** aufzunehmen (z.B. Umweltgutachten).

65 Wenn der Verkäufer entsprechende Garantien gegeben hat, ist es wichtig, dass der Käufer schnellstmöglich alle **Mängel** systematisch erfasst und in den im Vertrag vorgesehenen Verfahren **fristgerecht** verfolgt.

5. Signing/Closing

66 Die Verhandlungsmacht hängt neben anderen Parametern auch immer von Angebot und Nachfrage ab. Selbst wenn man sich als Käufer in einem **Auktionsprozess** befindet, sollte man sich und vor allem dem Verkäufer die eigenen Stärken und Vorteile bewusst machen und auf einen schnellen Abschluss drängen, wenn der Informationsstand dies zulässt.

67 Häufig vereinbaren die Parteien, dass nach **Unterzeichnung** der Verträge (Signing) erst noch **verschiedene Bedingungen (Closingbedingungen)** eintreten müssen, bevor der Verkauf vollzogen (Closing) wird. Unvermeidbar ist die Vereinbarung von Closingbedingungen, wenn **Dritte** dem Vollzug zustimmen müssen, etwa weil ein Fusionskontrollverfahren durchgeführt werden muss. Ist dies nicht der Fall,

sollte man sich als Käufer auf die wichtigsten Punkte beschränken, deren Absicherung über Garantien/Gewährleistungen nicht möglich war. Ist die Entscheidung einmal gefallen, gilt es, sich schnellstmöglich mit der **Integration** des erworbenen Unternehmens zu beschäftigen, um die erhofften **Synergien** tatsächlich zu heben, den Verbleib des **Schlüsselpersonals** sicherzustellen und ein klares positives Signal an den Markt zu geben.

Praxistipp !
Bei für den Käufer entscheidenden Mitarbeitern im Zielunternehmen sollte man versuchen, im Rahmen der Kaufpreisverhandlungen den Verkäufer zu verpflichten, diese Mitarbeiter für eine Zustimmung zu einer Mindestverbleibzeit zu incentivieren. Wenn dem Verkäufer die Abhängigkeit von diesen Personen klar ist, wird er sich darauf einlassen, da er sonst nicht den gewünschten Preis erzielen kann. Falls das nicht möglich ist, muss der Käufer frühzeitig selbst Vertragsverhandlungen über eine entsprechende Incentivierung mit den Mitarbeitern aufnehmen.

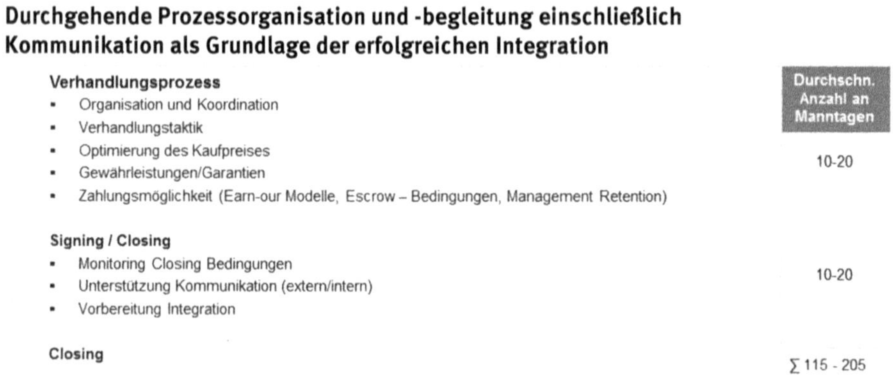

Abb. 8: Ressourcenplanung – Closingphase

V. Integrationsphase

Je nach Art der Unternehmen und des Zusammenschlusses ist ein unterschiedliches 68
Integrationsvorgehen erforderlich. Die sogenannten **Soft Facts** und die **Motivation** der übernommenen Belegschaft sind nicht zu unterschätzen. Schnellstmöglich, am besten bereits in der Phase zwischen Signing und Closing, sollte die Strategie der zusammengeschlossenen Unternehmen vorgestellt und **gemischte Projektteams** gebildet werden. Auch ist es wichtig, die Hierarchiestufen so zu gestalten, dass sich die übernommenen Mitarbeiter wiederfinden und Karrieremöglichkeiten erkennen.[6]

---

6 Eine umfangreiche Darstellung der verschiedenen Aspekte der Integration findet sich bei *Picot/Bartels/Cosack/Wirtz/Jansen/Brugger* Handbuch M&A S. 533–696.

Praxistipp
Schnell eine vertrauensvolle und offene Kommunikation auf allen Ebenen suchen und den neu hinzugekommenen Mitarbeitern ihre Chancen aufzeigen. Eine zu lange Phase der Verunsicherung führt zu Demotivation und erhöht das Risiko der Kündigung. Wie immer gehen die besten Mitarbeiter zuerst, denn sie finden am leichtesten eine neue Herausforderung. Das gilt es zu vermeiden.

C. Verkaufsprozess

69 Im Verkaufsprozess liegt ein noch stärkeres Gewicht auf der **Vorbereitungsphase**. Während sowohl beim Kauf als auch beim Verkauf mit der eigentlichen Entscheidung und der Auswahl der Gesprächspartner die strategische Richtung festgelegt wird, geschieht dies hier auch in der Vorbereitung aller Unterlagen, die den potenziellen Käufern im Verlauf des Prozesses vorgelegt werden. Zwar ist aus Vorsichtsgründen eine **selektive Informationsfreigabe** ratsam, doch muss der Interessent die Möglichkeit bekommen, anhand der vorgelegten Informationen ein substanzielles Angebot abgeben zu können.

Praxistipp
Starten Sie erst mit der Ansprache von potenziellen Investoren, wenn sämtliche Verkaufsunterlagen (Kurzpräsentation, Information Memorandum, Datenraum) final vorbereitet sind. Der Prozess entwickelt eine Eigendynamik und es wird sehr schwierig, unter Zeitdruck und möglicherweise bereits beeinflusst vom Auftreten der Käufer Verkaufsunterlagen zu erstellen. Als Verkäufer führen Sie den Prozess, treten Sie auch so auf!

70 Auch der Verkaufsprozess erfordert eine **professionelle Ressourcenplanung**. Selbst beim Hinzuziehen von externen Beratern werden diese auf Mitarbeiter des Unternehmens zugreifen müssen, um die notwendigen Unterlagen vorzubereiten bzw. im Datenraum bereitzustellen. Spätestens in der Managementpräsentation wird der Kaufinteressent ohnehin mit den wichtigsten Mitarbeitern sprechen wollen.

I. Vorbereitungsphase

1. Prozessstrukturierung

71 Zunächst ist zu entscheiden, welche **Art von Verkaufsprozess** gewählt wird und mit welcher Ausprägung. Dies ist wichtig für die unterschiedliche Ausgestaltung der weiteren Schritte.

72 Hier ist auf die **Zielrichtung** des Verkäufers, die **Anzahl** potenzieller Käufer, die Frage der **Vertraulichkeit** und die **Auswirkungen** auf den Markt besondere Rück-

sicht zu nehmen. Zwar ist es gerade in Zeiten hoher Nachfrage eher wahrscheinlich, in einem Auktionsverfahren den höchsten Preis zu erzielen. Das setzt jedoch einen professionell gesteuerten Prozess voraus.[7]

Je nach Interessenlage kann es aber auch vorteilhaft sein, **exklusive Verkaufs-** 73 **prozesse** im Rahmen einer sukzessiven Ansprache zu führen. Dies ist insbesondere dann zu empfehlen, wenn der Verkauf **nicht zeitkritisch** und die Gruppe der ernsthaften Interessenten **limitiert** ist.

Die Wahl des Verkaufsprozesses ist entscheidend für den weiteren Ablauf und hängt von vielen Einflussfaktoren ab

Exklusiver Verkaufsprozess
- Ideal bei Vorliegen eines Wunschpartners und entsprechendem Vertrauen
- Hoher Diskretionsgrad notwendig
- Einigung auf Kaufpreis absehbar
- Wenig Alternativen

Sukzessive Ansprache
- Mittelweg zwischen Exklusivität und Auktion
- Keine zu grosse Abhängigkeit von nur einem Interessenten
- Vertraulichkeit beherrschbar

Auktionsprozess
- Sorgfältige Auswahl des Auktionsdesigns und der teilnehmenden Interessentengruppen
- Zu breit gefasste Auktionen bergen hohe Risiken
- Trotz mehrerer Teilnehmer ist individualisierte Kontaktaufnahme notwendig
- Komplexerer Prozess zur Wahrung der Vertraulichkeit notwendig
- Schreckt manche potenzielle Erwerber ab

Verschiedene Ausprägungen
- Breiter Aktionsprozess
- Limitierter Auktionsprozess
- Dual Track
- Teilgebote

Abb. 9: Arten von Verkaufsprozessen

Am Anfang sollte ein **Zeitplan** aufgestellt werden, der festlegt, wann gewisse Ent- 74 scheidungen getroffen und Mitarbeiter eingebunden werden müssen. Es ist immer wichtig, das Heft des Handelns in der Hand zu haben und man sollte auch darauf vorbereitet sein, dass trotz aller Vertraulichkeitsvereinbarungen Mitarbeiter auf einen möglichen Verkauf angesprochen werden.

Praxistipp !

Neben dem Zeitplan ist auch ein Kommunikationsplan zu erstellen, der festhält, was Mitarbeitern, Kunden, Lieferanten zu welcher Phase des Prozesses mitgeteilt wird. Eine klare und einheitliche Sprache vermeidet mögliche Verunsicherungen.

7 Eine ausführliche Darstellung eines Ablaufplans für Transaktionen im Wege des (beschränkten) Bietungs- bzw. Auktionsverfahrens findet sich bei Picot/*Picot* Handbuch M&A S. 2.

75 Weiterhin muss vor Beginn des Prozesses die **Form des Verkaufs** bestimmt werden. Die Frage, ob Anteile an einem Unternehmen (Share Deal) oder nur Wirtschaftsgüter aus dem Unternehmen (Asset Deal) verkauft werden, hat für alle Beteiligten weitreichende Konsequenzen. Auch innerhalb dieser beiden grundsätzlichen Formen gibt es **weitere Ausprägungen**, wie z.B. die Höhe der zu transferierenden Anteile (100%, Mehrheit, qualifizierte Minderheit, Minderheit) oder die Auswahl der Wirtschaftsgüter. Diese Entscheidungen sind vorab zu treffen und die weitere Prozessgestaltung darauf auszurichten.

2. Vorbereitung der Unterlagen

76 Für die Vorbereitung der Unterlagen ist neben der Aufarbeitung und Zusammenstellung der Daten aus Vergangenheit und Gegenwart auch die Entwicklung eines realistischen und belastbaren **Budgets** für die nächsten **3–5 Jahre** notwendig. Neben dem eigenen Verständnis ist dies insbesondere wichtig, um dem Käufer die Möglichkeit einer Bewertung auf Basis der **abgezinsten zukünftigen Zahlungsflüsse (Discounted-Cashflow – DCF)** zu geben.

77 Folgende Unterlagen sind **wesentlich** für den weiteren Prozess:
- Kurzpräsentation (Teaser)
- Vertraulichkeitsvereinbarung
- Information Memorandum
- Prozessbrief einschließlich Zeitplan
- Unternehmensbewertung

78 Die Kurzpräsentation des Unternehmens, dient der **anonymisierten Ansprache** möglicher Kaufinteressenten. Sie sollte einige grundsätzliche Informationen enthalten. Diese ermöglichen es dem potenziellen Käufer, sich eine Meinung darüber zu bilden, ob er eine Vertraulichkeitserklärung unterschreiben soll und die Zeit für eine vertiefende Untersuchung weiterer Unterlagen investiert. Allerdings ist in dieser Phase darauf zu achten, dass durch die Kurzpräsentation möglichst nicht das Unternehmen identifiziert werden kann.

Aufgrund der Kurzpräsentation muss der Interessent entscheiden können, ob er an einem Prozess teilnehmen möchte, ohne dass die Identität des Objektes offengelegt wird

Zusammenfassung
- Stichwortartige Darstellung des Investitionsobjektes, seines Geschäftsgegenstandes und 2-3 wesentlicher Aussagen

Darstellung Investitionsmöglichkeit
- Beschreibung der Art der Investition

Marktpotenzial
- Aufzeigen der wesentlichen Markttreiber und der Chancen des Investitionsobjektes im Markt

Finanzzahlen
- Darstellung wesentlicher Finanzzahlen aus Vergangenheit und Planung (Umsatz, EBITDA, EBIT)

Wesentliche Investmentinformationen
- Geographische Herkunft, Anzahl Mitarbeiter, Rechtsform

Transaktionsstruktur und Prozess
- Beschreibung weiterer Vorgehensweise (i.d.R. Unterzeichnung Vertraulichkeitsvereinbarung und danach Übersendung Information Memorandum)
- Wesentliche zeitliche Parameter
- Struktur (Share- vs Asset-Deal; Auktionsprozess)

Abb. 10: Musteraufbau Kurzpräsentation

79 Die Vertraulichkeitsvereinbarung sollte den Verkäufer und das zu verkaufende Unternehmen möglichst gut schützen. Zu den **Standardklauseln** gehören insbesondere ein befristetes Abwerbeverbot für Mitarbeiter und die Pflicht, sämtliche vertraulichen Informationen bei Abbruch der Verhandlungen auf Verlangen an den Verkäufer zurückzusenden. Daneben sollte eine Vertraulichkeitsvereinbarung die **Rechtsfolgen** etwaiger Verstöße klar regeln. Erstrebenswert aus Verkäufersicht ist die Vereinbarung einer **schadensunabhängigen Vertragsstrafe**, was jedoch meist nur schwer durchsetzbar ist. Auch wenn Verstöße nur schwierig nachzuweisen sind, hat eine Vertragsstrafe zumindest eine gewisse Abschreckungswirkung.

80 Das Information Memorandum sollte detailliert alle Informationen wiedergeben, die für den Erwerber notwendig sind, um ein **indikatives Angebot** abzugeben. Wenn es aus Sicht des Veräußerers keine zu sensiblen Informationen sind, sollte möglichst alles offengelegt werden, was für den potenziellen Käufer von Interesse sein könnte. Der Vorteil besteht in einer stärkeren **Bindung** des Käufers an das indikative Angebot. Er wird im Datenraum dann keine Informationen finden, die eine im Vergleich zum Information Memorandum negative Auswirkung auf den Kaufpreis haben. Natürlich sollten sensible Informationen wie Mitarbeiterdaten oder auch Einkaufsvolumen bei verschiedenen Lieferanten und Kundenumsätze nur **anonymisiert** wiedergegeben werden.

81 In komplexeren Strukturen kann die Erstellung eines Information Memorandum für den Verkäufer auch Informationen zu Tage bringen, die weitreichenden Einfluss auf den weiteren Prozessverlauf haben. Im Zusammenhang mit der **Einrichtung des Datenraumes** hat dies oftmals bei sauberer Durchführung durch die Spezialisten die Wirkung einer **Vendor Due Diligence**.

Beispiel
Im Rahmen eines geplanten Carve-outs eines internationalen Konzerns im Wege eines Asset Deals erstellten die Berater ein Information Memorandum, welches die Wirtschaftsgüter einschließlich der wesentlichen Patente des abzuspaltenden Unternehmensteils beschrieb. Nachdem auf Basis der prognostizierten Zukunftszahlen eine indikative Bewertung durchgeführt wurde, entschied sich der Vorstand des Unternehmens gegen einen Verkauf. Ein zu erzielender Veräußerungserlös stand in keinem Verhältnis zu den Risiken, die sich durch den Verkauf der Patente, die in anderen Bereichen des Unternehmens weiter genutzt wurden, ergeben hätte. Diese Erkenntnis ergab sich jedoch erst durch die saubere Aufbereitung und Analyse der Unterlagen für den geplanten Verkauf.

Ein klar strukturiertes Information Memorandum gibt dem Interessenten die Chance auf ein möglichst realistisches Angebot

1. **Investment Highlights**
2. **Unternehmensübersicht**
   2.1 Einführende Informationen und Überblick
   2.2 Eigentümerstruktur
   2.3 Organisationsstruktur
   2.4 Standort und Produktionsanlagen
3. **Produktportfolio**
   3.1 Überblick
   3.2 Details zum Produktportfolio
4. **Beschaffung, Produktion und Absatz**
   4.1 Wertschöpfungsketten
   4.2 Beschaffung nach Produktgruppen
   4.3 Produktion
   4.4 Absatz- und Umsatzstruktur
5. **Markt und Wettbewerb**
   5.1 Marktüberblick
   5.2 Wettbewerber
6. **Finanzinformationen**
   6.1 Übersicht GuV alt
   6.3 Übersicht Bilanz alt
   6.4 Übersicht Plan GuV
   65. Übersicht Plan Bilanz
7. **Sachanlagen**

Abb. 11: Musteraufbau Information Memorandum

Praxistipp
Immer alle Informationen auf ein bestimmtes Datum und vor Beginn des eigentlichen Prozesses erstellen. Dies vermeidet Verwirrungen und die Kommunikation unterschiedlicher Informationen an verschiedene Interessenten. Der festgelegte Informationsstichtag sollte bis hin zum Signing durchgezogen werden, wenn im Kaufvertrag ohnehin Anpassungsklauseln vorgesehen sind.

82 Der Prozessbrief stellt die **Form der Transaktion** und den **wesentlichen Ablauf** des Prozesses dar. Er enthält die Anforderungen an das abzugebende indikative Angebot, einen detaillierten Zeitplan und alle weiteren organisatorischen Informationen. Normalerweise verlangt der Verkäufer hier auch, dass der Käufer seine Bewertungsmethode und die Annahmen offenlegt, die er dem indikativen Angebot zu Grunde gelegt hat. Damit bietet sich bereits ein Feld für Kaufpreisverhandlungen.

Praxistipp
Halten Sie sich an die Vorgaben des Prozessbriefes und bestehen Sie auf deren Einhaltung, sonst verlieren Sie frühzeitig an Glaubwürdigkeit.

Auf Basis der bereitgestellten Informationen sollte daher auch eine **interne Unternehmensbewertung** durchgeführt werden, um einerseits ein Gefühl für den Wert des eigenen Unternehmens zu bekommen, andererseits aber auch eine entsprechende **Argumentationsgrundlage** für den weiteren Prozessverlauf und die Preisverhandlungen zu haben. Ebenso kann man damit erkennen, welche Informationen bereitgestellt werden müssen und wie sich einzelne Informationen auf den Unternehmenswert auswirken. 83

Idealerweise ist die eigene Bewertung unter Zuhilfenahme **verschiedenster gängiger Verfahren (DCF, Multiplikatoren)** vorzunehmen, auch wenn es nie den einen richtigen Wert für das Unternehmen gibt. Entscheidend ist das Wissen um die **Bandbreite** und das Verständnis der **Mechanik.** 84

3. Vorbereitung Datenraum

Beim Datenraum ist je nach Art des Verkaufsprozesses zwischen einem **physischen** und einem **virtuellen** Datenraum zu unterscheiden. 85

Die Entscheidung für die eine oder andere Art des Datenraums hängt wesentlich vom festgelegten Prozess ab. Bei einer gewissen Anzahl von Investoren wird man alleine schon aus Gründen der Praktikabilität nicht um die Einrichtung eines virtuellen Datenraumes herumkommen. Zwar gibt es hier bei den entsprechenden Anbietern verschiedenste Möglichkeiten der Überwachung und Auswertung, jedoch ist keine so sicher und restriktiv wie bei einem physischen Datenraum. 86

Die **Regeln** für einen virtuellen Datenraum werden automatisch vorgegeben, indem z.B. gewisse Dokumente nicht heruntergeladen werden dürfen. Im Rahmen der heutigen technologischen Möglichkeiten kann eine vollständige Übertragung der Inhalte dieser Dokumente wahrscheinlich dennoch nicht verhindert werden. 87

Physische Datenräume sind entsprechend einzurichten und Regeln festzulegen, die den potenziellen Käufern nur gewisse Möglichkeiten der Einsichtnahme bieten. 88

Beispiel
Kurz vor Ende der Due Diligence brach der Kaufinteressent, ein direkter Mitbewerber des Verkäufers, ohne Angabe von Gründen den Prozess ab. Trotz Unterzeichnung einer harten Vertraulichkeitsvereinbarung lancierte er auf einer internen Kundenveranstaltung die Verkaufsabsicht des Konkurrenten. Trotz des offensichtlichen Bruchs der Vertraulichkeitsvereinbarung ergriff der Verkäufer keine rechtlichen Schritte, da die daraus resultierende Öffentlichkeitswirkung nur einen

noch größeren Schaden verursacht hätte. Es hat sich bewährt, im Rahmen der Due Diligence in einem physischen Datenraum zunächst nur sehr restriktiv Daten zur Verfügung zu stellen, um dadurch einen möglichen Schaden im Falle der Verletzung der Vertraulichkeit in Grenzen zu halten.

Abb. 12: Musteranforderungen Datenraumregeln (physischer Datenraum)

Praxistipp
Ebenfalls sollte sich im Datenraum ein Vertragsentwurf für einen Kaufvertrag befinden und Sie sollten im Prozessbrief festlegen, dass der Interessent diesen mit entsprechenden Kommentaren als Teil des finalen Angebots einreicht. Damit erleichtern Sie die Auswahl für den Prozess und nehmen einen Teil der Verhandlung vorweg. Häufig wird der Kaufvertrag erst im Laufe des Prozesses in den Datenraum eingestellt.

89 In jedem Fall ist ein **Datenraumindex** zu erstellen, der als Gliederung für den Aufbau des Datenraums dient. Dieser ist inhaltlich mit der **Anforderungsliste** des Kaufinteressenten zu vergleichen, wobei dort normalerweise eine Maximalanforderung aufgenommen wird und hier eher zunächst eine Beschränkung auf die wirklich wesentlichen Informationen vorgenommen wird.

90 Je nach Ausgestaltung des Prozesses und Sensibilität der Informationen kann es auch sinnvoll sein, den Datenraum in einem **zweistufigen Prozess** zu öffnen. Sehr sensible Unternehmensinformationen sollten erst direkt vor Vertragsunterschrift vollständig offengelegt werden. Auf jeden Fall ist darauf zu achten, dass sensible Daten (Personal, Kunden, Lieferanten etc.) zunächst nur **neutralisiert** wiedergegeben werden.

4. Erarbeitung Käuferprofil

Die Erarbeitung eines Käuferprofils legt die Basis für die Suche und Erstellung der 91
Long List. Hier ist in erster Linie zwischen **strategischen Investoren** und **Finanzinvestoren** zu unterscheiden. Aber auch das **eigene Management** kann ein potenzieller Investor sein, was mit einigen Besonderheiten im Prozess verbunden ist. Dies ist insbesondere vor dem Hintergrund zu sehen, dass das Management das Unternehmen am besten kennt. Dieser Wissensvorsprung, möglicherweise auch gegenüber dem Eigentümer, birgt gewisse Risiken, da das Management in diesem Fall wenig Interesse an einem Verkauf an einen externen Käufer haben dürfte und so den Prozess entsprechend beeinflussen könnte. Zusätzlich stellt bei dieser Personengruppe die **Finanzierung** regelmäßig eine besondere Herausforderung dar.

Entscheidend für die Erstellung eines Käuferprofils sind die **Interessen des** 92
Verkäufers (Kaufpreis, Dealsicherheit, Geschwindigkeit, Zukunft des Unternehmens/Standortes). Die Bewertung dieser Kriterien ergibt ein detaillierteres Bild, dem auch in einem **individuellen Anspracheprozess** Rechnung getragen werden muss.

5. Long List

Analog des Kaufprozesses ist bei strategischen Investoren auch eine möglichst 93
lückenlose Suche anhand der vorgegebenen Kriterien vorzunehmen. Neben den daraus resultierenden Unternehmen wird es immer weitere Interessenten geben, die vordergründig nicht als mögliche Kandidaten in Frage gekommen wären (z.B. interne Änderungen der Strategie, Aufbau neuer Bereiche). Hier ist es wichtig, deren **Beweggründe** genau zu verstehen, um die **Auswirkungen** eines Verkaufs entsprechend einschätzen zu können.

Umfangreiche Vorbereitungen vor dem eigentlichen Verkaufsprozess erhöhen die Entscheidungssicherheit und stellen einen reibungsloseren Prozessablauf sicher

	Durchschn. Anzahl an Manntagen
Dokumentationserstellung / Vorbereitung interner Abläufe im weiteren Prozess ▪ Anfertigung Information Memorandum / Teaser ▪ Bewertung / Verkaufspreisfindung / Preismodelle ▪ Vorbereitung Datenraum	15-30
Erarbeiten eines konkreten Käuferprofils ▪ Ausgangspunkt: Verständnis der Branche und Interessenslage der verschiedenen Käufergruppen ▪ Analyse der aktuellen Marktsituation, Timing ist ein entscheidender Faktor ▪ Verständnis der strategischen Ausrichtung und des Entwicklungspotentials des Verkaufsobjektes (Für welchen Investor bietet das Unternehmen Mehrwert? Welcher Investor bietet dem Unternehmen Mehrwert?)	5-10
Vollständiges Markt-Screening (Long List) ▪ Analyse sämtlicher Datenbanken ▪ Persönliche Gespräche mit Branchenspezialisten aus dem eigenen Netzwerk ▪ Komplette Einbeziehung sämtlicher Konzerne vor dem Hintergrund strategischer Zukäufe ▪ Analyse Investitionshintergrund von Privatinvestoren / Family Office	15-20

Abb. 13: Ressourcenplanung – Vorbereitungsphase

II. Kontaktphase/Due Diligence

1. Short List

94 Die Shortlist **priorisiert** die anzusprechenden Interessenten. Während man bei einem Kaufprozess generell zwar einen guten Marktüberblick bekommen, sich dann aber zunächst lediglich einige wenige Unternehmen ansehen wird, ist es im Verkaufsprozess wichtig, möglichst viele ernsthafte Interessenten zu identifizieren. Dies gilt offensichtlich für den **Auktionsprozess**. Aber auch in einem befristet exklusiven Prozess tut man gut daran, nach dem möglichen Scheitern der Gespräche schnell weitere Kandidaten ansprechen zu können.

2. Kontaktaufnahme/Vertraulichkeitsvereinbarung

95 Insgesamt gestaltet sich die Kontaktaufnahme differenzierter als bei einem Kaufprozess, da man früh im Prozess eigene Informationen preisgeben muss, um überhaupt Interesse zu wecken. Wie beim Kaufprozess ist es auch hier wichtig, dem potenziellen Käufer mögliche strategische Vorteile für ihn und sein Unternehmen bei einem Kauf aufzuzeigen (**„Strategic Rationale“**).

! Praxistipp
Je detaillierter man sich auf die Kontaktaufnahme vorbereitet, desto schneller kann man die Ernsthaftigkeit des potenziellen Käufers erkennen. Es ist von Vorteil, die Ansprache über einen Berater vornehmen zu lassen, um nicht frühzeitig die eigene Identität preiszugeben.

---

96 Auch beim Verkaufsprozess ist es wichtig, direkt die **Entscheider** anzusprechen, selbst wenn dies schwierig sein kann. Sollte man bei unteren Ebenen einsteigen, kommen deren eigene Interessen verzerrend in den Prozess. Kontakte auf dieser Ebene sollte man nur nutzen, um zu verstehen, wer der eigentliche Entscheider ist.

97 Der Interessent erhält zunächst die **Kurzpräsentation**, die im Wesentlichen die Informationen enthält, die man schon bei der Ansprache offengelegt hat. Sollte daraufhin Interesse an weiteren Informationen bestehen, ist in einem nächsten Schritt die **Vertraulichkeitsvereinbarung** zu unterzeichnen.

! Praxistipp
Um nicht vor Unterzeichnung der Vertraulichkeitsvereinbarung den Namen des zu verkaufenden Unternehmens offenzulegen, wird diese häufig zwischen dem Berater und dem Interessenten zugunsten und mit Schutzwirkung für den Verkäufer und das zu verkaufende Unternehmen geschlossen.

---

3. Übergabe Unterlagen

Nach Unterzeichnung der Vertraulichkeitsvereinbarung erhält der Interessent das **Information Memorandum**. Parallel hierzu erhält er den **Prozessbrief**, der den weiteren Ablauf der geplanten Transaktion, die Termine sowie den Inhalt des einzureichenden Angebots darstellt. Hier wird auch die Art des Verkaufsprozesses festgelegt. 98

Wichtig ist es, spätestens hier einen **konkreten Ansprechpartner** auf Seiten des Verkäufers zu benennen und dies ebenfalls von der Käuferseite einzufordern. Auf jeden Fall ist sicherzustellen, dass nur mit dem genannten Vertreter des Verkäufers kommuniziert wird und keinerlei Kontakt zu Mitarbeitern, Kunden und Lieferanten aufgenommen wird. 99

Beispiel

Bei einem exklusiven Verkaufsprozess eines mittelständischen Unternehmens kannten sich beide Parteien sehr gut, da sie bereits bei verschiedenen Projekten gemeinsam am Markt auftraten. Dadurch kam es allerdings immer wieder vor, dass der Kaufinteressent an dem ihm genannten Ansprechpartner vorbei versuchte, Informationen zu erlangen. Zusätzlich versuchte er, Zeit zu gewinnen, da er hoffte, dass sich die finanzielle Situation des zu verkaufenden Unternehmens verschlechterte. Nach mehreren Ermahnungen wurden die Gespräche vom Verkäufer abgebrochen und das Unternehmen schließlich an einen anderen Interessenten verkauft.

---

4. Einholung indikativer Angebote

Die indikativen Angebote – basierend auf den im Information Memorandum überlassenen Unterlagen – sind bis zu einem **festgelegten Stichtag** einzureichen. Nach Sichtung der eingegangenen Angebote entscheidet der Verkäufer, ob und mit wem er in den weiteren Verkaufsprozess geht und durch Öffnung des Datenraums weitere Informationen offenlegt. 100

Sollten sich in den indikativen Angeboten Passagen befinden, die der Verkäufer nicht für akzeptabel hält, er aber trotzdem gern weiter mit dem Interessenten verhandeln möchte, sollte er diese Meinungsverschiedenheiten vor Öffnung des Datenraums klären, um unnötige spätere Komplexität zu vermeiden. 101

Der Prozessbrief nennt die Anforderungen an die indikativen Angebote und beschreibt den Ablauf des Prozesses

Inhalt indikatives Angebot
- Identität Käufer und Eigentumsverhältnisse
- Kaufpreisangebot auf Basis Enterprise Value mit Herleitung der Bewertung
- Kaufpreisangebot auf Basis Equity Value mit Darlegung der Zu- und Abschläge auf Enterprise Value
- Darlegung der Strategic Rationale
- Kartellrechtliche Einschätzung
- Darlegung der geplanten Kaufpreisfinanzierung
- Bestätigung des Vorliegens aller internen Genehmigungen
- Bekanntgabe Due Diligence Team (falls indikatives Angebot akzeptiert wird)

Prozessablauf
- Kontakt in dieser Phase nur über angegebene Kontaktperson
- Frist zur Einreichung
- Verweis auf Vertraulichkeit (bei gelichzeitiger Übersendung Information Memorandum)
- Entscheidungsprozess offen halten

Abb. 14: Musteranforderungen an indikative Angebote

5. Auswahl geeigneter Investoren für 2. Phase

102 Aus den eingegangenen indikativen Angeboten wählt der Verkäufer die Teilnehmer für den weiteren Prozess aus. Neben den bereits festgelegten Kriterien des Käuferprofils ist dabei zu beachten, dass indikative Angebote nicht bindend sind und daher gerade strategische Investoren häufig hohe Angebote abgeben, um in den weiteren Prozess zu gelangen. Sollte dieser Verdacht bestehen, kann hier mit der Einrichtung eines **zweistufigen Datenraumprozesses** versucht werden, den Informationsfluss von sensiblen Daten möglichst zu begrenzen.

103 Falls der erste Prozessbrief nicht schon den gesamten Prozessverlauf, sondern nur den Ablauf bis zur Abgabe eines indikativen Angebots dargestellt hat, muss ein **zweiter Prozessbrief** den weiteren Verlauf festlegen.

6. Due Diligence

a) Datenraum

104 Der Datenraum sollte, wie bereits erwähnt, bereits zu **Beginn des Prozesses** eingerichtet sein. Dennoch ist dieser vor dem Hintergrund der ausgewählten Kaufinteressenten nochmals inhaltlich zu prüfen und ggf. zu ergänzen.

105 Es ist wichtig, klare **Regeln** für die Anforderung zusätzlicher Dokumente oder inhaltliche Fragen aufzustellen. Diese sind für alle Teilbereiche gesammelt zu einem festgesetzten Termin einzureichen und man sollte schon im Vorfeld einen gewissen **Zeitraum** für deren Beantwortung einplanen.

Bei größeren Transaktionen ist es mehr und mehr üblich, dass der Verkäufer bereits eine Due Diligence in Auftrag gibt (**Vendor Due Diligence**) und dem Interessenten der Bericht hierüber zur Verfügung gestellt wird. Dieser prüft den Bericht im Rahmen einer sog. **Confirmatory Due Diligence**. Eine solche Due Diligence kann auch direkt nach dem Signing durchgeführt werden, wenn zuvor neutralisierte Informationen noch offengelegt oder bestätigt werden müssen. 106

Gegen Ende der Due Diligence, meist auch erst nach Managementpräsentation und Standortbesuch, wird der **Kaufvertrag** in den Datenraum eingestellt. Die Änderungen der Investoren an diesem Vertragsentwurf sind wesentlicher Bestandteil der bindenden Angebote. 107

b) Managementpräsentation/Standortbesuche

Die Managementpräsentation dient einerseits dazu, vertiefende Informationen weiterzugeben, andererseits kann sich das **Managementteam** dem potenziellen neuen Eigentümer präsentieren. Vor diesem Hintergrund sollte die Präsentation aufgebaut und die Teammitglieder entsprechend positioniert werden. 108

Häufig wird die Managementpräsentation in Zusammenhang mit einem Standortbesuch durchgeführt. Allerdings kann es ratsam sein, die Managementpräsentation selbst an einem **neutralen Ort** durchzuführen (Wirtschaftsprüfer, Rechtsanwalt), um nicht für Verunsicherung innerhalb der eigenen Belegschaft zu sorgen. 109

Der **Standortbesuch** selbst sollte außerhalb der normalen Arbeitszeiten oder unter einem Vorwand für die Belegschaft vorgenommen werden, da die Gefahr hoch ist, dass Personen des Interessenten von eigenen Mitarbeitern erkannt werden. Auch daran zeigt sich, wie wichtig die Organisation des Prozesses und die Benennung der Teilnehmer der jeweiligen Prozessschritte ist, wie es im Prozessbrief festgelegt werden soll. 110

Praxistipp !

Üben Sie die Managementpräsentation. Auch wenn es sich um erfahrene Manager handeln sollte, stellt sie eine besondere Situation dar und nicht jeder ist der perfekte Präsentator. Dabei sollte ein „Zuhörer" kritische Fragen stellen und versuchen, Stresssituationen zu provozieren.

Ein professionell begleiteter Verkaufsprozess schafft Sicherheit und reduziert Kosten

	Durchschn. Anzahl an Manntagen
Identifikation und Ansprache potenzieller Investoren ▪ Priorisierung der Investorengruppen ▪ (Anonyme) Kontaktaufnahme, Versendung Teaser ▪ Vertraulichkeitsvereinbarung, Versendung Information Memorandum	20-30
Prozessfestlegung ▪ Auktion vs. Exklusive Prozesse ▪ Einholung indikativer Verkaufsangebote ▪ Investorenauswahl	10-20
Due Diligence ▪ Koordination Due Diligence / Aufbereitung weiterer Anforderungen ▪ Koordination und Organisation Standortbesuch / Managementgespräche	20-40

Abb. 15: Ressourcenplanung – Kontaktphase/Due Diligence

III. Endverhandlung

1. Einholung bindender Kaufangebote inklusive Finanzierungsnachweis

111 Die bindenden Kaufangebote sollten inhaltlich entsprechend aufgebaut sein wie die indikativen Angebote. Da es jetzt ernst wird, ist gerade die **Sicherstellung der Finanzierung** der Transaktion wichtig. Dies muss der Interessent zwar nachweisen, der Verkäufer sollte aber diese Nachweise kritisch prüfen, um nicht am Ende an dieser Stelle Probleme zu bekommen.

Es geht nicht allein darum, dass die Transaktion bei Scheitern einer Finanzierung dann mit diesem Kandidaten nicht zustande kommt. Vielmehr hat der Verkäufer damit auch **Zeit für andere Kandidaten** verschenkt. Selbst wenn diese wieder in die Verhandlungen einsteigen, verschlechtert sich im Regelfall die Position des Verkäufers.

2. Entscheidung geeigneter Investoren für Verhandlung

112 Oft werden Interessenten darauf bestehen, dass ihnen **Exklusivität** gewährt wird, da sie über einen längeren Zeitraum Geld und Ressourcen investieren und den Ausgang nicht vollständig transparent beeinflussen können. Diese Frage muss abhängig von der **Verhandlungsstärke** und der **Attraktivität verbleibender Bieter** entschieden werden. Exklusivität sollte jedoch nur unter sehr restriktiven Bedingungen gewährleistet werden.

! **Praxistipp**

Auch wenn Sie einen Favoriten haben und dieser ein für Sie ausreichendes Angebot abgegeben hat, sollten Sie immer mindestens mit zwei Investoren in die letzte Runde gehen. Dies erhöht einerseits den Druck und stellt andererseits sicher, dass kurzfristig eine Lösung erzielt werden kann, ohne den Prozess erneut von vorne beginnen zu müssen.

Beispiel
In einem Verkaufsprozess eines Unternehmens der Lebensmittelbranche gab es von Anfang an einen klaren Favoriten, der schon in der Vergangenheit häufig seine Interessen an dem Unternehmen bekundete. Obwohl er seine Ernsthaftigkeit betonte und das höchste Angebot abgab, verhandelte der Verkäufer auch mit zwei weiteren Interessenten. Kurz vor Ende des Prozesses kam es zu einem Wechsel im europäischen Management des Hauptinteressenten und sämtliche M&A-Aktivitäten wurden gestoppt. Dadurch wurde das Unternehmen kurzfristig an einen der beiden anderen Bieter veräußert, was ohne die parallele Verhandlungsführung so schnell nicht möglich gewesen wäre.

3. Preisverhandlung

Durch das bindende Angebot liegt zwar ein Preis auf dem Tisch, dieser kann jedoch 113
auf Grund der **weiteren Vertragsbedingungen** noch beeinflusst werden. Daher ist es wichtig, auf jeder Stufe des Prozesses für klare Verhältnisse zu sorgen und mit **offener Kommunikation** böse Überraschungen zu vermeiden.

Wichtig ist weiterhin, dass der Verkäufer vor Beginn der Verhandlungen einen 114
klaren Plan hat, der die Rollen der Teilnehmer auf seiner Seite festlegt und auch die Preisgrenzen klar definiert.

Aus der **Art der Preisfindung** (Fixpreis vs. Earn Out) sowie des **Zeitpunktes** 115
des Verkaufs (Kaufpreis-Adjustments vs. Locked Box) ergeben sich verschiedenste Arten der Preisgestaltung, die in der jeweiligen Ausprägung unterschiedlich hohe Risiken bergen. Je nach Intention des Verkäufers können hier schon gewisse Parameter vorgegeben bzw. ausgeschlossen werden.

4. Garantien/Gewährleistungen

Ebenso wie die Art der Kaufpreisklauseln werden auch die Garantien und Gewähr- 116
leistungen unterschiedliche Ausprägungen haben. Letztendlich weiß der Verkäufer am besten, worauf er sich einlässt, da er sein Unternehmen kennt. Dabei sollte er jedoch stets bedenken, dass er nach dem Übergang des Unternehmens wenig bis gar keine **Einflussmöglichkeiten** mehr haben wird. Dies sollte er auch bei den Gewährleistungen/Garantien und speziell deren **Laufzeit** berücksichtigen.

Generell wird der Vertragsentwurf des Verkäufers sehr wenige Garantien und 117
Gewährleistungen beinhalten und sich auf den Inhalt der in den Datenraum eingestellten Dokumente beschränken.

5. Signing/Closing

Mit dem Signing ist der eigentliche Verkaufsprozess vollzogen. In den meisten Fäl- 118
len werden aber noch **aufschiebende Bedingungen** festgelegt werden, die einen

weiteren Zeitraum bis zu deren Erfüllung erfordern. Dies ist insbesondere der Fall, wenn eine Fusionskontrolle durchgeführt werden muss. Aus Verkäufersicht ist dieser Zeitraum so kurz wie möglich zu halten. Idealerweise sollte versucht werden, Signing und Closing zeitgleich stattfinden zu lassen, was bei der **Locked Box Mechanismus** leichter zu erreichen ist.

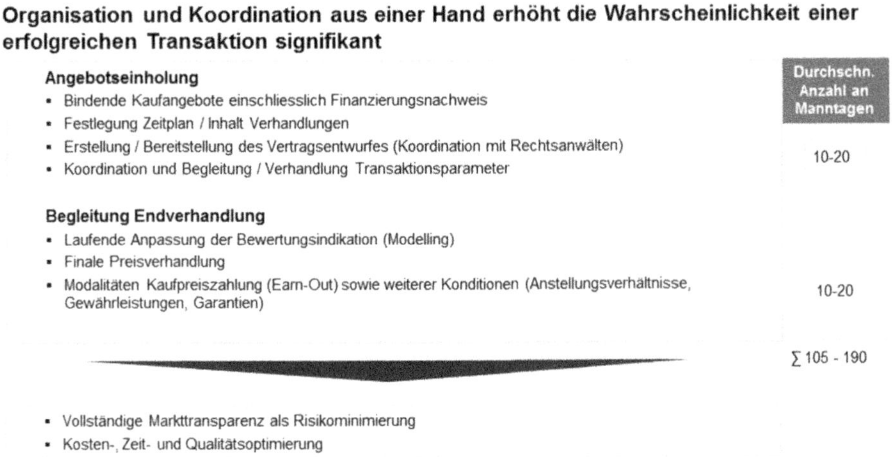

Abb. 16: Ressourcenplanung – Endverhandlung

IV. Integrationsphase

119 Diese Phase betrifft im Wesentlichen den Käufer und wurde an anderer Stelle auch entsprechend beschrieben.

D. Zusammenfassung

120 Der Unternehmenskauf/-verkauf ist ein Prozess, der inzwischen weitestgehend **festgelegten Regeln** folgt. Im Sinne eines positiven Ergebnisses sollten die Beteiligten diese Regeln kennen und sich möglichst akribisch darauf vorbereiten. Sie stellen mit der Entscheidung Weichen für das Gesamtunternehmen und jede Teilentscheidung lenkt den Prozess in eine bestimmte Richtung. Ebenfalls kann ein zu frühzeitiges Bekanntwerden der Kauf-/Verkaufsabsicht verheerende Folgen für alle beteiligten Personengruppen haben. Nicht zuletzt ist die **Integration** – gerade bei unterschiedlichen Unternehmenskulturen – ein ganz entscheidender Faktor für den langfristigen Erfolg. Daher ist die **Kommunikation** auf jeder Ebene des Prozesses frühzeitig festzulegen.

Kapitel 3
Unternehmensbewertung

Das Ergebnis einer Bewertung hängt immer von der jeweiligen Gemütsverfassung ab.

*Damaris Wieser (*1977),*
deutsche Lyrikerin und Dichterin

A. Einleitung

Wie bei allen anderen Verkaufs- bzw. Kaufentscheidungen wird man auch in einer 1
M&A-Transaktion an einen Punkt kommen, an dem sich die Parteien über den Kaufpreis einigen müssen. „*Determining how much stock to give up in exchange for invested capital is perhaps the most difficult and least understood aspect of the M&A process.*"[1] Diese Anmerkung verwundert, da der Wert, der hier ermittelt wird, über die Realisierung der monetären Interessen aller Beteiligten entscheidet. Zu sagen, dass eine M&A-Transaktion ausschließlich über den Kaufpreis entschieden wird, wäre natürlich unzutreffend, jedoch ist diese Größe allein schon durch ihre Messbarkeit und durch die Vergleichbarkeit mit anderen Transaktionen von hoher Bedeutung. Die Bewertung eines Unternehmens und die **Kaufpreisfindung** nehmen folglich eine zentrale Rolle in jeder M&A-Transaktion ein. Auch wenn es in einem Unternehmenskaufvertrag viele verschiedene rechtliche und operative Stellschrauben gibt, die ebenfalls den vereinbarten Preis beeinflussen, wird fast jede Verhandlung mit dem Aufrufen des Wertes und damit eines Richtwerts für den Kaufpreis eines Unternehmens oder eines Teilbereichs eines Unternehmens eröffnet.

Schon vor dem Beginn der Verhandlungen benötigen beide Seiten eine klare 2
Vorstellung davon, was man für das Unternehmen oder den Unternehmensteil bezahlen will bzw. verlangen kann. Da in der Praxis subjektive Momente, wie z.B. emotionale Werte, die **Preisvorstellungen** stark beeinflussen, stimmen die Vorstellungen des Käufers fast nie mit denen des Verkäufers überein. Um den eigenen Wert später in den Verhandlungen durchsetzen zu können, ist es wichtig, die jeweils eigene Preisvorstellung weitestgehend belegbar zu machen. Somit spielt die Analyse des Geschäftsmodells und des Unternehmensumfelds eine zentrale Rolle bei der Bewertung. Ist ein erster Wert für das Unternehmen identifiziert, ist es in einem

1 *Bruno/Tyebjee/Anderson* Business Horizon, Volume 28 Issue 1, S 17.

nächsten Schritt wichtig, die eigene Preisvorstellung zum richtigen Zeitpunkt zu kommunizieren.

3 Das Ziel dieses Kapitels ist es nicht, neue Bewertungsansätze oder Methoden zu entwickeln – hierzu gibt es schon mehr als genug gute Literatur –, sondern praxisnahe Hinweise zu geben und Erfahrungen zu teilen.

B. Grundlagen

I. Der „wahre" Unternehmenswert

4 Als Berater beim Kauf eines Unternehmens oder von Unternehmensanteilen wird man häufig gefragt, was das Unternehmen wert sei, mit dem ergänzenden Hinweis, dass man nicht zu viel zahlen wolle. Mit anderen Worten, die Käufer suchen den sogenannten **„wahren" Unternehmenswert**. Jedoch, gibt es den einen „wahren" Unternehmenswert überhaupt?

5 Bei der Antwort auf diese Frage muss man unterscheiden zwischen Bewertungen in Form von **Gutachten** und den Bewertungen bei M&A-Transaktionen in der freien Marktwirtschaft. Bei gutachterlichen Stellungnahmen ist es das Ziel, das Unternehmen **„objektiviert"**, also frei von jeglichen subjektiven Einflüssen, zu bewerten (objektiver oder objektivierter Unternehmenswert, Gutachten nach dem IDW S1 Standard).[2]

6 In der Praxis ist es dagegen bei M&A-Transaktionen immer wichtig, sich bewusst zu machen, dass es bei Käufer und Verkäufer um existenzielle Dinge, wie Geld, Lebenswerk etc. geht, was eine subjektive Beeinflussung der jeweiligen Preisvorstellungen unausweichlich macht. So werden die Preisvorstellungen des Verkäufers etwa von seinen Vorstellungen vom Markt, von der Kundenstruktur, von der Produktqualität beeinflusst, wobei der Verkäufer eher versucht, die positiven Effekte und Chancen herauszuarbeiten und darzustellen, während der Käufer dazu neigt, neben der positiven Grundeinstellung gegenüber dem Investment – ansonsten würde er ja nicht kaufen wollen – eher Risiken wie Kreditrisiken, Insolvenzrisiken etc. abzuwägen und durchzuspielen.[3]

7 Ein weiterer, nicht zu vernachlässigender Einflussfaktor, der zu abweichenden Preisvorstelllungen der beiden Parteien führt, ist die sogenannte **„Informations-**

2 *IDW Verlag* IDW S1.

3 Es ist davon auszugehen, dass ein strategischer Investor eine etwas andere Herangehensweise hat und seine Preisvorstellungen höher sind. Neben einigen Ausnahmen in der Praxis, bei denen die gezahlten Werte nicht mehr nachzuvollziehen sind, sollte ein strategischer Investor für Synergien oder den Mehrwert, den er dem Unternehmen bietet, nicht oder nur teilweise zahlen.

asymmetrie".[4] Auch wenn man versucht, diese weitestgehend in dem gesamten Prozess durch Managementgespräche und die Due Diligence zu schließen, wird bis zuletzt immer ein Informationsungleichgewicht zwischen den Parteien herrschen.

Zusammenfassend kann man festhalten, dass es bei M&A-Transaktionen den „wahren" Unternehmenswert als objektive Größe nicht gibt, sondern nur als subjektives Konstrukt. Gleichzeitig muss man sich klar machen, dass die Begriffe „**Wert**" und „**Preis**" eines Unternehmens zu unterscheiden sind: Der Wert eines Unternehmens ist das Ergebnis einer Evaluation nach objektiv nachvollziehbaren Methoden (wobei die Wahl der Methode und die eingehenden Parameter durchaus subjektiv beeinflusst sein können), der Preis ist das, was ein Käufer für das Unternehmen zahlt. 8

Die folgende Abbildung 1 zeigt beispielhaft die Entstehung der Preisvorstellung von Käufer und Verkäufer. 9

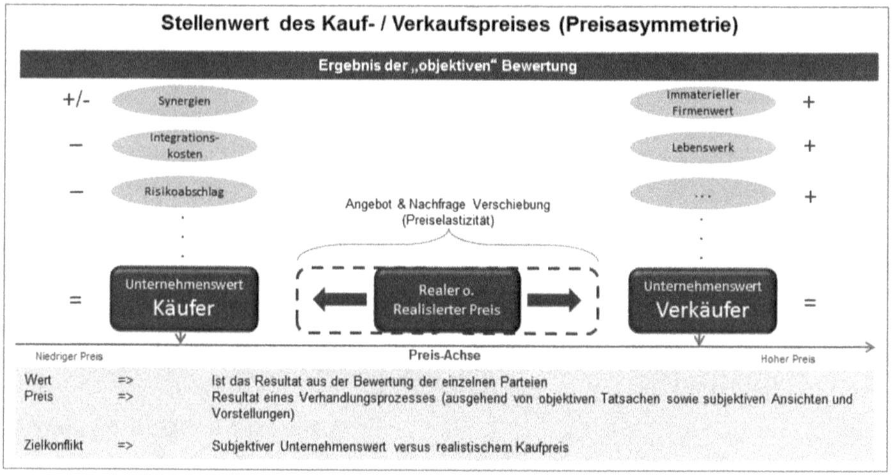

Abb. 1: Stellenwert des Kauf-/Verkaufspreises (Preisasymmetrie)

Diese Graphik kann selbstverständlich nicht alle in der Praxis vorkommenden Situationen beschreiben. Speziell mit der Entwicklung des Internets haben sich die Situationen gehäuft, bei denen Unternehmen an der Börse gehandelt oder an Investoren 10

4 „Informationsasymmetrie": Allgemein unterscheidet man folgende Varianten der Asymmetrie: 1. *Ex-Ante-Informationsasymmetrie (hidden characteristics; versteckte Eigenschaften), 2. Ex-Post-Informationsasymmetrie (nachvertragliche Informationsasymmetrie unterteilt in hidden action und hidden information),* Gabler Wirtschaftslexikon, Stichwort Informationsasymmetrie.

zu Preisen verkauft worden sind, deren Höhe mit keiner der herkömmlichen Bewertungsweisen erklärt werden kann (z.B. Rocket-Internet[5], Facebook oder Skype).

II. Anlässe für eine Unternehmensbewertung

11 Die **Anlässe**, warum man ein Unternehmen oder ein Wirtschaftsgut bewertet, sind vielfältig. Sie reichen von Auseinandersetzungen in Erbschaftsangelegenheiten bis zu Transaktionen von Unternehmen oder Immobilien, von Streitigkeiten bei Scheidungen bis hin zu steuerrechtlichen Fragen. Sie werden meist von Banken, Beratern, Wirtschaftsprüfern, oder anderen Spezialisten durchgeführt. Bewertungen kann man nach verschiedenen Kriterien unterscheiden, ob sie gesetzlich oder wirtschaftlich veranlasst sind, ob es sich um kapitalmarktspezifische oder privatwirtschaftliche Anlässe handelt, oder aber ob man es mit periodischen oder aperiodischen Bewertungen zu tun hat. Die folgende Graphik stellt diverse Anlässe sehr übersichtlich da.

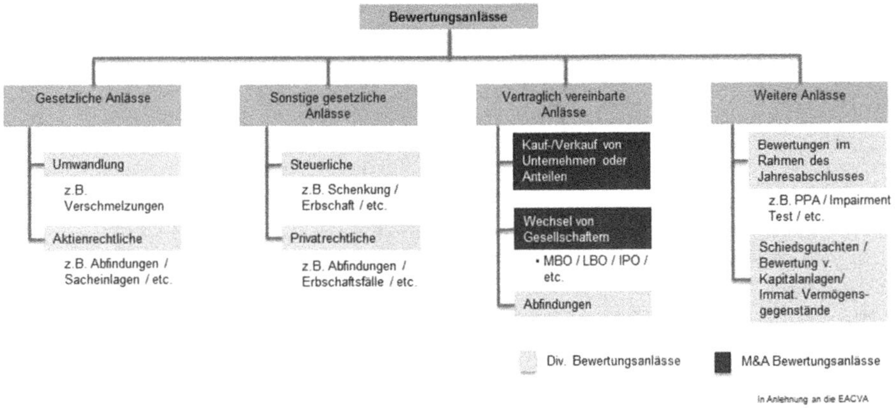

Abb. 2: Zusammenfassung Bewertungsanlässe (in Anlehnung an EAVCA)

12 Für einige Anlässe in der oben dargestellten Graphik existieren Richtlinien, die zwingend einzuhalten sind (z.B. IDW S1 Standard), oder Empfehlungen, wie man vorgehen sollte.

13 Eine genaue Beschreibung des Anlasses und des Zweckes einer Bewertung ist vor allem deshalb wichtig, weil sich hieraus das zu wählende Bewertungsverfahren

5 Siehe http://www.wiwo.de/finanzen/boerse/boersengang-von-rocket-internet-raetselhafte-bewertung-unbekannte-verluste/10757900-2.html.

ergibt und oder sogar vorgegeben wird (steuerliche Bewertung, gutachterliche Stellungnahme etc.).

III. Bewertungsrichtlinien

So verschieden die Anlässe, so verschieden sind auch die Richtlinien über die Anfertigung einer Bewertung. So regelt zum Beispiel das **Bewertungsgesetz** (BewG) hauptsächlich die steuerliche Bewertung von Vermögensgegenständen. Auch gesetzliche Bewertungsmaßstäbe werden definiert (z.B. „Der gemeine Wert“ (§ 9 BewG)[6]/„Der Teilwert“ (§ 10 BewG)[7]/„Der Ertragswert“ (§ 36 BewG),[8] um nur einige zu nennen). 14

In der M&A-Praxis sind, wenn überhaupt, die Standards des IDW relevant, die Grundsätze zur Durchführung von Unternehmensbewertungen festlegen, auch wenn diese Standards bei Käufen im Mittelstand oder bei Startups nicht eingehalten werden müssen. Eine Bewertung nach IDW S1 wird vor allem für gutachterliche Zwecke erstellt und in einem Sachverständigengutachten dokumentiert. 15

Bei Veräußerung oder M&A-Transaktionen werden erzielbare Preise für die Anteile des Unternehmens hingegen eher selten auf der Basis des IDW S1 ermittelt. Hier werden in der Regel subjektive Werte anhand der Discounted-Cashflow-Methode aus der Sicht des Käufers und Verkäufers unter Berücksichtigung individueller Ziele und Chancen abgeleitet und mit der aktuellen Situation auf dem Transaktionsmarkt verglichen, um so eine Vorstellung über einen maximal oder minimal erzielbaren Kaufpreis zu erhalten. 16

IV. Grundbausteine für eine aussagekräftige Bewertung

Vor der ersten Verhandlung über eine mögliche M&A-Transaktion sollten beide Seiten (Käufer und Verkäufer) jeweils eine klare Vorstellung über den Wert bzw. den 17

---

6 Verkaufspreis, der im gewöhnlichen Geschäftsverkehr zu erzielen wäre, siehe http://www.gesetze-im-internet.de/bewg/__9.html.

7 Der Teilwert ist der Betrag, den ein Käufer eines ganzen Betriebs im Rahmen des Gesamtkaufpreises für das einzelne Wirtschaftsgut ansetzen würde, siehe http://www.gesetze-im-internet.de/bewg/__10.html.

8 Der Ertragswert findet bei der Bewertung des land- und forstwirtschaftlichen Vermögens Anwendung. Er entspricht dem 18-fachen des Reinertrags, den ein solcher Betrieb bei ordnungsgemäßer und schuldenfreier Bewirtschaftung mit entlohnten Arbeitskräften nachhaltig erzielen kann, siehe http://www.gesetze-im-internet.de/bewg/__36.html.

Preis des jeweiligen Unternehmens haben und diesen dann erst kommunizieren, wenn eine fachgerechte Bewertung durchgeführt wurde. Da die Vorstellungen von Wert und damit auch vom Kaufpreis üblicherweise auseinander liegen, sollte man unabhängig vom Bewertungsverfahren einige Punkte beachten, um die eigenen Vorstellungen der Gegenpartei gut, plausibel und vor allem belegbar darstellen zu können.

Praxistipp

Wichtig ist es, die Anzahl der berücksichtigten Variablen Im Bewertungsprozess auf die wirklich aussagekräftigen zu beschränken. Sicher kann man Unternehmensbewertungen auch mit vielen Variablen rechnen, deren Eintrittswahrscheinlichkeiten meist kaum zu schätzen sind. Man erreicht dadurch aber lediglich eine Scheingenauigkeit, vergrößert unnötig den Zeitaufwand und erzielt einen höchstens marginalen Mehrwert.

18 Folgende Punkte für eine aussagekräftige und nicht anfechtbare Bewertung gilt es zu berücksichtigen:

Grundbausteine für eine Bewertung	Erläuterung
Bewertungsstichtag	Der Wert eines Unternehmens kann sich immer nur auf einen bestimmten Stichtag beziehen, den man vorab unbedingt festlegen und kommunizieren sollte. Bewertungen, die auf verschiedene Stichtage hin ermittelt wurden, müssen nicht übereinstimmen, da sich Erkenntnis- und Informationsstand von Stichtag zu Stichtag unterscheiden können.
Bewertungsanlass	Wie schon erwähnt, sollte der Bewertungsanlass klar definiert sein, da hierdurch oft auch die Bewertungsmethode bestimmt wird. Der Bewertungsanlass kann die Bewertungsprämissen und somit das Resultat der Bewertung deutlich beeinflussen.
Dokumentation	Die sorgfältige Dokumentation der Annahmen und vor allem der hergeleiteten Größen gehören zur Diligence eines Bewerters. Dieser Punkt ist vor allem bei den nachgelagerten Diskussionen (während und nach der Vertragsverhandlung), bei Gutachten und vor allem bei evtl. späteren Gerichtsstreitigkeiten von Bedeutung.
Plausibilisierung der Daten	Der Bewerter ist für die sorgfältige Durchführung der Bewertung verantwortlich. Deshalb sollten alle Daten, die in der Bewertung verwendet werden, einem Plausibilitätscheck unterzogen und daraufhin überprüft werden, ob sie den aktuellen Kenntnisstand am Stichtag widerspiegeln. Besondere Bedeutung bekommt der Plausibiliätscheck der Rohdaten zum Beispiel bei „Carve-outs“, bei denen man häufig auf Daten angewiesen ist, die nicht aus dem herkömmlichen Accounting und Controlling erhältlich sind. Neben der Plausibilisierung der Rohdaten müssen vor allem auch die Planungswerte verifiziert werden.

Grundbausteine für eine Bewertung	Erläuterung
Plausibilisierung der Bewertung	Auch wenn die Bewertungsdaten plausibilisiert worden sind, sollte man nicht vergessen, die endgültigen Ergebnisse der Bewertung zu verifizieren – z.B. durch Anwendung verschiedener Verfahren auf das Bewertungsobjekt. Glaubt man den Statistiken, verwenden Investmentbanken, M&A-Berater, Corporate Finance Berater und Private Equity Häuser im Schnitt drei Bewertungsverfahren pro Bewertungsfall. Hingegen verwenden Unternehmen oder Steuerberater oft nur ein oder zwei Verfahren.[9] **Praxistipp** Auch wenn es denkbar ist, dass das Ergebnis umso besser und belastbarer ausfällt, je mehr unterschiedliche Methoden verwendet werden, sollte man sich (schon aus zeit- und arbeitsökonomischen Gründen) auf die sorgfältige und detaillierte Anwendung von zwei oder drei Methoden beschränken.
Identifizierung von Stillen Reserven	Stille Reserven sollte man identifizieren und detailliert evaluieren, da diese das Ergebnis einer Bewertung erheblich beeinflussen können. **Beispiel** Grundstücke, die nicht zum betriebsnotwendigen Vermögen gehören und mit historischen Anschaffungskosten bilanziert sind, oder unterbewertete Pensionsrückstellungen.
Bewertungsmodell spezifische Bausteine	In einigen Bewertungsmodellen gibt es noch individuelle „Bausteine“, die man berücksichtigen sollte – auf die unter dem jeweiligen Verfahren hingewiesen wird.

Tab. 1: Grundbausteine einer Bewertung[10]

9 *Henselmann/Barth* S. 9f.

10 Siehe http://www.frankfurt-main.ihk.de/unternehmensfoerderung/unternehmensnachfolge/wirtschaftliche_vorbereitung/unternehmensbewertung/.

C. Arten der Bewertung

I. Vorbemerkungen

19 Verfahren zur Bewertung von Sachanlagen, Grundstücken, Immobilien oder von Unternehmen gibt es seit langer Zeit. So hat man schon im Mittelalter beim Handel einen Wert festgelegt, der sich aus einem Materialwert und einem **persönlichen Wert** zusammensetzte.

> *„Der Wert eines Gutes ist der Grad seiner Brauchbarkeit zur Erfüllung eines bestimmten Zwecks.“*[11]

20 Ohne die Kenntnis des wirklichen und aktuellen Unternehmenswerts können Beteiligungsgesellschaften oder Unternehmen etc. keine rationale Entscheidung über ein angestrebtes Investment treffen. Somit gehört eine umfassende Methodenkompetenz für die Berechnung des Unternehmenswertes zum grundlegenden Handwerkszeug eines M&A-Beraters oder Mitarbeiters in einer M&A-Abteilung.

21 Oft wird übersehen, dass **Unternehmensbewertung** nicht nur finanzielle Aspekte umfasst, sondern auch rechtliche, strukturelle und sogar personelle Aspekte, z.B. auch die Bewertung des Managements eines Unternehmens. Alle diese Aspekte sollten in die Bewertung einfließen und möglichst einem finanziellen Wert zugeordnet werden. So lassen sich z.B. auch rechtliche Unsicherheiten eventuell in einer monetären Form in der Bewertung berücksichtigen.

22 Bislang hat noch niemand die endgültige Formel zur Ermittlung des adäquaten Preises für ein Unternehmen gefunden. Solange **subjektive Einflüsse** eine große Rolle spielen, werden immer Diskrepanzen zwischen Käufer und Verkäufer existieren, egal welches Verfahren man verwendet.

23 In den vergangenen Jahrzehnten hat man die Bewertungsverfahren durch statistische Methoden und Schätzverfahren weiterentwickelt und versucht, die Bewertungen adäquater und präziser zu machen. In der Praxis werden solche meist hochkomplizierten Verfahren nicht verwendet, da es meist an Zeit, am Know-how und an einer ausreichenden Datenbasis mangelt.

24 Es gibt jedoch einige Methoden, die sich durch ihre gute Anwendbarkeit und Verständlichkeit auszeichnen und die vor allem über längere Zeit bewiesen haben, dass sie gute Näherungswerte liefern.

25 Im Folgenden soll ausführlicher nur auf die praxisrelevanten Methoden eingegangen werden.

---

11 *Stützel* Sp. 4404.

II. Übersicht über verschiedene Methoden der Bewertung

Es gibt eine Vielzahl von Methoden, die zu einer Bewertung eines Unternehmens 26
führen. So vielseitig wie die Methoden, so unterschiedlich sind auch die Herangehensweisen.

Der Vorteil und Nutzen dieser Methodenvielfalt ist vor allem, dass man eine 27
Bewertung mit Hilfe weiterer Methoden (bei gleichen Annahmen) verifizieren oder wenigstens plausibel machen kann. Dies setzt voraus, dass sich bei gleichen Annahmen in allen Bewertungsmethoden auch die gleichen Unternehmenswerte ergeben. Diese These stimmt jedenfalls für die Verwendung der DCF-Varianten, bei deren Anwendung nur deutlich differierende Annahmen zwischen Käufer und Verkäufer zu unterschiedlichen Ergebnissen führen.

Die Wahl der Bewertungsmethode hängt vor allem von dem augenblicklichen 28
Entwicklungsstadium des Unternehmens ab. Für ein Startup-Unternehmen wird man ein anderes Verfahren wählen als für ein Unternehmen in der Wachstumsphase oder in einer Krisensituation.

Die Einteilung der Methoden wird in der Literatur sehr unterschiedlich gehand- 29
habt. Für die Zwecke dieses Buches erscheint es sinnvoll, die Verfahren in drei Gruppen zu gliedern:

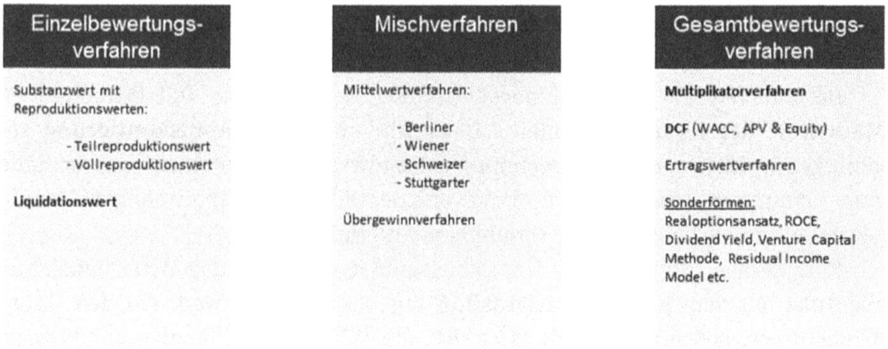

Abb. 3: Eingruppierung der Bewertungsverfahren

Sehr häufig findet man auch nur die Aufteilung in **Einzel- und Gesamtbe-** 30
wertungsverfahren, die **Mittelwertverfahren** werden nicht berücksichtigt. Dafür wird dann aber bei den Gesamtbewertungsverfahren zwischen **Brutto-** und **Nettomethoden** unterschieden. Wichtig ist jedoch nicht, dass man die Verfahren richtig einteilen kann, sondern dass man die Vor- und Nachteile der in der Praxis relevanten Methoden kennt und – das ist der wichtigste Grundsatz in der Praxis – dass man ein Unternehmen nicht nur mit einer Methode bewertet.

31 Im weiteren Verlauf dieses Kapitels werden die für die Praxis relevanten Methoden so dargestellt, dass einerseits die Grundideen verständlich werden, die hinter diesen Methoden stehen, andererseits auch die Stärken und Schwächen der einzelnen Methoden. Insbesondere geben wir Hinweise darauf, worauf man bei der jeweiligen Methode achten muss. Besonderes Augenmerk liegt auf der **Discounted-Cashflow-Methode** und dem **Multiplikatorverfahren** (Peer Group Analysis), die in der Praxis am weitesten verbreitet sind.

D. Gesamtbewertungsverfahren

I. Discounted-Cashflow-Methode (DCF-Methode)

1. Grundgedanke

32 Wie bereits der Name nahelegt, orientiert sich die **DCF-Methode** (anerkannt bei der IDW als zum Ertragswertverfahren gleichberechtigtes Bewertungsverfahren für Unternehmensbewertungen in Deutschland) am Cashflow eines Unternehmens. Die nicht aus der Buchhaltung hergeleitete Größe **„Cashflow"**[12] wird deshalb gerne bevorzugt, weil sie sich durch ihre Resistenz gegenüber Bilanzmanipulationen auszeichnet.[13] Der Cashflow hat jedoch nicht nur diesen Vorteil, er liefert die entscheidende Maßzahl des Unternehmenserfolgs, die die finanzielle Wertschöpfung des Unternehmens abbildet und für den Käufer oder auch für Banken als die entscheidungsrelevante Größe gesehen wird.[14]

33 Im Rahmen der Unternehmensbewertung bestimmt die DCF-Methode den **Marktwert** der Eigenkapitalanteile. Dazu wird durch die **Abdiskontierung** zukünftiger Cashflows, die Hinzurechnung des Endwertes des Unternehmens am Ende einer Planungsperiode sowie des Marktwerts der nicht betriebsnotwendigen Vermögensteile zunächst der Wert des Gesamtkapitals ermittelt.

34 Kurz gesagt, die jeweiligen Überschussgrößen der folgenden Wirtschaftsjahre, abgezinst mit dem **Kalkulationszinsfluß** ergeben einen Barwert, der den Unternehmenswert beschreibt. Somit lässt sich die DCF-Methode (analog zur Ertragswertmethode) durch die folgende allgemein gültige Formel darstellen:[15]

---

12 Cashflow: *„Die Grundidee des Cashflow besteht darin, die dem Jahresabschluss anhaftende mangelnde Aussagefähigkeit bezüglich der finanzwirtschaftlichen Lage einer Unternehmung dadurch zu beheben, dass dem Bilanzleser ein Einblick in die durch den Geschäftsbetrieb induzierten Zahlungsströme bzw. deren Saldo gegeben wird. Die Kennzahl [...] soll dem Bilanzanalytiker somit Informationen über den Mittelzufluss aus dem Umsatzprozess und damit über die Selbstfinanzierungskraft der Unternehmung geben."* – zitiert nach *Dichtl/Issing*.

13 *Rappaport* S. 20.

14 *Buchner* WiSt, Jahrgang 23, Heft 10, S. 513.

15 *Weitnauer* S. 274–275.

$$UW = \sum_{t=0}^{n} CF_t / (1+i)^t + TV \qquad (2)$$

UW = Unternehmenswert
t = Zeitpunkt
CF_t = Cashflow zum Zeitpunkt t
i = Kalkulationszins
n = Planungszeit/Lebensdauer
TV = Terminal Value

Diese Formel und damit das Berechnungsverfahren stimmen für die **Equity-** und die **Entity-Methode**[16] formal überein. Es ist jedoch zu beachten, dass sich die einzusetzenden Werte für die Cashflows und den Kalkulationszins – wie im Folgenden erläutert – jeweils unterscheiden. Außerdem muss man beim Entity-Verfahren von dem erhaltenen Wert anschließend u.a. noch den Marktwert des Fremdkapitals subtrahieren (weitere Anpassungen s. Abb. 11), um den **Equity-Wert** zu erhalten.[17] 35

Das wichtigste Merkmal der DCF-Methode ist, dass sie den **time value of money** berücksichtigt: 36

„An essential feature of the DCF technique is that it explicitly takes into account that a dollar received today is worth more than a dollar received a year from now, because today's dollar can be invested to earn a return during the intervening time."[18]

2. Verschiedene Varianten der DCF-Methode

Es existiert eine ganze Reihe von Varianten der DCF-Methode. Man unterscheidet zwischen **Bruttomethoden** und **Nettomethoden**. Am weitesten verbreitet sind die **Entity-** und die **APV-Methode** (Adjusted-Present-Value), die zu den Bruttomethoden (wie auch der Total Cashflow Ansatz) gehören, die **Equity-Methode**, die zu den Nettomethoden gehört (wie z.B. auch das Ertragswertverfahren oder das Dividend-Discount-Model). Der Unterschied zwischen Brutto- und Nettomethoden liegt darin, dass die beiden Methoden unterschiedlich mit den Fremdkapitalkosten umgehen und somit auch unterschiedliche Diskontierungsfaktoren verwenden. Nettomethoden ermitteln das Eigenkapital direkt, Bruttomethoden ermitteln zunächst den Gesamtwert des Unternehmens. 37

16 Die Entity-Methode wird auch WACC-Ansatz genannt, dabei steht WACC für Weighted Average Cost of Capital.

17 Siehe auch Tabelle 2.

18 *Rappaport* Harvard Business Review, 1979, S. 101.

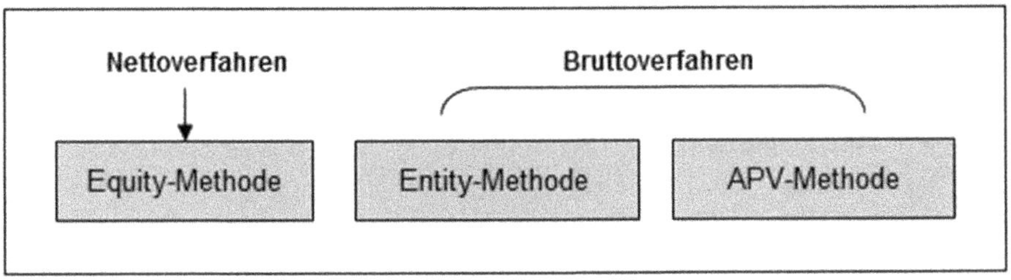

Abb. 4: Die verschiedenen Varianten der DCF-Methode

a) Entity-Methode

38 Die zu diskontierende Überschussgröße wird aus dem Brutto-Cashflow vor Zinsen und nach Steuern definiert. Man nimmt hier an, dass dieser **Brutto-Cashflow** jährlich dem Unternehmen entnommen wird und den **Eigenkapitalgebern** und den **Fremdkapitalgebern** zufließt. Der Brutto-Cashflow kann indirekt[19] oder direkt[20] festgelegt werden.

39 Berechnung des Diskontierungssatzes:

$$i = k_{EK} \times \frac{EK}{GK} + k_{FK} \times \frac{FK}{GK} \tag{4}$$

EK = Marktwert des Eigenkapitals
FK = Marktwert des Fremdkapitals
GK = Marktwert des Gesamtkapitals (GK = EK + FK)
k_{EK} = Eigenkapitalkosten
k_{FK} = Fremdkapitalkosten

b) Equity-Methode

40 Hier werden die an die Eigenkapitalgeber fließenden Zahlungsströme kapitalisiert. Im Gegensatz zum Entity- oder WACC-Ansatz werden hier alle Zins- und Tilgungs-

19 Indirekte Methode: Hier wird der Cashflow aus dem Periodengewinn (-verlust), neutralisiert um die nicht zahlungswirksamen Erträge und Aufwendungen, ermittelt. Ebenso können die erfolgsneutralen Zu- und Abflüsse berücksichtigt werden. Vgl. *Dichtl/Issing* S. 374.

20 Direkte Methode: Der Brutto-Cashflow ist lediglich die Differenz zwischen den zahlungswirksamen Aufwendungen und Erträgen.

zahlungen sowie die Steuerersparnisse berücksichtigt (deshalb wird der Cashflow auch als Netto-Cashflow bezeichnet). Da bei der Ermittlung des Netto-Free-Cashflows die Fremdkapitalkosten berücksichtigt sind, müssen sie bei der Diskontierung nicht mehr gesondert betrachtet werden. Daraus folgt, dass der Diskontierungssatz i der sich aus dem WACC ergebende Eigenkapitalkostensatz nach Steuern ist:[21]

$$i = k_{EK} \tag{5}$$

c) APV-Methode

Ein weiteres, jedoch nicht so weit verbreitetes Bruttoverfahren ist die **Adjusted-Present-Value-Methode** (kurz APV-Methode), die im Ansatz der WACC-Methode entspricht. Hier geht die Berechnung zunächst vom Wert eines unverschuldeten Unternehmens aus. Die Steuer- und Finanzierungseffekte werden in einem zweiten Schritt einbezogen (auch als „Konzept des angepassten Barwertes" bekannt): 41

1. Zunächst wird der Marktwert des Gesamtunternehmens unter der Prämisse berechnet, dass keine Fremdfinanzierung zugrunde liegt. Kapitalisiert wird nicht mit dem gewogenen Kapitalkostensatz, sondern nur mit dem Eigenkapitalkostensatz, der sich ergeben würde, wenn das Unternehmen frei von Fremdfinanzierung wäre.
2. In einem zweiten Schritt werden die steuerlichen Vorteile einer Fremdfinanzierung berücksichtigt.[22]

Letztendlich erhält man dann wie beim WACC-Ansatz den Wert des Eigenkapitals, 42
indem man den erhaltenen Unternehmenswert um das Fremdkapital und weitere Größen korrigiert.

Praxistipp !

Die APV-Methode hat den Vorteil, dass man den Wert des operativen Geschäfts sieht. Außerdem führt die Tatsache, dass bei der APV-Methode die steuerlichen Auswirkungen einer Fremdfinanzierung von Verlustvorträgen getrennt ermittelt werden, zu einer höheren Transparenz bei der Berechnung des Eigenkapitalwerts. Deshalb wird der Ansatz gerne bei LBOs verwendet.

---

21 *Weitnauer* S. 276/277.
22 *Hayn* S. 180–182.

Praxistipp
Eine Bewertung nach der DCF-Methode geht immer von einer **Vollausschüttungsthese** aus (sonst kommt es zu hohen Finanzmitteln, was bedeuten würde, dass man das Beta dementsprechend anpassen müsste – Cash hat ein anderes Risikomaß als Eigenkapital und Fremdkapital).
Oft wird in der Praxis vernachlässigt, dass es sich bei Fremdkapital und Eigenkapital um Marktwerte handelt.

43 Die folgende Tabelle fasst die Unterschiede der drei Methoden zusammen:

	Entity-Ansatz	APV-Ansatz	Equity-Ansatz
Zahlungsströme	Freier Cashflow: – vor Bedienung der Eigen- und Fremdkapitalgeber – nach bei Eigenfinanzierung zu zahlenden Steuern	1. Freier Cashflow: – vor Bedienung der Eigen- und Fremdkapitalgeber – nach bei Eigenfinanzierung zu zahlenden Steuern 2. Periodische Steuervorteile aus Fremdfinanzierung	Freier Cashflow: – nach Bedienung der Fremdkapitalgeber – nach bei anteiliger Fremdfinanzierung zu zahlenden Steuern
Kapitalisierungszins	– Eigenkapitalkostensatz bei anteiliger Fremdfinanzierung – Risikoloser Zinssatz abzüglich relativer Steuervorteile aus Fremdfinanzierung	– Eigenkapitalkostensatz bei Eigenfinanzierung – Risikoloser Fremdkapitalsatz	Eigenkapitalkostensatz bei anteiliger Fremdfinanzierung
Berechnung des Marktwerts des EK	Abzug des Fremdkapitalwerts vom Unternehmenswert	Abzug des Fremdkapitalwerts vom Unternehmenswert	Direkte Berechnung

Tab. 2: Gegenüberstellung der DCF Verfahren (Quelle: *Weitnauer* S. 27)

44 Es ist unerheblich, welche Methode man wählt, da die Methoden bei gleichen Annahmen zu denselben Ergebnissen führen. Auch wenn der APV Ansatz von der Herangehensweise und von der Handhabung am einfachsten erscheint, hat sich in der Literatur und auch in der Praxis der Entity-Ansatz durchgesetzt. Dies ist wohl auch darauf zurückzuführen, dass der WACC eines Unternehmens mittlerweile zu einer Standardkennzahl geworden ist und diese Größe auf Bloomberg, Reuters usw. abrufbar ist.

3. Schätzung der einzelnen Parameter

45 Wenn man die Bewertungsmethode identifiziert hat, die am besten zu dem zu Grunde liegenden Bewertungsanlass passt, steht und fällt die Qualität des ermittelten

Unternehmenswertes mit der sorgfältigen Herleitung der einzelnen Parameter und Variablen, die in die Bewertung einfließen.

Bei der DCF-Methode handelt es sich hauptsächlich um drei Parameter, die ge- 46
schätzt werden müssen und bei deren Schätzung es einige Schwierigkeiten zu überwinden gilt.

a) Free Cashflow

Der Free Cashflow, sei es ein Brutto- oder Netto-Cashflow, ist der zentrale Parame- 47
ter, den man für eine Bewertung mit Hilfe der DCF-Analyse braucht.

	Berechnung des operativen Free Cash-flows
	Oper. Ergebnis vor Zinsen und Steuern (EBIT)
-	Adaptierte Steuern auf das EBIT
=	**NOPLAT**
+	Abschreibungen
-/+	Veränderungen langfristige Rückstellungen
-/+	Veränderungen kurzfristige Rückstellungen
=	**Brutto-Cash-flow**
-/+	Investitionen in das Sachanlagevermögen
-/+	Veränderung Working Capital
=	**Operativer Free Cash-flow**

	Berechnung des Free Cash-flows to Equity
	Oper. Ergebnis vor Zinsen und Steuern (EBIT)
-	Fremdkapitalzinsen
=	**Operatives Ergebnis vor Steuern**
-	Steuern des Unternehmens auf EBT
=	Operatives Ergebnis nach Steuern
+	**Abschreibungen**
-/+	Veränderungen langfristige Rückstellungen
-/+	Veränderungen kurzfristige Rückstellungen
-/+	Investitionen in das Sachanlagevermögen
-/+	Veränderung Working Capital
-/+	Veränderungen der Finanzschulden
=	**Cash-flow to Equity**

Abb. 5: Berechnung des operativen Free Cashflows & Cashflows to Equity

Die Abbildung 5 zeigt links die Berechnung des Free Cashflows für die Verwendung 48
der Entity-Methode, rechts für den Equity-Ansatz. Ausgangsbasis für beide ist der EBIT des Unternehmens. Die anderen Größen wie Abschreibungen, Investitionen und vor allem die Änderung des Working Capitals setzen ebenfalls eine detaillierte, sorgfältige und integrierte Planung voraus.

Welche Daten und Unterlagen man für die Planung benötigt, hängt sicher auch 49
vom Zweck der Bewertung ab. So wird ein Gutachten eine höhere Detailgenauigkeit verlangen als eine Bewertung, die nur einer Wertindikation dient.

Benötigte Unterlagen	Beschreibung
Vergangenheitsdaten	**Unterlagen:** G&V, Bilanz sowie Kapitalflussrechnung, Abschreibungsplan und detaillierte Auflistung der getätigten Investitionen (für einige Firmen sind noch weitere Informationen notwendig)

Benötigte Unterlagen	Beschreibung
	Ziel: Verständnis der Kostenstruktur, Umsatzstruktur, Kundenstruktur, Investitionsintensität, Investitionszyklen und Markteinflüsse – Hier gilt es vor allem, auch mögliche Engpässe, Kosten und Umsatzdriver zu identifizieren und zu verstehen. Dabei sind verschiedene Fragen zu beantworten, wie z.B. „Wie lang sind die normalen Produktzyklen?“ etc.
	Praxistipp Die Daten müssen unbedingt von **Sondereinflüssen** bereinigt werden – wie Änderung der Bilanzmethodik, nicht fortgeführte Bereiche, außerordentliche Einnahmen, sonstige Sondereffekte etc.
Wettbewerberdaten	**Unterlagen:** Hilfreich sind hier meist Jahresabschlüsse, Börsennachrichten, Analystenberichte etc. **Ziel:** Position und Stärke der Wettbewerber, Aufstellung im internationalen Umfeld, Strategie, finanzielle Situation etc. identifizieren und verstehen.
	Praxistipp Hier sollte man sich immer die Frage stellen, inwieweit der Wettbewerber zukünftige Umsätze, Entwicklungen etc. beeinflussen kann – besitzt ein Wettbewerber z.B. einen Gebietsschutz oder Patente, die Einfluss haben könnten?
Markt- und Trendanalysen (Expertenmeinungen)	**Unterlagen:** Branchenberichte, Wirtschaftsprognosen, Trendberichte, Produktentwicklungen etc. **Ziel:** Verstehen des Marktes und des Produktes sowie der Trends der Branche, mögliche Fortschritte und Trendmuster.
	Praxistipp Wiederum ist es wichtig, dass man sich nicht im Detail verliert, sondern nur die Trends und die Einflussgrößen herausarbeitet, die tatsächlich einen quantifizierbaren Einfluss auf das eigene Geschäft haben könnten.

Hinweis: Wege und Methoden, die „Driver“ oder interne & externe Einflussfaktoren herauszuarbeiten, findet man in jedem Strategie- oder strategischem Controlling-Handbuch (z.B. Globale Perspektive – **PESTE-Analyse**/Wettbewerber: **Porter Five Forces, Kundensegmentanalyse** etc. Unternehmensanalyse: **Wertschöpfungskette, 7S, SWOT** etc.)

Wie detailgenau man die Unterlagen und eine Planung vorbereitet, hängt auch von dem Ziel der Bewertung ab. Im Gegensatz zu Gutachten reicht es bei einigen Firmen häufig schon aus, eine Plan-G&V zu erstellen und den Cashflow durch hergeleitete Annahmen zu ermitteln.

Zu erstellende Unterlagen	Beschreibung
Investitions- und Abschreibungstabellen	**Ziel:** Die **Investitionsintensität** und vor allem die **Investitionszyklen** sollten sorgfältig herausgearbeitet werden, da diese unmittelbaren Einfluss auf die zukünftigen Finanzmittel haben. **Praxistipp** Neben dem Verständnis der Zyklen ist es wichtig zu erkennen, ob es eventuell Investitionsstaus gibt oder Erweiterungs- und Expansionsinvestitionen etc. zu berücksichtigen sind, die für die Erreichung des geplanten Umsatzes notwendig wären.
Plan-G&V	**Ziel:** Klare und nachvollziehbare Darstellung der zukünftigen Entwicklung der Umsatz-, Kosten- und Profitlage. **Praxistipp** Für Außenstehende ist es meist mit sehr erheblichem Aufwand verbunden, eine aussagekräftige Planung zu erstellen. Hier sollte man sich vor allem auch auf die Erfahrungswerte der Gesellschafter und von Branchenexperten berufen. Außerdem sollten die Entwicklungen des jeweiligen Markts, der Wettbewerber sowie z.B. die Standort- und Produktstrategie berücksichtigt werden. Um die Glaubwürdigkeit einer Bewertung/Planung zu erhöhen, sollte die Umsatzplanung auf nachvollziehbaren Fakten beruhen, z.B. auf Rahmenverträgen, vergangenen Gewinnraten bei Ausschreibungen, Neukundengewinnungsraten. Es ist unwahrscheinlich, dass man ohne erhöhte Investitionen mit gleicher Kostenstruktur diese Raten drastisch anheben wird. Geht man von hohen Anfangswachstumsraten aus, wird es meist zwangsläufig zu Konvergenzprozessen kommen. Handelt es sich bei dem zu bewertenden Unternehmen um ein Unternehmen mit verschiedenen Sparten, so sollte die Planung der G&Vs, der Investitionen und Abschreibungen etc. jeweils zunächst auf Spartenebene stattfinden, um die Werte dann erst zu aggregieren. Hintergrund hierfür ist, dass die verschiedenen Bereiche unterschiedlich schnell wachsen und somit der Personalaufwand, Abschreibungen und Investitionsraten etc. sehr unterschiedlich sind. Einer der wichtigsten Schritte ist die Plausibilisierung der Daten (Margen, Investitionsraten, Umsatzrenditen, Verbindlichkeiten – Verifizierung mit internen und externen Daten).
Planbilanz & Cashflow Statement	**Ziel:** Darstellung der Entwicklung der einzelnen Bilanzpositionen (Anlage, Working Capital Struktur etc.) und vor allem der zukünftigen Liquiditätssituation des Unternehmens.
Weitere Parameter für die Planung	Steuerrate, Prozentsatz der Personalnebenkosten, Mietpreise, Materialkosten etc.

Zu erstellende Unterlagen	Beschreibung
Planungshorizont	Normalerweise sollte die Planung bis zum sogenannten **„eingeschwungenen Zustand"** fortgeschrieben werden, d.h. bis zu dem Zeitpunkt, ab dem das Unternehmen nur noch mit einer **unendlichen Wachstumsrate** weiter wächst. *„A common practice is to forecast Cashflows period by period until the level of uncertainty makes management too „uncomfortable" to go any further [...]. Five or ten years appears to be an arbitrarily set forecasting duration used in many situations. A better approach suggested that the forecast duration for Cashflows should continue only as long as the expected rate of return on incremental investment required to support forecasted sales growth exceeds the cost of capital rate."*[23] In der Praxis erhält man als Bewerter meistens nur eine Planung für ca. 3 Jahre (manchmal auch nur für 2 Jahre, maximal für 5 Jahre) vom Management des Unternehmens. Bei kleinen Unternehmen bekommt man zum Teil auch nur eine Planung für 1 Jahr. Oft wird meist auf Basis dieser Annahmen oder nach einer kurzen Anpassungsphase schon das Endwertwachstum angenommen. **Praxistipp** Wenn eine Planung bis zum „eingeschwungenen Zustand" nicht möglich ist, ist es ratsam, den Terminal Value Cashflow sowie die Investitions- und die Abschreibungsrate etc. mit der unendlichen Wachstumsrate anzupassen. Vor allem die Anpassung der Abschreibungen erfolgt über eine große Zeitspanne, bis sie letztendlich mit der Rate des „eingeschwungenen Zustandes" weiter wachsen würden.
Startups	Die Planung bei **Startup**-Unternehmen stellt sich meist etwas schwieriger dar als bei anderen Unternehmen, da es hier noch keine Vergangenheitswerte oder Erfahrungswerte gibt. Eine genauere Marktanalyse und Absatzanalyse wird notwendig sein, um ein eventuelles Umsatzpotential herauszuarbeiten. Auch weiterreichende Markt- und Wettbewerbsanalysen sind notwendig. Im Gegensatz zu den USA ist in Deutschland/Europa der Markt der Startups nicht so transparent. In den USA gibt es Statistiken über die Überlebenswahrscheinlichkeiten von Startups je nach Alter des Unternehmens. **Praxistipp** Man sollte andere Startups aus der gleichen Branche oder aus ähnlichen Branchen zum Vergleich heranziehen, um die Entwicklung zu veri-

23 *Rappaport* Harvard Business Review, 1979, S. 101–102.

	fizieren (hierzu helfen vor allem Vergleichskennzahlen der einzelnen Entwicklungsphasen). Mittel- und langfristig kann man davon ausgehen, dass sich die Umsatzraten, die Kostenstruktur sowie die Bilanzstrukturen dem Markt angleichen werden. Mit anderen Worten, man sollte eine überdurchschnittliche Wert- und Margenentwicklung genau hinterfragen.

Tab. 3: Benötigte Unterlagen für eine DCF-Bewertung

Da der Cashflow die Basis und die wichtigste Variable der DCF-Methode darstellt, 50
muss man sicherstellen, dass die Planung mit der nötigen Sorgfalt durchgeführt wird und auch genügend Zeitressourcen hierfür eingeplant werden. Zu häufig sieht man in der Praxis, dass Standardwachstumsraten und Kostenstrukturen herangezogen und zu wenig oder gar nicht hinterfragt werden. Dies kann zu hohen Kaufpreiszahlungen führen, die dann im schlimmsten Fall zu einem späteren Zeitpunkt durch Abschreibungen auf den Goodwill wieder bereinigt werden müssen.

b) Diskontierungssatz

Es gibt zahlreiche Bücher, die die Herleitung der Diskontierungsrate und deren Va- 51
riablen in aller Ausführlichkeit diskutieren. Einige dieser Bücher sind sehr theorielastig und verwenden komplexe Methoden, um eine oder *die* geeignete Diskontierungsrate herzuleiten. Fraglich ist jedoch, ob sich dieser meist erhebliche Aufwand lohnt und nicht nur zu Scheingenauigkeiten führt. Es gilt also, eine Rate zu finden, die trotz einer gewissen Ungenauigkeit einen passablen Wert hat. Wie wichtig jedoch die Wahl eines passablen Diskontierungsfaktors ist, kann man an der nachstehenden Graphik sehen, bei der in einem Beispiel die einzelnen Variablen verändert wurden, um deren Einfluss darzustellen.

Variable	Geändert von	Geändert auf	U.-Wert vorher	U.-Wert nachher	%
Risikoloser Zins	3,25%	**2.25%**	174.125 €	203.433 €	17%
Betafaktor	1,2	**1,5**	174.125 €	142.781 €	-18%
Risikoprämie	5,0%	**6,0%**	174.125 €	148.385 €	-15%

Abb. 6: Änderung des Unternehmenswertes bei Variierung der Variabeln des Diskontierungsfaktors

In der Praxis hat sich, wenn auch meist in einer vereinfachten Form, der WACC- 52
Ansatz durchgesetzt. Diskontiert wird die Überschussgröße mit dem WACC, der die Eigenkapital- und die Fremdkapitalanteile (unter Berücksichtigung des so genannten **Tax Shields** (1-su)) unterschiedlich gewichtet (Basis ist das CAP-Model). Der WACC berechnet sich wie folgt:

$$WACC = \left[\frac{EK}{GK} \times \left(r_f + ß \times (MRP) + a\right)\right] + \left[\frac{FK}{GK} \times (k_{FK} \times (1 - s_U))\right] \quad (6)$$

Variable	Erklärung
EK/GK bzw. FK/GK	Marktwert des Eigenkapitals bzw. Fremdkapitals[24] im Verhältnis zum Gesamtkapital – siehe Rn 53 aa)
r_f	Rendite einer risikolosen Anlage – siehe Rn 57 bb)
β	Betafaktor des Unternehmens – siehe Rn 59 cc)
MRP	Marktrisikoprämie ($r_{Markt} - r_f$) – siehe Rn 67 dd)
α	Sog. Size Premium – siehe Rn 68 ee)
k_{FK}	Fremdkapitalkosten des Unternehmens – siehe Rn 71 ff)
s_U	Steuerquote des Unternehmens – wird nicht gesondert erklärt

Praxistipp
Einige Unternehmen verwenden anstelle eines WACC auch die vergangene ROCE Rate des eigenen Unternehmens. Sicherlich kann dies zu einer Vereinfachung der Bewertung von Investitionsvorhaben führen, jedoch besteht die große Gefahr, dass man einige Vorhaben damit weit über- oder unterbewertet.

aa) EK/GK oder FK/GK

53 Die Formel 6 berücksichtigt nur zwei Kapitalquellen, das Eigenkapital und das Fremdkapital. Jedoch könnten gegebenenfalls auch ein Mezzanine-Kapital oder weitere Finanzierungskomponenten durch eine entsprechende Anpassung der Formel zu berücksichtigen sein. Zu beachten ist, dass man zur Berechnung des **WACC** die **Marktwerte** des **Fremd-** und **Eigenkapitals** verwendet.

54 **Fremdkapital**: Der Marktwert des Fremdkapitals (nur zinstragende Verbindlichkeiten) ist verhältnismäßig einfach herzuleiten. In den meisten Fällen kann der aktuelle Buchwert als Marktwert angenommen werden, vorausgesetzt die Finanzierungskonditionen entsprechen den momentanen Marktkonditionen. Weichen die Konditionen zu sehr von den Marktkonditionen ab, muss man die Fremdkapitalkosten nochmals gesondert mit den entsprechenden Zinssätzen unter Berücksichtigung des individuellen Unternehmensrisikos anpassen. Ist davon auszugehen, dass das

24 *Ernst/Schneider/Thielen* S. 48–50.

Unternehmen seine Finanzierungsstrategie zukünftig ändert, sollte man dies ebenfalls berücksichtigen.[25]

Eigenkapital: Wenn man es bei der Bewertung mit einem Unternehmen zu tun hat, das nicht gelistet ist, ist die Herleitung des Marktwertes des Eigenkapitals etwas schwieriger. Man hat dann ein klassisches **Zirkelproblem**, das es auf die eine oder andere Weise zu lösen gilt. Zum einen kann man dies mit Hilfe von Excel und iterativen Prozessen bewältigen, zum anderen könnte man den Equity-Wert mit Hilfe eines Ertragswertes bestimmen und diesen als Eigenkapitalwert verwenden. Außerdem ist es auch möglich, die Verhältnisse aus vergangenen Transaktionen oder die Kapitalstruktur von vergleichbaren Unternehmen zugrunde zu legen. 55

Der Vollständigkeit halber soll in diesem Zusammenhang auch auf die Möglichkeit hingewiesen werden, den WACC mit Hilfe einer Zielkapitalstruktur zu berechnen. 56

bb) Rendite einer risikolosen Anlage

Der Einfachheit halber wird oft der Zins 30-jähriger **Staatsanleihen** (Restlaufzeit) von stabilen (was auch immer das heutzutage noch heißen mag) Volkswirtschaften herangezogen. Obwohl sich dabei das Problem der **Laufzeitäquivalenz** stellt (wenn man von einer unbegrenzten Lebenszeit des Unternehmens ausgeht, so sollten die herangezogenen Daten dieser entsprechen), bilden 30-jährige Anleihen eine gute Annäherung, da keine Kapitalanlagen mit unendlicher Laufzeit existieren. Man sollte jedoch diesen Zinssatz noch um den derzeitigen CDS (**Credit Default Swap**) bereinigen. 57

Der FAUB (Fachausschuss für Unternehmensbewertung und Betriebswirtschaft des IdW) empfiehlt für die Herleitung des **risikolosen Zinses** in Deutschland die **Svensson-Methode**. Hier wird die risikofreie Rendite aus der beobachtbaren **Zinsstrukturkurve** abgeleitet. Die Schätzung von Zerobond-Zinssätzen erfolgt auf Basis beobachtbarer Umlaufrenditen von Bundesanleihen, Bundesobligationen etc. mit mindestens einer Restlaufzeit von drei Monaten, aus denen dann Zerobond-Zinssätze mit möglichst langer Restlaufzeit errechnet werden. Hierzu gibt es einige Quellen im Internet, die diese Strukturkurve regelmäßig zur Verfügung stellen. Die favorisierte Variante ist nicht der Horizont über 99 Jahre, sondern die Berechnung eines Terminal Values nach 30 Jahren. 58

Praxistipp !

Selbstverständlich sollte man sich die Frage stellen, ob die derzeitigen niedrigen Zinswerte auch für die Zukunft anzunehmen sind.

---

25 *Ernst/Schneider/Thielen* S. 48–50.

cc) Betafaktor

(1) Beta des Unternehmens

59 „Der Faktor Beta (ß) quantifiziert die Sensitivität, d.h. die Kovarianz der Wertentwicklung eines einzelnen Papiers mit den sich im Marktportfolio widerspiegelnden Gesamtmarktwertveränderungen."[26] Kurz gesagt, das Beta gibt die Sensitivität eines Unternehmens (Wertpapiers) bezüglich des Referenzmarktportfolios wieder (Deutschland: DAX o. CDAX; USA: S&P 500; etc.).[27]

60 Relativ einfach ist die Herleitung des **Betafaktors** bei Unternehmen, die börsennotiert sind, da hier auf öffentlich zugänglichen Portalen die notwendigen Informationen vorhanden sind. Bei den meisten Transaktionen handelt es sich jedoch um Unternehmen, die nicht an der Börse gehandelt werden, die eine je eigene Kapitalstruktur besitzen mit einem dementsprechend jeweils eigenen Risiko. Die erforderlichen Daten sind in diesen Fällen jedoch nicht öffentlich zugänglich, man unterscheidet deshalb zwei Arten von Betas,

das **unlevered Beta** ($ß_u = ß_{current}/(1 + (1 - s_U) \times FK/EK)$ und
das **levered Beta** ($ß_{levered} = ß_{unlevered} \times (1 + (1 - s_U) \times FK/EK)$).

Wenn ein Unternehmen nur durch Eigenkapital finanziert ist, spricht man von einem unlevered Beta, bei Aufnahme von Fremdkapital von einem levered Beta.[28]

61 Bei der Variablen s_U handelt es sich um die Steuerquote des *jeweiligen* Unternehmens, dessen Beta unlevered wird. Beim „relevern" wird dann die Steuerquote des Bewertungsobjektes verwendet. Bei der Verschuldung FK handelt es sich nur um die zinstragenden Verbindlichkeiten und bei EK um das Eigenkapital (beide Größen wieder zu Marktwerten des jeweiligen Unternehmens).

62 Nimmt man Betafaktoren aus der Industrie oder von börsennotierten Vergleichsunternehmen, muss man diese zunächst unlevern, um diese danach dann mit der eigenen Verschuldungsstruktur wieder anzupassen.

(2) Beta von vergleichbaren Unternehmen

63 Da man in der Praxis sehr selten Unternehmen findet, die die gleiche **Kapitalstruktur** besitzen, muss man bei einem Vergleich mit einem börsennotierten Unterneh-

26 *Klemm* S. 189.

27 Exkurs: Wenn man das **Gesamtmarktrisiko** wie üblich durch $\beta = 1$ definiert, so weisen Wertpapiere, die ein geringeres **systematisches Risiko** besitzen, einen Wert kleiner als 1 auf, für Wertpapiere mit einem höheren systematischen Risiko gilt entsprechend $\beta > 1$. In anderen Worten, wenn eine Anlage mit mittlerem Risiko ($ß = 1$) auch nur mittlere Rendite verspricht, dann verspricht eine Anlage mit einem $ß > 1$ eine höhere Rendite bei gleichzeitig höherem Risiko.

28 *Damodaran* S. 477–478.

mens dessen Beta ebenfalls unlevern und relevern.[29] Es genügt jedoch nicht, die Werte an die eigene Kapitalstruktur anzupassen, sondern man sollte außerdem darauf achten, dass eine große Ähnlichkeit zu dem Bewertungsobjekt besteht. So sollten Größe, Internationalität etc. möglichst ähnlich sein. Des Weiteren sollte man darauf achten, dass die Unternehmen den gleichen Unternehmenszyklus haben, da sonst die Werte erheblich abweichen können, da hier das „Risk-Return" Verhältnis anders eingeschätzt werden sollte.

Praxistipp **!**

Man sollte die Beta-Entwicklung der einzelnen Unternehmen auch im Zeitverlauf (1–3 Jahres-Beta) analysieren, da die Werte durch große Kursschwankungen beeinflusst werden können (hier sollte man vor allem auf Wochen-Betas zurückgreifen, da Tages-Betas nicht normalverteilt sind). Wenn man die Betaauswertung mit Hilfe des T-Tests statistisch belegen will, sollte das Ergebnis des Tests größer als 2 sein.[30]

---

(3) Branchenbetafaktoren

Hier gilt das Gleiche wie bei der Wahl einzelner Vergleichsunternehmen. Durch die 64
große Grundgesamtheit werden einzelne Ausreißer (wenn nicht vorher schon bereinigt) entkräftet. Wenn man eine durchschnittliche Verschuldung und Steuerquote gegeben hat, kann man das Beta gut wieder auf das Bewertungsobjekt anwenden. Die Gefahr bei der Verwendung solcher Betas ist, dass man es hier oft mit einer Art Black Box zu tun hat und nicht weiß, wie die Werte hergeleitet wurden.

(4) Startup Betafaktoren

Hier geht es um Unternehmen, die nicht börsennotiert sind und bei denen zudem 65
der Investor oder Unternehmer nicht oder fast nicht diversifiziert ist (Grundannahme im CAPM). Deshalb macht es an dieser Stelle keinen Sinn, das Marktrisiko als alleiniges Risiko einzupreisen. So muss das angewandte Beta das Risiko widerspiegeln, das ein nicht diversifizierter Anleger hat.

Das Beta wird mit Hilfe der Betafaktoren der vorher genannten Wettbewerber 66
hergeleitet. Das so erhaltene Durchschnittsbeta wird durch die durchschnittliche Korrelation mit dem Markt geteilt. Man erhält damit ein Beta, das das „Gesamtrisiko" des Unternehmens widerspiegelt und nicht nur das „allgemeine Marktrisiko". Betafaktoren über 2 sind in diesen Fällen keine Seltenheit.[31]

---

29 *Damodaran* S. 477–478.

30 EACVA, 8.90 & *Keller/Warrack* S. 349 f.

31 *Damodaran* Dark Side, S. 242–245.

dd) Marktrisikoprämie

67 Die **Marktrisikoprämie** (*MRP*) ist die Differenz zwischen der „risikolosen" Rendite r_f und der Rendite r_{Markt} einer Gruppe am Markt agierender Unternehmen, die mit dem Bewertungsobjekt vergleichbar sind. In der Praxis werden aufgrund Datenmangels oft historische Renditen von Aktienindizes für die Herleitung der Marktrendite hergenommen. Jedoch werden die Ergebnisse sehr stark von der Wahl des Index, des Zeitraums, des Wirtschaftszyklus und auch durch die Wahl der Durchschnittsmethode (arithmetisches Mittel, Median oder harmonisches Mittel) beeinflusst. Da die Indizes sehr unterschiedlich sind, sollte man einen **Index** wählen, der zu dem spezifischen Unternehmen passt. Bei deutschen Unternehmen kommen Dax, MDax, SDax, TechDax, CDax etc. in Frage. Welcher Index der richtige ist, hängt von dem jeweiligen Unternehmen ab. Für stark international ausgerichtete Unternehmen kann man auch andere Indizes heranziehen und eventuell einen Mittelwert der Renditen verwenden. Vor allem in Deutschland richtet man sich bei der Marktrisikoprämie nach dem vom IDW berechneten Risikozuschlag.

Jahr	Zuschlag
Seit 2009	4,5%–5,5% (vor persönlicher Einkommenssteuer)
Seit 2012	5,5%–7,0% (vor persönlicher Einkommenssteuer)

Tab. 4: Änderung der Marktrisikoprämie über die letzten Jahre (Quelle: Graser)

! **Praxistipp**
Bei der Verwendung von historischen Marktrisikoprämien ist darauf zu achten, dass der Zeitraum nicht zu kurz ist. Es besteht sonst die Gefahr, dass man nicht einen gesamten Zyklus erfasst. Außerdem sollten die Daten neu sein und die letzten Jahre berücksichtigen, da es vor allem in den letzten Jahren zu erheblich kürzeren Zyklen mit höheren Schwankungen kam und nicht davon auszugehen ist, dass sich dies kurzfristig ändern wird.

ee) Size Premium

68 Die sogenannte **Size Premium** ist unter Praktikern und Theoretikern stark umstritten. In einigen Ländern hat man auf der Basis historischer Daten angeblich eine Art Size Premium nachweisen können, in anderen jedoch nicht. Dies mag aber eher mit dem Umfang und der Qualität vorhandener Daten in den Märkten zu tun haben. Ibbotson, Chen und Hu haben zwei Quellen für eine höhere Rendite für weniger liquide Aktien (Firmen) herausgefunden, die auch die Denkweise von Venture Capital Investoren widerspiegeln.

Der Grundgedanke ist der Folgende: Investoren bevorzugen liquide Anlagen gegenüber illiquiden Anlagen. Eine Prämie muss gezahlt werden für alles, was ein Investor fordert und ein Discount muss gezahlt werden für alles, was er versucht zu vermeiden. Somit werden Investoren für eine nicht liquide Anlage eine niedrigere Bewertung ansetzen – also für einen Discount kaufen.

Dieser Gedanke macht verständlich, dass man bei einigen kleinen Unternehmen 69
eine höhere Discount Rate ansetzen sollte als die Rate, die das normale WACC-Model liefert. Wie diese Size Premium bestimmt werden kann, wird in vielen Studien diskutiert und beschrieben.[32]

Praxistipp

In der Bewertungspraxis werden häufig kleinere Aufschläge verwendet, die ein Bewerter aber zu begründen hat. Deshalb sollte man bei einfachen Zuschlägen zu den Eigenkapitalkosten vorsichtig sein und im Zweifel lieber mit einer **Monte-Carlo-**[33] und **Szenario-Analyse**[34] arbeiten, um den Effekt einer höheren Discountrate darzustellen und abschätzen zu können.

Um das Risikomaß und somit die hohen Abzinsungsfaktoren bei Startup-Unter- 70
nehmen zu erklären, sind in der Regel Size Premiums allein nicht geeignet. Hier kommen meist noch andere Methoden wie z.B. die Venture Capital Methode zum Einsatz.[35]

ff) Fremdkapitalkosten

Für die Schätzung der zukünftigen Fremdkapitalkosten greift die Praxis meist auf 71
die unternehmensspezifischen langfristigen **Zinsaufwendungen** zurück, welche bei börsennotierten Unternehmen direkt aus den Geschäftsberichten zu entnehmen sind. Hier verwendet man die aktuelle **Effektivrendite** des Unternehmens am Bewertungsstichtag. Es sei aber nochmals darauf hingewiesen, dass man darauf achten muss, dass das Unternehmen seine Finanzierungsgewohnheiten nicht ändert, da man ansonsten eventuell den Zinssatz anpassen muss.

Anders ist es bei kleineren Unternehmen, bei denen man auf die Auskunft der 72
Unternehmer angewiesen ist, sofern man nicht auf einen geprüften Jahresabschluss zurückgreifen kann.

---

32 *Cheridito/Schneller* S. 1ff. und *Duff & Phelps* S. 1ff.

33 Monte Carlo Simulation ist eine computergestützte, mathematische Technik, die den Bewerter in die Lage versetzt, verschiedene mögliche Entscheidungsprozesse durchzuspielen und die entsprechenden Risiken abzuschätzen; siehe: http://www.palisade.com/risk/de/monte_carlo_simulation.asp.

34 Szenario Analyse: Ähnlich wie bei der Monte Carlo Methode versucht man durch die Darstellung verschiedener Alternativen (Szenarien) den Einfluss verschiedener Größen auf das Gesamtergebnis besser zu verstehen; siehe: https://www.risknet.de/wissen/rm-methoden/szenarioanalyse/.

35 *Achleitner* BB 2001, 928.

73 Alternativ kann der Zinssatz auch über den risikolosen Zinssatz unter Hinzurechnung eines **Credit Default Swaps** (CDS) hergeleitet werden. Der Credit Spread kann über Ratingagenturen bezogen werden – am einfachsten ist es, branchenbezogene CDS zu wählen.

! **Praxistipp**
Um die auf das Unternehmen bezogene beste Schätzung zu bekommen, sollte man die verschiedenen Laufzeiten der Kreditverträge gewichten und in Beziehung mit dem korrespondierenden Credit Spread setzen. (Dies unterstellt selbstverständlich, dass die Verschuldungsstruktur sich in der Zukunft nicht oder nur unwesentlich ändert. Geht man von einer Änderung aus, so muss diese in der Berechnung berücksichtigt werden.)

c) Endwert

74 Der **Endwert** (**Terminal Value**) ist der dritte wichtige Parameter, der in die Unternehmensbewertung nach dem DCF-Modell eingeht. Er wird mit der folgenden Formel (**Gordon-Growth Model**) berechnet:

$$EW_n = \frac{CF_n \times (1+g)}{WACC - g}$$

EW_n	=	Endwert für das Jahr n
CF_n	=	Cashflow des letzten Planungszeitraums
$WACC$	=	Berechneter „Weighted Average Cost of Capital“
g	=	konstante Wachstumsrate nach dem Jahr n

75 Andere Länder rechnen nicht mit einer ewigen Rendite, sondern gehen bei KMUs von einer Lebensdauer von 20–30 Jahren aus. Nimmt man dies als Grundlage, muss man die Formel entsprechend anpassen und mit einem Exit oder einer Liquidation rechnen.

76 Man kann natürlich auch ein-, zwei- oder dreiphasige Modelle verwenden, d.h. mehrere Phasen vorsehen, bevor sich der **„eingeschwungene Zustand“** einstellt.

77 Damodaran[36] definiert den Endwert folgendermaßen: „Terminal value refers to the value of the firm (or equity) at the end of the high growth period.“

36 Siehe http://www.stern.nyu.edu/~adamodar/(Homepage mit entsprechenden Links).

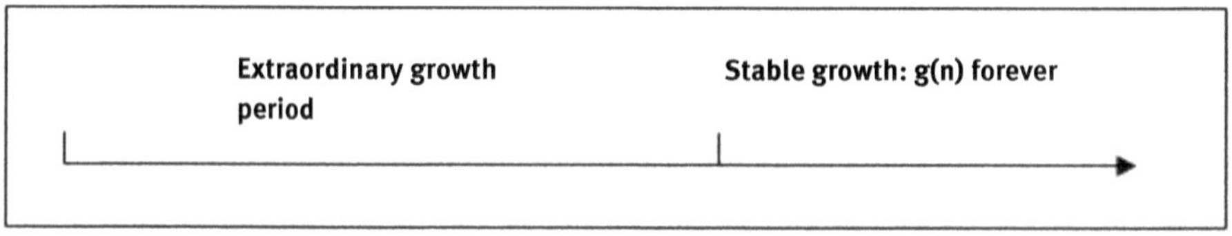

Abb. 7: Aufteilung der Wachstumsphasen eines Unternehmens; Quelle: *Damodaran*, S. 620

Es ist selbstverständlich, dass der so bestimmte Endwert noch auf den Bewertungs- **78**
stichtag mit den berechneten Kapitalkosten abgezinst und mit den Barwerten der Cashflows der vorangegangenen Jahre verrechnet werden muss.

Man muss im Laufe der Zeit ein Gefühl dafür entwickeln, wie lang die High **79**
Growth Period (oft wird noch eine Konvergenzphase berücksichtigt) einzuschätzen ist. Eine Dauer von mehr als zehn Jahren kommt in der Praxis allerdings nicht oder nur sehr selten vor, die veranschlagte Dauer wird aber durch die persönliche Einschätzung beeinflusst.[37]

Praxistipp

Der Bewerter sollte sich immer der folgenden Zusammenhänge bewusst sein:[38]

1. Je höher die **Wachstumsrate** des Umsatzes relativ zu der konstanten Wachstumsrate, desto länger ist die High Growth Period.
2. Je größer das Unternehmen absolut und relativ zur Branche ist, desto schneller wird es konstante Wachstumsraten erreichen.
3. Je höher die Eintrittsbarrieren sind, desto eher kann man von einer lang anhaltenden Wachstumsphase ausgehen.

Die Bedeutung des Endwertes wird in der Praxis oft unterschätzt. Im Gegensatz dazu **80**
steht die Tatsache, dass der Wert meist über 50% des Gesamtwertes des Unternehmens ausmacht, zum Teil sogar +/- 70%. Bei Startup-Unternehmen wird oft der gesamte Unternehmenswert aus dem Endwert generiert.

Prinzipiell wäre es notwendig darauf zu achten, dass das letzte Planungsjahr **81**
(Cashflow) sich bereits in dem sogenannten **„Steady State"** befindet, d.h. dass das gesamte Unternehmen mit einer konstanten Wachstumsrate wächst (alle Positionen wie Umsätze, Vermögensumschlag, Investitionen, Abschreibungen, Gewinnmargen etc. wachsen mit der Rate „g").

In der Praxis ist es allerdings äußerst selten, dass eine Planung bis zum Steady **82**
State möglich ist und auch durchgeführt wird. Dies gilt vor allem für Startup-Unternehmen, bei denen es oft schwerfällt, die nächsten 3 Jahre zu planen. Falls sich das Unternehmen im letzten Planungsjahr noch nicht im Gleichgewichtszu-

---

37 *Damodaran* S. 623 ff.
38 *Damodaran* S. 623 ff.

stand befindet, ist es ratsam, ein weiteres Planungsjahr einzufügen, in dem man das Unternehmen in den „eingeschwungenen Zustand" bringt. In anderen Worten, man passt die Abschreibungen, Investitionen etc. so an, dass letztendlich alle Größen von Umsatz bis zu allen Margen mit der Rate g wachsen. Wie schon erwähnt, kann es gerade bei den Abschreibungen und Investitionen zu erheblichen Verfälschungen und Verzögerungen kommen.[39]

aa) Wachstumsrate

83 Hier gibt es keinen einheitlichen Wert, den man für jedes Unternehmen ansetzen kann. Das Endwertwachstum hängt vom Markt, von der Branche und natürlich von dem individuellen Unternehmen ab. Die Wachstumsrate des Endwertes liegt typischerweise zwischen der historischen Inflationsrate (z.B. 2–3%) und der historischen Wachstumsrate des BIP (1–3%). Eine Wachstumsrate größer als 3% würde implizieren, dass das Unternehmen sich langfristig besser als der Markt entwickelt. Es ist sehr fraglich, ob das realistisch ist.[40]

84 Sicher gibt es auch hier viele theoretische Methoden oder auch statistische Verfahren, die sich mit der Berechnung der Wachstumsrate beschäftigen, jedoch wird in der Praxis derzeit in der Regel eine Rate zwischen 0–3% angenommen.

bb) Alternativen

85 Natürlich gibt es Alternativen zu der hier beschriebenen Methode für die Bestimmung des Endwerts. Für die Praxis gänzlich irrelevant ist jedoch eine langfristige **Detailprognose**, da die Planungssicherheit mit fortschreitender Planung immer mehr abnimmt. In einigen Fällen werden auch Einzelbewertungsverfahren herangezogen, die jedoch meist zu konservativ für die Endwertberechnung sind und somit nur eine sehr grobe Näherung darstellen.

86 Geht man bei der Ermittlung des Endwerts von einer Unternehmensauflösung am Ende der Planungsphase aus, wird der Endwert durch ein **„Exit Multiple"** festgelegt. Dieses Verfahren wird vor allem dann favorisiert, wenn es zu umständlich oder zu schwierig erscheint, eine „stable growth rate" zu schätzen, oder wenn die Absicht besteht, die Anteile an der Firma am Ende der Planungsperiode zu verkaufen.

87 Die häufigsten Multiples, die hier verwendet werden, sind **P/E-Ratio** sowie **EBIT** und **EBITDA**, wobei der EBITDA meist bevorzugt wird.[41]

39 *Ernst/Schneider/Thielen* S. 39 f.
40 Siehe: http://www.educba.com/terminal-value-dcf/?lang=de.
41 Siehe http://www.stern.nyu.edu/~adamodar/. Vgl. im Einzelnen unten Rn 108.

Die allgemeine Schwierigkeit bei dieser Herangehensweise ist, dass man sich eigentlich auf Zukunftsmultiplikatoren berufen sollte, was in der Praxis meist nicht machbar ist. Auf Grund dieser Schwierigkeit werden in der Praxis deshalb die Multiples des Stichtags verwendet und auf die Zukunft angewendet. Dies wird damit begründet, dass in den meisten Fällen der Wert eines Unternehmens über einen vollen Konjunkturzyklus bestimmt wird und somit die Marktwerte (und damit die Multiples) wieder dieselben wie zum Berechnungszeitpunkt sind.[42] Da sich die Länge der Konjunkturzyklen ständig ändert und nicht mehr so vorhersehbar ist wie noch vor einigen Jahren, erscheint diese Begründung jedoch nicht für alle Unternehmen stichhaltig. 88

cc) Plausibilisierung der Rate

Wie schon vorher erwähnt macht der Endwert einen erheblichen Teil des Unternehmenswertes aus. Somit ist es ratsam, das mit einer Methode erhaltene Ergebnis mit einer anderen Methode zu plausibilisieren. Ist der Restwert anhand eines Multiples bestimmt worden, sollte man überprüfen, ob dies mit einem implizit hergeleiteten WACC kompatibel ist. 89

II. Ertragswertverfahren

Bei dieser Methode geht man von den in der Zukunft anfallenden Erträgen (Gewinnen) aus, die dem Geschäftsplan entnommen werden, und diskontiert diese mit einem konkreten Diskontierungssatz auf den vorher besprochenen Bewertungsstichtag ab.[43] 90

$$EW = \sum E_t / (1 + i)^t \tag{7}$$

EW	=	Ertragswert
E_t	=	Ertrag in der Periode t
t	=	Zeitpunkt (Periode)
i	=	Diskontierungsfaktor

Der Diskontierungsfaktor i setzt sich aus dem Basiszins und einem Risikoaufschlag zusammen. Der Basiszins entspricht normalerweise der Rendite langfristiger öffentlicher Anleihen, der Risikozuschlag ergibt sich jeweils aus der individuellen Einschätzung der Bewerter. 91

42 *Superina* S. 205/206.
43 *Leopold/Fromann* S. 134 f.

92 Nach dem 1999 verabschiedeten Entwurf des IDW Standards „Grundsätze zur Durchführung von Unternehmensbewertungen" steht die Ertragswertmethode gleichberechtigt neben der Discounted-Cashflow-Methode.[44]

93 Ein gravierender Nachteil dieser Methode besteht darin, dass hier Gewinne statt Nettoentnahmen diskontiert werden. Zum einen können gewisse Bestandteile des Gewinns in der betrachteten Periode keine Zahlungswirkung haben und zum anderen kann es zu einer Doppelzählung kommen, wenn zahlungswirksame Gewinne reinvestiert werden und somit Investitionen und deren Erfolg als Erträge gezählt werden. Diese Kritik kann auch der Grund sein, dass dieses Verfahren in der M&A-Praxis eher selten Berücksichtigung findet.

III. Multiplikatorenverfahren (Peer Group Analysis)

94 Das **Multiplikatorenverfahren** ist ein Verfahren, dass in der Praxis sehr verbreitet ist und wegen seiner vermeintlich einfachen Anwendung geschätzt wird. Für die Anwendung dieses Verfahrens ist es notwendig, dass die Vergleichsdaten von ausreichend vielen Marktteilnehmern zur Verfügung stehen. Deshalb ist verständlich, dass diese Bewertungsmethode wegen der großen Anzahl der in den USA börsennotierten Unternehmen zunächst dort von Bedeutung war.

1. Grundgedanke

95 Das Multiplikatorenverfahren schätzt die Performance und Entwicklungschancen eines Unternehmens anhand der Daten von vergleichbaren Unternehmen ein. Es geht davon aus, dass sich Unternehmen finden lassen, die dem zu bewertenden Unternehmen sehr ähnlich sind und dass sich die Marktwerte dieser Unternehmen und die sich ergebenden Multiples auf das Bewertungsobjekt übertragen lassen.[45]

96 Bei Anwendung der Peer Group Analysis erhält man einen Schätzwert für den Unternehmenswert, in dem man eine bestimmte Kenngröße des Unternehmens wie z.B. den Gewinn nach Steuern mit dem entsprechenden Multiplikator einer Gruppe von Vergleichsunternehmen multipliziert:

$$\text{Unternehmenswert} = \text{Bewertungsgröße} \times \text{Multiplikator}$$

97 Die Vergleichswerte können aus verschiedenen Quellen bezogen werden.

44 *Weitnauer* S. 276.
45 *Superina* S. 73.

Quelle für Multiplikator	Erklärung & Bemerkung
Vergleichsunternehmen	Hier werden vergleichbare Unternehmen, die an der Börse gehandelt werden, zum Vergleich herangezogen. Wie viele Unternehmen man zum Vergleich auswählt, hängt von der Passgenauigkeit der Unternehmen ab. **Bemerkung**: Man unterstellt hier, dass die Vergleichsunternehmen fair bewertet sind – Berücksichtigung eventueller Zu- & Abschläge.
Transaktions-multiplikatoren	Daten von zeitnahen Transaktionen aus der gleichen Branche. **Bemerkung**: Sehr schwere Datenbeschaffung. Meist beinhalten die Werte nicht nachvollziehbare Prämien – eventuelle Zu- und Abschläge sind zu berücksichtigen.
IPO Multiples	Hier versucht man, die Emissionspreise bei vergleichbaren Börsengängen heranzuziehen. **Bemerkung**: Es gibt selten IPOs, die man direkt mit der eigenen Bewertung vergleichen kann, außerdem sind bei IPOs viele Sondereffekte enthalten, die den Wert verfälschen können (Platzierungsabschläge, Underpricing etc.)
Industriemultiplikatoren	Hier wird versucht, durch allgemein gültige Multiplikatoren für eine Industrie oder eine Branche eine gute Näherung an den Unternehmenswert zu generieren. **Bemerkung**: Man verallgemeinert die Renditechancen einzelner Unternehmen in einer Branche – jedoch kann die Entwicklung einzelner Unternehmen in der gleichen Branche sehr unterschiedlich sein.

Tab. 5: Arten von Multiplikatoren (Quelle: EACVA + eigene Darstellung)

Auch wenn die Industriemultiplikatoren für die Praxis eher wenig geeignet erscheinen, werden diese der Einfachheit halber doch sehr oft für eine Unternehmensbewertung herangezogen. Falls man sie verwenden will, sollte man sie jedoch nur als eine Art Richtwert verwenden. 98

2. Nachteile

Nimmt man z.B. die durchschnittliche Multiple-Entwicklung eines Index von 2008, 99
sieht man sehr deutlich, wie die Krise 2007 & 2008 die Entwicklung der Multiplikatoren (EBIT) beeinflusst hat (siehe Abbildung 8). Die Multiplikatoren sind von 15 bis auf 7 gefallen. In den Folgejahren hat sich der Wert nach einer kurzen Stagnierung wieder erholt. Dies zeigt, dass die Werte sehr stark von der Wirtschaftslage und der allgemeinen Stimmung beeinflusst werden.

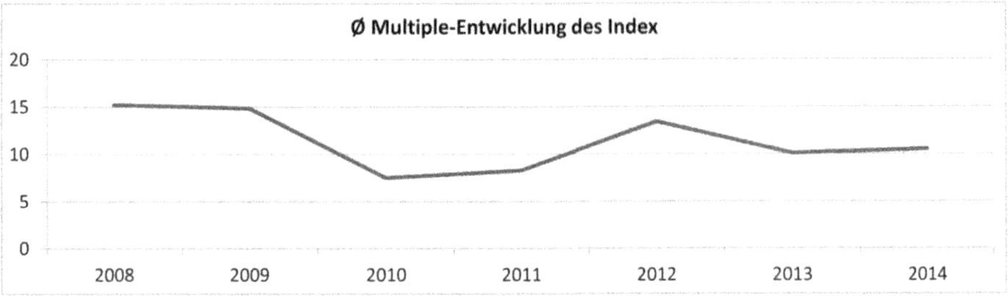

Abb. 8: Multiple-Entwicklung des SMI

100 Betrachtet man die einzelnen Multiplikatoren der Unternehmen des Index, aus denen der **Durchschnittsmultiplikator** gebildet wird, so sieht man, wie groß deren Streuung ist (Werte variieren von 5 bis 25) und realisiert, wie ungenau ein Durchschnittsmultiplikator auf Basis des Index sein kann (siehe Abbildung 9).

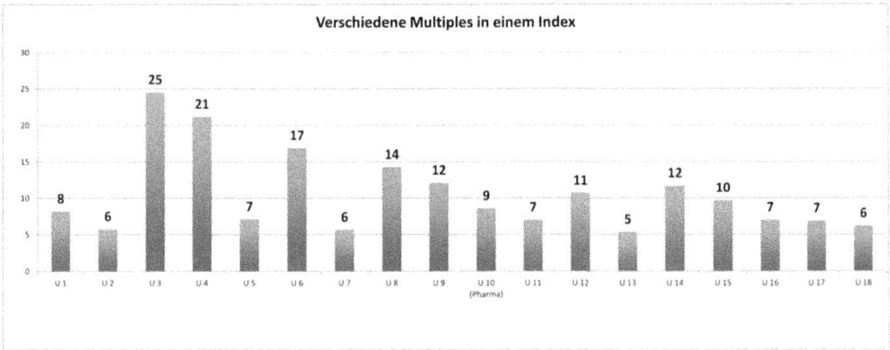

Abb. 9: Verschiedene Multiples in einem Index

101 Die Situation ändert sich nicht wesentlich, wenn man ein Branchenmultiple wählt. Will man z.B. ein Pharmazie-Unternehmen bewerten, so könnte man ein Durchschnittsmultiple der Pharmabranche wählen. Die folgende Abbildung 10 zeigt, wie stark dort die einzelnen Multiples streuen und wie wenig aussagekräftig deshalb ein Durchschnittsmultiple sein kann. Die große Abhängigkeit von der wirtschaftlichen Lage, dem Zyklus der Branche sowie eine individuelle Kapital- und Ertragsstruktur machen die Verwendung von Branchen-Multiplikatoren oft ungenau.

102 Die Graphik macht außerdem sehr deutlich, wie wichtig es ist, geeignete Vergleichsunternehmen für das Unternehmen aus der Peer Group zu identifizieren.

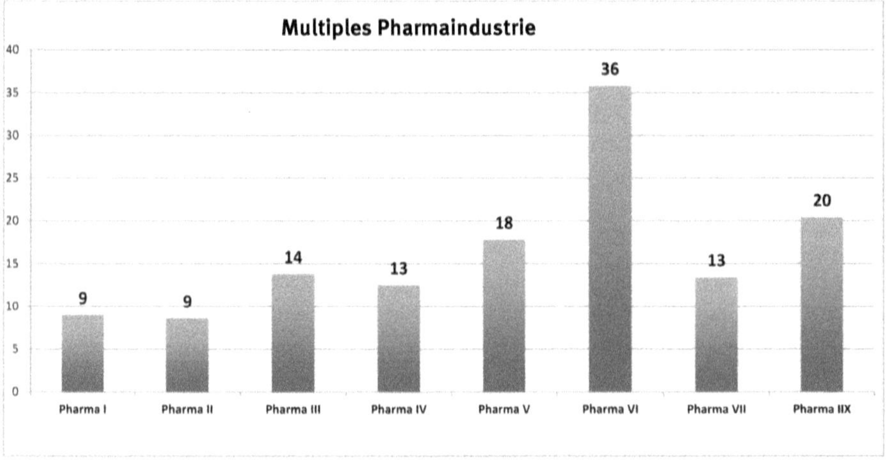

Abb. 10: Multiples in der Pharmaindustrie (Anlehnung an Schwetzler)

3. Festlegung der Peer Group

Da die Aussagekraft und somit die Qualität dieser Bewertungsmethode mit der akkuraten Auswahl geeigneter Vergleichsunternehmen steht und fällt, ist diese Auswahl mit größter Sorgfalt durchzuführen. 103

Es gibt dafür eine Vielzahl an Kriterien, wobei die folgenden als maßgeblich angesehen werden können:[46] 104

- **Branchenzugehörigkeit**,
- Marktsegment (Produktpalette, Kundengruppen, geographische Zuordnung)
- Tätigkeitsgebiet (regional/überregional),
- Wettbewerbsposition (Marktführer vs. Startup oder Mitläufer)
- Größe nach Umsatz, Beschäftigtenzahl,
- Entwicklung von Gewinn, EBITDA, EBIT etc.
- Wachstum
- Finanzierungsstruktur, Anlagestruktur etc.

Natürlich müssen die zum Vergleich herangezogenen Unternehmen in etwa die gleiche Risikostruktur besitzen. Bei der Suche nach geeigneten Vergleichsunternehmen wird es fast unmöglich sein, Unternehmen zu finden, die in allen oben genannten Kriterien übereinstimmen. Eine Faustregel, in wie vielen Punkten eine Vergleichbarkeit gegeben sein muss, gibt es nicht, aber natürlich gilt, je mehr Übereinstimmungen desto besser. Zusätzlich ist auch die Frage nach der Anzahl solcher Unternehmen in der 105

46 EACVA, 5.81 ff.

„Peer Group" zu beantworten, die notwendig ist, um zu einer möglichst guten Schätzung des Unternehmenswertes zu kommen. Hier gibt es ebenfalls keine Regel, jedoch verwendet man in der Praxis oft zwischen 3–7 Unternehmen.[47]

106 Hat man die Peer Group identifiziert, ist es wichtig, diese um mögliche Sondereffekte zu bereinigen. Hierunter fallen zum Beispiel ungewöhnliche und außerordentliche Aufwendungen oder Erträge.

! **Praxistipp**

Wichtig ist, dass man nicht nur die Ergebniswirkung bereinigt, sondern auch die Wertbereinigung um den Barwert des Einmaleffekts berücksichtigt. So kann auch durch operatives Leasing die EBIT- und EBITDA-Marge beeinflusst werden.

---

4. Herleitung der Multiples der Peer Group

107 Die Multiples für die Berechnung werden auf Basis des **Enterprise Values** hergeleitet und dann auf das Bewertungsobjekt angewendet. Die Herangehensweise entnimmt man der folgenden Graphik:

Herleitung des Multiplikators und Berechnung des Equitywertes des *Bewertungsobjektes*

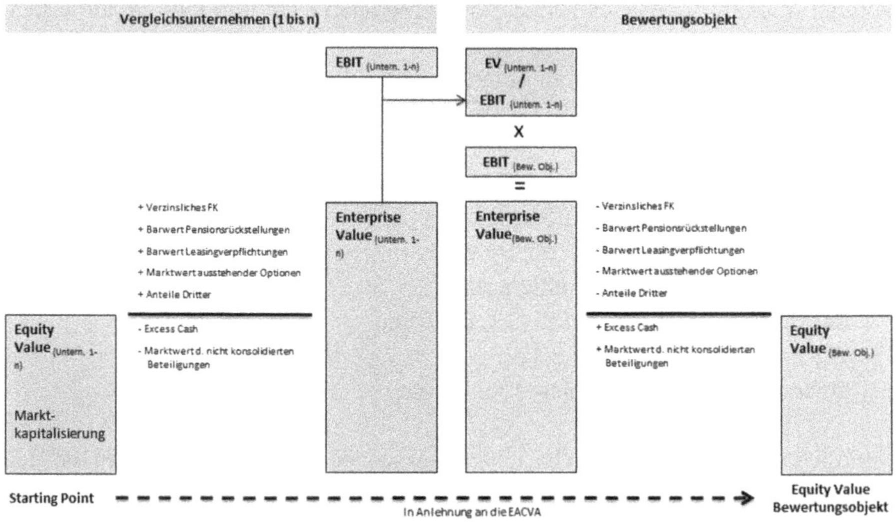

Abb. 11: Herleitung des Multiplikators und Berechnung des Equitywertes (eigene Darstellung in Anlehnung an die EACVA)

---

47 EACVA, 12.10.

Praxistipp
Für die Mittelbildung wird wohl am häufigsten das arithmetische Mittel verwendet, das jedoch anfällig gegenüber Ausreißern ist. Natürlich kann man Ausreißer bereinigen, jedoch ist es dann notwendig, dass man die Ausreißer in beide Richtungen bereinigt. Etwas konservativere Multiplikatoren erhält man bei der Verwendung des harmonischen Mittels, das relativ robust gegenüber Ausreißern ist (aber nur bei ausschließlich positiven Werten anwendbar ist). Der Median sollte immer als mögliche Alternative bedacht werden, da dieser nicht anfällig gegenüber Ausreißern ist und zu stabilen Multiples führt.[48]

5. Arten von Multiplikatoren

Wie man bei der DCF-Methode Brutto- und Nettoverfahren unterscheiden kann, 108
kann man die Multipliktoren in **Brutto- und Netto-Multiplikatoren** einteilen. Die Bruttomultiplikatoren führen zum Enterprise Value, die Nettomultiplikatoren direkt zum Equity Value. In der folgenden Abbildung sind die wichtigsten Multiples dargestellt und deren Vor- und Nachteile erklärt.

Methode	Multiple	Stärke	Schwäche	Anwendbarkeit	Berechnung
Bruttomethode	Umsatz Multiple	Gut geeignet für Unternehmen, für die der Marktanteil eine große Rolle spielt / Datenbasis leicht zu beschaffen	Ertragskraft ist nicht berücksichtigt	Auch für Start-up Unternehmen geeignet / Relativ häufig als Kontrolle verwendet	**EV / Umsatz**
	EBITDA Multiple	Guter Indikator für die Ertragskraft (operativ) / Internationale Vergleichbarkeit	Beschaffung der Größe kann schwierig sein / Keine Berücksichtigung von Steuern, AfA und Kapitalstruktur	Wird sehr gerne verwendet / Eingeschränkte Anwendbarkeit bei Unternehmen mit negativen Werten	**EV / EBITDA**
	EBIT Multiple	Guter Indikator für die Ertragskraft (operativ) / Datenbeschaffung / Internationale Vergleichbarkeit	Keine Berücksichtigung von Steuern und Kapitalstruktur / Einfluss der Abschreibungspolitik	Kann man als die Standardgröße für Multiples sehen / Bei Start-up Unternehmen meist nicht anwendbar (Alternative: Exit Multiple)	**EV / EBIT**
	NOPAT Multiple	Sehr guter Indikator der operativen Ertragskraft	Informationsbeschaffung / AfA Einfluss / Vergleichswerte fehlen	Ist dem DCF Modell sehr nah, dennoch sieht man es in der Praxis eher selten	**EV / NOPAT**
Nettomethode	Kurs-Gewinn-Verhältnis	Einfache Datenbeschaffung / Gute Nachvollziehbarkeit / Vergleichswerte fehlen	Verzerrung durch Bilanzpolitik / Verzerrung durch Kapitalstruktur	Sehr häufig verwendet / Anwendbar bei gleicher Kapitalstruktur / Für Start-ups eher nicht geeignet	**Marktkap. / Jahresübers chuss**
	Kurs-Buchwert-Verhältnis	Einfache Anwendbarkeit / Datenbeschaffung	Bilanzielle Beeinflussung	Sehr selten verwendet	**Marktkap. / Bilanzielles EK**
Weitere Multiplikatoren:		**Cash-Flow Multiple (vor bzw. nach Zinsen); Free Cash-Flow Multiple; Cap-Customer Ratio oder Cap-Page Impressions Ratio**			

Abb. 12: Stärken & Schwächen der gängigsten Multiples (eigene Darstellung in Anlehnung an EACVA & Peemöller)

48 Vgl. EACVA, 12.11 & *Keller/Warrack* S. 90–93.

6. Mögliche Schwachstellen, Kritikpunkte und Hinweise

109 Da die Qualität der Bewertung auch von der Auswahl der geeigneten Vergleichsunternehmen abhängt, wird diese in der Praxis immer zu Diskussionen führen. Es kann deshalb nicht genug betont werden, dass man als Bewerter immer alle Daten, Zahlen und eben auch die Wahl der Vergleichsunternehmen begründen und belegen können muss.

a) Unsicherheit der richtigen Bewertung

110 Bei der Übernahme von Marktdaten in die Berechnung geht man prinzipiell davon aus, dass der Markt die Vergleichsunternehmen korrekt bewertet.[49] Da man dennoch mit einer erheblichen Unsicherheit rechnen muss, werden oft Bandbreiten von Multiples festgelegt, um dieser Unsicherheit entgegenzuwirken, vor allem aber bei der Verwendung von Schätzwerten als Multiplikatoren bei fehlenden Marktdaten.

b) Mangelnde Auseinandersetzung mit dem Markt und den Unternehmen

111 Man hört in der Praxis oft, dass eine Bewertung nur auf Basis von Industrie-Multiples etc. durchgeführt wird, ohne sich intensiver mit dem Markt und dem zu bewertenden Unternehmen auseinander zu setzen. Dies wird in der Regel zu mangelhaften Ergebnissen führen. Auch die Übernahme von Industrie- bzw. Branchenmultiples setzt eine sorgfältige Analyse voraus, ob diese dem Unternehmen angemessen sind.

c) Bewertung von Unternehmen mit Produktvielfalt

112 Wird für die Bewertung ein **Multiproduktunternehmen**[50] herangezogen, kann dies unter Umständen zu komplett falschen Ergebnissen führen, da sich z.B. der EBIT und der EBITDA aus verschiedenen Produkten zusammensetzen und nicht jedes Produkt die gleiche Gewinnmarge hat bzw. die gleichen Wachstumschancen aufweist. Somit zieht man unter Umständen unzutreffende Multiples zur Bewertung eines Unternehmens heran. Dies kann zu erheblichen Verzerrungen bei der Ermittlung des Unternehmenswerts führen.

d) Fehlende Zukunftsbetrachtung

113 Häufige Kritik der Multiplikatormethode ist die fehlende Zukunftsbetrachtung und vor allem die fehlende Möglichkeit, die überdurchschnittlichen Wachstumsraten bei

---

49 *Superina* S. 78.
50 Schwetzler Lehrstuhl.

jungen Unternehmen widerzuspiegeln. Eine mögliche Umgehung des Problems wäre die Verwendung von **P/E-Multiplikatoren**, da in dieser Kennzahl die Zukunft des Unternehmens bereits berücksichtigt ist, da sich der Aktienkurs eines Unternehmens an den Erwartungen der Anleger und Analysten orientiert (unter der Voraussetzung, dass der Aktienmarkt den Wert realistisch wiedergibt). Des Weiteren ist es auch möglich, selbst Zukunftsmultiplikatoren herzuleiten.[51]

e) Verwendung von Multiplikatoren aus anderen Ländern

Vorsicht ist geboten, wenn man auf Branchenmultiples aus anderen Ländern zu- 114
rückgreift. So lassen sich z.B. Multiples für eine Branche in Deutschland nicht ohne weiteres auf osteuropäische Länder übertragen, da erhebliche Unterschiede in der Kundenstruktur, Mitarbeiterqualifikation, Wettbewerbsstruktur sowie im Lohnniveau bestehen.[52]

E. Mischverfahren

I. Mittelwertverfahren

Es gibt eine Vielzahl von **Mittelwertmethoden** (auch Kombinationsverfahren ge- 115
nannt), die im Folgenden nur kurz angesprochen werden, da diese in Deutschland und allgemein in der M&A-Praxis äußerst selten angewandt werden. In der Literatur findet man verschiedene Varianten wie zum Beispiel das **Schweizer**, das **Wiener** oder das **Berliner Verfahren**.

Allen diesen Methoden liegt im Prinzip die gleiche Herangehensweise zugrun- 116
de: Sie ermitteln den Unternehmenswert als gewichtetes Mittel von Ertragswert (EW) und Substanzwert (SW),[53] wobei der Ertragswert den Barwert der ewigen Rente eines nachhaltigen Ertrags darstellt und der Substanzwert als „Teilreproduktionswert" gesehen wird.

$$Unternehmenswert = \frac{x \times SW + y \times EW}{(x + y)}$$

Das **Schweizer Verfahren** verwendet als Gewichtung x = 1/3 und y = 2/3, das Berliner 117
und das Wiener Verfahren x = y = 1. Die Gewichtung der beiden Zielgrößen unterliegt hierbei keiner Regel, sondern beruht hauptsächlich auf der subjektiven Ein-

51 *Bodmer* S. 12.
52 *Mandl/Rabel* S. 268.
53 *Ernst/Schneider/Thielen* S. 5–6.

schätzung des Bewerters, der somit den Wert nach nicht nachvollziehbaren Regeln maßgeblich beeinflussen kann.[54]

II. Übergewinnverfahren[55]

118 Weitgehend irrelevant für die M&A-Praxis sind die sogenannten **Übergewinnverfahren**. Der Grundgedanke dieser Methoden ist, dass ein Unternehmen auf lange Sicht nur eine normale Rendite erwirtschaften kann und nur für eine kurze Zeit höhere Renditen als der Markt.

119 Die sogenannten Übergewinne (Goodwill) sind der Überschuss der Zukunftsgewinne, die über die Substanzwertverzinsung zuzüglich Risikozuschlag hinausgehen. Die Summe aus Substanzwert und kapitalisiertem Übergewinn ist nach dieser Methode der Unternehmenswert.[56]

III. Stuttgarter Verfahren

120 Das **Stuttgarter Verfahren** kann als eine Art Sonderfall der Übergewinnverfahren gelten. Ursprünglich wurde das Verfahren für steuerliche Zwecke entwickelt, ist aber heutzutage für die Bewertungspraxis ebenfalls weitgehend irrelevant.[57]

F. Einzelwertverfahren

121 Im Einzelwertverfahren wird zwar auch ein gesamtes Unternehmen bewertet, der Unternehmenswert setzt sich jedoch aus der Summe der einzeln bewerteten Vermögensgegenstände des Unternehmens zusammen. Im Ergebnis unterscheidet man hauptsächlich zwischen einem Liquidationswert und einem Substanzwert.

I. Substanzwert

122 Der Grundgedanke dieses Ansatzes ist, dass man das Unternehmen sozusagen reproduziert, d.h. das Unternehmen quasi auf einer grünen Wiese neu aufbaut. Vereinfacht gesagt ist der Substanzwert eines Unternehmens der Saldo aus der Summe der Aktiva

54 EACVA, 6.60.
55 EACVA, 6.60.
56 Siehe http://www.unternehmenswertrechner.de/.
57 *Ernst/Schneider/Thielen* S. 6f. oder EACVA, 6.54.

und der Summe der Passiva des Unternehmens unter Berücksichtigung der stillen Reserven und Lasten.[58] Zur Bewertung wird hier die Summe der (adjustierten) Preise aller Einzelwirtschaftsgüter herangezogen, wobei man die Preisbasis unterschiedlich wählen kann, z.B. durch fortgeführte historische Preise (adjustiert mittels Inflationsindices bzw. Abschreibungen), durch gegenwartsnahe Preise (Zeitwerte) oder künftige Preise (ersparte Aufwendungen – Sicht eines Investors). Der **originäre Firmenwert** kann in der Regel nicht Bestandteil des Substanzwertes sein, da keine Anschaffungs- oder Herstellungskosten als Marktpreise zum Vergleich vorliegen.[59]

Beim **Substanzwert** wird unterschieden zwischen dem Vollreproduktionswert 123
und dem Teilreproduktionswert:[60]

Vollreproduktionswert: Hier geht man von einem vollständigen Nachbau des 124
gesamten Unternehmens aus. Das bedeutet, dass alle Vermögenswerte, die materiellen und die immateriellen, zu Wiederbeschaffungszeitwerten bewertet werden, also etwa auch Bekanntheitsgrad, Managementqualität, Patente, Markenwerte oder auch der Kundenstamm. Da dies offensichtlich objektiv nicht darstellbar ist, kann der Substanzwert auf Basis des Vollreproduktionswertes also lediglich eine Art Wertobergrenze für den Käufer sein.

Teilreproduktionswert: Im Gegensatz zum Vollreproduktionswert werden hier 125
nur die verkehrsfähigen Vermögenswerte zu Wiederbeschaffungswerten bewertet. Das heisst, dass nur der aktuelle Zeitwert der Vermögenswerte mit derzeitigen Abnutzungsgrad berücksichtigt wird. Da es hier nur um verkehrsfähige Werte geht, werden **immaterielle Werte** und **Goodwill** nicht berücksichtigt. Somit fehlt der Bezug zur zukünftigen Ertragskraft des Unternehmens, was meist eine Unterbewertung des Unternehmens zur Folge hat.

II. Liquidationswert

In manchen Situationen kann die **Liquidation** eines Unternehmens günstiger als 126
die Fortführung sein. Eine Gegenüberstellung des Liquidationswertes und des DCF- oder Ertragswertes kann Aufschluss darüber geben.

Ausgangsbasis für die Errechnung des Liquidationswertes ist das Inventar. In 127
manchen Fällen enthält dieses mehr Vermögensgegenstände als in der Bilanz aktiviert worden sind, was auf § 248 Abs. 2 HGB zurückzuführen ist. Hierzu können z.B. selbst erstellte **Vermögenswerte** zählen. Die Vermögenswerte werden dann mit ihren sogenannten Zerschlagungswerten bewertet. Problematisch kann dabei allerdings sein, dass die Zerschlagungsgeschwindigkeit und die Ausgaben,

58 Siehe *Koch/Wegmann* S. 174.
59 Siehe http://www.unternehmenswert-gutachten.de/index.htm?/meth_sw.htm.
60 EACVA, S 6.10 und *Dichtl/Issing* S. 2038.

die eine solche Auflösung verursacht, geschätzt werden müssen. Weiterhin ist zu berücksichtigen, dass z.B. laufende Zahlungen noch beglichen werden müssen. Wenn der Zerschlagungswert ermittelt ist, zieht man die Summe der Schulden (Zeitwert) ab und erhält somit den Liquidationswert des Unternehmens.[61]

128 Wichtig für die adäquate Bestimmung des Liquidationswerts ist, dass der Bewerter auch in juristischen Fragen hinreichend erfahren ist, um z.B. eventuelle langfristige Mietverträge oder auch Rückbaupflichten und andere Verpflichtungen aus der bisherigen Geschäftstätigkeit in die Berechnung miteinzubeziehen.

129 Im Gegensatz zum Substanzwert auf Basis des Vollreproduktionswertes gibt der Liquidationswert eine Untergrenze für den Wert eines Unternehmens an. Sobald dieser Wert oberhalb des Ertrags- oder Discounted-Cashflow-Wertes ist, kann der Liquidationswert der maßgebliche Wert werden.

130 Zu berücksichtigen sind nicht nur die allgemeinen Bilanzpositionen (Gebäude, Vorräte etc.) sondern auch stille Reserven oder Lasten. Hier muss man herausfinden, inwieweit einzelne Positionen in liquide Mittel verwandelt werden oder ob laufende Kosten gekündigt werden können. In der Regel sind auf der Aktivseite wesentliche Abschläge und auf der Passivseite Zuschläge zu erwarten.

Bilanzposition oder Aufwendungen	Möglichkeiten
Gebäude & Grundstücke	Hier kann der allgemeine Verkehrswert relativ schnell und auch genau bestimmt werden, entweder durch einen Gutachter oder durch vergleichbare Verkäufe oder auch Angebote. Eventuell muss man hier – abhängig von der Branche – mit Rückbaupflichten und Kosten rechnen.
Maschinen	Hier kann wie bei Gebäuden der allgemeine Verkehrswert relativ schnell und auch genau entweder durch einen Gutachter, Marktplätze oder durch vergleichbare Verkäufe oder auch Angebote bestimmt werden. Eventuell muss hier – abhängig von den Maschinen – mit Abbaukosten etc. gerechnet werden.
Vorräte	Sehr abhängig von den Produkten – man muss auf jeden Fall zwischen fertigen, halbfertigen und RHB-Stoffen unterscheiden. Hier kann man jedoch meistens hohe Abschläge vermuten.
Wertpapiere	Bei Aktien, Fondsanteilen oder Anleihen ist der Wert relativ einfach über die Börse zu bestimmen, mit positiven oder negativen Effekten. Bei Fondsanteilen oder Anleihen kann es zu erheblichen Abschlägen (Vorfälligkeitsabschlägen) kommen, falls eine Auflösung überhaupt möglich ist.

61 *Gebhardt/Gerke/Steiner* S. 169.

Bilanzposition oder Aufwendungen	Möglichkeiten
Verbindlichkeiten	Bei Kreditlinien kann es eventuell zu Auflösungsgebühren oder Vorfälligkeitsgebühren kommen.
Lieferungen und Leistungen	Ob es sich hier um Forderungen oder Verbindlichkeiten handelt, die letztendliche Höhe hängt von Verhandlungen ab. Es ist aber davon auszugehen, dass man Skonti bekommen kann, aber auch gewähren muss.

Tab. 6: Mögliche Wertansätze bei der Liquidationswertberechnung (Anlehnung EACVA)

Nachdem alle Vermögensgegenstände bewertet worden und die bewerteten Verbindlichkeiten abgezogen sind, erhält man den vorläufigen Liquidationswert. Um den sogenannten **Netto-Liquidationswert** zu erhalten, müssen noch weitere eventuell entstehende Kosten berücksichtigt werden. Die folgende Abbildung zeigt an einem Beispiel mögliche weitere Kosten, die zu berücksichtigen sind. 131

Berechnung des Nettoliquidationswertes	
Voraussichtliche Liquidationserlöse	
Summe der anrechenbaren Aktivposten	52.111 €
- Summe der anrechenbaren Verbindlichkeiten	18.960 €
- Barwert der Pensionsverpflichtungen	- €
	33.150 €
Liquidationskosten	
Spesen bei Einzelgüterverkauf	**2.912 €**
Kosten für weiterlaufende Vertäge	**- €**
Abwicklungskosten	**500 €**
Sozialplankosten	**3.948,4 €**
Σ	7.361 €
Nettoliquidationswert	**25.790 €**

Abb. 13: Liquidationswertberechnung

Bei der Beauftragung für einen **Einzelgüterverkauf** (z.B. der Anlagen und Vorräte) kann es zu Spesen/Provisionen kommen. Mögliche Kosten für weiterlaufende Verträge (z.B. Mietverträge, Leasing etc.) müssen ebenfalls berücksichtigt werden. Um diese zu einem Zeitpunkt t zu berücksichtigen, sollten diese dann auf t abgezinst werden. Neben eventuellen Abwicklungskosten darf man auch Kosten eines Sozialplans nicht vergessen, die gerade in Deutschland einen erheblichen Anteil haben können. 132

G. Besondere Bewertungsansätze und Themen

I. Aktienoptionen

133 In der Praxis hat man häufig das Problem, dass das zu kaufende Unternehmen ausstehende **Aktienoptionen** z.B. in Form von Mitarbeiteroptionen vergeben hat. Bei einigen Unternehmen kann dies den Wert des Eigenkapitals bei einer Ausübung der Optionen wesentlich beeinflussen, wenn der Käufer das Unternehmen oder die Unternehmensanteile nicht „Fully Diluted" gekauft hat. Somit sollte man die möglichen **Verwässerungseffekte** identifizieren und berechnen. Der Einfluss auf den Wert wird maßgeblich durch die Höhe des bezahlten oder nicht bezahlten Optionspreises beeinflusst.

134 Aktienoptionen werden durch die fünf Parameter aktueller Aktienkurs, Basispreis, Volatilität, Restlaufzeit, aktueller Zinssatz und Dividende beeinflusst. Neben dem Black-Scholes-Modell, in das viele Annahmen eingehen (z.B. Normalverteilung der Aktienpreises, Dividenden werden nicht ausgeschüttet etc.) wird in der Praxis aufgrund der Einfachheit und Transparenz eher die direkte Verwässerungsrechnung oder die sogenannte Treasury-Stock-Methode angewendet.[62]

II. Immaterielle Bewertung und Kundenstammbewertung

135 Die Bewertung von immateriellen Gegenständen nimmt in der Praxis in den letzten Jahren zu, da Unternehmen ihre Marken, Kundenbeziehungen etc. sehr pflegen. Im Rahmen dieses Kapitels soll jedoch hier nicht weiter darauf eingegangen werden, denn diese immateriellen Faktoren müssen abhängig von dem bewerteten Unternehmen individuell bewertet werden. Neben den sehr speziellen Bewertungen von **Patenten** oder **Lizenzen** kann man in der Praxis vor allem auch mit der **Kundenstammbewertung** konfrontiert werden. Es gibt dabei im Prinzip zwei Herangehensweisen: Herleitung des Kundenstammwertes ohne Diskontierung oder mit Hilfe einer geeigneten Diskontierung. Hierzu ist es wichtig, die Kundenstruktur und die Retention-Rates des Unternehmens zu verstehen. In vielen Fällen berücksichtigt man auch nur die Kunden, die in Form von Rahmenverträgen für die folgenden Jahre gesichert sind.[63]

136 Kennt man die durchschnittliche Anzahl der Bestellungen, den durchschnittlichen Umsatz pro Bestellung im Jahr sowie den Deckungsbeitrag und weitere Kosten

---

62 Siehe: http://www.ibankingfaq.com/interviewing-technical-questions/enterprise-value-and-equity-value/how-do-we-use-the-treasury-stock-method-to-calculate-diluted-shares/& EACVA.

63 Siehe: http://www.iww.de/bbp/archiv/bilanzierung-die-bewertung-von-immateriellen-vermoegensgegenstaenden-f33778.

oder kann darüber realistische Annahmen machen, dann kann man relativ schnell mit einem geeigneten Diskontierungsfaktor einen ersten indikativen Barwert des Kundenstammes bestimmen.

III. Realoptionen

Das Modell der **Realoptionen** soll die Bewertung eines Unternehmens dadurch zuverlässiger und transparenter gestalten, dass die verschiedenen Optionen, die bei Entscheidungen zur Verfügung stehen, (also die Flexibilität von Entscheidungen) betriebswirtschaftlich bewertet und in den Unternehmenswert einbezogen werden. Um diesen Grundgedanken zur realisieren, geht der Realoptionsansatz über die Anwendung eines alternativen Investitionsrechenverfahrens hinaus. So zeigt der Realoptionsansatz z.B., unter welchen Bedingungen es sinnvoll wäre, Risiken auf sich zu nehmen, um den „Shareholder Value“[64] zu steigern.[65] Das Modell der Realoptionen überträgt das Optionskonzept der Finanzmärkte in andere Märkte. 137

Man muss sich jedoch einen wesentlichen Unterschied zwischen Finanzoptionen und Realoptionen verdeutlichen: Im Gegensatz zu der Situation bei Finanzoptionen können die Werttreiber der Realoption vor der Ausübung beeinflusst werden. Außerdem entstehen Realoptionen auf Grund von Entscheidungsprozessen im Unternehmen. Somit übt das Management einen gewissen Einfluss auf das Zustandekommen des Realoptionsportfolios aus, kann es managen und gegebenenfalls erweitern. 138

Natürlich ist eine Bewertung von Realoptionen nach den Verfahren der Kapitalwertmethode nur dann möglich, wenn realwirtschaftliche Werte für die Wertetreiber gefunden werden können. Ist eine solche Bewertung gelungen, erhöht sich der Wert eines Investitionsprojekts um den Wert der zugrundeliegenden Option:

$$\text{Erweiterter Kapitalwert} = \text{Statischer Kapitalwert} + \text{Optionswert} \qquad (10)$$

Realoptionen werden entweder mit analytischen und numerischen Verfahren bewertet. 139

---

64 Shareholder-Value-Analyse: Dieses Analyseverfahren stammt ursprünglich aus den USA und versucht, die Aktivitäten des Unternehmens wertorientiert aus Sicht der Anteilseigner zu betrachten. Da sich der Wert eines Unternehmens aus den Zahlungen bestimmt, die dem Unternehmen künftig zufließen, gilt es diese zu maximieren. Vgl. *Weber* S. 64.
65 Achleitner/Thoma/*Hommel*/*Pritsch* S. 4.

Praxistipp
Auch wenn man in der Praxis den Realoptionsansatz äußerst selten antrifft, ist die Methode der Realoptionen durchaus ein Tool, um sich mit den strategischen Handlungsalternativen des Unternehmens gezielt und vor allem genau auseinanderzusetzen.[66]

IV. Mögliche weitere Ab-/Zuschläge auf den Unternehmenswert

140 Die Liste weiterer **Abschläge**, aber auch **Zuschläge**, die man bei einer Bewertung ansetzen kann, ist lang. Einer der möglichen Zuschläge wurde schon bei der Herleitung der Eigenkapitalkosten angesprochen (Size Premium). Andere Anpassungen werden erst nach der Berechnung des Unternehmenswertes angewendet. Wenn man einen **Minderheitsabschlag**, **Paketzuschlag** oder auch **Infungibilitätsabschlag** berücksichtigt, ist es wichtig, dass diese nicht in die Planung mit einfließen, sondern auf den „Equity Wert" angesetzt werden (Gefahr der doppelten Einberechnung).

141 Manche Abschläge werden oft damit begründet, dass der Unternehmenswert auf Basis vergleichbarer börsennotierter Unternehmen berechnet wird, bei denen man keinen direkten Einfluss auf die Geschäftsführung hat. Auf der anderen Seite sollte man bei gelisteten Unternehmen keinen Abschlag vornehmen,[67] denn man kann annehmen, dass gelistete Unternehmen tendenziell einen höheren Wert aufweisen als nicht gelistete.

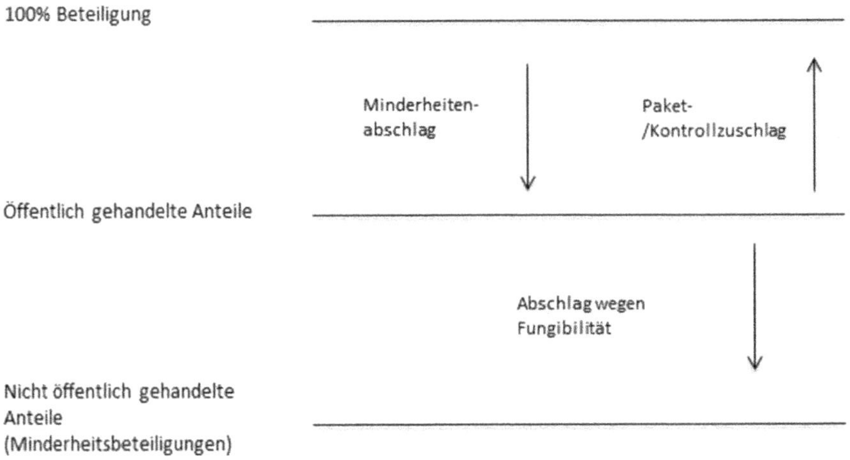

Abb. 14: Weitere Zu- & Abschläge bei der Bewertung (Nowak, S. 167)

66 Detaillierte Ausführungen findet man z.B. bei Achleitner/Thoma/*Hommel*/*Pritsch*.
67 *Nowak* S. 168f.

Wie hoch letztendlich Zu- oder Abschläge sein sollen, hängt wiederum sehr stark von der individuelle Bewertungssituation ab, was man schon an der großen Bandbreite möglicher Werte sieht. So geben Cheridito/Schneller[68] folgende Werte an: 142

Kontrollzuschlag/Minderheitsabschlag => 10–30%
Fungibilitätsabschlag => 15–20%

Die Frage der Zu- und Abschläge wird sehr kontrovers diskutiert. Deshalb sei an dieser Stelle – ohne darauf näher einzugehen – lediglich noch eine Liste einiger weiterer Zu- und Abschläge in der Praxis angefügt. 143

Zu- & Abschläge	Erklärung
Portfolio-Abschlag	Ist ein Unternehmen in verschiedenen Geschäftsfeldern tätig, der Investor jedoch nur an einer Sparte interessiert, kann dies zu Abschlägen auf den Gesamtwert führen.
Veräußerungsbeschränkungen	Man ist bei der Veräußerung durch vertragliche Bestimmungen gehindert.
Abschlag für Schlüsselpersonen	In manchen Unternehmen gibt es Schlüsselpersonen, die maßgeblichen Einfluss auf das Geschäft haben. – Bei einer möglichen Abwanderung kann es zu erheblichen Einbußen kommen.

Tab. 7: Weitere Zu- & Abschläge (in Anlehnung an Nowak[69])

V. Zusammenfassung

Neben den hier genannten Bewertungsmethoden gibt es noch einige weitere Methoden, die jedoch für die Praxis kaum relevant sind. Glaubt man einigen Untersuchungen,[70] verwenden unabhängig von der Branche die wenigsten Bewerter mehr als drei Bewertungsmethoden pro Bewertungsfall. An der Spitze liegen Investmentbanken, PE-Gesellschaften und Beratungen mit etwas mehr als drei Methoden pro Fall (dabei wird jedoch jede Variation als weitere Methode gesehen). Konzerne hingegen verwenden im Durchschnitt etwas weniger als zwei Ansätze. 144

Bei den Bewertungsverfahren liegen insgesamt der Multiplikatoransatz und das DCF mit der WACC-Methode mit relativen Anteilen von ca. 20% bzw. 18% ganz vorne. Gefolgt werden diese Verfahren von dem Vergleichstransaktionsansatz und 145

68 *Cheridito/Schneller* S. 421.
69 *Nowak* S. 168 f.
70 *Henselmann/Barth* S. 9 ff.

der Ertragswertmethode nach IDW S1 mit ca. 12%. Der Anteil des Realoptionsansatzes wird auf unter 1% geschätzt.

H. Mögliche Einflussfaktoren auf die Bewertung im Prozessverlauf

146 Grundlage einer Bewertung ist der Business Plan mit Einschätzungen des Umsatzes, der Kosten, der Personalstruktur etc. für die nächsten Jahre. Jeder Verkäufer muss daher genügend Zeit und Sorgfalt auf die Vorbereitung und Durchführung dieser Planung verwenden.

147 In jeder Phase werden diese Daten wieder als Maßstab herangezogen. Auch nach der Unterzeichnung des **Letter of Intent** (LOI) oder der **Non-Binding Offer** (NBO) müssen die Daten, auf die sich die Bewertung bezieht, in der **Due Diligence** standhalten.

148 Die in dem Business Plan verwendeten Zahlen müssen nachvollziehbar und vor allem belegbar sein, auch wenn einem Käufer viele Informationen, die die Bewertung aus seiner Sicht beeinflussen können, bei einer Transaktion erst sehr spät bekannt werden. Es ist wichtig, von Anfang an durch eine offene und vor allem direkte, aber ehrliche Kommunikation ein Vertrauensverhältnis zwischen Verkäufer und Käufer aufzubauen.

149 Dennoch kann es im gesamten Prozess immer wieder Situationen oder neue Erkenntnisse geben, die zu einer Anpassung der Bewertung oder sogar zu einem Abbruch der Transaktion führen können.

I. Anpassungen im Rahmen der Due Diligence

150 Die folgende Tabelle soll nur beispielhaft einige mögliche Erkenntnisse aus der Due Diligence aufzeigen, die zu einer Anpassung führen können. Es ist immer auch eine Frage der persönlichen Einschätzung, ob eine Information oder ein Ereignis letztendlich einen Einfluss auf den Unternehmenswert hat.

DD Bereich	Einige Beispiele, die zu einer Preisanpassung führen könnten
Legal DD	– laufende Prozesse – Kundenverträge sind nicht transferierbar
Tech DD	– Verletzung von Patenten – Kompatibilitätsprobleme
Financial DD	– Identifizierung von „Off-Balance Sheet Liabilities“ – Investitionsstau

DD Bereich	Einige Beispiele, die zu einer Preisanpassung führen könnten
	– Abweichung vom Business Plan in wichtigen Kennzahlen (Umsatz, EBIT, Cashflow etc.)
HR DD	– Arbeitsverträge, z.B. keinerlei Flexibilität der Anpassung
Commercial DD	– Hohe Abwanderungsraten – Qualitätsdefizite

Tab. 8: Beispiele für mögliche Preisanpassungen in der DD

II. Zeitliche Effekte

Die zeitliche Komponente kann ebenfalls einen erheblichen Einfluss auf die Bewertung haben. Man sollte deshalb versuchen, die Bewertung möglichst gut geplant und zügig durchzuführen.[71] Es ist sinnvoll, sich den Unterschied zwischen internen, beeinflussbaren und externen, nicht beeinflussbaren Einflussfaktoren bewusst zu machen. 151

Interne Effekte:
Bereitstellung der Daten/Verschwiegenheit/Kommunikation/Qualität der Unterlagen/etc.

Externe Effekte:
Änderungen des Marktgegebenheiten/Eintritt neuer Wettbewerber/Neue Produkte (vor allem in Märkten mit kurzen Lebenszyklen)/etc.

Werden in der **Due Diligence** diese oder andere Schwachpunkte oder falsche Annahmen aufgedeckt, wird die kaufende Partei die Kaufpreisverhandlung nochmals aufnehmen. Neben den eben genannten gibt es noch viele weitere Punkte, wie Meilensteinverfehlung, Garantieverletzungen, Wettbewerbsverstöße etc., die zu einer außerordentlichen Anpassung führen können. 152

Die „**Volatilität**" (Schwankungsbreite) des Kaufpreises während eines Transaktionsprozesses, auch wenn man sich eventuell schon auf einen indikativen Preis geeinigt hatte, wird häufig stark unterschätzt. Das folgende Schaubild versucht, die Volatilität des Kaufpreises und mögliche beeinflussende Ursachen graphisch darzustellen. 153

71 Vgl. Kap. 2 Rn 15.

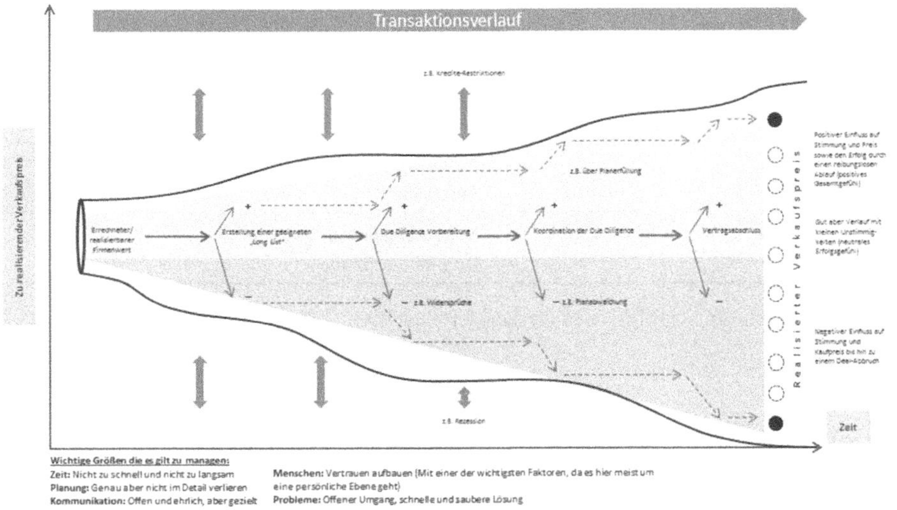

Abb. 15: Interne und externe Einflüsse auf die Kaufpreisentwicklung

Der Ausgangspunkt:

154 Ausgangspunkt ist in fast allen Fällen der objektivierte und zu Beginn des Transaktionsprozesses auch als realisierbar angesehene Firmenwert. Die zu diesem Zeitpunkt zugrunde gelegten Prognosen (finanzieller, unternehmerischer und strategischer Art) müssen optimistisch, aber auch realisierbar sein. Hierfür ist eine sorgfältige und professionelle Unternehmensbewertung unerlässlich.

Transaktionsprozess:

155 **Interne Faktoren**: Während des Transaktionsprozesses wird deutlich, wie gründlich und realistisch die Planung war. Stellt sich heraus, dass Prognosen zu optimistisch waren, kann dies einen entscheidenden (negativen) Einfluss auf den Preis bzw. Wert haben, ebenso wie unerwartet positive Entwicklungen den Preis entsprechend positiv verändern können. Um einen guten Preis zu erhalten, gilt es also den Prozess professionell, schnell und mit dem richtigen Timing durchzuführen.

156 **Externe Faktoren**: Es gibt viele Aspekte, die man vorab berücksichtigen kann, aber während des Transaktionsprozesses gibt es auch zahlreiche Ad-hoc-Probleme (z.B. eine unvermutete Änderung des Marktes oder Kreditprobleme), mit denen man professionell umgehen muss, um einer unerwünschten Verschiebung des Abschlusses oder sogar einem Scheitern der Transaktion entgegenzuwirken.

Man sollte sich dabei der **Asymmetrie der Volatilität** bewusst sein, dass nämlich negative Erkenntnisse oder eine negative Veränderung der Situation grundsätzlich einen weitaus gravierenderen Einfluss haben als positive Nachrichten (die Ausprägung der Volatilität nach unten ist demnach höher). 157

Sicherlich ist dieses Schaubild nicht für alle Transaktionen anwendbar oder gültig, da es immer Situationen oder individuelle Entscheidungen gibt, die durch die dargestellten Zusammenhänge nicht erfasst werden. So könnte z.B. ein strategischer Käufer über negative Erkenntnisse hinwegsehen, ohne den Preis zu verändern, da das Produkt ihm einen weitaus höheren Mehrwert bietet und er ein Scheitern der Transaktion unbedingt verhindern will. Dies ist im Übrigen auch ein Beispiel dafür, wie die schon mehrfach erwähnten subjektiven Effekte eine Transaktion beeinflussen können. 158

III. Synergien

Es gibt kaum eine Transaktion zwischen zwei Firmen ohne den Hinweis auf die zu erwartenden außerordentlichen **Synergien**. Synergien entstehen aus Größeneffekten (**Skaleneffekten**), Know-how-, Transfer-, Verbundvorteilen etc. In M&A-Transaktionen setzen Käufer neben den Kosteneffekten vor allem auf schnelle und kostengünstige Wachstumspotentiale, die eine Erhöhung des Umsatzes und der Gewinnmargen erwarten lassen. Entstehen können diese Potentiale z.B. aus der Erweiterung von Produktpaletten, Erschließung von neuen Regionen, neuen Absatzkanälen etc.[72] 159

Speziell zum Zeitpunkt der Übernahme gehen Käufer häufig von hohen Synergiepotentialen aus, jedoch bewerten die wenigsten die Potentiale richtig. Die Einschätzung möglicher Synergien gehört sicherlich auch zu einer der schwersten Aufgaben, da meist keine klar bezifferbaren Erfahrungswerte vorliegen. Außerdem sind nach einer gelungenen Transaktion die Euphorie und die Erwartungen häufig sehr groß. Dies wird durch eine Studie gestützt, die bestätigt, dass die erwarteten Potentiale meist zu hoch eingeschätzt werden.[73] 160

Oft werden in der Praxis überhöhte Kaufpreiszahlungen mit den hohen zu erwartenden Synergiepotentialen gerechtfertigt. Jedoch stellt sich hier die Frage, warum eine kaufende Firma überhaupt für die Synergien und den Mehrwert zahlen sollte. Eine Bewertung sollte immer eine „**stand-alone**" Bewertung sein, d.h. der Wert eines Unternehmens richtet sich danach, wie der Verkäufer das Unternehmen weiterentwickeln könnte, ohne die Synergien und den Einfluss des potentiellen 161

72 *Vogel* S. 33–35.

73 Siehe http://www.bain.de/press/press-archive/synergieeffekte-werden-oftmals-ueberschaetzt%20.aspx.

Käufers. Diese sind, wenigstens zum großen Teil, Potentiale, die der Käufer einbringt.

Praxistipp
Der Käufer sollte den in der Praxis häufigen Fehler vermeiden, Synergieeffekte als einzelne Werte in den Kaufpreis einzuberechnen. Vielmehr sollte er Synergien direkt in die Berechnung des integrierten Business Plans einfließen lassen. Das hat den Effekt, dass alle Positionen in der Planung mit den Synergien abgestimmt werden. Um die Synergien nicht zu überschätzen, sollte man im Vorfeld des Abschlusses herausarbeiten, wo sich die größten Synergien heben lassen und Best-Practice-Ansätze maximale Wirkung zeigen. Durch Benchmarkanalysen und die Kenntnisse branchenspezifischer Skaleneffekte lassen sich schon vor der Realisierung realistische Zielwerte festlegen.

I. Earn Out

I. Grundgedanke

162 Das Ziel eines **Earn Outs** ist es zum einen, der erwähnten Informationsasymmetrie zwischen Verkäufer und Käufer entgegenzuwirken, die unweigerlich in jeder Transaktion entsteht, zum anderen auch die Unsicherheiten zu berücksichtigen, die in jeder Bewertung enthalten sind. Earn Outs versuchen, verbleibende Unsicherheiten des Geschäfts auf Käufer und Verkäufer gleichmäßig zu verteilen, und werden deshalb in der Praxis gerne verwendet. In der Praxis gibt es unterschiedliche Ansichten darüber, ob ein Earn Out prinzipiell vorteilhaft ist oder aber eher Nachteile sowohl für den Verkäufer als auch für den Käufer beinhaltet.

163 Earn Outs können vor allem Bewertungsdifferenzen, Integrationsrisiken oder Finanzierungsrisiken ausgleichen. Die Bewertungsdifferenzen ergeben sich aus unterschiedlichen Basisannahmen in der Bewertung und Preisgestaltung.

Verkäufer-Ansichten	Käufer-Ansichten
Geschäftsplanung: Häufig sehr ambitioniert mit hohen Wachstumsraten, die oft nicht mit den Vergangenheitsdaten begründbar sind. Überdurchschnittliche Margenentwicklung auf der EBIT- & EBITDA-Ebene.	**Marktentwicklung**: Die Unsicherheit über die zukünftige Entwicklung vor allem in neuen Märkten oder neuen Branchen ist vor allem in den letzten Jahren gewachsen.
Bezug auf Markt-Multiplikatoren: Sehr häufig beziehen sich die Verkäufer auf in der Presse veröffentliche Transaktionen, die weit überhöhte Multiplikatoren liefern. Wie bereits ausführlich erläutert, werden auch häufig allgemein zugängliche Multiplikatoren oder Durchschnittsmultiplikatoren als Richtgrößen verwendet, die jedoch nicht allgemein auf jedes Unternehmen oder jede Branche anwendbar sind.	**Zukunftsperspektiven**: Sicherlich werden viele Dinge wie Skalierbarkeit, Robustheit der Organisation oder die Kundenbasis im Rahmen der Due Diligence geprüft. Jedoch gibt es viele offene Risiken, die erst nach der Entscheidung und dem Abschluss der Transaktion bekannt werden: Integrationsprobleme, Kulturunterschiede etc.

Verkäufer-Ansichten	Käufer-Ansichten
Subjektive Preisvorstellungen: Der Verkäufer wird vor allem bei kleinen Unternehmen oder Familienunternehmen in seinen Preisvorstellungen sehr stark auf einer emotionalen Ebene beeinflusst.	**Synergiepotentiale**: Meistens gehen Käufer von hohen realisierbaren Synergien aus, die sich jedoch wegen des Einflusses vieler Variablen sehr schwer abschätzen lassen.

Tab. 9: Unterschiede in den Wertansichten bei einem Earn Out (in Anlehnung Hilgard & EACVA)

Die aus diesen und anderen Gründen entstehenden Bewertungsunterschiede veranlassen vorwiegend die Käufer, einen Earn Out zu vereinbaren. Dadurch kann der Käufer einige der Risiken minimieren. Der Verkäufer hat die Chance, seinen Gewinn zu maximieren und bei überdurchschnittlicher Leistung eventuell einen besseren Gesamtpreis zu erzielen (falls der Earn Out nicht gedeckelt wurde). 164

Die Abbildung stellt den Grundgedanken und die Zusammensetzung eines Earn Outs dar.[74] 165

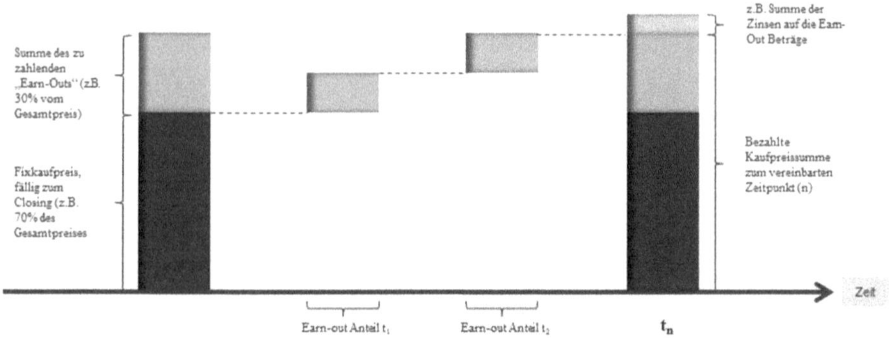

Abb. 16: Graphische Darstellung eines Earn Outs

Bei Vereinbarung eines Earn Outs besteht der Kaufpreis aus zwei Komponenten, einem Fixum und einem **Earn Out-Anteil**. Der Strukturierung der beiden Komponenten sind in der Praxis keine Grenzen gesetzt, solange man die Grundregel der klaren Messbarkeit und Quantifizierbarkeit beachtet. Wichtig ist jedoch, dass man die Struktur individuell der Branche, dem Unternehmen und dem Management (Unternehmer) anpasst. 166

74 Die Graphik soll nur das Prinzip des Earn Outs darstellen und sagt nichts darüber aus, dass und in welchem Umfang es dadurch, dass bestimmte Ziele erreicht oder nicht erreicht werden, zu erheblichen Anpassungen des „Earn Out-Anteils" kommen kann.

167 Grundsätzlich lassen sich die Vor- und Nachteile eines Earn Outs wie folgt zusammenfassen:

	Käufer	Verkäufer
Vorteile/Chancen	– Risikoabwälzung – gestaffelter Finanzbedarf (Liquidität) – Motivierter Verkäufer als Erfolgsgarant – Zeitgewinn für Integration – Möglicher Abschluss, obwohl Preiserwartungen weit auseinander liegen	– Möglichkeit zu höherem Verkaufserlös – Verkäufer darf sich im Unternehmen weiter engagieren – Einflussnahme in Unternehmensentwicklung – Möglicher Abschluss, obwohl Preiserwartungen weit auseinander liegen
Nachteile/ Herausforderungen	– Muss Transparenz gegenüber Verkäufer gewähren – Verkäufer will Einfluss nehmen – Umstrukturierungen werden erschwert und verzögert (Integration, Fusion etc.) – Mögliche Streitigkeiten bei Earn Out Bemessung	– Endgültiger Kaufpreis ist nicht sicher – Begrenzte Einflussmöglichkeiten für Earn Out Anteil – Emotionaler und finanzieller Druck bleibt bestehen – Mögliche Streitigkeiten bei Earn Out Bemessung

Tab. 10: Vor- & Nachteile eines Earn Outs (https://www.companymarket.ch/blog-show/fluch-und-segen-mit-earn-out-klauseln)

II. Strukturierungsparameter

168 Um einen Earn Out erfolgreich strukturieren zu können, müssen sich Verkäufer und Käufer über alle Grundparameter austauschen und diese vertraglich festlegen.[75] Über die folgenden Punkte sollte man sich einigen:

1. Anteil des Earn Outs am Gesamtkaufpreis (er ist Verhandlungssache und variiert dementsprechend stark);
2. Laufzeit (unterschiedlich, jedoch meist zwischen 2 und 4 Jahren)
3. Anzahl der Anpassungsintervalle und Gewichtung der einzelnen Intervalle;
4. Zielgrößen: Auf welche Größen soll sich der Earn Out beziehen? Bilanzkennzahlen oder andere Messgrößen? Man muss auch festlegen, wie diese Größen definiert und hergeleitet werden, z.B. auf der Basis von geprüften Abschlüssen. Zusätzlich sollten diese Größen normalisiert werden.
5. Special Events: Gibt es bestimmte Vorkommnisse, die den Vertrag oder Vertragsbestandteile negativ oder positiv beeinflussen?

75 Zu vertraglichen Regelungstechniken im Einzelnen vgl. Kap. 11 Rn 33ff.

Die wichtigsten Parameter sind die Definition der Zielgrößen, der Modus der Auszahlung und die Vereinbarung des Zeithorizonts, wobei bei letzterem der Verkäufer meist für kurze Laufzeiten plädieren wird. 169

Der **Auszahlungsmechanismus** legt fest, wie die Auszahlung an den Verkäufer vollzogen wird. Hier gibt es viele verschiedene Möglichkeiten, wie eine sprunghafte oder digitale Funktion, die Einpreisung eines **Toleranzkorridors** bei einer Verfehlung der Zielgröße (individuell wählbar) oder eine Stufen- oder Treppenfunktion.[76] Die nachfolgende Liste zeigt einige der häufigsten Zielgrößen für Earn Outs aus der Praxis: 170

Software-/Produkt Entwicklung	Der Käufer bezahlt z.B. 100.000 €, wenn das Unternehmen eine bestimmte Software oder technische Fortschritte nachweisen kann (z.B. an einem bestimmten Stichtag).
Finanzkennzahlen (z.B. Umsatz/EBIT/EBITDA etc.)	Entweder wird hier ein Prozentsatz oder ein fester Betrag bezahlt, bezogen auf die ausgewählte Größe z.B. nach dem IFRS Standard. **Beispiel**: Ein Earn Out in Höhe von 10 Mio. € wird an den Verkäufer ausbezahlt, wenn das Unternehmen im Jahresabschluss 2017 (Herleitung auf der Basis das Accounting Manuals des Unternehmens) einen Umsatz von 100 Mio. € erreicht. Falls das Unternehmen nur ≤ 50% des Zielumsatzes erreicht, wird kein Earn Out ausbezahlt. Für jeden Prozentpunkt über 50% werden 2% des Earn Out-Betrags bezahlt. **Verknüpfung von Zielgrößen**: Um zu verhindern, dass nur der Umsatz vorangetrieben wird, ohne zu berücksichtigen, ob eine bestimmte Marge erreicht wird, könnte man das Umsatzziel an eine bestimmte EBIT-Marge von z.B. 15% knüpfen.
Markterweiterung	Die Zahlung kann auch an Markterweiterungskriterien geknüpft werden wie z.B. Erschließung von zwei neuen Ländern pro Jahr. Jedoch sollte man sich hier auch noch ergänzende Kriterien überlegen, wie z.B einen Mindestumsatz.
Aufnahme von neuen Kunden	Man kann hier auf eine durchschnittliche Neukundengewinnungsrate pro Jahr abstellen. Hier empfiehlt es sich jedoch, auch einen Mindestumsatz pro Kunde mit zu vereinbaren. Selbstverständlich kann man auch hier wieder eine Staffelung einbauen für den Fall, dass weniger oder mehr Kunden gewonnen werden.

Tab. 11: Beispiele für eine Earn Out Strukturierung

76 Siehe *Niggemann/Hartisch* S. 8 ff.

III. Erfolgsfaktoren eines Earn Outs

171 Für eine erfolgreiche Implementierung gibt es einige wenige Grundregeln, die man beachten sollte.

1. Möglichst transparente und klare Ziele definieren.
2. Die Herleitung der Zielgrößen sollte klar niedergelegt werden.
3. Größen sollten sich auf geprüfte Abschlüsse beziehen, damit Differenzen und damit Streitigkeiten minimiert werden.
4. Regelmäßige Abstimmung mit dem Management.

IV. Alternative zum Earn Out

172 Eine gute Alternative zu den besprochenen Earn Outs, die doch sehr viel Aufwand bedeuten, ist ein sukzessiver Kauf des Unternehmens mit fixen Kaufoptionen.

173 Der Käufer erwirbt z.B. einen Mehrheitsanteil von 51% sowie zwei Optionen, die restlichen 49% zu einem Festpreis oder zu einem Wert, der auf einem vorher vereinbarten Multiplikator basiert, zu erwerben. Bei dieser Alternative gilt es, das Management (Verkäufer) durch Anreize und Verträge weiterhin an das Unternehmen zu binden.

Kapitel 4
Steuerliche Aspekte/Tax Due Diligence

A. Vorgehensweise

Der nachhaltige Erfolg einer Unternehmenstransaktion hängt nicht zuletzt von der Analyse der steuerlichen Rahmenbedingungen und der Gestaltung der Transaktionen unter steuerlichen Gesichtspunkten ab. 1

Um das wichtige Themengebiet „Steuern beim Unternehmenskauf" strukturiert darzustellen, behandelt der folgende **Abschnitt B.** zunächst die **steuerlichen Rahmenbedingungen**, die die Besteuerung einer Unternehmenstransaktion beeinflussen. 2

Die Komplexität steuerlicher Aspekte und die damit verbundene steuerliche Risikoeinschätzung erfordert im Vorfeld der Transaktion eine sorgfältige Analyse. Diese erfolgt im Rahmen einer **Tax Due Diligence**, deren Organisation und vor allem deren Inhalte **Abschnitt C.** erläutert. Dabei werden neben der steuerlichen Grundanalyse der Transaktion weitere Analyseschritte einer Tax Due Diligence dargestellt, die von der Gesellschaftsform der Zielgesellschaft abhängen. Eine Darstellung typischer Risiken beim Erwerb von Kapitalgesellschaften und Personengesellschaften beschließt diesen Abschnitt. 3

Käufer und Verkäufer haben unterschiedliche steuerliche Interessen. Qualifizierte Berater versuchen, einen größtmöglichen Interessenausgleich herzustellen und die Gesamtsteuerlast aus der Transaktion auf Erwerber – wie auch auf Veräußererseite möglichst gering zu halten. **Gestaltungmöglichkeiten** zur Optimierung der Transaktionsstruktur stellt **Abschnitt D.** dar. 4

Der Schwerpunkt dieses Kapitels liegt auf inlandsbezogenen Sachverhalten im Rahmen von M&A-Transaktionen. Das breite Spektrum internationaler Aspekte bei grenzüberschreitenden Transaktionen wird nur am Rande thematisiert. 5

B. Die steuerlichen Rahmenbedingungen beim Unternehmenskauf und -verkauf

I. Verschiedene steuerliche Interessenlagen von Käufer und Verkäufer

Für M&A-Transaktionen finden sich zahlreiche Anlässe und Erscheinungsformen.[1] 6
Daraus resultieren unterschiedliche Motivationen der Beteiligten. Bei nahezu allen

1 Vgl. Kap. 1 Rn 46 ff.

Unternehmenstransaktionen spielen jedoch **monetäre Zielsetzungen** eine entscheidende Rolle. Der Verkäufer eines Unternehmens möchte aus der Transaktion hohe Zahlungsmittelzuflüsse generieren, dem Käufer ist an möglichst geringen Zahlungsmittelabflüssen gelegen.

7 Wirtschaftliches Handeln löst neben diversen steuerlichen Verpflichtungen in der Regel Steuern aus. Daher kommt den steuerlichen Aspekten im Rahmen von Unternehmenstransaktionen eine hohe Bedeutung zu. Für die beteiligten Parteien ist entscheidend, was unter Berücksichtigung der anfallenden Steuern und damit „unter dem Strich" übrig bleibt.

8 Seit Jahren strebt der deutsche Gesetzgeber nach **steuerlicher Rechtsformneutralität**, d.h. nach einer von der Rechtsform möglichst unabhängigen Steuerbelastung.[2] Personengesellschaften und Einzelunternehmen einerseits und Kapitalgesellschaften andererseits sollen steuerlich gleich behandelt werden. Bei der sogenannten laufenden Besteuerung wurde bereits eine weitgehende Angleichung erreicht. Im Rahmen der Besteuerung von Unternehmenstransaktionen bestehen jedoch weiterhin recht große Unterschiede.

9 Die **steuerlichen Interessen des Käufers** liegen vor allem in der künftigen **Berücksichtigung** des Kaufpreises und weiterer Kosten als steuermindernde Betriebsausgaben, v.a. in Form einer **Abschreibung des Kaufpreises** und der Berücksichtigung von Finanzierungskosten.[3] Zudem sollen mit der Unternehmenstransaktion **keine steuerlichen Risiken** „eingekauft" werden, die zu künftigen Steuerzahlungen führen, deren Ursache aber vor der Unternehmenstransaktion liegen.

10 Die **steuerlichen Interessen des Verkäufers** liegen dagegen in einer möglichst **geringen Besteuerung des Kaufpreises** bzw. des Veräußerungsgewinns **im Zeitpunkt der Veräußerung.**[4] Des Weiteren will er keine Steuerlast für die Vergangenheit übernehmen.

II. Aus steuerlicher Sicht vorzunehmende Abgrenzung

1. Form der Transaktion: Share Deal versus Asset Deal

11 Ein **Unternehmen** ist zivilrechtlich weder Sache noch Recht, sondern ein sich stetig änderndes Zusammenspiel verschiedener Aspekte (Sachen, Rechte, Geschäftschancen, Personal, bestehende Vertragspositionen, etc.), die bei einer Unternehmensveräußerung berücksichtigt werden müssen.

---

2 Vgl. Brück/Sinewe/*Sinewe*/*Witzel* § 1 D. I. Rn 59.
3 Vgl. *Holzapfel*/*Pöllath* Rn 237; Brück/Sinewe/*Sinewe*/*Witzel* § 1 D. III. Rn 67.
4 Vgl. *Holzapfel*/*Pöllath* Rn 236; Brück/Sinewe/*Sinewe*/*Witzel* § 1 D. III. Rn 67.

Die Praxis unterscheidet bei der Veräußerung von Unternehmen **zwei Grundtypen**, die auch für die steuerliche Beurteilung wesentlich sind.[5] 12

- **Share Deal**: Die Veräußerung des Unternehmens erfolgt durch Übertragung seines Rechtsträgers, d.h. durch die Veräußerung von Gesellschaftsanteilen, beispielsweise durch Abtretung sämtlicher Geschäftsanteile an einer GmbH.
- **Asset Deal**: Die Übertragung des Unternehmens erfolgt durch Übertragung der einzelnen das Unternehmen bildenden Vermögensgegenstände ohne den eigentlichen Rechtsträger. Das Unternehmen wird also von seinem bisherigen Rechtsträger abgetrennt.

Die **Übertragung von Anteilen an Personengesellschaften** (GbR, KG, GmbH & Co. KG, OHG) ist im **Zivil- und Verkehrssteuerrecht** grundsätzlich wie eine Übertragung des Rechtsträgers einzuordnen. Insbesondere im **Ertragsteuerrecht** überwiegen dabei jedoch die Elemente der Veräußerung von Unternehmensteilen. Steuerrechtlich stellt die Anteilsveräußerung an Personengesellschaftsanteilen einen Verkauf der Wirtschaftsgüter dar, die sich in der Gesellschaft befinden (transparente Besteuerung der Personengesellschaft).[6] 13

Aufbauend auf dieser Differenzierung folgt dieses Kapitel der üblichen Einteilung aus steuerlicher Sicht und bezeichnet als Share Deal nur die Veräußerung von Anteilen an Kapitalgesellschaften. Unter dem Begriff Asset Deal wird hingegen die Veräußerung von Einzelwirtschaftsgütern, Betrieben, Teilbetrieben oder Anteilen an Personengesellschaften zusammengefasst. 14

2. Beteiligte an der Transaktion: Rechtsform vom Käufer und Verkäufer

Zudem ist es zweckmäßig, nach der Rechtsform von Käufer und Verkäufer zu differenzieren. 15

Für die Ertragsbesteuerung können **natürliche Personen**, die ein Unternehmen betreiben oder Gesellschaftsanteile halten, einerseits und **Kapitalgesellschaften** andererseits unterschieden werden. 16

Neben der unterschiedlichen **Besteuerung der Unternehmenstransaktion** (Kaufpreis, Kosten der Transaktion, etc.) bestehen auch deutliche Unterschiede in der **laufenden Besteuerung** vor und nach der Transaktion (Dividenden, Finanzierungskosten, etc.). 17

Das deutsche Steuerrecht behandelt die **Personengesellschaft** als transparent. Es schaut quasi durch die Gesellschaft „hindurch“ und stellt – mit Ausnahme der 18

5 Vgl. *Holzapfel/Pöllath* Rn 231.
6 Vgl. *Holzapfel/Pöllath* Rn 232.

Gewerbesteuer – **auf den Gesellschafter ab.**[7] Für einen Überblick über die unterschiedlichen Auswirkungen genügt daher die Unterscheidung zwischen natürlicher Person und Kapitalgesellschaft.

III. Bei Unternehmenstransaktionen zu beachtende Steuerarten

1. Ertragsteuern

a) Steuerarten: Einkommensteuer (Kirchensteuer), Körperschaftsteuer, Gewerbesteuer

19 **Natürliche Personen** sind nach § 1 EStG **Steuersubjekt** der **Einkommensteuer**. Sofern sie ihren Wohnsitz oder gewöhnlichen Aufenthaltsort in Deutschland haben, sind sie **unbeschränkt steuerpflichtig. Steuerobjekt** ist das „Welteinkommen".[8] Sofern allerdings weder Wohnsitz noch gewöhnlicher Aufenthalt in Deutschland unterhalten wird, gilt eine **beschränkte Steuerpflicht.** Steuerobjekt sind dann nach § 1 Abs. 4 EStG nur die inländischen Einkünfte. Dazu können, wie bei unbeschränkt Steuerpflichtigen, auch Einkünfte aus dem Halten eines Unternehmens oder einer Beteiligung bzw. deren Veräußerungen zählen. Der Steuertarif der Einkommensteuer ist progressiv. Er liegt nach Abgeltung eines Grundfreibetrages zwischen 14% und 45% des zu versteuernden Einkommens (§§ 2 Abs. 5 Satz 1 2. Halbsatz, 32a Abs. 1 EStG).

20 In Deutschland haben die beiden großen Kirchen die im Grundgesetz verankerte Möglichkeit, Kirchensteuer als Zuschlagsteuer zu bestimmten staatlichen oder kommunalen Maßstabsteuern zu erheben. Sie nutzen dies für die Erhebung einer **Kircheneinkommensteuer** in Höhe von 8% bzw. 9% der Einkommensteuerschuld.[9]

Praxistipp

Die Kirchensteuer kann im Rahmen von Unternehmensverkäufen, bei denen häufig in einem einmaligen Veräußerungsakt über Jahrzehnte geschaffene Erträge realisiert werden, nennenswerte Beträge erreichen. Daher bietet es sich an, mit den zuständigen Kircheneinrichtungen bereits im Vorfeld einer Transaktion Kontakt aufzunehmen und über Nachlässe, Teilerlasse und ähnliches – die in der Praxis regelmäßig gewährt werden – zu sprechen. Alternativ ist natürlich auch ein Kirchenaustritt möglich.[10]

---

7 Zur sogenannten mehrstufigen Gewinnermittlung bei der Besteuerung von Personengesellschaften und der transparenten Besteuerung vgl. z.B. *Grobshäuser/Maier/Kies* S. 111 ff.; Tipke/Lang/*Hennrichs* § 10 Rn 100 ff.; Schmidt, L./*Wacker* § 15 Rn 400 ff.

8 Tipke/Lang/*Hey* § 8 Rn 26.

9 Vgl. Tipke/Lang/*Seer* § 8 Rn 962. Da die Kirchensteuer als Sonderausgabe wiederum bei der Einkommensermittlung abgezogen wird, verringert sie sich grundsätzlich um den individuellen Einkommensteuersatz des Steuerpflichtigen.

10 Hierbei ist zu beachten, dass die Kirchensteuerpflicht in der Regel erst mit dem Ablauf des Monats, der auf die Erklärung des Kirchenaustritts folgt, gilt. Vgl. Tipke/Lang/*Seer* § 8 Rn 959.

Kapitalgesellschaften sind nach § 1 Abs. 1 KStG **Steuersubjekt** der **Körperschaftsteuer**. Je nachdem, ob sie ihre Geschäftsleitung oder ihren Sitz im Inland oder im Ausland haben, sind sie analog der obigen Darstellung zur Einkommensteuer unbeschränkt oder beschränkt steuerpflichtig.[11] **Steuerobjekt** ist das im Kalenderjahr erzielte Einkommen vor Ausschüttung an die Gesellschafter. Das KStG definiert das Einkommen, zu dem wiederum auch Ergebnisse aus Unternehmenstransaktionen zählen können, nicht, sondern verweist hierzu auf die Vorschriften des Einkommensteuergesetzes und auf Spezialvorschriften des KStG (§ 8 Abs. 1 KStG). Der Steuertarif für die Körperschaftsteuer ist linear und beträgt aktuell 15% des zu versteuernden Einkommens (§ 23 Abs. 1 KStG). 21

Zur Einkommen- und Körperschaftsteuer kommt als **Ergänzungsabgabe** der **Solidaritätszuschlag** in Höhe von 5,5% der festgesetzten Einkommen- bzw. Körperschaftsteuer hinzu (§ 1 Abs. 1 SolZG). 22

Gewerbliche Unternehmen unterliegen zudem der **Gewerbesteuer**.[12] Um den Gewerbeertrag als Bemessungsgrundlage der Gewerbesteuer zu ermitteln, wird der nach einkommen-/körperschaftsteuerlichen Regeln ermittelte Ertrag um bestimmte Beträge **erhöht oder gekürzt**. Damit soll dem Objektsteuergedanken der Gewerbesteuer Rechnung getragen werden. Der so ermittelte Gewerbeertrag wird mit einer Messzahl von 3,5% multipliziert (= Gewerbesteuermessbetrag) und dann mit dem von der Gemeinde festgesetzten Hebesatz (Gewerbesteuerautonomie der Kommunen[13]) multipliziert. Bei einem örtlichen Hebesatz von beispielsweise 440% ergibt sich damit eine Gewerbesteuer von 15,4% auf den Gewerbeertrag. 23

Um Einzelunternehmen und Personenhandelsgesellschaften nicht mit **Gewerbe- und Einkommensteuer** doppelt zu belasten, ist die Gewerbesteuer bei der Einkommensteuer in Höhe des 3,8-fachen des Gewerbesteuermessbetrags (§ 35 Abs. 1 EStG) anrechenbar. Neben anderen möglichen Restriktionen führt dies unter Berücksichtigung des Solidaritätszuschlags nur bei einem Hebesatz von bis zu ca. 400% zu einer vollständigen Vermeidung der Doppelbelastung mit Einkommen- und Gewerbesteuer.[14] 24

Fasst man die **Steuersätze der verschiedenen Ertragsteuerarten zusammen**, ergibt sich die in der folgenden Tabelle dargestellte Steuerbelastung für gewerbliche Einkünfte. 25

---

11 Vgl. Tipke/Lang/*Hey* § 11 Rn 31.

12 Das GewStG erklärt nicht die Erträge gewerblicher Unternehmen zum Steuerobjekt, sondern aufgrund des ursprünglichen Real- oder Objektsteuerprinzips den Gewerbebetrieb selbst. Vgl. Tipke/Lang/*Montag* § 12 Rn 3.

13 Die Hebesätze variieren in Deutschland zwischen 200% und 900% (Stand 2014).

14 Vgl. Schmidt, L./*Glanegger* § 35 Rn 2.

		Natürliche Personen	Kapitalgesellschaft
1.	ESt/KSt-Tarif	45,00%	15,00%
2.	Solidaritätszuschlag 5,5% auf 1.	2,48%	0,83%
4.	GewSt (Hebesatz 440%)	15,40%	15,04%
5.	GewSt-Anrechnung	−13,30%	–
		49,58%	31,23%

Tab. 1: Ertragsteuerbelastung für gewerbliche Einkünfte.[15]

26 Einkünfte durch Kapitalgesellschaften sind also grundsätzlich mit einer deutlich niedrigeren Ertragsteuer belastet. Werden die Gewinne allerdings nicht in der Kapitalgesellschaft thesauriert, sondern an natürliche Personen als Gesellschafter ausgeschüttet, ergibt sich eine vergleichbare Belastung (Lock-in-Effekt der Thesaurierung).[16]

27 Die folgenden Abschnitte stellen dar, in wie weit obige Ertragsteuergrundsätze auch für Erträge aus Unternehmensverkäufen anwendbar sind bzw. ob es hierfür Spezialregelungen bzw. Freistellungen gibt, die aus steuerlicher Sicht bestimmte Transaktionsstrukturen begünstigen.

b) Besteuerung des Veräußerungsergebnisses beim Veräußerer

aa) Natürliche Person als Veräußerer (Asset Deal)

28 Auch die Einkünfte aus Unternehmensverkäufen zählen zu den einkommensteuerpflichtigen Einkünften mit daraus resultierenden erheblichen Steuerbelastungen.

29 Die §§ 16, 34 EStG schaffen hierfür **Privilegien**[17] (Freibetrag, Tarifminderung), wenn **sämtliche**, die **wesentlichen Betriebsgrundlagen eines Betriebs** oder Teilbetriebs umfassenden Wirtschaftsgüter in einem **einheitlichen Vorgang** übertragen werden.[18] Sofern Personengesellschaftsanteile veräußert werden, setzt die Be-

15 Bei der Einkommensteuer wurde der maximale Steuersatz (sogenannter Grenzsteuersatz) von 45% angenommen. Kirchensteuer ist unberücksichtigt und kommt ggf. noch als zusätzliche Belastung hinzu. Zu beachten ist, dass der für die Kapitalgesellschaft ermittelte Steuersatz nur gilt, solange keine Ausschüttungen an Gesellschafter vorgenommen werden. Die Ausschüttungen sind bei natürlichen Personen als Gesellschafter zu 60% steuerpflichtig, was dann zu einer zusätzlichen Belastung bei der natürlichen Person im obigen Beispiel als Empfänger von etwa 20,5% führt, so dass sich bei Unterstellung einer Vollauskehrung der Gewinne bis zur natürlichen Person als Gesellschafter vergleichbare Steuerbelastungen für gewerbliche Einkünfte ergeben.

16 Detaillierte Darstellung vgl. z.B. bei Tipke/Lang/*Montag* § 13 Rn 20.

17 Die Vergünstigungen sollen v.a. eine hohe Besteuerung von Einkünften verringern, die zusammengeballt in einem Jahr anfallen, aber das wirtschaftliche Ergebnis u.U. vieler Jahre darstellen.

18 Oder unter Aufdeckung stiller Reserven in das steuerliche Privatvermögen überführt werden.

günstigung voraus, dass der **gesamte Anteil an der Gesellschaft** übertragen wird. Damit muss ggf. zivilrechtliches Privatvermögen des Gesellschafters, welches steuerlich als **Sonderbetriebsvermögen** des Gesellschafters bei der Personengesellschaft zu qualifizieren ist, mit übertragen werden.

Der **steuerpflichtige Veräußerungsgewinn** ermittelt sich gemäß § 16 Abs. 2 EStG wie folgt: 30

	Veräußerungspreis
./.	Veräußerungskosten
./.	Buchwert des Betriebsvermögens/Wert des Anteils am Betriebsvermögen
+	gemeiner Wert ins Privatvermögen überführter Wirtschaftsgüter (nur bei Betriebsveräußerung, nicht bei Übertragung von Personengesellschaftsanteilen)
./.	vom Erwerber nicht übernommene betriebliche Schulden (ebenso nicht bei Übertragung von Personengesellschaftsanteilen)
=	Veräußerungsgewinn

Neben einem auf Antrag zu gewährenden **Freibetrag** in Höhe von 45.000,00 €[19] 31
und dem Einsatz einer ggf. tarifmindernden **„Fünftel-Regelung“** nach § 34 Abs. 1 EStG kommt in der Praxis als wesentliche Begünstigung des Veräußerungsgewinns die **Tarifbegünstigung nach § 34 Abs. 3 EStG** in Betracht. Diese wird gewährt, wenn der Steuerpflichtige das **55. Lebensjahr vollendet** hat oder dauernd berufsunfähig ist und diese Begünstigung zuvor noch nicht beantragt hat, da diese **nur einmal im Leben** beansprucht werden kann. Liegen die Voraussetzungen vor, wird der Veräußerungsgewinn bis zu einer Höhe von 5.000 T€ nur mit **56% des durchschnittlichen Steuersatzes** im entsprechenden Veranlagungsjahr besteuert, mindestens jedoch mit 14% (§ 34 Abs. 3 Satz 2 EStG).

Grundsätzlich ist der oben dargestellte **Veräußerungsgewinn auch gewerbe-** 32
steuerpflichtig (§ 7 Satz 2 GewStG). Dies gilt jedoch nicht, soweit der Gewinn auf eine natürliche Person als Betriebsinhaber oder als unmittelbar Beteiligten einer Personengesellschaft entfällt.

Es gibt also Begünstigungen, die die im vorangegangenen Abschnitt dargestell- 33
ten Steuersätze bei Unternehmensverkäufen durch natürliche Personen deutlich reduzieren können. Sofern Gewerbesteuerfreiheit vorliegt und die o.g. Voraussetzungen für die begünstigte Veräußerungsgewinnsteuer erfüllt sind, ergibt sich für diesen Fall ein Grenzsteuersatz von 26,59% [(45% ESt + 5,5% SolZ darauf) × 56%].

Die hierfür erforderlichen Voraussetzungen können aber nicht immer erreicht 34
werden. Dies ist ein wesentlicher Grund, dass Unternehmensverkäufer tendenziell eher an einer Veräußerung von Anteilen an Kapitalgesellschaften (Share Deal) inte-

19 Wegen Abschmelzen des Freibetrags ab Veräußerungsgewinnen von 136.000,00 € hat dieser in der Praxis eine untergeordnete Bedeutung.

ressiert sind. Im Vorfeld einer Transaktion sind dann ggf. Gestaltungen vorzunehmen.

bb) Natürliche Person als Veräußerer (Share Deal)

35 Bei einem **Share Deal** gelten folgende Grundsätze für die Besteuerung eines Veräußerungsgewinns auf Seiten der natürlichen Person als Veräußerer:

36 Wird die Beteiligung im **steuerlichen Privatvermögen** gehalten, ist danach zu unterscheiden, ob aufgrund einer Beteiligung von mehr als 1% eine **wesentliche Beteiligung** im Sinne des § 17 EStG vorliegt.[20]

37 Sofern eine **wesentliche Beteiligung** im Privatvermögen gehalten wird, ist der sich aus einer Veräußerung ergebende Gewinn gemäß §§ 17, 3 Nr. 40d EStG nach dem **Teileinkünfteverfahren** steuerpflichtig. Danach wird der sich nach Abzug der Veräußerungskosten und Anschaffungskosten der Beteiligung vom Veräußerungspreis ergebende Veräußerungsgewinn zu 60% in das steuerpflichtige Einkommen einbezogen und mit dem individuellen Steuersatz versteuert. Legt man den Einkommensteuerspitzensteuersatz von 45% zugrunde, ergibt sich inkl. Solidaritätszuschlag eine Besteuerung von etwa 28,5% zuzüglich ggf. Kirchensteuer. Gewerbesteuer fällt nicht an, da es sich um Privatvermögen handelt.

38 Wird die Beteiligung im **steuerlichen Betriebsvermögen** gehalten, wird unabhängig von der Höhe der Beteiligung das zuvor genannte **Teileinkünfteverfahren** angewendet. Im Betriebsvermögen ist der Veräußerungsgewinn auch gewerbesteuerpflichtig. Die Anrechnung der Gewerbesteuer gem. § 35 EStG auf die Einkommensteuer vermeidet zumindest weitgehend eine Doppelbelastung.

39 Bei einem **Share Deal** kommt es also durchweg zu einer **verhältnismäßig geringen Besteuerung** des Veräußerungsgewinns, sofern eine natürliche Person als Veräußerer auftritt. Die Besteuerung liegt in vergleichbarer Höhe der Besteuerung des Asset Deals, wenn die dort dargestellten Voraussetzungen für die Tarifbegünstigungen erfüllt sind. Bei Veräußerungsgewinnen über 5.000 T€ ist der Share Deal aus steuerlicher Sicht des Verkäufers dem Asset Deal also immer überlegen.

40 Es gibt aber Ausnahmen von der Geltung des Teileinkünfteverfahrens beziehungsweise sogenannte Nachversteuerungstatbestände, wenn die Anteile innerhalb

---

20 Liegt keine wesentliche Beteiligung vor, ist seit dem 1.1.2009 ein aus der Veräußerung resultierender Gewinn stets steuerpflichtig. Zur Anwendung kommt die Abgeltungssteuer. Diese beträgt 25% zuzüglich Solidaritätszuschlag (insgesamt also 26,375% zuzüglich ggf. Kirchensteuer). Veräußerungen von nicht wesentlichen Beteiligungen, die vor dem 1.1.2009 erworben wurden, sind inzwischen nicht mehr steuerpflichtig. Nach der für diese Anteile weitergeltenden Altregelung griff eine Besteuerung nur, wenn zwischen Anschaffung und Veräußerung weniger als 12 Monate lagen (sogenannte Spekulationsfrist).

bestimmter Fristen aus einer vorherigen Einbringung entstanden sind.[21] Aus diesem Grund sollte die Anteilshistorie im Vorfeld einer Transaktion stets sorgfältig analysiert werden.

cc) Kapitalgesellschaft als Veräußerer

Veräußert eine Kapitalgesellschaft ein Unternehmen/einen Betrieb im Rahmen eines **Asset Deals**, gilt vor allem bzgl. der Ermittlung des Veräußerungsgewinns das oben dargestellte.[22] Allerdings greifen für Kapitalgesellschaften die dort aufgeführten Vergünstigungen nicht, da bei einer Kapitalgesellschaft der Veräußerungsgewinn einen laufenden Gewinn darstellt. Dieser unterliegt der tariflichen Körperschaftsbesteuerung und der Gewerbesteuer.[23] 41

Beim **Share Deal**, also der Veräußerung von Beteiligungen an Kapitalgesellschaften, gelten bei der Veräußerung durch Kapitalgesellschaften jedoch **deutliche Steuervergünstigungen**. 42

Der aus der Veräußerung resultierende Veräußerungsgewinn bleibt gemäß § 8b Abs. 2 KStG steuerfrei. Allerdings regelt § 8b Abs. 3 KStG, dass 5% des steuerbefreiten Veräußerungsgewinns als nichtabziehbare Betriebsausgabe gelten. Diese erhöhen den steuerpflichtigen Gewinn. Im Ergebnis ist damit der **Veräußerungsgewinn aus der Beteiligungsveräußerung zu 95% steuerfrei**. Diese Steuerfreiheit erstreckt sich auch auf die Gewerbesteuer. Es ergibt sich demnach eine Belastung auf den Veräußerungsgewinn bei der veräußernden Kapitalgesellschaft von lediglich 1,56% (5% x 31,23%). 43

Da es nach aktuellem Umwandlungssteuerrecht jedoch sperrfristbehaftete Anteile gibt und eine zwischenzeitlich weggefallene Regelung zu sogenannten einbringungsgeborenen Anteilen (in beiden genannten Fällen resultieren GmbH-Anteile aus vorhergehender Einbringung eines Betriebs o.ä.) bei Veräußerung der GmbH-Anteile noch Wirkung entfalten kann, ist an dieser Stelle nochmals anzumerken, dass vor einer Transaktion eine sorgfältige Analyse der Anteilshistorie notwendig ist. Andernfalls besteht die Gefahr, dass mit einer zu geringen Ertragsteuerbelastung der Transaktion kalkuliert wird. 44

dd) Zusammenfassung

Die Ertragsteuerbelastung der zuvor geschilderten Szenarien aus der Besteuerung eines Veräußerungsgewinns lässt sich anhand der nachstehenden Tabelle zusam- 45

---

21 Zum Beispiel §§ 20, 22 UmwStG.

22 Vgl. Rn 30.

23 Vgl. Rn 25, also ergibt sich unter den dort getroffenen Annahmen eine Ertragsteuerbelastung von 31,23%.

menfassen. Bei einer Veräußerung durch eine natürliche Person wäre die ggf. anfallende Kirchensteuer noch zusätzlich zu berücksichtigen:

Veräußerungsfall	Ertragsteuersatz auf den Veräußerungsgewinn[24]
Natürliche Person als Veräußerer (Asset Deal), ohne Vorliegen von Begünstigungen	49,58%
Natürliche Person als Veräußerer (Asset Deal), bei Vorliegen von Begünstigungen	26,59%
Natürliche Person als Veräußerer (Share Deal), wesentliche Beteiligung	28,50%
Kapitalgesellschaft als Veräußerer (Asset Deal)	31,23%
Kapitalgesellschaft als Veräußerer (Share Deal)	1,56%

c) Steuerliche Berücksichtigung des Unternehmenskaufpreises beim Erwerber

46 Der Unternehmensverkäufer – gleich ob natürliche Person oder Kapitalgesellschaft – ist wegen möglicher steuerlicher Freistellungen häufig an einer Transaktion in der Form eines **Share Deals** interessiert.

47 Der Erwerber kann in diesem Fall jedoch unabhängig davon, ob es sich um eine natürliche Person oder eine Kapitalgesellschaft handelt, den über den Buchwert des übernommenen Vermögens gezahlten Kaufpreis (stille Reserven) nicht unmittelbar steuerlich verwerten, da die erworbenen Anteile in der Regel nicht mit steuerlicher Wirkung abschreibungsfähig sind. Der Kaufpreis wirkt sich daher erst bei einer späteren Veräußerung der Beteiligung steuerlich aus. Die übernommene Kapitalgesellschaft selbst schreibt alle Wirtschaftsgüter in der bisherigen Form unverändert ab, so dass sich auch auf Ebene der Transaktionsgesellschaft selbst keine steuerlichen Auswirkungen aus der Veräußerung ergeben.

48 Anders stellt sich die Situation bei einem **Asset Deal** dar. Das liegt vor allem daran, dass der Erwerber – wiederum unabhängig davon, ob natürliche Person oder Kapitalgesellschaft – den Kaufpreis auch in der Höhe, in der er die Summe der Buchwerte der übernommen Wirtschaftsgüter übersteigt, steuerlich abschreiben kann.

49 Ursächlich ist, dass beim Erwerber in Höhe des Kaufpreises Anschaffungskosten entstehen, die auf die übernommenen Wirtschaftsgüter zu verteilen sind (eine sogenannte **Aufstockung** beziehungsweise **step-up-Modelle**). Bei einem Asset

24 Bei Fällen der Veräußerungen durch Kapitalgesellschaften ist für Vergleichszwecke zu berücksichtigen, dass eine Ausschüttung des Veräußerungsgewinns an natürliche Personen als Gesellschafter wiedrum eine weitere Einkommensteuerbelastung auslöst.

Deal in Form des Erwerbs von Personengesellschaftsanteilen stockt der Erwerber durch Aufstellung einer sogenannten steuerlichen Ergänzungsbilanz bei der übernommenen Personengesellschaft auf.

Bei ausreichender Ertragskraft hat der Erwerber dabei das Interesse, die An- 50
schaffungskosten schnell abschreibungsfähigen Wirtschaftsgütern zuzuordnen. Gibt es keine Marktpreise, beruht die Zuordnung auf Schätzungen.

Diese Kaufpreisallokation muss zunehmend die **modifizierte Stufentheorie** 51
beachten.[25] Hiernach wird ein vergüteter Mehrwert zunächst im Verhältnis der enthaltenen stillen Reserven auf bilanzierte (im-)materielle Wirtschaftsgüter und nicht bilanzierte immaterielle Einzelwirtschaftsgüter aufgeteilt. Erst ein dann verbleibender Restwert kann dem Geschäfts-/Firmenwert zugeordnet werden.[26]

Eine geplante Aufstockung der Wirtschaftsgüter durch die zuvor beschriebene 52
Kaufpreisallokation im Rahmen des Asset Deals beeinflusst bereits die Überlegungen vor der Transaktion sowohl auf Käufer- als auch auf Verkäuferseite. Der Käufer sollte z.B. durch Einsicht in alte Betriebsprüfungsberichte Erfahrungen zu akzeptierten Abschreibungsdauern gewinnen. Der Veräußerer sollte sich wegen möglicher Rückwirkung auf seine eigene, ggf. noch nicht bestandskräftig veranlagte Besteuerung bis zum Übertragungsstichtag über die Absichten des Käufers informieren und sich ggf. Mitwirkungsrechte im Kaufvertrag sichern lassen.[27]

d) Steuerliche Berücksichtigung der Kosten der Finanzierung eines Unternehmenskaufpreises

Wird im Rahmen eines **Asset Deals** der Unternehmenskauf fremdfinanziert, sind die 53
daraus resultierenden Finanzierungskosten abziehbare Betriebsausgaben beim Übernehmenden beziehungsweise Sonderbetriebsausgaben des neuen Gesellschafters bei der übernommenen Personengesellschaft, da die aufgenommenen Schulden negatives Sonderbetriebsvermögen darstellen.[28]

Die Finanzierungskosten mindern damit die steuerpflichtigen Erträge des er- 54
worbenen Unternehmens. Diese Steuerwirksamkeit erstreckt sich neben der Einkommen- bzw. Körperschaftsteuer grundsätzlich auch auf die Gewerbesteuer.

Dieses Ergebnis dient in der Regel dem Interesse des Käufers. 55

---

25 Vgl. *Holzapfel/Pöllath* Rn 290.

26 Vgl. Brück/Sinewe/*Adolf* § 4 B. II. Rn 135; *Holzapfel/Pöllath* Rn 290; zu der einfachen Stufentheorie sowie der Gleichverteilungstheorie vgl. Brück/Sinewe/*Adolf* § 4 B. II. Rn 135.

27 Vgl. *Holzapfel/Pöllath* Rn 294.

28 Vgl. Schmidt, L./*Wacker* § 15 Rn 522.

56 Beim **Share Deal** stellen die Finanzierungskosten ebenfalls Betriebsausgaben beim Übernehmer bzw. bei der übernehmenden Gesellschaft dar.[29] Beim Anteilserwerb durch natürliche Personen sind die Finanzierungskosten gemäß §§ 3c Abs. 2, 3 Nr. 40d EStG allerdings nur zu 60% steuerwirksam (Teileinkünfteverfahren).

57 Wurden die Anteile von einer Kapitalgesellschaft erworben, mindern die Finanzierungskosten einerseits vollumfänglich den steuerpflichtigen Gewinn. Da die Gewinnausschüttungen der erworbenen Gesellschaft jedoch bei der Erwerbsgesellschaft zu 95% steuerfrei sind (§ 8b Abs. 1 KStG), fehlt es andererseits ggf. an entsprechendem Gewinn. Dann sind die Finanzierungskosten steuerlich nicht verwertbar, da sie – sofern keine anderen positiven Einkünfte vorhanden sind – nur einen Verlustvortrag entstehen lassen bzw. erhöhen.

58 Die (teilweise) Nichtabziehbarkeit der Finanzierungskosten ist ein für die Erwerber nicht erwünschtes Ergebnis und erfordert Gestaltungsüberlegungen.

e) Steuerliche Zurechnung des laufenden Ergebnisses vor und nach der Transaktion – Bedeutung eines Übertragungsstichtages

59 Bei einem **Share Deal** spielt der Stichtag, zu dem die Anteile übertragen werden, für die Zielgesellschaft selbst eine untergeordnete Rolle. Da die Kapitalgesellschaft selbst Steuersubjekt ist, wird das steuerpflichtige Ergebnis für das Wirtschaftsjahr unabhängig davon ermittelt, ob innerhalb des Wirtschaftsjahres Anteile an der Gesellschaft veräußert werden und sich damit eine Änderung im Gesellschafterkreis ergibt.[30]

60 Beim **Asset Deal** kommt dem Übertragungsstichtag, der aufgrund des steuerlichen Rückwirkungsverbotes nicht in der Vergangenheit liegen darf, eine höhere Bedeutung zu.[31]

61 So werden bis zum Übertragungsstichtag erwirtschaftete Gewinne noch dem abgebenden Unternehmer/Gesellschafter einer Personengesellschaft zugerechnet.[32] Diese Gewinne stellen einen laufenden steuerlichen Gewinn und nicht einen ggf. einkommen- und gewerbesteuerlich begünstigten Veräußerungsgewinn dar.

---

29 Hierbei ist unterstellt, dass es sich um Anteile im steuerlichen Betriebsvermögen handelt bzw. zur wenigstens teilweisen steuerlichen Berücksichtigung der Zinsen die Antragsvoraussetzungen des § 32d Abs. 2 Nr. 3 EStG erfüllt sind und dieser Antrag gestellt wird. Anderenfalls wären bei Anteilen auf Privatvermögen die Finanzierungskosten wegen der Abgeltungsbesteuerung gar nicht abzugsfähig.

30 Eine Ausnahme bildet lediglich z.B. die Verlustabzugsbeschränkung nach § 8c KStG durch Gesellschafterwechsel.

31 Aus pragmatischen Gründen, wie z.B. der Vermeidung von Zwischenabschlüssen, wird in der Praxis häufig eine Rückwirkung von wenigen Wochen akzeptiert.

32 Vgl. Schmidt, L./*Wacker* § 15 Rn 453.

Auf den Übertragungsstichtag ist daher ein Zwischenabschluss zur Erfolgsabgrenzung aufzustellen. Um dies zu vermeiden, wird in der Praxis der Übertragungsstichtag häufig auf das reguläre Geschäftsjahresende gelegt. 62

Der Übertragungsstichtag ist auch für nachgelagerte Änderungen der steuerlichen Bemessungsgrundlage (z.B. durch steuerliche Betriebsprüfungen) wichtig, da Änderungen bis zum Stichtag noch dem Veräußerer zugerechnet werden. Dies erfordert ggf. entsprechende Regelungen und Vorsorge im Unternehmenskaufvertrag. 63

2. Verkehrssteuern

a) Umsatzsteuer

Wird ein Unternehmen oder ein gesondert geführter Unternehmensteil im Ganzen übereignet oder eingebracht, handelt es sich umsatzsteuerlich um eine **nicht umsatzsteuerbare Geschäftsveräußerung im Ganzen** (§ 1 Abs. 1a UStG). Damit fällt beim Asset Deal typischerweise keine Umsatzsteuer an.[33] 64

Bei einem Share Deal fällt in der Regel keine Umsatzsteuer an, da die **Veräußerung von Anteilen** zwar grundsätzlich umsatzsteuerbar, aber gemäß § 4 Nr. 8f UStG **umsatzsteuerfrei** ist. 65

Sofern Anteile durch **Holdinggesellschaften** ohne weitere z.B. geschäftsleitende Funktionen veräußert werden, handelt es sich bereits um einen nicht steuerbaren Vorgang, da reine Finanzholdings von der Finanzverwaltung **nicht als Unternehmer** i.S.d. UStG qualifiziert werden.[34] 66

Dennoch ist die Umsatzsteuer im Rahmen von Unternehmenstransaktionen nicht vernachlässigbar. Aus der nicht ordnungsgemäßen Erfüllung **umsatzsteuerlicher Pflichten** aus der operativen Geschäftstätigkeit (z.B. Buch- und Belegnachweise zur Erlangung von Umsatzsteuerfreiheit bei grenzüberschreitenden Warenlieferungen) in der Vergangenheit können **erhebliche Risiken** für die Zukunft resultieren. Daher ist eine sorgfältige Analyse der umsatzsteuerlichen Situation erforderlich. 67

b) Grunderwerbsteuer

Die **Veräußerung eines inländischen Grundstücks** im Rahmen eines Unternehmenskaufs (Veräußerung von Einzelwirtschaftsgütern) unterliegt gemäß § 1 Abs. 2 GrEStG der Grunderwerbsteuer. Diese beträgt – abhängig vom Bundesland, in dem 68

33 Da es vielfach nicht ganz eindeutig ist, ob eine Geschäftsveräußerung im Ganzen vorliegt, kommt es auf Regelungen im Kaufvertrag an. Diese müssen auch den Fall berücksichtigen, dass die Finanzverwaltung keine Geschäftsveräußerung im Ganzen anerkennt.

34 Vgl. Brück/Sinewe/*Kloster*/*Reckordt* § 3 D. II. Rn 196.

das Grundstück belegen ist – zwischen **3,5% und 6,5%** des zwischen den Parteien vereinbarten anteiligen Kaufpreises.

69 Neben der direkten Grundstücksübertragung unterliegt gemäß § 1 Abs. 3 GrEStG gleichfalls der Grunderwerbsteuer die **Vereinigung** von mindestens 95% **der Anteile** an einer Personen- oder Kapitalgesellschaft, in deren Eigentum sich ein inländisches Grundstück befindet, in der Hand eines Erwerbers oder einer Erwerbergruppe.

70 Bei **grundbesitzhaltenden Personengesellschaften** ist zudem § 1 Abs. 2a GrEStG zu beachten. Hiernach unterliegt der Grunderwerbsteuer jeder **Gesellschafterwechsel von 95% oder mehr** binnen einer Zeitspanne von fünf Jahren auf neue Gesellschafter.

71 Die §§ 5, 6 GrEStG beinhalten (anteilige) **Steuerbefreiungen**, wenn es zu einem Übergang von Grundstücken von (Mit-)Eigentümern auf eine Personengesellschaft (Gesamthand) kommt und umgekehrt. Dies ermöglicht grundsätzlich Gestaltungen, die jedoch Grenzen finden in den §§ 5 Abs. 3, 6 Abs. 4 GrEStG. Diese schränken die Befreiungen wieder ein, sofern eine Gesellschafterveränderung an der Gesamthand fünf Jahre vor bzw. nach dem Übergang des Grundstücks erfolgt.

72 Bei den beiden letztgenannten Grunderwerbsteuertatbeständen ist Bemessungsgrundlage der **Grundstücksbedarfswert**, der nach den Regelungen der §§ 138ff. BewG ermittelt wird. Dieser liegt in der Regel unter dem tatsächlichen Wert bzw. unter einem ggf. anteiligen Kaufpreis für den Grundbesitz.

73 Bei Unternehmenstransaktionen unter Beteiligung von Gesellschaften mit nennenswertem Grundbesitz hat die **Grunderwerbsteuer** nicht zuletzt wegen der kontinuierlich gestiegenen Grunderwerbsteuersätze **an Bedeutung zugenommen**. Daher ist es einerseits sinnvoll, nach geeigneten Strukturen zu suchen bzw. im **Vorfeld der Transaktion Gestaltungen** vorzunehmen, die eine Entstehung von Grunderwerbsteuer vermeiden. Andererseits ist aber eine detaillierte Analyse der Grundbesitzsituation und der in vergangenen Jahren stattgefundenen Transaktionen bei Gesellschaften mit Grundbesitz im Rahmen der Tax Due Diligence unabdingbar. Solche Transaktionen wirken sich auf künftige Vorhaben aus und lösen z.B. bei Verletzung von Behaltefristen nachgelagerte Grunderwerbsteuer aus.

3. Exkurs: Erbschaft-/Schenkungsteuer

74 Obwohl es einige – durch verfassungsrechtliche Bedenken ausgelöste – Reformen der Erbschaft-/Schenkungsteuer in den letzten zwei Jahrzenten gegeben hat, bestehen auch weiterhin diverse Möglichkeiten, Unternehmen (sowohl Kapitalgesellschaften, Personengesellschaften, als auch Einzelunternehmen) zu geringeren Steuersätzen an die nächste Generation zu übertragen, als liquides Vermögen in entsprechende vergleichbaren Werten zu verschenken.

75 Nach herrschender Auffassung wird es auch nach dem Urteil des BVerfG vom 17.12.2014, das bestehende Begünstigungen weitgehend als verfassungswidrig ein-

gestuft hat, weiterhin **Begünstigungen bei der Übertragung unternehmerischen Vermögens** geben.

Damit bietet es sich aus erbschaft-/schenkungsteuerlicher Sicht grundsätzlich an, vor einem Unternehmensverkauf dieses (teilweise) im Rahmen einer vorweggenommenen Erbfolge an die nächste Generation zu übertragen. Damit kann Erbschaft-/Schenkungsteuer nicht nur ggf. zeitlich verlagert, sondern insgesamt vollständig vermieden werden. Hierbei ist zu beachten, dass die in der Vergangenheit gewährten Privilegien im Rahmen der Unternehmensübertragungen immer mit bestimmten „**Wohlverhaltensregelungen**" wie insbesondere Behaltefristen verknüpft waren. Hiervon ist auch bei künftigen Regelungen auszugehen. 76

Aus diesem Grund sollten vorweggenommene Erbfolgen, insbesondere wenn ein späterer Unternehmensverkauf als realistisch eingeschätzt wird, frühzeitig in die Mittel- und Langfristplanung einbezogen werden. 77

C. Tax Due Diligence

I. Ziele der Tax Due Diligence

Die steuerliche Due Diligence dient der Analyse der steuerlichen Situation des Zielunternehmens. Dabei stehen nicht nur die Risiken, sondern auch die Chancen im Fokus der Betrachtung. Primäres Ziel ist jedoch die **Aufdeckung steuerlicher Risiken** im Zielunternehmen. Die (endgültigen oder temporären) Steuereffekte sind für die Bewertung des Zielunternehmens und die damit verbundene Festlegung des Kaufpreises relevant. 78

Ferner soll die Tax Due Diligence eine Einschätzung der Steuerpolitik des Zielunternehmens ermöglichen. Ob ein Unternehmen diesbezüglich eher eine konservative oder eine progressive Vorgehensweise gewählt hat, rundet zumeist das Risikoprofil eines Unternehmens ab. 79

Der Käufer versucht mittels der Tax Due Diligence zudem Risiken abzuschätzen und sich durch Steuerklauseln oder Garantien vor einer Inanspruchnahme zu schützen. Daneben sollte die Tax Due Diligence die Möglichkeiten einer optimalen Gestaltung der Akquisition selbst und die Chancen für eine postakquisitorische Restrukturierung zur steuerlichen Optimierung aufzeigen.[35] 80

Nicht zuletzt dient eine Tax Due Diligence auch zur Beweissicherung für mögliche spätere Auseinandersetzungen, sodass der Dokumentation der im Datenraum zur Verfügung gestellten steuerlichen Unterlagen eine zentrale Rolle zukommt.[36] 81

---

35 Vgl. *Schiffers* GmbH-StB 2004, 239, 239.
36 Vgl. Kneip/Jänisch/*Hogh* A. II. Rn 12 und 32.

Praxistipp
Bildlich gesprochen: Setzen Sie sich bei einer Tax Due Diligence – auch wenn dieser Gedanke teilweise schwerfallen sollte! – die Brille der Finanzverwaltung auf und starten eine Betriebsprüfung. Legen Sie dabei aber nicht nur Wert auf eine sachliche und fachliche Prüfung, sondern versuchen Sie sich auch ein Bild darüber zu machen, mit welcher Sorgfalt in der Vergangenheit im Bereich „Steuern" gearbeitet wurde.

82 In der Praxis beobachtet man zudem immer häufiger, dass der Verkäufer im Vorfeld der Transaktion selber Berater beauftragt, um eine Tax Due Diligence vorzunehmen (sogenannte **Vendor Due Diligence**). Diese Maßnahme ermöglicht dem Verkäufer eine bessere Vorbereitung auf mögliche steuerliche Vorbehalte, die der potentielle Erwerber in die Vertragsverhandlungen einbringt. Ferner kann auf Basis der gewonnen Erkenntnisse ein detaillierteres Factbook erstellt werden, das in der Regel das Vertrauen in die steuerlichen Angelegenheiten der Zielgesellschaft schon zu Beginn des Erwerbsprozesses deutlich erhöht.

II. Organisation der Tax Due Diligence

83 Die Tax Due Diligence ist ein Teilbereich des gesamten Due Diligence Prozesses. Ihr Umfang ist genauso wie die gesamte Due Diligence auf das Transaktionsobjekt abzustimmen. Von einem pauschalierten Ansatz ist genauso dringend abzuraten wie vom Einsatz bzw. Beauftragung eines unpassenden **Beraterteams**. In der Praxis führen in der Regel nur qualifizierte Rechtsanwälte, Wirtschaftsprüfer und Steuerberater die Prüfung durch, da sie komplexe steuerliche Wechselwirkungen und Risikofelder aus sämtlichen steuerlichen Teilbereichen beurteilen müssen.

84 Neben der Auswahl des Teams ist für eine effiziente Abarbeitung der zeitliche und sachliche **Umfang** der Tax Due Diligence im Vorfeld zu planen. Dabei ist der Verlauf extrem abhängig von den individuellen Rahmenbedingungen.

85 Steuerliche Unternehmensanalysen stehen in der Regel unter einem hohen zeitlichen Bearbeitungsdruck. Es bietet sich daher an, sich mit den Teams, die die anderen Due Diligence „Disziplinen" bearbeiten, auf einen einheitlichen zeitlichen Ablauf zu verständigen. Welchen sachlichen Umfang eine Due Diligence annimmt bzw. annehmen soll, ist größtenteils vom Auftraggeber, dem Transaktionsobjekt und nicht zuletzt auch vom beauftragten Umfang abhängig.

86 Als Ausgangspunkt der Analyse dienen sog. Tax Due Diligence **Checklisten.** Durch die Verwendung kann zum einen mit einer strukturierten Abarbeitung der verschiedenen steuerlichen Risikofelder begonnen werden und zum anderen ist es anhand dieser Listen auch möglich Prüfungsschwerpunkte zu setzen.

87 Von einer ungefilterten Auswahl und Benutzung dieser Checklisten ist aber zu warnen. Sie bilden im Rohformat immer eine gute und ausführliche Ausgangssitua-

tion, sind ohne eine Anpassung auf das jeweilige Transaktionsobjekt in der Regel indes zu umfangreich und unspezifisch.[37]

Folgende Inhalte stellen dabei das Mindestmaß einer Anforderungsliste dar: 88

- sämtliche Steuererklärungen und Steuerbescheide für die Veranlagungs- bzw. Erhebungszeiträume, die aufgrund einer Betriebsprüfung noch nicht über eine erhöhte Bestandskraft verfügen; jedoch mindestens die drei zurückliegenden Jahre,
- zugehörige handelsrechtliche Jahresabschlüsse und ggfs. Steuerbilanzen nebst Gesellschafterbeschlüssen,
- letzter Betriebsprüfungsbericht,
- letzter Bericht über eine Umsatz- und/oder Lohnsteuersonderprüfung,
- Organigramm,
- Registerauszüge,
- Verträge mit nahestehenden Personen,
- Auskünfte über Umstrukturierungen innerhalb der letzten sieben Jahre.[38]

Praxistipp !

In der Praxis ist es sinnvoll, die Checklisten der Legal Due Diligence, der Financial Due Diligence und der Tax Due Diligence eng untereinander abzustimmen, um Dopplungen bei der Abfrage zu vermeiden. Dies ist häufig insbesondere bei Gesellschaftsverträgen, Jahresabschlüssen, Registerauszügen, bei Verträgen des Zielobjektes mit nahestehenden Personen oder bei Finanzierungsverträgen der Fall.

Die Ergebnisse der Tax Due Diligence werden in einem so genannten **Due Diligence-Report** gesammelt und nach Beendigung an den Auftraggeber übergeben. 89

Je nach Beauftragung gibt es verschiedene Varianten, die sich insbesondere im Umfang unterscheiden, beginnend bei einer „Executive Summary“ oder auch „Management Summary“ über einen „Red Flag-Report“ bis hin zu einem deskriptiven Tax Due Diligence-Bericht.[39] 90

Die „Executive Summary“ ist eine kurze stichwortartige Zusammenfassung der Ergebnisse auf wenigen Seiten. Der „Red Flag-Report“ zählt alle wesentlichen Prüfungsfeststellungen auf, beschreibt das Problem stichwortartig und enthält bereits eine kurze stichwortartige Bewertung und eine abgeleitete Handlungsempfehlung. 91

Im Gegensatz zu diesen beiden „zusammenfassenden Varianten“ enthält ein deskriptiver Tax Due Diligence-Bericht eine ausführliche Beschreibung der Prüfung. Dabei werden auch die Prüfungsbereiche, die zu keiner Prüfungsfeststellungen geführt haben, im Detail dargestellt. Die systematische rechtliche Herleitung, eine 92

37 Für eine umfassende Checkliste hinsichtlich einer Tax Due Diligence vgl. *Kneip/Jänisch*.
38 Ausführlicher Sinewe/*Kewitz/Jundt* Kap. 2 S. 7 ff.
39 Vgl. auch Sinewe/*Kewitz/Jundt* Kap. 2 S. 21.

ausführliche Quantifizierung der steuerlichen Risiken sowie ausformulierte Empfehlungen zur weiteren Vorgehensweise grenzen diese Berichtsvariante von den beiden erstgenannten ab.

! **Praxistipp**
In der Praxis wird überwiegend ein Red Flag-Report beauftragt. Diese Variante der Berichterstattung über eine Tax Due Diligence bietet in der Regel das beste Kosten/Nutzen-Verhältnis und stellt dabei alle Prüfungsfeststellungen strukturiert dar.
Sollten sich jedoch während der Tax Due Diligence steuerliche Problemfelder herauskristallisieren, die sich zu einem „Deal Breaker" entwickeln können, ist es sinnvoll, die beauftragte Berichtsvariante partiell bzw. feststellungsbezogen auf die deskriptive Variante zu erweitern.

---

93 Ein Bericht über die Tax Due Diligence, die bei künftigen Betriebsprüfungen drohende Steuerrisiken auflistet, und somit eine spätere Betriebsprüfung quasi antizipiert, weckt Begehrlichkeiten bei den Betriebsprüfern. Er ist quasi eine willkommene Blaupause für den Betriebsprüfungsbericht. Ob der Bericht über die Tax Due Diligence zu den nach § 147 Abs. 1 Nr. 5 AO herausgabepflichtigen „sonstigen Unterlagen, soweit sie von steuerlicher Bedeutung sind" gehören, ist umstritten.[40]

94 Aus dieser Norm abgeleiteten Herausgabeansprüchen seitens der Finanzverwaltung ist mit aller Vehemenz zu widersprechen. Zwar enthält der Bericht Aussagen oder Teilaussagen über steuerlich relevante Vorgänge, jedoch beziehen sich die Herausgabe- bzw. Aufbewahrungspflichten des §§ 147 Abs. 1 Nr. 5 AO vornehmlich auf relevante Tatsachen des originär Steuerpflichtigen, hingegen nicht auch auf steuerrechtliche Wertungen und Schlussfolgerungen durch seine Berater.[41]

III. Steuerliche Grundanalyse der Transaktion

1. Asset Deal oder Share Deal

95 Zu Beginn einer Tax Due Diligence gilt es die grundsätzliche Frage zu beantworten, ob es sich bei der zu analysierenden Transaktion um einen Asset Deal oder einen Share Deal handelt. Je nachdem, welches „Typenschild" die Transaktion trägt, entwickeln sich für die Tax Due Diligence unterschiedliche Handlungs- und Prüfungsschemata.

96 So ist beispielsweise die Einschätzung der Risikolage des Erwerbers im Hinblick auf steuerliche Risiken und Haftungstatbestände stark abhängig von der Art der anstehenden Unternehmensakquisition.

---

40 Vgl. Tipke/Kruse/*Drüen* § 147 AO Rn 23.

41 Vgl. Klein/*Rätke* § 147 Rn 5; Tipke/Kruse/*Drüen* § 147 AO Rn 23; *Dörr/Geißelmeier/Mayr* NWB, Fach 17, 2081, 2082.

Wie vorstehend bereits dargestellt, können Verkäufer und Käufer durchaus divergierende Interessen bei der Wahl der Transaktionsart haben.[42] Dabei stehen die Interessen von Käufer und Verkäufer aber nicht unweigerlich in einem unauflösbaren Widerstreit. Die Transaktionspraxis zeigt jedoch, dass oftmals beide Seiten Zugeständnisse machen müssen, um die Transaktion zum Erfolg zu führen. 97

Praxistipp !
Spätestens zu Beginn der Tax Due Diligence sollten sich die Parteien nach Möglichkeit darüber einigen, ob sie über einen Share Deal oder einen Asset Deal verhandeln wollen.

2. Haftung des Erwerbers für Steuern

Die Risiken für eine Haftung des Erwerbers für Steuern hängen von der Struktur der geplanten Transaktion ab. 98

Bei Kapitalgesellschaften sowie bei der GmbH & Co. KG und den Kommanditisten einer KG haften die Gesellschafter – von einigen Ausnahmefällen abgesehen – grundsätzlich nicht für Verbindlichkeiten der Gesellschaft. Die Gesellschaft haftet nur mit ihrem Vermögen.[43] Bei einem **Share Deal** übernimmt der Käufer mittelbar sämtliche steuerlichen Verpflichtungen der Vergangenheit. Deshalb kann bei einem Share Deal die Haftung für im Unternehmen begründete und zukünftig entstehende Verbindlichkeiten auch nicht ausgeschlossen werden. Die Untersuchung muss daher grundsätzlich alle Steuerarten und sämtliche Jahre erfassen, die noch nicht Gegenstand einer Betriebsprüfung waren oder festsetzungsverjährt sind. 99

Ist die Zielgesellschaft Bestandteil einer steuerlichen Organschaft, kann die Haftung sogar über die Zielgesellschaft hinausgehen. Für den Fall, dass die Zielgesellschaft als Organträgerin fungiert, haftet sie auch für Steuerschulden der Organgesellschaft infolge der tatsächlichen Durchführung des Beherrschung- und Gewinnabführungsvertrags. Ist die Zielgesellschaft Organgesellschaft, ist die Haftungsnorm § 73 Abs. 1 AO zu beachten. Hiernach haftet eine Organgesellschaft für solche Steuern des Organträgers, für welche die Organschaft zwischen ihnen von steuerlicher Bedeutung ist.[44] 100

Angesichts des großen Haftungsrisikos müssen diese Konstellationen im Rahmen eines Share Deals genau analysiert werden. 101

---

42 Vgl. Rn 6 ff.
43 Vgl. Ettinger/Jaques/*Jaques* D. VII. Rn 140.
44 Vgl. Kneip/Jänisch/*Hogh* B. II. Rn 10.

Praxistipp
Auch wenn das Organschaftsverhältnis zum Zeitpunkt der Anteilsübertragung nicht mehr existiert, eine steuerliche Organschaft aber in der Vergangenheit vorgelegen hat, besteht die Haftung, sofern noch kein Verjährungstatbestand vorliegt, auch für zurückliegende Veranlagungszeiträume.

102 Der Kauf einzelner Wirtschaftsgüter im Rahmen eines **Asset Deals** ist für den Erwerber gegenüber dem Kauf von Anteilen grundsätzlich steuerlich weniger riskant. Denn anders als beim Share Deal tritt der Erwerber nicht in die Rechtsposition als Inhaber der Gesellschaftsrechte und damit grundsätzlich auch nicht in die steuerlichen Verpflichtungen des zu erwerbenden Unternehmens ein.

103 Damit die Besteuerungsquellen aber infolge einer Unternehmensveräußerung und dem damit verbundenen Betriebsübergangs nicht verloren gehen, regelt die Abgabenordnung für den Asset Deal eine beschränkte steuerliche Haftung des Betriebsunternehmers im § 75 AO.

104 Der Erwerber übernimmt beim Asset Deal kraft Gesetzes die Haftung für Betriebssteuern und Steuerabzugsbeträge des erworbenen Unternehmens, welches im Ganzen übereignet werden muss. Dazu zählen insbesondere die Gewerbesteuer, die Umsatzsteuer sowie Lohnsteuerabführungsverpflichtungen.

105 Die Haftung beschränkt sich zeitlich auf die Steuern, die seit dem Beginn des letzten, vor dem Vollzugsstichtag liegenden Kalenderjahres in dem erworbenen Bereich entstanden sind und die innerhalb eines Jahres seit der Anmeldung des Betriebs durch den Erwerber festgesetzt oder angemeldet werden.[45]

Praxistipp
Im Gegensatz zum Share Deal muss für eine Risikoeinschätzung bei einem Asset Deal hinsichtlich der Betriebssteuern „lediglich" eine Analyse der letzten zwei zurückliegenden Jahre erfolgen.

106 Die Haftung des § 75 AO beschränkt sich auf das übernommene Aktivvermögen, wonach sich faktisch eine Haftungsobergrenze ergibt – übernommene Schulden bleiben hierbei unberücksichtigt.[46] Der Vollständigkeit halber sei erwähnt, dass bei Erwerbsvorgängen im Rahmen eines Asset Deals die Haftung gemäß § 75 Abs. 2 AO gänzlich ausgeschlossen ist, sofern der Erwerb eines Betriebes aus einer Insolvenzmasse erfolgt.

107 Die Vorschriften des § 25 HGB und § 13c UStG komplettieren die steuerlichen Haftungsnormen.

45 Ausführlich hierzu AEAO zu § 75.
46 Vgl. AEAO zu § 75 Nr. 4.3.

Der § 25 HGB wird einschlägig, sofern die bisherige Firma bzw. Firmierung fortgeführt wird.[47] In diesem Fall haftet der Erwerber für alle im Betrieb des Geschäfts begründeten Verbindlichkeiten des früheren Inhabers. 108

Praxistipp

Eine Haftungsinanspruchnahme durch den § 25 HGB kann abbedungen werden, sofern nach dem Erwerb des Betriebes eine Änderung der Firmierung vorgenommen oder Verkäufer und Käufer einen Haftungsausschluss vereinbaren und dies im Handelsregister eintragen.[48] !

Sofern im Rahmen eines Asset Deals einzelne Forderungen auf den Käufer übergehen, ist unter haftungsrechtlichen Gesichtspunkten auch der § 13c UStG zu beachten. Diese Norm sieht für den Fall der Abtretung, Verpfändung oder Pfändung von Forderungen eine verschuldensunabhängige Haftung des Erwerbers vor. Sie will sicherstellen, dass die aus den veräußerten Forderungen geschuldete Umsatzsteuer in jedem Fall an das Finanzamt abgeführt wird.[49] 109

3. Inlandsbezug/Auslandsbezug

Grundsätzlich hängen die unterschiedlichen Interessen von Verkäufer und Erwerber nicht davon ab, ob es sich um eine grenzüberschreitende Unternehmenstransaktion oder um einen Inlandsfall handelt. Bei **grenzüberschreitenden Unternehmenstransaktionen** sind allerdings weitere steuerplanerische Ziele des Erwerbers zu beachten. Bei einer Tax Due Diligence mit Auslandsbezug sollte ferner ein Schwerpunkt auf der Identifikation steuerlicher Gestaltungen liegen, die beim Verkäufer aufgrund der parallelen Anwendung von unterschiedlichen Rechtssystemen möglich sind/waren und zur Senkung der Gruppensteuerquote beitragen bzw. beigetragen haben. 110

Problemfelder in diesem Bereich sind weitestgehend unabhängig von den einzelnen involvierten nationalen Steuersystemen, da sie zwar in verschiedenen Ausprägungsformen vorkommen, aber dem Grunde nach die gleichen Themengebiete umfassen. Entscheidungsrelevant sind dabei insbesondere: 111
- Verrechnungspreisgestaltungen insbesondere auch bei konzerninterner Finanzierung,
- Reduktion von Quellensteuern,
- Vermeidung von Doppelbesteuerung in den jeweiligen Ländern durch Nutzung von Doppelbesteuerungsabkommen,
- steuerliche Abzugsfähigkeit von Finanzierungsaufwendungen, insbesondere hinsichtlich der Transaktionsfinanzierung,

47 Vgl. hierzu ausführlich Ettinger/Jaques/*Jaques* D. VII. Rn 148 ff.
48 Vgl. Kneip/Jänisch/*Hogh* B. II. Rn 29.
49 Vgl. Rau/Dürrwächter/*Stadie* § 13c Rn 3 ff.

– steuerliche Behandlung vom bestimmten Transaktions- und Rechtsformen in den jeweils involvierten Ländern (Share Deal vs. Asset Deal).[50]

112 Bereits im Rahmen der Tax Due Diligence ist zu bedenken, in welchem steuerlichen Umfeld sich die Zielgesellschaft befinden wird und mit welchen steuerlichen Konsequenzen die anstehenden postakquisitorischen Maßnahmen durchgeführt werden können. Hierzu gehören bspw. die Planung von Dividenden-, Lizenz- und Zinszahlungen oder die Planung der steuerlichen Konsequenzen einer zukünftigen Veräußerung.

113 Der Umstand, dass einzelne Länder bei der Transaktion oder zukünftigen Umstrukturierungsmaßnahmen Besteuerungssubstrat verlieren, löst in der Regel bei der abgebenden Jurisdiktion sogenannte „Exit-Tax-Regelungen" aus, die für einen potentiellen Erwerber von Bedeutung sein können.

Beispiel

Ein „Klassiker" in diesem Zusammenhang ist der Formwechsel einer inländischen Kapitalgesellschaft mit ausländischer Muttergesellschaft in eine inländische Personenhandelsgesellschaft.
Die Doppelbesteuerungsabkommen (DBA) nach dem OECD-Musterabkommen weisen das Besteuerungsrecht hinsichtlich des Gewinns aus der Anteilsveräußerung einer Kapitalgesellschaft regelmäßig dem Staat zu, in dem der Anteilseigner ansässig ist.[51] Dieses Besteuerungsrecht für Veräußerungsgewinne wechselt vom Ausland in das Inland zu dem Zeitpunkt, in dem die inländische Kapitalgesellschaft ihre Form in eine inländische Personenhandelsgesellschaft wechselt.
Der sich nun bei einer potentiellen Veräußerung der inländischen Betriebsstätte ergebende Veräußerungsgewinn ist gemäß § 16 EStG im Inland unbeschränkt steuerpflichtig.

Praxistipp

Grenzüberschreitende Unternehmensakquisitionen und Umstrukturierungsvorgänge stellen immer eine besondere Herausforderung für die Berater dar. Neben dem Einblick in das nationale Steuerrecht erfordert die Begleitung grenzüberschreitender Sachverhalte einen Einblick in die betroffenen ausländischen Steuerrechtssysteme.
Sofern keine „inhouse"-Expertise für die betroffenen Länder besteht, sollten die mit der Due Diligence beauftragten Berater, z.B. über einen internationalen Empfehlungsverbund, Kontakt zu entsprechenden ausländischen Beratern herstellen können.

4. Veranlagungsstand

114 Die Basis und der Einstieg einer jeden Tax Due Diligence bildet die Aufnahme des Veranlagungsstands. Im Ergebnis handelt es sich dabei um die Analyse und übersichtliche Darstellung der einzelnen ergangenen Steuerbescheide, gegliedert nach

50 Vgl. für eine ausführliche Darstellung Kneip/Jänisch/*Jänisch* C. VI. Rn 8–43; Hölters/*Gröger* Rn 4.222ff.
51 Ausnahmen hierfür sind das DBA Tschechien, Slowakei und Zypern.

den einzelnen Veranlagungs- bzw. Erhebungszeiträumen und den einzelnen Steuerarten.

Dieser Abschnitt dokumentiert, ob und wann ein Steuerbescheid ergangen, ob 115
dieser noch durch einen Vorbehaltsvermerk änderbar ist oder ob der Steuerbescheid einer erhöhten Bestandskraft aufgrund einer bereits abgeschlossenen Betriebsprüfung unterliegt. Insbesondere die Bestimmung des ersten „offenen" Veranlagungszeitraums nach einer Betriebsprüfung ist in diesem Zusammenhang von entscheidender Bedeutung, da dieser als historischer Startpunkt der Tax Due Diligence gilt.

Die Angabe von noch laufenden Rechtsbehelfs- und Finanzgerichtsverfahren 116
sowie die Aufzählung der noch nicht abgegebenen Steuererklärungen und Steueranmeldungen ermöglichen eine erste Einschätzung über das steuerliche Risikoprofil der Zielgesellschaft.

Praxistipp !

In der Beratungspraxis hat es sich als sinnvoll erwiesen, den Veranlagungsstand in Form einer tabellarischen Übersicht von maximal zwei Seiten aufzuzeigen und an den Beginn des Due Diligence-Berichts zu stellen.

Bei einer deskriptive Beschreibung des Veranlagungshergangs der letzten Jahre besteht die Gefahr, dass diese von den Auftraggebern eher als langatmig erachtet wird und die Gesamtaussage nicht mehr transparent darstellbar ist.

5. Steuerbilanz

Mit der Einführung des BilMoG[52] wurde die umgekehrte Maßgeblichkeit der Steuer- 117
bilanz für die Handelsbilanz abgeschafft. Nach der Neufassung des § 5 Abs. 1 EStG besteht die Möglichkeit, steuerrechtliche Wahlrechte unabhängig von der Handelsbilanz auszuüben.

Was auf der handelsrechtlichen Seite die Informationsfunktion des Jahresab- 118
schluss stärken und eine Annäherung an internationale Rechnungslegungsvorschriften herbeiführen soll, führt auf der steuerlichen Seite zu einer höheren Komplexität bei der Bilanzerstellung und zu einer größeren Anzahl an Abweichungen zur Handelsbilanz. Insoweit hat die Steuerbilanz in den vergangenen Jahren stark an Bedeutung gewonnen und ist damit auch zentraler Bestandteil einer Tax Due Diligence.

Allerdings stellen nur wenige Unternehmen neben der Handelsbilanz eine ge- 119
sonderte Steuerbilanz im eigentlichen Sinne auf. Häufiger erstellen die Unternehmen neben der Handelsbilanz eine **Überleitungsrechnung**, in der die Differenzen

52 Das Gesetz wurde am 28. Mai 2009 im Bundesgesetzblatt verkündet und ist am 29. Mai 2009 in Kraft getreten. Die erstmalige Anwendung war in der Regel für die Geschäftsjahre vorgesehen, die nach dem 31.12.2009 begonnen haben.

zur handelsrechtlichen Bilanzierung in einer Art Nebenrechnung dargestellt werden (auch Abweichungstabelle gemäß § 60 II EStDV genannt). Inwieweit sich diese Vorgehensweise mit der Pflicht zur Übertragung der sogenannten „E-Bilanz" an die Finanzämter ändern wird, bleibt abzuwarten.

120 Aufbauend auf der Bilanzanalyse der Handelsbilanz, die in der Regel Bestandteil der Financial Due Diligence ist,[53] sind etwaige Abweichungen zwischen Handels- und Steuerbilanz aus der Vergangenheit zu analysieren und insbesondere auf ihre zeitlichen Wirkungen hin zu untersuchen. Eine Differenzierung zwischen temporären, quasi-permanenten und permanenten Abweichungen – wie bei den latenten Steuern – ist im Hinblick auf die Analyse der bestehenden Abweichungen und deren steuerliche Auswirkungen unerheblich.

121 Steuerlich induzierte Bilanzierungs- und Bewertungsunterschiede bestehen insbesondere bei:
- der Bewertung von Anschaffungs- und Herstellungskosten (unterschiedliche Pflicht- und Wahlbestandteile),
- Abschreibungen und Teilwertabschreibungen (zeitliche Einordnung der Wertminderung; Wertaufholungsgebote),
- selbstgeschaffenen immateriellen Wirtschaftsgütern (steuerliches Aktivierungsverbot),
- derivativen Geschäfts- oder Firmenwerten (unterschiedliche Nutzungsdauern),
- geleasten Wirtschaftsgütern (Zurechnung des wirtschaftlichen Eigentums gemäß § 39 Abs. 2 AO),
- Beteiligungen an Personengesellschaften (Bilanzierung nach der Spiegelbildmethode),
- Rücklagen für Ersatzbeschaffung gemäß R 6.6 EStR und für Reinvestition gemäß § 6b EStG (Übertragung von stillen Reserven aus Ersatzwirtschaftsgüter),
- Drohverlustrückstellungen (steuerliches Passivierungsverbot),
- Jubiläumsrückstellungen (steuerliches Passivierungsverbot),
- Pensionsrückstellungen (Berechnungsparameter).[54]

! **Praxistipp**

Besonders aussagekräftig ist oftmals die Steuerbilanz bzw. Abweichungstabelle gemäß § 60 II EStDV, die die Betriebsprüfung, unter Berücksichtigung sämtlicher Prüfungsfeststellungen, zum Ende eines Prüfungszeitraums aufstellt. Diese ist ein zentraler Bestandteil des Betriebsprüfungsberichts und ist die Basis für die Fortentwicklung der Steuerbilanz in den folgenden Veranlagungszeiträumen.

53 Vgl. hierzu Kap. 5.

54 Ausführlich und mit weiteren Nennungen Kneip/Jänisch/*Ackermann*/*Geiger* B. III.

6. Grundvermögen/Grunderwerbsteuer

Zur steuerlichen Grundanalyse des Zielobjektes gehört die Frage, ob (anteiliges) Grundvermögen Bestandteil der Transaktion ist. Bei einem **Share Deal** von Kapitalgesellschaftsanteilen ist die Antwort zu dieser Frage in der Regel unmittelbar aus der Handelsbilanz der Zielgesellschaft abzulesen, da entsprechend vorhandene Vermögensgegenstände zu aktivieren sind. 122

Bei einem Erwerb von Anteilen an einer Personengesellschaft hingegen ergibt sich die Zuordnung von Grundvermögen zum notwendigen Betriebsvermögen – sofern nicht die Personengesellschaft selbst im Grundbuch eingetragen ist – nicht zweifelsfrei aus der Handelsbilanz. Durchaus üblich ist, dass sich das von der Personengesellschaft genutzte Grundvermögen im zivilrechtlichen Privatvermögen der Gesellschafter befindet und nur durch die steuerliche Fiktion des § 15 Abs. 1 Nr. 2 EStG zu steuerlichem (Sonder-)Betriebsvermögen umqualifiziert wird. Steht eine Übertragung dieser Grundstücke ebenfalls zur Disposition, wird sich die Tax Due Diligence auch auf Teilbereiche des zivilrechtlichen Privatvermögens der Veräußerer erstrecken müssen. 123

Bei der Übertragung von Grundvermögen stellen sich insbesondere Fragen aus den Bereichen der Grunderwerbsteuer und der Umsatzsteuer.[55] Besondere Bedeutung ist den grunderwerbsteuerlichen Risiken auch deshalb beizumessen, weil es bei der **Grunderwerbsteuer** keine Umkehreffekte in den Folgejahren geben kann und es sich somit immer um eine definitive Steuerlast des Unternehmens bzw. des Erwerbers handelt.[56] 124

Auch im Bereich der **Umsatzsteuer** kann die Übertragung von Grundvermögen unerwünschte Folgen haben. Beispielhaft sei an dieser Stelle auf die Anwendung des § 15a Abs. 10 UStG im Nachgang einer Transaktion, die als Geschäftsveräußerung im Ganzen zu qualifizieren war, hingewiesen. In diesem Fall hat der Erwerber den Berichtigungszeitraum für die in Abzug gebrachte Vorsteuer von 10 Jahren fortzuführen. 125

Die steuerliche Risikoeinschätzung für den Bereich des Grundvermögens erfordert also die Prüfung einer Vielzahl verschiedener Einzeldokumente, die in der Regel nicht gesammelt verfügbar sind. Für eine strukturierte Herangehensweise bietet sich es sich daher an, sämtliche Dokumente über das Grundvermögen zusammenzutragen und daraus das Gesamtbild der Verhältnisse abzuleiten. Wichtige Dokumente in diesem Zusammenhang sind: 126

- Anlagenspiegel zur Herleitung der historischen Anschaffungskosten und des Buchwerts zum Übertragungsstichtag,
- Grundstückskaufvertrag,
- Grundbuchauszüge,

55 Vgl. auch Ausführungen unter Rn 64 ff.
56 Vgl. Kneip/Jänsch/*Wischott*/*Schönweiß* B. VI. Rn 235.

- Miet-und Pachtverträge,
- Grunderwerbsteuerbescheide,
- Angaben über die Bodenrichtwerte,
- Unterlagen über Gesellschafterwechsel.[57]

127 Der Erwerb von Anteilen an einer grundbesitzenden **Kapitalgesellschaft** (Share Deal) gemäß § 1 Abs. 3 Nr. 1 und Nr. 3 GrEStG löst Grunderwerbsteuer aus.[58]

128 Verändert sich bei einer grundbesitzenden **Personengesellschaft** innerhalb von 5 Jahren der Gesellschafterbestand, so entsteht die Grunderwerbsteuer aufgrund § 1 Abs. 2a GrEStG.[59]

129 Gemäß § 13 Abs. 1 GrEStG sind Verkäufer und Käufer **Gesamtschuldner** der Grunderwerbsteuer. Im Rahmen einer Tax Due Diligence sind daher insbesondere die diversen im Grunderwerbsteuergesetz vorgesehenen Haltefristen zu beachten. Möglicherweise war ein grundsätzlich grunderwerbsteuersteuerpflichtiger Vorgang nur aufgrund einer im Gesetz kodifizierten Behaltensregelung steuerbefreit. Wird eine Behaltensfrist nunmehr durch die anstehende Transaktion unterbrochen, wird möglicherweise nicht nur Grunderwerbsteuer durch die aktuelle Transaktion ausgelöst, sondern rückwirkend auch für den bereits zurückliegenden Vorgang.[60]

Praxistipp
Ist Grundvermögen Bestandteil der Transaktion, so sollte der Due Diligence-Bericht Ausführungen darüber enthalten, ob der Anfall von Grunderwerbsteuer unausweichlich ist und in welcher Höhe Grunderwerbsteuer anfällt, damit der Erwerber diese im Rahmen einer erforderlichen Finanzierung berücksichtigen kann.

---

7. Umsatzsteuerliche Aspekte

130 Umsatzsteuerliche Aspekte haben im Rahmen einer Tax Due Diligence oft eine nachrangige Priorität. Es ist jedoch zu beachten, dass es insbesondere bei der Umsatzsteuer, abhängig von der unternehmerischen Tätigkeit der Zielgesellschaft, schnell zu einer definitiven Kostenbelastung für das Unternehmen kommen kann.[61]

131 Daher ist es ratsam, eine Tax Due Diligence in diesem Bereich mit der Erstellung eines Risikoprofils für Umsatzsteuerzwecke zu beginnen.

---

57 Vgl. Kneip/Jänsch/*Wischott*/*Schönweiß* B. VI. Rn 237 f.; Sinewe/*Sinewe* Kap. 5.4.1.
58 Vgl. Rn 68 f.
59 Vgl. Rn 70 f.
60 Beispielhaft seien hier die Nachbehaltensfristen des § 5 Abs. 3 und des § 6 Abs. 3 GrEStG genannt.
61 Vgl. Kneip/Jänisch/*Alzuhn*/*Wipfler* B. VI. Rn 322.

Folgende Fragen und Kriterien ermöglichen in der Regel eine erste Einschätzung: 132
- Werden ausschließlich Umsätze ausgeführt, die einen Vorsteuerabzug nicht ausschließen?
- Liegen komplexe Lieferanten- und Leistungsstrukturen vor?
- Gibt es grenzüberschreitende Geschäftsvorfälle?
- Gibt es Sachverhalte, für die gemäß § 13b UStG der Leistungsempfänger Steuerschuldner ist?
- Werden die Buch- und Belegnachweise vorschriftsmäßig geführt? Gibt es ein unternehmensinternes Kontrollsystem hierfür?
- Gab es im letzten Betriebsprüfungsbericht Feststellungen, die die Umsatzsteuer betrafen?
- Liegt eine umsatzsteuerliche Organschaft gemäß § 2 Abs. 2 Nr. 2 UStG vor?[62]

Praxistipp !
Nach dieser kursorischen Risikoanalyse ist es ratsam, mit dem Auftraggeber die Intensität der Prüfung umsatzsteuerlicher Sachverhalte abzustimmen.

IV. Typische Risikofelder bei Kapitalgesellschaften

1. Leistungsbeziehungen mit nahestehenden Personen

Eine Tax Due Diligence umfasst die Prüfung steuerlicher Risiken aus Rechtsgeschäften oder Leistungsbeziehungen zwischen der Zielgesellschaft und ihren Anteilseignern bzw. nahestehenden Personen oder verbundenen Unternehmen. Maßgeblich ist in diesem Zusammenhang das Stichwort „Fremdüblichkeit“.[63] 133

Insbesondere bei inhabergeführten Unternehmen und Unternehmensgruppen ist eine **Fremdüblichkeit** der Rechtsgeschäfte nicht immer gegeben. Als Konsequenz sind solche Rechtsgeschäfte entweder als verdeckte Gewinnausschüttung oder verdeckte Einlage zu qualifizieren. Je nach Ausgestaltung löst dies eine außerbilanzielle Gewinnminderung bzw. -erhöhung aus, die das steuerliche Einkommen der Gesellschaft verändert. 134

Hieraus kann sich eine erhebliche Steuerbelastung für die Gesellschaft ergeben, die die verdeckte Gewinnausschüttung – aufgrund der Erhöhung des zu versteuernden Einkommens – zu versteuern hat. Dies gilt insbesondere in den Fällen, in denen die verdeckte Gewinnausschüttung nicht unter die grundsätzliche 95%ige Steuer- 135

---

62 Detaillierten Darstellung in Kneip/Jänisch/*Alzuhn*/*Wipfler* B. VI. 4. Rn 321 ff.; Sinewe/*Sinewe* Kap. 5.
63 Vgl. auch H 36 Abs. 3 KStH 2004.

freiheit gemäß § 8b KStG fällt oder die Voraussetzungen für eine Gewerbesteuerfreiheit nicht gegeben sind.

136 Eine besondere Brisanz entwickelt das Thema **verdeckte Gewinnausschüttungen** in den Fällen, in denen ein beherrschender Gesellschafter (Beteiligungsquote größer 50%) involviert ist. Die steuerliche Wirksamkeit dieser vertraglichen Abreden verlangt die Einhaltung besonderer Formvorschriften. Gemäß H 36 Abs. 3 KStH müssen diese Rechtsgeschäfte im Vorhinein klar und eindeutig vereinbart werden, um nicht als durch das Gesellschaftsverhältnis veranlasst zu gelten und damit eine verdeckte Gewinnausschüttung auszulösen. Rückwirkende Vereinbarungen und/oder Verzichtserklärungen sind in diesen Fällen steuerlich unwirksam.

137 Eine vollständige Aufzählung sämtlicher in Betracht kommender verdeckter Gewinnausschüttungen ist schlichtweg nicht möglich. Die folgende Aufzählung zeigt daher nur einige typische Leistungsbeziehungen auf:[64]

- Gesellschafterdarlehen,
- Nutzungsüberlassungen,
- Pensions- und Dienstverträge,
- Beraterverträge,
- Verrechnungspreise.

138 Neben den ertragsteuerlichen Auswirkungen einer verdeckten Gewinnausschüttung sind im Rahmen einer Tax Due Diligence auch die einschlägigen Kapitalertragsteuervorschriften zu überprüfen. Wie offene Gewinnausschüttungen unterliegen diese gemäß § 43 Abs. 1 EStG grundsätzlich der Kapitalertragsteuer in Höhe von 25% zuzüglich 5,5% Solidaritätszuschlag, sofern der Gesellschafter die Steuer schuldet. Wird die verdeckte Gewinnausschüttung einem inländischen Gesellschafter zugerechnet, so kann auf die Erhebung der Kapitalertragsteuer inklusive Solidaritätszuschlag verzichtet werden – was auch die potentiellen Haftungsrisiken des Erwerbes der Zielgesellschaft minimiert.[65] Wird die verdeckte Gewinnausschüttungen allerdings einem ausländischen Gesellschafter zugerechnet, so ist der Einbehalt von Quellensteuern – sofern keine Freistellungsbescheinigung vorliegt – zwingend.[66]

139 Fremdunübliche Leistungsbeziehungen zwischen Unternehmen und ihren Gesellschaftern, die als verdeckte Einlagen zu qualifizieren sind, stellen aus Sicht des Zielunternehmens ein weitaus geringeres Risiko dar. In aller Regel sind mit ihnen Vermögensvorteile für die Gesellschaft verbunden sind.[67]

64 Vgl. ergänzend Kneip/Jänisch/*Behrendt/Lingscheidt* B. IV. Rn 66ff.

65 Gem. OFD Münster v. 7.11.2007 – S 2408a – 1-St 22–31 ist dem Veranlagungsverfahren Vorrang vor dem Abzugsverfahren zu gewähren.

66 Vgl. ergänzend Kneip/Jänisch/*Behrendt/Lingscheidt* B. IV. Rn 32.

67 Vgl. hierzu H 40 „einlagefähiger Vermögensvorteil" KStH 2004.

Der Verzicht des Gesellschafters auf eine Darlehensforderung gegenüber seiner Gesellschaft ist ein klassischer Fall für die Fragestellung nach einer verdeckten Einlage und deren steuerlichen Folgen.[68] 140

Weitere typische Risikobereiche für eine **verdeckte Einlage** sind die verschleierte Sachgründung, eine verunglückte ertragsteuerliche Organschaft oder der Versuch einer Rückgängigmachung einer verdeckten Gewinnausschüttung.[69] 141

Praxistipp !

Sofern sich die Tax Due Diligence auf eine Unternehmensgruppe bezieht, in der es Leistungsbeziehungen zwischen Schwestergesellschaften gibt, so sind diese ebenso auf ihre Fremdüblichkeit hin zu überprüfen.

Eine verdeckte Gewinnausschüttung oder eine verdeckten Einlage kann nicht direkt zwischen den Schwestergesellschaften entstehen. Hierfür wäre ein unmittelbares Anteilsverhältnis notwendig. Für steuerliche Zwecke wird erst eine verdeckte Gewinnausschüttung an die gemeinsame Muttergesellschaft fingiert und von dieser dann ggfs. eine verdeckte Einlage in die (andere) Schwestergesellschaft (sogenannte Dreiecksfälle).

2. Behandlung von Verlustvorträgen

Bei Unternehmenstransaktionen stehen die vorhandenen Verlustvorträge der Zielgesellschaft in einem besonderen Fokus. Die Vorschriften des § 8c KStG ersetzen im Rahmen der Umsetzung des URefG 2008 die Mantelkaufregelungen des § 8 Abs. 4 KStG a.F. Demnach liegt eine schädliche Anteilsübertragung bereits vor, wenn ein Veräußerer allein oder zusammen mit ihm nahestehenden Personen innerhalb eines Zeitraums von fünf Jahren mittelbar oder unmittelbar mehr als 25% des gezeichneten Kapitals, der Mitgliedschaftsrechte, der Beteiligungsrechte oder der Stimmrechte an einer Körperschaft an einen Erwerber oder eine diesem nahestehende Person überträgt oder ein vergleichbarer Sachverhalt vorliegt.[70] Kommt diese Regelung zur Anwendung, fallen die vorhandenen Verlustvorträge quotal weg und sind für die Gesellschaft zukünftig nicht mehr nutzbar.[71] Vorhandene Verluste entfallen vollständig, sofern mehr als 50% der Anteile der Verlustgesellschaft einem schädlichen Beteiligungserwerb unterliegen.[72] 142

Eine im Transaktionsbereich wichtige Ausnahme zu diesem Grundsatz bildet der § 8c S. 6–8 KStG, die **„stille Reservenklausel"**. Demnach bleiben Verlustvorträge bestehen und sind weiterhin nutzbar, soweit im Zeitpunkt des schädlichen Betei- 143

68 Im Fokus steht hier die Frage nach der Werthaltigkeit zum Zeitpunkt des Verzichts. Hierzu ausführlich Sinewe/*Adolf* Kap. 3.2.3.2.

69 Vgl. Kneip/Jänisch/*Behrendt*/*Lingscheidt* B. IV. Rn 120 ff.

70 Vgl. § 8c S. 1 KStG.

71 Vgl. mit erweiterten Ausführungen Brück/Sinewe/*Brück* § 3 B. 3.

72 Vgl. § 8c S. 2 KStG.

ligungserwerbs wertmäßig stille Reserven im Betriebsvermögen der Körperschaft vorhanden und im Inland steuerpflichtig sind. Nachweise über stille Reserven können in der Regel mit einem Expertengutachten von dritter Seite erbracht (z.B. bei Grundstücken und Gebäuden) oder aus dem vereinbarten Kaufpreis abgeleitet werden.

! **Fettnapf**

Nach dem Entwurf des BMF-Schreibens zur Anwendung des § 8c KStG unter Berücksichtigung der Konzernklausel vom 15.4.2014 plant die Finanzverwaltung, sofern sich das Eigenkapital der Zielgesellschaft auf der Aktivseite befinden sollte, dass zum Nachweis der Werthaltigkeit der stillen Reserven ein Gutachten gemäß den Vorgaben des IDW S1 erstellt werden muss.[73]
Ein erhöhter Beratungs- und Kostenaufwand im Nachgang der Transaktion wäre die Folge.

144 Kommen die Vorschriften des § 8c Abs. 1 Abs. 2 KStG zur Anwendung, so gilt dies auch für die gesondert festzustellenden Verlustverrechnungstöpfe zu den negativen Einkünften mit Bezug zu Drittstaaten gemäß § 2a EStG, zum Zinsvortrag gemäß § 4h Abs. 1 der 2 EStG i.V.m. § 8a KStG und für die gewerbesteuerlichen Verlustvorträge gemäß § 10a GewStG.[74]

! **Praxistipp**

Im Rahmen der Tax Due Diligence ist – gegebenenfalls unter Rückgriff auf die im Bereich der Legal Due Diligence vorliegenden Verträge – die Historie der Anteilsübertragung im zurückliegenden Fünfjahreszeitraum eingehend zu analysieren, um festzustellen, ob ein additives Überschreiten der 25%- bzw. 50%-Grenze erfolgt ist.

145 Abschließend ist zu dem Thema Verlustvorträge anzumerken, dass die Verrechnung mit laufenden Einkünften die Regelungen zur **Mindestbesteuerung** gemäß § 10d Abs. 2 S. 1 EStG beachten muss. Demnach sind Verlustvorträge nur noch bis zu einer Höhe von 1 Mio. € im laufenden Veranlagungszeitraum unbeschränkt verrechenbar, darüber hinausgehende positive Einkünfte jedoch lediglich mit 60% des übersteigenden Betrages.[75]

73 Vgl. Entwurf BMF-Schreiben v. 15.4.2015 – IV C 2 – S 2745a/09/10002: 004, Rn 50.

74 Bei dem Erwerb von Anteilen an einer Kapitalgesellschaft, die ihrerseits mittelbar oder unmittelbar an einer Personengesellschaft beteiligt ist, ist zudem gem. § 10a S. 10 GewStG für Anteilsübertragung nach dem 28.11.2008 zu beachten, dass die Regelung des § 8c KStG neben den originären Verlustbeschränkungen des § 10a GewStG auf Ebene der Tochterpersonengesellschaft Anwendung findet. Vgl. H 10a.3 (3) GewStH 2009.

75 Der BFH hält gem. Beschluss v. 26.2.2014 – I R 59/12 die Beschränkung des Verlustausgleichs für verfassungswidrig, wenn der zeitliche Aufschub zu einem endgültigen Ausschluss der Verlustverrechnung führt. Bis zur Klärung durch das BVerfG dürfte einige Zeit vergehen. Entsprechende Fälle sollten bis dahin mittels Einspruch offen gehalten werden.

3. Beteiligungsstrukturen

Laufende Dividendenerträge und verdeckte Gewinnausschüttungen sind beim Gesellschafter identisch zu behandeln. 146

Bei **Einzelunternehmen** und **Personengesellschaften** ist gemäß § 3 Nr. 40 S. 1d) in Verbindung mit S. 2 EStG 40% der Ausschüttung einschließlich der Kapitalertragsteuer außerbilanziell zu kürzen. 147

Bei einer **Körperschaft** ist der gesamte Beteiligungsertrag einschließlich Kapitalertragsteuer grundsätzlich nach § 8b Abs. 1 KStG außerbilanziell in voller Höhe zu kürzen. Nach § 8b Abs. 5 KStG sind allerdings 5% der Dividende als nicht abziehbare Betriebsausgaben zu behandeln, sodass wirtschaftlich eine Freistellung in Höhe von 95% erfolgt. 148

Fettnapf !

Verfügt eine beteiligte Kapitalgesellschaft über eine Beteiligung, aus der sie Dividenden erhält, gilt die Steuerbefreiung gemäß § 8b Abs. 1 Satz 1 KStG für Dividenden und andere Bezüge (z. B. vGA) nicht, wenn die unmittelbare Beteiligung zu Beginn des Kalenderjahres weniger als 10% des Nennkapitals beträgt (sogenannte Streubesitzbeteiligung). Entsprechend kommt auch die 5%-Pauschale des § 8b Abs. 5 KStG nicht zur Anwendung.[76] Diese Regelung des § 8b Abs. 4 KStG findet für Ausschüttungen, die nach dem 22.3.2013 der Kapitalgesellschaft zufließen, Anwendung.

Eine Freistellung der Beteiligungserträge für **gewerbesteuerliche Zwecke** ist gemäß § 9 Nr. 2a GewStG dann möglich, wenn diese aus Anteilen an inländischen Kapitalgesellschaften stammen, an denen der Empfänger zu Beginn des Erhebungszeitraums (un-)mittelbar zu mindestens 15% beteiligt ist. 149

Nach derzeitiger Rechtslage kann für Erträge aus Beteiligungen zwischen 10% und 15% die 95%ige Freistellung auf Ebene der Körperschaftsteuer in Anspruch genommen werden, gewerbesteuerlich sind die Erträge jedoch in dem entsprechenden Erhebungszeitraum des Zuflusses in Gänze Bestandteil des zu versteuernden Gewerbeertrags. 150

Diese und andere Unterschiede[77] in der steuerlichen Beurteilung von laufenden Beteiligungserträgen im Rahmen der Körperschaftsteuer und der Gewerbesteuer machen es sinnvoll, die genauen Umstände im Rahmen einer Tax Due Diligence zu prüfen. 151

Neben dem Grundfall, dass jede Kapitalgesellschaft ein eigenständiges steuerpflichtiges Steuersubjekt ist, ist es in Unternehmensgruppen oft anzutreffen, dass **Organschaftsverhältnisse** implementiert wurden, um sämtliche in der Unternehmensgruppe erwirtschafteten Ergebnisse bei einem beherrschenden Gesellschafter 152

76 Vgl. § 8b Abs. 4 KStG n.F. (maßgebend ist der Zeitpunkt des Ausschüttungsbeschlusses).
77 Z.B. Prüfung, ob diese Erträge aus aktiv tätigen Gesellschaften i.S.d. § 8 Abs. 1 AStG stammen.

zu konsolidieren. Das konsolidierte Ergebnis bildet dann die steuerliche Bemessungsgrundlage.

153 Die Voraussetzungen für eine ertragsteuerliche (Körperschaftsteuer und Gewerbesteuer) Organschaft sind:

- ein wirksam abgeschlossener Ergebnisabführungsvertrag zwischen dem Organträger und der Organgesellschaft, und
- von Beginn des Wirtschaftsjahres an die finanzielle Eingliederung der Organgesellschaft an den Organträger (mehr als 50% der Anteile an Organgesellschaft).

154 In den Fällen, in denen das Organschaftsverhältnis erst kürzlich implementiert wurde, ist neben der Prüfung der wirksamen Begründung der Organschaft auch die tatsächliche Durchführung zu prüfen.[78]

155 „Verdeckte Gewinnausschüttungen" sind zwischen Gesellschaften im Organkreis zu vernachlässigen, da diese gemäß R 61 Abs. 4 Satz 1 KStR als vorweggenommene Gewinnabführung an den Organträger zu qualifizieren sind.

156 An dieser Stelle sei nochmals auf die erweiterte Haftungsnorm des § 73 AO hingewiesen, wonach eine Organgesellschaft für sämtliche im Organkreis anfallenden Unternehmenssteuern haftet.[79]

4. Fremdfinanzierungen

157 Die Abzugsfähigkeit betrieblicher Schuldzinsen ist im deutschen Steuerrecht seit Jahren im steten Wandel. So ist die Abzugsfähigkeit von fremdüblichen Zinsaufwendungen derzeit durch die ab dem Veranlagungszeitraum 2008 eingeführte Zinsschranke gemäß § 4h EStG i.V.m. § 8a KStG beschränkt.

158 Diese Regelungen verbieten faktisch den Abzug von Betriebsausgaben auf Ebene des Betriebs für das jeweilige Wirtschaftsjahr in Höhe des Netto-Zinsaufwands (Zinsaufwendungen abzüglich Zinserträge), der 30% des steuerlichen EBITDA übersteigt. Die Zinsaufwendungen, die nicht abgezogen werden können, werden im Rahmen eines Zinsvortrags für nachfolgende Veranlagungszeiträume vorgetragen.[80]

159 § 4h Abs. 2 EStG formuliert von dieser Grundregel drei Ausnahmen. Neben der sogenannten „Konzernklausel" gemäß § 4h Abs. 2 Buchst. b EStG und der sogenannten „Escape-Klausel" gemäß § 4h Abs. 2 Buchst. c EStG ist die Anwendung der

78 Für eine idealtypische Vorgehensweise bei der Prüfung vgl. Kneip/Jänisch/*Schildknecht*/*Heidrich* B. VII. 3. c.

79 Vgl. Rn 100.

80 Vgl. Rn 144; bei einem Anteilseignerwechsel ist die Vorschrift des § 8c S. 1 und 2 KStG zu beachten, die bei Anwendung zu einem (quotalen) Wegfall des Zinsvortrags führt.

Freigrenze gemäß § 4h Abs. 2 Buchst. a EStG in Höhe von 3 Mio. € der in der Praxis häufigste Anwendungsfall.[81]

Beispiel
Insbesondere beim derzeitigen Zinsniveau ist diese Freigrenze – zumindest für die üblichen Finanzierungsbelange des Mittelstands – als großzügig zu bewerten.
Bei einem unterstellten Refinanzierungszins in Höhe von 4,0% wären demnach Darlehensvaluten von bis zu 75 Mio. € (3 Mio. €/4%) und den damit als Betriebsausgaben verbuchten Fremdkapitalzinsen für Zwecke der Zinsschrankenberechnung unschädlich.

Sofern bei einer Tax Due Diligence absehbar ist, dass die Vorschriften der Zinsschranke zur Anwendung kommen, ist der Fokus auf der Berechnung des Netto-Zinsaufwands, der Prüfung der Anwendung der sogenannten „Escape-Klausel" sowie dem Untergang des Zinsvortrags aufgrund des angestrebten Anteilseignerwechsels zu legen. 160

5. Verrechnungspreise

Ein weiterer wichtiger Aspekt – insbesondere bei multinationalen Transaktionen – ist der Bereich der Verrechnungspreise. 161

Gemäß § 90 Abs. 3 AO muss die zugehörige **Dokumentation** sämtliche grenzüberschreitende Geschäftsbeziehungen mit nahestehenden Personen einzeln aufführen und auf ihre Fremdüblichkeit (arm's length principles) hin analysieren. Dies geschieht anhand der Identifikation der einzelnen Leistungsbeziehungen zwischen den verbundenen Unternehmen mit anschließender Funktions- und Risikoanalyse und anhand der verschiedenen Verrechnungspreismethoden.[82] 162

Praxistipp
Sofern bei einem Unternehmen im laufenden Wirtschaftsjahr weder die Summe der Entgelte für die Lieferung von Gütern und Waren aus Geschäftsbeziehungen mit verbundenen Unternehmen in Höhe von 5.000.000 € noch die Summe der Vergütung für andere Leistungen in Höhe von 500.000 € überschritten wird, muss keine ausführliche Dokumentation erfolgen.
In diesen Fällen ist es ausreichend, der Finanzverwaltung eine plausible Berechnung vorzulegen oder sogar aufgrund der Geringfügigkeit einzelner Leistungsbeziehungen auf eine Dokumentation ganz zu verzichten.

---

81 Vgl. Kneip/Jänisch/*Ufer*/*Hölzer* B. IV. Rn 639 ff. für eine ausführliche Diskussion der Ausnahmetatbestände.
82 Vgl. OECD-Verrechnungspreisleitlinien für multinationale Unternehmen und Steuerverwaltungen, ISBN: 9789264125445.

163 Die Analyse, ob in der Vergangenheit eine Funktionsverlagerung gemäß § 1 AStG ins Ausland stattgefunden hat sowie die Quantifizierung sämtlicher steuerlicher Risiken aus den internationalen Geschäftsbeziehungen mit nahestehenden Personen runden die Verrechnungspreisanalyse im Due Diligence Bericht ab.[83]

V. Typische Risikofelder bei Personengesellschaften

1. Sonder- und Ergänzungsbilanzen

164 Wie bereits bei den typischen Risikofeldern von Kapitalgesellschaften ausgeführt, sind auch bei dem Erwerb von Anteilen an Personengesellschaften die Leistungsbeziehungen zwischen Gesellschaft und Gesellschafter eingehend zu prüfen. Verdeckte Gewinnausschüttungen und verdeckte Einlagen kann es hier aus steuersystematischen Gründen nicht geben. Vielmehr ist zu kontrollieren, ob Sonderbetriebsvermögen vorhanden ist und dieses steuerlich richtig behandelt wurde.

165 Zum **Sonderbetriebsvermögen** gemäß § 15 Abs. 1 S. 1 Nr. 2 EStG zählen hierbei alle Wirtschaftsgüter, die im zivilrechtlichen Eigentum eines Gesellschafters oder mehrerer Gesellschafter der Personengesellschaft stehen und dieser zur Nutzung überlassen werden (dies gilt auch für die Hingabe von Darlehen).

166 Die Zuordnung von Sonderbetriebsvermögen zum Gesamtvermögen einer Personengesellschaft ist unter anderem im Hinblick auf die Festsetzung der Gewerbesteuer von Bedeutung. Wurden zugehörige Sonderbetriebseinnahmen und -ausgaben in den zurückliegenden Erhebungszeiträumen nicht oder nicht in der richtigen Höhe erfasst, so ist im Rahmen einer zukünftigen Betriebsprüfung mit einer Nacherhebung zu rechnen. Da die Gesellschaft Steuerschuldner der Gewerbesteuer ist, bliebe es – sofern keine entsprechenden Maßnahmen getroffen würden – bei einer Definitivbelastung der Gesellschaft und damit mittelbar auch bei einer Belastung der Neugesellschafter.

167 Zumeist noch wichtiger als für den Erwerber ist die Identifikation von Sonderbetriebsvermögen für den Veräußerer. Um in den Genuss der steuerlichen Vergünstigungen der §§ 16 Abs. 4 oder 34 EStG zu kommen, müssen alle wesentlichen Betriebsgrundlagen auf den Erwerber übergehen.[84]

168 Die wichtigsten Fragen, die im Zusammenhang mit Sonderbetriebsvermögen gestellt werden sollten, lauten:

- Gibt es Wirtschaftsgüter im Eigentum der Gesellschafter, die dem Betrieb der Gesellschaft dienen (sogenanntes Sonderbetriebsvermögen I) oder die der Betei-

83 Ausführlich zur Verrechnungspreisanalyse vgl. Kneip/Jänisch/*Loh*/*Merkel* B. VIII.

84 Hier gilt die sogenannte funktional-quantitative Betrachtungsweise, vgl. u.a. Kirchhoff/*Reiß* § 16 Rn 136 ff.

ligung des Gesellschafters an der Personengesellschaft zumindest förderlich sind (sogenanntes Sonderbetriebsvermögen II)?
- Gibt es Bilanzierungskonkurrenzen zwischen verschiedenen (Sonder-)Betriebsvermögen?
- Besteht eine Betriebsaufspaltung, die dazu führt, dass Anteile an der Besitzkapitalgesellschaft im Sonderbetriebsvermögen zu bilanzieren sind?[85]

Neben den Sonderbilanzen haben auch **Ergänzungsbilanzen** Einfluss auf den Ge- 169
winn aus Gewerbebetrieb gemäß § 7 GewStG. Eine Ergänzungsbilanz ist immer dann aufzustellen, wenn bei allen oder einzelnen Gesellschaftern Wertdifferenzen zwischen dem gesellschafterspezifischen Wertansatz (z.B. hervorgerufen durch einen Kauf von Gesellschaftsanteilen) und dem entsprechenden Wertansatz im Gesamthandsvermögen der Personengesellschaft bestehen.

Steuerliche Risiken, die sich aus Ergänzungsbilanzen ergeben, bestehen insbe- 170
sondere in den vorgenommenen Wertansätzen, den zugehörigen Abschreibungsmethoden und den gewählten Abschreibungszeiträumen.[86]

Insoweit ist bei jedem Erwerb von Personengesellschaftsanteilen nach dem Vor- 171
handensein von Ergänzungsbilanzen zu fragen und diese hinsichtlich der vorstehenden Kriterien zu überprüfen.

Fettnapf !

Verschärft wird das gewerbesteuerliche Risiko aus Sonder- und Ergänzungsbilanzen durch den Umstand, dass, sofern es zu einer Gewerbesteuernachzahlung kommt, die zugehörige Anrechnung der gezahlten Gewerbesteuer gemäß § 35 EStG auf die festgesetzte Einkommensteuer des Altgesellschafters erfolgt, da dieser in diesem Erhebungszeitraum noch Gesellschafter der Personengesellschaft war.

Diese Regelung gilt selbstverständlich nicht nur für Gewerbesteuernachzahlungen, die aus einer Nichtberücksichtigung von Sonderbetriebsvermögen resultieren, sondern für sämtliche Gewerbesteuernachzahlungen.

---

2. Aufteilung Kaufpreis

In sachlichem Zusammenhang mit den aus vorangegangenen Erwerben entstande- 172
nen Ergänzungsbilanzen steht die Allokation des Kaufpreises auf die verschiedenen zu übernehmenden Wirtschaftsgüter.

Grundsätzlich besteht dabei die Zielsetzung, den Mehrpreis möglichst schnell 173
durch Abschreibungen aufwandswirksam zu verrechnen. Die vorhandenen Wirtschaftsgüter sind daher auf stille Reserven hin zu untersuchen. Der Kaufpreis sollte

---

85 Vgl. für ergänzenden Fragen Kneip/Jänisch/*Grube/Hummitzsch* B. V. Rn 33.

86 Vgl. Sinewe/*Dumser* Kap. 4.2.4.

vorrangig auf die Wirtschaftsgüter allokiert werden, die eine geringe Restnutzungsdauer aufweisen.[87]

174 Von besonderer Bedeutung ist die Identifikation von anderen immateriellen Wirtschaftsgütern als dem klassischen Firmenwert, der gemäß § 7 Abs. 1 S. 3 EStG über eine Nutzungsdauer von 15 Jahren abzuschreiben ist. Andere selbstständig bilanzierungsfähige **immaterielle Wirtschaftsgüter** sind zum Beispiel Patente, Markenrechte, Lizenzen, Kundenstamm, Wettbewerbsverbote oder andere Leistungsverträge mit vordefinierten Nutzungsdauern.[88]

175 Daher sollte der Tax Due Diligence-Bericht Hinweise darauf enthalten, welche Wirtschaftsgüter besonders geeignet sind um die, im Vergleich zu den bestehenden Buchwerten, zu zahlenden Mehrpreise möglichst steueroptimal zu allokieren.

Praxistipp

Bei allem Willen zu einer möglichst steueroptimalen Allokation ist jedoch dringend davon abzuraten den Kaufpreis willkürlich zu verteilen. Vielmehr ist eine Aufteilung nach den objektiven, plausiblen und wirtschaftlichen Gegebenheiten vorzunehmen.

Die Allokation des Gesamtkaufpreises auf die einzelnen Wirtschaftsgüter sollte im Kaufvertrag vorgenommen werden.

Dass diese Allokation einer besonders guten wirtschaftlichen Begründung bedarf, da dieser Vorgang mit an Sicherheit grenzender Wahrscheinlichkeit ein Schwerpunkt der nächsten Betriebsprüfung sein wird, soll hier nicht unerwähnt bleiben.

3. Übertragung von Einzelwirtschaftsgütern

176 Die Regelungen des § 6 Abs. 5 S. 3 EStG ermöglichen es, einzelne Wirtschaftsgüter auf verschiedenen Wegen zwischen verschiedenen Betriebsvermögen bzw. Sonderbetriebsvermögen der einzelnen Gesellschafter einer Personengesellschaft ohne die Aufdeckung von stillen Reserven – also steuerneutral – zu übertragen bzw. zu überführen.[89]

177 Im Rahmen einer Tax Due Diligence sind Übertragungen dieser Art zu identifizieren und eine Risikoeinschätzung abzugeben, ob die geplante Transaktion auf diesen zurückliegenden Geschäftsvorfall Auswirkungen hat.

178 So ist beispielsweise zu prüfen, ob sich das gewählte Vorgehen mit der Auffassung der Finanzverwaltung deckt. In diesem Zusammenhang gibt es einige Gestal-

87 Vgl. Rn 51.

88 Vgl. Kneip/Jänisch/*Grube*/*Hummitzsch* B. V. Rn 76.

89 Für eine Übersicht der möglichen Übertragungswege vgl. Kneip/Jänisch/*Grube*/*Hummitzsch* B. V. Rn 161.

tungsoptionen, bei denen ein Fall der Gesamtplanrechtsprechung und damit eine missbräuchliche Gestaltung gemäß § 42 AO vorliegen könnte.[90]

Ferner formuliert § 6 Abs. 5 S. 4–6 EStG **Sperrfristen**, wonach ein Wirtschaftsguts nicht mehr steuerneutral zum Buchwert übertragen werden kann, wenn die Übertragung der Vorbereitung einer nachfolgenden Veräußerung oder Entnahme dient. Eine (rückwirkende) Realisierung der stillen Reserven des übertragenen Wirtschaftsguts wäre die Folge. 179

Die Sperrfrist verlängert sich sogar von drei auf sieben Jahre, wenn innerhalb dieses Zeitraums nach der Übertragung ein Anteil einer Körperschaft, Personenvereinigung oder Vermögensmasse an dem übertragenen Wirtschaftsgut begründet wird oder sich erhöht. Der Hintergrund dieser Verlängerung der Sperrfrist ist eine mögliche zeitnahe Inanspruchnahme des Teileinkünfteverfahrens im Falle einer Veräußerung der Anteile an der Kapitalgesellschaft. 180

4. Gewerbesteuerliche Verluste bei Personengesellschaften

Im Gegensatz zu den unternehmensbezogenen körperschaftsteuerlichen Verlustvorträgen bei Kapitalgesellschaften sind gewerbesteuerliche Verluste bei Personengesellschaften nicht nur unternehmens- sondern zusätzlich auch gesellschafterbezogen (die sogenannte **Unternehmeridentität**). Dies hat zur Folge, dass ein Gewerbeverlust nur von dem Gesellschafter geltend gemacht werden kann, dem der Verlust auch entstanden ist. 181

Beim Erwerb von Anteilen an Personengesellschaften gehen die gewerbesteuerlichen Verlustvorträge insoweit verloren, wie Mitunternehmeranteile übergehen, da in diesen Fällen die Voraussetzung der Unternehmeridentität nicht mehr gegeben ist.[91] Zukünftige Steuerplanungen dürfen daher anteilige Gewerbesteuerverluste des ausscheidenden Gesellschafters nicht mehr einbeziehen. 182

Die in der Praxis häufigsten Geschäftsvorfälle, die die Nutzung von gewerbesteuerlichen Verlustvorträgen beeinflussen können, sind:[92] 183

- Eintritt eines neuen Gesellschafters,
- Ausscheiden eines Altgesellschafters,
- mittelbarer Gesellschafterwechsel etc.

---

90 Z.B. bei der Übertragung zwischen zwei Gesamthandsvermögen zweier Schwesterpersonengesellschaften über den Umweg des Sonderbetriebsvermögens eines Gesellschafters; vgl. BMF-Schreiben v. 8.12.2011 – IV C 6 – S 2241/10/10002, Rn 19.

91 Vgl. R 10.2 und 10.3 GewStR.

92 Vgl. für weitere Geschäftsvorfälle Kneip/Jänisch/*Grube*/*Hummitzsch* B. V. Rn 228 ff.

VI. Umgang mit den Ergebnissen einer Tax Due Diligence

184 Nach Abschluss der Tax Due Diligence stellt sich die Frage nach dem Umgang mit den herausgearbeiteten Steuer- und Haftungsrisiken. Hierfür bietet es sich an, entweder den direkten zeitnahen Dialog mit der Finanzverwaltung zu suchen, oder im Unternehmenskaufvertrag steuerliche Garantien und/oder Freistellungsvereinbarungen in Steuerklauseln zu vereinbaren.

185 Beide Möglichkeiten sollen im Folgenden in ihren Grundzügen vorgestellt werden.

1. Antrag auf zeitnahe Betriebsprüfung

186 Die Beantragung einer zeitnahen Betriebsprüfung kann in den Fällen sinnvoll sein, in denen die Transaktion unter keinem großen Zeitdruck steht oder der Übertragungsstichtag noch mindestens sechs Monate in der Zukunft liegt. Dies liegt vor allem daran, dass die Finanzverwaltung zur Terminierung, Durchführung und Abschluss der Betriebsprüfung eine gewisse Vorlaufzeit benötigt.

! **Fettnapf**
Bei einem Antrag auf eine zeitnahe Betriebsprüfung ist allerdings zu beachten, dass diese nur für abgeschlossene Veranlagungszeiträume beantragt werden kann. Insoweit ist zumindest der Zeitraum zwischen Übertragungsstichtag und dem Enddatum des letzten vollständigen Veranlagungszeitraums nicht abschließend durch die Finanzverwaltung geprüft. Für diese Zeitspanne sind daher entsprechende steuerliche Garantien bzw. Freistellungsklauseln im Kaufvertrag zu formulieren.

---

2. Garantien und steuerliche Freistellungsklauseln im Kaufvertrag

187 Innerhalb des Kaufvertrags ist zwischen Steuergarantien auf der einen Seite und Steuerfreistellungsregelungen auf der anderen Seite zu differenzieren.

188 Diese auf den ersten Blick deckungsgleichen Begriffe unterscheiden sich darin, dass Freistellungen Steuerrisiken auf den Veräußerer verlagern, während Garantien nur über Schadensersatzansprüche für einen finanziellen Ausgleich sorgen, nachdem sich der Schaden realisiert und damit zu einer Zahlungsverpflichtung des Erwerbers geführt hat.[93] Tritt ein Garantiefall ein, so muss der Verkäufer in der Regel den geltend gemachten Schadenersatz in Form von Geldzahlungen leisten.

189 Beispiele für die in der Praxis am häufigsten anzutreffenden steuerlichen **Garantien** in Unternehmenskaufverträgen sind:

93 Vgl. Hölters/*Gröger* Rn 4.271.

- Garantie für bisherige fristgerechte und vollständige Steuerzahlungen,
- Garantie für die fristgerechte Abgabe von Steuererklärungen in der Vergangenheit,
- Garantie über die Bekanntgabe sämtlicher Rechtsbehelfsverfahren,
- Garantie über die ordnungsgemäße Führung von steuerlichen Unterlagen,
- Garantie über Ansässigkeit der Gesellschaft etc.[94]

Freistellungen werden dagegen typischerweise gerade für Sachverhalte abgege- 190
ben, die ein immanentes Haftungsrisiko beinhalten, das beide Parteien dem Grunde nach kennen.[95] In der Regel werden diese Freistellungsklauseln in der Weise formuliert, dass der Erwerber von sämtlichen Steuern freigestellt wird, die sich für Zeiträume ergeben, die vor oder am wirtschaftlichen Übertragungsstichtag enden.

Sie beziehen sich im Allgemeinen auf alle Nachzahlungen für Steuern, die z.B. 191
aus einer nach dem Erwerb stattfindenden Betriebsprüfung resultieren. Deckt die Tax Due Diligence zudem einige risikobehaftete Sachverhalte auf, so sind diese selbstverständlich auch in die Freistellungsklausel mit einzubeziehen.

Praxistipp

Um eine nachträgliche Zahlung des Verkäufers an den Erwerber nicht als Betriebseinnahme bei der Zielgesellschaft verbuchen zu müssen, bietet es sich an, den Kaufvertrag so zu gestalten, dass Zahlungen aufgrund einer Steuerfreistellungsklausel als eine (rückwirkende) Anpassung des Kaufpreises anzusehen sind.[96]

Damit sich diese Freistellungs- und Garantieregelungen im Nachgang einer Trans- 192
aktion aufgrund einer Vielzahl von Kleinstbeträgen nicht zu einem regulatorischen Mammutwerk entwickeln, ist es ratsam, in dem Zusammenhang von Steuerklauseln **Haftungseingangsschwellen** und **Haftungshöchstbeträge** festzulegen. Die Verständigung auf eine Haftungseingangsschwelle führt dazu, dass kleinere Vermögensschäden bzw. Sachverhalte von untergeordneter wirtschaftlicher Bedeutung vom Käufer zu tragen sind. Die Festlegung dieser „Bagatellgrenze" stellt daher typischerweise einen Punkt im Rahmen der Kaufvertragsverhandlungen dar.

Entsprechend der Art der zur Grunde liegenden Transaktion (Asset Deal oder 193
Share Deal) sind auch die steuerlichen Garantien und Freistellungsklauseln – zusätzlich zu den allgemeinen Bestandteilen – zu formulieren und speziell auszuhandeln.

Der Erwerber bei einem **Asset Deal** ist typischer Weise an folgenden Regelungs- 194
inhalten interessiert:

---

94 Vgl. Kneip/Jänisch/*Balda/Kiegler* D. II. Rn 33ff.
95 Vgl. Kneip/Jänisch/*Balda/Kiegler* D. I. Rn 21.
96 Vgl. Ettinger/Jaques/*Ettinger* D. X. Rn 404.

- Abbedingen der gesetzlichen Haftung gemäß § 75 AO auf schuldrechtlicher Basis,
- umsatzsteuerliche Rückfallklausel, sofern die Finanzverwaltung die Einstufung eines Asset Deals als eine nicht umsatzsteuerbare „Geschäftsveräußerung im Ganzen“ von der Finanzverwaltung nicht teilt,
- Gewerbesteuerklausel, die den Verkäufer mit der Gewerbesteuerschuld wirtschaftlich belastet, die gegebenenfalls durch den Anteilsverkauf auf der Ebene der Zielgesellschaft entsteht,
- Abgrenzung der Gewinnzuweisungen bei (unterjährigem) Erwerb von Personengesellschaftsanteilen etc.[97]

195 Bei einem **Share Deal** sind in den Steuerklauseln ergänzend folgende Sachverhalte regelungsbedürftig:
- Regelung des Gewinnbezugsrecht bei (unterjährigem) Erwerb,
- Garantien für verdeckte Gewinnausschüttungen und Einlagen,
- Schuldner einer anfallenden Grunderwerbsteuer,
- Abbedingen der gesetzlichen Haftung gemäß § 73 AO auf schuldrechtlicher Basis sofern eine Gesellschaft aus einem Organkreis erworben wird etc.[98]

196 Die Steuerklausel(n) in einem Kaufvertrag vervollständigt eine einheitliche Definition der Begriffe „Steuern“ und „Steuerbehörden“, die Verständigung über einen Verjährungszeitraum für steuerliche Angelegenheiten und über die etwaigen temporäre Mitwirkungsrechte des Veräußerers z.B. bei Betriebsprüfungen, die nach dem Erwerbszeitpunkt für Veranlagungszeiträume vor dem Erwerb des Zielunternehmens stattfinden.

D. Gestaltungsmöglichkeiten zur Optimierung der Transaktionsstruktur

I. Perspektive des Erwerbers

197 Die steuerlichen Gestaltungsüberlegungen des Käufers zielen in der Regel auf die Aufstockung der Buchwerte der abschreibungsfähigen Wirtschaftsgüter des Zielunternehmens, die Minderung der laufenden Gewinne durch die Kosten im Zusammenhang mit dem Unternehmenskauf und einer gegebenenfalls weiterhin mögli-

97 Vgl. Brück/Sinewe/*Gottgetreu/Petrikowski/Sinewe/Witzel* § 5 F Rn 312ff.
98 Vgl. Ettinger/Jaques/*Ettinger* D. X. Rn 398 und 400.

chen Nutzung von vorhandenen Verlustvorträgen. Um diese Ziele zumindest teilweise zu erreichen, bietet es sich an, folgende Gestaltungsmaßnahmen auf ihre Durchführbarkeit und ihre steuerlichen Konsequenzen hin zu prüfen.[99]

Der Erwerb von Anteilen an Kapitalgesellschaften im Rahmen eines **Share Deals** 198
generiert in der Regel kein Abschreibungsvolumen, da sich die Anschaffungskosten lediglich im aktivierten Beteiligungsbuchwert wiederspiegeln.[100]

Wesentlich mehr Gestaltungsoptionen bietet ein **Asset Deal**. Bei einem entgelt- 199
lichen Erwerb eines Betriebes, Mitunternehmeranteils oder einzelner Wirtschaftsgüter sind diese gemäß § 6 Abs. 1 Nr. 7 EStG mit den zurechenbaren Anschaffungs- oder Herstellungskosten in der Steuerbilanz zu bilanzieren (das sogenannte **step-up**). Diese buchhalterische Aufstockung erfolgt beim Erwerb eines Mitunternehmeranteils im Rahmen einer steuerlichen Ergänzungsbilanz oder bei dem Erwerb eines ganzen Betriebes in der steuerlichen (Gesamthands-)Bilanz.

Welche Wirtschaftsgüter mit welchen Anschaffungskosten zu bewerten sind, 200
können die Parteien – sofern es sich um drittübliche Kaufpreisallokationen handelt – im Kaufvertrag schlüssig darlegen.[101] Erweckt diese Aufteilung den Anschein, dass eine sachliche, richtige Aufteilung vorgenommen wurde, so ist das Finanzamt auch angehalten, dieser Aufteilung zu folgen.[102]

Kosten, die im Nachgang einer Transaktion für die erwerbende Gesellschaft ent- 201
stehen, sind insbesondere die zugehörigen Finanzierungs- und die Transaktionskosten. Da diese beim Erwerb von Anteilen an Kapitalgesellschaften nicht auf Ebene der erworbenen Gesellschaft, sondern vielmehr auf Ebene der erwerbenden Gesellschaft anfallen, ist eine unmittelbare Verrechnung mit den operativen Ergebnissen der Zielgesellschaft nicht möglich.

Es kann sich daher anbieten, die Transaktion über eine Kapitalgesellschaft ab- 202
zuwickeln und diese dann im Anschluss im Wege einer Abwärtsverschmelzung (sogenanntes **down-stream merger**) auf die Zielgesellschaft zu verschmelzen. Damit wäre sichergestellt, dass die anfallenden Finanzierungskosten direkt mit den operativen Ergebnissen der Zielgesellschaft verrechenbar sind (sogenanntes debt-push-down-Modell).

---

99 Der guten Ordnung halber sei angemerkt, dass die im Folgenden kursorisch dargestellten Gestaltungsoptionen nicht abschließend zu verstehen sind. Vielmehr handelt es sich um ein sehr komplexes Beratungsfeld, das einzelfallbezogen und angereichert durch Expertenwissen zu individuellen Lösungen kommen muss.

100 Zur Darstellung der steuerlichen Folgewirkungen vgl. Rn 46 f.

101 Vgl. hierzu ergänzend Rn 48 ff.

102 Vgl. BFH, Urt. v. 31.1.1973 – IR 197/70; BFH, Urt. v. 10.10.2000 – IX R 86/97.

Praxistipp
Solche Verschmelzungsmodelle sollten jedoch auch stets auf ihre bilanziellen Folgewirkungen hin untersucht werden. Die gegebenenfalls entstehenden Verschmelzungsgewinne oder -verluste können das Bilanzbild der aufnehmenden Gesellschaft erheblich beeinflussen.

Beispiel
In der Praxis ist vermehrt der Fall anzutreffen, dass ein Erwerbsvehikel – in der Rechtsform einer Kapitalgesellschaft – aufgrund der Akquisitionsfinanzierung über einen hohen Fremdkapitalanteil verfügt. Im Verhältnis dazu besitzt diese Gesellschaft in der Regel eine geringere Eigenkapitalausstattung. Der Kaufpreis der erworbenen Gesellschaft spiegelt sich auf der Aktivseite der Bilanz in dem bilanzierten Beteiligungsbuchwert wider.
Sollte in diesen Fällen eine Abwärtsverschmelzung (Erwerbsvehikel wird auf die erworbene Gesellschaft verschmolzen) durchgeführt werden, so mindert der entstehende Verschmelzungsverlust das Eigenkapital der aufnehmenden Gesellschaft in Höhe des Unterschiedsbetrags zwischen dem Beteiligungsbuchwert der erworbenen Gesellschaft auf Ebene des Erwerbsvehikels und dem Eigenkapital des Erwerbsvehikels.
Dieser Vorgang kann eine handelsrechtliche Überschuldung verursachen, die sich darin ausdrückt, dass das Eigenkapital der erworbenen Gesellschaft auf der Aktivseite der Bilanz auszuweisen ist. Aufgrund der im deutschen Handelsrecht verankerten Veröffentlichungspflichten kann dies für Kunden, Lieferanten und Kapitalgeber eine verheerende Signalwirkung haben.

203 Aus steuerlicher Sicht ist die Konsolidierung des steuerlichen Einkommens der Zielgesellschaft mit den Kosten der Akquisitionsfinanzierung auf der Ebene des Erwerbsvehikels auch dadurch zu erreichen, dass ein steuerliches **Organschaftsverhältnis** begründet wird.

204 Hierfür sind gemäß § 14 KStG die finanzielle Eingliederung der Zielgesellschaft und der Abschluss eines Ergebnisabführungsvertrags mit einer Mindestlaufzeit von fünf Jahren erforderlich. Als Rechtsfolge dieser Gestaltung ist das Einkommen der Organgesellschaft dem des Organträgers zuzurechnen und auf Ebene des Organträgers zu besteuern.[103]

205 Ferner ist die **Nutzung steuerlicher Verlustvorträge**, die die erworbene Gesellschaft vor dem Gesellschafterwechsel „erwirtschaftet" hat, ein vom Erwerber verfolgtes Ziel. Dieses Ziel kann aufgrund der Vorschrift des § 8c KStG nur dann erreicht werden, wenn in entsprechender Höhe inländische stille Reserven vorhanden sind oder maximal ein Anteil an einer Kapitalgesellschaft in Höhe von 25% übertragen wird.[104]

206 Die Überführung dieser „geretteten" Verlustvorträge in Abschreibungspotenzial kann dadurch gelingen, dass die erworbene Gesellschaft auf die Akquisitionsgesellschaft verschmolzen wird (sogenannter **up-stream merger**) und diese Verschmelzung zu einem den Buchwert überschreitenden Wertansatz durchgeführt wird (Zwi-

103 Vgl. Hölters/*Gröger* Rn 4.186 ff.
104 Vgl. Rn 143 f.

schenwert oder maximal Teilwert). Der auf Ebene der übertragenden Gesellschaft entstehende Verschmelzungsgewinn ist unter Beachtung der Mindestbesteuerungsgrundsätze des § 10d EStG gegen die vorhandenen Verlustvorträge verrechenbar, wohingegen auf Ebene der aufnehmenden Gesellschaft die übergehenden Wirtschaftsgüter mit den erhöhten Anschaffungskosten aktiviert werden und damit für Abschreibungszwecke zur Verfügung stehen.[105]

Losgelöst von den einzelnen vorstehend genannten Gestaltungsmaßnahmen ist es aus Erwerbersicht stets ratsam, die mit etwaigen Gestaltungen im Zusammenhang stehenden unterschiedlichen Steuerbarwertvorteile durch entsprechende Steuerplanungsmodelle rechnerisch miteinander zu vergleichen, um eine Entscheidungsgrundlage zu haben. 207

II. Perspektive des Veräußerers

1. Im Vorfeld einer Transaktion

Wenn sich der Veräußerer auf die anstehende Transaktion auch von steuerlicher Warte vorbereitet, steigen seine Chancen, einen höheren Kaufpreis zu erzielen. 208

Ist es beabsichtigt, **Anteile an Kapitalgesellschaften** zu veräußern, ist es nach derzeitiger steuerrechtlicher Perspektive am günstigsten, dies über eine Kapitalgesellschaft zu tun, so dass diese als Veräußerin auftritt. Anstatt des Teileinkünfteverfahrens im Sinne des § 17 EStG für natürliche Personen kann die Kapitalgesellschaft den § 8b KStG und die damit verbundene 95%ige Steuerfreistellung des Veräußerungsgewinns in Anspruch nehmen.[106] 209

Die Herstellung dieser Transaktionsstruktur, bedarf, sofern damit ein steuerlicher Paradigmenwechsel verbunden ist (weg von dem Teileinkünfteverfahren hin zu der Besteuerungssystematik für Körperschaften im Sinne des § 8b KStG), jedoch zumindest einer mittelfristigen Planung. Die Einbringung oder Umwandlung in eine Kapitalgesellschaft – sofern diese zu Buchwerten vorgenommen werden – lassen in der Regel sogenannte sperrfristbehaftete Anteile im Sinne des § 22 UmwStG für einen Zeitraum von sieben Jahren entstehen. 210

Sind solche **sperrfristbehafteten Anteile** Gegenstand einer Transaktion, so ist der erzielte Veräußerungsgewinn ratierlich jeweils um ein Siebtel für jedes seit dem Einbringungsvorgang noch nicht abgelaufene Zeitjahr – rückwirkend auf den Einbringungszeitpunkt – als Gewinn im Sinne der §§ 16 bzw. 17 EStG einzustufen. Der gewünschte Steuereffekt einer 95%igen Steuerfreistellung wird damit zumindest teilweise nicht erreicht. Nach Ablauf der siebenjährigen Sperrfrist ist dann eine Veräußerung der Kapitalgesellschaftsanteile nach Maßgabe des § 8b KStG möglich. 211

105 Vgl. Hölters/*Gröger* Rn 4.206 ff.
106 Vgl. Rn 43.

212 Hat das Transaktionsobjekt **steuerliche Verlustvorträge**, die höher sind als die vorhandenen stillen Reserven im Sinne des § 8c Abs. 1 S. 6 KStG, so ist es ratsam, im Vorfeld einer Transaktion Erträge und damit zumindest teilweise einen Verbrauch der Verlustvorträge zu generieren. Dabei stehen besonders die Generierung von Erträgen aus einem Forderungsverzicht mit Besserungsschein oder die Schaffung von Erträgen aus der Zinslosstellung von Gesellschafterdarlehen, die nach der Transaktion wieder Aufwand generieren und damit die Umkehr der ertragswirksamen Effekte vor der Transaktion wieder neutralisieren, im Fokus der Gestaltungsberatung.[107]

Praxistipp
Idealtypisch sollte ab dem Zeitpunkt, ab dem sich bei einem Verkäufer die Verkaufsabsicht manifestiert, damit begonnen werden, sich auch auf die steuerlichen Interessen eines potentiellen Käufers vorzubereiten – quasi die Braut aufzuhübschen.
Dabei gilt folgende Grundregel: je mehr Zeit für die Vorbereitung des Verkaufs zur Verfügung steht, desto wirksamer und verkaufspreiserhöhend sind diese Maßnahmen.

2. Im Nachgang bzw. während einer Transaktion

213 Eine natürliche Person als Verkäufer ist in der Regel bestrebt, für den sich gemäß § 16 EStG ergebenden Veräußerungsgewinn die **Tarifbegünstigungen** gemäß § 34 EStG in Anspruch zu nehmen (Fünftel-Methode im Sinne des § 34 Abs. 1 EStG oder ermäßigter Steuersatz im Sinne des § 34 Abs. 3 EStG).[108]

Fettnapf
Es ist in diesem Zusammenhang jedoch zu beachten, dass ein nach § 16 Abs. 4 EStG und § 34 EStG begünstigter Veräußerungsgewinn dann nicht mehr vorliegt, wenn der Veräußerer wesentliche Betriebsgrundlagen zurückbehält.
Der BFH verfolgt eine funktional-quantitative Betrachtungsweise, wonach zu den wesentlichen Betriebsgrundlagen nicht nur die für den Betrieb, Teilbetrieb oder Mitunternehmeranteil funktional erforderlichen Wirtschaftsgüter zählen, sondern auch solche, in denen erhebliche stille Reserven gebunden sind.
In der Regel müssen Veräußerungen so gestaltet werden, dass sämtliches Betriebsvermögen im Zuge der Transaktion entweder veräußert oder unter Aufdeckung der stillen Reserven in das Privatvermögen entnommen werden muss, um in den „Genuss" der o.g. Steuervergünstigungen zu kommen.

214 Aus Veräußererperspektive kann es zudem durchaus sinnvoll sein, das Transaktionsobjekt nicht (nur) gegen eine Einmalzahlung zu veräußern, sondern mit dem Käufer (zusätzlich) die Zahlung von **wiederkehrenden Bezügen** zu vereinbaren.

107 Vgl. Hölters/*Gröger* Rn 4.87 f.
108 Vgl. Rn 31.

Veräußert ein Steuerpflichtiger seinen gesamten Gewerbebetrieb voll entgeltlich gegen wiederkehrende Bezüge, hat er gemäß R 16 Abs. 11 EStR ein Wahlrecht zwischen der Versteuerung eines gemäß §§ 16, 34 EStG begünstigten Veräußerungsgewinns im Zeitpunkt der Veräußerung oder der Versteuerung von nachträglichen Einkünften aus Gewerbebetrieb gemäß § 15 Abs. 1 in Verbindung mit § 34 Nr. 2 EStG im Zuflusszeitpunkt.[109] Eine überschlägige Steuerbarwertberechnung reicht oftmals schon aus, um in diesen Fällen die günstigere Alternative zu bestimmen. 215

Dieses Wahlrecht gilt auch bei der Veräußerung von Teilbetrieben und Mitunternehmerschaften, aber auch für im Privatvermögen gehalten Anteile an Kapitalgesellschaften im Sinne des § 17 EStG. 216

In den Fällen, in denen der Veräußerer weiterhin für sein (altes) Unternehmen tätig sein möchte, besteht die Möglichkeit, dieses durch den Abschluss eines **Beratervertrages** zu honorieren. Zum einen kann eine geschickte Ausgestaltungen der Tätigkeitsvergütung – unter Berücksichtigung der steuerlichen Prämissen „Fremdüblichkeit" und „Angemessenheit" – die Wirkung einer Earn-out-Regelung entwickeln und zum anderen kann der Käufer während der postakquisitorischen Integration weiterhin auf das Wissen und die Kontakte des Verkäufers zurückgreifen. 217

Neben den Bestrebungen des Veräußerers, die Besteuerung des Veräußerungsgewinns möglichst gering zu halten, bietet das deutsche Steuerrecht diesem Personenkreis mit den Ausführungen im § 6b EStG auch ein paar Ausnahmen, die es erlauben, die durch den Veräußerungsvorgang aufgedeckten stillen Reserven auf andere wirtschaftliche Einheiten zu übertragen und damit von der Besteuerung (temporär) auszunehmen.[110] 218

Ein weiteres Steuerstundungsmodell kodifiziert § 16 Abs. 3b EStG unter dem Stichwort **„Betriebsverpachtung im Ganzen"**. Hiernach kann, z.B. um bis zum Zeitpunkt der endgültigen Veräußerung mögliche Sperrfristen einhalten zu können, einem potenziellen Erwerber die Nutzung des Betriebsvermögens bereits während der Verpachtungszeit vollständig ermöglicht werden. Bei richtiger Gestaltung besteht in diesen Fällen durch eine ausdrückliche Erklärung über die Betriebsaufgabe die Möglichkeit, den Zeitpunkt des Anfalls eines Aufgabegewinns eigenbestimmt zu wählen.[111] 219

---

109 Zur Diskussion welche Art von wiederkehrenden Bezügen begünstigt wird, vgl. Schmidt, L./*Wacker* § 16 Rn 221 ff.

110 Dies betrifft insbesondere die Veräußerung von Einzelwirtschaftsgütern in Form von Grund und Boden, Gebäude und gem. § 6b Abs. 10 EStG auch die Veräußerung von Anteilen an Kapitalgesellschaften bis zu einem Veräußerungsgewinn von 500.000 €.

111 Vgl. Kneip/Jänisch/*Kneip*/*Bagel* C. II. Rn 35 ff.

III. Verkehrssteuern

1. Grunderwerbsteuer

220 Die Einführung des Begriffs der „wirtschaftlichen Beteiligung" im § 1 Abs. 3a GrEStG durch das Amtshilferichtlinienumsetzungsgesetz mit Wirkung ab dem 7.6.2013 hat die steuerlichen Gestaltungsmöglichkeiten bei der Grunderwerbssteuer stark beschränkt. Der Hintergrund dieser Regelung ist, dass nunmehr bei der Bestimmung von Anteilsquoten zukünftig nicht nur auf die direkten Beteiligungsverhältnisse abgestellt wird, sondern auch die mittelbaren Beteiligungsverhältnisse in die Betrachtung einbezogen werden.[112]

! **Praxistipp**
Sofern die Erwerberstruktur noch flexibel gestaltet werden kann, bietet es sich an – um den Anfall von Grunderwerbsteuer zu vermeiden – den Erwerb auf zwei rechtlich unabhängige Käufer so zu verteilen, sodass sich nicht 95% der Gesellschaftsanteile in einer Hand vereinigen bzw. von einer Hand erworben werden – das sogenannte **94,9/5,1-Modell.**

221 Nach einer Behaltensfrist von fünf Jahren können Personengesellschaften in einem zweiten Schritt die vollständige Übertragung steuerreduziert vollziehen. In diesen Fällen kommt die steuerbefreiende Norm des § 6 GrEStG quotal zur Anwendung. Der Käufer ist dann bereits seit mindestens fünf Jahren gesamthänderisch am Vermögen der grundbesitzenden Gesellschaft beteiligt und damit hat eine wirtschaftliche Anteilsvereinigung in dieser Zeit (hier: z.B. 94,9%) vorgelegen. Hierdurch ist die Grunderwerbsteuerbelastung in vielen Fällen auf 5,1 Prozent der Bemessungsgrundlage begrenzt.

2. Umsatzsteuer

222 Die Veräußerung von Gesellschaftsanteilen ist gemäß § 4 Nr. 8 Buchst. f UStG grundsätzlich, sofern der Veräußerer die Unternehmereigenschaft des § 2 UStG erfüllt, als umsatzsteuerfrei einzustufen.[113] Mithin steht ihm allerdings die Option zur Regelbesteuerung gemäß § 9 Abs. 1 UStG offen.

223 Aus der Ausübung dieser **Option zur Umsatzsteuerpflicht** ergibt sich die Rechtsfolge, dass der Verkäufer dem Käufer zusätzlich zum vereinbarten Kaufpreis 19% Umsatzsteuer in Rechnung stellen muss. Dies kann besonders in den Fällen sinnvoll sein, in denen der Verkäufer die ihm in Bezug auf die Transaktion in Rech-

112 Die „alten" sogenannten RETT-Blocker Strukturen bleiben von dieser Regelung unberührt, können jedoch zukünftig nicht mehr vollumfänglich umgesetzt werden.
113 Vgl. auch Rn 65.

nung gestellte Umsatzsteuer, zum Beispiel aus Beratungskosten, nunmehr als Vorsteuer gegenüber dem Finanzamt geltend machen kann.[114]

Für den Käufer sollte dieses Vorgehen in der Regel akzeptabel sein, sofern er selbst umsatzsteuerpflichtige Umsätze tätigt und die mit diesen Umsätzen in Zusammenhang stehenden Vorsteuern abziehen kann. Er müsste zwar zunächst den (Brutto-)Kaufpreis an den Veräußerer überweisen, könnte sich jedoch die in Rechnung gestellte Vorsteuer vom Finanzamt erstatten lassen. 224

Praxistipp !

In diesem Zusammenhang kann ergänzend über eine Abtretungsanzeige in Höhe des Vorsteuerbetrags aus dem Kaufvertrag zwischen dem Käufer dem Verkäufer nachgedacht werden, so dass der Verkäufer seine Umsatzsteuerschuld mit dem abgetretenen Vorsteuererstattungsanspruch direkt verrechnen kann.

114 Vgl. Brück/Sinewe/*Kloster*/*Reckordt* § 3 D. II. Rn 196.

Kapitel 5
Financial Due Diligence

A. Begriff, Abgrenzung und Ziele der Financial Due Diligence

I. Begriff der Financial Due Diligence

1 Der Begriff der Financial Due Diligence ist bislang im deutschen Recht nicht eindeutig definiert. Die wörtliche Übersetzung als „gebotene finanzielle Sorgfalt" umschreibt den Begriff nur sehr unzureichend und wenig konkret. Der Ursprung des Begriffes kommt aus dem US-amerikanischen Kapitalmarkt- und Anlegerschutzrecht (Securities Law) und betrifft vor allem Haftungsregelungen für die am Handel mit Wertpapieren beteiligten Personen. Nach in Literatur und Praxis entwickelten Grundsätzen beinhaltet eine Financial Due Diligence die Ermittlung von Fakten, die Analyse von Sachverhalten und die Abgabe von Einschätzungen hinsichtlich der **wirtschaftlichen** Situation eines potenziellen Transaktionskandidaten.

2 Sie beginnt bei der Auswertung der Unternehmensvergangenheit anhand der Jahresabschlüsse und endet eigentlich erst nach der Integration einer zukunftsgerichteten Ertragswertprognose in den Kaufvertrag.[1] Eine Financial Due Diligence umfasst dabei insbesondere die Prüfung und Prognose von Vermögen und Schulden, Ertrag und Aufwand, Cashflow und Liquidität des Zielobjektes einschließlich der Analyse der Eigen- und Fremdkapitalaufbringung. Dabei gilt es, die Chancen und Risiken im Hinblick auf die **nachhaltige Ertragskraft** des Zielobjektes aufzuzeigen.

II. Abgrenzung zu anderen Due Diligence Prüfungen und zur Jahresabschlussprüfung

3 Die Financial Due Diligence wird typischerweise als **eigenständige Untersuchung** durchgeführt und betrachtet im Wesentlichen die wirtschaftlichen und finanziellen Implikationen des Zielobjektes. Die Financial Due Diligence Untersuchungen werden dabei häufig durch Wirtschaftsprüfer durchgeführt, gelegentlich jedoch auch durch andere Berater oder gar durch den Käufer selbst.

4 Nicht eingeschlossen in die Financial Due Diligence sind üblicherweise folgende im Rahmen einer Transaktion ebenfalls durchzuführenden Due Diligence Untersuchungen:

---

1 Vgl. *Hölscher/Nestler/Otto* S. 15.

- **Tax Due Diligence**: Darstellung und Untersuchung der steuerlichen Situation des zu erwerbenden Unternehmens, insbesondere der wesentlichen Sachverhalte der Vergangenheit für die Zeiträume, die noch nicht bestandskräftig veranlagt wurden, einschließlich der wesentlichen steuerlichen Sachverhalte, die für die geplante Transaktion von Bedeutung sind. Die Tax Due Diligence Untersuchungen erfolgen üblicherweise durch spezialisierte Steuerberater oder Rechtsanwälte.
- **Legal Due Diligence**: Darstellung und Untersuchung rechtlicher Mängel und Risiken sowie anhängiger Rechtsstreitigkeiten. Hierzu zählen zum Beispiel urheberrechtliche, arbeitsrechtliche und kartellrechtliche Sachverhalte. Die Durchführung erfolgt in der Regel durch Rechtsanwälte.
- **Commercial Due Diligence**: beinhaltet insbesondere die Marktanalyse sowie die Positionierung des Zielobjektes in dem Markt. Dazu zählen Wettbewerbsanalysen, Aussagen zu Produkt- und Preisgestaltung, zu Kunden- und Lieferantenbeziehungen sowie zur Nachhaltigkeit des Geschäftsmodells. Hier bestehen in der Praxis teilweise Unschärfen in der Abgrenzung zur Financial Due Diligence, welche je nach Auftragsdefinition auch wesentliche Elemente der Commercial Due Diligence umfassen kann. Wird die Commercial Due Diligence separat zur Financial Due Diligence durchgeführt, werden häufig branchenspezialisierte Unternehmensberater tätig, teilweise auch der Erwerber selbst.

5 Daneben gibt es eine Vielzahl an weiteren Due Diligence Untersuchungen zu vorhandenem Humankapital, zur technischen Infrastruktur, zu Umweltrisiken, zur technischen Beurteilung bestehender Anlagen, zur kulturellen Eingebundenheit etc.

6 Insbesondere ist die Financial Due Diligence **keine Jahresabschlussprüfung**. Geprüfte Jahresabschlüsse dienen in der Regel als Grundlage einer Vergangenheitsanalyse des Zielobjektes. Jedoch ist die Jahresabschlussprüfung nicht geeignet, um belastbare Aussagen über die langfristige, zukünftige Entwicklung mit allen Chancen und Risiken des Unternehmens zu treffen. Während die Durchführung der Jahresabschlussprüfung weitgehend auf gesetzlichen und berufsrechtlichen Vorgaben beruht, stützt sich der Auftragsumfang der Financial Due Diligence auf die individuelle Vereinbarung zwischen Auftraggeber (Käufer) und Wirtschaftsprüfer (bzw. sonstigem beauftragten Berater). Unterschiede und Überschneidungen zwischen Financial Due Diligence und Jahresabschlussprüfung zeigt die folgende Darstellung:

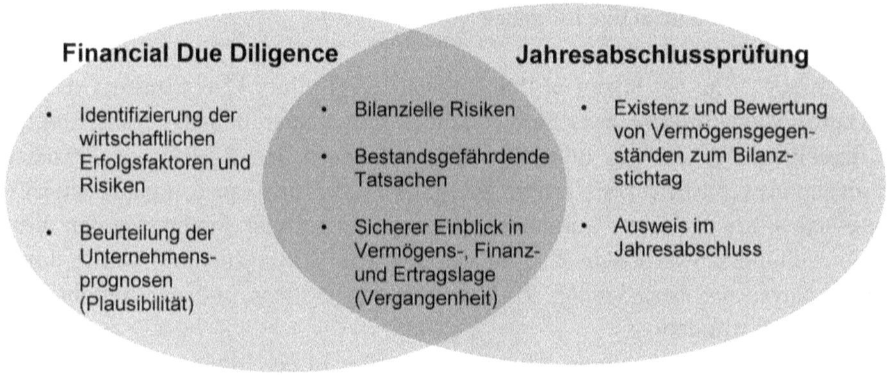

Abb. 1: Abgrenzung zur Jahresabschlussprüfung

Praxistipp
In Einzelfällen kann auch eine Ausweitung des Auftrags bzw. die Beauftragung eines weiteren Wirtschaftsprüfers zur Durchführung einer Jahresabschlussprüfung oder einer prüferischen Durchsicht sinnvoll sein, wenn beispielsweise das Zielunternehmen selbst nicht prüfungspflichtig ist, der Käufer aber die Aussagefähigkeit der Jahresabschlüsse sicherstellen möchte.

III. Anlässe zur Durchführung einer Financial Due Diligence

Eine Financial Due Diligence wird insbesondere im Rahmen des Unternehmenskaufes bzw. dem Kauf von Unternehmensbereichen oder Unternehmensanteilen durchgeführt. Darüber hinaus gibt es eine Vielzahl weiterer Anlässe, zum Beispiel die Informationsbeschaffung über Minderheitsbeteiligungen, einen Börsengang, eine geplante Fusion, die Gründung eines Joint Ventures, aber auch die Beschaffung von Eigen- und Fremdkapital. 7

Die Durchführung einer Financial Due Diligence bei einem Unternehmenserwerb gilt in der Praxis mittlerweile als üblicher Standard. 8

In der Regel dient dabei die Financial Due Diligence dazu, dem Erwerber oder Kapitalgeber **zusätzliche Informationen** über das Zielunternehmen zu verschaffen. Als Sonderform in der Praxis immer häufiger anzutreffen ist eine sogenannte **Vendor Due Diligence** Prüfung. Diese wird vom Verkäufer, vom Zielunternehmen selbst oder in deren Auftrag durchgeführt und dient als erweitertes Information Memorandum einem möglichen Erwerber als erste Entscheidungsgrundlage. Auf Basis eines Vendor Due Diligence Reports erfolgt dann die weitere Financial Due Diligence Prüfung – auch Confirmatory Due Diligence genannt – durch den Erwerber. Dessen Arbeitsumfang kann eine Vendor Due Diligence erheblich verringern. 9

IV. Ziele einer Financial Due Diligence

10 Das generelle Ziel der Financial Due Diligence liegt in der **Überwindung der Informationsasymmetrie** zwischen Verkäufer und Käufer und der transparenten Aufbereitung von Stärken und Schwächen, Chancen und Risiken zur Entscheidungsfindung, insbesondere durch die Analyse der Vermögens-, Finanz- und Ertragslage sowie der darauf aufbauenden Planungsrechnung. Ergänzt werden diese Untersuchungsschwerpunkte je nach vereinbartem Auftragsumfang häufig durch eine Analyse des bestehenden Risikomanagementsystems und der bestehenden Steuerungsinstrumente.[2]

11 Der Umfang der Analysen hängt maßgeblich von der Größe und Komplexität des zu erwerbenden Unternehmens ab. Eine Vielzahl unterschiedlicher Produkte und Dienstleistungen sowie eine hohe Anzahl rechtlich selbständiger Unternehmen erhöht dabei den Analyseumfang erheblich.

12 Abhängig von den Interessen und Anforderungen des Auftraggebers kann die Prüfung unterschiedliche Schwerpunkte setzen und einzelnen Bereichen mehr oder weniger Bedeutung beimessen.

13 Zusammen mit der Aufdeckung von Transaktionschancen und -risiken sollte eine Financial Due Diligence auch **Lösungsansätze** zur Beseitigung der Risiken und der Nutzung von Chancen aufzeigen.

14 Ebenfalls zentrales Ziel einer Financial Due Diligence ist der rechtzeitige Hinweis auf mögliche „**Deal Breaker**“. Die Durchführung einer Financial Due Diligence bringt regelmäßig wichtige Erkenntnisse auch schon vor Abschluss sämtlicher Arbeiten. Einzelne Ergebnisse können dabei so bedeutend sein, dass sie bereits zu diesem Zeitpunkt einen potentiellen Abbruch der Transaktion rechtfertigen. Eine rechtzeitige Kommunikation solcher „Deal Breaker“ führt dabei zu erheblichen Zeit- und Kosteneinsparungen auf Erwerberseite.

15 Gelegentlich sind bereits zu Beginn der Transaktion bestimmte Risikofelder bekannt, die zu einem Scheitern der gesamten Transaktion führen können. In einem solchen Fall kann es sinnvoll sein, zunächst nur eine eingeschränkte Prüfung einzelner Punkte zu beauftragen.

16 Neben der Identifizierung von Deal Breakern dienen die Erkenntnisse der Financial Due Diligence als Grundlage für anstehende **Vertragsverhandlungen** und Vertragsgestaltungen. Sie ermöglichen beispielsweise die Formulierung von Garantien zur Absicherung von Risiken und von Freistellungen des Erwerbers für Altverbindlichkeiten des Verkäufers oder die Festlegung bestimmter Kennziffern des Kaufvertrages (Working Capital, Free Cashflow, etc.).

---

2 Vgl. *Russ* WP-Handbuch 2014 Bd. II, S. 333 Rn 90.

Weiteres Kernziel der Financial Due Diligence ist die **Plausibilisierung der der Kaufpreisberechnung** zugrunde gelegten Parameter. Häufig führen die Erkenntnisse der Financial Due Diligence, insbesondere die Aufdeckung zuvor nicht erkannter Risiken, zu einer Reduzierung des angebotenen Kaufpreises. 17

Zusätzlich erfüllt die Financial Due Diligence eine gewisse **Beweissicherungsfunktion**. Auf der einen Seite wird dokumentiert, in welchem Zustand sich das Unternehmen zum Zeitpunkt der Veräußerung befunden hat, einschließlich sämtlicher für den Erwerbsprozess wesentlichen Unterlagen wie Planungsrechnungen und Chancen- und Risikoinventur sowie sämtlicher durch den Verkäufer übergebenen Unterlagen. Diese Dokumentation kann für mögliche spätere Rechtsstreitigkeiten über die Kaufpreishöhe und bezüglich der Vollständigkeit erhaltener Informationen von erheblicher Bedeutung sein. Darüber hinaus dokumentieren Vorstand oder Geschäftsführung durch eine abgeschlossene Financial Due Diligence-Prüfung ihre Sorgfalt bezüglich des Verhaltens einer ordentlichen und gewissenhaften Geschäftsführung (§ 93 Abs. 1 Satz 1 AktG bzw. § 43 Abs. 1 GmbHG) im Erwerbsprozess. 18

Nicht zuletzt dienen die Erkenntnisse aus der Financial Due Diligence der Identifizierung möglicher Synergieeffekte und damit als Grundlage für eine erfolgreiche Integration des Zielunternehmens in die vorhandene Struktur des Erwerbers. 19

B. Rahmenbedingungen der Financial Due Diligence

I. Auftrag und Auftragsdurchführung

Anders als bei gesetzlich vorgeschriebenen Prüfungen wie zum Beispiel der Jahresabschlussprüfung, gibt es für die Financial Due Diligence keine rechtlich eindeutig festgelegten Rahmenbedingungen. Auftragsinhalt und Auftragsumfang hängen maßgeblich vom Informationsbedarf des Auftraggebers und damit in der Regel des potentiellen Erwerbers ab. 20

Für die Auftragsbeschreibung gilt: Je konkreter und eindeutiger der Auftrag definiert ist, umso besser lassen sich „**Erwartungslücken**" bei der späteren Ergebnisberichterstattung vermeiden. 21

Zunächst gilt es, das Zielobjekt eindeutig zu beschreiben. Sofern das **Zielobjekt** eine rechtlich klar abgrenzbare Einheit ist, wird das keine großen Probleme bereiten. In einem Auftrag sollte jedoch zumindest die Frage geklärt werden, ob nicht betriebsnotwendiges Vermögen des Zielobjektes identifiziert und bewertet werden soll. 22

Anders verhält es sich, sofern beim Zielobjekt die übergehenden Geschäftsbereiche von den rechtlichen Strukturen abweichen. Zunehmend häufig werden einzelne Geschäftsbereiche aus Konzernen ausgegliedert und veräußert. Diese als „**Carve-out**" bezeichneten Transaktionen bringen besondere Schwierigkeiten mit sich, da in der Regel kein eigenständiges und geprüftes Rechenwerk sowie vollstän- 23 dige Finanzinformationen für diese Geschäftsbereiche vorliegen. Bei einem Financial Due Diligence Auftrag für eine Carve-out Transaktion sollte das Zielobjekt eindeutig anhand mit entsprechenden Bilanzen und Gewinn- und Verlustrechnungen unterlegten Finanzinformationen abgrenzbar sein.

24 Darüber hinaus werden vielfach mehrere rechtlich selbständige Unternehmen zusammen veräußert. Aufgrund der Größenkriterien für die Erstellung und Prüfung von Einzelunternehmen und Konzernen sowie der Befreiungsvorschriften zur eigenständigen Jahresabschluss- oder Konzernrechnungslegungspflicht werden nicht immer geprüfte Jahres- und Konzernabschlüsse für diese Zielobjekte vorliegen. In der Praxis werden in solchen Fällen häufig **„Als ob" Konzernabschlüsse** oder „Pro Forma" Konzernabschlüsse erstellt und analysiert.

25 Auch die Frage der zu Grunde gelegten **Bilanzierungs- und Bewertungsvorschriften** von Erwerberunternehmen einerseits sowie Zielunternehmen anderseits sollte bereits bei der Auftragsdefinition geregelt sein. Bei internationalen Transaktionen weichen die Rechnungslegungssysteme häufig voneinander ab, so dass im Auftrag ggf. die Erstellung einer Überleitungsrechnung von HGB nach IFRS oder US GAAP vereinbart werden sollte.

26 Besonderheiten bei der Auftragsbeschreibung und der Auftragsdurchführung bestehen ferner in einer Financial Due Diligence für **kleine oder mittelgroße Unternehmen (KMU)**. Das Finanz- und Berichtswesen einschließlich Rechnungswesen und Controlling ist bei einem KMU typischerweise nicht so ausgeprägt wie bei einem großen oder börsennotierten Unternehmen. Darüber hinaus sind die handelnden Personen typischerweise mit einem M&A-Prozess nicht vertraut und das Wissen über Stärken und Schwächen des Unternehmens einschließlich der strategischen und geschäftspolitischen Ausrichtung liegt nur bei wenigen Personen, im Extremfall nur bei dem Alleingesellschafter. Art und Umfang des Auftrages und der Auftragsdurchführung sind der Größe des Unternehmens entsprechend anzupassen. So werden beispielsweise statt umfassender Analysen über das interne Kontrollsystem und die IT-Infrastruktur eher substantielle Prüfungshandlungen bezüglich der Finanzkennzahlen in den Auftrag aufgenommen werden.

27 Neben der Abgrenzung des Zielobjektes beschreibt der Auftrag typischerweise folgende Aufgaben:

(1) Art und Umfang der Tätigkeiten bezüglich Aufnahme und Überprüfung der wirtschaftlichen Verhältnisse. Hier geht es eher um die Sammlung und Aufbereitung von Informationen. Was ist Gegenstand der Geschäftsbereiche, was sind die wesentlichen Produkte oder Dienstleistungen, wie ist die Kunden- und Lieferantenstruktur, wie stellt sich das Zielobjekt anhand von Organigrammen und Schaubildern dar? Ideale Grundlage dafür wäre zum Beispiel ein erstelltes Informationsmemorandum.
(2) Umfang der Analyse der Vermögens-, Finanz- und Ertragslage. Insbesondere für diesen Bereich gilt es bereits bei der Auftragsbeschreibung genau zu definieren, was im Einzelnen Gegenstand der Untersuchungen sein soll, zum Beispiel:

Mehrjahresvergleiche mit analytischen Prüfungshandlungen, Bereinigungen der Jahresergebnisse um periodenfremde und außerordentliche Positionen, Überbewertungen von Aktivpositionen und Unterbewertung oder nicht vollständige Bilanzierung der Schulden, Ermittlung eines nachhaltigen operativen Cashflows, etc.

(3) Beschreibung und Plausibilisierung der Funktionsweise des internen Kontrollsystems einschließlich der IT Infrastruktur.

(4) Plausibilisierung der Planungsrechnungen. Die zu erwartende Entwicklung der Zielgesellschaft bildet die wesentliche Grundlage für die Ableitung ihres Wertes für den Kaufinteressenten und damit für den Kaufpreis.[3] Festlegung, in welcher Form und in welchem Detaillierungsgrad Planungsrechnungen plausibilisiert werden sollen.

(5) Art und Umfang der Berichterstattung. Die Berichterstattung kann je nach Vereinbarung mit dem Auftraggeber in Form eines Kurzberichtes oder in Form eines ausführlichen Due Diligence Berichtes erfolgen.[4]

Die oben angesprochenen Punkte beschreiben eher den **Mindestumfang**. Der Auf- 28
tragsinhalt und Auftragsumfang wird durch zahlreiche individuell festgelegte Punkte jeweils zu ergänzen sein.

Neben dieser sachlichen Festlegung von Art und Umfang der Inhalte einer Fi- 29
nancial Due Diligence sollte der Auftragsinhalt und -umfang auch eine **zeitliche und personelle Ressourcenplanung** beinhalten. Vereinfachend: Wer macht wann was? Insbesondere wenn im Rahmen der Financial Due Diligence Untersuchungen unterschiedliche Parteien (beispielsweise Mitarbeiter des Käufers, Unternehmensberater, Rechtsanwälte, Steuerberater oder weitere Wirtschaftsprüfer) eingebunden sind, ist eine abgestimmte personelle und zeitliche Planung notwendig und sollte auch bereits in einem Auftrag geregelt werden.

Bei größeren Transaktionen enthält der Auftrag in der Regel bereits ein ausge- 30
arbeitetes **Arbeitsprogramm**, das die Aufgabenfelder einzelnen Personen zuordnet und ein Zeitbudget festlegt. Dies ist nicht zuletzt deswegen sinnvoll, weil die meisten Transaktionen sehr zeitkritisch sind.

Sowohl die sachliche als auch die personelle Planung sind letztlich dynamische 31
Prozesse und unterliegen Veränderungen im Rahmen der Auftragsdurchführung. Wesentliche Veränderungen sollten auch im Rahmen einer **dynamischen Auftragsvereinbarung** schriftlich festgehalten werden.

Eine Auftragsvereinbarung sollte darüber hinaus Regelungen zur Haftung des 32
Beauftragten und zu dem Honorar für die Auftragsdurchführung enthalten.

---

3 Vgl. *Hölscher/Nestler/Otto* S. 225.

4 Vgl. *Russ* WP-Handbuch 2014 Bd. II, S. 327 Rn 62.

Praxistipp
Die Aufgabenverteilung zwischen Auftraggeber und dem für die Financial Due Diligence beauftragten Wirtschaftsprüfer bzw. sonstigen Beratern sollte klar geregelt sein. Gegebenenfalls erforderliche Anpassungen des Auftragsumfangs sollten allen betroffenen Beteiligten zeitnah und verständlich kommuniziert werden, ebenso wie eventuell auftretende Verzögerungen.

II. Ablauf und Organisation

33 Die folgende Grafik veranschaulicht den typischen zeitlichen Ablauf einer Financial Due Diligence:

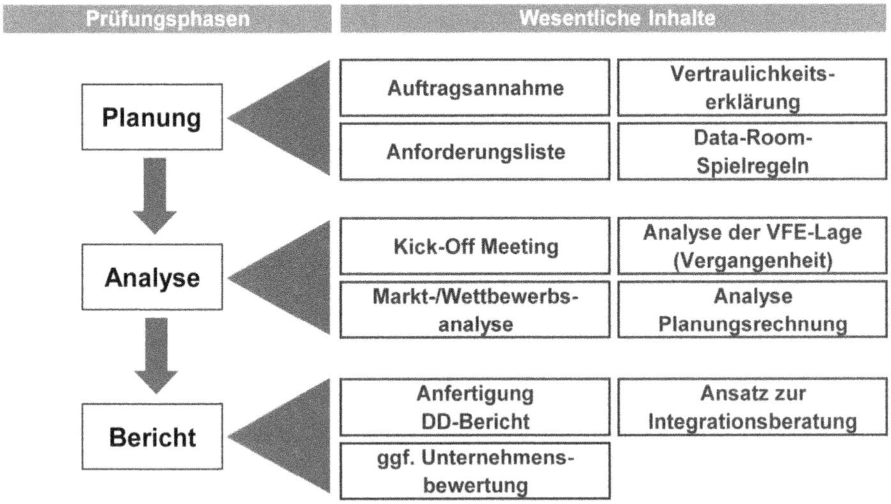

Abb. 2: Due Diligence Prozess – Zeitlicher Ablauf

34 In der Planungsphase sind im Wesentlichen der Auftragsumfang sowie die rechtlichen und organisatorischen Rahmenbedingungen der Projektdurchführung zu klären.

35 Von wesentlicher Bedeutung ist die **Zusammensetzung des Teams** zur Durchführung der Financial Due Diligence. Je nach Auftragsumfang ist es sinnvoll oder sogar erforderlich, Experten für verschiedene Themenkreise einzubeziehen, beispielsweise unter folgenden Gesichtspunkten:
- Branchenwissen
- Internationale Rechnungslegung
- Interne Kontrollsysteme und IT-Systeme, Risikomanagement und Compliance
- Financial Modeling
- Unternehmensbewertung
- Post Merger Integration

Die Verfügbarkeit von Auskunftspersonen ist rechtzeitig sicherzustellen. Dies betrifft jedoch nicht nur Mitarbeiter des Zielunternehmens selbst. Häufig wird bei der Financial Due Diligence auch der Jahresabschlussprüfer des Zielobjektes als Auskunftsperson befragt sowie ggf. Einsicht in seine Arbeitspapiere genommen (Working Paper Review) werden.[5] Ein solcher **Working Paper Review** erleichtert es dem mit der Financial Due Diligence beauftragten Wirtschaftsprüfer erheblich, seine Einschätzung zur Vermögens-, Finanz- und Ertragslage abzugeben, da er zumindest partiell auf die bereits im Rahmen der Jahresabschlussprüfung gewonnenen Erkenntnisse zurückgreifen kann. Dies kann Zeit und Kosten sparen. 36

Zum Abschluss des Projekts bietet es sich an, neben der schriftlichen Berichterstattung[6] eine **Abschlussbesprechung** durchzuführen und gegebenenfalls Empfehlungen für mögliche Verbesserungen und Optimierungen von Prozessen und Abläufen usw. zu geben. 37

III. Informationsquellen

Die zur Durchführung der Financial Due Diligence verwendeten Informationen lassen sich im Wesentlichen in die folgenden Kategorien unterteilen: 38

Das Unternehmen stellt Informationen zum Rechnungswesen, Jahresabschlussprüfungsberichte, Controlling-Unterlagen und sonstige intern erstellte Auswertungen und Dokumente bereit. Der Käufer fordert diese Unterlagen in der Regel mit Anforderungslisten (Request Lists) an. Der Verkäufer stellt sie in einem Datenraum zur Verfügung. Über Q&A-Sessions können ggf. weitere Details erfragt werden. 39

Praxistipp !

Eine präzise formulierte Anforderungsliste hilft beim Zusammenstellen der tatsächlich relevanten Unterlagen und spart viel Zeit bei der Auftragsdurchführung. Anforderungslisten sollen alle zur Durchführung der Arbeiten erforderlichen Informationen und Unterlagen nennen. Gleichzeitig sollte das oft unter Zeitdruck stehende Personal des Zielunternehmens und auch das die Due Diligence durchführende Team nicht durch zu große Mengen an Daten und Unterlagen überfordert werden, die letztendlich nicht angemessen ausgewertet werden können.

5 Vgl. *Russ* WP-Handbuch 2014 Bd. II, S. 323 Rn 44.
6 Vgl. Rn 126 ff.

Analysegebiet	Wesentliche Dokumente
Wirtschaftliche Verhältnisse	Handelsregisterauszug Gesellschaftsvertrag Gesellschafterversammlungsprotokolle Organigramm des Unternehmens Konzern-Organigramm Wesentliche Verträge mit nahestehenden Personen Wesentliche Verträge mit Dritten Informationen zu Produkten und Leistungen
Analyse der Vermögens-, Finanz- und Ertragslage	*Allgemein* Jahresabschlüsse bzw. Konzernabschlüsse Zwischenabschlüsse Prüfungsberichte Management Letter Betriebswirtschaftliche Auswertungen (BWA) Controlling-Auswertungen Bilanzierungsrichtlinien des Unternehmens
	Anlagevermögen Anlagenspiegel, Anlagenverzeichnisse Grundstücksbewertungsgutachten Auflistung der Finanzanlagen
Analyse der Vermögens-, Finanz- und Ertragslage	*Working Capital* Inventurunterlagen Informationen zur Vorratsbewertung Debitoren-OP-Listen und Altersstrukturlisten Informationen zu Intercompany-Sachverhalten
	Finanzierung Aufstellung aller Darlehen und Guthaben Wesentliche Darlehensverträge Informationen zu Covenants
	Rückstellungen Rückstellungsspiegel Bestätigungsschreiben von Rechtsanwälten und Steuerberatern
	Gewinn- und Verlustrechnung Auflistung der Top 10 Kunden Auflistung der Top 10 Lieferanten Auswertungen der Umsatzerlöse nach Produkten, Regionen, usw. Entwicklung von Rohstoffpreisen / Einkaufspreisen Aufgliederung von sonstigen betrieblichen Erträgen und Aufwendungen Darstellung der Mitarbeiterzahlen Darstellung der Vergütungsstruktur Aufstellung von Miet- und Leasingverträgen Informationen zu Sondereffekten der Vorjahre
Analyse der Planungsrechnung	Planungsrechnung Informationen zum Planungsprozess Informationen zu Markt und Wettbewerb Forecast, Plan-/Ist-Vergleich

Abb. 3: Beispiele auszuwertender Unterlagen

Eine weitere Quelle für Informationen stellt die direkte **Befragung von Management und ausgewählten Mitarbeitern** dar. Sie ermöglicht neben der Erläuterung inhaltlicher Punkte – wie Details zu Vergangenheitszahlen, Strategie und Planungsrechnungen – eine Einschätzung der persönlichen Eigenschaften und Fähigkeiten des Managements sowie der subjektiven Stimmung im Unternehmen. Betriebsbesichtigungen sowie Besuche bei wesentlichen Tochtergesellschaften können dem Due Diligence Team helfen, das gewonnene Bild abzurunden. Wichtig ist in diesem Zusammenhang, Termine mit erforderlichen Mitarbeitern frühzeitig zu koordinieren. Im Rahmen einer Vendor Due Diligence werden Informationen dabei üblicherweise direkt vom Unternehmen zur Verfügung gestellt und das Due Diligence Team umfassend unterstützt. 40

Praxistipp

Mitarbeiter sind in Transaktionen oft nicht umfassend informiert. Die Befragung muss deshalb mit Vorsicht und Fingerspitzengefühl erfolgen. Ebenso kann es vorkommen, dass zu befragende Mitarbeiter des Unternehmens nicht in der Lage oder bereit sind, alle Fragen vollständig und richtig zu beantworten – bewusst oder unbewusst –, die Aussagen der Interviewpartner sind entsprechend kritisch zu würdigen.
Auch kann es sich anbieten, mehrere Personen zu einem Sachverhalt zu befragen, falls bestimmte Aussagen unkorrekt oder unvollständig erscheinen.

Häufig wird im Rahmen der Financial Due Diligence **der Abschlussprüfer** des Zielunternehmens befragt und es werden seine Arbeitspapiere durchgesehen (Working Paper Review). Hierbei können Detailfragen zu Jahresabschlüssen erörtert und eine Einschätzung der Qualität des Rechnungswesens vorgenommen werden. Die Arbeiten werden üblicherweise im Büro des Abschlussprüfers durchgeführt. Für eine effektive Analyse der Arbeitspapiere ist es sinnvoll, Teammitglieder einzusetzen, die ihrerseits über hinreichende eigene Erfahrung in der Durchführung von Jahresabschlussprüfungen verfügen. Voraussetzung für die Erteilung von Auskünften durch den Abschlussprüfer ist in der Regel ein sogenannter Hold-Harmless Letter, der den Abschlussprüfer von seiner gesetzlichen Verschwiegenheitspflicht befreit und seine Haftungsrisiken minimieren soll. Auch mit anderen Beratern des Zielunternehmens können Gespräche geführt werden, z.B. mit Rechtsanwälten, Steuerberatern oder Unternehmensberatern. 41

Weitere Informationen enthalten **externe Datenbanken, Studien und Brancheninformationen**, beispielsweise zu Markteinschätzungen und Branchenvergleichszahlen oder allgemeinen volkswirtschaftlichen Entwicklungen. Als externe Datenbanken werden häufig die folgenden meist kostenpflichtigen Anbieter genutzt: 42

- *S&P Capital IQ*
- Bloomberg
- Thomson Reuters

- Bureau van Dijk
- Infinancials

43 Studien und Brancheninformationen sind oft auf den Webseiten von Branchenverbänden erhältlich. Auch bei den großen volkswirtschaftlichen Instituten sind online diverse Studien zu finden:
- Deutsches Institut für Wirtschaftsforschung (DIW), Berlin
- Hamburgisches Weltwirtschaftsinstitut (HWWI), Hamburg
- Institut für Wirtschaftsforschung (ifo), München
- Institut für Weltwirtschaft an der Universität Kiel (IfW), Kiel
- Institut für Wirtschaftsforschung Halle (IWH), Halle
- Institut der deutschen Wirtschaft (IW), Köln
- Zentrum für Europäische Wirtschaftsforschung (ZEW), Mannheim
- Rheinisch-Westfälisches Institut für Wirtschaftsforschung (RWI), Essen
- Wirtschafts- und Sozialwissenschaftliches Institut (WSI), Düsseldorf

C. Durchführung der Financial Due Diligence

44 Der folgende Abschnitt stellt die **wesentlichen Inhalte** dar, die in der Praxis im Rahmen der Financial Due Diligence üblicherweise untersucht werden. Wie bereits oben erläutert, ist der tatsächliche Umfang der Untersuchungen immer individuell und abhängig vom Anlass, der verfügbaren Zeit sowie den Anforderungen und dem Wissenstand des Käufers hinsichtlich Branchenerfahrung und bereits vorliegender Informationen über das Zielunternehmen.

45 Wirtschaftsprüfer halten dabei ihre Untersuchungen in **Arbeitspapieren** fest, um sämtlichen Teammitgliedern den Zugriff auf alle wesentlichen Dokumente zu ermöglichen.

46 In der **Projektplanung** wird nach Abstimmung mit dem Käufer/Auftraggeber der Arbeitsumfang festgelegt. Im Laufe der Untersuchungen können sich Verschiebungen, Ergänzungen und Streichungen von Untersuchungsschwerpunkten ergeben. Dabei findet bereits während der Arbeiten meist ein Austausch zwischen Wirtschaftsprüfer und Auftraggeber statt, um den Käufer zeitnah über wesentliche Feststellungen zu informieren und gemeinsam das weitere Vorgehen abzustimmen.

I. Darstellung der wirtschaftlichen Verhältnisse

47 Die Darstellung der wirtschaftlichen Verhältnisse dient dazu, dem Berichtsleser einen Überblick über die Geschäftstätigkeit und die wesentliche rechtliche und organisatorische Struktur des Unternehmens zu geben. Sofern das Untersuchungsobjekt keine in

sich geschlossene rechtliche Einheit ist, erfolgt eine Definition der zu betrachtenden Einheit (z.B. Konzern, Teilkonzern, Geschäftsbereich, ausgewählte Standorte usw.).

Auch die Darstellung der Unternehmenshistorie im Zeitablauf kann für das Verständnis des Unternehmens hilfreich sein. Schwerpunkt ist häufig die Darstellung der wesentlichen Geschäftsfelder und Produkte bzw. Dienstleistungen des Unternehmens. 48

Auch Informationen zum Management (Namen, Aufgabenbereiche, eventuell Vergütungssystem) und zur Personalstruktur (Mitarbeiterzahlen nach Regionen und Geschäftsbereichen) sind meist Teil der Darstellung, ebenso wie eine Darstellung der wesentlichen Strukturen und Prozesse in den Bereichen Rechnungswesen und Controlling einschließlich einer Einschätzung der Qualität der Systeme und der Kompetenz und Qualifikation der verantwortlichen Personen. 49

II. Analyse der Vermögens-, Finanz- und Ertragslage

1. Allgemeine Vorgehensweise

Kern der Financial Due Diligence ist meist die Analyse der Vermögens-, Finanz- und Ertragslage **(VFE-Lage)**. 50

Vergangenheitsbezogene Betrachtungen umfassen in der Regel einen Zeitraum von drei bis fünf Jahren. Bei Unternehmen in zyklischen Branchen kann es sich anbieten, einen längeren Zeitraum zu untersuchen, um zumindest einen Geschäftszyklus vollständig abzudecken. Im Allgemeinen sinkt jedoch die Aussagekraft von Vergangenheitszahlen, je weiter sie zurückliegen. 51

Häufig werden zudem auch LTM- (Last Twelve Months) und YTD- (Year to Date) Zahlen untersucht, um die Ist-Entwicklung des **laufenden Geschäftsjahres** bereits zu berücksichtigen. Auch Hochrechnungen für das laufende Geschäftsjahr können abgeleitet werden. 52

Die Darstellung von Vergangenheitszahlen umfasst typischerweise Bilanz, Gewinn- und Verlustrechnung sowie Kapitalflussrechnung. Die Darstellungen müssen den individuellen Informationsbedürfnissen des Auftraggebers gerecht werden. Ihre Gliederung kann daher von den Jahresabschlüssen des Zielunternehmens abweichen. 53

Die Analyse beinhaltet meist: 54

(1) Darstellung der Vergangenheitszahlen
(2) Identifizierung von Sondereffekten und sonstigen relevanten Sachverhalten und Normalisierung von Ergebnissen
(3) Ermittlung typisierter Finanzkennzahlen (EBIT, EBITDA, Free Cashflow) und
(4) Untersuchung von Trendabweichungen und unerwartete Veränderungen.

Ausgangspunkt der Betrachtungen sind die Jahres- und ggf. Konzernabschlüsse sowie die entsprechenden Prüfungsberichte des Abschlussprüfers, unterstützt durch Daten aus dem internen Rechnungswesen der Zielgesellschaft. 55

56 Teilweise basieren die Auswertungen auf **Pro-forma-Bilanzen**, die speziell für Zwecke der Transaktion erstellt werden, z.B. bei der Ausgliederung von Unternehmensteilbereichen.

57 Anders als eine Jahresabschlussprüfung stellt die Financial Due Diligence keine umfassende Prüfung des Jahresabschlusses dar. Dennoch können **ausgewählte Prüfungshandlungen** auch im Rahmen der Financial Due Diligence durchgeführt werden, wenn der Käufer dies wünscht oder das Financial Due Diligence Team dies für sinnvoll hält. Beispiele sind:

- Prüfung der Abgrenzung von Umsatzerlösen
- Inventurhandlungen
- Bestätigungsschreiben von Dritten
- Nachrechnung von Rückstellungen
- usw.

58 Diese eigenständigen Prüfungshandlungen dienen dem Wirtschaftsprüfer dazu, sich von der Verlässlichkeit der Informationen und der Qualität des Rechnungswesens zu überzeugen. Insbesondere können sie aber auch eventuelle Ergebnismanipulationen des Managements im Hinblick auf den erwarteten Verkauf aufdecken.

59 Ebenfalls im Blickpunkt des Wirtschaftsprüfers stehen im Rahmen der Financial Due Diligence die **unternehmensindividuellen Bilanzierungsrichtlinien** (die nicht in jedem Fall schriftlich fixiert sein müssen) als Gesamtheit aller Bilanzierungs- und Bewertungsmethoden, die das Zielunternehmen anwendet. Diese sind kritisch zu untersuchen auf:

- Grundsätzliche Angemessenheit
- Änderungen im Zeitverlauf und daraus eventuell folgenden Bereinigungsbedarf für Vergangenheitszahlen
- Abweichungen zu entsprechenden Bilanzierungsrichtlinien des Käufers und eventuelle Auswirkungen auf einen gemeinsamen Konzernabschluss.

2. Analyse der Vermögenslage

60 Gegenstand der Analyse der Vermögenslage sind die wesentlichen Posten der Bilanz des Zielunternehmens im Hinblick auf das Vorhandensein von Risiken sowie die angewandten Bilanzierungs- und Bewertungsmethoden.

Aktiva	2013	2014	2015
Immaterielle Vermögensgegestände	150	125	100
Sachanlagen	700	1.200	1.600
Finanzanlagen	100	100	100
Anlagevermögen	**950**	**1.425**	**1.800**
Vorräte	600	700	800
Forderungen aus Lieferungen und Leistungen	750	750	600
Sonstige Vermögensgegenstände	500	500	500
Kassenbestand und Bankguthaben	300	325	300
Umlaufvermögen	**2.150**	**2.275**	**2.200**
Aktiva gesamt	**3.100**	**3.700**	**4.000**

Abb. 4: Bilanz der Beispiel GmbH (Aktiva)

Untersuchungsschwerpunkte im Bereich **Anlagevermögen** können sein: 61

- Entwicklung des Anlagevermögens im Zeitverlauf (Anlagenspiegel)
- Darstellung der Struktur des Anlagevermögens
- Art des vorhandenen immateriellen Vermögens (Marken, Lizenzen, Patente, Software, Firmenwerte usw.)
- Identifikation eventuell nicht bilanzierter immaterieller Vermögensgegenstände, die im Rahmen eines Unternehmenserwerbs gegebenenfalls im Konzernabschluss des Käufers zu berücksichtigen wären
- Untersuchung der Abschreibungen (angewandte Methoden und unterstellte Nutzungsdauern), ggf. Vergleichsrechnung, falls Abschreibungsmethodik im Wesentlichen durch steuerlich motivierte Methoden wie z.B. der degressiven Abschreibung geprägt ist
- Darstellung von Grundstücken und Gebäuden, Auswertung entsprechender Grundbuchauszüge, Einholung von Wertgutachten
- Art, Alter und Zustand der wesentlichen technischen Anlagen und Maschinen, Identifikation von Investitionsrückstau
- Gründe für eventuelle außerplanmäßige Abschreibungen in der Vergangenheit
- Darstellung der Finanzanlagen (Beteiligungen, ausgegebene langfristige Darlehen und ihre Konditionen)
- Bildung von Kennzahlen im Zeitablauf, wie z.B.:
  - Abschreibungsquote
    - Abschreibungen/Buchwert des Anlagevermögens
  - Anlagenintensität
    - Anlagevermögen/Gesamtvermögen
  - Anlagenabnutzungsgrad
    - Kumulierte Abschreibungen/Anschaffungskosten des Anlagevermögens

  - Investitionsquote
    - Investitionen/Anlagevermögen

62 Untersuchungsschwerpunkte im Bereich **Vorräte** können sein:
- Zusammensetzung der Vorräte nach Roh-, Hilfs- und Betriebsstoffen, fertigen und unfertigen Erzeugnissen sowie Waren
- Untersuchung der Mengen anhand der Inventurunterlagen, angewandte Inventurverfahren, Häufigkeit der Inventur, Analyse von Schwund und Diebstahl,
- Alter der Vorratsbestände und eventueller Abwertungsbedarf für schlechtgängige Artikel
- Angewandte Bewertungsverfahren (z.B. LIFO, FIFO, usw.), Nutzung von Wahlrechten bei der Ermittlung der Herstellungskosten
- Bildung von Kennzahlen, wie z.B.:
  - Umschlaghäufigkeit der Vorräte
    - Materialeinsatz/durchschnittl. Bestand der Vorräte
  - Umschlagdauer der Vorräte in Tagen
    - 365/Umschlaghäufigkeit

63 Untersuchungsschwerpunkte im Bereich **Forderungen** können sein:
- Analyse der Altersstruktur
- Analyse von Einzel- und Pauschalwertberichtigungen
- Beurteilung der Effizienz des Mahnwesens
- Darstellung von Zahlungszielen und sonstigen Lieferkonditionen
- Darstellung der größten Kunden bzw. Debitoren
- Auflistung von Forderungen gegenüber verbundenen Unternehmen und nahestehenden Personen
- Zusammensetzung der sonstigen Forderungen und Vermögensgegenstände
- Bildung von Kennzahlen, wie z.B.:
  - Umschlaghäufigkeit der Forderungen
    - Umsatz/durchschnittl. Bestand der Forderungen
  - Umschlagdauer der Forderungen in Tagen
    - 365/Umschlaghäufigkeit

64 Umlaufvermögen und kurzfristige Verbindlichkeiten bilden das **Nettoumlaufvermögen** (Net Working Capital), das für die operative Finanzierung des Unternehmens von erheblicher Bedeutung ist.

Net Working Capital	2013	2014	2015
Vorräte	600	700	800
Forderungen aus Lieferungen und Leistungen	750	750	600
Sonstige Vermögensgegenstände	500	500	500
- Verbindl. aus Lieferungen u. Leist.	-500	-550	-600
- Sonstige Verbindlichkeiten	-500	-500	-500
Net Working Capital	**850**	**900**	**800**

Abb. 5: Nettoumlaufvermögen der Beispiel GmbH

Die Working Capital Analyse sollte auch die Entwicklung über das Gesamtjahr verfolgen, da sich phasenweise Spitzen mit entsprechendem kurzzeitigen Finanzierungsbedarf ergeben können, die zum Bilanzstichtag nicht ersichtlich sind. 65

Untersuchungsschwerpunkte im Bereich **Liquide Mittel** können sein: 66
- Zusammensetzung der liquiden Mittel nach Kassenbeständen und Bankguthaben
- Verfügbarkeit der liquiden Mittel
- Anlage kurzfristig nicht benötigter Mittel
- Untersuchung der entsprechenden Zinserträge
- Ermittlung nicht betriebsnotwendiger Liquidität

Passiva	2013	2014	2015
Gezeichnetes Kapital	25	25	25
Rücklagen	200	200	200
Ergebnisvortrag	500	750	1100
Jahresergebnis	250	350	250
Eigenkapital	**975**	**1.325**	**1.575**
Pensionsrückstellungen	200	150	100
Steuerrückstellungen	125	150	150
Sonstige Rückstellungen	200	200	200
Rückstellungen	**525**	**500**	**450**
Verbindl. gegenüber Kreditinstituten	600	825	875
Verbindl. aus Lieferungen und Leistungen	500	550	600
Sonstige Verbindlichkeiten	500	500	500
Verbindlichkeiten	**1.600**	**1.875**	**1.975**
Passiva gesamt	**3.100**	**3.700**	**4.000**

Abb. 6: Bilanz der Beispiel GmbH (Passiva)

67 Untersuchungsschwerpunkte im Bereich **Eigenkapital** können sein:
- Beurteilung der Angemessenheit der Eigenkapitalausstattung
- Darstellung handelsrechtlicher Verlustvorträge
- Darstellung ausschüttungsgesperrter Beträge
- Informationen zur Ausschüttungspolitik in der Vergangenheit
- Informationen zu umgesetzten oder geplanten Kapitalmaßnahmen

68 Untersuchungsschwerpunkte im Bereich **Rückstellungen** können sein:
- Darstellung wesentlicher Posten und Veränderungen (Rückstellungsspiegel)
- Analyse der Pensionsrückstellungen und Angabe von Details zur Berechnung
- Aufgliederung der Steuerrückstellungen nach Steuerarten und Berücksichtigung bilanzieller Auswirkungen von Feststellungen aus der Tax Due Diligence
- Vollständigkeit der sonstigen Rückstellungen
- Nachvollziehen der Berechnung wesentlicher Posten der sonstigen Rückstellungen
- Analyse von produktbezogenen Rückstellungen wie z.B. Gewährleistungsrückstellungen
- Analyse von personalbezogenen Rückstellungen wie z.B. Urlaubsrückstellungen
- Kritische Analyse besonderer Posten wie Rückstellungen für Restrukturierungsaufwendungen
- Berücksichtigung der Auswirkung von Feststellungen aus der Legal Due Diligence (z.B. Prozessrisiken) oder der Environmental Due Diligence (Umweltrisiken)

69 Untersuchungsschwerpunkte im Bereich **Verbindlichkeiten** können sein:
- Darstellung von Zusammensetzung und Fristigkeiten der Verbindlichkeiten
- Analyse der Zahlungsfristen von Lieferanten und des Zahlungsverhaltens des Zielunternehmens
- Darstellung der größten Lieferanten des Unternehmens
- Auflistung von Verbindlichkeiten gegenüber verbundenen Unternehmen und nahestehenden Personen
- Aufstellung wesentlicher Posten der sonstigen Verbindlichkeiten
- Bildung von Kennzahlen, wie z.B.:
  - Umschlaghäufigkeit der Verbindlichkeiten
    - Materialeinsatz/durchschnittl. Bestand der Verbindl.
  - Umschlagdauer der Verbindlichkeiten in Tagen
    - 365/Umschlaghäufigkeit

70 Untersuchungsschwerpunkte im Bereich **Finanzverbindlichkeiten** können sein:
- Aufstellung wesentlicher Darlehen und Kontokorrentlinien
- Aufgliederung nach Restlaufzeiten
- Untersuchung bestehender Covenants (vertragliche Verpflichtungen des Kreditnehmers, bestimmte Handlungen durchzuführen, zu unterlassen oder ge-

nehmigen zu lassen oder auch Festlegung von Mindestwerten für Kennzahlen wie Eigenkapitalquote), im Rahmen von Transaktionen können auch Change of Control-Klauseln mit dem Risiko von Darlehenskündigungen relevant sein
- Untersuchung der Finanzierungsstruktur des Unternehmens (Verhältnis von Eigenkapital zu Fremdkapital sowie Anlagevermögen zu langfristigem Fremdkapital)
- Analyse von Leasingverbindlichkeiten
- Analyse von Gesellschafterdarlehen
- Untersuchung des entsprechenden Zinsaufwands

Zieht man von den zinstragenden Verbindlichkeiten die verzinslichen Vermögensgegenstände wie z.B. liquide Mittel oder Wertpapiere ab, erhält man die **Nettofinanzverbindlichkeiten** (bzw. **Net Debt**). Diese sind für die Unternehmensbewertung und die Kaufpreisermittlung von wesentlicher Bedeutung. Beispielsweise wird bei der Multiplikatorbewertung auf Basis von Umsatz, EBITDA oder EBIT in Bezug zum Enterprise Value im ersten Schritt ein Unternehmensgesamtwert ermittelt und im zweiten Schritt dann durch Abzug der Nettofinanzverbindlichkeiten der Wert des Eigenkapitals ermittelt. 71

Net Debt	2013	2014	2015
Verbindl. gegenüber Kreditinstituten	-600	-825	-875
Pensionsrückstellungen	-200	-150	-100
Kassenbestand und Bankguthaben	300	325	300
Net Debt	**-500**	**-650**	**-675**

Abb. 7: Nettofinanzverbindlichkeiten der Beispiel GmbH

3. Analyse der Ertragslage

Die Analyse der Ertragslage betrachtet die wesentlichen Posten der **Gewinn- und Verlustrechnung** des Unternehmens. Ziel ist es, ein nachhaltiges operatives Ergebnis abzuleiten und damit die Grundlage für die Plausibilisierung der Planungsrechnung zu schaffen.[7] 72

Die Gewinn- und Verlustrechnung gliedert sich entweder nach dem in Deutschland verbreiteteren **Gesamtkostenverfahren** oder dem international verbreiteteren **Umsatzkostenverfahren**, welches die einzelnen Aufwendungen wie Materialaufwand, Personalaufwand und Abschreibungen den wesentlichen Funktionsbereichen Produktion, Vertrieb und Verwaltung zuordnet: 73

7 Vgl *Russ* WP-Handbuch 2014 Bd. II, S. 340 Rn 117.

Gesamtkostenverfahren	2013	2014	2015
Umsatzerlöse	1.450	1.800	1.750
Sonstige betriebliche Erträge	50	100	75
Materialaufwand	-300	-400	-350
Personalaufwand	-475	-525	-500
Abschreibungen	-100	-200	-300
Sonstige betriebliche Aufwendungen	-200	-250	-250
Betriebsergebnis	**425**	**525**	**425**
Zinserträge	25	25	25
Zinsaufwand	-50	-75	-100
Ergebnis der gewöhnl. Geschäftstätigkeit	**400**	**475**	**350**
Steuern vom Einkommen und Ertrag	-125	-100	-75
Sonstige Steuern	-25	-25	-25
Jahresergebnis	**250**	**350**	**250**

Abb. 8: GuV der Beispiel GmbH

Umsatzkostenverfahren	2013	2014	2015
Umsatzerlöse	1.450	1.800	1.750
Herstellungskosten der zur Erzielung der Umsatzerlöse erbrachten Leistungen	-475	-675	-650
Bruttoergebnis vom Umsatz	**975**	**1.125**	**1.100**
Vertriebskosten	-200	-250	-300
Allgemeine Verwaltungskosten	-300	-300	-300
Sonstige betriebliche Erträge	50	100	75
Sonstige betriebliche Aufwendungen	-100	-150	-150
Betriebsergebnis	**425**	**525**	**425**
Zinserträge	25	25	25
Zinsaufwand	-50	-75	-100
Ergebnis der gewöhnl. Geschäftstätigkeit	**400**	**475**	**350**
Steuern vom Einkommen und Ertrag	-125	-100	-75
Sonstige Steuern	-25	-25	-25
Jahresergebnis	**250**	**350**	**250**

Abb. 9: GuV der Beispiel GmbH

Je nach angewandter Methodik seitens des Zielunternehmens und Erwartung des Kaufinteressenten kann es sinnvoll sein, eine Überleitung z.B. vom Gesamtkostenverfahren zum Umsatzkostenverfahren im Rahmen der Financial Due Diligence zu erstellen. 74

Weitere Überleitungsrechnungen werden häufig erstellt zur Überleitung zwischen verschiedenen Rechnungslegungsstandards (z.B. HGB, IFRS oder US GAAP) oder zwischen Jahresabschlusszahlen und Ergebnisrechnungen aus dem internen Controlling des Unternehmens. 75

Untersuchungsschwerpunkte im Bereich **Umsatzerlöse** können sein: 76
- Aufgliederung der Umsatzerlöse nach Geschäftsbereichen, Produkten und Regionen
- Veränderungen des Produktspektrums
- Untersuchung der abgesetzten Mengen bzw. Volumina
- Analyse der Preispolitik
- Übersicht der wichtigsten Kunden und Beurteilung der Abhängigkeit von Hauptkunden
- Analyse gewährter Rabatte, Skonti und Boni
- Einschätzung der Marktposition
- Unterjährige Entwicklung der Umsatzerlöse (Saisonalität)
- Darstellung nach Vertriebskanälen
- Einschätzung von Fremdwährungseffekten
- Prüfung der zutreffenden Periodenabgrenzung (Aufdeckung von Vorfakturierungen zur Manipulation der Umsatzerlöse)
- Stand der Auftragseingänge

Untersuchungsschwerpunkte im Bereich **Materialaufwand** können sein: 77
- Veränderungen von Materialaufwandsquoten im Zeitverlauf
- Entwicklung von Rohertrag, Deckungsbeitrag und Handelsspanne nach Geschäftsbereichen und Produkten
- Untersuchung der Skalierbarkeit des Geschäftsmodells
- Stand der Auftragseingänge
- Untersuchung von Bestandsveränderungen im Vorratsvermögen
- Darstellung der wichtigsten Lieferanten und Untersuchung eventueller Abhängigkeiten bzw. Möglichkeiten zur Substitution
- Darstellung der Produktionstiefe
- Analyse der Produktionsqualität (Ausschussraten, Effizienz, Auslastung)
- Analyse der Rohstoffpreisentwicklung
- Analyse der Preisentwicklung bei Kaufteilen und Waren
- Analyse der Lieferkonditionen

78 Untersuchungsschwerpunkte im Bereich **Personalaufwand** können sein:
- Entwicklung der Mitarbeiterzahlen nach Geschäftsbereichen und Regionen bzw. Standorten
- Darstellung der allgemeinen Vergütungsstruktur und -politik
- Untersuchung von Bonuszahlungen und Sonderleistungen an Mitarbeiter
- Darstellung von Tarifverträgen oder anderen Gruppenvereinbarungen
- Auswertung von Gehaltslisten
- Altersstruktur der Mitarbeiter
- Identifikation von sogenannten Schlüsselpersonen und wesentlichen Know-how-Trägern im Unternehmen und Einschätzung des Risikos eines Weggangs dieser Personen im Falle des Unternehmensverkaufs
- Analyse von Altersversorgungsverpflichtungen

79 Untersuchungsschwerpunkte im Bereich **Sonstige betriebliche Erträge und Aufwendungen** können sein:
- Darstellung wesentlicher Einzelsachverhalte
- Untersuchung hinsichtlich der Nachhaltigkeit der Effekte
- Unterscheidung in fixe und variable Aufwendungen
- Entwicklung der Vertriebsaufwendungen
- Entwicklung der Verwaltungsaufwendungen
- Darstellung von Wechselkursgewinnen und -verlusten
- Entwicklung der Energiepreise
- Analyse der Beratungsaufwendungen, insbesondere für Rechtsberatung
- Analyse der Aufwendungen für Reparaturen und Instandhaltung
- Untersuchung der Aufwendungen für Werbung, Marketing und Vertrieb
- Untersuchung einmaliger, außerordentlicher, periodenfremder Sachverhalte

80 Als zentrale Kennzahlen für die Beurteilung der Ertragslage sowie der Unternehmensbewertung und Kaufpreisermittlung werden oft Kennzahlen wie das **EBIT** (Earnings before interest and taxes), **EBITDA** (Earnings before interest, taxes, depreciation and amortization) sowie **EBT** (Earnings before taxes) gebildet. Diese werden im Zeitverlauf analysiert und hinsichtlich ihrer Nachhaltigkeit untersucht.

81 Dazu kann die Gewinn und Verlustrechnung beispielsweise wie folgt umstrukturiert werden:

	Umstrukturiert für Analysezwecke	2013	2014	2015
	Umsatzerlöse	1.450	1.800	1.750
-	Materialaufwand	-300	-400	-350
=	**Rohertrag**	**1.150**	**1.400**	**1.400**
-	Personalaufwand	-475	-525	-500
+	Sonstige betriebliche Erträge	50	100	75
-	Sonstige betriebliche Aufwendungen	-200	-250	-250
-	Sonstige Steuern	-25	-25	-25
=	**EBITDA**	**500**	**700**	**700**
-	Abschreibungen	-100	-200	-300
=	**EBIT**	**400**	**500**	**400**
+	Zinserträge	25	25	25
-	Zinsaufwand	-50	-75	-100
=	**EBT**	**375**	**450**	**325**
-	Steuern vom Einkommen und Ertrag	-125	-100	-75
=	**Jahresergebnis**	**250**	**350**	**250**
	Umsatzwachstum zum Vorjahr	n/a	24,1%	-2,8%
	Rohertragsmarge	79,3%	77,8%	80,0%
	EBITDA-Marge	34,5%	38,9%	40,0%
	EBIT-Marge	27,6%	27,8%	22,9%

Abb. 10: GuV der Beispiel GmbH für Analysezwecke

Um zu einem nachhaltig erzielbaren EBIT zu gelangen, werden alle Posten im Hinblick auf einmalige, ungewöhnliche oder periodenfremde Sondereffekte untersucht. Die Gewinn- und Verlustrechnung wird um solche Posten bereinigt bzw. normalisiert und das berichtete EBIT zu einem **normalisierten EBIT** (bzw. Adjusted EBIT) übergeleitet. 82

Beispiele für **zu bereinigende Sachverhalte** sind: 83

- Effekte aus der Änderung von Bewertungsmethoden
- Korrektur zuvor nicht festgestellter Buchhaltungsfehler wie z.B. falsche Periodenzuordnung
- Erlöse aus dem Abgang von Gegenständen des Anlagevermögens einschließlich der Veräußerung von Beteiligungen

- Periodenfremde Erträge und Aufwendungen
- Erträge aus Versicherungsleistungen
- Aufwendungen und Erträge aus Restrukturierungen und Standortschließungen oder -verlagerungen
- Aufwendungen aus (nicht regelmäßigen) Rechtsstreitigkeiten
- Erträge und Aufwendungen im Zusammenhang mit nicht betriebsnotwendigem Vermögen
- Außerplanmäßige Abschreibungen und sonstige Wertminderungen
- Zahlungseingänge auf abgeschriebene Forderungen
- Beratungshonorare im Zusammenhang mit einmaligen Projekten
- Nicht aktivierungsfähige Kosten im Zusammenhang mit Investitionen
- Erträge aus nicht regelmäßigen staatlichen Förderungen
- Als im Fremdvergleich nicht angemessen beurteilte Geschäftsführervergütungen

4. Analyse der Finanzlage

84 Die Analyse der Finanzlage des Unternehmens erfolgt im Wesentlichen auf Grundlage der **Kapitalflussrechnung** (Cashflow Statement). Da der Kapitalflussrechnung ausschließlich zahlungsrelevante Posten und Bewegungen zugrunde liegen, ist sie im Vergleich zur auf Buchhaltungsgrößen basierenden Gewinn- und Verlustrechnung meist weniger anfällig für bilanzpolitische Maßnahmen: Die individuelle Nutzung von Bewertungswahlrechten wirkt sich nur wenig auf die Zahlungsströme aus (z.B. durch unterschiedliche Steuereffekte in Abhängigkeit von den gewählten Methoden). Gerade kleine Unternehmen verzichten häufig auf die Erstellung einer Kapitalflussrechnung, so dass eine solche erst im Rahmen der Financial Due Diligence herzuleiten ist.

85 Gegenstand der Kapitalflussrechnung ist die gesonderte Darstellung der Zahlungsströme aus **operativer Tätigkeit**, aus **Investitionstätigkeit** sowie aus der **Finanzierungtätigkeit** des Unternehmens in den betrachteten Perioden und die sich daraus ergebende Veränderung des Finanzmittelfonds des Unternehmens.

86 Üblicherweise werden die direkte und die indirekte Darstellung der Kapitalflussrechnung unterschieden. Die direkte Darstellungsform stellt die Zahlungsströme aus operativer Tätigkeit unmittelbar als zahlungswirksame Erträge und Aufwendungen dar. Sie ist jedoch in der Praxis eher selten.

87 Indirekte Methoden leiten die Zahlungsströme aus operativer Tätigkeit ausgehend vom Periodenergebnis durch Korrektur um zahlungsunwirksame Erträge und Aufwendungen ab:

Indirekte Methode		2014	2015
	Periodenergebnis	350	250
+	Abschreibungen	200	300
+/-	Sonstige zahlungsunwirksame Aufw./Erträge	0	0
+/-	Veränderung der Rückstellungen	-25	-50
-/+	Veränderung der Vorräte, Forderungen und sonstigen Aktiva (nicht Invest./Finanzierungstätigkeit)	-100	50
+/-	Veränderung der Verbindlichkeiten und sonstigen Passiva (nicht Invest./Finanzierungstätigkeit)	50	50
=	**Cashflow aus operativer Tätigkeit**	**475**	**600**
-	Investitionen in das Anlagevermögen	-675	-675
=	**Cashflow aus Investitionstätigkeit**	**-675**	**-675**
+	Einzahlungen aus der Aufnahme von Krediten	425	350
-	Auszahlungen aus der Tilgung von Krediten	-200	-300
=	**Cashflow aus Finanzierungstätigkeit**	**225**	**50**
=	**Zahlungswirksame Veränderung des Finanzmittelfonds**	**25**	**-25**
	Finanzmittelfonds zum Anfang der Periode	300	325
+	Veränderung des Finanzmitttelfonds	25	-25
=	**Finanzmittelfonds zum Ende der Periode**	**325**	**300**

Abb. 11: Kapitalflussrechnung der Beispiel GmbH

Weitere Kennzahlen zur Analyse der Liquidität der Gesellschaft sind z.B.: **88**

- Liquiditätsgrad 1 = Liquide Mittel/kurzfr. Verbindlichkeiten
- Liquiditätsgrad 2 = Liquide Mittel + Ford. LuL/kurzfr. Verbindlichkeiten
- Liquiditätsgrad 3 = Kurzfr. Vermögen/kurzfr. Verbindlichkeiten

5. Sonstige Elemente der Analyse

Die Analyse der VFE-Lage kann auch Effekte aus der **Konzernzugehörigkeit** des **89** Unternehmens umfassen, wie z.B. konzerninterne Umsätze und Finanzierung durch Konzernunternehmen, die Nutzung konzerninterner Dienstleistungen, Patente und Lizenzen usw.

Geschäfte mit nahestehenden Personen sollten stets daraufhin untersucht **90** werden, ob die Konditionen im Fremdvergleich angemessen sind. Dies betrifft den

Liefer- und Leistungsverkehr, Konditionen für gewährte Darlehen oder auch Gehälter und sonstige Vergütungsleistungen.

91 Bei **international tätigen Unternehmen** sollten die Risiken aus Wechselkursschwankungen sowie aus politischen oder gesellschaftlichen Instabilitäten betrachtet und erfasst werden.

92 **Forschung und Entwicklung** stellt in vielen Branchen eine Grundvoraussetzung für die künftige Überlebensfähigkeit eines Unternehmens dar und sollte daher in die Betrachtungen mit einbezogen werden: Wie hoch ist der Aufwand für Forschung und Entwicklung im Branchenvergleich? Welche Resultate werden erzielt? In welchem Stadium befinden sich einzelne Projekte?

III. Haftungsverhältnisse und sonstige finanzielle Verpflichtungen

93 Im Kern geht es um eine **vollständige Chancen- und Risikoinventur** von in der Bilanz nicht erfassten Haftungsverhältnissen sowie um die vollständige Erfassung aller wesentlichen, zukünftige Perioden betreffenden finanziellen Verpflichtungen.

94 In § 251 HGB ist die Behandlung der Haftungsverhältnisse wie folgt geregelt:

> *„Unter der Bilanz sind, sofern sie nicht auf der Passivseite auszuweisen sind, Verbindlichkeiten aus der Begebung und Übertragung von Wechseln, aus Bürgschaften, Wechsel- und Scheckbürgschaften und aus Gewährleistungsverträgen sowie Haftungsverhältnisse aus der Bestellung von Sicherheiten für fremde Verbindlichkeiten zu vermerken; sie dürfen in einem Betrag angegeben werden. Haftungsverhältnisse sind auch anzugeben, wenn ihnen gleichwertige Rückgriffsforderungen gegenüberstehen."*

95 Mit der Vermerkpflicht sollen vertragliche Verpflichtungen im Jahresabschluss ausgewiesen werden, mit deren Inanspruchnahme nicht zu rechnen ist und die deshalb nicht passiviert werden. Damit sollen der Kaufmann (bei nicht publizitätspflichtigen Unternehmen) und externe Jahresabschlussadressaten (bei Kapitalgesellschaften sowie publizitätspflichtigen Unternehmen) einen umfassenden Einblick in die Vermögens-, Finanz- und Ertragslage des Unternehmens erhalten.[8]

96 Diese Angabe kann für mittelgroße und große Gesellschaften alternativ auch im Anhang erfolgen.

97 Zusätzlich zu den nicht bilanzierten Haftungsverhältnissen sind im Anhang gemäß § 285 Nr. 3a HGB die **sonstigen finanziellen Verpflichtungen** anzugeben, die nicht in der Bilanz enthalten und auch nicht unter den Haftungsverhältnissen anzugeben sind, die aber für die Beurteilung der Finanzlage von Bedeutung sind. Hierunter fallen insbesondere das Bestellobligo sowie die zukünftigen Belastungen aus langfristigen Miet- und Leasingverträgen, aber auch zukünftige finanzielle Ver-

---

8 Vgl. Beck'scher Bilanz-Kommentar/*Grottel*/*Haußer* § 251 HGB Rn 1.

pflichtungen aus der Einräumung von Kreditzusagen an Dritte oder Verpflichtungen zur Verlustabdeckung von Beteiligungen oder Zusagen zur Liquiditätsausstattung von beteiligten Unternehmen oder Gesellschaftern.

Ferner fordert § 285 Nr. 3 HGB im Anhang verschiedene Angaben (Art, Zweck sowie Risiken und Vorteile) über **nicht in der Bilanz enthaltene Geschäfte**, soweit dies für die Beurteilung der Finanzlage notwendig ist. Hierunter fallen gemäß IDW RS HFA 32 Rn 8 folgende Sachverhalte: 98
- Factoring und ABS Transaktionen
- unechte Pensionsgeschäfte
- Operating-Leasing Verträge
- Sale-and-lease-back-Geschäfte bei Vorliegen von Operating Leasing
- verdeckte Leasinggeschäfte
- Konsignationslagervereinbarungen
- Auslagerung von betrieblichen Funktionen

Oft werden die Haftungsverhältnisse und die sonstigen finanziellen Verpflichtungen in Gesamtbeträgen zusammengefasst. Im Rahmen der Financial Due Diligence geht es sowohl um die vollständige Erfassung aller einzelnen Sachverhalte, als auch insbesondere um die **zukünftige Liquiditätsbelastung** aus diesen Sachverhalten. Dabei sollte in Abhängigkeit der Wesentlichkeit und des Auftragsumfanges eine Analyse der einzelnen Sachverhalte auf Eintrittswahrscheinlichkeiten und auf zeitliche Liquiditätsbelastungen bis auf Monatsbasis erfolgen. 99

Praxistipp !

Da die Belastungen aus Haftungsverhältnissen, sonstigen finanziellen Verpflichtungen und der außerbilanziellen Geschäfte im Sinne des § 285 Nr. 3 HGB nicht unmittelbar aus Bilanz und Gewinn- und Verlustrechnungen ersichtlich sind und deren Vollständigkeit sich nicht ohne Weiteres feststellen lässt, empfiehlt es sich, die Vollständigkeit dieser Positionen und Sachverhalte separat in einer von der Geschäftsführung des Zielunternehmens unterschriebenen Vollständigkeitserklärung bestätigen zu lassen.

IV. Interne Kontrollsysteme und EDV-Systeme

Es kann vorkommen, dass der Käufer höhere Anforderungen an die Qualität der **internen Kontrollsysteme und des Risikomanagements** stellt, als dies beim Zielunternehmen der Fall ist, z.B. wenn es sich beim Käufer um ein börsennotiertes Unternehmen handelt. 100

In diesem Fall kann es sinnvoll sein, im Rahmen der Financial Due Diligence die Ist-Situation beim Zielunternehmen zu erfassen, um dem Käufer eine Schätzung des möglicherweise entstehenden Aufwands zur Implementierung von zusätzlichen oder effektiveren Kontrollsystemen zu ermöglichen. Gegebenenfalls kann die Hin- 101 zuziehung von Experten sinnvoll sein. Gegenstand der Betrachtungen können z.B. die implementierten internen Kontrollen in den Standardbereichen Rechnungslegung, Einkauf, Verkauf oder Personal sein. Auch an externe Dienstleister ausgelagerte Prozesse sollten in die Untersuchungen mit einbezogen werden.

! **Praxistipp**
Eventuell vorhandene Management Letter des Abschlussprüfers oder Berichte der Internen Revision können Hinweise auf bereits identifizierte Schwächen in den internen Kontrollsystemen geben oder auf Verstöße gegen gesetzliche bzw. interne Regelungen und Richtlinien hinweisen.

---

102 Auch die im Zielunternehmen eingesetzten **EDV-Systeme** sollten untersucht und dargestellt werden, beispielsweise hinsichtlich folgender Punkte:
- Angemessenheit der IT-Gesamtstrategie
- Art der eingesetzten Systemumgebung
- Art der eingesetzten Softwaresysteme (Standardsoftware oder Individualsoftware)
- Beurteilung der EDV-Sicherheit (Rechtemanagement, Datensicherung, Schutz vor dem Zugriff durch unbefugte Dritte)
- Kompatibilität der Systemumgebung mit den Systemen des Erwerbers

103 Von besonderer Bedeutung sind oft die eingesetzten Systeme für Buchhaltung und externes wie internes Berichtswesen, Lagerwesen sowie Budgetierungs- und Planungssysteme (Managementinformations- und Steuerungssysteme).

104 Die in der Financial Due Diligence gewonnenen Erkenntnisse können helfen, möglicherweise entstehenden Aufwand für die Integration der EDV-Landschaft des Zielunternehmens in die Konzernstrukturen des Käufers abzuschätzen.

V. Plausibilisierung der Planungsrechnungen

105 Die Plausibilisierung der Planungsrechnung des Unternehmens ist in Deutschland (anders als beispielsweise in den USA) häufig Bestandteil des Auftragsumfangs der Financial Due Diligence. Wie auch bei der Analyse der VFE-Lage hängt der genaue Umfang der Arbeiten wiederum von den Umständen des Einzelfalls und den konkreten Bedürfnissen des Auftraggebers ab.

106 Im Allgemeinen liegen der Plausibilisierung der Planungsrechnung die folgenden Teilaufgaben zugrunde:
- Gewinnung eines Grundverständnisses des Planungsprozesses:
  - Wer hat die Planung federführend erstellt und wer wurde in den Planungsprozess eingebunden?
  - Verfügen die beteiligten Personen über die notwendige Qualifikation und Erfahrung?

    - Wann wurde die Planung erstellt?
    - Zu welchem Zweck wurde sie erstellt? Wurde sie speziell für Zwecke der Transaktion erstellt?
    - Wurde sie durch die zuständigen Gremien offiziell genehmigt?
    - Mit welcher Detailtiefe wurde geplant?
    - Wie sah der Planungsprozess aus (Top-Down, Bottom-up usw.)? Ist der Planungsprozess schriftlich dokumentiert?
    - Auf welcher Datenbasis wurde geplant?
    - Welche Softwaresysteme kamen zum Einsatz?
    - Handelt es sich um eine integrierte Planung aus Bilanz, GuV und Kapitalflussrechnung oder liegt nur eine Ertragsplanung vor?
    - Handelt es sich um eine konsolidierte Planung einschließlich aller Tochterunternehmen?
    - Besteht die Planung aus verschiedenen Teilplanungen, wie z.B.
        - Absatz- und Umsatzplanung
        - Produktionsplanung
        - Investitions- und Abschreibungsplanung
        - Personalplanung
        - Finanzierungsplanung
    - Welchen Zeithorizont deckt die Planung ab?
- Analyse der Planungstreue in der Vergangenheit
    - Soll-/Ist-Vergleiche und Analyse von Planabweichungen
- Analyse der Detailannahmen der Planungsrechnung
    - Annahmen zum Umsatzwachstum und Preisentwicklungen vor dem Hintergrund der volkswirtschaftlichen Entwicklung sowie von Markt- und Branchentrends und der individuellen Marktposition des Unternehmens
    - Prämissen zur Beschaffungs- und Materialeinsatzplanung
    - Prämissen zur Investitions- und Abschreibungsplanung
    - Prämissen zur Finanzierungsplanung
    - Sind die Annahmen der verschiedenen Teilpläne untereinander konsistent? Sind z.B. notwendige Investitionen in den Ausbau von Produktionskapazitäten entsprechend des Umsatzwachstums erfasst? Entspricht die geplante Working Capital Entwicklung dem steigenden Umsatz und wirkt sich dies entsprechend auf den Finanzbedarf aus?
- Analyse der Konsistenz der Annahmen der Planungsrechnung mit den Erkenntnissen aus der Analyse der VFE-Lage sowie anderen Due Diligence Teilbereichen wie Commercial Due Diligence
    - Berücksichtigt die Steuerplanung Erkenntnisse aus der Tax Due Diligence?
- Prüfung der rechnerischen Richtigkeit des Planungsmodells
    - Prüfung von Modell-Logik, Formeln und Verknüpfungen
- Prüfung der Richtigkeit der angesetzten Eingabegrößen
    - Abstimmung zu zugrundeliegenden Dokumenten und Belegen

- Einarbeitung sonstiger im Laufe des Due Diligence Prozesses sowie laufender Verhandlungen gewonnener Erkenntnisse
- Plausibilisierung anhand von Kennzahlen und Vergleich mit der Vergangenheit (normalisierte Ergebnisse)
  - Werden typische Planungsfehler wie die sogenannte „Hockey-Stick-Planung“ (Annahme steigender Umsätze oder Ergebnisse in der Zukunft trotz gegenteiliger Trends in der Vergangenheit) vermieden?
  - Falls entgegen der Trends der Vergangenheit geplant wird, ist dies mit entsprechenden Maßnahmenplänen unterlegt?

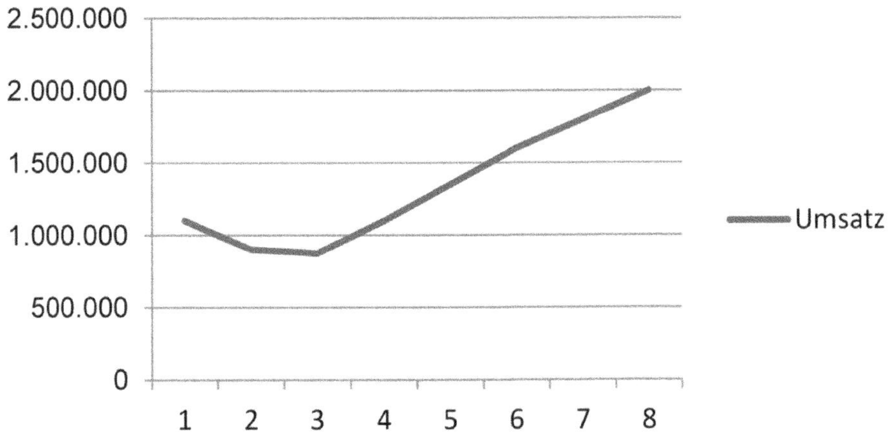

Abb. 12: Beispiel einer „Hockey-Stick“ Planung

- Eventuell Abbildung verschiedener Szenarien und Einschätzung der jeweiligen Eintrittswahrscheinlichkeiten

VI. Grundzüge der Commercial Due Diligence

107 In Grundzügen ist die Commercial Due Diligence häufig Bestandteil der Financial Due Diligence. Zweck der Analyse ist die Gewinnung eines umfassenden Verständnisses der **Geschäftstätigkeit** und des Geschäftsmodells des Unternehmens sowie des **Marktumfelds**. Die Erkenntnisse fließen insbesondere in die Beurteilung der Nachhaltigkeit des Geschäftsmodells und der Plausibilität der Planungsrechnung des Unternehmens ein.

108 Abhängig von Unternehmensgröße des Zielunternehmens, dem Know-how des Erwerbers und weiteren Umständen können aber auch der Auftraggeber selbst oder spezialisierte Unternehmensberater wesentliche Elemente oder gar die vollständige Untersuchung übernehmen.

Bestandteile der Analyse sind häufig folgende Punkte: 109

- Volkswirtschaftlichen Rahmenbedingungen
- Analyse des aktuellen Marktumfelds und der Wettbewerbssituation einschließlich Betrachtungen zur Größe des Marktes und des Marktanteils sowie erwarteter Wachstumsraten und sonstiger Entwicklungen
- Beschreibung wesentlicher Wettbewerber
- Wahrscheinlichkeit des Eintritts weiterer Wettbewerber
- Analyse des Produkt- und Leistungsspektrums
- Analyse des Lebenszyklus der Produkte
- Analyse der Preispolitik des Unternehmens
- Analyse der individuellen Stärken, Schwächen, Chancen und Risiken des Unternehmens (SWOT-Analyse)
- Analyse der Unternehmensorganisation
- Betrachtung der Unternehmensaktivitäten im Bereich Forschung & Entwicklung: Welche Produkte und Innovationen befinden sich in der Entwicklung? Wann wird die Marktreife erwartet? Wie hoch sind die Aufwendungen für Forschung und Entwicklung im Branchenvergleich?

VII. Bilanzierung des Unternehmenserwerbs

Sofern das Zielunternehmen nach dem Erwerb in die Konzernstrukturen des Käufers 110
eingegliedert werden soll, hat für Zwecke des Konzernabschlusses bei der erstmaligen Einbeziehung eine sogenannte **Kaufpreisallokation** (Purchase Price Allocation oder **PPA**) zu erfolgen.

Dabei wird der Kaufpreis auf die einzelnen Vermögenswerte und Schulden des 111
Zielunternehmens verteilt (auf Basis von Zeitwerten), einschließlich immaterieller Vermögenswerte, welche in der Bilanz des Zielunternehmens bislang nicht erfasst werden, wie z.B. Kundenbeziehungen oder Marken. Ein **verbleibender Unterschiedsbetrag** zwischen Kaufpreis und den Zeitwerten der erworbenen Vermögenswerte und Schulden wird als sogenannter Firmenwert oder „Goodwill" aktiviert und nach deutschem Handelsrecht in den Folgejahren abgeschrieben oder entsprechend internationaler Rechnungslegungsvorschriften einem jährlichen Werthaltigkeitstest (sog. Impairment Test) unterzogen.

Um bereits im Rahmen des M&A-Prozesses eine Abschätzung der Auswirkungen 112
des Erwerbs auf die künftigen konsolidierten Bilanzen und Gewinn- und Verlustrechnungen sowie Kapitalflussrechnungen des Erwerbers treffen zu können, bietet es sich an, eine sogenannte **Pre-Deal-PPA** durchführen.

Diese hat lediglich einen indikativen Charakter, da dem Erwerber zu diesem 113
Zeitpunkt in der Regel noch nicht alle erforderlichen Informationen vorliegen.

Gegebenenfalls kann in diesem Zusammenhang die vorherige Überleitung der 114
Jahresabschlussdaten von HGB zu IFRS oder US GAAP Zahlen erforderlich sein.

VIII. Financial Due Diligence als Grundlage der Unternehmensbewertung

115 Der Wert eines Unternehmens wird im Allgemeinen als **Barwert** der mit dem Eigentum am Unternehmen verbundenen **Nettozuflüsse** an die Unternehmenseigner bestimmt.[9] Von wesentlicher Bedeutung für die Ermittlung des Unternehmenswertes auf Basis der üblichen Ertragswert- oder Discounted-Cashflow-(DCF)-Methoden ist daher die Herleitung der erwarteten künftigen Nettozuflüsse an die Unternehmenseigner. Die in diesem Zusammenhang als Grundlage für eine betriebswirtschaftlich anerkannte Unternehmensbewertung erforderlichen Arbeitsschritte entsprechen in vielen Punkten dem vorstehend beschriebenen Vorgehen (und zwar auch bei nicht transaktionsbezogenen Bewertungsanlässen):

- Analyse der wirtschaftlichen Verhältnisse des Unternehmens
- Analyse der VFE-Lage und Herleitung bereinigter Vergangenheitszahlen
- Plausibilisierung der Planungsrechnung unter Berücksichtigung des Markt- und Wettbewerbsumfelds des Unternehmens sowie des individuellen Chancen/Risiken- sowie Stärken/Schwächen-Profils.[10]

116 Im Einzelnen liefert die Financial Due Diligence vor allem folgende Beiträge zur Unternehmensbewertung:

- aus Vergangenheitsanalyse und Planungsplausibilisierung abgeleitetes Datengerüst für die Unternehmensbewertung
- Identifizierung nicht betriebsnotwendigen Vermögens, welches gesondert bewertet wird
- Identifizierung sonstiger Sachverhalte, die in der Unternehmensbewertung in Form von Sonderwerten zu berücksichtigen sind
- Aufzeigen und Beurteilen möglicher Synergieeffekte, die sich für den Käufer werterhöhend auswirken

117 Sofern sich bei ertragsschwachen Unternehmen ein **Liquidationswert** ergeben sollte, der den Ertrags- oder DCF-Wert übersteigt, können die Untersuchungen verschiedener Bilanzposten Anhaltspunkte zu dessen überschlägiger Ermittlung liefern.

118 Auch bei Anwendung der in der Transaktionspraxis oft zu beobachtenden **Multiplikator-Methoden**, zumeist in der Form von Umsatz-, EBIT- oder EBITDA-Multiples, stützt man sich in der Regel auf die entsprechenden aus der Due Diligence abgeleitete Größen, entweder im Form der Vergangenheitszahlen (Trailing Multiples) oder der Planzahlen (Forward Multiples).

119 Vom Unternehmenswert unterscheidet sich der **Preis**, der durch weitere Faktoren beeinflusst sein kann und sich im Rahmen der Verhandlungen aus der indivi-

9 Vgl. IDW S1, Tz. 4; zu Einzelheiten vgl. Kap. 3.
10 Vgl. Petersen/Zwirner/Brösel/*Koch* S. 137.

duellen Preisobergrenze des Käufers und der Preisuntergrenze des Verkäufers ergibt.

IX. Post-Deal Analysen

Die Financial Due Diligence kann sich auch auf Zeiträume **nach der Unterzeichnung** der Kaufverträge oder dem Closing beziehen. Dies betrifft beispielsweise folgende Punkte: 120
- Durchführung der finalen Kaufpreisallokation bei Einbeziehung in den Konzernabschluss des Käufers auf Basis der bereits erstellten indikativen PPA
- Ermittlung häufig explizit kaufpreisrelevanter Größen zu einem zwischen den Parteien vereinbarten Stichtag wie z.B. Nettofinanzverbindlichkeiten oder Working Capital
- Durchführung einer Jahresabschlussprüfung zu einem zwischen den Parteien vereinbarten Stichtag
- Ermittlung variabler Kaufpreisanteile für einen festgelegten Zeitraum nach dem Closing (Earn Out Regelungen)
- Unterstützung bei der Post Merger Integration und laufendes Monitoring der Umsetzung
- Beurteilung der Realisierung erwarteter Synergieeffekte
- Erstellung von Sanierungs- und Restrukturierungskonzepten für das Unternehmen oder Teilbereiche bzw. Standorte

X. Typische Herausforderungen in der Praxis

Als großes Problem in der Transaktionspraxis stellt sich immer wieder der meist hohe **Zeitdruck** heraus. Beide Parteien sind in der Regel an einem schnellen Abschluss interessiert, zudem kann auch das Vorhandensein weiterer Kaufinteressenten den Zeitdruck erhöhen. Daraus ergeben sich organisatorische Herausforderungen, welche insbesondere die zeitliche Verfügbarkeit wesentlicher Personen auf allen beteiligten Seiten, einschließlich des Due Diligence Teams, betreffen. 121

Auch die zeitnahe Bereitstellung von erforderlichen Informationen und Unterlagen ist regelmäßig ein kritischer Punkt. Gerade im deutschen Mittelstand liegen viele rechnungslegungsnahe Auswertungen, die von strategischen Investoren oder internationalen Private Equity-Investoren erwartet werden, nicht vor, so dass diese im Laufe der Due Diligence Arbeiten oft erst von personell schwach aufgestellten Controlling- und Rechnungswesen-Teams erstellt werden müssen. Zum Teil ist mangels interner Erfahrung auch die Unterstützung und Mitwirkung des Due Diligence Teams erforderlich. Es ist wichtig, den Fokus konsequent auf die wesentlichen, entscheidungsrelevanten Punkte zu lenken. 122

123 Auch das Gegenteil, nämlich die **Überflutung** mit irrelevanten Informationen, kann sich im Hinblick auf die zeitliche Umsetzung des Projekts als kritisch herausstellen.

124 Bei Due Diligence Projekten im **internationalen Umfeld** treten durch Sprachbarrieren und kulturelle Unterschiede im Detail häufiger Stolpersteine zu Tage, als die beteiligten Parteien dies erwarten. Auch unterschiedliche Verständnisse hinsichtlich Rechnungslegungssystemen, Bilanzierungsvorschriften oder anderer rechtlicher Regelungen brauchen oft Unterstützung und „Navigationshilfe" durch das Due Diligence Team. Nicht zu unterschätzen sind auch organisatorische Herausforderungen, die sich durch Zeitunterschiede bei internationalen Teams ergeben können, wenn z.B. nur bestimmte Zeitfenster für Telefonkonferenzen geeignet sind.

125 Wichtig für den Gesamterfolg des Projekts ist schließlich auch die laufende Abstimmung mit den übrigen Due Diligence Teams (Legal DD, Tax DD usw.) um jederzeit relevante Erkenntnisse schnellstmöglich auf Folgewirkungen für den Financial DD Bereich untersuchen zu können. Die entsprechende **Kommunikation und Abstimmung** sollte jederzeit gewährleistet sein, unabhängig davon, ob die verschiedenen Due Diligence Leistungen durch eine multidisziplinäre Beratungseinheit aus einer Hand oder von verschiedenen spezialisierten Anbietern erbracht werden.

D. Berichterstattung

I. Ziele und Inhalt der Berichterstattung

126 Das wesentliche Ziel der Berichterstattung liegt in der Zusammenfassung der Ergebnisse, insbesondere der Chancen und Risiken des Zielobjektes und sollte adressatenorientiert (strategischer Investor oder Finanzinvestor, Investment Committee, finanzierende Bank, etc.) erfolgen.

127 Grundsätzlich richten sich der Inhalt und der Umfang der Berichterstattung nach den im Auftrag definierten Schwerpunkten. Es lassen sich grob zwei unterschiedliche Arten der Berichterstattung unterscheiden:

128 Die sogenannte **Kurzberichterstattung**, die mindestens auf folgende Punkte eingehen sollte:

– Anschreiben zum Bericht (Cover Letter). Das Anschreiben zum Bericht sollte kurz und präzise auf die vereinbarte Aufgabenstellung einschließlich nachträglicher Ergänzungen des ursprünglichen Auftrages hinweisen und eine Übersicht zu den zur Verfügung stehenden Informationen geben. Daneben sollte es dem Adressaten des Berichtes auf eventuelle Limitierungen, wie zum Beispiel fehlenden Zugang zum Management oder fehlende Informationen, hinweisen.[11]

11 Vgl. WP-Handbuch 2014/Bd. II/*Russ*, S. 327, Rn 64.

– Diese Kurzberichterstattung konzentriert sich inhaltlich auf die wesentlichen Feststellungen und Ergebnisse der Due Diligence Prüfung und enthält typischerweise keine detaillierten Ausführungen und Analysen zu den einzelnen Arbeitsgebieten. In der Praxis wird diese Kurzberichterstattung als Executive Summary bezeichnet.

Ein **ausführlicher Financial Due Diligence Bericht** wird neben den Inhalten der 129
Kurzberichterstattung umfangreich ergänzt durch detaillierte Darstellungen zu den einzelnen im Auftrag definierten Untersuchungsschwerpunkten. Der ausführliche Bericht beginnt zunächst in der Regel mit einem formalen Teil, in dem der Auftrag und die Auftragsdurchführung erläutert werden.

Auch bei der ausführlichen Berichterstattung hat es sich in der Praxis inzwi- 130
schen etabliert, im inhaltlichen Teil mit einer **Executive Summary** mit kurzer Beschreibung des Zielobjektes und Darstellung wesentlicher Finanzkennzahlen sowie der Darstellung der wesentlichen Stärken und Schwächen des Zielobjektes zu beginnen.

Darüber hinaus stellt der **inhaltliche Teil** die einzelnen Untersuchungsschwer- 131
punkte umfangreich dar. Üblicherweise umfasst dieser Teil mindestens folgende Erläuterungen:
- Darstellung und Erläuterungen zu der Vergangenheitsanalyse der Finanzinformationen mit Ableitung von bereinigten operativen Ergebnissen, Cash-Flow-Analysen über die Mittelherkunft und die Mittelverwendung, Produktergebnisberechnungen sowie Überleitungen von betriebswirtschaftlichen Kennziffern und Ergebnisrechnungen zu den Jahresabschlüssen.
- Darstellung der aktuellen Geschäftsentwicklung anhand von Forecastberechnungen und Plan-Ist Abweichungsanalysen.
- Analyse der Planungsrechnungen mit Erläuterungen zu den Planungsparametern und Auswirkungen auf die Strategie- und Finanzplanung. Verifizierung und Plausibilisierung der Planungsrechnung des nächst folgenden Jahres und Analyse der mittel- und langfristigen Planungsrechnungen.
- Darstellung der Organisation einschließlich des internen Kontrollsystems sowie der Prozessabläufe des Zielobjektes.

Die Inhalte können deutlich weiter gefasst und umfangreicher sein, sofern der Auf- 132
trag besondere Inhalte und Analysen beinhaltet.

Praxistipp !

Als Grundlage des Berichts sollten die Arbeitspapiere zur Financial Due Diligence stets so geführt werden, dass alle wesentlichen im Bericht getroffenen Aussagen zu entsprechenden Belegen bzw. Dokumenten zurückverfolgt werden können.

Die Richtigkeit der im Bericht getroffenen Aussagen kann sich der Wirtschaftsprüfer ggf. sowohl vom Zielunternehmen als auch im Käufer in getrennten Vollständigkeitserklärungen bestätigen lassen.

II. Mustergliederung des Berichts über die Financial Due Diligence

133 Eine zusammenfassenden Darstellung von häufig in Financial Due Diligence Berichten enthaltenen Inhalten zeigt die folgende Mustergliederung eines Berichts für die Financial Due Diligence:

- Beschreibung von Auftrag und Auftragsdurchführung
- Anschreiben zum Bericht (Cover Letter)
- Executive Summary
- Beschreibung des Zielunternehmens und wichtiger Kennzahlen
  - *Wesentliche Stärken und Schwächen*
  - *Zusammenfassung der wichtigsten finanzwirtschaftlichen Aspekte*
- Vergangenheitsbetrachtung
  - *Unbereinigte Ergebnisrechnung > Bereinigungen > bereinigte Ergebnisrechnung*
  - *Cash-Flow-Analysen*
  - *Produktergebnisrechnung*
  - *Überleitungsrechnung zwischen Jahresabschluss und Ergebnisrechnung laut Controlling*
- Aktuelle Entwicklung (z.B. Monatsabschlüsse)
  - *Prognoserechnungen*
  - *Plan/Ist-Vergleich*
- Bewertung der Planungsrechnung
- ggf. Bewertung der Organisation und Informationssysteme
  - *Aufbauorganisation*
  - *Management-Informations-System*
  - *EDV-System*
- ggf. ergänzende Prüfungsgebiete (Management, Personal, Umweltrisiken)

Kapitel 6
Legal Due Diligence

A. Bedeutung und Funktion der Legal Due Diligence

1 Die **Legal Due Diligence** nimmt bei Unternehmenstransaktionen eine zentrale Rolle ein. Sie liefert dem Adressaten des **Legal Due Diligence Berichts** einen weiteren Baustein bei der Entscheidung, ob und gegebenenfalls in welcher Weise er die intendierte Transaktion durchführt. Transaktionsanwälte haben ein klares Bild von dem, was sich hinter dem Begriff Legal Due Diligence verbirgt. Sie verwenden den Begriff wie selbstverständlich. Denjenigen aber, die nicht im Bereich von Unternehmenstransaktionen tätig sind, ist der Begriff der Due Diligence oftmals unbekannt oder zumindest unklar, was sich im Detail hinter dem Begriff verbirgt.[1]

I. Die Bedeutung des Begriffs

2 Der Begriff „Due Diligence" entstammt dem anglo-amerikanischen Rechtsraum und bedeutet übersetzt etwa **„gebotene Sorgfalt"** (engl. *due* = geboten, *diligence* = Sorgfalt).[2] Im Deutschen kommt dem anglo-amerikanischen Begriff „Due Diligence" vermutlich die Redewendung „Drum prüfe, wer sich bindet." am nächsten.

3 Die Due Diligence ist (auch) Ausfluss der Sorgfaltspflichten der Geschäftsleiter (§ 93 AktG, § 43 GmbHG).[3] Die Entscheidung, eine bestimmte Unternehmenstransaktion vorzunehmen, muss mit der erforderlichen Sorgfalt vorbereitet werden. Bei dem Erwerb von Unternehmen bedingt sorgfältiges Handeln, dass der Erwerber sich einen hinreichenden Eindruck über das zu erwerbende Unternehmen verschafft.[4] Er muss sich der Folgen seines Handelns – soweit im Vorhinein absehbar – grundsätzlich bewusst sein.

4 Mit einer annähernden Übersetzung des Begriffs Due Diligence ist der Begriff allerdings noch nicht erschöpfend erklärt. Wenn Transaktionsexperten von der Legal Due Diligence sprechen, meinen sie die Prüfung aller im Rahmen eines strukturierten Prozesses (der Legal Due Diligence) **relevanten rechtlichen Verhältnisse eines Unternehmens**.

---

1 So auch Beisel/Andreas/*Beisel* § 1 Rn 7.

2 Vgl. Beisel/Klumpp/*Beisel* Kap. 2 Rn 2; zur Herkunft des Due Diligence-Konzepts Beisel/Andreas/*Beisel* § 1 Rn 17.

3 *Bauer* Gesellschaftsrechtliche Vereinigung (2014), S. 197, 202f.

4 *Hölters* Aktiengesetz, § 93 Rn 177.

5 Typischerweise läuft die Legal Due Diligence in etwa wie folgt ab: Der potentielle Käufer erstellt zunächst eine Anforderungsliste (Legal Due Diligence Request List oder Legal Due Diligence Questionnaire). Der Verkäufer stellt die vom potentiellen Käufer abgefragten Dokumente in einem Datenraum zur Prüfung bereit. Der potentielle Käufer prüft die Dokumente. Das Prüfungsergebnis wird in einem Bericht (dem Legal Due Diligence Report) zusammengefasst. Die Ergebnisse der Legal Due Diligence fließen dann, soweit relevant, in die Gestaltung des Kaufvertrages und in die Vertragsverhandlungen ein.

6 Einen für jedes Unternehmen und jede Situation einheitlichen Prüfungsmaßstab oder Prüfungskatalog gibt es nicht. Einem produzierenden Unternehmen, das die Möglichkeit hat, einen Wettbewerber zu übernehmen, wird es häufig vorrangig um Verträge mit Kunden und Lieferanten, Technologie und Schutz des geistigen Eigentums sowie etwaige Absprachen mit anderen Wettbewerbern gehen. Einem Automobilhersteller, dessen Produktion aufgrund drohender Insolvenz eines wichtigen Lieferanten zu stocken droht, wird es in erster Linie darum gehen, Nachteile aufgrund Produktionsausfall oder -verzögerung abzuwenden oder zumindest zu minimieren. Gleichwohl muss der Automobilhersteller auch in einer solchen Situation darauf achten, dass er sorgfältig mit den Ressourcen des Unternehmens umgeht und nicht das „Fass ohne Boden“ erwirbt.

7 Es lässt sich mithin festhalten, dass der Begriff Due Diligence eine Prüfung der relevanten rechtlichen Verhältnisse von Unternehmen beschreibt, deren Umfang sich zum einen an dem zu erwerbenden Zielunternehmen, zum anderen an der konkreten Situation des potentiellen Käufers auszurichten hat.

II. Die Funktion der Legal Due Diligence

8 Die Legal Due Diligence ist in einen mehrstufigen Entscheidungsprozess eingebettet. Der potentielle Käufer hat im Regelfall vor Durchführung der Legal Due Diligence bereits ein vom Verkäufer bzw. seinem Berater (Corporate Finance Advisor oder Investmentbank) erstelltes Information Memorandum oder andere Quellen ausgewertet und die (vorläufige) Entscheidung getroffen, sich näher mit dem Erwerb eines bestimmten Unternehmens zu beschäftigen; er hat zudem in einem indikativen, unverbindlichen Angebot seine Kaufpreisvorstellungen mitgeteilt. Im Rahmen dieses Entscheidungsprozesses wird der potentielle Käufer regelmäßig Annahmen getroffen haben, die für die Bildung seiner Preisvorstellung maßgeblich sind. Die Legal Due Diligence soll ihn bei der weiteren Entscheidungsfindung unterstützen. Sie hat drei primäre Funktionen:
- die Erfassung des Status Quo des Zielunternehmens,
- die Aufdeckung von Chancen und Risiken der Transaktion (Absicherung der Entscheidungsgrundlage) und
- die Schaffung einer Grundlage für die Vertragsverhandlungen.

Daneben kommt der Legal Due Diligence auch Bedeutung für das Haftungsrisiko 9 der Geschäftsführung des Käufers zu. Mit einer hinreichend umfangreichen Due Diligence kommt die Geschäftsleitung ihren Sorgfaltspflichten beim Unternehmenskauf nach. Die Geschäftsleitung handelt nur dann sorgfältig, wenn sie die Entscheidung über den Unternehmenskauf auf hinreichender Informationsgrundlage trifft.[5]

1. Die Erfassung des Status Quo

Die erste Funktion der Due Diligence besteht darin, Informationen über das Zielun- 10 ternehmen zu erlangen und den **Status der rechtlichen Verhältnisse** des Zielunternehmens festzustellen. Blickwinkel ist dabei die Sicht eines potentiellen Käufers. Die Due Diligence ist mithin adressatenbezogen.

Möglicherweise kennt der potentielle Käufer das Zielunternehmen bereits (ein 11 wenig), etwa weil es sich um einen Lieferanten handelt. Dabei hat der potentielle Käufer das Unternehmen jedoch bislang nur von außen kennengelernt. Das **Unternehmen von innen**, also seine internen (gesellschaftsrechtlichen) Strukturen und die Konditionen der Vertragsbeziehungen zu Lieferanten, Kunden, Mitarbeitern und Beratern sowie den Umfang etwaiger Haftungsfälle oder Rechtsstreitigkeiten kennt der potentielle Käufer hingegen regelmäßig nicht.

Im Rahmen der Due Diligence kann sich der potentielle Käufer einen näheren 12 **Einblick in das Zielunternehmen** verschaffen. Er wird in die Lage versetzt, die **internen Strukturen und Prozesse** des Unternehmens zu verstehen und die **rechtlichen Beziehungen des Zielunternehmens** zu Dritten auszuwerten. Dem potentiellen Käufer wird in diesem Rahmen nicht selten ein tiefgreifender Einblick in die Rechtsbeziehungen des Zielunternehmens gewährt.

Der potentielle Käufer kann auf diese Weise auch den Status Quo des Zielunter- 13 nehmens dokumentieren. Dies dient der **Beweissicherung** für den Fall etwaiger zukünftiger Rechtsstreitigkeiten mit dem Verkäufer nach der Transaktion (Post Closing Dispute oder Post Closing Litigation).[6]

2. Die Aufdeckung von Chancen und Risiken

Der potentielle Käufer wird bei anfänglichen Überlegungen über die Höhe des Kauf- 14 preises die Angaben im Information Memorandum und Informationen aus anderen, im Regelfall öffentlich zugänglichen Quellen als zutreffend unterstellen und aufgrund dieser Annahmen erste Überlegungen zum Kaufpreis anstellen. Eine **weitere Funktion** der Legal Due Diligence besteht daher darin, die Annahmen des poten-

5 *Bauer* Gesellschaftsrechtliche Vereinigung (2014), S. 197, 202ff.
6 *Werner* GmbHR 2007, 678.

tiellen Käufers zu überprüfen und Chancen und Risiken des Zielunternehmens aufzudecken und damit die Entscheidungsgrundlage des potentiellen Käufers abzusichern. Im günstigen, praktisch aber verhältnismäßig selten vorkommenden Fall werden alle Annahmen des potentiellen Käufers bestätigt. Häufiger kommt es allerdings vor, dass der potentielle Käufer in der Legal Due Diligence Risiken entdeckt, die er entweder bei der Kaufpreisfindung mindernd berücksichtigt oder deren Absicherung im Unternehmenskaufvertrag er sucht.

a) Risiken

15 Erst im Rahmen der Legal Due Diligence erhält der potentielle Käufer durch die Auswertung der ihm überlassenen Unterlagen günstigenfalls hinreichende Informationen, um die rechtliche Situation des Zielunternehmens und die daraus resultierenden Risiken ermitteln und in seine Entscheidungsfindung einbeziehen zu können.

Beispiel

Der potentielle Käufer zieht den Erwerb eines Wettbewerbers in Betracht, der vor drei Jahren ein neues Produkt entwickelt hat und mit diesem seine Marktstellung erheblich ausbauen konnte. Aufgrund der Tatsache, dass andere Wettbewerber zwischenzeitlich gleichartige Produkte entwickelt haben, diese jedoch preisgünstiger verkaufen, hat der Wettbewerber zuletzt wieder Marktanteile verloren. Der potentielle Käufer sieht jedoch die Möglichkeit von Synergieeffekten zwischen dem eigenen Unternehmen und dem Wettbewerber, insbesondere bei der Beschaffung von Bauteilen. Aus diesem Grund zieht er einen Erwerb des Wettbewerbers trotz des zuletzt eingetretenen Verlusts von Marktanteilen in Betracht.

Im Rahmen der Legal Due Diligence stellt der potentielle Käufer jedoch fest, dass der Wettbewerber im Zuge der Entwicklung des neuen Produkts mit einem Lieferanten einen Vertrag mit einer Laufzeit von 15 Jahren und einer hohen jährlichen Mindestabnahmemenge geschlossen hatte. Aufgrund dieses Vertrags nimmt der potentielle Käufer von dem Erwerb des Wettbewerbers Abstand, da insbesondere die von ihm beabsichtigten Synergieeffekte bei der Beschaffung von Bauteilen aufgrund der langfristigen Abnahmepflicht des Wettbewerbers gegenüber seinem Lieferanten nicht erfüllt werden können.

---

16 Wie in dem Beispiel erkennbar, wurde dem potentiellen Käufer erst aufgrund der Legal Due Diligence bekannt, dass der Wettbewerber drei Jahre zuvor einen aus heutiger Sicht ungünstigen Vertrag abgeschlossen hatte. Dieser Vertrag läuft dem Ziel des potentiellen Käufers zuwider, Synergieeffekte bei der Beschaffung von Bauteilen zu generieren. Ohne eine sorgfältige Prüfung der Vertragsverhältnisse des Wettbewerbers hätte der potentielle Käufer diese Erkenntnis nicht erlangt.

b) Chancen

17 Chancen aus der beabsichtigten Unternehmenstransaktion können sich beispielsweise aus vertraglichen Beziehungen des Zielunternehmens zu Lieferanten oder

Kunden ergeben, die für den potentiellen Käufer von Bedeutung sind und seine Position im Markt verbessern können. Der potentielle Käufer wird häufig geneigt sein, diese Chancen zur Rechtfertigung eines höheren Kaufpreises zu nutzen, insbesondere wenn er sich – was häufig vorkommt – in einem kompetitiven Umfeld befindet (strukturiertes Bieterverfahren/Auction Sale).

Beispiel
Im Rahmen der Legal Due Diligence erfährt der potentielle Käufer, dass das Zielunternehmen in Kooperation mit einem anderen Unternehmen ein Produkt entwickelt, dass in dieser Form bislang auf dem Markt nicht angeboten wird. Durch den Erwerb des Zielunternehmens könnte der Käufer erheblich von dem Entwicklungsergebnis profitieren und dadurch seine eigene Stellung im Markt verbessern.

---

3. Die Schaffung einer Grundlage für die Vertragsverhandlungen

Durch die Legal Due Diligence gewinnt der potentielle Käufer eine Grundlage für 18 Vertragsverhandlungen. Ohne eine Due Diligence bestünde ein erhebliches Informationsungleichgewicht zwischen Verkäufer und Käufer.[7] Erst die Legal Due Diligence ermöglicht dem Käufer, annähernd **auf Augenhöhe** mit dem Verkäufer **zu verhandeln**.

Im Rahmen der Verhandlungen kann der potentielle Käufer die Ergebnisse der 19 Legal Due Diligence für sich nutzen. Er kann zum Beispiel Garantien oder Freistellungsverpflichtungen des Verkäufers gegenüber dem Käufer oder Kaufpreiseinbehalte für bestimmte Risiken vereinbaren.

Beispiel
Im Rahmen der Tax Due Diligence werden Unregelmäßigkeiten festgestellt, die zu Steuernachzahlungen von bis zu 1.000.000,00 € führen können. Im Rahmen der Verhandlungen des Unternehmenskaufvertrags wird der Käufer diese Information für sich nutzen und beispielsweise eine Freistellung von dem Verkäufer von diesen Nachzahlungen oder – aus seiner Sicht regelmäßig vorzugswürdig – einen (gegebenenfalls temporären) Einbehalt von dem Kaufpreis in entsprechender Höhe fordern.

---

4. Die Verringerung des Haftungsrisikos des Managements des Käufers

Neben den unter 1. bis 3. dargestellten originär transaktionsbezogenen Funktionen 20 kommt der Due Diligence auch eine **erhebliche Bedeutung für das Management** des potentiellen Käufers zu. Das Unterlassen einer Prüfung eines Zielunternehmens

7 *Müller* NJW 2004, 2196.

wird im Regelfall einen **Sorgfaltspflichtverstoß** der Geschäftsführung darstellen,[8] der Schadensersatzansprüche der Gesellschaft gegen die Leitungsorgane begründen kann. Voraussetzung für einen solchen Anspruch der Gesellschaft ist, dass sich ein Schaden bei dem Käufer einstellt, der im Falle der **Durchführung einer Legal Due Diligence** nicht eingetreten wäre, etwa weil der Käufer von der Transaktion abgesehen oder für bestimmte Sachverhalte eine vertragliche Absicherung vereinbart hätte.

21 Die Durchführung einer Legal Due Diligence liegt also nicht nur im Interesse des potentiellen Käufers. Auch dessen Geschäftsleitung hat ein Interesse daran.[9] Gleichwohl werden die Mitglieder der Geschäftsleitung in den Schutzbereich des Vertrages mit dem rechtlichen Berater über die Durchführung einer Legal Due Diligence regelmäßig nicht einbezogen sein. Sie werden – vorbehaltlich abweichender Regelung – keine Ansprüche aus dem Vertrag zwischen dem potentiellen Käufer und dem rechtlichen Berater herleiten können.

22 In Rechtsprechung und Literatur ist bislang noch nicht hinreichend klar herausgearbeitet, welchen Umfang eine Due Diligence haben muss, damit die Geschäftsleiter sich sorgfältig verhalten. Eine Entscheidung des Bundesgerichtshofs gibt es zu dieser Frage bislang nicht. Zieht man andere seiner Entscheidungen[10] zu ebenfalls unternehmerischen Entscheidungen heran, liegt nahe, dass die Geschäftsleiter „alle verfügbaren" Informationsquellen auszuschöpfen haben. Die wohl herrschende Auffassung in der Literatur verlangt hingegen lediglich eine „angemessene" Informationsgrundlage.[11] In eine ähnliche Richtung geht der BGH in seiner Entscheidung vom 3. November 2011.[12] Die Praxis jedenfalls orientiert sich regelmäßig an der herrschenden Auffassung in der Literatur.[13]

23 Der gängigen Praxis folgend, muss nicht zwangsläufig jedem Unternehmenskauf eine Due Diligence vorausgehen. Sofern der potentielle Käufer bereits über hinreichende Kenntnisse über das Zielunternehmen verfügt, ist eine Due Diligence nicht unbedingt erforderlich, um etwaigen Haftungsrisiken vorzubeugen. Ein solcher Fall kann typischerweise bei einem Management Buy-Out vorliegen, also dem Erwerb der Zielgesellschaft durch deren Management.[14]

---

8 Grundlegend: LG Hannover, Urteil vom 23.2.1977, 1 O 123/75; OLG Oldenburg, Urteil vom 22.6.2006 – 1 U 34/03, NZG 2007, 434; *Werner* ZIP 2000, 989; Hauschka/*Klöpper* § 28, Rn 15.

9 *Werner* GmbHR 2007, 678.

10 BGH, Urteil vom 14.7.2008, II ZR 202/07, NJW 2008, 3361, 3362; Urteil vom 18.6.2013, II ZR 86/11, NJW 2013, 3636, 3638 f.

11 *Peltzer* Gesellschaftsrechtliche Vereinigung (2013), S. 83, 90; Spindler/Stilz/*Fleischer* § 93 Rn 75; *Bachmann* NZG 2013, 1121, 1124.

12 BGH, Urteil vom 3.11.2011, II ZR 236/07, NZG 2009, 117.

13 Vgl. *Bauer* Gesellschaftsrechtliche Vereinigung (2014), S. 203 f.

14 Vgl. Beisel/Klumpp/*Beisel* Kap. 2 Rn 29.

Eine umfassende Due Diligence mag unter besonderen Umständen auch aus anderen Gründen entbehrlich sein: Droht zum Beispiel dem potentiellen Erwerber ohne die Durchführung der Transaktion ein Schaden, der größer ist als die Aufwendungen des potentiellen Käufers im Zusammenhang mit der Transaktion (einschließlich etwaiger Aufwendungen für Restrukturierung), dürfte die Durchführung der Transaktion ohne (umfassende) Due Diligence noch sorgfältig sein, zumindest dann, wenn kein hinreichendes Zeitfenster zur Durchführung einer umfassenden Due Diligence zur Verfügung steht. Voraussetzung allerdings ist, dass der potentielle Käufer den maximalen Umfang etwaiger Aufwendungen hinreichend belastbar ermittelt hat, was typischerweise eine zumindest begrenzte und auf Risiken fokussierte Due Diligence voraussetzt. Anwendungsbeispiele sind Akquisitionen von Lieferanten und Vertriebsmittlern, die vor der Insolvenz stehen. Im erstgenannten Fall droht ein Produktionsstopp, im letztgenannten Fall droht der Verlust eines mühsam und langjährig aufgebauten Vertriebsnetzes. Die Fälle, in denen der Erwerb eines Unternehmens ohne (umfassende) Due Diligence sorgfältig ist, sind praktisch eher Ausnahmefälle. 24

Festhalten lässt sich grundsätzlich, dass die Geschäftsleitung **zur Prüfung des Zielunternehmens und zur sachgerechten Auswahl** der zu prüfenden Bereiche und Fragestellungen verpflichtet ist. Die Geschäftsleitung hat jeweils sorgfältig zu prüfen und zu entscheiden, ob und in welchem Umfang eine Due Diligence durchgeführt werden soll.[15] Bei der Prüfung, ob und in welchem Umfang eine Due Diligence nicht durchgeführt werden soll, sollte die Geschäftsleitung einen **strengen Maßstab** anlegen. Anderenfalls setzt sie sich gegebenenfalls dem Vorwurf aus, fahrlässig auf eine sorgfältige Prüfung des Zielunternehmens verzichtet zu haben.[16] 25

B. Arten der Legal Due Diligence

In welcher Art und mit welcher Zielrichtung eine Legal Due Diligence durchgeführt wird, ist vom Auftraggeber und dessen Zielsetzung in der konkreten Situation sowie von der geplanten Transaktionsstruktur abhängig. 26

---

15 *Werner* GmbHR 2007, 678, 679; *Hölters* Aktiengesetz, § 93 Rn 179, der unter Verweis auf die Business Judgement Rule insbesondere das unternehmerische Ermessen des Management des potentiellen Käufers hervorhebt.

16 Vgl. von *Busekist/Timmerbeil* CCZ 2013, 225, 227 f., die darauf hinweisen, dass der Verzicht auf eine Due Diligence nur in seltenen Fällen im Interesse des Käufers sein wird; in diesem Sinne auch Picot/*Picot* Handbuch M&A, Kap. IX. Teil 3, S. 256.

I. Auftraggeber

27 Als Auftraggeber einer Legal Due Diligence kommen der potentielle Käufer des Zielunternehmens, der Verkäufer des Zielunternehmens und gegebenenfalls die die Transaktion finanzierende Bank in Frage. Die **Ausgangslagen** der Legal Due Diligence **unterscheiden sich** danach entsprechend.

1. Käufer Due Diligence

28 Der typische potentielle Käufer verfügt lediglich über begrenzte Kenntnisse über das Zielunternehmen; er ist **Außenstehender**. Der Erwerb des Zielunternehmens auf Basis dieses begrenzten Kenntnisstands wäre **sehr risikoreich**. Dem potentiellen Käufer sind die Rechtsbeziehungen des Zielunternehmens und deren wirtschaftliche Auswirkungen und gegebenenfalls finanzielle Implikationen regelmäßig[17] nicht bekannt. Es handelt sich um Interna des Zielunternehmens.

29 Der Käufer muss bemüht sein, sich im Rahmen der Legal Due Diligence einen **entsprechend seiner Zielsetzung hinreichenden Überblick** über alle maßgeblichen Rechtsbeziehungen des Zielunternehmens zu verschaffen. Voraussetzung ist, dass der Verkäufer all die Informationen offenlegt, die für eine sorgfältige Bewertung erforderlich sind. Der potentielle Käufer wird mit gehöriger Sorgfalt seine Anforderungen definieren und eher zu viele als zu wenige Prüfungsfelder in die Due Diligence einbeziehen.

30 Die Prüfung umfasst etwa die Fragen, ob – im Falle des Verkaufs von Anteilen – der Verkäufer tatsächlich Anteilsinhaber ist, ob der Einsatz sämtlicher betriebsnotwendiger Gegenstände durch das Zielunternehmen und ob Geschäftsbeziehungen zu wichtigen Lieferanten und Kunden hinreichend gesichert sind und ob Rechtsstreitigkeiten bestehen, die sich mehr als nur unerheblich auf den Erfolg des Zielunternehmens auswirken können. Im Ergebnis geht es dem potentiellen Käufer vorrangig um die Aufdeckung und anschließend die Bewertung und Einbeziehung etwaiger Risiken in die Entscheidungsfindung.[18]

31 Im Rahmen der für einen potentiellen Käufer durchgeführten Legal Due Diligence kommt es dabei regelmäßig zu dem **Konflikt zwischen den Interessen des potentiellen Käufers und des Verkäufers**. Während der potentielle Käufer daran interessiert ist, möglichst alle bedeutsamen Umstände zu erfahren, ist dem Verkäufer oftmals daran gelegen, nicht sämtliche Umstände im Rahmen der Legal Due Diligence zu offenbaren. Dies gilt nachvollziehbar insbesondere für Betriebs- und Geschäftsgeheimnisse und sonstiges nicht allgemein bekanntes Know-how des Ziel-

17 Bei einem Management Buy-Out wird die Ausgangssituation des erwerbenden Managements regelmäßig anders sein.
18 *Vogt* DStR 2001, 2027.

unternehmens wie etwa genutzte Produktionsverfahren, Entwicklungen, Ein- und Verkaufskonditionen sowie besondere Bezugsquellen.

Der Verkäufer wird auch im Regelfall berücksichtigen, dass die Geschäftsleiter 32 des Zielunternehmens sich strafbar machen können,[19] wenn sie Geheimnisse des Zielunternehmens unbefugt offenbaren (§ 404 AktG,[20] § 85 GmbHG[21]). Zivilrechtlich resultiert eine Pflicht zur Verschwiegenheit der Geschäftsleiter bereits aus der Organstellung; für den Vorstand einer Aktiengesellschaft ist die Pflicht explizit gesetzlich normiert (§ 93 Abs. 1 Satz 3 AktG), für den Geschäftsführer einer GmbH wird sie allgemein angenommen.[22] Die Geschäftsleiter des Zielunternehmens dürfen nicht ohne weiteres insbesondere Betriebs- oder Geschäftsgeheimnisse gegenüber dem potentiellen Käufer offenlegen. Der Geschäftsführer einer GmbH etwa ist verpflichtet, vor Offenlegung vertraulicher Informationen gegenüber einem potentiellen Käufer einen (nach wohl herrschender Auffassung einstimmigen) Gesellschafterbeschluss einzuholen.[23] Der Vorstand der Aktiengesellschaft muss selbstverantwortlich entscheiden, ob und gegebenenfalls welche Informationen er offenlegt.[24] In der Literatur wird teilweise vertreten, die Offenlegung vertraulicher Informationen sei im Regelfall unzulässig; lediglich, wenn die Offenlegung zur Existenzsicherung erfolgt oder eine einmalige unwiederbringliche unternehmerische Chance wahrgenommen werden soll, soll eine Offenlegung ausnahmsweise zulässig sein.[25] Nach der wohl herrschenden Auffassung soll die Offenlegung zulässig sein, wenn sie zum Wohl und Nutzen der Zielgesellschaft erfolgt.[26] Die Praxis folgt regelmäßig der herrschenden Auffassung.

Um die widerstreitenden – und jeweils nachvollziehbaren – Interessen ange- 33 messen zu berücksichtigen, bieten sich verschiedene Möglichkeiten an. Besonders vertrauliche Informationen werden häufig erst zu einem späteren Zeitpunkt der Legal Due Diligence offengelegt (sogenannter Red Data Room),[27] wenn der potentielle Käufer sein Kaufinteresse bereits bekräftigt und zum Beispiel durch ein bedingtes Angebot (Conditional Offer) bekundet hat. Alternativ werden besonders vertrauliche Informationen nicht dem potentiellen Käufer selbst, sondern nur seinen Beratern aufgrund besonderer Vereinbarung offen gelegt. Typischerweise werden die Berater

19 Eingehend *Körber* NZG 2002, 263, 266 f.; *Rittmeister* NZG 2004, 1032 ff. jeweils m.w.N.
20 Henssler/Strohn/*Raum* § 404 AktG Rn 8.
21 Baumbach/Hueck/*Haas* § 85 Rn 11.
22 Lutter/Hommelhoff/*Kleindiek* § 43 Rn 20 m.w.N.; Birk/*Hörmann* FS P+P.
23 Michalski/*Haas*/*Ziemons* § 43 Rz 132a f. m.w.N.; *Rittmeister* NZG 2004, 1032, 1036 m.w.N.
24 *Rittmeister* NZG 2004, 1032, 1033 f.; *Körbers* NZG 2002, 263, 268.
25 *Lutter* ZIP 1997, 613, 617.
26 *Rittmeister* NZG 2004, 1032, 1033 f.; *Ziegler* DStR 2000, 249, 252 f.; *Müller* NJW 2000, 3452, 3453 ff.; *Körbers* NZG 2002, 263, 268.
27 Vgl. hierzu auch Rn 89 ff.

in solchen Fällen verpflichtet, ihrem Mandanten keine Details weiterzugeben, sondern nur in allgemeiner und abstrakter Form über etwaige Risiken zu berichten.

34 Hat der Käufer alle für ihn bedeutsamen Informationen erhalten, wird er sie auswerten und die **Ergebnisse** im Rahmen der Vertragsverhandlungen **berücksichtigen**. Um im Rahmen der Due Diligence festgestellte Risiken vertraglich abzusichern, wird der Käufer Garantien, Freistellungen oder Kaufpreiseinbehalte oder -abzüge vom Verkäufer fordern. Die Ergebnisse der Due Diligence dienen dem Käufer darüber hinaus als Grundlage für die Berechnung des Kaufpreises für das Zielunternehmen.[28]

2. Verkäufer Due Diligence

35 Häufig führt bereits der Verkäufer eines Unternehmens eine Legal Due Diligence durch, wenn er den Verkauf eines Unternehmens beabsichtigt. In diesem Fall wird die Due Diligence als **Vendor Due Diligence** bezeichnet. Die Vendor Due Diligence wird zeitlich vor der Due Diligence des potentiellen Käufers durchgeführt. Mit einer Vendor Due Diligence lassen sich verschiedene Zwecke verfolgen:

a) Vendor Due Diligence ausschließlich im Interesse des Verkäufers

36 Der Verkäufer lässt eine Vendor Due Diligence oftmals zu dem Zweck durchführen, etwaige Mängel des Unternehmens vor Beginn des eigentlichen Verkaufsprozesses aufzudecken und das Zielunternehmen entsprechend den Erkenntnissen „aufzubessern". Aufgrund der Ergebnisse der Vendor Due Diligence kann der Verkäufer „Mängel" beheben, bevor der potentielle Käufer diese im Rahmen der Due Diligence aufdeckt und entweder eine vertragliche Absicherung oder sogar eine Reduzierung des Kaufpreises fordert.[29] Ferner kann er sich – sofern eine Behebung der „Mängel" nicht stattfinden kann oder soll – auf Nachfragen des potentiellen Käufers vorbereiten. Er wird dann nicht von dem potentiellen Käufer mit im Rahmen der Due Diligence festgestellten Umständen überrascht.

Beispiel

Im Rahmen der Vendor Due Diligence stellt der Verkäufer fest, dass mehrere von ihm abgeschlossene, wesentliche Mietverträge nicht dem Schriftformerfordernis des § 550 BGB genügen. In Folge dessen können diese Mietverträge mit den gesetzlichen Kündigungsfristen gekündigt werden. Der Verkäufer kann diesen Schriftformmangel im Wege eines Vertragsnachtrags heilen und das Risiko einer vorzeitigen ordentlichen Kündigung ausschließen. Hierdurch beseitigt der Verkäufer einen Mangel, den der potentielle Käufer sonst im Rahmen seiner Due Diligence aufdecken und den Verkäufer damit konfrontieren würde.

28 *Böttcher* NZG 2005, 49.
29 Picot/*Bühler*/*Bindl* Handbuch M&A, Kap. VII. Teil 3, S. 189.

Ferner kann der Verkäufer beispielsweise behördliche Auflagen erfüllen, bevor dem potentiellen Käufer im Rahmen der Due Diligence auffällt, dass diese noch nicht erfüllt sind und hieraus das Risiko von Zwangsmaßnahmen durch die Behörde oder gar der (vorübergehenden) Nutzungsuntersagung der betreffenden Maschine/Anlage resultiert.

Eine Vendor Due Diligence wird zudem regelmäßig durchgeführt, wenn der Verkäufer plant, das Zielunternehmen im Rahmen eines **strukturierten Bieterverfahrens** (Auction Sale/Bidding Process) zu verkaufen. In derartigen Bieterverfahren werden Informationen über das Zielunternehmen entsprechend ihrer Bedeutung für das Zielunternehmen typischerweise nur abgestuft offengelegt. Auf diesem Weg kann der Verkäufer verhindern, dass er einer Mehrzahl von potentiellen Käufern, insbesondere Wettbewerbern, zu einem frühen Zeitpunkt sämtliche Informationen über das Zielunternehmen offenbart. Insbesondere kann er verhindern, dass Wettbewerber des Zielunternehmens nur aus dem Grund an dem Bieterverfahren teilnehmen, um tiefgreifende Erkenntnisse über das Zielunternehmens zu erlangen. Vielmehr wird der Verkäufer die für das Zielunternehmen bedeutsamsten rechtlichen Informationen nur denjenigen potentiellen Käufern zur Verfügung stellen wollen, mit denen letztlich aussichtsreiche Vertragsverhandlungen geführt werden. Der Verkäufer kann die Vendor Due Diligence in diesem Fall dazu nutzen, die über das Zielunternehmen vorhandenen **Informationen zu kategorisieren** und entsprechend dieser Kategorisierung an die potentiellen Käufer zu offenbaren. 37

Beispiel

Stufe	Zeitpunkt	Inhalt
1. Stufe	Vor der Abgabe eines Indikativen Angebots (sogenanntes Non-Binding Offer), das darüber entscheidet, ob der jeweilige Bieter im Verfahren bleibt	Allgemeine Informationen über das Zielunternehmen, wie Auszüge aus dem Handelsregister, Jahresabschlüsse, allgemeine Informationen über Lieferanten- und Kundenbeziehungen, häufig in einem Information Memorandum zusammengestellt
2. Stufe	Reguläre Due Diligence-Phase	Sämtliche Dokumente zu gesellschaftsrechtlicher Situation, Verträge mit Lieferanten, Kunden und Kooperationspartnern (gegebenenfalls mit geschwärzten Konditionen), Informationen über Rechtsstreitigkeiten, Arbeitnehmer, gewerbliche Schutzrechte etc.
3. Stufe	Während fortgeschrittener Vertragsverhandlungen	Offenlegung höchst sensibler Geschäftsgeheimnisse[30]

30 Zu dieser dritten Stufe *Hanke/Socher* NJW 2010, 829, 830.

38 Ferner ist eine Vendor Due Diligence empfehlenswert, wenn der Verkäufer plant, einen **Teil seines Unternehmens auszugliedern** und mit einem potentiellen Partner ein **Joint Venture** einzugehen. Der potentielle Partner wird nämlich regelmäßig eine Due Diligence im Hinblick auf den von dem Verkäufer zum Zweck des Joint Ventures auszugliedernden Unternehmensteil durchführen. Der Verkäufer sollte sich in diesem Fall ebenfalls über alle potentiellen Risiken des Unternehmensteils, der für das Joint Venture genutzt werden soll, informieren. Ansonsten könnte der Verkäufer im Rahmen der Verhandlungen des Joint Venture-Vertrags von dem Käufer übervorteilt werden, wenn er selbst nicht über alle für das Joint Venture bedeutsamen Informationen des Unternehmensteils verfügt.[31]

b) Vendor Due Diligence zur Verschaffung von Informationen auch für potentielle Käufer

39 Daneben kann eine Vendor Due Diligence auch im Auftrag des Verkäufers mit dem Zweck durchgeführt werden, potentiellen Käufern kurzfristig und frühzeitig eine Informationsgrundlage zu verschaffen und den Verkaufsprozess zu beschleunigen. Die Vendor Due Diligence wird in diesem Fall **aus der Perspektive eines potentiellen Käufers** durchgeführt. Der Vorteil einer solchen Vendor Due Diligence für den Verkäufer liegt darin, dass er mehreren potentiellen Käufer die gleichen Informationen komprimiert zukommen lassen und den **Due Diligence-Prozess** dadurch deutlich **straffen** kann.[32] Typischerweise werden solche Vendor Due Diligences im Rahmen von strukturierten Bieterverfahren eingesetzt, bei denen trotz Involvierung einer verhältnismäßig großen Zahl von Erwerbsinteressenten innerhalb kurzer Zeit ein positives Verkaufsergebnis erzielt werden soll. Durch die Bereitstellung eines Vendor Due Diligence Berichts kann der Verkäufer den von den potentiellen Käufern zu betreibenden Aufwand für ihre eigene Due Diligence und die damit einhergehende **Anzahl an Fragen** der potentiellen Käufer erheblich **reduzieren**. Die vom potentiellen Käufer durchgeführte Due Diligence beschränkt sich häufig auf die Überprüfung des Vendor Due Diligence Berichts in Bereichen, die dem potentiellen Käufer besonders wichtig sind.

40 Auf der Grundlage des Vendor Due Diligence Berichts werden die Erwerbsinteressenten regelmäßig aufgefordert, ein detailliertes, aber noch mit Vorbehalten versehenes Angebot (Conditional Offer) abzugeben. Auf Grundlage dieser Angebote erfolgt regelmäßig die Auswahl derjenigen Erwerbsinteressenten, mit denen der Prozess fortgesetzt wird. Den übrigen sagt der Verkäufer im Regelfall nicht ab, verhandelt aber gleichwohl – zumindest vorerst – nicht mit ihnen. Sie werden „geparkt“ (Sidetrack). Den bis dahin erfolgreichen Erwerbsinteressenten wird dann im

---

31 Zur Due Diligence bei Joint Ventures im Einzelnen *Fett/Spiering* Kap. 7 Rn 67 ff.

32 Beisel/Andreas/*Andreas* § 2 Rn 22.

Regelfall für verhältnismäßig kurze Zeit der Zugang zu denselben Daten gewährt, die auch der Erstellung des Vendor Due Diligence Berichts zu Grunde lagen. Anhand der im Datenraum zur Verfügung gestellten Informationen kann der rechtliche Berater des potentiellen Käufers die Richtigkeit des Vendor Due Diligence Berichts prüfen (sogenannte **Confirmatory Due Diligence**). Eine solche Confirmatory Due Diligence kann in wesentlich kürzerer Zeit durchgeführt werden als eine von dem rechtlichen Berater des potentiellen Käufers selbst durchgeführte vollständige Due Diligence. Im Regelfall wird die Confirmatory Due Diligence auf Bereiche begrenzt, die für den potentiellen Käufer von besonderem Interesse sind.

Damit potentielle Käufer die Ergebnisse des Vendor Due Diligence Berichts zu 41 ihrer Entscheidungsgrundlage machen können, müssen sie im Fall der Unrichtigkeit des Vendor Due Diligence Berichts Ansprüche gegen dessen Ersteller geltend machen können. Sie werden regelmäßig spätestens als Voraussetzung für die Unterzeichnung des Kaufvertrages die Ausstellung eines sogenannten **Reliance Letter** von dem Ersteller des Vendor Due Diligence Berichts verlangen, also dem vom Verkäufer beauftragten rechtlichen Berater. In einem Reliance Letter versichert der rechtliche Berater des Verkäufers gegenüber einem potentiellen Käufer, dass sich dieser auf die Richtigkeit der Ergebnisse in dem Vendor Due Diligence Bericht verlassen und ggf. Schadensersatzansprüche geltend machen kann.

Bislang ist – soweit ersichtlich – nicht eingehend diskutiert worden, ob der 42 rechtliche Berater des Verkäufers gegen das Verbot des Vertretens widerstreitender Interessen verstößt, wenn er den Vendor Due Diligence Report aufgrund des Reliance Letter dem (potentiellen) Käufer überlässt und ihm gegenüber die Gewähr für die Richtigkeit übernimmt. Bei Legal Opinions wird sehr kontrovers diskutiert, ob der die Legal Opinion ausstellende Rechtsanwalt widerstreitende Interessen vertritt.[33] Man wird die Entwicklung beobachten müssen.

3. Finanzierende Bank

Auch eine die Transaktion finanzierende Bank hat regelmäßig ein Interesse daran, 43 etwaige Chancen und Risiken der Transaktion im Vorfeld der Entscheidung über die Gewährung eines Darlehens an den Käufer aufzudecken.[34] Die **Position** der finanzierenden Bank ist dabei **ähnlich** derjenigen des **potentiellen Käufers**. Für die Bank sind Informationen über Chancen und Risiken für die Entscheidung über die Vergabe des Darlehens zur Realisierung der Transaktion von Bedeutung. Insbesondere wird die Bank sich in erster Linie mit etwaigen Risiken und weniger mit möglichen Chancen der Transaktion befassen.

33 *Ganter* NJW 2014, 1771, 1773 f.; *Maier-Reime* NJW 2014, 2613.
34 *Krebs/Kemmerer* NZG 2012, 847, siehe dort auch die Erläuterungen in Fn 3.

44 Für die finanzierende Bank bestehen dabei zwei Möglichkeiten, sich die erforderlichen Informationen zu beschaffen.

a) Eigene Due Diligence

45 Die die Transaktion finanzierende Bank kann selbst eine Legal Due Diligence durchführen lassen. Dieselben Unterlagen würden in diesem Fall sowohl von dem rechtlichen Berater des potentiellen Käufers als auch dem rechtlichen Berater der finanzierenden Bank geprüft. Dies würde zu einem erheblichen **Mehraufwand** und damit zu einer **erheblichen Erhöhung der Kosten** der Due Diligence-Phase führen. Letztlich würde die finanzierende Bank die Kosten der von ihr durchgeführten oder beauftragten Legal Due Diligence dem potentiellen Käufer in Rechnung stellen, sodass dieser im Ergebnis doppelt so hohe Kosten wie erforderlich tragen müsste.

b) Nutzen der Ergebnisse der vom potentiellen Käufer durchgeführten Due Diligence

46 Um derartigen Mehraufwand zu vermeiden, kann sich die Bank auch die Ergebnisse der Legal Due Diligence zu Nutze machen, die im Auftrag des potentiellen Käufers durchgeführt wurde. Die Ergebnisse der vom Käufer durchgeführten Legal Due Diligence sind grundsätzlich nur an ihn adressiert. Dritten darf er aufgrund üblicher Regelungen den Legal Due Diligence Bericht nicht zugänglich machen. Ferner enthält der Legal Due Diligence Bericht regelmäßig einen **Haftungsausschluss** dergestalt, dass der rechtliche Berater, der den Bericht verfasst hat, eine Haftung gegenüber anderen Personen als dem Auftraggeber, also dem potentiellen Käufer, ausschließt.[35]

47 Daher kann eine Bank – sofern ihr der für den Käufer erstellte Due Diligence Bericht überhaupt zur Verfügung gestellt wird – grundsätzlich **keine Rechte** aus dem Bericht **herleiten**. Die Bank wird sich daher mit einer bloßen Weitergabe des im Auftrag des potentiellen Käufers erstellten Legal Due Diligence Bericht nicht begnügen. Vielmehr wird sie die Ausstellung eines **Reliance Letter**[36] durch den rechtlichen Berater des potentiellen Käufers verlangen.

48 Der rechtliche Berater setzt sich durch die Weitergabe des Berichts an die finanzierende Bank und dem Abschluss eines Reliance Letter einem zusätzlichen Haftungspotential aus. Selbstverständlich besteht ein Interesse des rechtlichen Beraters, eher einen sogenannten **Non-Reliance Letter** mit der finanzierenden Bank abschließen. Mit einem Non-Reliance Letter erkennt die finanzierende Bank an, dass der Due Diligence Bericht nicht an sie gerichtet ist und sie deshalb auf Basis

35 Hoffmann-Becking/Rawert/*Meyer-Sparenberg* Kap. III Teil A Nr. 13 Fn 1.
36 Vgl. oben Rn 41.

der Feststellungen in dem Due Diligence-Bericht keine Ansprüche gegen den rechtlichen Berater geltend machen kann.[37] Gleichwohl hat sich der Reliance Letter und die Weitergabe an die finanzierende Bank mittlerweile in weiten Teilen als Standard herausgebildet, der gegebenenfalls vom potentiellen Käufer besonders zu vergüten ist.

Die **Bank** wird sich jedoch regelmäßig nicht auf den Abschluss eines Non- 49
Reliance Letters einlassen, sondern **auf einem Reliance Letter bestehen**, der ihr im Falle einer Pflichtverletzung ebenfalls einen Anspruch gegen den rechtlichen Berater des potentiellen Käufers einräumt. Der rechtliche Berater des potentiellen Käufers setzt sich durch die Ausstellung des Reliance Letter einem erhöhten Haftungsrisiko aus, da mit der finanzierenden Bank ein weiterer potentieller Anspruchsteller hinzukommt. Daher sollte der Berater des potentiellen Käufers bei der Abfassung des Reliance Letters auf die Klarstellung drängen, dass er den Due Diligence-Bericht nach den Maßgaben des potentiellen Käufers erstellt und deshalb möglicherweise nicht alle für die finanzierende Bank wesentlichen Fragestellungen adressiert hat.[38] Daneben kann der rechtliche Berater seine Haftung im Zusammenhang mit einem Reliance Letter durch eine Verringerung der Haftungshöchstsumme beschränken.

Praxistipp !
Um ein effektives und kostenoptimiertes Vorgehen zu gewährleisten, sollte sich der potentielle Käufer bereits vor der Beauftragung eines rechtlichen Beraters mit der finanzierenden Bank darüber abstimmen, ob der gewählte Berater auch von der finanzierenden Bank akzeptiert wird. So wäre es für einen potentiellen Käufer sehr unbefriedigend, wenn die Bank nach der Beauftragung des rechtlichen Beraters oder gar der Durchführung der Legal Due Diligence durch den von dem potentiellen Käufer beauftragten rechtlichen Berater mitteilt, dass sie die Ergebnisse dieses Beraters nicht akzeptiert. Dies ist möglicherweise der Fall, wenn der potentielle Käufer einen nicht transaktionserfahrenen rechtlichen Berater wählt. Sollte die Bank im Nachhinein den von dem potentiellen Käufer gewählten rechtlichen Berater ablehnen, müsste der potentielle Käufer mit erheblichen Mehrkosten rechnen, denn regelmäßig reicht die finanzierende Bank die Kosten der von ihr beauftragten Due Diligence an den Kreditnehmer weiter.

II. Transaktionsstruktur

Unterschiede hinsichtlich Inhalt und Umfang einer Legal Due Diligence können sich 50
auch aus der Struktur der avisierten Transaktion ergeben. Dabei ist die Situation eines Share Deals von der Situation eines Asset Deals zu unterscheiden.[39]

37 *Krebs/Kemmerer* NZG 2012, 847.
38 Vgl. Hoffmann-Becking/Rawert/*Meyer-Sparenberg* Kap. III Teil A Nr. 13 Fn 4.
39 Vgl. weitergehend zu den Unterschieden zwischen den Transaktionsformen: *Kästle/Oberbracht* A. I. 2.

1. Share Deal

51 Mit Share Deal wird der **Erwerb** der gesamten oder eines Teils **der Anteile** an dem Zielunternehmen bezeichnet. Bei dem Share Deal handelt es sich um einen reinen Rechtskauf im Sinne der §§ 433, 453 BGB.[40] Bei einem Share Deal bleibt das Zielunternehmen als solches grundsätzlich unverändert erhalten. Der Käufer erwirbt das Zielunternehmen so wie es „steht und liegt" **mit allen Ansprüchen, Verbindlichkeiten, Chancen und Risiken**. Er hat grundsätzlich keine Möglichkeiten den Kaufgegenstand (das Zielunternehmen) zu gestalten. Eine Übertragung einzelner Vertragsverhältnisse ist nicht erforderlich. Es findet (nur) ein **Wechsel auf Gesellschafterebene** statt.

52 Konsequenterweise muss das **Zielunternehmen** im Fall eines avisierten Share Deals im Rahmen der Legal Due Diligence regelmäßig **umfassend geprüft** werden. Sämtliche bereits bestehenden Verpflichtungen gegenüber Dritten und etwaige Risiken hinsichtlich zukünftiger Verpflichtungen werden schließlich miterworben. Für die Legal Due Diligence bedeutet dies, dass grundsätzlich keine Themenbereiche bei der Prüfung ausgespart werden dürfen.

2. Asset Deal

53 Unter Asset Deal versteht man demgegenüber den **Erwerb** aller oder einzelner **Wirtschaftsgüter** des Zielunternehmens durch den Käufer.[41] Der Begriff Wirtschaftsgüter ist dabei umfassend zu verstehen und umfasst körperliche Gegenstände, Vertragsverhältnisse, Rechte oder Verpflichtungen und sogar Arbeitsverhältnisse. Der Käufer erwirbt die Wirtschaftsgüter im Wege der Einzelrechtsnachfolge. Bei der Übertragung von Vertragsverhältnissen von dem Verkäufer auf den Käufer ist regelmäßig eine **Zustimmung des jeweiligen Vertragspartners** des Verkäufers erforderlich.[42] Der Erwerb eines Unternehmens oder Unternehmensteils wird typischerweise einen Betriebsübergang im Sinne des § 613a BGB auslösen. Die Arbeitsverhältnisse im Unternehmen oder dem betreffenden Unternehmensteils gehen dann von Gesetzes wegen auf den Erwerber über. Die Arbeitnehmer, deren Arbeitsverhältnis übergegangen ist, können dem Übergang widersprechen.[43] Für den Käufer besteht das Risiko, dass mehr Arbeitsverhältnisse auf ihn übergehen, als er antizipiert hat, oder zu viele Arbeitnehmer dem Übergang ihres Arbeitsverhältnisses widersprechen. Aus Sicht des Verkäufers stellt sich das Risiko, dass er im Falle der Ausübung des Widerspruchsrechts zwar Arbeitsverhältnisse aber keine Verwendung für die Arbeitsverhältnisse hat.

---

40 Heckschen/Herrler/Starke/*Heckschen* Kap. D Teil V Rn 28; vgl. dazu im Einzelnen Kap. 7 Rn 28 ff.

41 Heckschen/Herrler/Starke/*Heckschen* Kap. D Teil V Rn 6; vgl. dazu im Einzelnen Kap. 7 Rn 36 ff.

42 Vgl. dazu Kap. 7 Rn 52.

43 Vgl. im Einzelnen unten Kapitel 8 Rn 93 ff.

Plant der potentielle Käufer nur den Erwerb einzelner Wirtschaftsgüter, z.B. nur bestimmter Maschinen oder nur der Verträge mit einer bestimmten Kundengruppe, kann der Umfang der **Legal Due Diligence auf** die **Teilbereiche beschränkt** werden, die erworben werden sollen. Im Gegensatz zu einer Legal Due Diligence im Fall eines Share Deals ist es im Falle eines Asset Deals daher selten erforderlich, sämtliche Rechtsbeziehungen des zu verkaufenden Unternehmens zu prüfen. Durch die Definition des Kaufgegenstandes kann der Käufer anders als beim Share Deal meist bestimmte Risiken von vornherein aus der Transaktion ausklammern. Regelmäßig nicht zu prüfen sind im Rahmen der Legal Due Diligence bei einem geplanten Asset Deal danach die gesellschaftsrechtlichen Verhältnisse des Verkäufers und seine Verwicklung in Rechtsstreitigkeiten mit Dritten, es sei denn, die Rechtsstreitigkeiten – etwa mit wichtigen Kunden – wären für den zukünftigen Erfolg des Unternehmens relevant. Von besonderer Bedeutung ist demgegenüber insbesondere die Frage, ob der Verkäufer über die **Wirtschaftsgüter**, die von dem Käufer erworben werden sollen, frei verfügen kann, d.h. diese **nicht mit Rechten Dritter belastet** sind. 54

C. Planung und Ablauf

Für eine effiziente und kostenoptimierte Durchführung einer Legal Due Diligence ist eine sorgfältige **Planung** beim potentiellen Käufer und beim Verkäufer **unabdingbar**. Erfolgt keine hinreichend sorgfältige Planung, kann sich die Legal Due Diligence erheblich **verzögern und verteuern**. Für die Durchführung der Legal Due Diligence steht oftmals nur ein begrenztes Zeitfenster zur Verfügung. Gelingt es dem potentiellen Käufer in einem Bieterverfahren nicht, die Legal Due Diligence binnen der vorgegebenen Zeit abzuschließen, könnte dies zu erheblichen Nachteilen gegenüber weiteren Bietern führen. 55

I. Planung beim potentiellen Käufer

1. Umfang der Legal Due Diligence

Im Rahmen der Beauftragung eines rechtlichen Beraters muss sich der potentielle Käufer ein Bild über die bevorstehende Transaktion machen und die **Anforderungen an die Legal Due Diligence** mit dem Berater abstimmen. Er muss festlegen, welche Umstände er im Rahmen der Legal Due Diligence erfahren möchte. Gerade der **kostenbewusste potentielle Käufer** kann mit einer sorgfältigen Definition der Ziele den Umfang der Legal Due Diligence und damit deren Kosten begrenzen. 56

a) Umfassendes Informationsbedürfnis

57 Kommt der potentielle Käufer zu dem Ergebnis, dass er das Zielunternehmen umfassend im Rahmen der Legal Due Diligence prüfen lassen möchte (Full Fledged Due Diligence), wird er einen rechtlichen Berater **ohne besondere Vorgaben** mit der Durchführung der Legal Due Diligence beauftragen. Dieses Vorgehen ist oftmals sinnvoll, wenn der potentielle Käufer relativ sicher zum Kauf des Zielunternehmens entschlossen ist und sich daher über alle aus seiner Sicht relevanten Einzelheiten des Zielunternehmens informieren möchte. In diesem Fall wird der rechtliche Berater die Legal Due Diligence nicht auf gewisse Teilbereiche beschränken, sondern das Zielunternehmen umfassend prüfen. Für den potentiellen Käufer bedeutet dies, entsprechend hohe Kosten für die rechtlichen Berater einzuplanen. Abhängig von der Größe des Zielunternehmens wird es auch bei einer Full Fledged Due Diligence Sinn machen, in einzelnen Bereichen Wesentlichkeitsschwellen (materiality thresholds) zu definieren, unterhalb derer eine Prüfung oder zumindest eine Berichterstattung nicht stattfindet.

b) Begrenzung der Legal Due Diligence auf Teilbereiche

58 Aus verschiedenen Gründen wird es sich oftmals anbieten, die Legal Due Diligence – zumindest vorläufig – auf gewisse Teilbereiche (Limited Legal Due Diligence) zu begrenzen.

aa) Beschränkung auf zuvor definierte Deal Breaker

59 Der potentielle Käufer kann bereits **im Vorhinein gewisse Punkte definieren**, die ihn zum Abbruch der Transaktion veranlassen würden (Deal Breaker[44]). Hat der potentielle Käufer Deal Breaker definiert, kann er den **Arbeitsumfang** des rechtlichen Beraters in der Weise **begrenzen**, dass dieser in einem ersten Schritt nur nach den zuvor definierten Deal Breakern sucht. Auf diese Weise kann der potentielle Käufer verhindern, dass eine umfassende Legal Due Diligence durchgeführt wird, die Transaktion jedoch bereits aufgrund eines festgestellten Umstands scheitert, den der potentielle Käufer als Deal Breaker ansieht.

Beispiel

Der potentielle Käufer möchte ein Unternehmen des produzierenden Gewerbes erwerben. Er sieht auf dem Markt für das von dem Zielunternehmen entwickelte Produkt erhebliche Wachstumschancen. Allerdings verfügt der potentielle Käufer nur über beschränkte finanzielle Mittel, sodass eine Übernahme von erheblichen Altverbindlichkeiten des Zielunternehmens für den potentiellen Käufer nicht möglich ist. Eine Legal Due Diligence könnte in diesem Fall in einem ersten Schritt zum Beispiel darauf beschränkt werden, zu prüfen, ob Sachverhalte vorliegen, die zukünftig zu erheblichen Haftungsrisiken des potentiellen Käufers führen können. Zu denken wäre in diesem Zusammen-

44 Zum Begriff: *Hanke/Socher* NJW 2010, 829.

hang insbesondere an Rechtsstreitigkeiten von erheblichem Umfang, Steuernachforderungen oder sanierungsbedürftige Altlasten auf dem Grundstück des Zielunternehmens.

Nur wenn keine der zuvor definierten Deal Breaker festgestellt werden sollten, würde sich eine umfassende Prüfung aller weiteren rechtlichen Beziehungen des Zielunternehmens anschließen. 60

bb) Überblicksartige Prüfung

Ferner besteht die Möglichkeit, den Arbeitsaufwand des rechtlichen Beraters dadurch 61 zu begrenzen, dass dieser die **rechtlichen Beziehungen** des Zielunternehmens in einem ersten Schritt nur **überblicksartig prüfen** soll (sogenannte Red Flag Due Diligence). Eine solche überblicksartige Prüfung wird oftmals in Betracht kommen, wenn nur wenig Zeit zur Sichtung der zur Verfügung gestellten Unterlagen besteht.

Im Gegensatz zu der oben dargestellten Begrenzung auf zuvor definierte Deal 62 Breaker beschränkt sich die überblicksartige Prüfung nicht auf die Prüfung im Einzelnen zuvor definierter Deal Breaker sondern erfolgt **thematisch grundsätzlich umfassend**. Allerdings werden die Rechtsbeziehungen des Zielunternehmens nicht in allen Einzelheiten geprüft. Vielmehr werden im Rahmen einer überblicksartigen Prüfung nur Aspekte untersucht, die allgemein als **Grundvoraussetzung für den Erwerb** eines Unternehmens angesehen werden. Das Ergebnis einer Red Flag Due Diligence besteht in einem Bericht nahezu ausschließlich über Probleme. Unproblematische Sachverhalte werden nicht berichtet; sie sind nicht kaufpreisrelevant. Die Red Flag Due Diligence liefert daher z.B. keine bzw. nur begrenzte Informationen über Details von Bezugs- und Verkaufskonditionen. Während für einen Finanzinvestor (z.B. Private Equity House) eine Red Flag Due Diligence im Rahmen der Entscheidungsfindung über die Transaktion ausreichend sein kann, ist sie es für einen strategischen Investor selten. Der strategische Investor ist regelmäßig an mehr Details interessiert.

Wurden im Rahmen der überblicksartigen Prüfung keine Deal Breaker festge- 63 stellt, werden die Rechtsverhältnisse des Zielunternehmens regelmäßig in einem zweiten Schritt genauer untersucht. Dieser **zweite Teil** der Legal Due Diligence entspricht dann grundsätzlich dem Umfang einer **normalen Legal Due Diligence**, wobei die im Rahmen der Red Flag Due Diligence gefundenen Ergebnisse berücksichtigt werden können.

cc) Vor- und Nachteile der Begrenzung des Umfangs der Legal Due Diligence

Der **Hauptvorteil** der Begrenzung des Umfangs der Legal Due Diligence liegt in der 64 Möglichkeit, den **Arbeits- und Kostenaufwand zu begrenzen**. Die Legal Due Diligence kann frühzeitig abgebrochen werden, wenn sich herausstellen sollte, dass gewisse zuvor definierte oder allgemein als Deal Breaker angesehene Umstände festgestellt worden sind.

65 Von **Nachteil** ist jedoch, dass sich die Legal Due Diligence und damit der gesamte Akquisitionsprozess durch eine solch abgestufte **Prüfung womöglich verzögert**. Bisweilen, insbesondere in einem strukturierten Bieterverfahren, wird es ferner nicht immer möglich sein, die Legal Due Diligence aufzuteilen, da nur ein sehr enges Zeitfenster für deren Durchführung zur Verfügung steht.

Beispiel
Der Verkäufer führt ein Bieterverfahren durch und hat in weit fortgeschrittenem Stadium dem aussichtsreichsten potentiellen Käufer A Exklusivität eingeräumt. Im Rahmen der Vertragsverhandlungen kommt es jedoch zu erheblichen Meinungsverschiedenheiten. Der Verkäufer unterbricht die Verhandlungen und nimmt parallel mit dem potentiellen Käufer B Kontakt auf. Dieser bekommt von dem Verkäufer nun lediglich die Zeit eingeräumt, die Due Diligence durchzuführen und einen unterschriftsreifen Unternehmenskaufvertrag auszuhandeln, wie die Verhandlungen mit dem potentiellen Käufer A ruhen.
In dieser Situation besteht für den potentiellen Käufer B keine Zeit, die Durchführung der Legal Due Diligence aufzuteilen und die zur Verfügung gestellten Unterlagen abschnittweise zu sichten. Vielmehr muss er binnen weniger Tage die überlassenen Daten umfassend auswerten, um kurzfristig eine Entscheidungsgrundlage zu erhalten. Um Zeit zu sparen besteht in dieser Situation lediglich die Möglichkeit, gewisse Aspekte aus der Prüfung auszuklammern, die als unkritisch angesehen werden.

dd) Kostenfolgen einer stufenweise durchgeführten Due Diligence

66 Eine zunächst nur beschränkte Beauftragung seines Beraters verringert die Kosten einer Due Diligence zwar dann, wenn der potentielle Käufer entscheidet, die Prüfung nach der ersten Stufe nicht fortzusetzen. Der Käufer sollte sich jedoch darüber im Klaren sein, dass die Durchführung einer Due Diligence in mehreren Schritten für den Berater aufwändiger und damit teurer ist als die Durchführung in einem Schritt. Beispielsweise muss der Berater im Fall einer stufenweise durchgeführten Due Diligence die gleichen Dokumente mehrmals prüfen, nur eben unter unterschiedlichen Aspekten und in unterschiedlicher Intensität. Auch für einen in einer ersten Phase erstellten Due Diligence Bericht[45] wird es meist nicht mit einer bloßen Ergänzung getan sein. Vielmehr kann abhängig von der Vorgabe des potentiellen Käufers auch eine recht umfassende Überarbeitung und Neufassung erforderlich sein.

2. Zusammenstellung eines Teams von Beratern und eigene Kapazitäten

67 Bevor der potentielle Käufer rechtliche Berater mit der Durchführung einer Legal Due Diligence beauftragt, wird er intern prüfen, in welchem Umfang er **Teile** der Legal Due Diligence **mit eigenen Ressourcen durchführen** kann. Die Durchführung von Teilen der Legal Due Diligence mit eigenen Ressourcen wird regelmäßig nur für größere Unternehmen in Betracht kommen, die über einen eigene Abteilung

45 Vgl. dazu Rn 61 ff.

für Unternehmenstransaktionen verfügen. Bei der Entscheidung wird er neben Kapazitäten und Know-how auch Risikosteuerungsaspekte berücksichtigen. Anders als bei eigenen Mitarbeitern greifen – vorbehaltlich abweichender Vereinbarung – bei dem externen Rechtsberater keine Haftungserleichterungen.

Unabhängig davon benennt der potentielle Käufer ein **Projektteam** oder aber zumindest einen intern zuständigen Mitarbeiter. Dieser ist für die **Koordination** der Due Diligence sowie den Austausch zwischen den Beratern und dem potentiellen Käufer sowie den Berater untereinander, z.B. im Rahmen von Telefonkonferenzen, verantwortlich. 68

Die Position eines internen Verantwortlichen ist von erheblicher und nicht zu unterschätzender Bedeutung, selbst wenn der potentielle Käufer ein Team von transaktionserfahrenen Beratern beauftragt hat. Letztlich ist immer der potentielle Käufer für die Entscheidung darüber verantwortlich, ob die Due Diligence fortgesetzt respektive die Transaktion durchgeführt werden soll. 69

Sofern der potentielle Käufer von sich aus keinen zentralen Ansprechpartner für den Zeitraum der Legal Due Diligence benennt, sollte der rechtliche Berater darauf hinwirken. 70

II. Planung beim potentiellen Verkäufer

Ein potentieller Verkäufer muss vor dem Beginn eines Verkaufsprozesses entscheiden, ob er eine **Vendor Due Diligence** durchführen lassen möchte.[46] Zudem muss er entscheiden, welche Teile des Due Diligence Prozesses er mit eigenen Mitarbeitern stemmen kann, und wofür er Berater hinzuziehen möchte. Der Verkäufer muss sich dabei bewusst sein, dass die potentiellen Käufer und ihre Berater regelmäßig eine **Vielzahl von Rückfragen** zu den im Datenraum zur Verfügung gestellten Unterlagen haben werden. Um diese einerseits in der gebotenen Schnelligkeit und zur Zufriedenheit des potentiellen Käufers beantworten zu können und andererseits die eigene Rechtsposition zu wahren, dürfte es regelmäßig erforderlich sein, dass sich der Verkäufer ebenfalls rechtlicher Berater bedient. Der Verkäufer sollte nicht unterschätzen, dass die Zusammenstellung eines Datenraums und die Beantwortung von gegebenenfalls täglich eingehenden Fragenlisten des potentiellen Käufers eine erhebliche Mehrbelastung für seine Mitarbeiter darstellen kann. Werden Fragen nicht oder nicht rechtzeitig vor Vertragsverhandlungen beantwortet, wird der potentielle Käufer auf eine Absicherung seiner Position im Kaufvertrag drängen. Der Verkäufer akzeptiert in einer solchen Situation gegebenenfalls mehr Risiken als bei sorgfältiger Strukturierung des Prozesses erforderlich. 71

46 Zu den Vorteilen der Durchführung einer Vendor Due Diligence vgl. Rn 36 ff.

72 Darüber hinaus ist für den Verkäufer sinnvoll, den rechtlichen Berater auch in den Prozess der Beantwortung von Fragen potentieller Bieter einzubeziehen. Die Antworten auf Fragen eines potentiellen Käufers werden überwiegend von Nicht-Juristen beantwortet. Eine nicht klare oder gar missverständliche oder unvollständige Antwort kann es im schlimmsten Fall dem Käufer nach dem Erwerb ermöglichen, den Kaufvertrag wegen arglistiger Täuschung anzufechten. Häufig lässt sich ein Käufer im Kaufvertrag zudem garantieren, dass seine Fragen richtig beantwortet wurden. Falsche Antworten können auch unter diesem Aspekt eine Haftung des Käufers begründen.

73 Gleichwohl gilt für den Verkäufer ebenso wie für den potentiellen Käufer, dass er ein Team von intern Verantwortlichen aufstellen muss, das die Transaktion und die dafür erforderlichen **Prozesse strukturiert** und dem potentiellen Käufer als **Ansprechpartner** zur Verfügung steht.

III. Ablauf der Legal Due Diligence

74 Eine Legal Due Diligence hat verschiedene **Phasen.** Ihr konkreter Ablauf ist zunächst davon abhängig, ob das Unternehmen in einem Bieterverfahren oder in einer „1 zu 1"-Verhandlungssituation verkauft werden soll. Während in einer „1 zu 1"-Verhandlungssituation die Verfahrensgestaltung vollständig auf Absprachen zwischen den beiden Parteien beruht, gibt der Verkäufer in einem Bieterverfahren das einzuhaltende Verfahren und insbesondere den Zeitplan vor. Die Missachtung von Fristen oder anderen Verfahrensvorgaben führt – anders als etwa in Vergabeverfahren der öffentlichen Hand – nicht zwangsläufig zum Ausschluss aus dem Verfahren. Sie kann jedoch die Position eines Bieters im Verfahren verschlechtern.

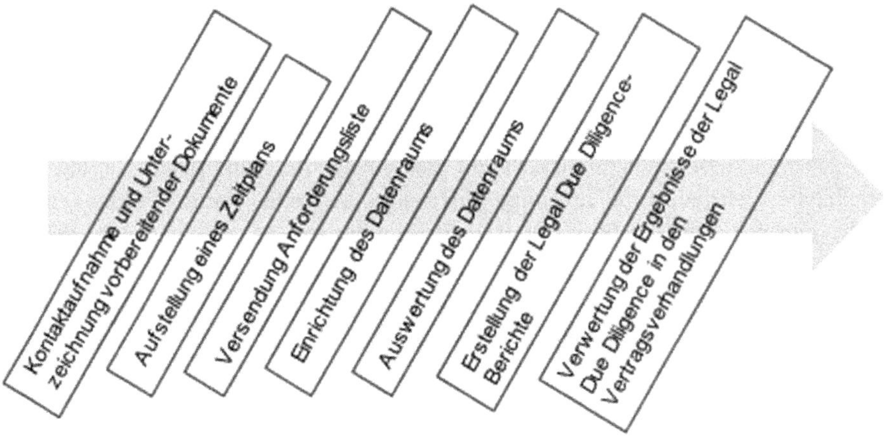

Abb. 1: Zeitlicher Ablauf einer Legal Due Diligence

1. Kontaktaufnahme und Unterzeichnung vorbereitender Dokumente

Nach der Kontaktaufnahme der jeweils anderen Partei sollten sich die Parteien über ein gemeinsames Verständnis der beabsichtigten Transaktion und deren Rahmenbedingungen einigen. 75

Regelmäßig werden „Spielregeln" und Zeitplan in vorbereitenden Dokumenten (Vorfeldvereinbarungen) definiert. Zum einen besteht ein Bedürfnis des Verkäufers und des Zielunternehmens an der vertraulichen Behandlung von Informationen über den Verkäufer und insbesondere das Zielunternehmen. Zum anderen werden die Parteien frühzeitig einen „Projektfahrplan" definieren wollen. Regelmäßig werden daher als Vorfeldvereinbarungen abgeschlossen: 76

- Absichtserklärung (Letter of Intent (LoI), Memorandum of Understanding (MoU))
- Vertraulichkeitsvereinbarung (Non-Disclosure Agreement (NDA))

a) Absichtserklärung

In einer Absichtserklärung fassen die Parteien die **Eckdaten der geplanten Transaktion** zusammen. Hierzu gehören insbesondere der Gegenstand der geplanten Transaktion (also im Falle des Share Deals die Beteiligung an dem Zielunternehmen), die von dem potentiellen Käufer zu erbringende Gegenleistung (indikatives, unverbindliches Angebot), die maßgeblichen Regelungen des Unternehmenskaufvertrags sowie oftmals ein Zeitplan für die Transaktion. Wird die Absichtserklärung zu einem relativ frühen Stadium der Transaktion abgeschlossen, ist es möglich, dass der Inhalt der Absichtserklärung hinsichtlich der Vorgaben für den späteren Unternehmenskaufvertrag eher rudimentär abgebildet ist. 77

Für Absichtserklärungen bedienen sich die Parteien oftmals dem Englischen entspringenden Begriffen wie **Letter of Intent**, **Memorandum of Understanding** oder **Term Sheet**. Die gewählte Bezeichnung ist dabei ohne rechtliche Bedeutung, da es sich um rechtlich nicht definierte Begriffe handelt.[47] Unabhängig von der gewählten Bezeichnung ist allen Absichtserklärungen gemein, dass sie in der Regel unverbindlich hinsichtlich der Eckdaten der Transaktion selbst, allerdings verbindlich hinsichtlich der prozessualen Aspekte der Transaktion sind. Absichtserklärungen enthalten daher insbesondere verbindliche Regelungen zu den Fragen der Exklusivität der Verhandlungen, der Vertraulichkeit und der Kostentragung im Falle des Abbruchs der Verhandlungen. Für den potentiellen Käufer ist dabei insbesondere die Vereinbarung exklusiver Verhandlungen mit dem Verkäufer von Bedeutung.[48] Zu beachten ist allerdings, dass – anders als in mancher ausländischen Rechtsord- 78

---

47 Vgl. Beisel/Klumpp/*Beise*, Kap. 1 Rn 68, der darauf hinweist, dass sich die Rechtsprechung bislang soweit ersichtlich noch nicht mit einem Letter of Intent zu befassen hatte.
48 Vgl. ferner: Dauner-Lieb/Langen/*Büdenbender* Anhang II zu §§ 433–480, Rn 112ff.

nung – die Unverbindlichkeit nach deutschem Recht regelmäßig explizit vereinbart werden muss. Anderenfalls kann sich bei unsorgfältiger Formulierung bereits in der Vorfeldvereinbarung eine verbindliche Verpflichtung zum Erwerb von Gesellschaftsanteilen wie beispielsweise Aktien oder Kommanditanteilen finden. Umgekehrt kann sich im Falle des geplanten Erwerbs von Geschäftsanteilen an einer GmbH bei nicht ausdrücklicher Unverbindlichkeit der Regelung zum Erwerb der Geschäftsanteile ungewollt die Unverbindlichkeit sämtlicher Regelung aufgrund Formverstoß (§ 125 BGB i.V.m. § 15 GmbHG) ergeben.[49]

79 In einem Bieterverfahren gibt es im Regelfall keine solche Absichtserklärung. Verfahrensregeln werden vom Verkäufer vorgegeben, wie etwa die Öffnungszeiten des Datenraums, die Begrenzung der Anzahl von Fragen im Rahmen des Q&A-Prozesses oder die Frist für die Abgabe eines Angebotes.

b) Vertraulichkeitsvereinbarung

80 Vertraulichkeitsvereinbarungen können bereits Teil der Absichtserklärung sein, zwingend ist dies jedoch nicht. Vielmehr werden Vertraulichkeitsvereinbarungen zeitlich vor der Absichtserklärung abgeschlossen werden. Gerade **für den Verkäufer und das Zielunternehmen** ist der Abschluss einer Vertraulichkeitsvereinbarung mit dem potentiellen Käufer **von besonderem Interesse**. Der Verkäufer legt im Rahmen der Due Diligence früher oder später typischerweise vertrauliche Informationen über das Zielunternehmen offen. Dem Verkäufer geht es dabei darum zu verhindern, dass der potentielle Käufer im Rahmen der Due Diligence gewonnene Informationen für sich außerhalb der Transaktion nutzt, solche Informationen an Dritte, insbesondere Wettbewerber, weitergibt oder die beabsichtigte Transaktion an sich gegenüber Dritten, z.B. Lieferanten und Kunden des Verkäufers, bekannt macht.[50]

81 Im Rahmen der Vertraulichkeitsvereinbarung sollte eindeutig definiert werden, welche Informationen der Vertraulichkeit unterliegen sollen.

Muster Definition vertraulicher Informationen

Vertrauliche Informationen im Sinne dieser Vereinbarung sind alle Informationen, die von einer Partei der jeweils anderen Partei oder ihren Vertretern schriftlich oder mündlich zur Verfügung gestellt werden und die

1. ausdrücklich als vertraulich gekennzeichnet sind,
2. aufgrund ihres Inhalts als vertraulich angesehen werden müssen oder
3. die aus den vertraulichen Informationen entnommen werden, die einer Partei von der jeweils anderen Partei überlassen worden sind.

---

49 Vgl. zum Formerfordernis des § 15 GmbHG Kap. 7 Rn 195ff.

50 Zur Vertraulichkeitsvereinbarung in M&A-Prozessen im Einzelnen: *Werder/Kost* BB 2010, 2903.

Ferner sollten in der Vertraulichkeitsvereinbarung Ausnahmen von der Vertraulichkeitsverpflichtung, z.B. gegenüber den Beratern des potentiellen Käufers, sowie eine Vertragsstrafenklausel für den Fall des Verstoßes gegen die Vertraulichkeitsvereinbarung aufgenommen werden. Während sich ein Verstoß gegen die Vertraulichkeitsvereinbarung häufig noch darlegen und beweisen lässt, kann ein konkreter Schaden selten nachgewiesen werden. Über eine Vertragsstrafe kann die Vertraulichkeitsvereinbarung zu einem „scharfen Schwert" werden. 82

In einem Bieterverfahren wird stets eine separate Vertraulichkeitsvereinbarung abgeschlossen. Ihr Abschluss steht aus Sicht des potentiellen Käufers regelmäßig am Anfang des gesamten Prozesses. Typischerweise hat der potentielle Käufer zuvor einen Teaser erhalten, aus dem nur wenig hervorgeht. Häufig werden in einem solchen Teaser noch nicht einmal das zu verkaufende Unternehmen und der Verkäufer namentlich bezeichnet. Nach einer auf den Erhalt des Teasers erfolgenden Interessebekundung wird der potentielle Käufer zur Unterzeichnung einer vom Verkäufer vorgegebenen Vertraulichkeitsvereinbarung aufgefordert. Nach Unterzeichnung erhält er dann vom Verkäufer das Information Memorandum. 83

2. Zeitplan

Haben sich die Parteien nicht bereits im Rahmen der Absichtserklärung auf einen Zeitplan für die Durchführung der Transaktion geeinigt, sollte dies im Nachgang erfolgen. In dem Zeitplan sollten die Parteien die maßgeblichen Zeitpunkte im Rahmen der Transaktion festlegen. 84

Beispiel

1. Oktober, 14:00 Uhr:	Öffnung des Datenraums
8. bis 20. Oktober:	Q&A-Prozess
20. Oktober, 14:00 Uhr:	Schließung des Datenraums
KW 44:	Erste Verhandlungsrunde
KW 45:	Zweite Verhandlungsrunde
bis 31. Dezember:	Unterzeichnung des Unternehmenskaufvertrags

Durch die Vereinbarung eines relativ **engen Zeitplans** kann insbesondere auf den potentiellen Käufer **Druck** ausgeübt werden. Er muss binnen einer bestimmten Zeit seine Legal Due Diligence abgeschlossen und die Ergebnisse der Due Diligence ausgewertet haben. Wie in dem obigen Beispiel zu sehen liegen zwischen der Öffnung des Datenraums für den potentiellen Käufer und der ersten Verhandlungsrunde nur vier Wochen. Durch die Festlegung des 31. Dezember als letztem Termin für die Unterzeichnung des Unternehmenskaufvertrags wird ferner insoweit Druck auf die Parteien ausgeübt, als dass diese bis zu einem bestimmten Termin zu einem Ergebnis gekommen sein müssen. 85

86 **In der Praxis verschieben** sich die festgelegten **Termine** im Laufe der Transaktion trotz der Vereinbarung eines Zeitplans in aller Regel nach hinten. Ein Grund hierfür kann zum Beispiel sein, dass der Datenraum anfänglich nicht alle relevanten Dokumenten enthielt und der Verkäufer diese erst auf Nachfrage des potentiellen Käufers offengelegt hat.

87 In einem Bieterverfahren entfällt die Vereinbarung eines Zeitplanes. Der Zeitplan wird vom Verkäufer vorgegeben.

3. Einrichtung eines Datenraums

88 Den Datenraum stellt der Verkäufer zusammen. Steuert der Verkäufer den Verkaufsprozess, wird dieser die erforderlichen Informationen bereits **im Vorfeld der Kontaktaufnahme** mit dem potentiellen Käufer zusammenstellen, einen Datenraum einrichten und die Informationen dort bereithalten.

89 Der Verkäufer hat dabei die Möglichkeit, den Datenraum in einen sogenannten grünen Datenraum und einen sogenannten roten **Datenraum aufzuteilen** und die **Zugriffsrechte** entsprechend **zu beschränken.**

Datenraum	Inhalt	Zugriffsrechte
Grüner Datenraum	Grundsätzlich alle Informationen, die nicht einer besonderen Kategorie unterfallen, insbesondere nicht in gesondertem Maße geheimhaltungsbedürftig sind	Potentieller Käufer und alle Berater, die Geheimhaltungsvereinbarung unterzeichnet haben
Roter Datenraum	Informationen, die besonderer Kategorie unterfallen, insbesondere in gesondertem Maße geheimhaltungsbedürftig sind	Nur für Berater des potentiellen Käufers, die einer berufsständischen Geheimhaltungspflicht unterliegen, also Rechtsanwälte, Wirtschaftsprüfer und Steuerberater; Alternativ/häufig auch kumulativ: Öffnung erst in einer späteren Phase der Transaktion, insbesondere bei Bieterverfahren

90 Diese Aufteilung des Datenraums ermöglicht dem Verkäufer einen **Ausgleich** zwischen seinem **Geheimhaltungsinteresse** und dem gegenläufigen **Informationsinteresse** des potentiellen Käufers. Während der potentielle Käufer ein Interesse daran hat, möglichst alle Informationen umfassend einsehen und auswerten zu können, bedeutet die Offenlegung vieler Dokumente, insbesondere solcher, die Geschäftsgeheimnisse enthalten, für den Verkäufer ein Risiko.

91 Die Zusammenstellung der Information auf **eigene Initiative** hat für den Verkäufer den Vorteil, dass er sich bereits vor dem Beginn der Legal Due Diligence durch den Käufer einen Überblick über die vorhandenen Dokumente verschaffen

kann. Er kann dann etwaige **Lücken in der Dokumentation schließen**, bevor der potentielle Käufer auf diese aufmerksam wird. Ferner kann der Verkäufer durch einen vorbereiteten Datenraum den **Due Diligence-Prozess** des Käufers **straffen.**[51]

Allerdings setzt die Einrichtung des Datenraums durch den Verkäufer voraus, dass dieser entweder transaktionserfahren ist und selbst die erforderlichen Informationen auswählen und zusammenstellen kann, oder dass er einen transaktionserfahrenen rechtlichen Berater mit der Zusammenstellung der Informationen beauftragt. 92

4. Anforderungsliste/Zusammenstellung von Unterlagen

Stellt der Verkäufer die erforderlichen Unterlagen nicht selbst zusammen, muss der **potentielle Käufer definieren**, welche Informationen er im Rahmen der Legal Due Diligence erhalten möchte. Zu diesem Zweck muss der potentielle Käufer eine Anforderungsliste (Due Diligence Request List, Due Diligence Questionnaire) zusammenstellen. Diese muss er sodann an den Verkäufer übersenden.[52] 93

Anforderungslisten des potentiellen Käufers sind regelmäßig sehr umfassend und viele Seiten stark. Vielfältige Themen[53] wie Gesellschaftsrecht, vertragliche Beziehungen zu Dritten, öffentlich-rechtliche Sachverhalte, gewerbliche Schutzrechte u.v.m. werden abgefragt. **Inhalt und Umfang der Anforderungsliste** sind davon abhängig, in welcher Branche das Zielunternehmen tätig ist, über welche Strukturen es verfügt oder ob ein Share Deal oder ein Asset Deal geplant ist. 94

Beispiel

Ist ein Share Deal geplant wird der potentielle Käufer über die Anforderungsliste Unterlagen zu den gesellschaftsrechtlichen Verhältnissen des Zielunternehmens erbitten, wie z.B.
- Unterlagen über die Gründung des Zielunternehmens
- Unterlagen über Anteilsübertragungen
- Gesellschaftsvertrag
- Gesellschafterlisten
- Beteiligungen an anderen Unternehmen
- Unternehmensverträge
- Anmeldungen zum Handelsregister.

Im Falle eines geplanten Asset Deals sind derartige Informationen – mit Ausnahme der Frage nach Beteiligungen an anderen Unternehmen – hingegen nicht von Bedeutung. Der potentielle Käufer kauft keine Anteile an dem Zielunternehmen, sondern Wirtschaftsgüter aus dem Zielunternehmen.[54]

51 Vgl. Picot/*Picot* Handbuch M&A, Kap. IX. Teil 3, S. 256.
52 Vgl. zu verschiedenen Fallgestaltungen auch Rn 36 ff.
53 Vgl. hierzu im Einzelnen Rn 137 ff.
54 Vgl. Kap. 7 Rn 36 ff.

95 Insbesondere die Branche des Zielunternehmens kann den Inhalt und Umfang der Anforderungsliste erheblich beeinflussen.

Beispiel

Beabsichtigt der potentielle Käufer Anteile an einem Dienstleistungsunternehmen zu erwerben, das nur an einem Standort tätig ist, so wird sich die Anforderungsliste erheblich von dem Fall unterscheiden, dass der potentielle Käufer die Beteiligung an einem Unternehmen der chemischen Industrie mit fünf verschiedenen Standorten erwerben will. In letzterem Fall wird der potentielle Käufer beispielsweise Unterlagen anfordern zu:

- Vorliegen erforderlicher Genehmigungen
- Verfahren mit Aufsichtsbehörden
- umweltrechtlich relevanten Aspekten, wie z.B. Emissionen oder Reststoffe der Produktion
- Altlasten
- Übersicht über die Betriebsanlagen

Im Fall des vorgenannten Dienstleistungsunternehmens kommt diesen Fragen hingegen keine oder wesentlich geringere Bedeutung zu.

96 Diese Beispiele lassen erkennen, dass die **Anforderungsliste** jeweils auf das Zielunternehmen und die jeweils geplante Transaktion **angepasst** werden muss.

97 Die Anforderungsliste sollte jeweils so aufgebaut sein, dass eine Spalte für Notizen verbleibt. In dieser Spalte können der potentielle Käufer und seine Berater Auffälligkeiten bei der Auswertung der im Datenraum offengelegten Informationen vermerken.

Beispiel

Due Diligence Anforderungsliste

A) Gesellschaftsrecht

Angefragte Information	Notizen
I. Gesellschaftsvertrag der Gesellschaft	
II. Sämtliche Gesellschafterbeschlüsse seit der Gründung der Gesellschaft	Gesellschafterbeschluss vom 7. Oktober 2003 verweist auf eine Anlage, die nicht im Datenraum enthalten ist

98 Im Rahmen eines Bieterverfahrens gibt es keine Anforderungsliste. Der Verkäufer richtet einen Datenraum ein. Die potentiellen Käufer müssen zunächst prüfen, was der Verkäufer ihnen bereitstellt. Ist der Datenraum aus Sicht des potentiellen Käufers lückenhaft, wird er um Ergänzung bitten.

99 Auch wenn der Verkäufer den Datenraum nach Maßgabe einer Anforderungsliste des Verkäufers erstellt, kann er den Datenraum zum besseren Schutz vertraulicher Informationen in einen grünen und roten Bereich aufteilen.

5. Physische und virtuelle Datenräume

Die Offenlegung der Informationen durch den Verkäufer kann entweder in einem 100
physischen oder einem virtuellen Datenraum erfolgen.[55]

a) Physischer Datenraum

Bis zum Ende der 1990er Jahre war es üblich, dass die von dem Verkäufer zusammengestellten Dokumente dem potentiellen Käufer in einem physischen Datenraum zur Verfügung gestellt wurden. Der physische Datenraum wird häufig in den Räumlichkeiten des Verkäufers oder seines rechtlichen Beraters eingerichtet. 101

Der **Vorteil** eines physischen Datenraums ist, dass die Dokumente unmittelbar eingesehen werden können. Dies erleichtert insbesondere eine überblicksartige Durchsicht der offengelegten Dokumente. 102

Nachteilig ist jedoch, dass der potentielle Käufer und/oder seine Berater zu dem Verkäufer oder seinem rechtlichen Berater reisen müssen, um die Unterlagen einzusehen. Dadurch können sich für den potentiellen Käufer die Kosten erheblich erhöhen. 103

Für den Verkäufer limitiert der physische Datenraum in einem Bieterverfahren zudem die Möglichkeit, eine größere Anzahl von potentiellen Käufern gleichzeitig eine Due Diligence machen zu lassen: Der Verkäufer muss denselben physischen Datensatz entweder an verschiedenen Orten vorhalten oder den potentiellen Käufern nacheinander Zugang zum Datenraum gewähren. Im ersten Fall muss der Verkäufer einen hohen Aufwand betreiben, einen im Regelfall umfangreichen Datenbestand mehrfach zu produzieren und zu aktualisieren. Im letztgenannten Fall wird ein in zeitlicher Hinsicht effizientes Verfahren nicht möglich sein. 104

b) Virtueller Datenraum

Mit dem Fortschreiten der technischen Möglichkeiten, insbesondere der Möglichkeit, große Datenmengen über das Internet abzurufen, sind Datenräume **mittlerweile regelmäßig** virtuell. Der Verkäufer kann die offengelegten Informationen in einen geschützten Bereich des Internets hochladen. 105

Durch die Möglichkeit, von jedem Ort aus auf den Datenraum zugreifen zu können, entfällt für den potentiellen Käufer und seine Berater das Erfordernis, zu dem Verkäufer oder seinem Berater zu reisen. Je nach Art des virtuellen Datenraums oder Vorgaben des Verkäufers ist es dem potentiellen Käufer möglich, die offengelegten Unterlagen einzusehen, auszudrucken oder gar zu speichern. Durch die Erteilung des Druckrechts kann der Verkäufer den **Due Diligence Prozess** des potentiellen 106

55 Saenger/Aderhold/Lenkaitis/Speckmann/*Bergjan* § 11 Rn 47.

Käufers erheblich **beschleunigen und vereinfachen**. Elektronische Daten können regelmäßig wesentlich einfacher vervielfältigt werden als physische. Für den Verkäufer bietet der virtuelle Datenraum darüber hinaus den großen Vorteil, dass er ohne wesentlichen Mehraufwand zeitgleich einer größeren Anzahl von potentiellen Käufern den Zugang zum Datenraum ermöglichen kann.

Praxistipp
Sollte es nicht möglich sein, im Datenraum offengelegte Dokumente auszudrucken, so sollte der Käufer **nachfragen**, ob er nicht zumindest für gewisse Dokumente ein Druckrecht erhalten kann. Insbesondere die Auswertung umfangreicher Verträge kann dies erheblich erleichtern.
Der Benutzer eines virtuellen Datenraums sollte sich bewusst sein, dass jeder seiner Schritte im Datenraum dokumentiert wird. Dem Verkäufer ist es regelmäßig möglich festzustellen, über welche Zugangsdaten welche Dokumente wann und wie lange angesehen wurden und ob sie – wenn entsprechende Möglichkeiten eingeräumt werden – gedruckt oder gespeichert wurden.

107 Unabhängig von der Art des Datenraums muss der potentielle Käufer sicherstellen, dass er von etwaigen Aktualisierungen des Datenbestandes erfährt. Der Verkäufer wird regelmäßig im Kaufvertrag einen Ausschluss seiner Haftung für sämtliche Sachverhalte suchen, die im Datenraum offengelegt wurden. Systematisch geschieht dies über eine Regelung, nach der alle im Datenraum offengelegten Informationen als bekannt gelten und ihr Inhalt keine Haftung des Verkäufers begründen kann.

108 Der rechtliche Berater des Käufers wird in den Vertragsverhandlungen versuchen, die Aufnahme dieser Klausel in den Unternehmenskaufvertrag zu verhindern. Mit einer Legal Due Diligence will sich der Käufer informieren und nicht den Verkäufer entlasten. Sofern der potentielle Käufer diese Position nicht durchsetzen kann, sollte er zumindest verlangen, dass der Verkäufer garantiert, dass die im Datenraum offengelegten Informationen vollständig und nicht irreführend sind.[56]

Praxistipp
Um den Status des Datenraums nachzuverfolgen, sollte der potentielle Käufer in regelmäßigen Abständen prüfen, ob weitere Dokumente in den Datenraum eingestellt worden sind. Virtuelle Datenräume verfügen hierzu regelmäßig über Filterfunktionen. Sollte der Datenraum nicht über eine solche Filterfunktion verfügen, sollte auf andere Weise sichergestellt werden, dass nicht unbemerkt neue Unterlagen in den Datenraum eingestellt werden.

56 Vgl. zu den jeweiligen Interessen von Verkäufer und Käufer sowie einem Klauselvorschlag Seibt/*Schrader*/*Seibt* Teil C Kapitel I S. 148 und S. 187, dort Klausel 12.2.

6. Datenraumregeln

Bevor der Verkäufer den – physischen oder virtuellen – Datenraum für den potentiellen Käufer öffnet, gibt er häufig Datenraumregeln vor, die der potentielle Käufer und seine Berater anerkennen müssen. Anderenfalls erhalten sie keinen Zugang zum Datenraum. Die Datenraumregeln zu **virtuellen Datenräumen** entsprechen dabei weitgehend den bereits oben dargestellten Vertraulichkeitsvereinbarungen.[57] Ergänzend dazu enthalten Datenraumregeln für die Benutzung eines **physischen Datenraums** unter anderem Regelungen zu den Zeiten, zu denen der Datenraum betreten werden kann, ob Kopien angefertigt werden dürfen und ob und wenn ja welche technischen Geräte mit in den Datenraum genommen werden dürfen.[58] 109

Beispiel
Ein Verkäufer legt in seinem Datenraum verschiedene technische Zeichnungen offen. Um zu verhindern, dass der potentielle Käufer, ein Wettbewerber, diese technischen Zeichnungen außerhalb der Transaktion für sich nutzt, kann der Verkäufer dem potentiellen Käufer und seinen Beratern untersagen Scanner, Fotoapparate, Mobilfunkgeräte mit eingebautem Fotoapparat oder andere technische Geräte, mit denen die Erstellung und/oder Übermittlung von Kopien möglich ist, mit in den Datenraum zu nehmen.

7. Kick Off-Meeting

Bisweilen findet vor dem Beginn der Due Diligence ein sogenanntes **Kick Off-Meeting** statt. Im Rahmen eines solchen Kick Off-Meetings können die Parteien den Zeitplan oder sonstige Rahmenbedingungen der Due Diligence abstimmen, sofern dies bislang nicht geschehen sein sollte. In Anschluss an das Kick Off-Meeting wird sodann der Datenraum für den potentiellen Käufer und seine Berater geöffnet. 110

8. Auswertung des Datenraums und Q&A-Prozess

Bei der Durchsicht und Auswertung der offengelegten Dokumente sind folgende **Schritte** üblich: 111

- Überblicksartige Durchsicht des Datenraums und insbesondere Prüfung, ob alle aus Sicht des potentiellen Käufers relevanten Bereiche abgedeckt sind
- Anforderung ggf. fehlender Dokumente
- Auswertung der offengelegten Dokumente
- Nachfragen zu offengelegten Dokumenten
- Auswertung der Antworten/ggf. weitere Rückfragen

---

57 Vgl. dazu Rn 80.
58 Siehe auch das Beispiel für Datenraumregeln bei Seibt/*Seibt* Teil B Kapitel VI 1, 2.

- Mitteilung von Auffälligkeiten an den potentiellen Käufer und andere Berater
- (Telefon-)Konferenzen mit dem Verkäufer zur Erörterung offener Punkte

Die einzelnen Schritte sollen nachfolgend im Einzelnen dargestellt werden.

a) Überblicksartige Durchsicht des Datenraums

112 Nach der Öffnung des Datenraums ist es in einem ersten Schritt erforderlich, einen Überblick über die im Datenraum offengelegten Dokumente zu erhalten. Virtuelle Datenräume erhalten regelmäßig eine Funktion, mit der ein **Datenraumindex** erstellt werden kann. Anhand des Datenraumindex kann der potentielle Käufer in relativ kurzer Zeit feststellen, in welchen Bereichen der Verkäufer welche Dokumente im Datenraum offengelegt hat. Verfügt der virtuelle Datenraum nicht über eine solche Funktion, sollten die im Datenraum vorhandenen Dokumente selbst überblicksartig durchgesehen werden.

113 Sofern der potentielle Käufer dem Verkäufer zuvor eine Anforderungsliste zugesandt hat, kann er im Wege eines Abgleichs des Datenraums mit der Anforderungsliste feststellen, ob der Verkäufer alle in der Anforderungsliste benannten Informationen in den Datenraum eingestellt hat. In dem **Notizbereich**[59] der Anforderungsliste sollte der potentielle Käufer markieren, ob die angeforderten Dokumente im Datenraum vorhanden sind oder nicht. Ferner sollte er notieren, wenn er bei erster Durchsicht der Dokumente **Auffälligkeiten oder Besonderheiten** festgestellt hat. Auffälligkeiten oder Besonderheiten können beispielsweise darin bestehen, dass angeforderte Unterlagen fehlen oder unvollständig sind.

Beispiel
Im Datenraum befindet sich in der Rubrik „Sonstiges" eine als „Beratervertrag" bezeichnete Vereinbarung mit einem früheren Gesellschafter. Bei der überblicksartigen Durchsicht sollte dieser Vertrag bereits markiert werden, da derartige Verträge nicht selten erhebliches Risikopotential enthalten. Oftmals verfügen Beraterverträge mit ehemaligen Gesellschaftern über eine mehrjährige feste Laufzeit und ein festes Honorar, welches häufig so hoch bemessen ist, dass es einen Teil des Kaufpreises für den Erwerb der Beteiligung an dem Zielunternehmen darstellt. Die finanziellen Belastungen des Zielunternehmens aus einem solchen Beratervertrag können daher erheblich sein.

114 Der Prüfung der Vollständigkeit von Unterlagen kommt auch noch in anderer Weise Bedeutung zu. So enthalten Unternehmenskaufverträge regelmäßig eine Klausel, wonach sich der Käufer im Rahmen der Due Diligence über alle relevanten Umstände des Zielunternehmens umfassend informieren konnte. Dabei wird die **Anforde-**

59 Vgl. Rn 97.

rungsliste dem Unternehmenskaufvertrag regelmäßig als **Anlage** beigefügt. Dem Käufer wird der spätere Nachweis regelmäßig schwer fallen, dass tatsächlich nicht sämtliche aufgeführten Dokumente im Datenraum enthalten waren. Daher ist es von besonderer Bedeutung, fehlende Dokumente unverzüglich bei dem Verkäufer anzufordern und diese Anfragen entsprechend zu **dokumentieren.**

b) Anforderung fehlender Dokumente

Hat der potentielle Käufer im Rahmen der überblicksartigen Durchsicht des Datenraums festgestellt, dass der Datenraum nicht alle angefragten oder erwarteten Informationen erhält, muss er die fehlenden Informationen bei dem Verkäufer anfragen. Die Parteien sollten sich bereits im Vorfeld darüber einigen, auf welche Weise die Anforderung zusätzlicher Dokumente erfolgen soll. 115

Regelmäßig verfügen virtuelle Datenräume über einen gesonderten Bereich, in dem Fragen an den Verkäufer gestellt werden können (sogenannter **Q&A-Bereich**).[60] Dieser Bereich kann auch **zur Anforderung fehlender Dokumente** genutzt werden. Verfügt der Datenraum nicht über einen solchen Q&A-Bereich kann der potentielle Käufer oder sein rechtlicher Berater fehlende Dokumente auch schlicht per E-Mail bei dem Verkäufer anfordern. Für den Verkäufer ist es sinnvoll, den Q&A-Prozess zentral zu steuern und zu dokumentieren, sowie den Käufer zu verpflichten, sämtliche Fragen ausschließlich innerhalb des zentral gesteuerten Prozesses zu stellen. Typischerweise werden Fragen in unterschiedlichsten Bereichen gestellt, die der Verkäufer dann an Fachabteilungen weiterleiten muss. Eine direkte Kontaktaufnahme des potentiellen Käufers mit den Fachabteilungen des Verkäufers birgt das Risiko, dass der Verkäufer nicht mehr steuern kann und schlicht nicht mehr weiß, welche Informationen dem Käufer erteilt worden sind. Zudem kann eine aus juristischer Sicht nicht hinreichend klare Antwort nach Durchführung der Transaktion Streit verursachen. 116

Praxistipp !
Fragen und Antworten sollten stets schriftlich abgefasst werden, um für den Fall etwaiger Streitigkeiten nach dem Vollzug der Transaktion eine angemessene Dokumentation zu haben.

Selbst bei kleineren Zielgesellschaften sind Rechtsfragen aus ganz unterschiedlichen Bereichen zu prüfen. Auch bei kleineren Transaktionen ist es daher unerlässlich, ein Team von Spezialisten zusammenzustellen. Die Zahl der beteiligten Anwälte hängt nicht so sehr von der Größe der Transaktion als vielmehr von der Zahl der unterschiedlichen relevanten Rechtsbereiche ab. Daneben sind an einer Due Dili- 117

60 Q&A, engl. questions & answers.

gence neben den Rechtsanwälten typischerweise auch andere Berater wie Steuerberater, Wirtschaftsprüfer oder technische Berater beteiligt. Daher ist es sinnvoll, einen **Projektverantwortlichen** zu bestimmen, der die verschiedenen Fragen des Teams zusammenstellt und gesammelt an den Verkäufer weiterleitet. Ansonsten wird der Q&A-Prozess schnell unübersichtlich und ineffizient.

118 **Fehlende Unterlagen** sollten **möglichst** schnell angefordert werden, insbesondere wenn für die Legal Due Diligence nur ein knapp bemessener Zeitraum zur Verfügung steht. Der Verkäufer wird fehlende Dokumente nicht selten erst von Fachabteilungen beschaffen müssen, deren Hauptaufgabe nicht die Unterstützung der Due Diligence ist. Gerade wenn eine Vielzahl von Dokumenten angefordert wird oder der Verkäufer den Datenraum für mehrere potentielle Käufer geöffnet hat, kann die Zusammenstellung einige Zeit in Anspruch nehmen. Werden fehlende Dokumente zu spät angefordert, kann sich die Legal Due Diligence verzögern und damit den Zeitplan des Projekts gefährden.

119 Trotz Versendung einer Anforderungsliste und sorgfältiger Bearbeitung der Anforderungsliste durch den Verkäufer ist es möglich, dass **nicht alle abgefragten Unterlagen zur Verfügung** gestellt werden. Ein Grund kann z.B. sein, dass der Verkäufer das Zielunternehmen selbst erst vor wenigen Jahren von dem vorherigen Inhaber erworben hat und daher nur über die Dokumente verfügt, die er von dem vorherigen Inhaber für die Zeit vor dem Erwerb des Zielunternehmens erhalten hat. Der potentielle Käufer sollte in diesem Fall versuchen, sich die erforderlichen Informationen selbst auf andere Weise zu beschaffen.

Beispiel
Der Verkäufer hat die Anteile an der zum Verkauf stehenden GmbH erst im Vorjahr erworben. Damals hat er von dem Gründer der GmbH keine Unterlagen über die Gründung der GmbH erhalten. Folglich kann der Verkäufer dem potentiellen Käufer diese Unterlagen nicht zur Verfügung stellen. Der potentielle Käufer kann jedoch versuchen, die Gründungsurkunde über das Handelsregister zu erhalten.

c) Auswertung offengelegter Dokumente

120 Bei der Auswertung offengelegter Dokumente muss der Berater stets die Ziele des Mandanten im Auge behalten. Steht etwa fest, dass die Transaktion im Wege eines Share Deals erfolgen soll, erübrigt sich eine detaillierte Prüfung der Gesellschafterhistorie. Liegt der Wert des Zielunternehmens für den Mandanten vor allem im Zugang zu bestimmte Ressourcen, bedürfen Verträge in diesem Bereich besonders gründlicher Prüfung. Unverzichtbar ist daher eine Abstimmung mit dem Mandanten. Nur wenn der Berater die Absichten des Mandanten im Einzelnen kennt, kann er sinnvolle Prüfungsschwerpunkte bilden.

121 Primäres Ziel der Prüfung ist die Aufdeckung von Risiken. Für die Einschätzung entdeckter Risiken ist es für den Mandanten häufig hilfreich, einen Vergleich be-

stimmter Klauseln hinsichtlich der Marktüblichkeit zu erhalten. So können beispielsweise umfangreiche Informationsrechte zu Gunsten einer Bank in Finanzierungsverträgen ein erhebliches Risiko für die Zielgesellschaft darstellen. Wenn diese Informationsrechte jedoch marktüblichen Standards entsprechen, relativiert sich diese Feststellung.

Auch die wirtschaftlichen Auswirkungen von Prüfungsergebnissen muss der 122
Berater im Auge behalten. So kann eine umfangreiche rechtliche Prüfung entbehrlich sein, wenn klar ist, dass die wirtschaftlichen Auswirkungen bestimmter Risiken gering sind. Umgekehrt liegt eine intensivere rechtliche Prüfung umso näher, als potentielle rechtliche Probleme erhebliche wirtschaftliche Auswirkungen haben können.

Schließlich sind offengelegte Informationen vollständig auszuwerten. Wichtig 123
ist eine klare Aufgabenzuweisung innerhalb des Teams. Die einzelnen Bereiche des Datenraums sollten auf die einzelnen Spezialisten verteilt werden. Dabei muss jedoch jeder Prüfer im Auge behalten, dass Sachverhalte auch in Bereichen relevant sein können, die auf den ersten Blick nicht erkennbar sind. Nur durch eine laufende enge Abstimmung im Team kann gewährleistet werden, dass alle Sachverhalte unter allen wesentlichen rechtlichen Gesichtspunkten gewürdigt werden.

Schließlich darf aus dem obigen[61] Hinweis auf die Verwendung einer Anforde- 124
rungsliste nicht gefolgert werden, dass die Legal Due Diligence sich nur auf das Abarbeiten der aufgelisteten Punkte beschränkt. Vielmehr wird von dem rechtlichen Berater erwartet, dass er **Lücken in der Dokumentation aufspürt**, eventuell versteckten Problemen nachgeht und dem potentiellen Käufer **Lösungsmöglichkeiten** für aufgefundene Risiken **aufzeigt**.

d) Nachfragen zu offengelegten Dokumenten

Bleiben nach der Auswertung der offengelegten Informationen Unklarheiten oder 125
Lücken, müssen die Berater entsprechende Nachfragen stellen.

Bisweilen begrenzt der Verkäufer die **Anzahl der Fragen**, die der potentielle 126
Käufer und seine Beratern pro Tag und/oder insgesamt während der Due Diligence stellen dürfen. In diesem Fall kommt der Gewichtung etwaiger Nachfragen besondere Bedeutung zu. Eher unbedeutende Fragen sollten vermieden werden, um auch zum Ende des Prozesses noch wichtige Fragen stellen zu können.

Praxistipp !

Die Gewichtung von Fragen wird deutlich erleichtert, wenn jedes Mitglied des Due Diligence Teams seine Fragen priorisiert. Ein wichtiges Detail ist auch die Nutzung einer einheitlichen Dateivorlage, in die alle Mitglieder des Teams ihre Fragen eintragen können.

61 Vgl. Rn 93ff.

e) Auswertung der Antworten und ggf. Stellung von Rückfragen

127 Sollten auch die Antworten auf die Nachfragen der Berater des potentiellen Käufers nicht ausreichend sein, müssen die Berater weitere Nachfragen stellen.

Beispiel
Eine dem Zielunternehmen erteilte Baugenehmigung fordert verschiedene umfangreiche Ausgleichsmaßnahmen. Der Datenraum enthält jedoch keine Nachweise über die Erfüllung dieser Ausgleichsmaßnahmen.
Der den öffentlich-rechtlichen Teil der Due Diligence bearbeitende Rechtsanwalt stellt daraufhin die Frage, ob alle Ausgleichsmaßnahmen bereits abgeschlossen und alle Rechnungen beglichen sind. Der Verkäufer antwortet daraufhin, dass die Arbeiten im nächsten Sommerhalbjahr abgeschlossen werden. Ferner übersendet er drei Rechnungen, die Arbeiten betreffen, die vor zehn Monaten durchgeführt worden sind.
Diese Antwort ist für den rechtlichen Berater nicht zufriedenstellend, da er nicht weiß, ob nicht zwischenzeitlich weitere Ausgleichsmaßnahmen durchgeführt worden sind, für die nur bislang keine Rechnung gestellt worden ist. Ferner kann er nicht nachvollziehen, welchen Umfang die noch ausstehenden Maßnahmen, die im nächsten Sommerhalbjahr erfolgen sollen, haben werden. Der rechtliche Berater hat daher entsprechende Nachfragen zu stellen.

---

f) Abstimmung im Team

128 Bereits während der Auswertung der im Datenraum offengelegten Informationen sollten sich die verschiedenen **Berater regelmäßig untereinander** über vorgefundene Auffälligkeiten **austauschen.** Dies gilt sowohl innerhalb des für die Legal Due Diligence verantwortlichen Teams als auch für den Austausch zwischen den rechtlichen Beratern mit Beratern anderer Fachrichtungen.[62] Feststellungen des einen Beraters können – auch wenn dieser der Feststellung womöglich keine besondere Bedeutung beimisst – für einen Berater einer anderen Fachrichtung von erheblicher Bedeutung sein. Darüber hinaus haben viele Umstände Bedeutung für verschiedene Fachbereiche. **Schnittmengen** existieren insbesondere zwischen den rechtlichen, steuerrechtlichen und betriebswirtschaftlichen Bereichen.

Beispiel
Vertragliche Beziehungen zwischen verbundenen Unternehmen sind regelmäßig für Berater aller drei vorgenannten Fachrichtungen von erheblicher Bedeutung. Der rechtliche Berater wird dabei vorrangig prüfen, ob die Verträge wirksam zustande gekommen sind und etwaige Haftungsrisiken enthalten. Unter steuerrechtlichen Gesichtspunkten ist insbesondere zu prüfen, ob es durch die vertragliche Beziehung zu verdeckten Gewinnausschüttungen kommt, da die Vereinbarung zwischen den Konzerngesellschaften nicht marktübliche Preise enthält und damit gegen den Fremdvergleichsgrundsatz (engl. arm's length principle) verstößt. Um dies beurteilen zu können, wird es regelmäßig erforderlich sein, dass ein betriebswirtschaftlicher Berater prüft, ob die vereinbarte Vergütung als marktgerecht einzustufen ist.

---

62 Beisel/Andreas/*Andreas* § 9 Rn 11.

Praxistipp

Für einen regelmäßigen Austausch zwischen den verschiedenen Beratern haben sich folgende Maßnahmen bewährt:

- Multilateraler Austausch zwischen den rechtlichen Beratern verschiedener Fachrichtungen im Rahmen regelmäßig stattfindender Besprechungen
- Multilateraler Austausch zwischen sämtlichen Beratern verschiedener Fachrichtungen im Rahmen von Besprechungen oder Telefonkonferenzen
- Bilateraler Austausch zwischen den einzelnen Beratern

Ferner ist auch der potentielle Käufer regelmäßig über den Stand der Due Diligence 129
und zeitnah über aktuelle Feststellungen von besonderer Bedeutung zu informieren, insbesondere wenn die rechtlichen Berater Umstände festgestellt haben, die sich als potentielle Deal Breaker darstellen. Auch wenn sich die Legal Due Diligence verzögert, sollte der rechtliche Berater den potentiellen Käufer darauf **hinweisen**.

Beispiel

Bei der Durchsicht des Datenraums stellt der rechtliche Berater des potentiellen Käufers fest, dass wesentliche Dokumente im Datenraum nicht enthalten sind. Trotz zeitnah gestellter Fragen nach den Dokumenten werden sie erst so spät in den Datenraum eingestellt, dass der rechtliche Berater des potentiellen Käufers sie nicht mehr bis zu dem vereinbarten Termin zur Abgabe des Legal Due Diligence-Berichts sorgfältig auswerten kann. In diesem Fall sollte der rechtliche Berater den potentiellen Käufer frühzeitig darüber in Kenntnis setzen, dass wesentliche Dokumente im Datenraum fehlen. Ferner sollte er ihm zu einem späteren Zeitpunkt mitteilen, dass die angefragten Dokumente bislang nicht vorgelegt worden sind und deshalb bei der Erstellung des Legal Due Diligence-Berichts nicht berücksichtigt werden konnten. Der rechtliche Berater sollte daher mit dem potentiellen Käufer abstimmen, ob der Termin für die Abgabe des Legal Due Diligence-Berichts verschoben wird oder ob vorab ein vorläufiger Legal Due Diligence-Bericht übergeben werden soll. Letzteres dürfte regelmäßig die vorzugswürdige Lösung darstellen, damit der potentielle Käufer den Teil des Legal Due Diligence-Berichts, der bereits fertiggestellt ist, auswerten kann.

---

g) Konferenzen mit dem Verkäufer zur Erörterung offener Punkte

In Ergänzung zum Q&A-Prozess bietet es sich insbesondere in größeren Projekten 130
an, dass sich der Verkäufer und der potentielle Käufer treffen, um im Rahmen der (Legal) Due Diligence aufgeworfene Fragen zu erörtern. Die mündliche Erörterung bietet sich insbesondere bei **komplexen Sachverhalten** an, die im Rahmen des Q&A-Prozesses oftmals nicht zufriedenstellend aufgeklärt werden können.

Um den Termin möglichst effizient zu gestalten, sollte der potentielle Käufer 131
dem Verkäufer frühzeitig vor dem Termin die Themen nennen, über die er sprechen möchte. Der Verkäufer erhält auf diese Weise die Gelegenheit, sich auf den Termin vorzubereiten. Ziel eines solchen Termins sollte sein, dass am Ende sämtliche Fragen des potentiellen Käufers beantwortet sind.

Praxistipp
Das Treffen des Verkäuferteams mit dem Team des potentiellen Käufers und die mündliche Erörterung komplexer Sachverhalte dienen oftmals dem Verständnis beider Parteien für die Interessen und Besorgnisse der jeweils anderen Partei. Ferner können Missverständnisse vermieden oder aufgeklärt werden.

9. Sonstige Möglichkeiten der Informationsbeschaffung

132 Neben der Auswertung der im Datenraum offengelegten Informationen bieten sich je nach Fallgestaltung auch folgende Maßnahmen der Beschaffung von Informationen an:
- Internetrecherche über das Zielunternehmen
- Besichtigung des Betriebs

133 Ob eine Betriebsbesichtigung für den rechtlichen Berater erforderlich ist, hängt von den Umständen des Einzelfalls ab. Regelmäßig wird dies nicht der Fall sein. Denkbar sind Betriebsbesichtigungen bisweilen bei Zielunternehmen, für die umweltrechtliche Vorgaben von Bedeutung sind. In diesem Fall ist wichtig, dass sich die rechtlichen Berater vor Ort ein Bild über den Betrieb verschaffen. Die Besichtigung führt in Betrieben, deren Belegschaft noch keine Kenntnis über den bevorstehenden Verkauf hat, regelmäßig dazu, dass Fragen gestellt werden und Gerüchte entstehen. Unruhe in der Belegschaft kann aufkommen. Der Verkäufer tut regelmäßig gut daran, proaktiv eine Legende für den Anlass der Besichtigung zu platzieren.

10. Erstellung der Legal Due Diligence-Berichte

134 Wenn die rechtlichen Berater des potentiellen Käufers die Auswertung der im Datenraum offengelegten Informationen und der im Q&A-Prozess erhaltenen Antworten abgeschlossen haben, verfassen sie den Legal Due Diligence-Bericht. Der Bericht muss auf die jeweiligen Anforderungen des potentiellen Käufers abgestimmt werden und dessen etwaige besondere Interessen berücksichtigen.[63]

11. Vorstellung der Ergebnisse der Legal Due Diligence und Austausch mit Beratern anderer Fachrichtungen

135 Wenn der rechtliche Berater den Legal Due Diligence-Bericht fertiggestellt hat, übermittelt er ihn an den potentiellen Käufer. Ferner finden bisweilen Konferenzen bei dem potentiellen Käufer statt, in deren Rahmen die rechtlichen Berater dem po-

63 Siehe im Einzelnen hierzu Rn 166 ff.

tentiellen Käufer die Ergebnisse der Legal Due Diligence im Einzelnen vorstellen. Derartige Konferenzen bieten den Beratern verschiedener Fachrichtungen eine gute **Möglichkeit**, sich über die **Ergebnisse** der Due Diligence **auszutauschen**. Aufgrund der Tatsache, dass Feststellungen des einen Beraters auch für Berater anderer Fachrichtungen von Bedeutung sind, ist ein solcher Austausch unbedingt zu empfehlen.[64]

Gerade bei Sachverhalten, die Bezüge zu **technischen oder chemischen Ver-** 136
fahren oder sonstigen **Spezialmaterien** aufweisen, ist der Austausch der rechtlichen Berater mit den Beratern dieser Fachrichtung **unabdingbar**, damit der rechtliche Berater den der Transaktion zugrunde liegenden Sachverhalt zutreffend erfassen kann. Für den rechtlichen Berater sind die Ergebnisse der Due Diligence anderer Fachbereiche vor allem auch für die Gestaltung und Verhandlung des Unternehmenskaufvertrages relevant.

D. Typische Prüfungsgegenstände einer Legal Due Diligence

Eine Legal Due Diligence umfasst eine Vielzahl von rechtlichen Teilbereichen. Wel- 137
che Rechtsgebiete dabei in welchem Umfang von Bedeutung sind, hängt vom jeweiligen Einzelfall ab. Der rechtliche Berater des potentiellen Käufers muss bei jeder Legal Due Diligence ermitteln, welche Rechtsgebiete geprüft werden müssen, und welchen Rechtsgebieten eine besondere Bedeutung zukommt. Abhängig von der Transaktionsstruktur gibt es allerdings auch Bereiche, die stets geprüft werden müssen. Beabsichtigt der potentielle Erwerber den Erwerb von Gesellschaftsanteilen, muss er etwa die wirksame Gründung der Gesellschaft, die Berechtigung des Verkäufers hinsichtlich der zu erwerbenden Gesellschaftsanteile sowie die ordnungsgemäße Erbringung von Einlagen prüfen.

Nachfolgend geben wir ein Überblick über die Rechtsgebiete, die im Rahmen 138
der Legal Due Diligence regelmäßig von Bedeutung sind.

I. Gesellschaftsrecht

Fragen des Gesellschaftsrechts kommt insbesondere Bedeutung zu, wenn ein Share 139
Deal geplant ist. In diesem Fall muss sich der rechtliche Berater mit der Verfassung des Zielunternehmens, seinen Verhältnissen zu Gesellschaftern und etwaigen Tochtergesellschaften befassen. Folgende Themen sind dabei regelmäßig zu prüfen:
- Ordnungsgemäße Gründung der Gesellschaft
- Einzahlung und Erhaltung des Stammkapitals/Kapitalerhöhungen

64 Vgl. hierzu bereits Rn 128.

- Rechtswirksame Übertragung von Anteilen an der Gesellschaft in der Vergangenheit
- Umwandlungen
- Bestehen von Beteiligungen an anderen Gesellschaften
- Einbindung in Konzernstrukturen
- Bestehen von Unternehmensverträgen, insbesondere Beherrschungs- oder Gewinnabführungsverträgen
- Gesellschaftsvertrag des Zielunternehmens
- Organe der Gesellschaft
- Vereinbarungen mit Gesellschaftern und Geschäftsführern

140 Bei der Prüfung von Unternehmensverträgen, die einen Vertragsteil zum Verlustausgleich verpflichten, sollte sich die Prüfung nicht lediglich auf den wirksamen Abschluss des Vertrages und seinen Inhalt beschränken. Der rechtliche Berater sollte die Prüfung auch darauf erstrecken, ob Verluste angefallen sind und auf welche Weise solche Verluste ausgeglichen worden sind. Nicht selten kommt es in Konzernen zu Auf- und Verrechnungen. Zahlungsflüsse sollen vermieden werden. Die Auf- und Verrechnung mit Gegenforderungen ist nur eingeschränkt möglich. Praktisch kommt es nicht selten vor, dass das verkaufte Unternehmen kurz nach Vollzug des Verkaufs Ansprüche auf Verlustausgleich geltend macht.

141 Im Falle eines Asset Deals kommt diesen Themen nur eine untergeordnete Bedeutung zu, da nicht die Anteile an dem Zielunternehmen, sondern nur dessen Assets oder Teile davon erworben werden. Der rechtliche Berater des potentiellen Käufers sollte sich jedoch auch in diesem Fall zumindest einen Überblick über die gesellschaftsrechtlichen Strukturen des Zielunternehmens verschaffen.

II. Finanzierung

142 Die vertraglichen Grundlagen der Finanzierung des Zielunternehmens sind insbesondere im Falle eines beabsichtigten Share Deals von Bedeutung. Im Einzelnen hat der rechtlichen Berater zu prüfen:

- Dem Zielunternehmen gewährte Darlehen
- Von dem Zielunternehmen gewährte Darlehen an Dritte oder mit dem Zielunternehmen verbundene Personen oder Unternehmen
- Dem Zielunternehmen gestellte Sicherheiten (Bürgschaften, Garantien etc.)
- Von dem Zielunternehmen für Dritte oder mit dem Zielunternehmen verbundenen Personen oder Unternehmen gestellte Sicherheiten

143 Insbesondere bei dem Erwerb von Konzerngesellschaften oder Portfoliogesellschaften im Immobilienbereich hat das Zielunternehmen häufig (auch) zu Gunsten der

Muttergesellschaft und/oder von Schwestergesellschaften Sicherheiten bestellt (z.B. Cross Collateral). Nicht selten hat das Zielunternehmen einen Schuldbeitritt erklärt oder Bürgschaften oder Garantien gestellt. Die Anteile am Zielunternehmen selbst sind häufig aufschiebend bedingt an den Darlehensgeber oder einen Sicherheitentreuhänder (Security Agent) abgetreten oder zumindest zu ihren Gunsten verpfändet. In einer solchen Situation ist es wichtig, dass der potentielle Käufer durch die Legal Due Diligence einen genauen Überblick darüber erhält, welche Verbindungen zwischen der Zielgesellschaft und dem Darlehensgeber bzw. anderen Gesellschaften aus der Gruppe des Verkäufers bestehen. Verbindungen dieser Art sollten spätestens mit Vollzug des Erwerbs der Anteile am Zielunternehmen beseitigt werden.

Praxistipp !

Handelt es sich bei dem Zielunternehmen um eine Projektgesellschaft, z.B. zum Betrieb eines Wind- oder Solarparks, so besteht regelmäßig ein langfristiges Bankdarlehen zur Finanzierung des Projekts (oftmals KfW-Darlehen). Bei der Prüfung des Darlehensvertrags ist insbesondere darauf zu achten, ob das Darlehen eine sogenannte **Change of Control-Klausel** enthält. Eine solche Change of Control-Klausel berechtigt die Bank typischerweise zur Kündigung, Nachverhandlung der Kreditkonditionen oder Verstärkung von Sicherheiten. Eine gänzlich einheitliche Definition, welche Umstände einen Change of Control begründen, gibt es nicht. Häufig wird daran angeknüpft, dass Anteile am Zielunternehmen mehrheitlich auf einen anderen übergehen. Ob in solche Konstellationen z.B. auch der Anteilsinhaberwechsel auf höherer Ebene im Konzern einen Change of Control darstellt, ist regelmäßig Auslegungsfrage. Andere Anknüpfungspunkte für einen Change of Control können beispielsweise sein: Erwerb der faktischen Kontrolle, Übergang der Mehrheit der Stimmrechte oder bei einer Zweckgesellschaft der Austausch desjenigen, dessen Zweck sie dienen soll (ungeachtet eines Wechsels in der Person des Anteils- oder Stimmrechtsinhabers). Sofern der Darlehensvertrag eine derartige Klausel enthält, sollte in Abstimmung mit dem Verkäufer möglichst **frühzeitig Kontakt** zu der darlehensgewährenden Bank **aufgenommen** werden. Wenn – was häufig der Fall ist – die Change of Control-Klausel auslegungsbedürftig ist oder ein klarer Fall des Change of Control bei Vollzug der angedachten Transaktion vorliegen würde, kann Rechtssicherheit nur im Wege der Abstimmung mit der Bank erreicht werden.

Um den aktuellen Stand der im Datenraum offengelegten Darlehen festzustellen, **144**
können aktuelle **Bankbestätigungen** von dem Verkäufer angefordert werden. Um einen Überblick über etwaige in der Vergangenheit in Anspruch genommene Darlehen und die Tilgungsleistung des Zielunternehmens zu erhalten, ist eine Einsicht in die **Jahresabschlüsse** des Zielunternehmens und gegebenenfalls ein Austausch mit den betriebswirtschaftlichen Beratern erforderlich.

III. Verträge mit verbundenen Unternehmen

Handelt es sich bei dem Zielunternehmen um eine Konzerngesellschaft oder eine Ge- **145**
sellschaft mit (wenigen) natürlichen Personen als Gesellschafter, bestehen oftmals

Verträge zwischen dem Zielunternehmen und anderen Unternehmen des Konzerns bzw. Gesellschaftern. Gegenstand solcher Verträge sind oftmals Dienstleistungen des einen für das andere Unternehmen, die Anmietung des Betriebsgrundstückes, dessen Eigentümer der Verkäufer oder eine von ihm kontrollierte Gesellschaft ist, die Lizensierung für den Betrieb des Zielunternehmens wesentlicher Patente und Marken etc. Gerade bei Unternehmen, die nach dem Prinzip der Betriebsaufspaltung (Aufspaltung in eine Gesellschaft, die Eigentümerin der wesentlichen Betriebsgrundlagen ist, und einen produktive Gesellschaft) aufgestellt sind, muss sorgfältig geprüft werden, ob eine solche Struktur aus Sicht des Käufers auch nach Vollzug der Transaktion mit hinreichender Sicherheit tragfähig ist. Ferner sind Darlehen oder die Gewährung von Sicherheiten anzutreffen.

146 Bei der Prüfung solcher Verträge des Zielunternehmens mit verbundenen Unternehmen ist auf folgende Punkte im Besonderen zu achten:

- Sind die vereinbarten **Gegenleistungen marktüblich** oder handelt es sich um verdeckte Gewinnausschüttungen an den Gesellschafter? Maßstab zur Bestimmung der Marktüblichkeit ist der sogenannte Fremdvergleichsgrundsatz (engl. **arm's length principle**), also die Frage, ob der Vertrag zu den gleichen Konditionen auch mit einem unabhängigen Dritten abgeschlossen worden wäre.[65] Der rechtliche Berater des potentiellen Käufers sollte sich zur Beurteilung der Frage, ob eine vertragliche Vereinbarung dem Fremdvergleichsgrundsatz genügt, mit den steuerlichen und/oder betriebswirtschaftlichen Beratern austauschen.
- Werden die Leistungsbeziehungen wie vereinbart umgesetzt oder haben sich die **tatsächlichen Verhältnisse** zwischenzeitlich abweichend von den vertraglichen Vereinbarungen **entwickelt**? Gerade bei Verträgen mit verbundenen Unternehmen ist immer wieder festzustellen, dass Verträge über interne Dienstleistungen nicht an die aktuellen Entwicklungen angepasst werden, sondern der Vertrag stillschweigend anders gelebt wird.
- Reicht die bestehende vertragliche Beziehung für den weiteren Betrieb des Zielunternehmens aus? Hat das Zielunternehmen ein für seinen Betrieb ganz wesentliches Grundstück vom Verkäufer lediglich kurzfristig angemietet, würde der potentielle Käufer nicht unerhebliche Risiken in Kauf nehmen, wenn er nicht auf eine weitergehende Absicherung des Nutzungsrecht drängt (z.B. Einbringung des Grundstücks in das Zielunternehmen, Abschluss eines langfristigen Mietvertrages ggfs. mit grundbuchlicher Absicherung (Dienstbarkeit)). Ähnlich verhält es sich mit wesentlichen Schutzrechten: Ist Inhaber von für das Zielunternehmen maßgeblichen Patenten oder Marken nicht das Zielunternehmen selbst, sollte wenigstens die zukünftige Nutzung dieser Schutzrechte hinreichend gesichert sein. Im Ergebnis geht es mithin (auch) um die Prüfung, ob

65 Vgl. *Ertl* BC 2000, 33, 36.

die wesentlichen Betriebsgrundlagen des Zielunternehmens vollständig vorhanden sind.

Beispiel

Das Zielunternehmen hat bei seiner Gründung im Jahr 2008 einen Dienstleistungsvertrag (insbesondere über Vertrieb und Kundenbetreuung) mit dem Mutterunternehmen abgeschlossen. Als Gegenleistung war der Betrag von 100.000,00 € p.a. vereinbart.

Aufgrund einer positiven Geschäftsentwicklung des Zielunternehmens hat sich der Umfang der erforderlichen Dienstleistungen zwischenzeitlich vervierfacht. Ferner erbringt das Mutterunternehmen mittlerweile auch EDV-Dienstleistungen für das Tochterunternehmen, die zuvor von einem externen Dienstleister erbracht worden waren.

Aus einer Einsicht in die Bilanz des Zielunternehmens entnimmt der rechtliche Berater einen Aufwand für EDV-Dienstleistungen von 400.000,00 € p.a. Zusammen mit den übrigen Dienstleistungen, die mittlerweile ebenfalls mit einem Aufwand von 400.000,00 € in der Bilanz aufgeführt sind, beträgt der über den Vertrag abgewickelte Aufwand 800.000,00 €. Mangels einer Anpassung des Vertrags an die geänderten Verhältnisse ist dies dem Vertrag jedoch nicht zu entnehmen.

IV. Wichtige Verträge mit Lieferanten, Kunden und Vertriebsmittlern

Im Rahmen der Prüfung der vertraglichen Verhältnisse des Zielunternehmens zu Lieferanten, Kunden und Vertriebsmittlern muss der rechtliche Berater des potentiellen Käufers insbesondere folgende Aspekte berücksichtigen: 147

- Bestehen Verträgen mit Lieferanten, Kunden und Vertriebsmittlern
  - mit langen Laufzeiten?
  - mit (nicht mehr passenden) Mindestabnahmemengen?
  - mit Exklusivität zu Lasten des Zielunternehmens?
  - mit besonderen Haftungsrisiken?
- Inhalt und Wirksamkeit der eigenen allgemeinen Geschäftsbedingungen des Zielunternehmens
- Inhalt und Wirksamkeit der allgemeinen Geschäftsbedingungen des Lieferanten/Kunden

Je nach Branche, in der das Zielunternehmen tätig ist, ist es häufig erforderlich, dass sich der rechtliche Berater mit technischen oder betriebswirtschaftlichen Beratern über etwaige Hintergründe oder Risiken austauscht. So werden in manchen **Branchen** bestimmte Vertragswerke standardmäßig verwendet oder Verträge enthalten **standardmäßig** gewisse Regelungen, z.B. zu Lieferbedingungen o.ä. Dem branchenfremden rechtlichen Berater sind solche Standards nicht immer bekannt. Ein Austausch mit Beratern anderer Fachrichtungen oder einem Ansprechpartner im Team des potentiellen Käufers verschafft dem rechtlichen Berater oftmals die nötigen Kenntnisse von etwaigen Besonderheiten oder Standards der jeweiligen Branche. 148

Beispiel
Im Strom- und Gasgeschäft erfolgt die Beschaffung von Strom und Gas über Rahmenverträge und Einzelabrufe durch den Strom- oder Gasversorger. Dabei werden oftmals Standardverträge der European Federation of Energy Traders (EFET) verwendet. Der rechtliche Berater, der erstmalig mit derartigen Verträgen befasst ist, sollte sich die Abläufe der Branche durch einen Mitarbeiter des potentiellen Käufers oder eine sonstige branchenerfahrene Person erörtern lassen, um die Systematik der Verträge und deren praktische Abwicklung zu verstehen.

149 Im Bereich des Vertriebsrechts ist zum einen besonderes Augenmerk auf die Rechtsfolgen im Falle der Beendigung des Vertriebsvertrages zu legen und zum anderen auf etwaig eingeräumte Exklusivität. Der Handelsvertreterausgleichsanspruch (im deutschen Recht § 89b HGB) geht auf eine europäische Richtlinie zurück.[66] In den Mitgliedstaaten der Europäischen Union bestehen daher dem § 89b HGB ähnliche Regelungen. Der BGH wendet § 89b HGB zudem unter bestimmten Voraussetzungen analog auf Vertragshändler an. Die Rechtspraxis in den anderen Mitgliedstaaten der Europäischen Union ist in Bezug auf Vertragshändler nicht einheitlich.

150 Nicht selten verfügt der potentielle Käufer bereits über ein Vertriebsnetz, in dem er einzelnen Vertriebsmittlern Exklusivität eingeräumt hat. Erwirbt er eine andere Unternehmensgruppe mit selbständigem und zumindest teilweise deckungsgleichem Vertriebsnetz, stellen sich häufig bereits bei Vollzug, spätestens aber im Rahmen der Integration der neu erworbenen Unternehmensgruppe Fragen, ob der potentielle Käufer den Vertrag mit dem einen oder anderen Vertriebsmittler verletzt. Ziel der Due Diligence muss sein, solche Konflikte möglichst frühzeitig aufzuzeigen.

V. Sonstige wesentliche Verträge

151 Bei sonstigen wesentlichen Verträgen handelt es sich um Verträge, die für die erfolgreiche Durchführung des Betriebs des Zielunternehmens von Bedeutung sind. Hierbei kann es sich z.B. um folgende Verträge handeln:
- Mietverträge über die von dem Zielunternehmen genutzten Produktions- oder Lagerflächen
- Miet- oder Leasingverträge über Maschinen oder Fahrzeuge
- Geschäftsbesorgungs- oder Dienstleistungsverträge mit Dritten

152 Bei diesen Verträgen muss der rechtliche Berater des potentiellen Käufers jeweils prüfen, ob die Verträge wirksam zustande gekommen sind und ob das Risiko einer

66 Richtlinie des Rates vom 18.12.1986 zur Koordinierung der Rechtsvorschriften der Mitgliedstaaten betreffend die selbständigen Handelsvertreter (86/653/EWG).

vorzeitigen Beendigung des Vertrags besteht. Bei für eine längere Zeit als ein Jahr abgeschlossenen Mietverträgen hat er dabei insbesondere an das in § 550 BGB normierte Schriftformerfordernis zu denken.

Beispiel
Ein mit einer Laufzeit von zehn Jahren geschlossener Mietvertrag über Geschäftsräume der Zielgesellschaft verweist auf einen dem Vertrag als Anlage beigefügten Lageplan. Der Lageplan weist mehrere Ladenlokale aus, ohne die Fläche, die von dem Zielunternehmen genutzt wird, kenntlich zu machen. Der Vertrag genügt nicht dem Schriftformerfordernis des § 550 BGB, da nicht alle Bedingungen des Mietvertrags, hier der Mietgegenstand, schriftlich festgehalten sind. Daher lässt sich die von dem Zielunternehmen angemietete Fläche weder aus dem Mietvertrag noch der ihm beigefügten Anlage entnehmen. In Folge dessen könnte der Mietvertrag nach der Regelung des § 550 BGB mit der gesetzlichen Kündigungsfrist gekündigt werden.

VI. Kartellrecht

Im Rahmen des Kartellrechts muss der rechtliche Berater des potentiellen Käufers 153 insbesondere prüfen, ob das Zielunternehmen gegen wettbewerbsschützende Vorschriften verstößt, die Schadensersatz- oder Unterlassungsansprüche von Wettbewerbern begründen oder die Verhängung von Bußgeldern durch Kartellbehörden nach sich ziehen können. Im Rahmen der Legal Due Diligence stößt der rechtliche Berater des potentiellen Käufers nicht selten auf Absprachen mit Wettbewerbern oder Verträge mit Lieferanten, Kunden und Vertriebsmittlern, die den Anforderungen des Kartellrechts nicht genügen.

VII. Immobilienrechtliche Verhältnisse

Im Rahmen der immobilienrechtlichen Verhältnisse sind folgende Aspekte zu prü- 154 fen:

- Sofern das Zielunternehmen Eigentümer von Grundstücken ist:
  - Hat das Zielunternehmen das Eigentum wirksam erworben?
  - Ist der Grundbuchstand zutreffend, das heißt sind sämtliche Eigentumsübertragungen zutreffend im Grundbuch eingetragen worden?
  - Ist das Eigentum mit Hypotheken, Grundschulden oder sonstigen Rechten Dritter belastet?
- Falls das Zielunternehmen Grundstücke oder Räumlichkeiten gemietet hat, sind die Wirksamkeit des Mietvertrags, dessen Regelungen sowie die Einhaltung des Schriftformerfordernisses zu prüfen.
- Im Falle eines geplanten Neubaus auf dem Grundstück: Liegt eine Baugenehmigung vor? Sind deren Vorgaben eingehalten und etwaige Auflagen erfüllt worden?

- Weist das Altlastenkataster Belastungen auf den von dem Zielunternehmen genutzten Grundstücken aus?
- Hat das Zielunternehmen öffentlich-rechtliche Baulasten auf seinem Grundstück zu Gunsten Dritter übernommen?

VIII. Gewerbliche Schutzrechte

155 Viele Unternehmen verfügen über Marken, Gebrauchsmuster, Patente oder Designs. Diese gewerblichen Schutzrechte sind oftmals für das Zielunternehmen und seinen Geschäftsbetrieb von wesentlicher Bedeutung, z.B. weil die verwendete Marke für ein bestimmtes Produkt bekannt ist oder der Erfolg des Zielunternehmens auf einem Patent fußt. Im Rahmen der Legal Due Diligence muss der rechtliche Berater des potentiellen Käufers daher insbesondere folgende Aspekte untersuchen:
- Welche gewerblichen Schutzrechte werden von dem Zielunternehmen genutzt?
- Sind die gewerblichen Schutzrechte national (Deutsches Patent- und Markenamt) und/oder international (World Intellectual Property Organization, Europäisches Harmonisierungsamt) registriert?
- Ist das Zielunternehmen selbst Inhaber des gewerblichen Schutzrechts oder hat es nur eine abgeleitete Nutzungsbefugnis von einem dritten Inhaber, z.B. dem Verkäufer?

156 Insbesondere der letzte Punkt bedarf genauer Untersuchung, wenn festgestellt wird, dass das Zielunternehmen nur über ein **abgeleitetes Nutzungsrecht** an einem gewerblichen Schutzrecht verfügt. Durch den Lizenzvertrag, der die Grundlage des Nutzungsrechts bildet, muss das Nutzungsrecht des Zielunternehmens auch **zukünftig gesichert** sein.

Beispiel
Das Zielunternehmen vertreibt ein erfolgreiches Produkt, dessen Marke einen hohen Bekanntheitsgrad bei Kunden hat. Im Rahmen der Legal Due Diligence stellt der rechtliche Berater fest, dass der Verkäufer als Inhaber der Marke registriert ist. Das Nutzungsrecht des Zielunternehmens an der Marke folgt lediglich aus einem mit dem Verkäufer abgeschlossenen Lizenzvertrag. Dieser Lizenzvertrag ist auf unbestimmte Zeit abgeschlossen, kann jedoch von beiden Vertragsparteien mit einer Frist von einem Monat ab Zugang der Kündigung beendet werden.
Dieser Lizenzvertrag birgt für den potentiellen Käufer des Zielunternehmens ein hohes Risiko, da der Verkäufer den Lizenzvertrag nach dem Vollzug der Transaktion kündigen und die Marke sodann wieder selbst nutzen könnte. Im Rahmen der Vertragsverhandlungen ist daher darauf hinzuwirken, dass entweder die Inhaberschaft an der Marke auf die Zielgesellschaft übertragen wird oder der Lizenzvertrag insofern geändert wird, als dass er eine hinreichend lange feste Laufzeit und ein exklusives Nutzungsrecht für das Zielunternehmen enthält.

IX. Arbeitsrecht

Im Rahmen der arbeitsrechtlichen Due Diligence[67] sind folgende Aspekte regelmäßig zu untersuchen: 157
- Verträge mit Vorständen, Geschäftsführern und leitenden Angestellten
- Verträge mit Arbeitnehmern
- Bestehen tarifvertraglicher Bindungen und Ansprüche aufgrund betrieblicher Übung
- Struktur der Arbeitnehmerschaft

X. Öffentliches Recht

Öffentlich-rechtliche Thematiken können in verschiedenen Fallgestaltungen auftreten. Von Bedeutung sind insbesondere folgende Aspekte: 158
- Ist für den Betrieb des Zielunternehmens eine bestimmte Genehmigung erforderlich und liegt sie vor?
- Werden die Vorgaben der Genehmigung, insbesondere etwaige Nebenbestimmungen, eingehalten?
- Existieren technische Vorschriften, die das Zielunternehmen beachten muss?

Folgende Teilbereiche des öffentlichen Rechts sind typischerweise betroffen: 159
- Immissionsschutzrecht
- Wasserrecht
- Baurecht
- Datenschutzrecht

Ob und wenn ja welche Bereiche des öffentlichen Rechts von Bedeutung sind, hängt von dem jeweiligen Zielunternehmen und seinem Geschäftsbereich ab. Öffentliche-rechtliche Fragestellungen sind dabei insbesondere von Bedeutung, sofern das Zielunternehmen in der Erzeugung oder Verarbeitung von Produkten tätig ist und bei der Produktion oder Verarbeitung Emissionen oder Reststoffe anfallen. 160

XI. Rechtsstreitigkeiten

An dieser Stelle ist insbesondere zu prüfen, ob das Zielunternehmen an Rechtsstreitigkeiten **als Beklagter** beteiligt ist. Der rechtliche Berater muss prüfen, wie die 161

---

67 Vgl. hierzu im Einzelnen unten Kapitel 8.

Aussichten des Zielunternehmens sind, verurteilt zu werden und welche finanziellen Folgen aus einer solchen Verurteilung folgen würden. Neben der rechtlichen Prüfung des Rechtsstreits ist es überdies erforderlich, dass der die Legal Due Diligence durchführende Rechtsanwalt prüft, ob die jeweiligen Bilanzen des Zielunternehmens angemessene **Rückstellungen** für den Fall des Unterliegens in dem Rechtsstreit enthalten. Hierzu sollten auch die **Rechtsanwaltsbestätigungen** zu den Jahresabschlüssen der vorherigen Jahre ausgewertet werden.

162 Auch Aktivprozesse können relevant sein: Stellt sich bei der Durchsicht der bestehenden Rechtsstreitigkeiten heraus, dass das Zielunternehmen vor kurzem seinen größten Kunden auf Zahlung verklagt hat, kann die Geschäftsbeziehung beschädigt oder der größte Kunde in wirtschaftlichen Schwierigkeiten sein.

163 Bei der Prüfung der bereits anhängigen oder drohenden Rechtsstreitigkeiten hat sich der rechtliche Berater auch zu vergegenwärtigen, ob das Volumen des Rechtsstreits im Hinblick auf das Transaktionsvolumen eine nähere Begutachtung erfordert.

XII. Versicherungen

164 Der rechtliche Berater kann üblicherweise nur überblicksartig prüfen, über welche Versicherungen das Zielunternehmen verfügt. Ob diese für den Betrieb des Zielunternehmens angemessen und ausreichend sind, kann er hingegen regelmäßig nicht beurteilen. Ggf. sollte der potentielle Käufer einen Versicherungsmakler hinzuziehen und von diesem die Angemessenheit der Versicherungen bewerten lassen.

165 Ähnlich wie bei Finanzierungsverträgen kommen in Versicherungsverträgen mit Konzerngesellschaften häufig Change of Control-Klauseln vor. Regelmäßig kann der Versicherer in solchen Fällen spätestens mit Vollzug die Konditionen anpassen; in extremen Fällen entfällt der Versicherungsschutz mit Vollzug ohne weiteres (z.B. im Falle des Ausscheidens der Zielgesellschaft aus einem Konzern). Der potentielle Käufer muss sich gegebenenfalls entsprechend vorbereiten.

E. Der Legal Due Diligence-Bericht

I. Der Adressat des Legal Due Diligence-Berichts

166 Der Legal Due Diligence Bericht ist **adressatengerecht zu verfassen**. Typische Adressaten sind Mitglieder der Rechtsabteilung des potentiellen Käufers, die Mitglieder des Projektteams des potentiellen Käufers, dessen Geschäftsleitung und Mitarbeiter in Banken. Nicht selten verfügt die Mehrheit der Adressaten nicht über eine juristische Ausbildung.

II. Folgen für die Abfassung des Berichts

1. Sprache und Darstellung

Bei der Abfassung des Berichts ist es wichtig, eine **klare, einfache und verständliche Sprache** und eine **übersichtliche Gliederung** zu wählen. Unproblematisches sollte möglichst kurz gehalten, Problematisches hinreichend betont und fokussiert herausgearbeitet werden. So können komplexe rechtliche Zusammenhänge auch von Nichtjuristen nachvollzogen werden. Falls ein **Risiko** besteht, sollte der rechtliche Berater versuchen, das Risiko zu bewerten und eine **Lösungsmöglichkeit** aufzuzeigen. 167

Beispiel

Für den Geschäftsführer des potentiellen Käufers ist es nicht von Bedeutung, ob sich das Zielunternehmen eines Anspruchs in Höhe von 100.000,00 € aufgrund der Anspruchsgrundlage A oder B ausgesetzt sieht. Umfassende Ausführungen zu dieser Fragestellung sind in einem Legal Due Diligence-Bericht daher fehl am Platz. Vielmehr wird den Geschäftsführer interessieren, ob es eine Möglichkeit C gibt, durch die die Zahlungspflicht minimiert oder ausgeschlossen werden kann.

Um die Verständlichkeit des Legal Due Diligence-Berichts zu erhöhen, kann es sich anbieten, **Tabellen oder Grafiken** zu verwenden. Die Visualisierung von Sachverhalten fördert die Verständlichkeit komplexer Sachverhalte. 168

Beispiel

- Besteht eine Vielzahl gleichartiger Verträge (z.B. Mietverträge, Verträge mit Handelsvertretern o.ä.), sollten diese in einer Tabelle zusammengefasst werden, aus der die Vertragsparteien, das Datum des Vertragsschlusses, die Bezeichnung des Vertrags sowie etwaige Besonderheiten hervorgehen. Hierdurch kann eine mehrseitige Beschreibung der Verträge ohne erkennbaren Mehrwert vermieden werden.
- Gab es in der Vergangenheit mehrfach Gesellschafterwechsel, ist eine graphische Darstellung oder eine Zeitleiste empfehlenswert. Gleiches gilt im Fall komplexer Rechtsverhältnisse.

2. Risiken benennen und Lösungsmöglichkeiten aufzeigen

Die Hauptaufgabe des rechtlichen Beraters besteht im Rahmen der Legal Due Diligence darin, dem potentiellen Käufer etwaige rechtliche Risiken des Zielunternehmens aufzuzeigen. Von einem guten rechtlichen Berater wird darüber hinaus erwartet, dass er Lösungsmöglichkeiten für etwaige Risiken aufzeigt und dem potentiellen Käufer damit **bei seiner Entscheidung hilft**, ob und wie die Transaktion trotz des festgestellten Risikos erfolgreich durchgeführt werden kann. 169

3. Stellung beziehen

170 Bei der Abfassung des Berichts hat sich der rechtliche Berater stets zu fragen, ob seine **Aussage hinreichend eindeutig** ist. Nichts ist für einen potentiellen Käufer unbefriedigender, als dass er von seinem rechtlichen Berater mit einer schwammigen Formulierung „alleine" gelassen wird.

171 Kommt der rechtliche Berater in die Situation, dass er aufgrund eines unklaren Sachverhalts oder einer nicht eindeutigen Rechtslage keine abschließende rechtliche Bewertung vornehmen kann, ist es von Bedeutung, dass er dennoch Stellung bezieht und dem potentiellen Käufer eine **Handlungsempfehlung** gibt. Dabei ist es dem rechtlichen Berater natürlich unbenommen, auf eine unsichere Rechtslage mangels höchstrichterlicher Rechtsprechung hinzuweisen. Aus haftungsrechtlichen Gründen ist dies vielmehr sogar zu empfehlen.[68]

172 Der rechtliche Berater sollte darüber hinaus stets darauf bedacht sein, dem potentiellen Käufer eine Einschätzung so eindeutig zu vermitteln, dass **keine Fragen offen bleiben**. Der Bericht muss aus sich heraus verständlich sein. Die rechtlichen Erwägungen sind daher stets mit der beabsichtigten Transaktion und den Auswirkungen auf diese verknüpfen. Isoliert stehende rechtliche Erwägungen, die keinen Bezug zur oder keine Auswirkungen auf die Transaktion enthalten, sind für den Adressaten nicht hilfreich. Vielfach führen sie zu Verunsicherung über die Rechtslage und die Auswirkungen auf die Transaktion.

4. Wichtiges von Unwichtigem trennen

173 Schließlich ist es bei der Abfassung des Berichts bedeutsam, Wichtiges von Unwichtigem zu trennen. **Maßstab** für die Beurteilung ist dabei ebenfalls nur, ob der festgestellte Umstand **Auswirkungen auf den Erfolg der Transaktion** haben kann.

174 Umstände, die den Erfolg der Transaktion ernsthaft gefährden können, sind dabei durchaus umfassend darzustellen, damit der potentielle Käufer das rechtliche Risiko nachvollziehen kann. Wichtige Aspekte sollten ferner hervorgehoben werden, z.B. durch einen Rahmen oder eine kursive Schrift. Gleiches gilt für Handlungsempfehlungen.

175 Unwesentliche Umstände sind demgegenüber nur kurz, ggf. in Form einer Zusammenfassung oder in einer Anlage zum Bericht darzustellen.

Beispiel

– Das Zielunternehmen befindet sich in Rechtsstreitigkeiten mit drei Kunden wegen Gewährleistungsfällen. Zusammen haben die Rechtsstreitigkeiten einen Streitwert von 2.000,00 €. Diesen Umstand sollte der Bericht lediglich im Rahmen einer Zusammenfassung abbilden.

---

68 Zur Anwaltshaftung Palandt/*Grüneberg* § 280 Rn 66 ff.

- Bei dem Zielunternehmen handelt es sich um eine Projektgesellschaft, die einen Windpark betreibt. Der Windpark ist vor sechs Jahren in Betrieb genommen worden. Sämtliche Gewährleistungsrechte aus Liefer- und Errichtungsverträgen der Windenergieanlagen und der Infrastruktur sind zwischenzeitlich verjährt. Um dem potentiellen Käufer einen vollständigen Eindruck von den rechtlichen Gegebenheiten des Windparks zu verschaffen, den Bericht aber nicht unnötig zu verlängern, sollten der Bericht die Verträge, deren Ansprüche mittlerweile verjährt sind, möglichst kurz in einer Anlage zum Bericht darstellen.

III. Der Aufbau des Legal Due Diligence-Berichts

Ein Legal Due Diligence-Bericht wird üblicherweise wie folgt aufgebaut: 176

1. Einleitung

Der Bericht beginnt mit einer Einleitung, in der die Umstände der Legal Due Dili- 177
gence, der Auftraggeber, der **Prüfungsumfang** sowie weitere **Vorbemerkungen** zusammengefasst sind. Die Einleitung ist insbesondere für den rechtlichen Berater von Bedeutung, z.B. wenn er sich mit dem potentiellen Käufer darauf geeinigt haben sollte, dass gewisse Umstände nicht geprüft werden sollen.

Beispiel
Typischerweise nimmt der rechtliche Berater Ausführungen zu betriebswirtschaftlichen und steuerrechtlichen Fragen von dem Umfang des Legal Due Diligence-Bericht aus.

2. Executive Summary

Die **Executive Summary** fasst die wesentlichen Ergebnisse der Legal Due Diligence 178
knapp zusammen. Ferner soll sie Risiken benennen und einschätzen sowie Lösungsmöglichkeiten aufzeigen. Die Executive Summary richtet sich **an die Geschäftsführung** des potentiellen Käufers und soll dieser binnen kurzer Zeit einen Überblick über alle wesentlichen Ergebnisse der Legal Due Diligence verschaffen. Die Executive Summary sollte daher erst erstellt werden, wenn der Legal Due Diligence-Bericht im Übrigen fertiggestellt ist. Dabei ist besondere Sorgfalt anzuwenden. Die Geschäftsführung des potentiellen Käufers, die letztlich über die Fortsetzung des Transaktionsprozesses entscheidet, wird oftmals nur die Executive Summary lesen. Die entscheidenden Umstände müssen daher prägnant und verständlich zusammengefasst werden.

3. Hauptteil

An die Executive Summary schließt sich der **Hauptteil** des Legal Due Diligence- 179
Berichts an. Er stellt Ergebnisse, Risiken sowie Lösungs- und Gestaltungsmöglich-

keiten ausführlicher dar, um den **Projektbeteiligten** ein besseres Verständnis für die rechtlich bedeutsamen Aspekte zu verschaffen.

180 Bei der Finalisierung des Legal Due Diligence-Berichts sollte der rechtliche Berater darauf achten, dass die Executive Summary und der Hauptteil **identische Formulierungen** aufweisen. Ansonsten besteht das Risiko, dass die Mitglieder des Projektteams des potentiellen Käufers durch widersprüchliche Formulierungen in beiden Teilen des Legal Due Diligence-Berichts verwirrt werden oder Missverständnisse entstehen.

4. Anlagen

181 Am Ende des Legal Due Diligence-Berichts finden sich Anlagen, auf die der Bericht Bezug nimmt. Als Anlagen kommen insbesondere in Betracht:
- Tabellen
- Graphische Darstellungen
- Übersichten

182 Den Anlagen kommen zwei Funktionen zu. Zum einen können komplexe vertragliche Gestaltungen oder Beteiligungsverhältnisse durch eine **Graphik anschaulicher** als im Fließtext dargestellt werden. Auch eine Vielzahl gleichartiger Verträge lässt sich im Rahmen einer Tabelle übersichtlicher darstellen. Zum anderen kann der Hauptteil des Berichts verschlankt werden, wenn die vorgenannten Tabellen u.ä. nicht seitenlang im Rahmen eines Fließtextes dargestellt werden. Auch hierdurch wird der Zweck des Berichts gefördert, alle für den potentiellen Käufer im Rahmen der geplanten Transaktion relevanten Aspekte verständlich und nachvollziehbar darzustellen.

F. Verwertung der Ergebnisse der Due Diligence

183 Die Ergebnisse der Due Diligence können in verschiedener Weise verwertet werden. Welche Maßnahme jeweils angezeigt ist, hängt von den Umständen des Einzelfalls ab.

I. Erstellung von Lösungsmöglichkeiten noch im Rahmen der Due Diligence

184 Bereits während der Legal Due Diligence hat der rechtliche Berater mögliche Wege zur Entschärfung oder zum Ausschluss von Risiken zu bedenken, wenn er ein Risiko entdeckt. Er hat bei der Erstellung des Legal Due Diligence-Berichts zu bedenken, auf welche Weise einem festgestellten Risiko begegnet werden kann. Der potentielle Käufer erwartet derartige – über die Feststellung des Status Quo hinaus gehende – Aussagen von seinem rechtlichen Berater.

II. Verwertung im Rahmen der Vertragsgestaltung und -verhandlung

Darüber hinaus ist es die Aufgabe des rechtlichen Beraters des Käufers, die Ergebnisse der Due Diligence insgesamt bei dem Entwurf und bei der Verhandlung des Unternehmenskaufvertrags zu nutzen. Insbesondere hat der rechtliche Berater durch entsprechende **Klauseln im Unternehmenskaufvertrag** sicherzustellen, dass im Rahmen der Due Diligence entdeckte **Risiken minimiert** oder ausgeschlossen werden. Typische Regelungen hierzu sind: 185
- Garantien und Gewährleistungen[69]
- Einbehalte vom Kaufpreis/Hinterlegung eines Teils des Kaufpreises auf einem Anderkonto
- Kaufpreisanpassung
- Freistellungen, z.B. von zukünftigen Verbindlichkeiten, die aus der Zeit vor dem Erwerb des Zielunternehmens entstammen
- Umstände, die der Verkäufer bis zum Vollzug der Transaktion herbeiführen oder beseitigen muss (sogenannte Heilungs- oder Reparaturmaßnahmen)
- Rücktrittsrechte, falls bestimmte Bedingungen nicht erfüllt werden

III. Verwertung der Ergebnisse nach dem Vollzug der Transaktion

Nach dem Erwerb des Zielunternehmens wird das Zielunternehmen oftmals in die Struktur eines Konzerns und/oder in die internen Abläufe des Käufers eingegliedert werden (sogenannte **Post Merger Integration**). Die Ergebnisse der Legal Due Diligence können dabei auch im Rahmen der Post Merger Integration genutzt werden; der Käufer hat durch die Legal Due Diligence und die Due Diligence anderer Fachbereiche umfassende Kenntnis über die Strukturen und Prozesse des Zielunternehmens erlangt. Diese Kenntnisse kann er im Rahmen der Post Merger Integration nutzen. 186

Daneben kann der Käufer nach dem Vollzug der Transaktion Gestaltungen vornehmen, die er als rechtlich, steuerrechtlich und/oder betriebswirtschaftlich vorteilhaft empfindet (sogenanntes **Post Merger Restructuring**). Hierzu kann gehören, die Organisation des Zielunternehmens anzupassen, steuerlicher Optimierungen vorzunehmen, Geschäftsteile auszugliedern oder die von dem Zielunternehmen verwendeten Verträge oder Allgemeinen Geschäftsbedingungen dem Standard des Käufers anzupassen. 187

69 Picot/*Picot* Handbuch M&A, Kap. X S. 331 „Garantiekatalog ein Spiegelbild der Due Diligence“.

Kapitel 7
Vertragsgestaltung

A. Einleitung

In den **Unternehmenskaufvertrag** fließen die Ergebnisse aller in den vergangenen Kapiteln beschriebenen Vorarbeiten ein. Auf der Grundlage der Prüfung des Zielunternehmens und seiner Bewertung haben sich die Parteien in der Regel vor Beginn der eigentlichen Vertragsverhandlungen auf die wesentlichen Eckpunkte einer Transaktion verständigt. Der Unternehmenskaufvertrag bringt das bereits erreichte Verhandlungsergebnis in eine **rechtlich verbindliche Form**. Zudem offenbaren die Verhandlungen über die konkrete Ausgestaltung des Vertrags in der Regel die Punkte, über die sich die Parteien erst noch **einigen** müssen. 1

Für Unternehmenskaufverträge haben sich in unterschiedlicher Ausprägung **Marktstandards** herausgebildet. Die zunehmende **Internationalisierung** von Unternehmenstransaktionen hat dazu geführt, dass Verträge auch international immer ähnlicher werden. Nicht zuletzt weil die englische Sprache die internationale Wirtschaft in allen Bereichen dominiert, haben Vertragstechniken und Fachbegriffe aus dem englischsprachigen Raum in den vergangenen Jahrzehnten zunehmend auch die Entwicklung der Vertragsstandards im deutschsprachigen Raum beeinflusst. 2

Daneben folgen deutsche Unternehmenskaufverträge den Anforderungen und Besonderheiten des **deutschen Rechts**. Ohne ein gerüttelt Maß an Anglizismen und Vertragskonzepten, die ansonsten im deutschen Rechtsraum wenig verbreitet sind, kommt die Praxis der deutschen Unternehmenskaufverträge dennoch nicht aus.[1] 3

Zusammenstellungen typischer Klauseln eines Unternehmenskaufvertrags finden sich in verschiedenen Musterbüchern.[2] Jede Vorlage kann jedoch nur eine grobe Vorstellung der Punkte vermitteln, die ein Unternehmenskaufvertrag üblicherweise regelt. Jeder einzelne Unternehmenskaufvertrag ist für den konkreten Fall **maßgeschneidert**. Nicht selten ist er das **Ergebnis zäher Verhandlungen**, in denen Käufer wie Verkäufer ihre Interessen wahren wollen. 4

Das folgende Kapitel verfolgt daher drei wesentliche **Ziele**: 5

- **Vermittlung verbreiteter Standards**
  Auch wenn sich Parteien und Berater in Verhandlungen häufig darauf berufen: allgemein verbindliche Standards gibt es in der Praxis nicht. Gleichwohl haben

---

1 Anstelle einer weiteren Untersuchung der vertraglichen Standards in unterschiedlichen Jurisdiktionen genüge hier der Verweis auf die bahnbrechenden Nagelmann'schen Thesen zur Rechtsvergleichung: „Manches ist anders, manches ist genauso.“, zitiert nach *Umbach/Urban/Fritz/Böttcher/von Bargen* S. 515.

2 Vgl. beispielsweise die umfangreiche Mustersammlung bei Seibt.

sich in bestimmten Bereichen übliche Regelungstechniken herausgebildet, die im Folgenden dargestellt werden sollen.

- **Darstellung typischer Regelungsbereiche**
  Der konkrete Inhalt eines Unternehmenskaufvertrags hängt von vielen Umständen ab, etwa von der Branche, in der die Zielgesellschaft tätig ist, oder davon, wer als Käufer oder Verkäufer auftritt. Es gibt jedoch typische Regelungsbereiche, die die meisten Verträge enthalten.
- **Beschreibung typischer Interessen der Parteien**
  Auch die Interessen der Parteien sind so unterschiedlich wie die einzelnen Transaktionen. Das Verständnis typischer Interessenlagen ist für die effiziente Gestaltung der Verhandlungen jedoch unverzichtbar.

B. Grundlegende Transaktionsstruktur: Asset Deal oder Share Deal

I. Bedeutung der Fragestellung

6 Rechtlich betrachtet ist ein Unternehmen die **Gesamtheit unterschiedlichster Rechtsbeziehungen.** Ein Unternehmen hat Eigentum oder andere Rechte an unbeweglichen oder beweglichen Gegenständen wie Grundstücken oder Maschinen und an immateriellen Wirtschaftsgütern wie Marken und Patenten. Aus Verträgen mit Kunden, Lieferanten und Arbeitnehmern resultiert eine Vielzahl unterschiedlicher Rechte und Pflichten.

7 **Träger** eines Unternehmens kann eine einzelne natürliche Person sein. In der Praxis sind die Unternehmenswerte (von Kleinstunternehmen abgesehen) jedoch fast immer in einer Gesellschaft zusammengefasst. In Deutschland sind Kapitalgesellschaften als Unternehmensträger in der Regel Gesellschaften mit beschränkter Haftung. Aktiengesellschaften kommen vor allem als Unternehmensträger börsennotierter Gesellschaften in Betracht. Häufigste Rechtsform einer Personengesellschaft als Unternehmensträger ist die GmbH & Co. Kommanditgesellschaft (KG). Wegen der unbeschränkten persönlichen Haftung der Gesellschafter dienen Gesellschaften bürgerlichen Rechts und offene Handelsgesellschaften nur in Ausnahmefällen als Unternehmensträger.

8 Inhalt und Aufbau eines Unternehmenskaufvertrags hängen wesentlich davon ab, ob ein Unternehmensträger (**Share Deal**) oder die einzelnen Vermögensgegenstände des Unternehmens (**Asset Deal**) verkauft beziehungsweise gekauft werden. Kaufgegenstand beim Share Deal ist eine gesellschaftsrechtliche Beteiligung am Unternehmensträger. Bei einem Asset Deal werden die einem Unternehmen zuzuordnenden Sachen, Rechte und immateriellen Vermögensgegenstände sowie Arbeitsverhältnisse, Verträge, Forderungen und gegebenenfalls Verbindlichkeiten im Wege der Einzelrechtsnachfolge verkauft und übertragen.

II. Vor- und Nachteile

1. Steuerrecht

In der Praxis spielen **steuerliche Überlegungen** die größte Rolle bei der Entscheidung darüber, ob ein Unternehmenskauf als Share Deal oder als Asset Deal gestaltet wird. 9

Welche Gestaltung steuerlich am günstigsten ist, hängt von einer Vielzahl von Faktoren ab, die im **Einzelfall** zu untersuchen sind. Häufig haben Verkäufer und Käufer gegenläufige Interessen.[3] 10

2. Erwerb einzelner Unternehmensteile

Gelegentlich soll nicht ein Unternehmen insgesamt, sondern nur ein **Teil** davon veräußert werden. Eine einzige Gesellschaft kann Träger verschiedener Unternehmen oder Unternehmensteile sein. Möglicherweise möchte ein Käufer nur einen Teil der wirtschaftlichen Betätigung des Unternehmensträgers erwerben. Auch den umgekehrten Fall gibt es. Manchmal ist ein wirtschaftliches Unternehmen auf verschiedene Unternehmensträger verteilt, etwa weil sich dies historisch so entwickelt hat, oder weil es in einem Konzern unterstützende Tätigkeiten für mehrere andere Unternehmen ausübt. 11

In diesen Konstellationen sind **zwei Gestaltungen** denkbar. Entweder werden die zu veräußernden Unternehmensteile in einem Rechtsträger vereinigt, der dann im Wege eines Share Deals übertragen werden kann. Oder der Unternehmensträger veräußert die zu erwerbenden Unternehmensteile im Wege des Asset Deals. 12

3. Haftung

Auch **haftungsrechtliche Risiken** spielen bei der Strukturierung einer Transaktion häufig eine wichtige Rolle. Bei einem Share Deal erwirbt der Käufer das Zielunternehmen mit allen Rechten und Pflichten, egal, ob er sie kennt oder nicht.[4] Insbesondere wenn der Käufer das Bestehen wesentlicher **verdeckter Verbindlichkeiten** beim Zielunternehmen vermutet, spricht dies für die Strukturierung als Asset Deal. 13

Zwar sind **Garantien** des Verkäufers für bestimmte Risiken ein wesentlicher Bestandteil eines Unternehmenskaufvertrags. Jeder Verkäufer wird jedoch versuchen, so wenig Garantien wie möglich abzugeben, vereinbarte Garantien möglichst eng zu formulieren und die Rechtsfolgen der Verletzung einer Garantie möglichst zu beschränken. Zudem ist die Durchsetzung einer Garantie stets zeitaufwändig und kost- 14

---

3 Vgl. dazu umfassend Kap. 4 Rn 11 ff.

4 Vgl. Dauner-Lieb/Langen/*Büdenbender* Anh II zu §§ 433–480 Rn 24.

spielig. Besser ist es also für den Käufer, die Übernahme unerkannter Verbindlichkeiten möglichst zu **vermeiden.** Das kann er dadurch erreichen, dass er nicht den gesamten Unternehmensträger mit allen mit ihm verbundenen Rechten und Pflichten, sondern nur einzelne, klar definierte Rechtsverhältnisse erwirbt.

15 Auf vertraglicher Ebene kann eine Strukturierung als Asset Deal die Übernahme möglicher unerkannter Verbindlichkeiten durch den Käufer vermeiden. Die Gestaltung des Vertrags muss jedoch **gesetzliche Haftungstatbestände** berücksichtigen. Die gesetzliche Haftung können die Parteien durch vertragliche Vereinbarungen untereinander nicht oder nur unter bestimmten Voraussetzungen ausschließen. Soweit wie möglich muss die Transaktion also so gestaltet werden, dass die Voraussetzungen einer gesetzlichen Haftungsübernahme nicht eingreifen. Ist dies nicht möglich, kann vereinbart werden, dass der Verkäufer den Käufer von einer möglichen Inanspruchnahme freistellt.[5]

16 Ein klassisches Beispiel für einen gesetzlichen Haftungstatbestand ist § 25 HGB.[6] Nach dieser Bestimmung trifft den Käufer die gesetzliche Haftung für alle Verbindlichkeiten eines erworbenen Unternehmens, wenn der Käufer das Unternehmen zwar unter einem neuen Rechtsträger, jedoch unter der **alten Firma** weiter führt. Die Parteien können eine abweichende Regelung treffen. Eine solche Regelung wirkt auch gegenüber Dritten, wenn sie im Handelsregister eingetragen wird.[7]

17 Ein anderes typisches Beispiel ist § 75 AO, der die Haftung des § 25 HGB im Hinblick auf Steuerforderungen ergänzt.[8] Nach dieser Bestimmung haftet der Käufer für die **Steuern** des erworbenen Unternehmens seit dem Beginn des letzten vor der Übereignung liegenden Kalenderjahrs.[9]

4. Arbeitsrecht

18 Bei einem Asset Deal gehen Rechtsbeziehungen des Unternehmens mit Dritten grundsätzlich nur dann auf den Käufer über, wenn die Parteien dies ausdrücklich vereinbart haben. Soweit Verbindlichkeiten des Unternehmens gegenüber Dritten übertragen werden sollen, hat die Übertragung für den Verkäufer zudem nur dann schuldbefreiende Wirkung, wenn der Dritte zugestimmt hat. Für **Arbeitsverhältnisse** bestimmt § 613a BGB eine Ausnahme von diesem Grundsatz.[10] Nach dieser Bestimmung gehen im Falle eines **Betriebsübergangs** auch die dem Betrieb zuzuordnenden Arbeitsverhältnisse auf den Käufer über.

---

5 Vgl. Hettler/Stratz/Hörtnagel/*Lips*/*Stratz*/*Rudo* § 4 Rn 472.
6 Vgl. zu den Auswirkungen des § 25 HGB in der Insolvenz Kap. 10 Rn 53 ff.
7 Vgl. Baumbach/Hopt/*Hopt* § 25 Rn 13 ff.
8 Vgl. Klein/*Rüsken* § 75 Rn 2.
9 Vgl. zu den Auswirkungen des § 75 AO in der Insolvenz Kap. 10 Rn 63 ff.
10 Vgl. ErfKomm/*Preis* § 613a BGB Rn 145.

Die Arbeitnehmer können dem Übergang **widersprechen**. Wird das gesamte Vermögen eines Unternehmens übertragen, ist ein solcher Widerspruch von Arbeitnehmern unwahrscheinlich. Die Rechtsfolge wäre nämlich, dass sie beim übertragenden Unternehmen zurückbleiben. Das übertragende Unternehmen wiederum kann aber nach der Veräußerung eines gesamten Vermögens keinen Betrieb mehr führen, was die betriebsbedingte Kündigung der Arbeitnehmer ermöglicht.[11] 19

Anders kann sich die Situation bei der Übertragung von **Betriebsteilen** darstellen. In einer solchen Konstellation können Arbeitnehmer durchaus zu dem Ergebnis kommen, dass ihr Arbeitsplatz beim alten Unternehmen sicherer ist als beim Erwerber. Widersprechen sie dem Betriebsübergang, fehlen dem erworbenen Betriebsteil möglicherweise wichtige Arbeitnehmer, ohne die der Betriebsteil nicht fortgeführt werden kann. Umgekehrt muss der Verkäufer solche Arbeitnehmer weiterhin vergüten, zumindest bis er die Arbeitsverhältnisse durch eine Kündigung beenden kann. 20

Die Folgen eines Asset Deals und ein interner schuldrechtlicher Ausgleich zwischen den Parteien bedürfen stets einer umfassenden Regelung im **Einzelfall.**[12] 21

5. Zustimmung Dritter

Verpflichtungen gegenüber Dritten und Dauerschuldverhältnisse mit Dritten können nur dann mit schuldbefreiender Wirkung für den Verkäufer übertragen werden, wenn der Dritte **zustimmt.**[13] Der jeweilige Dritte muss also um die Erteilung seiner ausdrücklichen Zustimmung gebeten werden. 22

Selbst wenn im Ergebnis alle angesprochenen Dritten der Transaktion zustimmen, erfordert die Einholung der Zustimmungen einen nicht unerheblichen **Aufwand**. Ein Dritter wird seine Zustimmung nur dann erteilen, wenn er durch die Transaktion nicht schlechter gestellt wird. Um dem Dritten eine Grundlage für seine Entscheidung zu geben, muss der Hintergrund der Transaktion zumindest kurz beschrieben werden. Auch die wirtschaftliche Leistungsfähigkeit des Käufers kann ein wichtiges Kriterium für die Entscheidung des Dritten sein, ob er seine Zustimmung erteilt oder nicht. 23

Stimmen Dritte einer Übertragung von Verpflichtungen oder Dauerschuldverhältnissen nicht zu, bleibt der Verkäufer im **Außenverhältnis** zu dem Dritten weiterhin Vertragspartei.[14] Die Parteien der Transaktion müssen dann Regelungen über einen Ausgleich im **Innenverhältnis** treffen. 24

---

11 Vgl. ErfKomm/*Preis* § 613a BGB Rn 106.

12 Vgl. Kap. 8 Rn 93ff.

13 Vgl. Hölters/*Semler* Unternehmenskauf, Teil VII Rn 73.

14 Vgl. MünchKomm-BGB/*Bydlinski* § 415 Rn 15.

6. Beschreibung des Kaufgegenstands

25 Beim **Share Deal** ist die Beschreibung des Kaufgegenstands in der Regel einfach. Gegenstand der Transaktion sind insbesondere die **Gesellschaftsanteile**, die den Rechtsträger verkörpern. Beim **Asset Deal** hingegen werden die einzelnen **Vermögensgegenstände** eines Unternehmens nicht automatisch mit der Übertragung des Unternehmensträgers übertragen. Vielmehr müssen die einzelnen Gegenstände genau beschrieben werden. Daraus resultiert eine größere Komplexität des Unternehmenskaufvertrags, die jedoch in aller Regel gut beherrschbar ist.[15]

7. Zurückbleiben des alten Rechtsträgers

26 Überträgt ein Unternehmensträger sein gesamtes Vermögen im Wege des Asset Deals, bleibt die alte Gesellschaft als **leere Hülle** zurück. Die Abwicklung dieser Hülle verursacht Aufwand und Kosten. Aus Sicht des Verkäufers spricht dieser Aspekt für einen Share Deal.

8. Zusammenfassung

27 **Vor- und Nachteile** von Share Deal und Asset Deal lassen sich im Überblick wie folgt zusammenfassen:

	Vorteile	Nachteile
Asset Deal	– grundsätzlich keine Haftung für Altverbindlichkeiten – Übernahme nur bestimmter Unternehmensteile oder Vermögensgegenstände möglich – Vermeidung des Erwerbs versteckter Verbindlichkeiten	– Vertragsbeziehungen gehen nur mit Zustimmung der Vertragspartner über – Aufdeckung stiller Reserven – Aufwändigere Beschreibung des Kaufgegenstands – Zurückbleiben des alten Rechtsträgers – Arbeitnehmer können widersprechen
Share Deal	– Eintritt in alle bestehenden Rechtsbeziehungen, Zustimmung Dritter ist nicht erforderlich – Kaufgegenstand ist eindeutig definiert	– Übernahme aller Verbindlichkeiten

15 Vgl. Rn 36 ff.

III. Kaufgegenstand

Was der im Rahmen einer Transaktion verkaufte **Gegenstand** ist, hängt davon ab, 28
ob die Transaktion als Share Deal oder als Asset Deal strukturiert ist.

1. Share Deal

Vertraglich deutlich **einfacher** zu gestalten ist ein Share Deal. 29

a) Anteile

Beim Share Deal müssen die einzelnen Vermögensgegenstände des Unternehmensträgers nicht gesondert übertragen werden. Die Zielgesellschaft bleibt unverändert der Unternehmensträger. Grundsätzlich genügen daher der Verkauf und die Übertragung der **Gesellschaftsbeteiligung.**[16] 30

Fettnapf !

Die Übertragung von Gesellschaftsanteilen alleine lässt die Rechte und Pflichten der Gesellschaft gegenüber Dritten unberührt. Allerdings ist es möglich, dass sich Dritte gegenüber der Gesellschaft Rechte vorbehalten haben für den Fall, dass sich die Beteiligungsverhältnisse an der Gesellschaft verändern. An solchen sogenannten Change of Control-Klauseln haben Dritte immer dann ein Interesse, wenn es ihnen gerade auf die wirtschaftliche Identität eines Vertragspartners ankommt. Gründe hierfür können die wirtschaftliche Leistungsfähigkeit eines Unternehmensverbundes oder der Zugang zu Ressourcen sein. Verändern sich die Beteiligungsverhältnisse an der Gesellschaft, verändern sich auch diese Rahmenbedingungen. Für diese Fälle können sich Dritte bestimmte Rechte vertraglich ausbedungen haben. Möglicherweise steht ihnen im Falle eines Kontrollwechsels das Recht zu, Verträge vorzeitig zu kündigen oder die Vertragsbedingungen anzupassen.[17] Die Aufdeckung solcher Change of Control-Klauseln gehört zu den wichtigen Zielen einer rechtlichen Due Diligence.[18] Daneben wird der Käufer versuchen, sich durch eine Garantie des Verkäufers vor Change of Control-Klauseln zu schützen.

---

b) Gewinnanspruch

In jedem Fall sollte der Unternehmenskaufvertrag ausdrücklich regeln, wem der **Gewinn** der Gesellschaft für bestimmte Zeiträume zusteht. Gesetzlich ist dies nicht praktikabel geregelt. Bei der GmbH etwa steht der Gewinn gemäß §§ 29, 46 Nr. 1 GmbHG demjenigen zu, der im Zeitpunkt des Gewinnverwendungsbeschlusses Gesellschafter ist. Für die Aktiengesellschaft ergibt sich dies aus § 174 Abs. 1 AktG. 31

---

16 Vgl. Dauner-Lieb/Langen/*Büdenbender* Anh II zu §§ 433–480 Rn 30.
17 Vgl. MünchKomm-AktG/*Schlitt*/*Ries* § 33 WpÜG Rn 114.
18 Vgl. Kap. 6 Rn 143.

Wird ein Gewinnverwendungsbeschluss also erst gefasst, nachdem der Verkäufer seinen Anspruch bereits übertragen hat, hat er keinen Gewinnanspruch gegen die Gesellschaft mehr. Dies gilt auch für Zeiträume, in denen er noch Gesellschafter war.[19]

32 Im Verhältnis zum Käufer als neuem Gesellschafter gilt die Regelung der §§ 99 Abs. 2, 101 Nr. 2 BGB, wonach der Gewinn im Innenverhältnis zwischen Verkäufer und Käufer **zeitanteilig** zu verteilen ist. Diese Rechtsfolge ist bei einem so komplexen Gebilde wie einem Unternehmen unpraktikabel. Das gilt umso mehr, wenn das Geschäft der Zielgesellschaft saisonal unterschiedlich ist.

33 Es muss daher vertraglich geregelt werden, wem Gewinne für welche Zeiträume zustehen. In der Regel geschieht dies durch die Definition eines **wirtschaftlichen Stichtags.**[20] Sofern dieser wirtschaftliche Stichtag nicht ohnehin identisch mit dem Stichtag des Jahresabschlusses der Gesellschaft ist, wird eine Zwischenbilanz aufgestellt. Bis zum wirtschaftlichen Stichtag steht der Gewinn der Gesellschaft dem Verkäufer zu. Der Gewinn für Zeiträume nach dem wirtschaftlichen Stichtag steht dann dem Käufer zu. Je nach Interessenlage der Parteien können jedoch auch ganz andere Regelungen getroffen werden.

c) Gewinnrechte bei Personengesellschaften

34 Bei der Kapitalgesellschaft **verkörpert** der Gesellschaftsanteil (Geschäftsanteil der GmbH oder Aktie der Aktiengesellschaft) die **Mitgliedschaft**, also die Gesamtheit der Rechte und Pflichten eines Gesellschafters aus seiner Gesellschafterstellung.

35 Die Personengesellschaft hingegen kennt keinen verkörperten Kapitalanteil. Übertragen werden kann nur die **Gesellschaftsbeteiligung** als solche.[21] Welche mitgliedschaftlichen Rechte und Pflichten mit der Gesellschaftsbeteiligung verbunden sind, hängt bei der Personengesellschaft von der **Ausgestaltung** der Gesellschafterstellung, insbesondere durch den **Gesellschaftsvertrag** ab. Beispielsweise definieren Gesellschaftsverträge von Personengesellschaften regelmäßig verschiedene Konten, auf denen feste Kapitalanteile, Gewinnanteile oder Darlehen gebucht werden. Bei Personengesellschaften muss der Unternehmenskaufvertrag daher klar regeln, welche mit dem Gesellschaftsverhältnis verbundenen Rechte und Pflichten auf den Käufer übergehen sollen.

---

19 Vgl. Hölters/*Semler* Unternehmenskauf, Teil VII Rn 83.
20 Vgl. Hölters/*Semler* Unternehmenskauf, Teil VII Rn 84.
21 Vgl. Dauner-Lieb/Langen/*Büdenbender* Anh II zu §§ 433–480 Rn 25.

2. Asset Deal

Beim Asset Deal ist nicht der Unternehmensträger als solcher Kaufgegenstand, sondern die **einzelnen Wirtschaftsgüter**, die das Unternehmen ausmachen. Um ein Unternehmen vollständig zu übertragen, müssen daher alle das Unternehmen repräsentierenden Vermögensgegenstände erfasst und nach den für sie einschlägigen Regelungen einzeln übertragen werden. 36

a) Übertragung von Sachen

aa) Bestimmtheitsgrundsatz

Für die Übertragung von Sachen ist der **sachenrechtliche Bestimmtheitsgrundsatz** von erheblicher praktischer Bedeutung. Nach diesem Grundsatz können Sachen nur dann übereignet werden, wenn sie **hinreichend gegenständlich bestimmt** sind.[22] Grundsätzlich erfordert die Übertragung daher die **Auflistung** aller einzelnen zu übertragenden Sachen. 37

Anknüpfungspunkt bei der Vertragsgestaltung ist in der Regel die **Bilanz** des Unternehmensträgers.[23] Hat das veräußernde Unternehmen selbstständig bilanziert und soll sein gesamtes Vermögen übertragen werden, kann der Kaufvertrag auf die Bilanz des veräußernden Unternehmens nebst Inventarliste Bezug nehmen. Hat das veräußernde Unternehmen bislang nicht selbstständig bilanziert, oder sollen nicht alle seine Vermögensgegenstände übertragen werden, müssen gesonderte Aufstellungen angefertigt werden. Auch hier kann jedoch die Bilanz des übertragenden Unternehmens als Ausgangspunkt dienen. 38

Zudem müssen nicht alle Sachen, die im Eigentum eines Unternehmens stehen, zwingend bilanziert werden.[24] Das gilt etwa für sofort abgeschriebene geringwertige Wirtschaftsgüter des Anlagevermögens. Wirtschaftsgüter, die bereits voll abgeschrieben sind, erscheinen ebenfalls nicht in der Bilanz. Alle Sachen, die nicht in der Bilanz erfasst sind, muss der Unternehmenskaufvertrag **gesondert auflisten**. 39

bb) Regelungstechnik

In der Praxis versuchen Unternehmenskaufverträge, in einem **ersten Schritt** die zu übertragenden **Vermögensgegenstände** so genau und so detailliert wie möglich zu **erfassen**. 40

In einem **zweiten Schritt** finden sogenannte **All-Formeln** Verwendung, beispielsweise „alle Vermögensgegenstände des Anlagevermögens im Sinne des § 266 Abs. 2 lit. A HGB einschließlich nicht bilanzierungspflichtiger Wirtschaftsgüter“, 41

22 Vgl. Ring/Grziwotz/Keukenschrijver/*Meller-Hannich* § 929 Rn 24.
23 Vgl. Heckschen/Herrler/Starke/*Heckschen* Teil D. V. Rn 16.
24 Vgl. Heckschen/Herrler/Starke/*Heckschen* Teil D. V. Rn 16.

oder „alle Gegenstände des Vorratsvermögens, die sich am Stichtag in der Halle Nr. [■] befinden". Auch konkreter gefasste All-Formeln sollten nach Möglichkeit nur hilfsweise verwandt werden. Ergeben sich aus ihrer Anwendung Abgrenzungsschwierigkeiten, führt die fehlende Konkretisierung zur Unwirksamkeit des dinglichen Verfügungsgeschäfts.[25]

! **Fettnapf**
Nicht sachdienlich sind bloße Beschreibungen oder Abgrenzungen nach dem Wert wie beispielsweise „Einzelgegenstände mit einem Wert von 1.000 €". Derartige Formulierungen sind nicht konkret genug. Sie erfüllen nicht die Voraussetzungen des sachenrechtlichen Bestimmtheitsgrundsatzes.[26]

---

42 In einem **dritten Schritt** schließlich kann der Unternehmenskaufvertrag für den Fall, dass die Übertragung bestimmter Vermögensgegenstände am sachenrechtlichen Bestimmtheitsgrundsatz scheitert, zumindest eine **schuldrechtliche Verpflichtung** des Verkäufers vorsehen, die Übereignung möglicherweise beim Verkäufer verbliebener Gegenstände nachzuholen. Für den Fall, dass der Käufer nicht das Eigentum an bestimmten Sachen erhält, hat er dann zumindest einen schuldrechtlichen Anspruch gegen den Verkäufer, die Übereignung solcher Sachen zu verlangen.

cc) Belastung mit Rechten Dritter

43 Grundsätzlich kann ein Verkäufer nur das Eigentum an solchen Sachen übertragen, an denen ihm auch **tatsächlich Eigentum** zusteht.[27] Gerade bei Unternehmen ist dies nicht selbstverständlich. Häufig dienen verschiedene Vermögensgegenstände eines Unternehmens **Dritten** als **Sicherheit**. Dritten kann beispielsweise ein Eigentumsvorbehalt zustehen. Vermögensgegenstände können auch zur Sicherheit an Dritte übereignet worden sein.

44 Im Falle von Eigentumsvorbehalten oder Sicherungsübereignungen ist es einem Verkäufer typischerweise gestattet, die Gegenstände im **ordnungsgemäßen Geschäftsgang** zu übereignen.[28] Allerdings sind der Verkauf und die Übertragung im Rahmen eines Unternehmenskaufes gerade keine Veräußerung im ordnungsgemäßen Geschäftsgang. Die Übertragung des Eigentums an Vorbehalts- und Sicherungsgegenständen bedarf daher der **Zustimmung** des jeweiligen **Eigentümers**.

---

25 Vgl. Dauner-Lieb/Langen/*Oltmanns* Anh III zu §§ 433–480 Rn 98.
26 Zu den Anforderungen im Einzelnen vgl. Ring/Grziwotz/Keukenschrijver/*Meller-Hannich* § 929 Rn 24.
27 Vgl. Heckschen/Herrler/Starke/*Heckschen* Teil D. V. Rn 18.
28 Vgl. Schulze/Grziwotz/Lauda/*Eberl* § 449 Rn 16.

Wird die Zustimmung des Eigentümers nicht eingeholt oder nicht erteilt, kann der Verkäufer nur ein ihm möglicherweise zustehendes **Anwartschaftsrecht** übertragen.[29]

Einen gewissen Schutz bietet dem Käufer das Rechtsinstitut des **gutgläubigen Erwerbs** des § 932 BGB.[30] Vertraut der Käufer gutgläubig darauf, dass der Verkäufer Eigentümer einer von ihm übertragenen Sache ist, kann er in der Regel das Eigentum auch dann erwerben, wenn der Verkäufer nicht der rechtmäßige Eigentümer ist. Voraussetzung ist, dass ihm das fehlende Eigentum des Verkäufers nicht bekannt oder grob fahrlässig unbekannt ist. 45

dd) Übertragung folgt unterschiedlichen rechtlichen Anforderungen

Die tatsächliche **dingliche Übertragung** der einzelnen verkauften Sachen erfolgt nach den für die jeweiligen Sachen geltenden Vorschriften. 46

Bewegliche Sachen werden grundsätzlich gemäß § 929 BGB durch die **Einigung** über den Eigentumsübergang und **Übergabe** der Sache übertragen. Die tatsächliche **Besitzeinräumung** als Voraussetzung der Eigentumsübertragung bedarf beim Asset Deal einer eigenen vertraglichen Regelung. 47

Muster Besitzeinräumung

„Der Verkäufer hat dem Käufer am Vollzugstag den Besitz an den nach diesem Vertrag verkauften beweglichen Sachen einzuräumen. Soweit der Käufer am Vollzugstag nicht den unmittelbaren Besitz an bestimmten beweglichen Sachen erlangt, wird die zur Übertragung des Eigentums erforderliche Übergabe durch die Vereinbarung ersetzt, dass der Verkäufer diese Sachen ab dem Vollzugstag für den Käufer aufzubewahren hat. Soweit einzelne bewegliche Sachen am Vollzugstag im Besitz Dritter sind, wird die zur Übertragung des Eigentums erforderliche Übergabe dadurch ersetzt, dass der Verkäufer dem Käufer seinen Anspruch auf Herausgabe dieser Sachen abtritt. Alsbald nach dem Vollzugstag werden die Parteien gemeinsam eine Liste aller beweglichen Sachen erstellen, an denen dem Käufer bereits der Besitz eingeräumt worden ist oder hinsichtlich derer die Übergabe durch Vereinbarung eines Verwahrungsvertrags zugunsten des Käufers oder durch die Abtretung des Herausgabeanspruchs des Verkäufers an den Käufer ersetzt worden ist."

Für die Übertragung von **Grundstücken** gelten **besondere Vorschriften** einschließlich der Auflassung und der Eintragung im Grundbuch.[31] 48

29 Vgl. MünchKomm-BGB/*Westermann* § 449 Rn 52.
30 Vgl. Schulze/Grziwotz/Lauda/*Eberl* § 449 Rn 16.
31 Vgl. Rn 202.

b) Übertragung von Rechten

49 Der **Bestimmtheitsgrundsatz** gilt auch für die Übertragung von **Rechten.** Auch sie müssen also so konkret bezeichnet werden, dass sie klar abgrenzbar sind.[32]

50 Isolierte **Rechte** eines Unternehmens können grundsätzlich ohne die Zustimmung des jeweiligen Schuldners übertragen werden.[33] Sind **Forderungen** jedoch zur **Sicherung abgetreten**, können Sie nur mit **Zustimmung** des jeweiligen Forderungsinhabers erworben werden. Rechte können anders als Sachen grundsätzlich **nicht gutgläubig** erworben werden. Ausnahmen gibt es dann, wenn die Rechte verbrieft sind.[34]

c) Verpflichtungen

51 Zumindest dann, wenn ein Unternehmen als Ganzes übertragen werden soll, müssen neben den Rechten auch die **Verpflichtungen** eines Unternehmens übertragen werden. Problemlos ist der **Eintritt** des Käufers in Verpflichtungen des Verkäufers. Hierfür reicht eine Vereinbarung zwischen Käufer und Verkäufer.[35] Dem Verkäufer jedoch genügt nicht der bloße Eintritt des Käufers in bestehende Verpflichtungen. Für ihn ist es von entscheidender Bedeutung, mit dem Eintritt des Käufers selbst aus diesen Verpflichtungen **auszuscheiden.**

52 Eine für den Verkäufer **schuldbefreiende Übernahme** einer Verbindlichkeit bedarf stets der **Zustimmung** des jeweiligen Gläubigers.[36] Für den Fall, dass der Gläubiger seine Zustimmung nicht erteilt, wird der Verkäufer eine Regelung verlangen, nach der der Käufer ihn für diesen Fall von einer Inanspruchnahme durch den Gläubiger **freistellt.** Bei ungewissen Verbindlichkeiten drängen Käufer auf **Höchstbeträge** für die Schuldübernahme. Derartige Höchstbeträge können sich beispielsweise an der Höhe gebildeter Rückstellungen orientieren.

53 Häufig werden Verbindlichkeiten **zeitlich abgegrenzt.**[37] Verbindlichkeiten, die bis zu einem bestimmten Zeitpunkt rechtlich entstanden oder zumindest wirtschaftlich verursacht wurden, sind dann vom Käufer zu übernehmen. Andere Verbindlichkeiten verbleiben beim Verkäufer.

! **Praxistipp**
Der Umfang bestehender oder künftig entstehender Verpflichtungen ist selten eindeutig. Häufig sind Verpflichtungen eines Unternehmens nicht aus den Geschäftsunterlagen erkenntlich. Dritten

---

32 Vgl. MünchKomm-BGB/*Roth* § 398 Rn 67.
33 Ausnahmen gelten bei vereinbarten Zustimmungserfordernissen sowie bei konkurrierenden Ansprüchen, BGH, Urt. v. 9.12.1998, XII ZR 170/96, NJW 1999, 715.
34 Vgl. Ring/Grziwotz/Keukenschrijver/*Meller-Hannich* § 952 Rn 2.
35 Vgl. MünchKomm-BGB/*Gottwald* § 328 Rn 78.
36 Vgl. MünchKomm-BGB/*Bydlinski* § 415 Rn 6 ff.
37 Vgl. Hettler/Stratz/Hörtnagel/*Lips*/*Stratz*/*Rudo* § 4 Rn 506 ff.

können Ansprüche zustehen, die sie noch nicht geltend gemacht haben. Schadensersatzansprüche können beispielsweise auf einem Verhalten eines Unternehmens in der Vergangenheit beruhen. Wenn Schäden aus solchen Handlungen erst nach der Abwicklung eines Unternehmenskaufs entstehen, sind sie zum Zeitpunkt der Durchführung der Transaktion naturgemäß noch nicht absehbar oder zumindest nicht in voller Höhe zu übersehen.

d) Dauerschuldverhältnisse

Bei jedem Unternehmen bestehen **Dauerschuldverhältnisse**, etwa Miet-, Leasing-, Wartungs-, Arbeits- oder Beratungsverträge.[38] Je nach Geschäftsmodell können gerade bestehende Dauerschuldverhältnisse den Wert eines Unternehmens ausmachen, beispielsweise in Form von Kunden- oder Lieferantenverträgen. Dauerschuldverhältnisse regeln nicht nur einzelne Rechte oder Verpflichtungen, sondern eine ganze Reihe wechselseitiger Ansprüche. Die Rechte und Pflichten werden nicht nur punktuell begründet. Die Verträge haben vielmehr eine bestimmte Laufzeit oder werden unbefristet geschlossen. 54

aa) Spezialgesetzliche Regelungen

Für einige wenige gesetzlich geregelte Typen von Dauerschuldverhältnissen gibt es **gesetzliche Vorschriften** über die Übertragung dieser Verträge. Dazu gehören beispielsweise Mietverträge über Wohnraum (§§ 563ff. BGB) oder Arbeitsverträge (§ 613a BGB).[39] 55

bb) Schuldrechtliche Übertragung

In der Regel ist die Übertragung von Dauerschuldverhältnissen nicht besonders geregelt. Der Unternehmenskaufvertrag kann naturgemäß nur die **Vereinbarung** zwischen Käufer und Verkäufer als den beteiligten Parteien enthalten. Für die Wirksamkeit der Übertragung zwingend erforderlich ist jedoch darüber hinaus stets die **Zustimmung** aller weiteren an dem betroffenen Vertragsverhältnis beteiligten Parteien.[40] 56

Kaufverträge über einen Asset Deal regeln die **Zusammenarbeit** zwischen den Parteien bei der Einholung der für die Übertragung von Vertragsverhältnissen erforderlichen Zustimmungen Dritter. Für den Fall, dass die Zustimmung des Dritten nicht erlangt werden kann, stellen sich die Parteien im **Innenverhältnis** so, als hätte der Dritte die Zustimmung erteilt und als wäre der Vertrag wirksam überge- 57

38 Zum Begriff des Dauerschuldverhältnisses vgl. BeckOK-BGB/*Sutschet* § 241 Rn 27 ff.
39 Vgl. Kap. 8 Rn 101 ff.
40 Vgl. MünchKomm-BGB/*Bydlinski* § 415 Rn 6 ff.

gangen. Der Verkäufer bleibt im **Außenverhältnis** Vertragspartner. Er muss jedoch den **Weisungen** des Käufers über die Ausübung von Rechten aus den Vertragsverhältnissen Folge leisten. Im Gegenzug **stellt** der Käufer den Verkäufer von einer Haftung **frei**. Der Käufer wird im Innenverhältnis alle Verpflichtungen aus dem Vertrag erfüllen. Der Verkäufer wird alle aus dem Vertrag erlangten Vorteile an den Käufer weiterleiten.

58 Die Regelungen über Kooperations-, Zahlungs- und Freistellungsverpflichtungen müssen für jeden einzelnen Fall **maßgeschneidert** werden. Eine sehr einfache Formulierung für eine Regelung der Zusammenarbeit der Parteien bei der Einholung der Zustimmung Dritter und der Regelung eines Ausgleichs im Innenverhältnis könnte beispielsweise lauten:

Muster Kooperation und Innenausgleich

„Nach Abschluss dieses Vertrags werden sich die Parteien unverzüglich gemeinsam um die zur Übertragung der übernommenen Vertragsverhältnisse erforderlichen Zustimmungen der jeweiligen anderen Vertragspartei bemühen. Soweit die Zustimmungen nicht vor dem Vollzugstag eingeholt werden können, bleibt der Verkäufer im Außenverhältnis Partei der betroffenen Vertragsverhältnisse. Die Parteien werden sich im Innenverhältnis jedoch so stellen, als wäre der betreffende Vertrag am Vollzugstag wirksam übertragen worden. Insbesondere (i) wird der Verkäufer die Weisungen des Käufers hinsichtlich der Ausübung von Rechten aus diesen Vertragsverhältnissen einholen, (ii) stellt der Käufer den Verkäufer von jeglicher Haftung aus diesen Vertragsverhältnissen frei, (iii) erfüllt der Käufer im Innenverhältnis alle Verpflichtungen aus diesen Vertragsverhältnissen, (iv) leitet der Verkäufer alle aus den Vertragsverhältnissen erlangten Vorteile unverzüglich und vollständig an den Käufer weiter und (v) werden die Parteien bei der Erfüllung dieser Pflichten die Sorgfalt eines ordentlichen Kaufmanns anwenden."

cc) Vertragsspaltung

59 Insbesondere wenn der Verkäufer nicht sein **gesamtes Unternehmen**, sondern nur einen **Teil** davon verkaufen möchte, kann es Verträge geben, die sich sowohl auf den verkauften Geschäftsbereich als auch auf beim Verkäufer verbleibende Geschäftsbereiche beziehen. Solche Verträge können nicht einfach auf den Käufer übertragen werden, weil möglicherweise auch der Verkäufer weiterhin auf die Vertragsbeziehung angewiesen ist. In diesem Fall kann eine sogenannte **Vertragsspaltung** erforderlich werden.

60 Eine einfache Formulierung für eine Vertragsspaltung könnte sein:

Muster Vertragsspaltung

„Nicht zu den übernommenen Vertragsverhältnissen gehören die in Anlage [■] aufgeführten Verträge, die sich überwiegend auf den Bereich [■], jedoch auch auf die anderen Geschäftsbereiche des Verkäufers beziehen. Nach Closing werden sich die Parteien in gutem Glauben darum bemühen, mit dem jeweiligen Vertragspartner eine Vereinbarung über die Aufspaltung der in Anlage [■] aufgeführten Verträge mit Wirkung zum Closing zu erzielen. Die den Geschäftsbereich [■] betreffenden

Teile sollen zu unveränderten Bedingungen auf den Käufer übertragen werden und die andere Geschäftsbereiche des Verkäufers betreffenden Teile sollen beim Verkäufer verbleiben. Kann mit dem jeweiligen Vertragspartner hierüber keine Verständigung erzielt werden, werden sich die Parteien im Innenverhältnis so stellen, als wären die betreffenden Vertragsteile bei Closing wirksam auf den Käufer übertragen worden."

Interessen des Käufers

Die dargestellte Lösung ist aus Sicht des Käufers insbesondere dann unbefriedigend, wenn einzelne Verträge für die Fortführung des Geschäfts von **entscheidender Bedeutung** sind. Je nach der Bedeutung der betroffenen Verträge könnte der Käufer auf eine differenzierte Regelung drängen. 61

Sind bestimmte Verträge für den Käufer unverzichtbar, so wird er möglicherweise einen Kaufvertrag erst dann unterzeichnen, wenn die **Zustimmung** des jeweiligen Dritten zur Übertragung des Vertrags bereits vor Unterzeichnung des Unternehmenskaufvertrags vorliegt. 62

Alternativ oder zusätzlich kann sich der Käufer mit Blick auf andere wesentliche Verträge den **Rücktritt** vom Unternehmenskaufvertrag vorbehalten. 63

Eine weitere Möglichkeit ist es, bestimmte Verträge im Unternehmenskaufvertrag zu bewerten und den **Kaufpreis** für den Fall entsprechend zu **reduzieren**, dass ein Dritter der Übertragung des Vertrags nicht zustimmt. Für weniger wichtige Verträge kann es dann bei den beschriebenen Regelungen über einen Ausgleich im Innenverhältnis bleiben. 64

Interessen des Verkäufers

Der Verkäufer hingegen wird versuchen, das **Risiko**, dass die Zustimmung Dritter zu einer Überleitung von Verträgen nicht erlangt werden kann, möglichst vollständig auf den **Käufer** zu verlagern. Er wird argumentieren, dass der Grund für die Verweigerung der Zustimmung des Dritten ja gerade in der Person des Käufers liegt. Diesen Umstand kann der Verkäufer jedoch nicht beeinflussen. 65

Die Einholung der Zustimmung bereits vor Vertragsschluss kann insbesondere wegen des Bedürfnisses nach **Vertraulichkeit** schwierig sein. Rücktrittsrechte des Käufers verringern stets ganz erheblich die **Transaktionssicherheit**. In jeden Fall wird der Verkäufer versuchen, seine Mitwirkungspflichten **zeitlich** zu **begrenzen**. 66

e) Immaterialgüterrechte

Die Übertragung von Immaterialgüterrechten unterliegt häufig besonderen **Einschränkungen** und **Formerfordernissen**. Im Folgenden kann nur ein grober Überblick über die Anforderungen der wichtigsten Immaterialgüterrechte gegeben werden. 67

aa) Firma

68 Die **Firma** eines Unternehmens kann gemäß § 23 HGB nicht ohne das Handelsgeschäft übertragen werden, für welches sie geführt wird.[41] Eine Übertragung der Firma ist daher nur dann möglich, wenn ein Unternehmen im Wesentlichen insgesamt übertragen wird.

bb) Marke

69 **Marken** können gemäß § 27 Abs. 1 MarkenG übertragen werden. Die Übertragung ist **formlos möglich**. Sie kann daher unmittelbar im Unternehmenskaufvertrag vereinbart werden. Der Gegenstand der Abtretung muss klar bestimmt oder zumindest bestimmbar sein.[42] Der Kaufvertrag sollte die Parteien dazu verpflichten, an einer Eintragung des Übergangs der Marke im **Markenregister** mitzuwirken. Die Eintragung im Markenregister hat für die Übertragung zwar lediglich deklaratorische und keine konstitutive Bedeutung.[43] Gemäß § 28 Abs. 1 MarkenG besteht jedoch die gesetzliche Vermutung, dass die Rechte aus einer Marke demjenigen zustehen, der als Inhaber im Register eingetragen ist.

cc) Patente

70 Die Übertragung von **Patenten** ist gemäß § 15 Abs. 1 PatG möglich. Die Übertragung ist **formlos möglich**. Allerdings bedarf die Übertragung Europäischer Patentanmeldungen der **Schriftform**.[44] Der Käufer sollte auf die Umschreibung der Inhaberschaft im **Patentregister** gemäß § 30 Abs. 3 PatG achten. Allerdings ist die Umschreibung wiederum nur deklaratorisch und nicht konstitutiv.[45] Einen gutgläubigen Erwerb von Patenten gibt es nicht. Das Patent kann nur von dem wahren Berechtigten übertragen werden, auch dann, wenn er nicht im Register als solcher eingetragen ist.[46]

dd) Urheberrechte

71 **Urheberrechte** sind gemäß § 29 Abs. 2 UrhG **nicht übertragbar**. Die Praxis behilft sich mit der Übertragung einfacher oder ausschließlicher **Nutzungsrechte** an Urhe-

---

41 BGH, Urt. v. 22.11.1990, I ZR 14/89, DB 1991, 590.
42 Vgl. *Ingerl/Rohnke* § 27 Rn 7 ff. m.w.N.
43 Vgl. *Fezer* § 55 MarkenG Rn 17.
44 Artikel 72 des Europäischen Patentübereinkommens.
45 Vgl. *Mes* § 30 PatG Rn 18.
46 Vgl. *Kraßer* § 40, II., 1.

berrechten. Die Übertragung solcher Nutzungsrechte ist **formfrei** möglich.[47] Die Übertragung des Nutzungsrechts an einem fremden Urheberrecht gemäß § 34 Abs. 1 Satz 1 UrhG erfordert grundsätzlich die Zustimmung des Urhebers. Allerdings entfällt dieses Zustimmungserfordernis gemäß § 34 Abs. 3 UrhG im Falle der Veräußerung eines Unternehmens oder eines Unternehmensteils. Als Teil eines Unternehmens gilt dabei nicht nur der rechtlich, sondern auch der fachlich abgrenzbare Teil.[48] Allerdings hat der Urheber gemäß § 34 Abs. 5 UrhG ein Rückrufsrecht, wenn ihm die Ausübung des Nutzungsrechts durch den Unternehmenskäufer nicht zuzumuten ist.

ee) Know-how

72 Unter dem **Know-how** eines Unternehmens versteht man nicht durch Schutzrechte gesichertes **Erfahrungswissen** auf technischem und betriebswirtschaftlichem Gebiet.[49] Häufig kann gerade das Know-how den Wert eines Unternehmens darstellen. Das Know-how ist nicht zwingend verkörpert, was die Sicherstellung der Überleitung des Know-hows erschwert. Der Käufer wird auf eine möglichst weitgehende **Dokumentierung** des Know-hows drängen. Allerdings wird dies meist nicht vollständig möglich sein. **Träger** des Know-hows sind meist die **Mitarbeiter** des verkauften Unternehmens.[50] Wichtig sind daher Vereinbarungen über die **Mitwirkung** des Verkäufers bei der **Überleitung** des Know-hows.

ff) Weitere Immaterialgüterrechte

73 Weitere Immaterialgüterrechte, an deren Übertragung zu denken ist, können ohne Anspruch auf Vollständigkeit beispielsweise **Geschmacksmuster**, **Designrechte**, **Sortenschutzrechte** oder **Internet-Domains** sein.

f) Öffentlich-rechtliche Genehmigungen

74 Öffentlich-rechtliche Genehmigungen können entweder **sach**- oder **anlagenbezogen** oder aber **personenbezogen** sein.

47 Vgl. Spindler/Schuster/*Wiebe* § 31 UrhG Rn 4.
48 Vgl. *Wandtke/Bullinger* § 34 Rn 19.
49 Vgl. Pfaff/Osterrieth/*Osterrieth* Teil B. I. Rn 53ff.
50 Vgl. Immenga/Mestmäcker/*Fuchs* EU, TT-GVO Art. 1 Rn 54.

aa) Sachbezogene Erlaubnisse

75 **Sach**- oder **anlagenbezogene Erlaubnisse** werden im Hinblick auf ihren **Gegenstand** erteilt.[51] Ein typisches Beispiel ist die immissionsschutzrechtliche Genehmigung zu der Errichtung oder dem Betrieb umweltverschmutzender Anlagen gemäß § 4 BImSchG. Solche Erlaubnisse sind **unabhängig von Personen** und gehen grundsätzlich mit einem Betrieb als organisatorischer Einheit über. Allerdings kann das Gesetz oder die einzelne Genehmigung bestimmte **Anzeigepflichten** enthalten oder die Übertragung von der **Zustimmung** von Behörden abhängig machen. Eine genaue Prüfung aller für den Betrieb des Unternehmens erforderlichen sachbezogenen Erlaubnisse ist daher unverzichtbar.

bb) Personenbezogene Erlaubnisse

76 **Personenbezogene Erlaubnisse** sind nicht an den Betrieb, sondern an **bestimmte Personen** gebunden.[52] Beispiele sind die Bankerlaubnis nach § 32 KWG oder die Genehmigung für den Betrieb eines Luftfahrtunternehmens gemäß § 20 LuftVG. Da personenbezogene Erlaubnisse nicht gemeinsam mit dem Betrieb übertragen werden können, müssen sie vom Käufer **neu beschafft** werden. Dies liegt in der Regel in der ausschließlichen Verantwortung des Käufers.

C. Erfordernis eines vertraglichen Haftungssystems

I. Rechtlicher Rahmen

77 Der Kauf ist in der Praxis eines der **häufigsten Rechtsgeschäfte** überhaupt. Egal, ob ein Kaufvertrag über Frühstücksbrötchen, Autos oder Wohnhäuser geschlossen wird, folgt er im Grundsatz stets den **gleichen Regeln**. Ohne besondere Vereinbarung gälte dies auch für den Unternehmenskauf.

78 Ein Unternehmen kann, wie jede andere Sache auch, **mangelhaft** sein.[53] Das **Gesetz** bietet hierfür **Gewährleistungsvorschriften**, die dem Grunde nach in gleicher Weise auf alle Kaufgegenstände anwendbar sind. Ein Unternehmen als komplexes Gebilde von Rechten und Pflichten und vielfältigen Rechtsverhältnissen lässt sich jedoch **nicht sinnvoll** ausschließlich unter normalen kaufrechtlichen Gesichtspunkten betrachten.

79 In der Praxis ist es daher unverzichtbar, die **gesetzlichen Gewährleistungsvorschriften auszuschließen**. An ihrer Stelle vereinbaren die Parteien ein maßge-

---

51 Vgl. PdK-Bund/*Hoffmann*/*Walter*/*Köhler-Rott* K 2a Bund Teil A 4.3.

52 Vgl. PdK-Bund/*Hoffmann*/*Walter*/*Köhler-Rott* K 2a Bund Teil A 4.2.

53 Vgl. Beisel/*Klumpp* Kap. 16 Rn 1 ff.

schneidertes Haftungssystem, das auf die Besonderheiten des verkauften Unternehmens und die konkreten Interessen der Parteien abgestimmt ist. Ein kurzer Blick auf das gesetzliche Haftungssystem ist für das Verständnis der Vertragsgestaltung eines Unternehmenskaufvertrags dennoch unerlässlich.

II. Gesetzliches Haftungssystem

1. Anspruchsgrundlagen im Kaufrecht

Kaufrechtliche Ansprüche des Käufers eines Unternehmens setzen voraus, dass ein 80
Unternehmen einen **Sachmangel** im Sinne des § 434 BGB oder einen **Rechtsmangel** im Sinne des § 435 BGB hat.

a) Sachmängel

Nach der gesetzlichen Definition des § 434 BGB hat eine Kaufsache dann einen 81
Sachmangel, wenn sie bei Gefahrübergang nicht die vereinbarte Beschaffenheit hat. Grundlage der gesetzlichen Sachmangelgewährleistung ist daher die **Beschaffenheit**. Vereinbaren die Parteien nicht, welche Beschaffenheit ein Unternehmen haben soll, ist es nach dem Gesetzeswortlaut dann frei von Sachmängeln, wenn es sich für die nach dem Vertrag **vorausgesetzte Verwendung** eignet und wenn es sich für die **gewöhnliche Verwendung** eignet und eine Beschaffenheit aufweist, die bei Sachen der gleichen Art **üblich** ist und die der Käufer nach der Art der Sache **erwarten** kann.[54]

Beim Kauf von Frühstücksbrötchen und Auto funktioniert dieser Ansatz in der 82
Praxis gut. Wann sich jedoch ein Unternehmen für die nach dem Vertrag vorausgesetzte Verwendung eignet, oder wann sich ein Unternehmen für die gewöhnliche Verwendung eignet und eine Beschaffenheit aufweist, die bei gleichartigen Unternehmen üblich ist, ist in der Praxis nicht verlässlich zu beantworten. Die Anwendung der gesetzlichen Sachmängelgewährleistungsvorschriften eröffnet daher breiten Spielraum für Diskussionen, ob ein Unternehmen die erwartete Beschaffenheit hat oder nicht. Ein Streit ist geradezu vorprogrammiert. Vermeiden lässt sich dies nur durch den **Ausschluss** der **gesetzlichen Gewährleistungsbestimmungen**.

b) Rechtsmängel

Gemäß § 435 BGB ist eine Sache frei von **Rechtsmängeln**, wenn **Dritte** in Bezug auf 83
die Sache keine oder nur die im Kaufvertrag übernommenen Rechte gegen den Käu-

---

54 Zu Einzelheiten des Sachmangelbegriffs vgl. MünchKomm-BGB/*Westermann* § 434 Rn 6 ff.

fer geltend machen können. Rechtsmängel können etwa an den verkauften Gesellschaftsbeteiligungen bestehen.[55] Das ist beispielsweise dann der Fall, wenn die **Anteile verpfändet** oder **belastet** waren oder bei Kapitalgesellschaften noch **Einlagen** auf den Anteil **ausstehen.**[56] Daneben können sich Rechtsmängel auf einzelne Vermögensgegenstände oder auf ein Unternehmen insgesamt beziehen. Rechtsmängel, die sich auf das Unternehmen insgesamt beziehen, können beispielsweise **öffentlich-rechtliche Verbote** oder **gewerbliche Schutzrechte**[57] sein, die der Geschäftstätigkeit des Unternehmens entgegenstehen.

2. Weitere gesetzliche Ansprüche

84 Gemäß § 280 BGB kann die Verletzung **vertraglicher Nebenpflichten** Schadensersatzforderungen nach sich ziehen. Anknüpfungspunkt in der Praxis ist hier vor allem die Behauptung der Verletzung von **Offenlegungspflichten.**[58] Im Verlauf des Prozesses über den Erwerb eines Unternehmens werden vielfältige Unterlagen ausgetauscht und Gespräche auf unterschiedlichen Ebenen geführt. Nach dem Rechtsinstitut der *culpa in contrahendo* (c.i.c.), auch als Verschulden bei Vertragsverhandlungen bezeichnet, kann der Verkäufer verpflichtet sein, dem Käufer bestimmte Informationen offen zu legen. Auch wenn dieses Rechtsinstitut seit der Schuldrechtsreform 2002 nunmehr ausdrücklich in § 311 BGB geregelt ist, ist sein **Anwendungsbereich unscharf**. Welche Informationen offengelegt werden müssen, bestimmt sich stets nach den Umständen des Einzelfalls.[59] Es lässt sich trefflich darüber streiten, welche Informationen etwa zu welchem Zeitpunkt hätten gewährt werden müssen.

85 Um Unsicherheiten für alle Beteiligten auszuschließen, sollten daher auch Ansprüche aus der Verletzung von Nebenpflichten **ausgeschlossen** werden. Wenn sich die Parteien im Einzelfall auf bestimmte Pflichten der Parteien verständigt haben, sollten sie sowohl die Pflichten selbst als auch die Rechtsfolgen eines Verstoßes gegen diese Pflichten **eindeutig** im Kaufvertrag **niederschreiben.**

86 Weitere Beispiele für Nebenpflichten können **Mitwirkungspflichten**, etwa bei der Erlangung der Zustimmung Dritter für die Übertragung von Vertragsverhältnissen[60] oder die Verletzung von **Vertraulichkeitspflichten** sein.

87 Schadensersatzansprüche können sich auch aus der Verletzung der Vorschriften über **unerlaubte Handlungen** gemäß §§ 823 ff. BGB ergeben.

---

55 Vgl. Dauner-Lieb/Langen/*Büdenbender* § 453 Rn 11.
56 Vgl. Dauner-Lieb/Langen/*Büdenbender* § 453 Rn 11.
57 Vgl. MünchKomm-BGB/*Westermann* § 453 Rn 30.
58 Vgl. *Hübner* BB 2010, 1483, 1485 ff.
59 Vgl. *Möller* NZG 2012, 841, 842 ff.
60 Vgl. dazu Rn 54 ff.

3. Rechtsfolgen der gesetzlichen Gewährleistung

Ist ein Unternehmen im Sinne des gesetzlichen Gewährleistungssystems mangelhaft, stehen dem Käufer die in § 437 BGB geregelten **Gewährleistungsansprüche** zu.[61] Danach kann der Käufer **Nacherfüllung** verlangen, vom Vertrag **zurücktreten** oder den Kaufpreis **mindern** oder **Schadensersatz** oder den **Ersatz vergeblicher Aufwendungen** verlangen.[62] 88

a) Nacherfüllung

Gemäß § 439 BGB kann ein Käufer als **Nacherfüllung** nach seiner Wahl die **Beseitigung des Mangels** oder die **Lieferung einer mangelfreien Sache** verlangen. Die Neulieferung einer mangelfreien Sache ist als Rechtsfolge eines Gewährleistungsfalls beim Unternehmenskauf ausgeschlossen, weil ein Unternehmen als solches einzigartig ist. Es ist daher nicht möglich, ein anderes, mangelfreies Unternehmen anstelle des mangelhaften Unternehmens zu liefern.[63] 89

Sind lediglich einzelne Gegenstände mangelhaft, kommt die Lieferung einer mangelfreien Sache jedoch durchaus in Betracht. Gemäß § 275 Abs. 2 BGB kann die Nacherfüllung **verweigert** werden, wenn sie in einem **groben Missverhältnis** zum Leistungsinteresse des Käufers steht. Gemäß § 275 Abs. 3 BGB kann der Verkäufer die Nacherfüllung zudem dann verweigern, wenn ihm dies **unzumutbar** ist. Schließlich kann der Verkäufer die Nacherfüllung gemäß § 439 Abs. 3 BGB verweigern, wenn sie nur mit **unverhältnismäßigen Kosten** möglich ist.[64] Es ist offensichtlich, dass die Nacherfüllung **keine taugliche Rechtsfolge** bei Mängeln eines Unternehmens ist. Es lässt sich trefflich darüber streiten, was im Einzelfall unzumutbar ist oder was ein grobes Missverhältnis darstellt. Die Parteien eines Unternehmenskaufvertrags sind jedoch auf die Formulierung eindeutiger Rechtsfolgen im Falle von Mängeln angewiesen. 90

b) Rücktritt

Der Käufer hat gemäß § 440 BGB ein **Rücktrittsrecht**, wenn die Nacherfüllung unmöglich, fehlgeschlagen oder dem Käufer unzumutbar ist oder vom Verkäufer verweigert wird. 91

---

61 BGH, Urt. v. 7.1.1970, I ZR 99/68, NJW 1970, 556.

62 Zu den durch die Schuldrechtsreform herbeigeführten Änderungen der Rechtsfolgen von Mängeln vgl. *Knott* NZG 2002, 249, 252 ff.

63 Vgl. Beisel/*Klumpp* Kap. 16 Rn 26.

64 Zur Unverhältnismäßigkeit der Nacherfüllung beim Unternehmenskauf vgl. Beisel/*Klumpp* Kap. 16 Rn 27.

92 In der Praxis wäre der Rücktritt von einem Unternehmenskaufvertrag in der Regel schlicht ein **Desaster.**[65] Anders als bei einem Gebrauchsgegenstand kann bei einem Unternehmen nicht davon ausgegangen werden, dass es sich im Zeitablauf, vom normalen Verschleiß abgesehen, nicht wesentlich verändert.[66] Ein Unternehmen ist ein **lebendes Gebilde**, das laufend neue Produkte entwickelt, neue Kunden akquiriert, alte Kunden verliert und der steten Fluktuation von Mitarbeitern unterliegt. Schon nach kurzer Zeit kann sich der Zustand eines Unternehmens verbessern oder verschlechtern. In jedem Fall wird sich das Unternehmen **laufend verändern.**

93 Hinzu kommt, dass der bloße Umstand des Verkaufs eines Unternehmens erhebliche Auswirkungen auf Kunden, Lieferanten, Mitarbeiter und andere Interessengruppen hat. Die bloße Rückabwicklung eines Unternehmenskaufs wird daher nahezu **nie eine interessengerechte Lösung** sein. Jedenfalls wenn zwischen Verkauf und Rückabwicklung nur wenig Zeit liegt, wird sich der Wert des Unternehmens allein durch die Außenwahrnehmung der gescheiterten Transaktion typischerweise verringert haben.

94 Ist eine Rückabwicklung der Transaktion unmöglich, etwa weil das erworbene Unternehmen bereits vollständig in die Unternehmensgruppe des Erwerbers integriert wurde,[67] kann der Verkäufer gemäß § 346 Abs. 2 BGB **Wertersatz** verlangen. Die Ermittlung eines „objektiven Unternehmenswerts" zu einem bestimmten Zeitpunkt ist jedoch mit **großen Unsicherheiten** behaftet und kann schnell in eine jahrelange Gutachterschlacht münden.

c) Minderung

95 Steht dem Käufer ein Rücktrittsrecht zu, kann er gemäß § 441 BGB statt des Rücktritts auch die **Minderung**, also die **Herabsetzung des Kaufpreises**, verlangen. Er kann den Kaufpreis um die Differenz zwischen dem tatsächlichen Wert des Unternehmens und dem Wert, den es ohne den Mangel zur Zeit des Vertragsschlusses gehabt hätte, reduzieren.[68]

96 Das Problem der Bestimmung eines **objektiven Unternehmenswerts** stellt sich hier also gleich zweimal. Zum einen muss der Käufer den objektiven Wert mit dem Mangel nachweisen. Zudem muss er den fiktiven objektiven Wert darlegen, den das Unternehmen gehabt hätte, wenn es bei Vertragsschluss mangelfrei gewesen wäre. Auch diese Rechtsfolge ist für den Unternehmenskauf daher **nicht praktikabel.**

---

65 Vgl. *Knott* NZG 2002, 249, 253.

66 Vgl. Römermann/*Picot* § 21 Rn 188.

67 Zu weiteren Fallgruppen der Unmöglichkeit der Rückabwicklung vgl. BGH, Urt. v. 5.7.2006, VIII ZR 172/05, NJW 2006, 2847; BGH, Urt. v. 14.1.2002, II ZR 354/99, NJW 2002, 1340.

68 Vgl. Beisel/*Klumpp* Kap. 16 Rn 31 f.

d) Schadensersatz

Sach- oder Rechtsmängel muss der Verkäufer **vertreten**, wenn ihn **Vorsatz** oder zumindest **Fahrlässigkeit** trifft. Ist dies der Fall, kann der Käufer gemäß § 281 BGB **Schadensersatz statt der Leistung** verlangen. Grundsätzlich muss dem Verkäufer zunächst eine Frist zur Nachbesserung gesetzt werden. Der Käufer kann zwischen dem sogenannten großen Schadensersatz und dem sogenannten kleinen Schadensersatz wählen. 97

Der **große Schadensersatz** setzt gemäß § 281 Abs. 1 Satz 3 BGB voraus, dass die Pflichtverletzung des Verkäufers nicht unerheblich ist. Der Käufer kann dann die Rückabwicklung des gesamten Vertrags gemäß §§ 346ff. BGB verlangen. Letztlich kommt es zur gleichen Rechtsfolge wie beim Rücktritt. Der Käufer muss das Unternehmen zurückgeben. Dafür kann er Wertersatz verlangen. Auch hier stellen sich die gleichen Probleme wie beim Rücktritt.[69] 98

Beim **kleinen Schadensersatz** hingegen kann der Käufer den Ersatz eines ihm entstandenen Schadens verlangen. Der Rechtsfolge nach ist der kleine Schadensersatz beim Unternehmenskauf durchaus interessengerecht. Auch im vertraglichen Haftungsregime ist der Schadensersatz in aller Regel die vereinbarte Rechtsfolge.[70] Allerdings gelten nach der gesetzlichen Regelung nicht die üblicherweise zwischen den Parteien eines Unternehmenskaufvertrags vereinbarten Haftungsgrenzen.[71] 99

III. Schlussfolgerungen für die Transaktionspraxis

Das System der **gesetzlichen Gewährleistungsansprüche** ist für die Praxis des Unternehmenskaufs **vollständig ungeeignet**. Die gesetzliche Sachmängelhaftung orientiert sich an der **Beschaffenheit** eines Unternehmens. Dieser unbestimmte Rechtsbegriff ist für die Zwecke eines Unternehmenskaufs jedoch viel zu unklar und damit unbrauchbar. Wie ein Unternehmen beschaffen sein muss, beurteilt sich stets aus der Sicht des Betrachters. Erforderlich ist daher eine klare Vereinbarung der Parteien über den Zustand, in dem sich das verkaufte Unternehmen befinden soll. 100

Auch die **Rechtsfolgen** der gesetzlichen Gewährleistung entsprechen nicht den Interessen der Parteien. Insbesondere ein drohender Rücktritt kann für das Unternehmen selbst ebenso wie für die beteiligten Parteien erhebliche Nachteile mit sich bringen. 101

Aus diesen Gründen gehört es zur best practice eines Unternehmenskaufs, das **gesetzliche Gewährleistungssystem** so weit wie möglich **auszuschließen**, um 102

---

69 Vgl. dazu Rn 91ff.
70 Vgl. dazu Rn 88.
71 Vgl. dazu Rn 156ff.

dann ein für den konkreten Fall **maßgeschneidertes vertragliches Gewährleistungskonzept** zu entwickeln.

D. Gestaltung eines vertraglichen Haftungssystems

I. Zulässigkeit eines vertraglichen Haftungssystems

103 Der Ausschluss des **gesetzlichen Haftungssystems** und seine Ersetzung durch ein vertraglich **vereinbartes Haftungssystem** hat international und auch in Deutschland eine lange Tradition.[72] Eine Zäsur in dieser Tradition stellt die Schuldrechtsreform aus dem Jahre 2002[73] dar. Im Zuge dieser Reform wurde ein neuer § 444 BGB geschaffen. Dort wurde geregelt:

> *„Auf eine Vereinbarung, durch welche die Rechte des Käufers wegen eines Mangels ausgeschlossen oder beschränkt werden, kann sich der Verkäufer nicht berufen,* ***wenn*** *er den Mangel arglistig verschwiegen oder eine Garantie für die Beschaffenheit der Sache übernommen hat.“*

104 Diese **gesetzliche Neuregelung** löste seinerzeit große Sorge bei allen mit M&A Transaktionen befassten Praktikern aus. Es wurde breit diskutiert, ob die Haftung für vom Verkäufer abgegebene Garantieversprechen weiterhin durch vertragliche Vereinbarungen beschränkt werden konnte.[74] Nach der Neuregelung des § 444 BGB war dies dann nicht mehr möglich, wenn man die Garantieaussage als eine Garantie für die Beschaffenheit der Sache betrachtete. Die langjährig bewährte Konstruktion eines Unternehmenskaufvertrags mit speziell auf den konkreten Fall zugeschnittenen Garantieversprechen, verbunden aber mit ebenfalls speziell für den Einzelfall erarbeiteten Rechtsfolgen, wäre damit nicht mehr möglich gewesen. Es stand gar in Frage, ob Unternehmenskaufverträge nach deutschem Recht überhaupt noch sinnvoll umsetzbar sind. Die Unruhe im Markt drang bis zum Bundesjustizministerium vor, das die Bedenken der Praxis durch verschiedene Stellungnahmen, die rechtlich freilich nicht verbindlich waren, zu zerstreuen suchte.[75]

105 Die Praxis entwickelte in der Folge eine Reihe unterschiedlicher Lösungsvorschläge, die jedoch alle mit erheblichen **rechtlichen Unsicherheiten** belegt waren. In den Verträgen wurde klargestellt, dass die im Vertrag enthaltenen Garantieversprechen keine Beschaffenheitsgarantien im Sinne des § 444 BGB, sondern selbst-

---

72 Zur Gestaltungspraxis vor der Schuldrechtsreform vgl. Dauner-Lieb/Langen/*Büdenbender* Anh II zu §§ 433–480 Rn 59 ff.
73 BGBl. I, 3138.
74 Vgl. nur *Knott* NZG 2002, 249; *Müller* NJW 2002, 1026.
75 Vgl. *BMJ* ZGS 2003, 307.

ständige Garantien im Sinne des § 311 BGB sein sollen. Letztlich hat eine solche Regelung den Ausschluss der Anwendung des § 444 BGB zum Inhalt. Ob ein Gericht dieser Auslegung gefolgt wäre, bleibt unklar.

Erst nach mehreren Jahren und nach der Veröffentlichung unzähliger Kommen- 106
tare und langer Diskussionen auf Fachtagungen und im Gesetzgebungsverfahren nahm sich der Gesetzgeber ein Herz und versuchte, die entstandene untragbare Rechtsunsicherheit durch eine **Gesetzesänderung** zu beseitigen. Diese Gesetzesänderung beschränkte sich jedoch darauf, das Wort „wenn" durch das Wort „soweit" zu ersetzen. § 444 BGB lautet nun:

> *„Auf eine Vereinbarung, durch welche die Rechte des Käufers wegen eines Mangels ausgeschlossen oder beschränkt werden, kann sich der Verkäufer nicht berufen,* ***soweit*** *er den Mangel arglistig verschwiegen oder eine Garantie für die Beschaffenheit der Sache übernommen hat."*

Angesichts der langen Diskussionen über die Klausel und der großen Unsicherheit 107
im Markt mag es verwunderlich erscheinen, dass sich der Gesetzgeber auf eine derart minimalistische Änderung beschränkt hat. Immerhin enthält die Gesetzesbegründung einen Hinweis darauf, dass die Änderung lediglich eine Klarstellung und keine inhaltliche Neuregelung darstellen sollte.[76] Für die Praxis wird nunmehr davon auszugehen sein, dass § 444 BGB zumindest in seiner aktuellen Fassung der **Vereinbarung von Haftungsbeschränkungen** für den Fall der **Verletzung von Garantieversprechen** nicht entgegensteht.[77] Solange dies jedoch höchstrichterlich noch nicht geklärt ist, sollten Unternehmenskaufverträge weiterhin klarstellen, dass die Beschränkung der Rechtsfolge ein Teil der Garantie ist und deren Reichweite inhaltlich bestimmt.

II. Grundstruktur von Garantieversprechen

1. Selbstständige Garantieversprechen

Systematisch sind Garantien im Unternehmenskaufvertrag als **selbstständige Ga-** 108
rantieversprechen gemäß § 311 BGB ausgestaltet.[78] Der Verkäufer erklärt gegenüber dem Käufer ausdrücklich in der Form eines selbstständigen Garantieversprechens, dass bestimmte im Kaufvertrag enthaltene **Aussagen zutreffend** sind.[79] Es empfiehlt sich die Klarstellung, dass sich die Parteien darüber einig sind, dass die

---

76 Beschluss des Bundestags vom 1.7.2004 (BGBl. I, 3102).

77 Vgl. Nerlich/Krepin/*Tautorus*/*Janner* § 20 Rn 69.

78 Vgl. Michalski/*Ebbing* § 15 GmbHG Rn 182.

79 Zum Begriff der selbständigen Garantie vgl. BGH, Urt. v. 10.2.1999, VIII ZR 70/98, NJW 1999, 1542.

Garantieversprechen weder Beschaffenheitsvereinbarungen im Sinne des § 434 Abs. 1 BGB noch Garantien für die Beschaffenheit der Sache im Sinne der §§ 443, 444 BGB darstellen.[80]

109 Diese Systematik ermöglicht eine genaue Beschreibung der **Annahmen**, die der Käufer seiner Kaufpreisberechnung zugrunde gelegt hat.[81] Der Verkäufer steht für die Richtigkeit der von ihm abgegebenen Garantieversprechen ein, ohne dass es darauf ankäme, er eine möglicherweise falsche Garantieaussage verschuldet, ob ihm also Vorsatz oder Fahrlässigkeit zur Last zu legen ist.[82] Bei der Regelung von Garantieversprechen kommt es nicht darauf an, ob der Verkäufer etwas falsch gemacht hat. Vielmehr geht es um eine **Abgrenzung von Risiken.**

2. Informationsdivergenz

110 Ein wichtiger Gesichtspunkt im Rahmen der Risikoabgrenzung ist eine typischerweise beim Unternehmenskauf bestehende **Informationsdivergenz.**[83] Zumindest theoretisch hat der Verkäufer das Unternehmen in der Vergangenheit geführt und weiß daher, in welchem Zustand sich das Unternehmen aktuell befindet. Zumindest hätte er unbeschränkte Informationsrechte und damit die Möglichkeit gehabt, sich diese Kenntnis zu verschaffen. Der Käufer hingegen muss sich auf die Informationen verlassen, die ihm der Verkäufer zur Verfügung gestellt hat.

111 Selbst im Rahmen einer umfassenden **Due Diligence** wird der Käufer letztlich nur eine eingeschränkte Einschätzung über das Zielobjekt erlangen können. Zum einen ist es für den Käufer im Zuge der Due Diligence schwierig, einzelne erhaltene Informationen zueinander in Verbindung zu setzen. Zum anderen will der Käufer möglichst sicherstellen, dass er alle zur Bewertung des Unternehmens erforderlichen Informationen auch tatsächlich und vollständig erhalten hat.

112 In der Praxis kann der Informationsstand über das Unternehmen bei den Beteiligten einer Transaktion sehr unterschiedlich sein. So hat etwa ein **Finanzinvestor** oder ein **Konzern**, der eine kleinere Tochtergesellschaft oder einen kleineren Teil seiner Geschäftstätigkeit veräußert, häufig nur beschränkte Kenntnisse über Einzelheiten des verkauften Unternehmens. Umgekehrt mag ein **Alleingesellschafter** einer Zielgesellschaft, der das Unternehmen selbst führt, möglicherweise umfassend über die Produkte und die Kundenbeziehungen informiert sein. Die rechtlichen Verhältnisse seines Unternehmens mag er jedoch vielleicht vernachlässigt haben, so dass ein Käufer, gerüstet mit den Prüfungsergebnissen seiner rechtlichen Berater, insoweit sogar einen Informationsvorsprung vor dem Verkäufer haben kann.

---

80 Vgl. oben Rn 103 ff.
81 Vgl. dazu Kap. 3.
82 BGH, Urt. v. 10.2.1999, VIII ZR 70/98, NJW 1999, 1542.
83 Oder auch Informationsasymmetrie, vgl. Kap. 3 Rn 7.

III. Ausschlaggebend ist der Einzelfall

Welche Garantien ein Käufer fordern und welche Garantien ein Verkäufer zu geben bereit sein wird, wird immer von der **Interessenlage** und der **Verhandlungsposition** der Parteien abhängen. 113

Beispiel 1 Abhängigkeit von Betroffener Branche
Ist die Zielgesellschaft ein Softwareunternehmen, ist der Bestand eigener Urheberrechte und die Freiheit von Verstößen gegen Urheberrechte Dritter von besonderer Bedeutung. Bei Unternehmen der chemischen Industrie sind Umweltgarantien besonders wichtig. Der Käufer eines Windparks wird absichern wollen, dass der Netzzugang gewährleistet ist und Standort- und Leitungsrechte ausreichend dinglich gesichert sind.

Beispiel 2 Abhängigkeit von Position des Verkäufers
Ist der Verkäufer Gründer und alleiniger Gesellschafter sowie der einzige Geschäftsführer der Gesellschaft, wird der Käufer eine umfassende Kenntnis des Verkäufers über die Situation des Unternehmens erwarten und umfangreiche Garantien fordern. Ist der Verkäufer hingegen ein Finanzinvestor, der die Zielgesellschaft erst vor kurzem erworben hat, mag es dem Käufer deutlich schwerer fallen, umfangreiche Garantien durchzusetzen.[84]

Beispiel 3 Abhängigkeit vom Verfahren
Wird ein Unternehmen in einem Auktionsverfahren veräußert, muss ein potentieller Käufer stets bedenken, dass die Forderung nach umfangreichen Garantien sein Angebot im Vergleich zu möglichen Mitbietern unattraktiver macht. Das wird ihn veranlassen, sich auf die Garantien zu beschränken, die er für besonders wichtig hält. Oder aber er wird auf bestimmte Garantien verzichten und das Risiko bei der Berechnung des Kaufpreises berücksichtigen. Allerdings kann natürlich auch und gerade ein niedrigerer Kaufpreis die Attraktivität seines Angebots im Vergleich zu anderen Bietern verringern.

IV. Verhältnis zur Due Diligence

Die Struktur des Garantienkatalogs steht in engem Zusammenhang mit der Due Diligence. Dies gilt vor allem unter **drei Gesichtspunkten.** 114

Bei allen Unterlagen, die dem Käufer im Due Diligence Prozess zugänglich gemacht wurden, weiß er natürlich nie, ob die Unterlagen vollständig sind oder ob es zu den abgefragten Themenblöcken noch weitere relevante Informationen gibt. Hierfür will sich der Käufer mit **Vollständigkeitsgarantien** absichern.[85] 115

84 Vgl. hierzu auch Kap. 11 Rn 41 ff.
85 Kritisch zu generalklauselartigen Garantien aus Verkäufersicht Hettler/Stratz/Hörtnagel/*Lips/Stratz/Rudo* § 4 Rn 121.

Muster Vollständigkeitsgarantie
„Anlage [■] enthält eine vollständige Aufstellung der von der Zielgesellschaft abgeschlossenen Versicherungen und der diesen Versicherungen zugrundeliegenden Vereinbarungen."

116 Manche Umstände kann der Käufer auch anhand der ihm vorgelegten Unterlagen nur eingeschränkt selbst prüfen. Hier kann er eine **Bestandsgarantie** mit dem Inhalt fordern, dass sich etwa Gegenstände oder Grundstücke in einem bestimmten Zustand befinden.[86]

Muster Bestandsgarantie
„Die in Anlage [■] bezeichneten Vermögensgegenstände des Anlagevermögens sind in einwandfreiem Zustand und erlauben es der Zielgesellschaft, ihren Geschäftsbetrieb in Art und Umfang unverändert fortzuführen. Alle Erhaltungsmaßnahmen an diesen Vermögensgegenständen sind rechtzeitig durchgeführt und Investitionen sind nicht aufgeschoben worden."

117 Schließlich können in der Due Diligence tatsächliche Risiken identifiziert worden sein, etwa ein noch nicht abgeschlossenes Gerichtsverfahren. Es mag bestimmte Risiken geben, bei denen noch unklar ist, ob sie sich realisieren. Hier kann der Käufer **Unsicherheitsgarantien** verlangen. Ein typischer Anwendungsfall ist die Bilanzgarantie.[87] Hier kann sich der Käufer beispielsweise zusichern lassen, dass die im Jahresabschluss gebildeten Rückstellungen für bestimmte Risiken ausreichend sind.

Muster Unsicherheitsgarantie
„Die für das Risiko [■] im Jahresabschluss gebildete Rückstellung in Höhe von [■] ist ausreichend."

V. Themenbereich eines Garantiekatalogs

118 Ein Garantiekatalog umfasst jedenfalls die Bereiche, die auch im Rahmen der Due Diligence geprüft wurden. Dazu gehören ohne den Anspruch auf Vollständigkeit:
- Steuerliche Due Diligence[88]
- Financial Due Diligence[89]
- Gesellschaftsrecht[90]

---

86 Zu weiteren möglichen Gegenständen von Bestandsgarantien im Rahmen eines Unternehmenskaufvertrags vgl. Saenger/Aderhold/Lenkaitis/Speckmann/*Bergjan* § 11 Rn 148.
87 Vgl. Saenger/Aderhold/Lenkaitis/Speckmann/*Bergjan* § 11 Rn 149 ff.
88 Vgl. Kap. 4.
89 Vgl. Kap. 5.
90 Vgl. Kap. 6 Rn 139 ff.

- Finanzierung[91]
- Verträge mit verbundenen Unternehmen[92]
- Wichtige Verträge mit Lieferanten und Kunden[93]
- Sonstige wesentliche Verträge[94]
- Kartellrecht[95]
- Immobilienrechtliche Verhältnisse[96]
- Gewerbliche Schutzrechte[97]
- Arbeitsrecht[98]
- Öffentliches Recht[99]
- Rechtsstreitigkeiten[100]
- Versicherungen[101]

Hat die Zielgesellschaft **Tochterunternehmen** oder **Beteiligungen** an anderen Unternehmen, beziehen sich die Garantieversprechen je nach den Einflussmöglichkeiten der Zielgesellschaft auf die Beteiligungsgesellschaften auch auf diese. 119

VI. Materieller Umfang der Garantien

1. Kenntnis des Verkäufers

Mit einem Garantieversprechen sichert der Verkäufer zu, dass bestimmte **Aussagen richtig** sind. Die Garantien sind **verschuldensunabhängig**. Ist eine bestimmte Aussage unzutreffend, ist die entsprechende Garantie also auch dann verletzt, wenn der Verkäufer die Unrichtigkeit der Aussage nicht zu vertreten hat, ihm also weder Vorsatz noch Fahrlässigkeit zur Last zu legen ist.[102] 120

91 Vgl. Kap. 6 Rn 142 ff.
92 Vgl. Kap. 6 Rn 145 f.
93 Vgl. Kap. 6 Rn 147 ff.
94 Vgl. Kap. 6 Rn 151 f.
95 Vgl. Kap. 6 Rn 153.
96 Vgl. Kap. 6 Rn 154.
97 Vgl. Kap. 6 Rn 155 f.
98 Vgl. Kap. 6 Rn 157 und Kap. 8.
99 Vgl. Kap. 6 Rn 158 ff.
100 Vgl. Kap. 6 Rn 161 ff.
101 Vgl. Kap. 6 Rn 164 ff.
102 Vgl. Rn 109.

a) Objektive Garantien

121 Ist nichts weiteres geregelt, stellt eine unzutreffende Garantieaussage auch dann eine Garantieverletzung dar, wenn der Verkäufer keine Kenntnis davon hatte, dass bestimmte Garantieaussagen nicht richtig waren, oder wenn der Verkäufer bei Anwendung der gebotenen Sorgfalt im Einzelfall hätte wissen müssen, dass eine Garantieaussage unrichtig ist (fahrlässige Unkenntnis).[103] Weil es nicht auf die Kenntnis des Verkäufers ankommt, spricht man von **objektiven Garantien.**

Muster Objektive Garantie
„Die Gesellschaft verfügt über die in Anlage [■] genannten gewerblichen Schutzrechte."

---

122 Häufig wird ein Verkäufer argumentieren, dass er von bestimmten Umständen, für die ein Käufer Garantieaussagen fordert, **keine Kenntnis** haben kann. Tatsächlich gibt es Fälle, in denen auch ein Verkäufer, der das verkaufte Unternehmen sehr gut kennt, nicht sicher beurteilen kann, ob bestimmte Aussagen richtig sind. Das gilt insbesondere dann, wenn es um Umstände geht, die zumindest auch in der Sphäre Dritter liegen.

Beispiel
Der Käufer fordert vom Verkäufer die Aussage, dass keine strafrechtlichen Ermittlungsverfahren im Hinblick auf das verkaufte Unternehmen geführt werden. Weil jedoch die von einem strafrechtlichen Ermittlungsverfahren Betroffenen nicht zwingend von dem Verfahren Kenntnis erlangen müssen, kann der Verkäufer nicht abschließend beurteilen, ob die von ihm geforderte Aussage richtig ist.

---

123 Selbst wenn es jedoch um Umstände geht, die sich der vollständigen Kenntnis des Verkäufers entziehen, bedeutet dies nicht zwingend, dass der Verkäufer hierzu keine Garantieaussage treffen kann. Ziel der Garantieversprechen ist es nicht, den Verkäufer für ein irgendwie geartetes Fehlverhalten zu bestrafen. Vielmehr geht es darum, eine angemessene **Verteilung der Risiken** zu erreichen, die jedem Unternehmen immanent sind.

124 Ein sinnvoller Ansatzpunkt für die Risikoverteilung kann der Gedanke sein, dass diejenige Partei ein Risiko tragen sollte, die **„näher dran"** ist. Dies wird in aller Regel der Verkäufer sein, der zumindest die Möglichkeit gehabt hätte, sich ein umfassendes Bild des verkauften Unternehmens zu verschaffen. Der Verkäufer wird gegen dieses Argument einwenden, dass der Käufer ein **lebendes Unternehmen** erwirbt, das zwangsläufig mit Risiken behaftet ist. So wird er versuchen, Risiken auf den Käufer überzuwälzen.

---

103 Vgl. Saenger/Aderhold/Lenkaitis/Speckmann/*Bergjan* § 11 Rn 139.

b) Subjektive Garantien

Soll bei der Formulierung bestimmter Garantieversprechen gleichwohl die Kenntnis des Verkäufers über bestimmte Umstände berücksichtigt werden, können die Garantien durch eine entsprechende **Qualifikation** als **subjektive Garantien**, auch als Wissensgarantien bezeichnet, formuliert werden.[104] Typische Formulierungen sind **„nach Kenntnis des Verkäufers"** oder **„nach bestem Wissen des Verkäufers"**. 125

aa) Anforderung an Kenntnis

Bei der Formulierung subjektiver Garantien ist es von entscheidender Bedeutung, welche **Anforderungen** an die **Kenntnis** des Verkäufers gestellt werden. 126

Die am wenigsten weitreichende Qualifikation einer subjektiven Garantie stellt auf die **positive Kenntnis** des Verkäufers ab. Hier ist eine Garantie nur dann verletzt, wenn der Verkäufer bei ihrer Abgabe tatsächlich (also positiv) wusste, dass die Aussage unrichtig war.[105] Für den Verkäufer ist diese Einschränkung natürlich günstig. Für den Käufer wird es naturgemäß schwierig sein, den Nachweis zu führen, dass der Verkäufer bestimmte Umstände tatsächlich kannte. Dieser Nachweis wird nur im Ausnahmefall gelingen können, etwa wenn der Käufer auf Dokumente stößt, in denen die Kenntnis des Verkäufers dokumentiert ist. 127

Eine weitergehende Qualifikation kann eine Kenntnis des Verkäufers in den Fällen fingieren, in denen er bestimmte Umstände **grob fahrlässig** oder gar **leicht fahrlässig** nicht kannte. Ansatzpunkt ist hier also die Frage, ob der Verkäufer von einem bestimmten Umstand Kenntnis gehabt hätte, wenn er einer ihm obliegenden Sorgfaltspflicht in ausreichendem Maße nachgekommen wäre.[106] Hier wird man sich trefflich darüber streiten können, welche Sorgfaltspflichten ein Verkäufer denn in einer bestimmten Konstellation hatte. Zumindest wird man verlangen müssen, dass er die Geschäftsführung des verkauften Unternehmens befragt hat. Ein Käufer kann nach einem fehlgeschlagenen Unternehmenskauf vielleicht sogar argumentieren, dass der Verkäufer derartige Wissensgarantien nur dann hätte abgeben dürfen, wenn er gerade anlässlich der vereinbarten Transaktion die Richtigkeit einer Aussage besonders überprüft hat, etwa im Wege einer Vendor Due Diligence.[107] 128

---

104 Vgl. Saenger/Aderhold/Lenkaitis/Speckmann/*Bergjan* § 11 Rn 139.
105 Vgl. Saenger/Aderhold/Lenkaitis/Speckmann/*Bergjan* § 11 Rn 140.
106 Vgl. Saenger/Aderhold/Lenkaitis/Speckmann/*Bergjan* § 11 Rn 140.
107 Vgl. dazu Kap. 6 Rn 35 ff.

bb) Personenkreis

129 Zudem empfiehlt es sich, den **Kreis der Personen** zu definieren, deren Kenntnis dem Verkäufer zugerechnet werden kann.[108] Ist der Verkäufer eine Gesellschaft, hat er ohnehin keine eigene Kenntnis. Ihm wird dann die Kenntnis seines Vorstands oder seiner Geschäftsführung zuzurechnen sein. Daneben kann es insbesondere bei größeren Zielgesellschaften sinnvoll sein, auch die Zurechnung des Wissens leitender Angestellter an den Verkäufer vertraglich festzuschreiben. Im Idealfall sollten die Wissensträger namentlich benannt werden. Ist dies nicht möglich, müssen abstrakte Kriterien gefunden werden, die eine zweifelsfreie Ermittlung der zurechenbaren Wissensträger ermöglichen.

Muster Kenntniszurechnung

„Soweit der Verkäufer in diesem Vertrag Aussagen nach bestem Wissen macht, gilt die Garantie nur dann als verletzt, wenn der Verkäufer die Unrichtigkeit der Aussage positiv kannte oder grob fahrlässig nicht kannte. Dabei sind sich die Parteien darüber einig, dass der Verkäufer nicht dazu verpflichtet war, aus Anlass der Transaktion eine gesonderte Überprüfung der Richtigkeit der jeweiligen Aussage vorzunehmen. Der Verkäufer hat sich das Wissen oder die grob fahrlässige Unkenntnis der Geschäftsführer, Prokuristen und Handlungsbevollmächtigten der Gesellschaft sowie der in Anlage [■] genannten Personen zurechnen zu lassen."

---

2. Kenntnis des Käufers

130 Umstritten ist regelmäßig der Umgang mit der **Kenntnis des Käufers** über Umstände, die eine Verletzung eines Garantieversprechens auslösen.

a) Gesetzliche Regelung

131 Im gesetzlichen Gewährleistungsrecht, das auf Mängel der Kaufsache abstellt,[109] sind Ansprüche eines Käufers wegen eines Mangels dann **ausgeschlossen**, wenn der Käufer den Mangel bei Vertragsschluss kannte.[110] Kannte er den Mangel in Folge grober Fahrlässigkeit nicht, soll er Ansprüche nur unter besonderen Voraussetzungen haben, nämlich wenn entweder der Verkäufer den Mangel arglistig verschwiegen oder der Verkäufer eine Garantie für die Beschaffenheit der Sache übernommen hat (§ 442 BGB).

---

108 Vgl. Saenger/Aderhold/Lenkaitis/Speckmann/*Bergjan* § 11 Rn 141.

109 Vgl. Rn 80 ff.

110 Erforderlich ist positive Kenntnis, vgl. Palandt/*Weidenkaff* § 442 BGB Rn 7.

b) Interessen des Verkäufers

Auf den ersten Blick ist es naheliegend, die gesetzliche Regelung **entsprechend** 132
auch auf Garantieversprechen anzuwenden, die in einem Unternehmenskaufvertrag enthalten sind. Ein Verkäufer würde dann für unrichtige Garantieversprechen nicht haften, wenn der Käufer die Unrichtigkeit kannte. Für den Verkäufer jedenfalls wäre eine solche Regelung günstig. Er kann mögliche Haftungsrisiken dadurch minimieren, dass er im Rahmen der Due Diligence so viele Unterlagen wie möglich zur Verfügung stellt. Aus Sicht des Verkäufers ist der Käufer für Umstände, die ihm bekannt sind, nicht schutzwürdig.

c) Interessen des Käufers

Der Käufer hingegen wird aus mehreren Gründen versuchen, die entsprechende 133
Anwendung des § 442 BGB **auszuschließen.**

Ein wichtiges Argument hierfür ist der Hinweis darauf, dass selbst eine breit 134
angelegte Due Diligence es letztlich nur erlaubt, in einem **beschränkten Zeitraum** eine **große Zahl** von Unterlagen zu prüfen. **Nachfragen** zu den Unterlagen sind typischerweise nur **eingeschränkt** möglich. Jedenfalls beziehen sich die Unterlagen auf Vorgänge, an deren Entwicklung der Käufer **nicht teilgenommen** hat. Ohne dieses Hintergrundwissen sind für den Käufer nicht immer alle Risiken, die in den ihm offengelegten Unterlagen möglicherweise angedeutet sind, auch tatsächlich erkennbar. Der Käufer fürchtet daher für den Streitfall das Argument, dass sich die Unrichtigkeit bestimmter zugesicherter Umstände aus den Due Diligence Unterlagen ergibt. Im Einzelfall kann es für den Käufer schwierig sein zu belegen, dass sich die fraglichen Umstände nicht aus der bloßen Kenntnis vorgelegter Unterlagen ergeben.

Der Käufer wird jedenfalls argumentieren, dass der Ausschluss der Haftung für 135
bekannte Umstände letztlich den **Zweck** einer **Due Diligence** ins Gegenteil verwandelt. Der Käufer führt eine Due Diligence durch, um Risiken möglichst vollständig zu identifizieren, um sich dann entsprechend absichern zu können. Schließt aber jede Kenntnis seine Ansprüche aus, schadet sich der Käufer durch die Durchführung einer Due Diligence letztlich selbst. Je mehr er in einer Due Diligence erfährt, desto geringer werden seine Ansprüche gegen den Verkäufer.

d) Gestaltungsmöglichkeiten in der Praxis

In der Praxis sind sowohl Vertragsgestaltungen denkbar, die dem Käufer seine ge- 136
samte Kenntnis zurechnen, als auch Vertragsgestaltungen, die jede Zurechnung der Kenntnis des Käufers ausschließen. Meist finden die Parteien jedoch eine **differenzierte Lösung.** Üblich sind Regelungen, mit denen ein Verkäufer zusichert, dass bestimmte allgemeine Aussagen richtig sind. Er weist jedoch ausdrücklich auf bestehende Ausnahmen hin, etwa in Anlagen, die dem Vertrag beigefügt werden. Die

Kenntnis der Umstände, auf die der Verkäufer auf diesem Weg ausdrücklich hingewiesen hat, muss sich der Käufer dann zurechnen lassen.

e) Untersuchungs- und Rügepflicht

137 Noch weiter als § 442 BGB reicht § 377 HGB. Diese Bestimmung verpflichtet den Käufer, eine Ware unverzüglich nach der Ablieferung durch den Verkäufer zu **untersuchen** und entdeckte Mängel unverzüglich mitzuteilen. Unterlässt der Käufer eine solche Anzeige, gilt die Ware als genehmigt. Nach überwiegender Meinung findet § 377 HGB keine Anwendung auf einen Unternehmenskauf.[111] Vorsorglich sollte jedoch der Unternehmenskaufvertrag auch eine entsprechende Anwendung der Vorschrift **ausdrücklich ausschließen.**

3. Stichtag

138 Um möglichst große Rechtssicherheit für beide Parteien zu schaffen, sollte der Vertrag festlegen, zu welchem **Referenzzeitpunkt** die vom Verkäufer abgegebenen Garantieversprechen richtig sein müssen.

a) Signing und Closing

139 Als Anknüpfungspunkt kommt zum einen der Tag der Vertragsunterzeichnung (häufig als **Signing Date**[112] bezeichnet) in Betracht. Dies ist der Zeitpunkt, an dem sich die Parteien verbindlich über die Konditionen des Unternehmensverkaufs einigen. Der Tag des Vollzugs des Unternehmenskaufs wird häufig als **Closing**[113] bezeichnet.

140 Häufig kann der Kauf nicht unmittelbar nach seinem Abschluss vollzogen werden. Der Zeitpunkt des Signing und der Zeitpunkt des Closing fallen dann auseinander. Das ist dann der Fall, wenn erst noch bestimmte **Vollzugsvoraussetzungen** herbeigeführt werden müssen. Ein klassisches Beispiel ist die Freigabe der geplanten Transaktion durch Kartellbehörden.[114] Daneben kann es viele andere Gründe für den Vollzug erst zu einem späteren Zeitpunkt geben. Möglicherweise müssen noch Zustimmungen von Organen der Parteien eingeholt werden, Organe der Zielgesellschaft müssen zurücktreten oder neu bestellt werden, Zustimmungen Dritter müssen eingeholt werden oder andere behördliche Genehmigungen müssen vor dem Vollzug erst noch erteilt werden.

---

111 Vgl. Baumbach/Hopt/*Hopt* § 377 Rn 2; vor § 1 Rn 44.
112 Vgl. Römermann/*Picot* § 21 Rn 106.
113 Vgl. Römermann/*Picot* § 21 Rn 106.
114 Vgl. Kap. 9 Rn 70 ff., 117.

Fallen Signing und Closing nicht zusammen, wird der Käufer darauf drängen, dass der Verkäufer die Richtigkeit der von ihm abgegebenen Garantieversprechen auch für den Zeitpunkt des **Closing** zusichert. Dabei wird der Käufer argumentieren, dass der Verkäufer schließlich bis zum Closing die **Kontrolle** über das Unternehmen hat. 141

Der Verkäufer wird einwenden, dass er die Entwicklung des Unternehmens zwischen Signing und Closing, also in der **Zukunft**, auch dann nicht garantieren kann, wenn er bis zum Closing die Kontrolle über das Unternehmen behält. Dies gilt insbesondere dann, wenn er Garantien für Umstände abgegeben hat, deren Entwicklung in der Zukunft er **nicht kontrollieren** kann. Ein Beispiel ist die Zusicherung, dass kein Dritter die Verletzung von Urheberrechten durch die Gesellschaft schriftlich gegenüber der Zielgesellschaft geltend gemacht hat.[115] 142

Auch hier sind **differenzierte Regelungen** denkbar und üblich. So kann als allgemeiner Referenzstichtag für die Richtigkeit von Garantieversprechen beispielsweise auf das Signing abgestellt werden.[116] Bestimmte Zusagen müssen dann bis zum Closing richtig sein. 143

Der Zeitraum zwischen Signing und Closing wird üblicherweise durch sogenannte **Covenants** abgedeckt. Sie spezifizieren die Verpflichtung des Verkäufers, die Geschäfte des verkauften Unternehmens auch nach Unterzeichnung des Kaufvertrags bis zum Vollzug im ordentlichen Geschäftsgang in Übereinstimmung mit bisheriger Praxis fortzuführen.[117] 144

b) Andere Stichtage

Denkbar ist auch, als Referenz einen **Zeitpunkt vor Signing** zu vereinbaren. Sichert der Verkäufer beispielsweise die Richtigkeit bestimmter von ihm vorgelegter versicherungsmathematischer Gutachten zu, die zu einem Stichtag erstellt wurden, der vier Monate vor dem Signing liegt, wird er versuchen, auch seiner Garantie über die Richtigkeit des Gutachtens den Stichtag des Gutachtens zugrunde zu legen. 145

VII. Rechtsfolgen

Die in der Praxis des Unternehmenskaufs wichtigste Rechtsfolge bei der Verletzung von Garantien ist der **Schadensersatz**. In einigen Fällen kann jedoch eine **andere Rechtsfolge** den Interessen einer Partei oder auch mehrerer Parteien eher entsprechen. 146

---

115 Vgl. hierzu *Donle* DStR 1997, 74, 77.
116 Vgl. Walz/*Thurn*/*Ziegenhain* Teil N. 4.
117 Vgl. Kap. 11 Rn 27.

1. Nacherfüllung

147 Viele Unternehmenskaufverträge sehen vor, dass der Verkäufer eine Garantieverletzung dadurch beheben kann, dass er **nachbessert**.[118] Entsprechend der gesetzlichen Regelung des § 249 BGB wird der Verkäufer verpflichtet, den Zustand herzustellen, den das Unternehmen hätte, wenn das von ihm abgegebene Garantieversprechen richtig wäre (**Naturalrestitution**). Der Verkäufer wird versuchen, sich diese Möglichkeit in jedem Fall vertraglich einräumen zu lassen. Der Käufer hingegen wird sich um eine Regelung bemühen, nach der er allein entscheiden kann, ob er Nachbesserungen vom Verkäufer verlangen will oder aber direkt den Ersatz des finanziellen Schadens fordert.

148 In vielen Fällen ist die Nachbesserung durchaus eine **angemessene Rechtsfolge**.[119] Hat der Verkäufer beispielsweise zugesagt, dass bestimmte Vertragsverhältnisse bei der Zielgesellschaft nicht (mehr) bestehen und erweist sich nach dem Closing, dass es solche Vertragsverhältnisse doch gibt, kann er mit dem jeweiligen Vertragspartner der Zielgesellschaft über die Beendigung der entsprechenden Verträge verhandeln. Es sind Konstellationen denkbar, in denen der Käufer zur Führung solcher Verhandlungen besser in der Lage ist als der Verkäufer. Das kann beispielsweise dann der Fall sein, wenn der Verkäufer eine laufende Geschäftsbeziehung zu dem Dritten unterhält. In einer solchen Konstellation kann die Rechtsfolge der Nachbesserung für beide Parteien sinnvoller sein als der Ersatz des entstandenen finanziellen Schadens. Aus Sicht des Verkäufers lässt sich möglicherweise relativ einfach der Zustand herstellen, den der Käufer erwartet hat. Für den Verkäufer mag es finanziell weniger Aufwand bedeuten, den zugesicherten Zustand herzustellen, als den sonst entstehenden finanziellen Schaden auszugleichen.

Muster Nacherfüllung

„Soweit eine der in § [■] dieses Vertrags enthaltenen Aussagen unrichtig sein sollte, kann der Käufer schriftlich vom Verkäufer verlangen, den Zustand herzustellen, der bestehen würde, wenn die betreffende Aussage richtig wäre. In diesem Fall hat der Verkäufer die Möglichkeit, innerhalb von zwei Monaten nach Zugang des schriftlichen Verlangens des Käufers den entsprechenden Zustand herzustellen. Gelingt ihm dies nicht innerhalb dieser Frist, hat der Verkäufer Schadensersatz in Geld zu leisten."

2. Minderung

149 Der Käufer kann sich insbesondere für die Fälle ein **Minderungsrecht** ausbedingen, in denen sich die Unrichtigkeit eines Garantieversprechens unmittelbar auf den

118 Zum gesetzlichen Nacherfüllungsrecht bei Mängeln vgl. Rn 89 f.

119 Zu einzelnen Fallgestaltungen vgl. MünchKomm-BGB/*Westermann* § 453 Rn 44 f.

Kaufpreis auswirkt. In diesem Fall kann die **Herabsetzung des Kaufpreises** eine sinnvolle Rechtsfolge sein. Dafür ist jedoch zwingend erforderlich, dass sich sowohl der Wert, den eine bestimmte Sache haben soll, als auch der Wert, den eine Sache tatsächlich hat, eindeutig bestimmen lässt.[120]

Ein typischer Anwendungsfall für Minderungsrechte sind **Bilanzgarantien.**[121] 150
Hier kann der Zielwert eindeutig definiert werden.

Muster Minderung

„Unterschreitet das Eigenkapital im Sinne des § 266 Abs. 3 A, 272 HGB gemäß der Closingbilanz den Betrag von [■] €, so mindert sich der Kaufpreis um die Differenz."

In dem beschriebenen Beispiel ist sowohl der Sollwert (durch eine betragsmäßige 151
Festlegung im Kaufvertrag) als auch der Istwert (durch den Bezug auf die Closingbilanz, für deren verbindliche Festlegung ein Mechanismus im Kaufvertrag vorgesehen werden kann) eindeutig bestimmbar. Die Minderung wird dadurch im konkreten Fall zu einer **praktikablen Rechtsfolge**.

3. Schadensersatz

Der **Schadensersatz** ist die für die Praxis wichtigste Rechtsfolge. Ist ein Garantie- 152
versprechen unrichtig, ist der Käufer verpflichtet, dem Käufer den hieraus entstandenen Schaden zu ersetzen.

4. Rücktritt

Wie bereits im Rahmen der Rechtsfolgen des gesetzlichen Gewährleistungsrechts 153
dargestellt,[122] sind **Rücktrittsrechte** für die Praxis des Unternehmenskaufs in der Regel **kaum praktikabel**. Sie sollten daher nur im Ausnahmefall vereinbart werden.

Rücktrittsrechte sind dann sinnvoll, wenn die Parteien einen Kaufvertrag aus 154
rechtlichen Gründen nicht vollziehen können. Ein typisches Beispiel hierfür ist die Versagung einer fusionskontrollrechtlichen Freigabe einer Behörde.[123] Ein Vollzug des Kaufvertrags ist in diesem Fall rechtlich nicht möglich. Ein für diesen Fall vereinbartes Rücktrittsrecht schafft für die Parteien **Rechtssicherheit**.

Daneben kann ein Rücktrittsrecht im Falle der Verletzung solcher vertraglicher 155
Verpflichtungen sinnvoll sein, die **eindeutig** sind und deren Erfüllung für die andere Vertragspartei von **herausragender Bedeutung** ist. Hier ist ein typisches Beispiel

---

120 Vgl. Rn 95f.
121 Vgl. Rn 117.
122 Vgl. Rn 88ff.
123 Vgl. dazu Kap. 9 Rn 70ff., 117.

die Kaufpreiszahlung. Jedenfalls wenn der Kaufpreis betragsmäßig festgelegt ist, ist die Verpflichtung zu seiner Bezahlung eindeutig. Für den Verkäufer ist die Kaufpreisforderung natürlich der wichtigste Anspruch überhaupt. Zahlt der Käufer den Kaufpreis nicht, ist es durchaus angemessen, dem Verkäufer das Recht einzuräumen, sich durch Rücktritt von dem Vertrag zu lösen.

VIII. Haftungsbeschränkungen

156 Ein wesentliches Element eines vertraglichen Gewährleistungssystems ist, dass die Haftung des Verkäufers für Garantieverletzungen typischerweise nicht unbeschränkt ist, sondern **qualitativ** und **quantitativ** auf den **Einzelfall** zugeschnitten wird.

1. Qualitative Beschränkungen

157 Die Haftung des Verkäufers kann zunächst unter verschiedenen **qualitativen Gesichtspunkten** beschränkt oder ausgeschlossen werden.

a) Ausschluss mehrfacher Inanspruchnahme

158 Der Verkäufer will vermeiden, dass er im Zusammenhang mit dem gleichen Sachverhalt **mehrmals in Anspruch genommen** wird. Beispielsweise ist denkbar, dass ein bestimmtes Risiko bereits im letzten Jahresabschluss der Zielgesellschaft zu berücksichtigen ist, dessen Richtigkeit der Verkäufer typischerweise garantiert.[124] Daneben ist denkbar, dass der Verkäufer eine ausdrückliche vertragliche Garantie[125] für das Risiko übernommen hat. Wenn sich das Risiko tatsächlich realisiert, kann dies wirtschaftlich zu einer doppelten Inanspruchnahme führen.

159 Der Verkäufer wird argumentieren, dass die Berücksichtigung des betreffenden Risikos im Jahresabschluss bereits eine ergebnismindernde Wirkung hatte. Weil der Käufer die Ermittlung des Kaufpreises in der Regel auf das Zahlenwerk der Zielgesellschaft stützt, ist dieser Abzugsposten bei der Ermittlung des Kaufpreises bereits berücksichtigt. Mit der daraus resultierenden Herabsetzung des Kaufpreises hat der Verkäufer bereits das entsprechende Risiko übernommen. Realisiert sich dann das im Abschluss bereits berücksichtigte Risiko zu einem Zeitpunkt nach Closing und muss der Verkäufer den daraus entstehenden Schaden wegen eines von ihm übernommenen Garantieversprechens ersetzen, bezahlt er letztlich doppelt. Der Verkäu-

124 Zu Bilanzgarantien vgl. *Blunk/Rabe* S. 408.
125 Vgl. dazu Rn 108.

fer wird daher auf eine Klarstellung im Kaufvertrag drängen, die eine **doppelte Inanspruchnahme ausschließt.**

Muster Ausschluss doppelte Inanspruchnahme
„Ansprüche des Käufers gegen den Verkäufer sind ausgeschlossen, soweit Umstände, auf die der Käufer Ansprüche stützt, sich aus dem Jahresabschluss der Zielgesellschaft ergeben."

---

b) Ersatzansprüche gegen Dritte

In ähnlicher Weise will der Verkäufer die Haftung für Fälle ausschließen, in denen **160** der Zielgesellschaft **Ersatzansprüche gegen Dritte** zustehen. Die Zielgesellschaft kann vertragliche Ansprüche gegen Kunden oder Lieferanten oder Regressansprüche gegen Versicherer haben.

Der Verkäufer will vermeiden, dass der Käufer und die Zielgesellschaft die **Konfrontation** mit den **Geschäftspartnern** scheuen und sich stattdessen lieber an den **161** Verkäufer halten. Der Käufer hingegen will gerade vermeiden, gegen Geschäftspartner vorgehen zu müssen.

Ein typischer Streitpunkt ist, ob bereits das **Bestehen** eines Anspruchs der Zielgesellschaft gegenüber Dritten die Inanspruchnahme des Verkäufers ausschließt, **162** oder ob der Verkäufer eine Inanspruchnahme nur dann verweigern kann, wenn die Zielgesellschaft ihren Anspruch gegen Dritte auch **durchsetzen** kann.

Auch wenn ein Schaden versichert ist, kann der Zielgesellschaft ein Nachteil **163** entstehen. Ersetzt die Versicherung den Schaden, kann dies zu einer **Erhöhung** von **Versicherungsprämien** führen.[126] Auch dies sollte der Käufer bei den Vertragsverhandlungen berücksichtigen.

c) Mittelbare Schäden

Um das Schadenspotential möglichst überschaubar zu halten, fordert der Verkäufer **164** häufig eine Beschränkung seiner Haftung durch den **Ausschluss** von **Folgeschäden** und **mittelbaren Schäden.**[127] Er will nur für solche Schäden haften, die sich unmittelbar aus der Verletzung eines Garantieversprechens ergeben. Allerdings lässt sich häufig nicht genau ermitteln, welche Schäden als unmittelbare Schäden oder als Folgeschäden einzustufen sind. Ein Käufer wird den Ausschluss der Haftung für Folgeschäden daher zu vermeiden suchen.

---

126 Zur Einordnung erhöhter Versicherungsprämien als Schaden vgl. Palandt/*Grüneberg* § 249 Rn 55.
127 Zu den Begriffen vgl. BeckOK-BGB/*Schubert* § 249 Rn 45 f.

d) Entgangener Gewinn

165 Ähnlich verhält es sich mit dem Wunsch des Käufers nach dem Ausschluss einer Haftung für **entgangenen Gewinn.**[128] Auch hier wird er argumentieren, dass eine Haftung für entgangene Gewinne unübersehbar sein kann. Allerdings besteht der eigentliche Zweck bestimmter Garantieversprechen gerade in der Verpflichtung zum Ersatz des entgangenen Gewinns. Beispielsweise kann der Wert eines Unternehmens gerade in bestimmten Kundenverträgen bestehen, in denen sich die Kunden zur Abnahme bestimmter Mindestmengen verpflichtet haben. Hat der Verkäufer den wirksamen Bestand dieser Verträge garantiert und ist diese Garantie unrichtig, besteht der Schaden für das Unternehmen gerade in dem entgangenen Gewinn, den das Zielunternehmen bei Richtigkeit des Garantieversprechens mit der Abnahmeverpflichtung der Kunden erzielt hätte. Ist die Verpflichtung des Verkäufers zum Ersatz entgangenen Gewinns ausgeschlossen, ist eine Garantie über den Bestand der im Beispiel genannten Kundenverträge wirtschaftlich wertlos.

2. Quantitative Haftungsbeschränkungen

166 Daneben kann die Haftung des Verkäufers **quantitativ** beschränkt werden.

a) Bagatellklauseln

167 In der Regel vereinbaren die Parteien sogenannte **Bagatellklauseln**, wonach der Verkäufer bestimmte Schäden dann nicht ersetzen muss, wenn sie unter bestimmten Schwellenwerten bleiben. Diese auch De Minimis Klauseln[129] genannten Regelungen sollen vermeiden, dass zwischen den Parteien Streit über verhältnismäßig kleine Beträge entsteht. Bis zu welcher Höhe Beträge jedoch als verhältnismäßig klein einzustufen sind, ist Verhandlungssache.

Muster Bagatellklausel

„Der Verkäufer haftet im Falle einer Garantieverletzung nur für Schäden, die im Einzelfall einen Betrag von 10.000 € oder insgesamt einen Betrag von 100.000 € überschreiten."

---

b) Freibeträge/Freigrenzen

168 Daneben vereinbaren die Parteien üblicherweise **Freibeträge** oder **Freigrenzen.** In beiden Fällen haftet der Verkäufer nur dann, wenn der festgelegte Betrag überschritten ist. Beim Freibetrag haftet der Verkäufer allerdings nur für den Betrag, der

128 Zum Begriff vgl. Palandt/*Grüneberg* § 252 Rn 1.
129 Vgl. *Hanke/Socher* NJW 2010, 1576 f.

die vereinbarte Grenze überschreitet.[130] Ist hingegen eine Freigrenze vereinbart, haftet der Verkäufer für den gesamten Schaden, wenn der vereinbarte Schwellenwert erst einmal überschritten ist.[131]

Muster Freibetrag/Freigrenze
„Ist der Betrag von 100.000 € überschritten, haftet der Verkäufer [Freibetrag: nur für den übersteigenden Betrag] oder [Freigrenze: für den gesamten Betrag]."

---

c) Haftungsobergrenzen

Schließlich enthalten Unternehmenskaufverträge regelmäßig **Haftungsobergrenzen** (sogenannte Caps).[132] Sie sollen sicherstellen, dass der Verkäufer einen bestimmten Teil des Kaufpreises auch dann behalten kann, wenn der Käufer umfangreiche Garantieverletzungen geltend macht. Aus Sicht des Käufers muss die Haftungsobergrenze so gewählt werden, dass ihm eine ausreichende Sicherheit für mögliche Ansprüche verbleibt. Häufig wird die Haftungsobergrenze als Prozentsatz des Kaufpreises angegeben.[133] 169

Durchaus üblich ist es, **unterschiedliche Haftungshöchstgrenzen** für **unterschiedliche Sachverhalte** vorzusehen. So ist es beispielsweise denkbar, für bestimmte Bereiche, die der Käufer als besonders risikoträchtig identifiziert hat, gar keine Haftungshöchstgrenze zu vereinbaren. Das kommt beispielsweise in Betracht, wenn ein Unternehmen mit unübersehbaren Umweltrisiken belastet ist. Für andere Regelungsbereiche wie etwa die Inhaberschaft der verkauften Anteile kann eine Haftung bis zur Höhe des Kaufpreises vorgesehen werden. Für alle anderen Garantien kann dann in diesem Beispiel eine Haftungshöchstgrenze in Höhe eines vereinbarten Prozentsatzes des Kaufpreises vereinbart werden. 170

Muster Haftungsobergrenze
„Die Haftung des Verkäufers wegen Verletzung von Garantieversprechen nach § [■] ist insgesamt auf einen Betrag in Höhe von [■]% des Kaufpreises begrenzt („Haftungshöchstbetrag"). Der Haftungshöchstbetrag findet jedoch keine Anwendung auf eine Verletzung von Garantieversprechen gemäß § [■] (anteilsbezogene Garantien), für die der Verkäufer bis zur Höhe des Kaufpreises haftet, sowie für Ansprüche aus § [■], für die die Haftung des Verkäufers auf einen Betrag in Höhe von [■]% des Kaufpreises begrenzt ist."

---

130 Vgl. Dauner-Lieb/Langen/*Büdenbender* Anh II zu §§ 433–480 Rn 128.
131 Vgl. Dauner-Lieb/Langen/*Büdenbender* Anh II zu §§ 433–480 Rn 128.
132 Vgl. Dauner-Lieb/Langen/*Büdenbender* Anh II zu §§ 433–480 Rn 130 f.
133 Vgl. Dauner-Lieb/Langen/*Büdenbender* Anh II zu §§ 433–480 Rn 131.

IX. Freistellungen

171 Neben Garantien enthalten Unternehmenskaufverträge häufig auch **Freistellungen**. Der Inhalt der beiden Begriffe Garantie und Freistellung kann von Fall zu Fall unterschiedlich sein und muss im Unternehmenskaufvertrag genau beschrieben werden.[134] Typischerweise sind Freistellungen im Gegensatz zu Garantien jedoch weder qualitativ noch quantitativ beschränkt. Üblich sind Freistellungen vor allem für Steuern und für solche Risiken, deren Eintritt wahrscheinlich ist, die Höhe des zu erwartenden Schadens jedoch nur schwer abzuschätzen ist.[135]

X. Verjährung

1. Dauer

172 Auch die **Dauer der Verjährung** regeln die Parteien üblicherweise abweichend von den gesetzlichen Regelungen. Käufer fordern häufig, dass wenigstens zwei volle Prüfungen des Jahresabschlusses in den Verjährungszeitraum fallen sollen, um ausreichend Zeit für die Entdeckung möglicher Garantieverletzungen zu haben. Der Verkäufer hingegen hat naturgemäß ein Interesse an möglichst kurzen Verjährungsfristen.

173 Auch bei der Verjährung sind **unterschiedliche Regelungen** für **unterschiedliche Sachverhalte** denkbar und üblich. Für anteilsbezogene Garantien beispielsweise wird typischerweise ein längerer Verjährungszeitraum vereinbart.[136] Daneben können wiederum Ausnahmen für bestimmte Sachverhalte gemacht werden, die der Käufer als besonders risikoträchtig identifiziert hat.

174 Für **Steuern, Abgaben, Zölle und Sozialversicherungsabgaben** vereinbaren die Parteien typischerweise die Verjährung sechs Monate nachdem die jeweiligen Steuern, Abgaben, Zölle und Sozialversicherungsabgaben **bestandskräftig** festgesetzt wurden.

175 Gibt es offene **gerichtliche** oder **außergerichtliche Auseinandersetzungen** mit Behörden oder Dritten, für die der Verkäufer Garantien oder Freistellungen übernommen hat, könnte ebenfalls die Verjährung von Ansprüchen sechs Monate nach der rechtskräftigen Entscheidung über die Auseinandersetzung vereinbart werden.

---

134 Zur Abgrenzung vgl. Saenger/Aderhold/Lenkaitis/Speckmann/*Bergjan* § 11 Rn 166.

135 Vgl. Saenger/Aderhold/Lenkaitis/Speckmann/*Bergjan* § 11 Rn 168 ff.

136 Vgl. Saenger/Aderhold/Lenkaitis/Speckmann/*Bergjan* § 11 Rn 173.

2. Hemmung

Unternehmenskaufverträge schließen häufig die Anwendung des § 203 BGB aus.[137] 176
Nach dieser Bestimmung ist die Verjährung für die Dauer von Verhandlungen über einen Anspruch gehemmt. In der Praxis ist oft nur schwer zu bestimmen, ob die Parteien über Ansprüche verhandelt haben, und wann solche Verhandlungen begonnen haben oder beendet wurden. Der **Ausschluss** des § 203 BGB stellt für beide Parteien klar, dass es auch im Falle von **Verhandlungen** beim **vertraglich festgelegten Verjährungszeitpunkt** bleibt.

Sollten die Parteien zu einem späteren Zeitpunkt dann doch über Garantiean- 177
sprüche verhandeln, bleibt es ihnen natürlich unbenommen, im **Einzelfall** eine **Hemmung** der **Verjährung** zu **vereinbaren**. Eine solche Einzelfallvereinbarung vermeidet, dass der Käufer zur Erhebung einer Klage gezwungen ist, um die Verjährung zu unterbrechen.

XI. Ausschluss der gesetzlichen Gewährleistung

Weil das gesetzliche Gewährleistungssystem nicht zur Regelung des Kaufs von 178
Unternehmen geeignet ist, sollte es durch ein vertragliches Gewährleistungssystem mit den dargestellten Eckpunkten ersetzt werden. Um zu vermeiden, dass sich der Käufer neben dem vereinbarten vertraglichen Gewährleistungssystem im Streitfall dennoch auf die gesetzliche Gewährleistung beruft, sollte das **gesetzliche Gewährleistungssystem ausdrücklich ausgeschlossen** werden. Ein solcher Haftungsausschluss ist grundsätzlich ohne weiteres zulässig. Lediglich die Haftung für Vorsatz kann dem Verkäufer gemäß § 276 Abs. 3 BGB nicht erlassen werden.

XII. Sicherheiten

Wie bei allen Ansprüchen, die nicht sofort erfüllt werden, stellt sich die Frage nach 179
ihrer **Sicherung**. Dem Käufer nützen beispielsweise umfassende Garantieansprüche nichts, wenn der Verkäufer zu dem Zeitpunkt, zu dem der Käufer Garantieverletzungen entdeckt hat oder gar erst nach Jahren die rechtskräftige Feststellung von Garantieansprüchen erreichen konnte, insolvent ist. Mögliche Ansprüche im Zusammenhang mit einem Unternehmenskaufvertrag können beachtliche Höhen erreichen. Auch aus diesem Grund besteht ein besonderes Sicherungsbedürfnis. Die Praxis kennt verschiedene **typische Sicherungsmechanismen**.

---

137 Vgl. Hoffmann-Becking/Rawert/*Meyer-Sparenberg* Teil III A.17; allerdings wird § 203 BGB z.T. für unabdingbar gehalten, vgl. Staudinger/*Peters*/*Jacoby* § 203 BGB Rn 18.

1. Zurückbehaltung des Kaufpreises

180 Für den Käufer am einfachsten ist es, zur Sicherung möglicher Garantieansprüche Teile des **Kaufpreises** zunächst **zurückzubehalten.**[138] Im Rahmen des Vollzugs eines Unternehmenskaufvertrags zahlt der Käufer dann nur einen Teil des Kaufpreises. Der verbleibende Kaufpreis wird zunächst gestundet und wird erst zu einem späteren vereinbarten Zeitpunkt fällig, spätestens, sobald Garantieansprüche des Käufers verjährt sind.

181 Im Falle der Zurückbehaltung des Kaufpreises wird jedoch der Verkäufer **seinerseits** eine **Sicherheit** für die noch nicht bezahlten Kaufpreisraten fordern.

2. Rechtsvorbehalte

182 Die Vereinbarung von Rechtsvorbehalten dient meist dazu, die **Übertragung** eines Unternehmens **Zug-um-Zug** gegen die **Kaufpreiszahlung** sicherzustellen. So wird beim Share Deal vereinbart, dass die Anteile an dem Unternehmen erst mit dem Erhalt des vollständigen Kaufpreises auf den Käufer übergehen.[139] Auch beim Asset Deal kann die Übertragung der einzelnen Vermögensgegenstände an die Zahlung des Kaufpreises geknüpft werden.

3. Treuhandkonten

183 Ein weiteres verbreitetes Sicherungsmittel sind **Treuhandkonten.** Sie sind meist so ausgestaltet, dass der Käufer zum Vollzug des Unternehmenskaufvertrags zwar den gesamten Kaufpreis bezahlt. Der Verkäufer erhält jedoch nur einen Teil des Kaufpreises unmittelbar. Den verbleibenden Teil zahlt der Käufer auf ein Treuhandkonto (Escrow Account), das von einem Treuhänder (Escrow Agent) verwaltet wird. Als Treuhänder fungieren meist Notare oder Rechtsanwälte.

184 Die Parteien verpflichten den Treuhänder in einem gesondert abzuschließendem Treuhandvertrag (Escrow Agreement),[140] Auszahlungen von dem Treuhandkonto nur aufgrund einer **übereinstimmenden Weisung** der Parteien vorzunehmen. Intern verpflichten sich die Parteien dazu, eine Weisung dann zu erteilen, wenn einer der Parteien ein fälliger Anspruch gegen die andere Partei zusteht. Hat der Käufer beispielsweise Ansprüche gegen den Verkäufer aus einer Garantieverletzung, muss der Verkäufer seine Zustimmung zur Weisung an den Treuhänder zur Auszahlung eines Betrages erteilen, der dem zu ersetzenden Schaden entspricht.

185 Erteilt der Verkäufer eine solche Weisung nicht, muss ihn der Käufer auf Abgabe der Weisung **verklagen.** Bis zur rechtskräftigen Entscheidung darüber, ob tat-

---

138 Gesetzliche Zurückbehaltungsrechte können sich insbesondere aus §§ 273, 320 BGB ergeben.
139 Vgl. Beisel/*Klumpp* Kap. 11 Rn 9 ff.
140 Vgl. Picot/*Temme* Unternehmenskauf, § 5 Rn 30 f.

sächlich ein Garantieanspruch des Käufers besteht, bleibt das Geld auf dem Treuhandkonto und sichert die Ansprüche beider Parteien, die ihnen im Fall des Obsiegens in dem Rechtstreit zustehen.

Umgekehrt muss der Käufer den Treuhänder zur Auszahlung von Beträgen von 186
dem Treuhandkonto **anweisen**, wenn eine vertraglich von den Parteien vereinbarte Frist abgelaufen ist, ohne dass der Käufer Ansprüche gegen den Verkäufer geltend gemacht hat. Spätestens kann der Verkäufer die Auszahlung der Gelder von dem Treuhandkonto verlangen, wenn die von ihm gegebenen Garantien verjährt sind, vorausgesetzt natürlich, der Käufer hat keine Ansprüche gegen den Verkäufer geltend gemacht.

4. Bankbürgschaft

a) Selbstschuldnerische Bürgschaft

Ganz ähnlich wie Treuhandkonten funktionieren **Bankbürgschaften.**[141] Die von der 187
Bank verbürgte Zahlung ersetzt die Hinterlegung eines Barbetrags auf dem Treuhandkonto. Auch die Inanspruchnahme einer Bankbürgschaft erfolgt typischerweise dadurch, dass beide Parteien dies **gemeinsam verlangen**. Eine Partei muss dies wiederum dann verlangen, wenn der einen Partei ein Anspruch gegen die andere zusteht.

Streiten die Parteien darüber, ob tatsächlich Ansprüche bestehen, muss derje- 188
nige, der einen Anspruch geltend macht, die andere Partei darauf verklagen, ebenfalls die Inanspruchnahme der Bankbürgschaft zu verlangen. Um die Funktion einer Bankbürgschaft der eines Treuhandkontos anzugleichen, sind Bankbürgschaften üblicherweise **selbstschuldnerisch** ausgestaltet. Die Einreden der Anfechtbarkeit und der Aufrechenbarkeit (§ 770 BGB) sowie die Einrede der Vorausklage (§ 771 BGB) sind ausgeschlossen.[142]

Bürgschaften lauten stets auf bestimmte **Höchstbeträge.**[143] Sie sollten klarstel- 189
len, ob diese Höchstbeträge auch **Zinsen** und **Kosten** umfassen.

Auch die **Laufzeit** der Bürgschaft kann gestaffelt werden. Üblicherweise **er-** 190
lischt die Bürgschaft, wenn Garantieansprüche **verjährt** sind.

b) Bürgschaft auf erstes Anfordern

Gelegentlich verlangen Käufer die Abgabe von **Bürgschaften auf erstes Anfor-** 191
dern. Eine solche Bürgschaft geht deutlich über andere Sicherungsmittel hinaus. Mit Ausnahme des Einwands des Rechtsmissbrauchs **schließt** die Bürgschaft auf

141 Vgl. Beisel/*Klumpp* Kap. 11 Rn 25.

142 Vgl. Beisel/*Klumpp* Kap. 11 Rn 26.

143 Zur Höchstbetragsbürgschaft vgl. MünchKomm-BGB/*Habersack* § 765 Rn 111 ff.

erstes Anfordern alle **Einwendungen aus.**[144] Behauptet der Berechtigte einen Anspruch, erhält er zunächst eine Zahlung auf sein erstes Anfordern hin. Es obliegt dann dem Anspruchsgegner, darzulegen und gegebenenfalls auch vor einem Gericht oder Schiedsgericht zu beweisen, dass der vom Berechtigten erhobene Anspruch tatsächlich nicht besteht.[145] Erst dann kann er den an den Berechtigten ausgekehrten Betrag zurückverlangen.

5. Konzernbürgschaften

192 Für Parteien, die Teil eines Konzerns sind, ist zudem die Gewährung einer **Konzernbürgschaft** denkbar. Dabei verbürgt sich ein im Konzern mit einem Vertragspartner verbundenes Unternehmen für Ansprüche gegen den Vertragspartner.[146] Der **Wert** einer Konzernbürgschaft hängt von der **Bonität** des **Konzerns** ab.

E. Kaufpreisregelungen

193 **Kaufpreise** können entweder **betragsmäßig fest** vereinbart oder aufgrund verschiedener Parameter **angepasst** werden. Eine variable Gestaltung des Kaufpreises ermöglicht es den Parteien, **Veränderungen** zwischen der Unterzeichnung eines Unternehmenskaufvertrags und dessen Durchführung, oder sogar über diesen Zeitraum hinaus, **Rechnung zu tragen.** Dies gilt im Grundsatz für jeden Unternehmenskauf. In der Praxis haben vor allem Private Equity-Investoren die Entwicklung von Kaufpreisanpassungsklauseln vorangetrieben. Eine ausführliche Beschreibung für die Praxis relevanter Kaufpreisregelungen findet sich daher im Kapitel über den Unternehmenskauf unter Beteiligung von Private Equity-Unternehmen.[147]

F. Formerfordernisse

194 Ein Unternehmenskauf kann unter verschiedenen Gesichtspunkten besonderen **Formerfordernissen** unterliegen.

---

144 Vgl. BeckOK-BGB/*Rohe* § 765 Rn 111.
145 Vgl. MünchKomm-BGB/*Habersack* § 765 Rn 98.
146 Vgl. Beisel/*Klumpp* Kap. 11 Rn 32.
147 Vgl. im Einzelnen Kap. 11 Rn 17 ff.

1. Verkauf von Geschäftsanteilen einer GmbH

Der Verkauf von **Geschäftsanteilen** einer GmbH muss gemäß § 15 GmbHG **beurkundet** werden. Das gilt sowohl für die Verpflichtung zur Übertragung von Geschäftsanteilen als auch für die Übertragung selbst.[148] 195

Für die Praxis von sehr großer Bedeutung ist der Umstand, dass alle Vereinbarungen, die eine **wirtschaftliche Einheit** mit der Übertragung der Geschäftsanteile bilden, ebenfalls zu beurkunden sind.[149] Die Rechtsprechung fordert die Beurkundung aller Vereinbarungen, mit denen das unmittelbar beurkundungspflichtige Geschäft **„steht und fällt"**.[150] Die Kontrollfrage lautet also: Hätten die Parteien den Verkauf eines Geschäftsanteils auch ohne eine bestimmte Nebenabrede vereinbart? Nur wenn diese Frage verneint werden kann, muss die Nebenabrede nicht beurkundet werden. In aller Regel wird jedoch davon auszugehen sein, dass nach dem Willen der Parteien alle Vereinbarungen, die zeitgleich oder in einem gewissen zeitlichem Zusammenhang geschlossen wurden, ein einheitliches Geschäft darstellen und daher die Gesamttransaktion mit der Vereinbarung aller einzelnen Elemente steht und fällt.[151] In diesem Fall sind dann alle einzelnen Elemente der Transaktion zu beurkunden. 196

Die Folge ist, dass auch solche Vereinbarungen beurkundungspflichtig sind, bei denen man dies auf den ersten Blick nicht vermutet hätte. Typische Fälle sind **Begleitverträge**, die im Zusammenhang mit einem Unternehmenskaufvertrag geschlossen werden.[152] 197

Die Beurkundung weiterer Vereinbarungen erhöht natürlich die Notarkosten. Gleichwohl kann die Empfehlung des Beraters im Zweifel immer nur eine möglichst vollständige Beurkundung aller Vereinbarungen sein. Der Grund hierfür liegt in der **drakonischen Rechtsfolge** eines möglichen Formmangels. Ein Verstoß gegen Formerfordernisse führt nämlich nicht nur zur Nichtigkeit der nicht beurkundeten (Neben-)Vereinbarung, sondern zur **Nichtigkeit der gesamten Transaktion**.[153] 198

Im **schlimmsten denkbaren Fall**, den der Käufer vor Augen hat, wird der Kaufvertrag zunächst vollzogen. Der Käufer bezahlt den Kaufpreis und erhält dafür die Geschäftsanteile. Anschließend geht der Verkäufer in die Insolvenz. Der Insolvenzverwalter erkennt, dass eine Nebenvereinbarung zur Übertragung der Geschäftsanteile nicht beurkundet wurde. Er beruft sich auf die Nichtigkeit der Transaktion und fordert die Geschäftsanteile zurück. Zwar kann der Käufer dann grundsätzlich den Kaufpreis zurückverlangen. Allerdings richtet sich dieser Anspruch nur gegen die 199

---

148 Vgl. Michalski/*Ebbing* § 15 GmbHG Rn 54.
149 BGH, Urt. v. 25.9.1996, VIII ZR 172/95, DStR 1996, 1982.
150 BGH, Urt. v. 19.1.1979, I ZR 172/76, WM 1979, 458.
151 Vgl. Michalski/*Ebbing* § 15 GmbHG Rn 90.
152 Vgl. Rn 260.
153 Vgl. Michalski/*Ebbing* § 15 GmbHG Rn 100.

Insolvenzmasse.[154] Der Käufer wird also nicht den vollen Kaufpreis zurückerhalten, sondern nur die Insolvenzquote, die in der Regel nur einem sehr geringen Teil des Gesamtanspruchs entspricht.

200 Nicht nur für den Käufer, sondern auch für den Verkäufer kann die Nichtigkeit der Transaktion **existenzbedrohende Folgen** haben. Geht etwa der Käufer nach Durchführung der Transaktion in die Insolvenz und behauptet wiederum der Insolvenzverwalter des Käufers die Formunwirksamkeit der Transaktion, kann der Insolvenzverwalter auch nach Jahren noch die Rückabwicklung der Transaktion verlangen. Insbesondere wenn einige Jahre vergangen sind, können die Geschäftsanteile in der Hand des Käufers deutlich an Wert verloren haben.

201 Im internationalen Vergleich ist das **ausufernde Beurkundungserfordernis** des deutschen Rechts wohl einmalig. Insbesondere wenn ausländische Unternehmen als Käufer oder Verkäufer an der Transaktion beteiligt sind, löst es häufig Unverständnis aus. Nicht selten bedarf es erheblicher Anstrengung der Berater, ihre ausländischen Mandanten vom Umfang des deutschen Beurkundungserfordernisses zu überzeugen.

2. Grundstücke

202 Wird ein Unternehmen, das **Grundeigentum** hat, im Rahmen eines Share Deals veräußert, löst der Grundbesitz keine Beurkundungspflicht aus.[155] Wird jedoch ein Grundstück unmittelbar verkauft, etwa im Falle eines Asset Deals, muss der Vertrag gemäß § 311b Abs. 1 BGB **beurkundet** werden.[156] Auch hier müssen wie beim Verkauf eines Geschäftsanteils alle Vereinbarungen beurkundet werden, mit denen die Grundstücksveräußerung „steht und fällt“.[157]

3. Veräußerung des gesamten Vermögens

203 Beim Asset Deal **nicht selten übersehen** wird, dass die gesamte Transaktion gemäß § 311b Abs. 3 BGB beurkundungspflichtig sein kann. Nach dieser Bestimmung bedarf ein Vertrag, mit dem sich eine Partei verpflichtet, ihr **gegenwärtiges Vermögen** oder einen **Bruchteil** davon zu übertragen, der notariellen Beurkundung. Die Bestimmung gilt auch für juristische Personen.[158]

154 Vgl. Buth/Hermanns/*Kurney*/*Stenzel* § 23 Rn 50.
155 Vgl. Hölters/*Semler* Unternehmenskauf, Teil VII Rn 112, 115.
156 Vgl. Hölters/*Semler* Unternehmenskauf, Teil VII Rn 112.
157 BGH, Urt. v. 19.1.1979, I ZR 172/76, WM 1979, 458.
158 Vgl. Palandt/*Heinrichs* § 311b Rn 65.

Nach der Rechtsprechung gilt die Beurkundungspflicht dann, wenn das gesamte Vermögen („**in Bausch und Bogen**") veräußert wird.[159] Unklar ist, ob die Beurkundungspflicht dadurch vermieden werden kann, dass alle Gegenstände, die das gesamte Vermögen ausmachen, einzeln aufgezählt werden.[160] Veräußert ein Unternehmen im Wege des Asset Deals jedoch sein gesamtes Vermögen, enthält der Vertrag typischerweise „Catch all"-Klauseln, wonach auch solche Gegenstände übertragen werden sollen, die nicht im Einzelnen aufgeführt sind. Es ist zumindest denkbar, dass solche „Catch all"-Klauseln eine Beurkundungspflicht auslösen können.[161] 204

Auch bei einem Verstoß gegen die Beurkundungspflicht des § 311b Abs. 3 BGB droht die **drakonische Rechtsfolge** der **Nichtigkeit**. Deswegen bleibt dem Berater auch vor dem Hintergrund dieser Vorschrift nichts anderes übrig, als auf die Beurkundung einer Transaktion zu drängen. Der Nachteil der Beurkundungskosten wiegt in jedem Falle die Nachteile der sonst drohenden Unsicherheit über die Wirksamkeit der Transaktion auf. 205

4. Notariell beurkundeter Gesellschafterbeschluss

Eine inhaltlich mit der Bestimmung des § 311b Abs. 3 BGB vergleichbare Regelung findet sich im Aktiengesetz. Dort fordert § 179a AktG einen Beschluss der **Hauptversammlung**, wenn eine Gesellschaft ihr **ganzes Vermögen veräußert**. Das „ganze Vermögen" ist dann umfasst, wenn die Gesellschaft ihren satzungsmäßigen Zweck mit dem zurückbehaltenen Vermögen nicht mehr verfolgen kann.[162] 206

Die Bestimmung des § 179a AktG gilt **analog** auch für alle anderen **Personen- und Kapitalgesellschaften.**[163] Jedenfalls bei der Aktiengesellschaft und der GmbH erfordert der Beschluss eine Mehrheit von 75% und ist beurkundungspflichtig.[164] 207

Im Falle eines Verstoßes gegen § 179a AktG ist das Verpflichtungsgeschäft wegen der fehlenden Vertretungsmacht der handelnden Organe **schwebend unwirksam.**[165] Das hat zur Folge, dass der Käufer bis zur Genehmigung durch die Gesellschafterversammlung das Geschäft **widerrufen** kann. Übt der Käufer den Widerruf aus, ist die Rechtsfolge also ähnlich wie bei der Nichtigkeit. Auch hier wird das 208

159 OLG Hamm, Urt. v. 26.3.2010, I-19 U 145/09, NZG 2010, 1189.

160 Bejahend MünchKomm-BGB/*Kanzleiter* § 311b Rn 103; a.A. Erman/*Grziwotz* § 311b Rn 91.

161 Bejahend OLG Hamm, Urt. v. 26.3.2010, I-19 U 145/09, NZG 2010, 1189; a.A. *Klöckner* DB 2008, 1083, 1088 f.

162 BGH, Urt. v. 25.2.1982, II ZR 174/80, NJW 1982, 1703; *Hüffer* § 179a Rn 5; MünchKomm-AktG/*Stein* § 179a Rn 19.

163 Vgl. MünchKomm-AktG/*Stein* § 179a Rn 14.

164 Vgl. MünchKomm-AktG/*Stein* § 179a Rn 14.

165 Vgl. *Hüffer* § 179a Rn 13; MünchKomm-AktG/*Stein* § 179a Rn 35.

Geschäft durch den Widerruf endgültig unwirksam und muss rückabgewickelt werden.

G. Weitere typische Vertragsklauseln

I. Präambel

209 Eine **Präambel** ist dem eigentlichen Vertrag vorangestellt. Zwingend erforderlich ist sie nicht. Sie enthält auch keine Regelungen, die unmittelbar rechtlich verbindlich sind. Dennoch ist es weithin üblich, in der Präambel die wichtigsten Motive der Parteien zum Abschluss des Vertrags darzustellen.

210 Besonders wichtig ist eine Präambel für einen Vertrag, der Teil eines Gesamtsystems unterschiedlicher Verträge ist. **Je komplexer** die Transaktion insgesamt ist, **desto sinnvoller** ist eine Erläuterung in der Präambel. In einem solchen Fall kann die Präambel als Wegweiser dienen und dem unbefangenen Leser den Gesamtzusammenhang aufzeigen, dessen Teil der Vertrag ist. Sie kann damit einem Leser (nicht zuletzt möglicherweise einem Richter oder Schiedsrichter), der nicht an den Vertragsverhandlungen beteiligt war, den Einstieg in die Systematik eines Vertrages erleichtern.

211 Eine Präambel kann bereits den **Kaufgegenstand** bezeichnen und die **gesellschaftsrechtliche Situation** der Zielgesellschaft darstellen. Dazu können die Identität der Gesellschafter, die Besetzung der Organe, etwaige Gesellschaftervereinbarungen und Geschäftsordnungen zählen. Der Garantiekatalog des Vertrags kann dann auf die Präambel Bezug nehmen und die Zusicherung enthalten, dass die in der Präambel enthaltenen Angaben richtig sind.

212 Daneben kann die Präambel auch eine **Vorgeschichte** des Vertrags oder andere **Begleitumstände** schildern.

II. Vollzugsbedingungen

213 Häufig sind nach Unterzeichnung des Kaufvertrags noch verschiedene **Bedingungen** zu erfüllen, bevor der Vertrag vollzogen werden kann. Dem trägt ein Unternehmenskaufvertrag dadurch Rechnung, dass zwar der **Kauf** als solcher **unbedingt** vereinbart wird. Die Verpflichtung der Parteien zum **Vollzug** des Kaufvertrags hingegen steht unter dem **Vorbehalt**, dass bestimmte aufschiebende Bedingungen erfüllt werden. Grob unterscheiden lassen sich öffentlich-rechtliche Zustimmungsvorbehalte, zivilrechtliche Zustimmungsvorbehalte und sonstige Bedingungen.

1. Öffentlich-rechtliche Zustimmungsvorbehalte

Das in der Praxis häufigste Erfordernis einer **öffentlich-rechtlichen Genehmigung** 214 ist eine fusionskontrollrechtliche Freigabe.[166] Unterliegt ein Unternehmenskauf der Fusionskontrolle, muss die Wirksamkeit des Vertrags von der fusionskontrollrechtlichen Freigabe abhängig gemacht werden. Der Vollzug der Transaktion ohne die erforderliche Freigabe würde nach deutschem und europäischem Kartellrecht gegen das gesetzliche Vollzugsverbot verstoßen. Der Vollzug wäre nichtig und könnte zudem erhebliche Bußgelder auslösen.[167] Ist eine Freigabe in verschiedenen Ländern erforderlich, muss der Vertrag eindeutig regeln, welche Freigaben aufschiebende Bedingungen für den Vollzug des Vertrags darstellen sollen.[168]

Je nach Art der Tätigkeit der beteiligten Unternehmen können weitere öffent- 215 lich-rechtliche Genehmigungen erforderlich sein. Der Unternehmenskaufvertrag muss die **Anforderungen für die Erteilung** der Genehmigung und das hierfür **durchzuführende Verfahren** widerspiegeln, um die Einhaltung aller gesetzlichen Bestimmungen sicherzustellen.

2. Zivilrechtliche Zustimmungsvorbehalte

Zivilrechtliche Zustimmungsvorbehalte ergeben sich häufig aus der gesell- 216 schaftsrechtlichen Struktur der beteiligten Unternehmen.

Bereits angesprochen wurde das Erfordernis der **Zustimmung** der Hauptver- 217 sammlung gemäß § 179a AktG, der auch auf andere Gesellschaftsformen entsprechend angewandt wird. Bei Aktiengesellschaften ist die sogenannte Holzmüller-Rechtsprechung des Bundesgerichtshofs zu beachten.[169] Sie verpflichtet den Vorstand einer Aktiengesellschaft, bestimmte Maßnahmen, die in Mitgliedschaftsrechte oder Vermögensinteressen der Aktionäre eingreifen, von der Hauptversammlung genehmigen zu lassen. Die Vorlagepflicht besteht dann, wenn der Vorstand vernünftigerweise nicht annehmen darf, dass er die Entscheidung in eigener Verantwortung treffen kann. Welche Entscheidungen im Einzelfall der Genehmigung durch die Hauptversammlung bedürfen, und mit welcher Mehrheit der Beschluss gefasst werden muss, ist häufig rechtlich nicht eindeutig zu bestimmen. Im Interesse der Rechtssicherheit kann es daher sinnvoll sein, vorsorglich eine Zustimmung der Hauptversammlung herbeizuführen. Je nach Struktur des Aktionärskreises kann dies jedoch aufwändig sein und die Transaktion verzögern.

---

166 Vgl. Kap. 9 Rn 2, 19.
167 Vgl. Kap. 9 Rn 71.
168 Vgl. Kap. 9 Rn 126.
169 BGH, Urt. v. 25.2.1982, II ZR 174/80, NJW 1982, 1703; ZIP 2004, 993, 1001; OLG Hamm AG 2008, 421.

218 Daneben enthalten viele Gesellschaftsverträge **Vinkulierungen**. Danach bedarf die Übertragung von Gesellschaftsanteilen der Zustimmung entweder der Gesellschaft selbst (die dann von den vertretungsberechtigten Organen, beispielsweise Vorstand oder Geschäftsführung, erteilt werden muss) oder der Gesellschafterversammlung.[170]

219 Zudem sind Unternehmenskäufe in der Regel **ungewöhnliche Geschäfte**, die häufig bestimmten **Gremienvorbehalten** unterliegen. Gremienvorbehalte regeln, dass bestimmte Geschäfte der Zustimmung bestimmter Organe bedürfen. Solche Vorbehalte können in Gesellschaftsverträgen und Geschäftsordnungen für die Geschäftsführung oder den Vorstand oder auch in Anstellungsverträgen der vertretungsberechtigten Organe geregelt sein.

220 In der Praxis häufig übersehen wird, dass **minderjährige Gesellschafter**, die ihre Gesellschaftsanteile veräußern oder die Gesellschaftsanteile kaufen, der **vormundschaftsgerichtlichen Genehmigung** gemäß der §§ 1821 ff. BGB bedürfen.[171] Derartige Konstellationen sind in der Praxis durchaus anzutreffen, etwa wenn Unternehmer Anteile ihres Unternehmens an ihre Kinder übertragen haben.

221 Ist der Verkäufer eine **Privatperson**, ist stets § 1365 BGB zu beachten. Nach dieser Bestimmung kann ein Ehegatte, der im gesetzlichen Güterstand der Zugewinngemeinschaft lebt, sein gesamtes Vermögen nur mit **Zustimmung** des **Ehegatten** verkaufen. In der Praxis lässt sich häufig nicht ausschließen, dass eine verkaufte Unternehmensbeteiligung im Wesentlichen das gesamte Vermögen des Verkäufers darstellt. Zumindest vorsorglich sollte der Käufer daher auf der Vorlage einer Zustimmung des Ehegatten bestehen.

222 Wird ein Unternehmen aus einem **Nachlass** heraus verkauft, müssen mögliche **erbrechtliche Beschränkungen** wie Vorerbschaft, Testamentsvollstreckung oder Nachlassverwaltung beachtet werden.

3. Sonstige Bedingungen

223 Daneben können die Parteien die Verpflichtung zum Vollzug eines Vertrags von **weiteren Bedingungen** abhängig machen, die sie für unverzichtbar halten.

224 Enthalten beispielsweise Verträge, die für die Zielgesellschaft besonders wichtig sind, Change of Control-Klauseln, kann der Vollzug des Vertrags davon abhängig gemacht werden, dass die jeweiligen Vertragspartner der Transaktion **zugestimmt** haben.[172] Da beim Asset Deal die Verträge ohnehin zumindest im Außenverhältnis nur mit Zustimmung des jeweiligen Vertragspartners übertragen werden können,

---

170 Zu Einzelheiten vgl. Roth/*Altmeppen* § 15 GmbHG Rn 94 ff.

171 Vgl. zum Ganzen *Fortun* NJW 1999, 754.

172 Vgl. Rn 30.

können auch solche Zustimmungen als Vollzugsbedingung in den Vertrag aufgenommen werden.[173]

Daneben gibt es eine **Vielzahl weiterer denkbarer Vollzugsbedingungen**, etwa der Abschluss oder die Beendigung bestimmter Verträge oder die Erklärung besonders wichtiger Mitarbeiter, weiterhin für die Zielgesellschaft tätig sein zu wollen. 225

III. Material Adverse Change

Angelsächsische Unternehmenskaufverträge haben eine lange Tradition zur Regelung eines sogenannten **Material Adverse Change** (sogenannte MAC-Klausel).[174] Damit sollen wesentliche negative Veränderungen erfasst werden, die in einem bestimmten Zeitraum eintreten. Meist wird auf den **Zeitraum zwischen Signing und Closing** Bezug genommen. Je länger dieser Zeitraum ist, etwa wegen aufwändiger Fusionskontrollverfahren, die möglicherweise in unterschiedlichen Jurisdiktionen durchgeführt werden müssen,[175] desto größere praktische Bedeutung hat eine MAC-Klausel. 226

Insbesondere bei einem langen Zeitraum zwischen Signing und Closing will sich der Käufer vor **unerwarteten negativen Entwicklungen** schützen. Für den Verkäufer hingegen verringert die Vereinbarung einer MAC-Klausel vor allem dann die **Transaktionssicherheit**, wenn er die Umstände, die von einer MAC-Klausel erfasst werden, nicht kontrollieren kann. 227

Eine erste Weichenstellung für den Wirkungsmechanismus einer MAC-Klausel ist die Ausgestaltung ihres **Tatbestands**. Dabei kann danach unterschieden werden, welche möglichen negativen Einflüsse Berücksichtigung finden sollen. 228

Für den Verkäufer noch am leichtesten zu akzeptieren ist die Anknüpfung an **interne Veränderungen** bei der Zielgesellschaft. Ein Material Adverse Change wird dann für den Fall definiert, dass sich Parameter wie etwa Umsatz, Ergebnis oder auch Personalbestand negativ verändern. Solange der Verkäufer die Zielgesellschaft noch kontrolliert, kann er die Entwicklung solcher internen Parameter beeinflussen. 229

Schwieriger für den Verkäufer zu akzeptieren sind **externe Einflüsse**, die naturgemäß außerhalb seines Einflussbereichs liegen. Dazu gehören erhebliche Veränderungen des allgemeinen volkswirtschaftlichen Rahmens oder konkreter volkswirtschaftlicher Parameter wie beispielsweise die Zinsentwicklung, Veränderungen in der Entwicklung einer bestimmten Branche oder auch Veränderungen rechtlicher Rahmenbedingungen. 230

173 Vgl. Rn 56.
174 Vgl. dazu *Kuntz* DStR 2009, 377.
175 Vgl. Kap. 9 Rn 123 ff.

231 Vor allem aus Sicht des Verkäufers empfiehlt es sich, den Tatbestand einer MAC-Klausel so genau wie möglich zu **konkretisieren**, um eine mögliche Rechtsunsicherheit soweit wie möglich zu minimieren.

232 Denkbar ist es auch, eine MAC-Klausel **quantitativ** einzugrenzen. So kann vereinbart werden, dass die negativen Auswirkungen einer nachteiligen Veränderung auf die Zielgesellschaft bestimmte Schwellenwerte übersteigen müssen.[176] Bleiben die Auswirkungen unterhalb dieser Schwellenwerte, muss der Käufer die nachteiligen Veränderungen hinnehmen. Erst wenn die Schwellenwerte überschritten werden, greifen die von den Parteien vereinbarten Rechtsfolgen.

233 Welche **Rechtsfolgen** gelten sollen, wenn es nach der von den Parteien vereinbarten Definition zu einer wesentlichen nachteiligen Veränderung kommt, ist der freien Verhandlung der Parteien überlassen.[177] Denkbar ist ein Anspruch auf Anpassung des Vertrags, auf Minderung des Kaufpreises oder auf Schadensersatz. Diese Regelungen werden jedoch nur dann praktikabel sein, wenn sich die Parteien im Einzelnen genau auf ein Verfahren zur Ermittlung der richtigen Rechtsfolgen geeinigt haben. Weit verbreitet ist es, eine MAC-Klausel als Vollzugsbedingung auszugestalten. In diesem Fall ist der Käufer nur dann zum Vollzug der Transaktion verpflichtet, wenn bis zu dem Zeitpunkt, zu dem der Vollzug erfolgen soll, kein Material Adverse Change eingetreten ist.[178]

IV. Closing

234 Insbesondere Unternehmenskaufverträge nach angelsächsischem Vorbild sehen ein sogenanntes **physisches Closing** vor, bei dem Vertreter der Parteien persönlich zusammenkommen, um die Transaktion zu vollziehen. Dafür nehmen sie im Rahmen des Closing die Maßnahmen vor, die der Vertrag als Vollzugshandlungen bestimmt. Dazu können beispielsweise gehören:
- Nachweis über die Erfüllung von Vollzugsbedingungen
- Kaufpreiszahlung und Erbringung eines Nachweises hierfür
- Rücktritt, Abberufung oder Neubestellung von Organmitgliedern
- Entlastung von Organmitgliedern
- Abschluss von Nebenverträgen wie Anstellungsverträge für die Geschäftsführung, Lieferverträge oder Service-Level-Agreements[179]

---

176 Vgl. Picot/*Picot* Unternehmenskauf, § 4 Rn 461.
177 Zu möglichen Rechtsfolgen vgl. Picot/*Picot* Unternehmenskauf, § 4 Rn 478 ff.
178 Vgl. dazu Kapitel 11 Rn 63 ff.
179 Vgl. Rn 260.

Zu **Nachweiszwecken** halten die Parteien in einem **Vollzugsprotokoll** (Closing Protocol) fest, dass die Vollzugshandlungen vollständig vorgenommen wurden.[180] So lässt sich später einfach der Nachweis führen, dass die Transaktion auch tatsächlich vollzogen wurde. Nicht zuletzt kann dies im Rahmen einer Due Diligence wichtig sein, die im Rahmen einer etwaigen Weiterveräußerung des Zielunternehmens durchgeführt wird. 235

Alternativ kann der Vollzug des Kaufvertrages auch nur vom **Eintritt** verschiedener **aufschiebender Bedingungen** abhängig gemacht werden, insbesondere von der Bezahlung des Kaufpreises. Eine physische Zusammenkunft der Beteiligten wird dann entbehrlich. Auch hier kann der Nachweis des Vollzugs durch ein Vollzugsprotokoll geführt werden, das die Parteien getrennt voneinander unterzeichnen und dann einander per Fax oder physisch übermitteln. 236

V. Wettbewerbsverbot

1. Zweck

Der Kaufpreis für ein Unternehmen wird üblicherweise auf der Grundlage seines Ertragswerts berechnet.[181] Dem liegt die Annahme zugrunde, dass das Unternehmen in Zukunft Erträge in bestimmter Höhe erzielen wird. Wird der Verkäufer nach dem Verkauf als Wettbewerber der Zielgesellschaft tätig, verringert dies die Erträge der Zielgesellschaft. Wirtschaftlich wird der Zielgesellschaft damit ein wesentlicher Teil dessen entzogen, für das der Kaufpreis bezahlt wurde. Um dies zu vermeiden, enthalten Unternehmenskaufverträge **Wettbewerbsverbote**.[182] 237

Die **Bedeutung** eines Wettbewerbsverbots hängt ganz erheblich vom **Geschäftsmodell** der Zielgesellschaft ab. In Ausnahmefällen mögen Kundenbeziehungen keine Rolle spielen, etwa wenn es vor allem auf die technischen Anlagen und die Produktionskapazität eines Unternehmens ankommt. In der Regel jedoch wird der Wert eines Unternehmens ganz entscheidend von seiner Stellung im Wettbewerb und den Beziehungen zu seinen Kunden, also dem sogenannten Goodwill geprägt. Insbesondere bei bisher inhabergeführten Unternehmen können die Kundenbeziehungen zudem vor allem in der Person des Verkäufers gebündelt sein. Wird der Verkäufer in einem solchen Fall nach dem Verkauf seines Unternehmens als Wettbewerber tätig, schmälert dies den Wert der Zielgesellschaft ganz erheblich. 238

Wettbewerbsverbote sind daher legitim und üblich. Sie unterliegen jedoch verschiedenen **Beschränkungen**. 239

---

180 Vgl. das Muster eines Vollzugsprotokolls bei Hoffmann-Becking/Rawert/*Meyer-Sparenberg* Teil 3 A.21.

181 Vgl. Kap. 3 Rn 90 ff.

182 Vgl. Picot/*Picot* Unternehmenskauf, § 4 Rn 486.

2. Rechtlicher Rahmen

240 Wettbewerbsverbote können in die durch Artikel 12 GG geschützte **Berufsfreiheit** des Verkäufers eingreifen.[183]

241 Wettbewerbsverbote dürfen nicht gemäß § 138 Abs. 1 BGB **sittenwidrig** sein. Ein Wettbewerbsverbot ist sittenwidrig, wenn es den Verkäufer unter angemessener Berücksichtigung der schützenswerten Interessen des Käufers in einer gegen die guten Sitten verstoßenden Weise beschränkt.[184] Das ist dann der Fall, wenn das Wettbewerbsverbot über das hinausgeht, was zum legitimen Schutz des Interesses des Käufers an dem Erwerb des gesamten Werts der Zielgesellschaft hinausgeht. Ein Wettbewerbsverbot ist dann nicht erforderlich, wenn es sachlich, räumlich oder zeitlich über das erforderliche Maß hinausgeht.[185]

242 Räumlich muss ein Wettbewerbsverbot auf das **Gebiet beschränkt** werden, in dem die Zielgesellschaft bereits vor dem Verkauf tätig war. Ein räumlich darüber hinausgehendes Wettbewerbsverbot würde den Verkäufer in seiner wirtschaftlichen Tätigkeit beschränken, ohne dass dies zur Wahrung der legitimen wirtschaftlichen Interessen des Verkäufers erforderlich wäre. Geht ein Wettbewerbsverbot in räumlicher Hinsicht über das erforderliche Maß hinaus, ist es nichtig.[186] Insbesondere kann ein Gericht den räumlichen Geltungsbereich nicht im Wege einer sogenannten geltungserhaltenden Reduktion[187] auf das zulässige Maß beschränken.[188]

243 Sachlich darf das Wettbewerbsverbot nicht über den **Tätigkeitsbereich** der Zielgesellschaft hinausgehen. Ansonsten ist das Wettbewerbsverbot nicht erforderlich und damit nichtig. Auch insoweit kommt keine geltungserhaltende Reduktion durch ein Gericht in Betracht.

244 Zeitlich schließlich ist ein Wettbewerbsverbot auf die **Dauer** zu beschränken, die der Käufer benötigt, um die Kundenbeziehungen so weit zu verfestigen, dass ihm der gesamte Wert der Zielgesellschaft zuwächst.[189] Welche Dauer noch angemessen und erforderlich ist, kann nur nach den Umständen des Einzelfalls beurteilt werden. Die Rechtsprechung ist nicht einheitlich. Allgemein geht man davon aus, dass Wettbewerbsverbote mit einer Dauer von bis zu zwei Jahren zulässig sind.[190] Zumindest in besonderen Fällen kann wohl auch ein längeres Wettbewerbsverbot

---

183 Vgl. BVerfG, Urt. v. 7.2.1990, 1 BvR 26/84, NJW-RR 1990, 736.

184 Vgl. MünchKomm-BGB/*Armbrüster* § 138 Rn 79.

185 BGH, Urt. v. 26.3.1984, II ZR 229/83, NJW 1984, 2366.

186 BGH, Urt. v. 20.3.1984, KZR 11/83, WuW/E BGH 2085.

187 Vgl. dazu allgemein Heidel/Hüßtege/Mansel/Noack/*Faust* § 139 BGB Rn 23 ff.

188 BGH, Urt. v. 28.4.1986, II ZR 254/85, WM 1986, 1251; BGH, Urt. v. 15.3.1989, VIII ZR 62/88, DB 1989, 1620, 1621.

189 BGH, Urt. v. 19.10.1993, KZR 3/92, NJW 1994, 384.

190 BGH, Urt. v. 19.10.1993, KZR 3/92, NJW 1994, 384; BGH, Urt. v. 29.9.2003, II ZR 59/02, NZG 2004, 35.

zulässig sein.[191] Überschreitet ein Wettbewerbsverbot das zeitlich zulässige Maß, können die Gerichte die Dauer des Wettbewerbsverbots im Wege der geltungserhaltenden Reduktion auf das zulässige Maß reduzieren.[192]

Neben der Schranke der Sittenwidrigkeit gemäß § 138 BGB sind zudem die **kartellrechtlichen Schranken** des § 1 GWB und des Artikel 101 des Vertrags über die Arbeitsweise der Europäischen Union (AEUV) zu beachten.[193] Diese Bestimmungen enthalten das sogenannte Kartellverbot, das wettbewerbsbeschränkende Absprachen zwischen Unternehmen verbietet. Wettbewerbsverbote in Unternehmenskaufverträgen beschränken den Verkäufer in seiner Teilnahme am Wettbewerb und unterfallen daher grundsätzlich dem Kartellverbot.[194] Allerdings ist allgemein anerkannt, dass ein Wettbewerbsverbot aus kartellrechtlicher Sicht dann zulässig ist, wenn es für die Durchführung eines Vertrags erforderlich ist.[195] Der Unternehmenskauf ist eine der wichtigsten Fallgruppen, in denen die Vereinbarung eines Wettbewerbsverbots auch kartellrechtlich für zulässig gehalten wird. Voraussetzung ist auch hier, dass das Wettbewerbsverbot räumlich, sachlich und zeitlich nicht über das hinausgeht, was zur Erreichung des gemeinsamen Vertragszwecks erforderlich ist. Insoweit gelten zumindest **keine strengeren Grundsätze** als die, die die deutsche Rechtsprechung zu § 138 BGB entwickelt hat. 245

Muster Wettbewerbsverbot

„1) Der Verkäufer verpflichtet sich, für die Dauer von zwei Jahren nach Closing nicht in Wettbewerb zu der Gesellschaft zu treten. In räumlicher Hinsicht gilt das Wettbewerbsverbot für das Gebiet [■]. In sachlicher Hinsicht gilt das Wettbewerbsverbot für [■]. Der Verkäufer wird insbesondere kein Unternehmen, das mit dem gegenwärtigen Geschäftsbetrieb der Gesellschaft unmittelbar oder mittelbar in Wettbewerb steht, gründen oder erwerben oder sich an einem solchen Unternehmen beteiligen oder ein solches Unternehmen beraten oder in sonstiger Weise fördern. Ausgenommen von diesem Verbot ist der Erwerb von Anteilen von höchstens 5% an börsennotierten Gesellschaften.

2) Für jeden Fall der Zuwiderhandlung gegen das vorstehende Wettbewerbsverbot verpflichtet sich der Verkäufer, an den Käufer eine Vertragsstrafe in Höhe von [■] zu zahlen. Setzt der Verkäufer die Zuwiderhandlung trotz schriftlicher Abmahnung durch den Käufer fort, gilt je ein Kalendermonat einer fortgesetzten Verletzung als unabhängige und selbstständige Verletzung. Das Recht des Käufers, einen ihm oder der Gesellschaft entstehenden weiteren Schaden geltend zu machen und Unterlassung zu verlangen, bleibt unberührt."

---

191 Vgl. Michalski/*Funke* § 13 GmbHG Rn 233.
192 BGH, Urt. v. 29.10.1990, II ZR 241/89, GmbHR 1991, 15; OLG Hamm, Urt. v. 15.2.1993, 8 U 154/92, GmbHR 1993, 655.
193 Vgl. auch Kap. 9 Rn 131 ff.
194 Vgl. Beisel/*Klumpp* Kap. 12 Rn 45.
195 BGH, Urt. v. 10.12.2008, KZR 54/08, NJW 2009, 1751.

VI. Mitteilungsklausel

246 Häufig legt der Unternehmenskaufvertrag ein **Verfahren** dafür fest, wie die Parteien einander **Mitteilungen** im Zusammenhang mit dem Unternehmenskaufvertrag übermitteln. Solche Mitteilungen können beispielsweise Kündigungserklärungen, Fristsetzungen oder die Erhebung von Ansprüchen sein. Schon angesichts der von einem Unternehmenskauf typischerweise erfassten erheblichen Volumina und der verkürzten Verjährungsfristen dient ein ausdrücklich geregeltes Verfahren dem Bedürfnis aller Beteiligten nach Rechtssicherheit. Neben Kontaktpersonen und Ansprechpartnern kann die für Mitteilungen erforderliche Form geregelt werden.

Muster Mitteilungsklausel

„1) Sämtliche Mitteilungen nach diesem Vertrag müssen schriftlich, [durch Einschreiben], [durch Einschreiben mit Rückschein], [per Fax] oder [in elektronischer Form] erfolgen.

2) Mitteilungen an den Käufer müssen an die folgende Adresse erfolgen: [■]. Eine Kopie aller Mitteilungen soll [■] erhalten.

3) Mitteilungen an den Verkäufer müssen an die folgende Adresse erfolgen: [■]. Eine Kopie aller Mitteilungen soll [■] erhalten."

VII. Geheimhaltung

247 Der Abschluss einer **Vertraulichkeitsvereinbarung** gehört zu den ersten Maßnahmen, die im Rahmen des Prozesses zum Verkauf eines Unternehmens überhaupt getroffen werden. Die Parteien wollen im gesamten Prozess sicherstellen, dass **ausgetauschte Informationen** vertraulich behandelt werden und auch der Umstand selbst, dass **Verhandlungen** geführt werden, nicht in die Öffentlichkeit getragen wird.

248 Vor allem der Verkäufer fürchtet, dass der Käufer im Zuge einer Due Diligence erhaltene Informationen nach dem möglichen **Abbruch** von Verhandlungen zum eigenen Nutzen verwendet, oder dass der Zielgesellschaft die Nachricht über einen gescheiterten Verkauf schaden könnte. Diese Interessen fallen nach dem Abschluss der Transaktion weg.

249 Auch **nach Abschluss** einer Transaktion haben die Parteien das Bedürfnis nach Vertraulichkeit. Soweit wie möglich möchten sie insbesondere die Bedingungen des Verkaufs vertraulich behandeln. Deswegen enthalten auch praktisch alle Unternehmenskaufverträge Vertraulichkeitsvereinbarungen.[196]

---

196 Muster einer Vertraulichkeitsvereinbarung bei BeckOF-Vertrag/*Alfes* Nr. 20.2.

Faktisch sind Geheimhaltungsvereinbarungen nur von **beschränktem Nutzen.** 250
Werden einzelne vertrauliche Informationen bekannt, fällt erfahrungsgemäß der Nachweis, dass gerade die andere Partei unter Verletzung einer Vertraulichkeitsvereinbarung die Information preisgegeben hat, sehr schwer.

Selbst wenn der Anspruchsteller der anderen Partei einen Verstoß gegen die 251
Vertraulichkeitserklärung nachweisen kann, muss er zusätzlich **beweisen**, dass ihm hieraus ein **Schaden** entstanden ist. Auch dieser Nachweis ist erfahrungsgemäß nur sehr schwer zu führen.[197] **Vertragsstrafen** können das Nachweisproblem vermeiden, sind in der Regel jedoch nicht durchsetzbar.

Dennoch sind Geheimhaltungsvereinbarungen **sinnvoll.** Sie dokumentieren 252
immerhin den Willen der Parteien, bestimmte Informationen vertraulich zu behandeln und bieten zumindest einen gewissen Schutz.

VIII. Konfliktlösung

Über **Streitigkeiten** aus Unternehmenskaufverträgen entscheiden je nach Verein- 253
barung der Parteien entweder staatliche Gerichte oder Schiedsgerichte.

Treffen die Parteien keine besondere Vereinbarung, sind die **staatlichen Ge-** 254
richte für Auseinandersetzungen über einen Unternehmenskaufvertrag zuständig. Staatliche Gerichte bieten die Möglichkeit eines **Instanzenzugs**. Die unterlegene Partei hat die Möglichkeit, eine Entscheidung von einer höheren Instanz überprüfen zu lassen. Jedenfalls das Verfahren bis zu einem Urteil erster Instanz ist häufig **schneller** abgeschlossen als ein Schiedsverfahren.

Schiedsverfahren hingegen haben zunächst den großen Vorteil, dass sie **nicht** 255
öffentlich sind. Sowohl der Umstand, dass sich Parteien streiten, als auch der Sachverhalt und die Beweismittel, die dem Schiedsgericht zur Begründung der geltend gemachten Ansprüche vorgelegt werden, bleiben vertraulich.[198]

Die Entscheidung eines Schiedsgerichts ist im Normalfall **unanfechtbar**. Nur in 256
besonderen Ausnahmefällen, etwa bei der Verletzung des Grundsatzes des rechtlichen Gehörs, können staatliche Gerichte einen Schiedsspruch korrigieren.[199] Im Vergleich zu einem staatlichen Verfahren, das sich über mehrere Instanzen hinziehen kann, kann ein Schiedsverfahren **kostengünstiger** und **schneller** sein. In der Praxis realisiert sich diese Hoffnung jedoch nicht immer.

Ein erheblicher Vorteil eines Schiedsverfahrens liegt darin, dass in der Regel 257
jede Partei einen **eigenen Schiedsrichter** benennen darf. Dadurch können die Par-

---

197 Vgl. Hauschka/*Klöpper* Corporate Compliance § 28 Rn 9.

198 Zur Reichweite der Vertraulichkeit im Einzelnen vgl. Büchting/Heussen/*Kreindler*/*Rust* § 7 Rn 28.

199 Vgl. Büchting/Heussen/*Kreindler*/*Rust* § 7 Rn 27, 43.

teien sicherstellen, dass das Schiedsgericht mit **Experten** besetzt ist, die mit internationalen Standards von Mergers & Acquisitions vertraut sind. Staatliche Gerichte hingegen haben wegen der weiten Verbreitung von Schiedsklauseln in diesem Bereich nur selten über Streitigkeiten aus Unternehmenskaufverträgen zu entscheiden. Es ist deswegen durchaus wahrscheinlich, dass die zur Entscheidung berufenen staatlichen Richter keine oder nur wenig Erfahrung mit Unternehmenskaufverträgen haben.

258 Zumindest bei Unternehmenskaufverträgen, die ein gewisses Volumen erreichen, sind **Schiedsklauseln** daher **üblich**. Die Praxis greift meist auf bestehende Schiedsgerichtsordnungen zurück, wie etwa die der International Chamber of Commerce ICC[200] oder der Deutschen Institution für Schiedsgerichtsbarkeit e.V. (DIS).[201] Die DIS beispielsweise empfiehlt die Aufnahme folgender Schiedsklausel in den Vertrag:

Musterklausel Schiedsvereinbarung
„Alle Streitigkeiten, die sich im Zusammenhang mit diesem Vertrag oder über seine Gültigkeit ergeben, werden nach der Schiedsgerichtsordnung der Deutschen Institution für Schiedsgerichtsbarkeit e.V. (DIS) unter Ausschluss des ordentlichen Rechtsweges endgültig entschieden.“

---

259 Daneben ist es sinnvoll, Vereinbarungen über den **Ort** des Schiedsgerichtsverfahrens, die **Anzahl** der Schiedsrichter, die **Sprache** des Schiedsverfahrens und über das anwendbare **materielle Recht** zu treffen.[202]

IX. Begleitverträge

260 Zusammen mit einem Unternehmenskaufvertrag werden oftmals verschiedene **Begleitverträge** geschlossen. Typische Fälle sind:
- Anstellungsverträge mit Gesellschaftern, die ihre Anteile ganz oder teilweise verkaufen, dennoch aber weiterhin Geschäftsführer der Gesellschaft bleiben sollen
- Lieferverträge mit dem Verkäufer
- Vertriebsverträge mit dem Verkäufer
- Service-Level-Agreements, wenn die Zielgesellschaft in der Vergangenheit Dienstleistungen aus dem Konzern des Verkäufers bezogen hat und zumindest für eine Übergangszeit auf die Fortführung der Unterstützung durch den Ver-

---

200 Vgl. http://www.iccgermany.de.
201 Vgl. http://www.dis-arb.de.
202 Vgl. die von der DIS für die DIS-Schiedsgerichtsvereinbarung 98 empfohlene Schiedsklausel, http://www.dis-arb.de/de/sitzung/klauseln/dis-schiedsgerichtsvereinbarung-98-id2.

käufer angewiesen ist. Typische Fälle sind etwa Dienstleistungen für Personal, Buchhaltung, Controlling, Versicherungen, IT, Einkauf oder ähnliche Dienstleistungen.

X. Kosten

Die **Verteilung** der im Zusammenhang mit einem Unternehmenskaufvertrag entste- 261
henden **Kosten** ist **Verhandlungssache**. Die Kosten für ihre eigenen Berater tragen die Parteien üblicherweise selbst. Häufig trägt der Käufer die Kosten für eine etwa erforderliche Beurkundung und die Durchführung eines Fusionskontrollverfahrens. Auch andere Regelungen sind jedoch denkbar und üblich. In jedem Fall sollte der Vertrag eine ausdrückliche Klausel enthalten, um spätere Streitigkeiten nach Möglichkeit zu vermeiden.

Muster Kostenregelung
„Jede Partei trägt die Kosten der von ihr beauftragten Berater selbst. Die Kosten der notariellen Beurkundung und die Kosten für die Durchführung des Fusionskontrollverfahrens vor dem Bundeskartellamt trägt der Käufer. Registerkosten trägt die Gesellschaft."

XI. Schlussbestimmungen

1. Vollständigkeit

In der Regel schließen die Parteien verschiedene Vereinbarungen zu unterschiedli- 262
chen Zeitpunkten des Prozesses. Dazu gehören beispielsweise Vertraulichkeitsvereinbarungen vor dem Austausch erster Informationen und Vorverträge wie ein Memorandum of Understanding (MoU) oder ein Letter of Intent (LoI),[203] die, meist unverbindlich, erste Vereinbarungen zu Inhalt und Prozess, enthalten. In der Regel sind solche Vereinbarungen mit dem Abschluss eines Unternehmenskaufvertrags **überholt**. Um für alle Parteien Rechtssicherheit zu schaffen, sollte dies ausdrücklich festgehalten werden.

Muster Vollständigkeit
„Dieser Vertrag enthält sämtliche Vereinbarungen zwischen den Parteien im Zusammenhang mit dem Erwerb der Zielgesellschaft. Der Vertrag ersetzt alle zu einem früheren Zeitpunkt von den Parteien zum Gegenstand dieses Vertrags getroffenen Vereinbarungen."

203 Vgl. hierzu Picot/*Picot* Unternehmenskauf, § 2 Rn 18 ff.

2. Schriftformklausel

263 Damit Änderungen eines Unternehmenskaufvertrags stets **eindeutig dokumentiert** sind, sollten die Parteien vereinbaren, dass der Vertrag nur **schriftlich** geändert werden kann.[204]

3. Salvatorische Klausel

264 Für den Fall, dass die Parteien einzelne Punkte übersehen haben oder einzelne Bestimmungen des Unternehmenskaufvertrags nichtig sind, sollte der Vertrag eine **salvatorische Klausel** enthalten, wonach **im Zweifel** die verbleibenden Teile des Vertrags **wirksam** bleiben sollen.[205]

---

204 Muster einer Schriftformklausel bei BeckOF-Vertrag/*Pfisterer* Nr. 20.3.
205 Vgl. dazu MünchKomm-BGB/*Busche* § 139 Rn 8.

Kapitel 8
Arbeitsrecht

A. Arbeitsrechtliche Due Diligence

I. Einleitung

Wie in anderen Rechtsgebieten wird auch die arbeitsrechtliche Due Diligence durch die Größe des Zielunternehmens beeinflusst. Tatsächlich hängt die Komplexität der arbeitsrechtlichen Due Diligence aber nicht nur davon ab, ob das Zielunternehmen 50, 500 oder 5.000 Mitarbeiter hat. Die Einflussfaktoren sind vielfältig und teilweise von der Größe des Unternehmens völlig unabhängig. So macht es einen erheblichen Unterschied, ob im Zielunternehmen ein oder mehrere Betriebsräte eingerichtet sind und eine mehr oder weniger große Zahl an Betriebsvereinbarungen besteht, ob das Unternehmen tarifgebunden ist oder ob für die Mitarbeiter eine betriebliche Altersvorsorge eingerichtet wurde. Ebenso haben der Unternehmensgegenstand und die Unternehmenshistorie erheblichen Einfluss auf die arbeitsrechtliche Due Diligence. Ein „junges" Unternehmen der IT-Branche ist bei der Due Diligence in arbeitsrechtlicher Hinsicht wesentlich überschaubarer als ein Chemieunternehmen, das bereits Gegenstand einer ganzen Kette von Ausgliederungs- und Abspaltungsvorgängen war. 1

Neben den rein rechtlichen Aspekten geht es bei der arbeitsrechtlichen Due Diligence auch darum, ein Gespür für den Umgang mit arbeitsrechtlichen Themen im Zielunternehmen zu entwickeln. So wird es für den Erwerber spätestens bei der Integration des Zielunternehmens relevant, ob z.B. Überstunden von den Mitarbeitern minutiös aufgeschrieben werden und vergütet werden müssen oder ob eher ein großzügiger Umgang mit Arbeitszeiten besteht. Auch ist die Zusammenarbeit mit dem Betriebsrat in manchen Unternehmen pragmatisch, in anderen Unternehmen durch Formalismus und Misstrauen geprägt, was mühsame und zeitraubende Verhandlungen mit sich bringt. Derartige „kulturelle Eigenheiten" haben in der Regel eine beachtliche Lebensdauer. Sie lassen sich nach einem Unternehmenserwerb nicht kurzfristig grundlegend ändern. 2

II. Der „arbeitsrechtliche Überblick": Personalstruktur und Organisation

1. Praktische Bedeutung der Personalstruktur

Zum Arbeitsrecht stellt der Käufer in der Regel zunächst Fragen, die die **Eckdaten der Belegschaft** des Zielunternehmens betreffen: Anzahl der Vollzeitarbeitskräfte, Verteilung auf Standorte, Durchschnittsalter usw. Aber auch für den mit der Durchführung der arbeitsrechtlichen Due Diligence beauftragten Juristen ist es empfehlenswert, sich 3 zunächst einen Überblick über die Personalstruktur und Organisation des Zielunternehmens zu verschaffen. Denn Belegschaft ist nicht gleich Belegschaft und bei näherer Betrachtung der Personalstruktur eines Unternehmens können sich Aspekte ergeben, die in der Führung und Weiterentwicklung des Zielunternehmens nach einem Kauf erhebliche Bedeutung gewinnen können. Dabei kann es sich um „harte“ oder „weiche“ Faktoren handeln. Ein „harter“ Faktor ist beispielsweise, wenn Mitarbeiter ab einem bestimmten Alter und einer bestimmten Betriebszugehörigkeit nach anwendbaren Tarifverträgen nur noch aus wichtigem Grund gekündigt werden können. Wenn sich herausstellt, dass die Belegschaft ein hohes Durchschnittsalter hat, wird ein möglicherweise durchzuführender Personalabbau zu hohen Abfindungszahlungen führen oder aber nur die jüngeren Arbeitnehmer betreffen. Ein „weicher“ Faktor kann eine auffällig hohe Fluktuation sein, deren Ursachen in der Due Diligence nicht leicht zu ermitteln sind. Zu Beginn der Due Diligence sollten also Information Memorandum, Organisationschart und Personalliste ausgewertet werden.

2. Information Memorandum, Organisationschart und Personalliste

a) Information Memorandum

4 Erste Informationen für die arbeitsrechtliche Due Diligence finden sich in der Regel im Information Memorandum. Dabei handelt es sich typischerweise um wenige, aber grundlegende Informationen:

- Beschreibung des **Unternehmensgegenstands** des Zielunternehmens
- Standorte des Zielunternehmens
- **Anzahl der Mitarbeiter** (teilweise auch Angabe nach Köpfen („headcount“) und Vollzeitkräften („full time equivalents“ oder „FTE“)
- Personalkosten
- Tarifbindung des Zielunternehmens

5 Diese Aspekte sind hilfreich, um sich einen ersten Überblick über die arbeitsrechtlichen Gegebenheiten zu verschaffen. Aus dem Unternehmensgegenstand des Zielunternehmens lässt sich häufig schließen, welche Mitarbeitergruppen im Zielunternehmen vorhanden sein müssen. So sind in Zulieferunternehmen der Automobilindustrie typischerweise hauptsächlich Produktionsmitarbeiter im gewerblichen Bereich beschäftigt, während in Chemieunternehmen zwar auch Produktionsmitarbeiter beschäftigt sind, daneben aber auch Forschung und Entwicklung und Sachbearbeitung eine Rolle spielen.

6 Ort und Größe der Standorte sind z.B. wichtig für die Frage, ob an den Standorten eigene **Betriebsräte** gebildet werden können und mit wie vielen Mitgliedern diese Betriebsräte besetzt werden.

7 Die im Rahmen der Due Diligence (später) vorgelegten Informationen sollten vorsorglich mit den Angaben im Information Memorandum abgeglichen werden und sich ergebende Fragen oder Widersprüche aufgeklärt werden.

b) Organisationschart

Im Information Memorandum oder im Datenraum findet sich üblicherweise ein Organisationschart des Zielunternehmens. Aus diesem lässt sich die **organisatorische Gliederung** des Zielunternehmens in Einheiten oder Bereiche ersehen (z.B. Produktion, Vertrieb, Forschung und Entwicklung, HR, IT). Darüber hinaus findet sich häufig die Angabe, welcher Geschäftsführer für welche Bereiche zuständig ist, welche Mitarbeiter welche Bereiche leiten und wie viele Mitarbeiter in welchen Bereichen tätig sind. 8

Bereichs- oder Abteilungsleiter sind häufig **Schlüsselmitarbeiter**, die wegen ihres Know-hows, als Träger wichtiger Kundenkontakte oder zur Führung wichtiger interner Bereiche für das Unternehmen wichtig sind. Die Arbeitsverträge dieser Führungskräfte sollten im Rahmen der arbeitsrechtlichen Due Diligence besonders gründlich geprüft werden.[1] Ergebnis der Due Diligence kann beispielsweise die Empfehlung sein, Maßnahmen gegen die Abwanderung von Führungskräften zu treffen. 9

c) Personalliste

Die Personalliste des Zielunternehmens ist eine besonders wichtige und **zentrale Informationsquelle** für die arbeitsrechtliche Due Diligence. Natürlich ist der Aussagehalt der Personalliste von deren Inhalt abhängig. Es gibt Personallisten, aus denen sich nur wenig verwertbare Informationen über die Belegschaft des Zielunternehmens ergeben. Dennoch ist die arbeitsrechtliche Due Diligence ohne eine Personalliste des Zielunternehmens kaum denkbar. Es sollte daher immer Wert darauf gelegt werden, eine möglichst aussagekräftige und detaillierte Personalliste zu erhalten. Gegebenenfalls muss der Veräußerer im Lauf der Due Diligence die Personalliste ergänzen. 10

Die folgenden Angaben je Mitarbeiter sollten möglichst in der Personalliste enthalten sein: 11

Checkliste Personalliste !

- Geburtsdatum (gegebenenfalls auch Alter in Jahren)
- Eintrittsdatum (gegebenenfalls auch Betriebszugehörigkeit in Jahren)
- Evtl. Befristung oder sonstiger Beendigungstermin für das Arbeitsverhältnis (z.B. aufgrund Kündigung oder Aufhebungsvereinbarung)
- Tarifmitarbeiter oder AT-Mitarbeiter (in tarifgebundenen Unternehmen)
- Tätigkeitsbereich (z.B. Produktion, Vertrieb etc.)
- Bei Teilzeitarbeit: Arbeitszeit in Prozent
- Etwaige Schwerbehinderung oder Gleichstellung
- Mutterschutz/Elternzeit

---

1 Vgl. dazu Rn 33ff.

- Betriebsratsmitglied
- Festes Bruttomonatsgehalt
- Variable Vergütung/Bonus
- Vertragliche Kündigungsfrist
- Sonstige Vergütungselemente (z.B. Dienstwagen)
- Auszubildende/Aushilfen

12 Eine Personalliste mit den oben genannten Angaben enthält die wesentlichen „harten“ Informationen über die Belegschaft des Zielunternehmens. Daraus lassen sich wiederum der **Altersdurchschnitt** und die Alterspyramide der Belegschaft sowie die durchschnittliche Betriebszugehörigkeit ermitteln. Diese spielen beispielsweise eine Rolle, wenn die Kosten für einen Personalabbau geschätzt werden sollen, da sich die Bemessung von Abfindungen in der Regel wesentlich nach Betriebszugehörigkeit und Alter der Mitarbeiter bestimmt.

13 **Gesetzlichen Sonderkündigungsschutz** genießen Mitarbeiter in Elternzeit (ab 8 Wochen vor dem Beginn der Elternzeit, § 18 BEEG), schwangere Mitarbeiterinnen (§ 9 MuSchG, auch während der Probezeit), Schwerbehinderte und diesen Gleichgestellte (§ 85 SGB IX und § 2 Abs. 3 SGB IX) sowie Betriebsratsmitglieder während ihrer Amtszeit und für die Dauer von einem Jahr danach (§ 15 Abs. 1 KSchG). Der nachwirkende Sonderkündigungsschutz von Mitgliedern des Wahlvorstands einer Betriebsratswahl oder Wahlbewerbern (§ 15 Abs. 3 KSchG) spielt in der Due Diligence in der Regel keine Rolle, da dieser auf den Zeitraum von sechs Monaten nach der Betriebsratswahl beschränkt ist. Auch Auszubildende (§ 22 BBiG) und Mitarbeiter, die eine kurzzeitige Arbeitsverhinderung oder eine Pflegezeit nach dem PflegeZG in Anspruch nehmen wollen (§ 5 PflegeZG) sind gesetzlich gegen Kündigungen geschützt.[2]

14 Die Anzahl der Teilzeitmitarbeiter und ihr Arbeitsvolumen sind wichtig für die Ermittlung der **Full Time Equivalents** (FTEs), also der im Zielunternehmen vorhandenen Vollzeitarbeitskräfte.

15 Die Angabe der Auszubildenden ist unter verschiedenen Aspekten wichtig: Insbesondere bei technischen Berufen haben **Auszubildende** häufig bei weitem nicht die Arbeitskapazität von regulären Arbeitnehmern. Zudem sind Auszubildende schon wegen der Berufsschule weniger oft anwesend. Auszubildende sind aber häufig auch „billige Arbeitskräfte“, die das Lohnkostenniveau eines Unternehmens oder zumindest bestimmter Abteilungen deutlich senken können. Andererseits sind Auszubildende nach der Probezeit nur aus wichtigem Grund kündbar (§ 22 BBiG). Beschäftigt ein Unternehmen ungewöhnlich viele Auszubildende, legt dies in der Regel nahe, dass günstige Arbeitskräfte gesucht werden.

2 Zum Sonderkündigungsschutz vgl. die gute Übersicht bei Grobys/Panzer/*Powietzka* Sonderkündigungsschutz.

Praxistipp
Es ist darauf zu achten, dass die Angaben in der Personalliste einen aktuellen Stand haben. Häufig sind vor allem Gehaltsangaben überholt, da diese sich bei den turnusmäßigen Gehaltserhöhungen oder Bonuszahlungen verändern.

Falls die Personallisten dem potentiellen Erwerber als Excel-Datei überlassen werden, können **elektronische Auswertungen** automatisch vorgenommen werden, z.B. die Ermittlung der durchschnittlichen Betriebszugehörigkeit oder des Durchschnittsgehalts. In vielen Fällen liegt die Personalliste nur als pdf-Datei vor. Auswertungen müssen dann gegebenenfalls sogar händisch erstellt werden. Die Mühe lohnt sich aber, da die gewonnenen Informationen wertvoll sind. 16

Praxistipp
Bei der Ermittlung des Alters der Belegschaft lohnt sich eine Darstellung nach Altersgruppen, die prozentual zur Gesamtbelegschaft gewichtet wird. Dies kann wie folgt dargestellt werden:
- bis 30 Jahre: XX Mitarbeiter/XX% der Belegschaft
- > 30 bis 40 Jahre: XX Mitarbeiter/XX% der Belegschaft
- > 40 bis 50 Jahre: XX Mitarbeiter/XX% der Belegschaft
- > 50 bis 60 Jahre: XX Mitarbeiter/XX% der Belegschaft
- > 60 Jahre: XX Mitarbeiter/XX% der Belegschaft
- Durchschnitt: XX Jahre

III. Arbeitsverträge, Betriebsvereinbarungen und Tarifverträge

1. Einleitung

Arbeitsverträge, Betriebsvereinbarungen und Tarifverträge machen üblicherweise den Großteil der im Rahmen der arbeitsrechtlichen Due Diligence zu prüfenden Unterlagen aus und bilden den **Schwerpunkt** der Due Diligence-Prüfung. Das Spektrum der Unterlagen, die vom Zielunternehmen vorgelegt werden, ist allerdings sehr groß. Teilweise werden nur wenige Musterarbeitsverträge vorgelegt, teilweise sind Betriebsvereinbarungen und Tarifverträge buchstäblich ordnerweise vorhanden. 17

2. Arbeitsverträge

a) Praktische Bedeutung von Muster-Arbeitsverträgen

Im Rahmen der Due Diligence werden typischerweise nicht die Arbeitsverträge in Kopie vorgelegt, die von sämtlichen Mitarbeitern des Unternehmens unterzeichnet wurden. Vorgelegt werden vielmehr als solche bezeichnete „Muster-Arbeitsverträge“. Das sind typischerweise die **aktuellen Vertragsmuster**, die im Zielunternehmen zuletzt für bestimmte Mitarbeitergruppen verwendet wurden. Unterschieden wird dabei zum Beispiel nach den Tätigkeitsbereichen, dann werden Muster-Arbeitsverträge für Produktionsmitarbeiter, für Sachbearbeiter im Innendienst und für Außendienst- 18 mitarbeiter vorgelegt. In anderen Fällen wird unterschieden, ob es sich um Arbeitsverträge für Tarifmitarbeiter oder für außertarifliche Mitarbeiter handelt.

19 Hält man sich vor Augen, dass die Belegschaft des Zielunternehmens seit 5, 10, 15 oder 20 Jahren beschäftigt ist, wird schnell deutlich, dass viele Mitarbeiter, häufig der überwiegende Teil der Belegschaft, nicht auf der Grundlage der vorgelegten Muster-Arbeitsverträge beschäftigt sind, sondern Arbeitsverträge mit anderen Klauseltypen haben. Damit lässt sich aus der Durchsicht der Muster-Arbeitsverträge in der Regel nicht schließen, welche Vereinbarungen mit den Mitarbeitern des Zielunternehmens tatsächlich geschlossen wurden und ob diese Vereinbarungen nach den aktuellen Anforderungen der Rechtsprechung wirksam sind. Die **konkrete Vertragslage** bleibt somit **unklar**. Daher lohnt die Frage, seit wann die vorgelegten Muster-Arbeitsverträge im Zielunternehmen verwendet werden. Denn ausgehend von den Eintrittsdaten der Mitarbeiter auf der Personalliste lässt sich im Umkehrschluss feststellen, welche Mitarbeiter dann auf der Grundlage anderer Arbeitsvertragsmuster beschäftigt sein müssten.

20 Konsequenz ist, dass die Prüfung der Muster-Arbeitsverträge nur **begrenzte Erkenntnisse** ergeben kann. Auch wenn es natürlich beispielsweise ein durchaus wichtiges Ergebnis der Due Diligence-Prüfung ist, ob Versetzungsklauseln in den Muster-Arbeitsverträgen wirksam oder nicht wirksam geregelt wurden, oder wie die vertragliche Kündigungsfrist geregelt ist, werden sich derartige Befunde nur höchst selten auf die Gesamtbelegschaft des Zielunternehmens übertragen lassen.

21 Dies gilt umso mehr, als ältere Arbeitsverträge den Anforderungen des AGB-Rechts in der Regel nicht genügen. Arbeitsverträge unterliegen zwar bereits seit dem 1. Januar 2002 der **AGB-Kontrolle**. Eine Anpassung von Altverträgen erfolgt aber nur selten. Das BAG hilft zwar bei Altverträgen mit einer ergänzenden Vertragsauslegung.[3] Dennoch bleiben bei den praktisch wichtigen Klauseln in Altverträgen häufig Zweifel an der Wirksamkeit der vertraglichen Regelungen.

b) Relevante Arbeitsvertragsklauseln

22 Es würde den Rahmen dieses Kapitels sprengen, auch nur die hauptsächlichen rechtlichen Fallstricke aller arbeitsvertraglichen Regelungen darzustellen. Behandelt werden sollen die wichtigsten Aspekte der folgenden Klauseln, die auch im Rahmen der Due Diligence regelmäßig geprüft werden:

! **Checkliste Arbeitsvertrag**
- Vertragliche Position und Versetzungsklausel
- Arbeitszeitregelung und Überstundenabgeltung
- Vergütungsregelung, einschließlich variabler Vergütung

3 Grobys/Panzer/*Wahlig* AGB-Recht, Rn 5.

- Bezugnahme auf Tarifverträge
- Kündigungsfrist
- Ausschlussfrist

aa) Vertragliche Position und Versetzungsklausel

Wichtig ist zunächst, für welche Position ein Arbeitnehmer konkret eingestellt 23
wurde. Dies ergibt sich entweder aus der Bezeichnung im Arbeitsvertrag oder aus einer beigefügten Stellenbeschreibung. Die Bedeutung der arbeitsvertraglichen Position liegt darin, dass sie den **Rahmen für das Direktionsrecht** des Arbeitgebers bildet, § 106 GewO. Im Rahmen dieser arbeitsvertraglich vereinbarten Aufgabenstellung kann der Arbeitgeber die Aufgaben für den Arbeitnehmer konkretisieren.

Das Direktionsrecht des Arbeitgebers kann durch eine **Versetzungsklausel** er- 24
weitert werden. Hat sich der Arbeitgeber in rechtlich wirksamer Weise die Versetzung des Arbeitnehmers auf eine andere Stelle vorbehalten, erweitert dies den Spielraum des Arbeitgebers bei der Zuweisung von Arbeitsaufgaben. Ohne eine wirksame Versetzungsklausel können andere Arbeitsaufgaben, die nicht vom Direktionsrecht umfasst sind, nur einvernehmlich oder mittels Änderungskündigung übertragen werden.

Beispiel
Stellt ein Kaufhaus einen Mitarbeiter ohne nähere Bestimmung als „Verkäufer" ein, kann der Mitarbeiter im Rahmen des Direktionsrechts in jeder Abteilung des Kaufhauses als Verkäufer eingesetzt werden, also beispielsweise in der Schuhabteilung oder in der Abteilung für Kinderspielzeug. Ist der Mitarbeiter aber als Verkäufer für Kinderspielzeug eingestellt worden, kann er in eine andere Abteilung nur versetzt werden, wenn das Direktionsrecht durch eine Versetzungsklausel erweitert wurde.

Allerdings erweitert die Versetzungsklausel den Kreis der vergleichbaren Arbeit- 25
nehmer im Rahmen der **Sozialauswahl** als Vorstufe der **betriebsbedingten Kündigung**. Die Sozialauswahl ist für all die Mitarbeiter durchzuführen, die vergleichbar sind. Vergleichbar sind Mitarbeiter u.a. dann, wenn der Arbeitgeber dem einen Mitarbeiter die Position des anderen Mitarbeiters zuweisen kann. Je weiter die Einsatzmöglichkeiten im Rahmen der Versetzungsklausel sind, desto größer wird also der Kreis der vergleichbaren Mitarbeiter im Rahmen der Sozialauswahl. Insofern ist es auch von Bedeutung, ob eine Versetzungsklausel wirksam vereinbart wurde. Nach den Anforderungen der Rechtsprechung setzt eine wirksame Versetzungsklausel voraus, dass die Ausbildung und Fähigkeiten des Mitarbeiters berücksichtigt werden, dass die neue Tätigkeit zumutbar ist und dass die Zuweisung der neuen Tätigkeit ohne Einschränkung der Vergütung erfolgt. Unwirksam sind hingegen Versetzungsklauseln, wenn sie dazu führen, dass der Arbeitgeber dem Arbeitneh-

mer eine geringer wertige Tätigkeit einseitig zuweisen kann.[4] In diesem Fall liegt eine **unangemessene Benachteiligung** im Sinne von § 307 Abs. 2 Nr. 1 BGB vor und die Klausel ist unwirksam. Es ist daher mittlerweile Standard, dass Versetzungsklauseln die Zuweisung einer **„gleichwertigen" Tätigkeit** vorsehen.[5]

bb) Arbeitszeit und Überstunden

26 Die allgemeine Regelung der Arbeitszeit bereitet selten Schwierigkeiten. Denkbar ist, dass die Arbeitszeit so konkret festgelegt ist, dass eine einseitige Änderung durch den Arbeitgeber nicht mehr möglich ist.

27 Bei Überstunden ist zunächst zu beachten, dass eine **Verpflichtung zur Leistung von Überstunden** überhaupt nur besteht, wenn eine entsprechende (wirksame) Vereinbarung besteht. Diese kann sich aus Tarifvertrag, Betriebsvereinbarung oder Arbeitsvertrag ergeben.[6] Es ist also denkbar, dass mangels einer entsprechenden Regelung im Arbeitsvertrag eine Befugnis des Arbeitgebers zur Anordnung von Überstunden nicht besteht. Hauptaspekt bei Überstundenregelungen in Arbeitsverträgen ist jedoch die Regelung der Vergütung. Die **pauschale Abgeltung** einer unbegrenzten Zahl an Überstunden mit der Festvergütung ist wegen Verstoßes gegen das Transparenzgebot unwirksam.[7] Der Umfang der Hauptleistungspflicht des Arbeitnehmers bleibt bei dieser Gestaltung unklar. Wirksam sind aber grundsätzlich Pauschalierungsabreden, die eine **bestimmte oder bestimmbare Anzahl** von Überstunden abgelten. So ist z.B. die pauschale Abgeltung von 5 Überstunden pro Woche mit der Festvergütung in der Regel möglich. Voraussetzung ist immer, dass die Grenzen des ArbZG eingehalten werden und die Vergütungshöhe einschließlich der Überstunden den vom MiLoG vorgeschriebenen Mindestlohn nicht unterschreitet.

cc) Vergütung einschließlich variabler Vergütung

28 Die Bandbreite an Systemen für variable Vergütung ist denkbar groß. Im Produktionsbereich können Akkordlöhne gezahlt werden, für Vertriebsmitarbeiter Provisionen, die nach Umsatzhöhen oder Produkten gestaffelt sind. Es können Ermessenstantiemen ausgeschüttet werden oder Boni, die von der Erreichung bestimmter Ziele abhängig sind. All diese Systeme unterliegen **spezifischen Wirksamkeitsanforderungen**. Ermittelt werden sollte im Rahmen der Due Diligence möglichst, welche

4 BAG, Urt. v. 26.8.2010, 10 AZR 275/09.

5 Vgl. im Einzelnen zur Versetzungsklausel ErfKomm/*Preis* §§ 305–310, Rn 55 ff.; Grobys/Panzer/*Ehrich* Direktionsrecht, Rn 3 ff.

6 BAG, Urt. v. 3.6.2003, 1 AZR 349/02.

7 BAG, Urt. v. 27.6.2012, 5 AZR 530/11.

Beträge insgesamt jährlich für die variable Vergütung aufgewendet werden. Weiter sollte geprüft werden, ob und gegebenenfalls wie man die variable Vergütung anpassen kann. Die in der Vergangenheit üblicherweise vereinbarten **Vorbehalte** (Widerrufsvorbehalt und Freiwilligkeitsvorbehalt) sind dafür kaum noch geeignet, da die Rechtsprechung den Anwendungsbereich reduziert und die Wirksamkeitsvoraussetzungen verschärft hat. Ein Freiwilligkeitsvorbehalt dürfte nur noch für echte Gratifikationen zulässig sein, mit denen der Arbeitgeber nicht die Arbeitsleistung belohnt.[8]

dd) Bezugnahmen auf Tarifverträge

Die Inhalte und Wirkungen von Bezugnahmeklauseln in Arbeitsverträgen werden 29
im Zusammenhang mit Tarifverträgen dargestellt.[9]

ee) Kündigungsfristen

Die Regelung von Kündigungsfristen ist für Arbeitgeber unter dem Aspekt der **Kosten** und der **Personalbindung** praktisch relevant. Zum einen geht es um die Frage, für welche Dauer einem Arbeitnehmer nach Ausspruch einer Kündigung noch die Vergütung gezahlt werden muss. Zum anderen sollte beachtet werden, wie schnell ein Arbeitnehmer gegebenenfalls sein Arbeitsverhältnis beenden kann. Gerade bei Führungsmitarbeitern kann eine kurze Kündigungsfrist den Erwerber eines Unternehmens in die Zwangslage bringen, schnell Ersatz beschaffen zu müssen. 30

Grundsätzlich gelten als Mindeststandard die gesetzlichen Kündigungsfristen 31
des § 622 BGB. Die gesetzlichen Kündigungsfristen für die arbeitgeberseitige Kündigung sind von der Dauer des Arbeitsverhältnisses abhängig. Die Kündigungsfrist für den Arbeitnehmer beträgt grundsätzlich nur vier Wochen, § 622 Abs. 1 BGB. Soll also auch für den Arbeitnehmer mit zunehmender Dauer des Beschäftigungsverhältnisses eine Verlängerung der Kündigungsfrist eintreten, ist dies ausdrücklich zu vereinbaren. Häufig fehlt diese Regelung gerade in älteren Arbeitsverträgen bzw. Arbeitsvertragsmustern. Dann besteht das Risiko, dass Arbeitnehmer ihre Tätigkeit sehr kurzfristig einstellen, da sie auch noch Resturlaubsansprüche haben. Ist im Arbeitsvertrag eine bestimmte Kündigungsfrist vereinbart (zum Beispiel zwei Monate zum Monatsende), muss im Rahmen eines **Günstigkeitsvergleichs** festgestellt werden, ob aufgrund der Beschäftigungszeit des Mitarbeiters eine längere gesetzliche Kündigungsfrist einzuhalten ist. Dies wäre beispielsweise bei einer Beschäftigungsdauer von mindestens acht Jahren der Fall, da die Mindestkündigungsfrist dann drei Monate zum Monatsende beträgt. Die Regelung des § 622 Abs. 1 Satz 2

8 BAG, Urt. v. 14.9.2011, 10 AZR 526/10.
9 Vgl. dazu Rn 64 ff.

BGB, dass Beschäftigungszeiten vor Vollendung des 25. Lebensjahres des Arbeitnehmers bei der Berechnung der Beschäftigungsdauer nicht berücksichtigt werden, ist europarechtswidrig und nicht mehr anzuwenden.[10] **Tarifliche Kündigungsfristen** können kürzer sein als die gesetzlichen, aber auch erheblich länger.

ff) Ausschlussfristen

32 Berücksichtigt werden sollte weiter, ob der Muster-Arbeitsvertrag Ausschlussfristen enthält, und ob die Regelung wirksam ist. Die Rechtsprechung setzt voraus, dass sowohl bei ein- als auch bei zweistufigen Ausschlussfristen die Frist auf jeder Stufe **mindestens drei Monate** beträgt.[11] Eine kürzere Frist soll mit dem Grundgedanken des Verjährungsrechts nicht vereinbar sein und wesentliche Rechte aus dem Arbeitsverhältnis einschränken (§ 307 Abs. 2 Nr. 1 und Nr. 2 BGB). Großzügig ist das BAG bislang bei Formulierungen von Ausschlussfristen, die sowohl die Vorsatzhaftung als auch die Verschuldenshaftung bei Körper- und Gesundheitsschäden dem Wortlaut nach einschließen. Das BAG stellt sich hier auf den Standpunkt, dass die Haftung wegen Vorsatz nach dem Willen der Parteien nicht von der Ausschlussfrist umfasst sein soll und die Verschuldenshaftung bei Körper- und Gesundheitsschäden wirksam vereinbart werden kann.[12]

c) Arbeitsverträge mit Führungskräften

33 Soweit möglich, ist es hilfreich, sich Kopien der tatsächlich abgeschlossenen Arbeitsverträge mit den Führungskräften des Zielunternehmens vorlegen zu lassen. Auf diese Weise erhält der potentielle Erwerber einen verlässlicheren Einblick in die geltenden vertraglichen Vereinbarungen als bei bloßer Durchsicht von Musterverträgen. Für Führungskräfte gelten typischerweise weder Tarifverträge, da Führungskräfte nicht in den persönlichen Anwendungsbereich der Tarifverträge fallen, noch Betriebsvereinbarungen, da Führungskräfte häufig in Unternehmen als leitende Angestellte gemäß § 5 Abs. 3 BetrVG gelten. Insofern sind Arbeitsverträge und gegebenenfalls zusätzliche Vereinbarungen zu bestimmten Aspekten bei Führungskräften häufig die einzigen maßgeblichen Regelungen. Gerade die Einordnung als **leitende Angestellte** im Sinne des BetrVG ist aber kritisch zu hinterfragen. In der Praxis werden deutlich mehr Mitarbeiter als leitende Angestellte behandelt, als tatsächlich die gesetzlichen Anforderungen erfüllen.

34 Von besonderer Bedeutung im Rahmen der arbeitsrechtlichen Due Diligence sind in den Arbeitsverträgen mit Führungskräften zunächst die bereits bei den nor-

10 EuGH, Urt. v. 19.1.2010, C-555/077, *Kücükdeveci*.
11 BAG, Urt. v. 13.3.2013, 5 AZR 954/11.
12 BAG, Urt. v. 20.6.2013, 8 AZR 2082/12; BAG, Urt. v. 25.5.2005, 5 AZR 572/04.

malen Muster-Arbeitsverträgen beschriebenen Klauseln.[13] Zusätzlich sollte beachtet werden, dass der plötzliche Verlust von Führungskräften für das Unternehmen kritisch sein kann. Gerade bei Führungskräften sollten also ausreichend großzügige Kündigungsfristen vereinbart sein, die nicht nur für das Unternehmen, sondern auch für den jeweiligen Mitarbeiter gelten müssen.

Ein weiterer wichtiger Schutz für das Unternehmen kann in einem **nachvertraglichen Wettbewerbsverbot** liegen. Der Nutzen nachvertraglicher Wettbewerbsverbote ist umstritten. So wird geltend gemacht, dass vor allem die Durchsetzung nachvertraglicher Wettbewerbsverbote in der Praxis oft Schwierigkeiten bereitet, da sich zahlreiche Umgehungsmöglichkeiten bieten. Der häufige Hinweis auf die hohen Kosten eines nachvertraglichen Wettbewerbsverbots trägt jedoch nicht immer. Zwar muss Arbeitnehmern für die Dauer des Wettbewerbsverbots mindestens 50% der zuletzt gezahlten vertragsmäßigen Vergütung als Karenzentschädigung gezahlt werden. Aber der Mitarbeiter muss sich auch dasjenige anrechnen lassen, was er in einer neuen Tätigkeit verdient. Die Summe aus neuer Vergütung und Karenzentschädigung ist auf 110% der bisher bezogenen vertragsmäßigen Vergütung gedeckelt, § 74c Abs. 1 Satz 1 HGB. Im Fall einer Wohnsitzverlegung aufgrund des Wettbewerbsverbots ist als Obergrenze 125% der bisherigen vertragsgemäßen Vergütung festgelegt, § 74c Abs. 1 Satz 2 HGB. Da Mitarbeiter bei der Anschlussbeschäftigung regelmäßig nicht weniger verdienen als zuvor, greift die **Anrechnungsregel** tatsächlich in der Praxis häufig ein. Die Kosten für nachvertragliche Wettbewerbsverbote sind daher häufig deutlich niedriger als befürchtet. 35

Tatsächlich scheitern nachvertragliche Wettbewerbsverbote aber oft an der unzulänglichen Vertragsgestaltung. Dies liegt nicht zuletzt an den hohen Anforderungen der Rechtsprechung an die Vereinbarung wirksamer vertraglicher Wettbewerbsverbote. Besonders häufig sind folgende Unwirksamkeitsgründe: 36

- Die **Karenzentschädigung** ist nicht in der gesetzlich zwingend vorgeschriebenen Form vereinbart (§ 74 Abs. 2 HGB). Schon geringe Abweichungen machen das Wettbewerbsverbot unverbindlich. Der Arbeitnehmer hat in diesem Fall ein Wahlrecht, ob er sich an das Wettbewerbsverbot hält oder nicht.
- Ein nachvertragliches Wettbewerbsverbot bedarf zu seiner Wirksamkeit der **Schriftform**, § 74 Abs. 1 HGB in Verbindung mit § 126 BGB. Andernfalls ist das nachvertragliche Wettbewerbsverbot nichtig.
- Weiter ist erforderlich, dass dem Arbeitnehmer eine **Vertragsurkunde mit Originalunterschrift** des Arbeitgebers versehene Vertragsurkunde ausgehändigt wird, § 74 Abs. 1 HGB. Kann der Arbeitgeber die Aushändigung dieser Urkunde nicht nachweisen, kann er das nachvertragliche Wettbewerbsverbot nicht durchsetzen. Ratsam ist, sich vom Arbeitnehmer die Aushändigung der Ver-

13 Vgl. oben Rn 22ff.

botsurkunde separat bestätigen zu lassen. Die weithin übliche Formulierung, wonach der Arbeitnehmer „mit seiner Unterschrift den Empfang der Urkunde bestätigt“ reicht wegen § 309 Nr. 12 lit. b BGB nicht aus.[14]

- Das nachvertragliche Wettbewerbsverbot muss ferner durch ein **berechtigtes Interesse** des Arbeitgebers gedeckt sein, was vor allem dann der Fall ist, wenn es dem Schutz von Betriebsgeheimnissen dient oder den Einbruch in bestehende Kunden- oder Lieferbeziehung verhindern soll.[15]
- Schließlich darf das nachvertragliche Wettbewerbsverbot für das Fortkommen des Arbeitnehmers **keine unbillige Erschwernis** darstellen. Ob dies der Fall ist, muss im Einzelfall aufgrund einer Abwägung der Interessen des Arbeitnehmers und seiner beruflichen Entwicklung mit den Interessen des Arbeitgebers ermittelt werden. Dabei wird die Höhe der Karenzentschädigung in Bezug gesetzt zur beruflichen Einschränkung des Arbeitnehmers. Je höher die vereinbarte Karenzentschädigung ist, desto eher muss der Arbeitnehmer die berufliche Einschränkung hinnehmen. Da diese Abwägung zum Zeitpunkt der Beendigung des Arbeitsverhältnisses getroffen wird, ist sie für den Arbeitgeber mit einem nicht unerheblichen Risiko verbunden.

37 Die **Dienstverträge von Geschäftsführern** oder Vorständen der Zielunternehmen werden in der Regel, wenn überhaupt, erst am Ende des Kaufprozesses zugänglich gemacht. Auch bei diesen Verträgen sind die oben genannten Klauseln, einschließlich eines nachvertraglichen Wettbewerbsverbots, besonders relevant.

3. Betriebsvereinbarungen

a) Prüfungsinhalt

38 Das Spektrum an Betriebsvereinbarungen, das im Rahmen der arbeitsrechtlichen Due Diligence vorgelegt wird, ist nahezu unerschöpflich. Es reicht von der Regelung für die Nutzung des Firmenparkplatzes über komplexe Arbeitszeitsysteme bis zu Rahmensozialplänen für künftige Personalabbaumaßnahmen. Dieses Spektrum kann hier in inhaltlicher Hinsicht nicht dargestellt werden. Das bedeutet nicht, dass die Inhalte nicht von Bedeutung sind: Sie sind wichtig, da sie die **betriebliche Realität** beschreiben, möglicherweise Kosten für den Arbeitgeber verursachen und Rechte und Pflichten für Arbeitnehmer begründen, die der Erwerber nicht ohne Weiteres ändern kann. Der Erwerber eines Unternehmens oder eines Betriebs muss sich daher mit den Inhalten von Betriebsvereinbarungen gründlich auseinandersetzen. Dabei geht es jedoch in erster Linie um eine Erfassung der Regelungsgegenstände. In (arbeits-)rechtlicher Hinsicht ist vor allem darauf zu achten, ob überhaupt wirk-

---

14 Vgl. dazu im Einzelnen *Bauer/Diller* Rn 217.
15 Vgl. Grobys/Panzer/*Middendorf* Wettbewerbsverbot, Rn 43.

same Betriebsvereinbarungen vorliegen. Dafür sind sowohl formelle wie auch materielle Aspekte maßgeblich.

b) Zuständigkeit für den Abschluss einer Betriebsvereinbarung

Die Prüfung einer Betriebsvereinbarung sollte stets mit der Frage beginnen, ob die zuständige Arbeitnehmervertretung die Vereinbarung geschlossen hat. 39

Für betriebliche Angelegenheiten besteht grundsätzlich eine Zuständigkeit des örtlichen Betriebsrats. Neben dem örtlichen Betriebsrat kann der Gesamtbetriebsrat oder der Konzernbetriebsrat zuständig sein. Die **gesetzliche Zuständigkeitsverteilung** zwischen den Organen der Betriebsverfassung ist zwingend. Der Gesetzgeber hat in §§ 50 Abs. 2, 58 Abs. 2 BetrVG in diesem Rahmen zwar die Möglichkeit einer Delegation der Zuständigkeit vorgesehen. Diese kann jedoch nicht „nach unten" erfolgen, also beispielsweise vom originär zuständigen Gesamtbetriebsrat zum örtlichen Betriebsrat. Eine vorsorgliche Delegation zum Gesamtbetriebsrat erfolgt häufig, um Zweifel zu beseitigen, ob der örtliche Betriebsrat oder der Gesamtbetriebsrat zuständig ist. 40

Vor allem bei Gesamtbetriebsvereinbarungen ist zu prüfen, ob möglicherweise die örtlichen Betriebsräte für die Regelung der Angelegenheit zuständig waren. Denn Arbeitgeber schließen Vereinbarungen mit dem Gesamtbetriebsrat häufig, weil dies weniger aufwändig ist als die Verhandlung mit mehreren örtlichen Betriebsräten.[16] 41

Hat ein **unzuständiges Gremium** die Betriebsvereinbarung geschlossen, ist diese unwirksam. Weder Arbeitgeber noch Arbeitnehmer noch Betriebsrat können sich dann auf die Betriebsvereinbarung berufen. Dies mag in manchen Fällen von Vorteil sein, weil sich die Möglichkeit zu einer Neuverhandlung bietet. In anderen Fällen kann dies aber durchaus problematisch sein, wenn z.B. ein örtlicher Betriebsrat überraschend ein Mitbestimmungsrecht für eine Angelegenheit reklamiert, die man bereits durch eine Gesamtbetriebsvereinbarung für geregelt gehalten hat. In manchen Fällen kommt eine Heilung in Betracht, wenn eine inhaltsgleiche Betriebsvereinbarung mit dem zuständigen Gremium geschlossen wird. Eine **nachträgliche Genehmigung** durch den Betriebsrat kommt nur in Betracht, wenn der Betriebsratsvorsitzende ohne Vertretungsmacht gehandelt hat, dagegen nicht, wenn der nicht allein als Partei zuständige Betriebsrat gehandelt hat.[17] 42

---

16 Zur Abgrenzung der Zuständigkeit von Gesamtbetriebsrat und örtlichen Betriebsräten für einen Sozialplan bei einem standortübergreifenden Interessenausgleich vgl. BAG, Urt. v. 23.10.2002, 7 ABR 55/01.

17 GK-BetrVG/*Kreutz* § 77 BetrVG, Rn 61; ausführlich § 50 BetrVG, Rn 79.

c) Voraussetzungen der inhaltlichen Wirksamkeit von Betriebsvereinbarungen

aa) Tarifsperre

43 Die Betriebspartner können ihre Angelegenheiten im Rahmen des geltenden Rechts grundsätzlich umfassend selbst regeln. Es wird jedoch oft übersehen, dass diese Regelungsbefugnis auch in inhaltlicher Hinsicht beschränkt ist. Eine wichtige Grenze für die Regelungsmacht der Betriebsparteien bildet die sogenannte „Tarifsperre". In §77 Abs. 3 BetrVG ist geregelt, dass Arbeitsentgelte und sonstige Arbeitsbedingungen, die durch Tarifvertrag geregelt sind oder üblicherweise geregelt werden, nicht Gegenstand einer Betriebsvereinbarung sein können. Der Betriebsrat hat **keine Zuständigkeit** für Betriebsvereinbarungen, deren Gegenstand tarifüblich oder bereits in Tarifverträgen geregelt ist.[18] Etwas anderes gilt nach Satz 2 der Vorschrift nur dann, wenn der Tarifvertrag den Abschluss ergänzender Betriebsvereinbarungen ausdrücklich zulässt. Die Tarifsperre schließt Vereinbarungen aus, die mit der Kompetenz der Tarifvertragsparteien zur Regelung von Arbeitsbedingungen konkurrieren könnten. Verstoßen die Betriebsparteien gegen die Tarifsperre, ist die Betriebsvereinbarung unwirksam.

! **Praxistipp**

Viele Arbeitsgerichte halten ausführliche Tarifvertragssammlungen vor, auf die im Zweifelsfall zurückgegriffen werden sollte. Denn in der Praxis erweist es sich häufig als problematisch, dass viele Tarifverträge nicht veröffentlicht sind, nur den jeweiligen Tarifvertragsparteien vorliegen und im Rahmen einer Due Diligence nicht eingesehen werden können, wenn sie nicht in den Datenraum eingestellt werden.

---

bb) Gesetzes- und Tarifvorrang

44 Die Mitbestimmungsrechte des Betriebsrates nach § 87 BetrVG bestehen nach dem Eingangssatz von Absatz 1 nicht, wenn und soweit eine gesetzliche oder tarifliche Regelung besteht, die eine mitbestimmungspflichtige Angelegenheit behandelt. Hintergrund der Mitbestimmungsrechte in § 87 BetrVG ist der Schutz der Arbeitnehmer vor einseitigen Gestaltungen des Arbeitgebers. Die Vorschrift verfolgt das Konzept, dass die dort genannten sozialen Angelegenheiten entweder durch die Parteien eines Tarifvertrages oder durch die Betriebspartner geregelt werden sollen, wenn nicht der Gesetzgeber bereits tätig war.

45 Freiwillige Betriebsvereinbarungen können die Betriebsparteien dagegen unabhängig von § 87 BetrVG schließen, müssen jedoch die Sperrwirkung von § 77 Abs. 3 BetrVG beachten. Denn der Tarifvorbehalt des § 87 BetrVG führt nur zum Ausschluss der Mitbestimmungsrechte des Betriebsrates, wenn eine zwingende tarifliche Rege-

---

18 BAG, Urt. v. 13.3.2012, 1 AZR 659/10.

lung besteht. Zudem muss der Tarifvertrag in Kraft sein. In der Nachwirkungsphase des Tarifvertrages besteht der Vorbehalt des Tarifvertrages nicht mehr, so dass wieder Raum für die Mitbestimmungsrechte des Betriebsrates besteht. Gleiches gilt bei einer individualrechtlichen Fortgeltung nach § 613a Abs. 1 S. 2 BGB. Darüber hinaus muss der Tarifvertrag für den jeweiligen Betrieb gelten, in Betracht kommt auch eine Allgemeinverbindlichkeitserklärung. Die Arbeitnehmer müssen nicht tarifgebunden sein, jedoch unter den fachlichen und persönlichen Geltungsbereich des Tarifvertrages fallen.

cc) Günstigkeitsprinzip und Betriebsvereinbarungsoffenheit

Die Geltung einer Betriebsvereinbarung kann fraglich sein, wenn Arbeitsverträge 46
eine abweichende Regelung enthalten. Diese Konkurrenz löst die Rechtsprechung mit dem Günstigkeitsprinzip. Zu Gunsten des Arbeitnehmers gilt die **günstigere Regelung** eines Arbeitsvertrags auch dann, wenn die Betriebsvereinbarung „neuer" ist als die arbeitsvertragliche Regelung. Die ungünstigere betriebliche Regelung ist jedoch nicht unwirksam oder nichtig. Einzig ihre Anwendbarkeit auf das Arbeitsverhältnis ist ausgeschlossen, wenn und soweit die individuelle Regelung günstiger ist.[19]

dd) Recht und Billigkeit

§ 75 Abs. 1 BetrVG verpflichtet die Betriebsparteien unabdingbar, alle im Betrieb 47
tätigen Personen nach den Grundsätzen von Recht und Billigkeit zu behandeln. Es handelt sich dabei im Wesentlichen um einen allgemeinen Grundsatz, den die Betriebsparteien beim Abschluss der grundsätzlich in ihr freies Ermessen gestellten Betriebsvereinbarungen berücksichtigen müssen.

Mit den Grundsätzen des Rechts ist die Einhaltung der gesamten Rechtsordnung 48
gemeint. Dabei betont § 75 Abs. 1 BetrVG die Geltung des **Verbotes von Diskriminierungen**. Arbeitgeber und Betriebsrat sollen darüber wachen, dass jede Benachteiligung von Personen aus Gründen ihrer Rasse oder wegen ihrer ethnischen Herkunft, ihrer Abstammung oder sonstigen Herkunft, ihrer Nationalität, ihrer Religion oder Weltanschauung, ihrer Behinderung, ihres Alters, ihrer politischen oder gewerkschaftlichen Betätigung oder Einstellung oder wegen ihres Geschlechts oder ihrer sexuellen Identität unterbleibt. Der arbeitsrechtliche Gleichbehandlungsgrundsatz verpflichtet die Betriebsparteien zur Vermeidung unsachlicher Differenzierungen zum Nachteil einzelner Arbeitnehmer oder Arbeitnehmergruppen. Diese Kriterien sind der bei der Kontrolle einer Betriebsvereinbarung in der arbeitsrechtli-

---

19 BAG, Urt. v. 21.9.1989, 1 AZR 454/88; ErfKomm/*Kania* § 77 BetrVG, Rn 68.

chen Due Diligence stets im Hinterkopf zu behalten, da Verstöße zu einer Unwirksamkeit der Betriebsvereinbarung führen.

49 Bewegt sich eine Betriebsvereinbarung im Rahmen des geltenden Rechts, muss sich gedanklich stets eine Billigkeitskontrolle anschließen. Führt eine Betriebsvereinbarung zu einem unbilligen, unter keinen Umständen gerechtfertigten Ergebnis, ist die Betriebsvereinbarung (insoweit) unwirksam. Die Billigkeitskontrolle gewährleistet die **Gerechtigkeit im Einzelfall.**

50 Einen Verstoß gegen die Grundsätze von Recht und Billigkeit hat das BAG beispielsweise erkannt, wenn die Betriebsparteien in einem Sozialplan für die Höhe der Abfindung auch auf die Dauer der Beschäftigung abstellen und dabei Zeiten des Erziehungsurlaubs (heute Elternzeit) von der Berechnung ausnehmen.[20]

d) Die Beendigung von Betriebsvereinbarungen

aa) Beendigungsmöglichkeiten

51 Die Beendigung von Betriebsvereinbarungen ist in der Praxis nur selten problematisch. Häufig regeln bereits die Betriebsparteien selbst die Laufzeit einer Betriebsvereinbarung. In diesem Fall endet die Betriebsvereinbarung mit Ablauf des genannten Zeitpunktes. Auch Zweckbefristungen und der Abschluss unter einer auflösenden, eindeutig feststellbaren Bedingung sind zulässige Gestaltungen. Die Mindestbindung an eine Betriebsvereinbarung lässt sich daher in der Regel unproblematisch ermitteln.

52 Die Beendigung einer Betriebsvereinbarung kann auch durch eine Neuregelung erfolgen. Eine solche **„Ablösung“** ist selbst dann zulässig, wenn die neue Betriebsvereinbarung für die Arbeitnehmer weniger günstige Regelungen enthält. Bereits bestehende Besitzstände der Arbeitnehmer, insbesondere im Bereich ihrer Versorgungsanwartschaften, werden jedoch durch die Grundsätze der Verhältnismäßigkeit und des Vertrauensschutzes geschützt.

53 Die **gesetzliche Frist** für die ordentliche Kündigung einer Betriebsvereinbarung beträgt nach § 77 Abs. 5 BetrVG drei Monate. Die Vorschrift ist jedoch dispositiv, die Betriebsparteien können also abweichende Fristen vereinbaren oder das Recht zur ordentlichen Kündigung sogar vollständig ausschließen.

54 Ist einem Betriebspartner das Festhalten an der Betriebsvereinbarung bis zum Laufzeitende bzw. unter Einhaltung der ordentlichen Kündigungsfrist nicht zumutbar, kann die Betriebsvereinbarung auch außerordentlich gekündigt werden.

55 Befindet sich das Zielunternehmen im Insolvenzverfahren, kann die Kündigung der Betriebsvereinbarungen nach § 120 InsO erfolgen. Auch hier ist eine Frist von drei Monaten vorgesehen.

---

20 BAG, Urt. v. 12.11.2002, 1 AZR 58/02.

bb) Nachwirkung

Die Nachwirkung spielt eine große Rolle für die Bindung an eine Betriebsvereinbarung. Denn einer Betriebsvereinbarung ohne Nachwirkung kann sich das Unternehmen leichter entziehen als einer Betriebsvereinbarung mit Nachwirkung. Nach § 77 Abs. 6 BetrVG gelten die Regelungen einer Betriebsvereinbarung nach Ablauf oder ihrer Beendigung weiter, wenn die Inhalte der **zwingenden Mitbestimmung** unterfallen, also ein Spruch der Einigungsstelle die Einigung zwischen Arbeitgeber und Betriebsrat ersetzen kann. Dabei ist unerheblich, wie die Beendigung herbeigeführt wird. Die Nachwirkung verhindert, dass sich die Betriebspartner einer erzwungenen Regelung durch eine einfache Kündigung wieder entziehen können. Da § 77 Abs. 6 BetrVG nicht zwingend wirkt, können die Betriebsparteien die **Nachwirkung ausschließen**, was auch häufig geschieht. 56

Als Folge der Nachwirkung behält die Betriebsvereinbarung ihre **unmittelbare Wirkung** für die Arbeitsverhältnisse der vom Geltungsbereich erfassten Mitarbeiter. Sie gilt weiterhin „automatisch" für die Mitarbeiter in ihrem Geltungsbereich. Ihre zwingende, normative Wirkung verliert die Betriebsvereinbarung dagegen im Nachwirkungszeitraum. Individualvertragliche Vereinbarungen können also von den Bestimmungen der Betriebsvereinbarung zum Nachteil des Beschäftigten abweichen. Die Nachwirkung dauert an, bis eine andere Abmachung die Regelungen der „alten" Betriebsvereinbarung ersetzt. Die **Ersetzung** kann durch eine neue Betriebsvereinbarung, aber auch durch Tarifverträge oder individualrechtliche Regelungen erfolgen.[21] 57

Endet eine Betriebsvereinbarung über eine Angelegenheit, die nur der **freiwilligen Mitbestimmung** unterliegt, entsteht kraft Gesetzes keine Nachwirkung. Etwas anderes gilt nur, wenn die Betriebsvereinbarung die Nachwirkung ausdrücklich vorsieht. Können sich die Betriebsparteien dann nicht auf eine Neuregelung einigen, entscheidet in diesem Fall auch bei der freiwilligen Betriebsvereinbarung die Einigungsstelle.[22] 58

Regelt eine Betriebsvereinbarung unterschiedliche Lebensvorgänge, die teils der zwingenden Mitbestimmung unterliegen und teils nur freiwillig mitbestimmt sind, wirken grundsätzlich nur die Gegenstände der zwingenden Mitbestimmung nach, wenn der erzwingbare, nachwirkende Teil sinnvoll aufrechterhalten werden kann. Ist dies nicht möglich, entfaltet die gesamte Betriebsvereinbarung Nachwirkung. Problematisch ist die Frage der Nachwirkung bei **teilmitbestimmten Betriebsvereinbarungen**. Diese regeln einheitliche Lebensvorgänge und bewegen sich teilweise im mitbestimmungspflichtigen und teilweise im mitbestimmungsfreien Raum. Klassischer Anwendungsfall sind **freiwillige Leistungen** des Arbeitgebers, bei denen der Betriebsrat gemäß § 87 Abs. 1 Nr. 10 BetrVG nur hinsichtlich des 59

---

21 Vgl. GK-BetrVG/*Kreutz* § 77 BetrVG, Rn 423 ff.
22 BAG, Urt. v. 28.4.1998, 1 ABR 43/07.

Verteilungsschlüssels mitbestimmen darf. Den Dotierungsrahmen kann der Arbeitgeber dagegen frei festlegen. Aus diesem Grund tritt keine Nachwirkung ein, wenn der Arbeitgeber die Betriebsvereinbarung kündigt, um die Leistung vollständig und ersatzlos einzustellen. Kündigt der Arbeitgeber die Betriebsvereinbarung dagegen, um das finanzielle Volumen nur zu reduzieren und den Verteilungsschlüssel unter den Mitarbeitern zu ändern, wirkt grundsätzlich die gesamte Betriebsvereinbarung gemäß § 77 Abs. 6 BetrVG nach.[23]

4. Tarifverträge

a) Prüfungsgegenstand

60 Tarifverträge sollten bei der Due Diligence Prüfung im Wesentlichen unter zwei Gesichtspunkten betrachtet werden. Zunächst enthalten sie Regelungen zu **zentralen Arbeitsbedingungen** wie Arbeitszeit, Vergütung oder Kündigungsfristen. Wichtig ist dann die Feststellung, auf welcher **rechtlichen Grundlage** Tarifverträge im Zielunternehmen angewendet werden, da hiervon abhängt, ob und wie von Tarifverträgen abgewichen werden kann. Es kann eine erhebliche Rolle spielen, ob künftige Erhöhungen der Tariflöhne an die Belegschaft weitergegeben werden müssen und dadurch Personalkosten erheblich steigen oder ob diese ungewollte Kostendynamik beendet werden kann.

b) Rechtliche Grundlage der Geltung von Tarifverträgen

61 Bevor man sich mit den Inhalten der Tarifverträge beschäftigt, sollte man sich der Frage zuwenden, auf welcher rechtlichen Grundlage die Tarifverträge für die Arbeitsverhältnisse der Mitarbeiter des Zielunternehmens gelten. Denn die Art der Bindung des Zielunternehmens an Tarifverträge ist maßgeblich, wenn es darum geht, ob die **tariflichen Arbeitsbedingungen als Mindestniveau** gewährt werden müssen oder ob das tarifvertragliche Niveau gegebenenfalls auch unterschritten werden kann. Weiter hat die Art der Bindung an Tarifverträge entscheidende Bedeutung für die Frage, ob und wie die Bindung an Tarifverträge beendet werden kann, ebenso für die Fortgeltung der tarifvertraglichen Bestimmungen im Rahmen eines Betriebsübergangs.

62 Tarifverträge können aufgrund **beidseitiger Tarifbindung** gelten (§ 3 Abs. 1 TVG). Dies ist der Fall, wenn der Arbeitnehmer Mitglied der tarifvertragsschließenden Gewerkschaft ist und der Arbeitgeber entweder Mitglied des tarifvertragsschließenden Arbeitgeberverbands ist, oder, im Fall eines Haus- oder Firmentarifvertrags, selbst den Tarifvertrag geschlossen hat. Letzteres findet man häufig bei

23 Vgl. ErfKomm/*Kania* § 77 BetrVG, Rn 108 f.

Sanierungstarifverträgen, mit denen für Unternehmen in Abweichung von Flächentarifverträgen Sonderregelungen getroffen werden (z.B. die Streichung des 13. Gehalts für einen bestimmten Zeitraum, üblicherweise gegen einen zeitlich befristeten Ausschluss betriebsbedingter Kündigungen). Im Fall beidseitiger Tarifbindung wirken die Tarifverträge unmittelbar normativ für die Arbeitsverhältnisse.

Tarifverträge können für **allgemeinverbindlich** erklärt werden (§ 5 Abs. 1 TVG). 63
Dann gelten die Tarifverträge für sämtliche Unternehmen in ihrem sachlichen und geografischen Geltungsbereich, unabhängig davon, ob die Unternehmen bisher tarifgebunden waren (§ 5 Abs. 4 TVG). Welche Tarifverträge für allgemeinverbindlich erklärt wurden, lässt sich über das Tarifregister in Erfahrung bringen.[24]

Tarifverträge können aufgrund eines Verweises in den Arbeitsverträgen gelten, 64
man spricht von Verweisungsklauseln oder, geläufiger, von **Bezugnahmeklauseln**. Im Wesentlichen werden drei Kategorien von Bezugnahmeklauseln unterschieden:

- Statische Bezugnahmeklauseln, die auf eine bestimmte Fassung eines benannten Tarifvertrags verweisen (z.B. „... der Manteltarifvertrag für die Metall- und Elektroindustrie in Nordrhein-Westfalen vom ...“)
- Kleine dynamische Bezugnahmeklauseln, die auf einen Tarifvertrag oder ein Tarifvertragswerk in der jeweils gültigen Fassung verweisen (z.B. „... der Manteltarifvertrag für die Metall- und Elektroindustrie in Nordrhein-Westfalen in der jeweils gültigen Fassung“)
- Große dynamische Bezugnahmeklauseln, die auf den für den Betrieb in fachlicher, räumlicher und zeitlicher Hinsicht einschlägigen Tarifvertrag verweisen (z.B. „... der für den Betrieb jeweils fachlich und räumlich einschlägige Branchentarifvertrag in der jeweils gültigen Fassung...“).

Welcher Klauseltyp vorliegt, ist jeweils durch Auslegung zu ermitteln. Das ist teil- 65
weise, insbesondere bei älteren Arbeitsverträgen, nicht immer eindeutig. Die arbeitsvertraglichen Bezugnahmeklauseln begründen keine normative Wirkung der Tarifverträge.

Bei der Wirkung von kleinen dynamischen Bezugnahmeklauseln ist zwischen 66
sogenannten Altverträgen (vor dem 31. Dezember 2001 geschlossen) und sogenannten Neuverträgen (ab dem 1. Januar 2002 geschlossen) zu unterscheiden. Grund hierfür ist eine vom BAG vorgenommene **Neubewertung der kleinen dynamischen Bezugnahmeklauseln.**[25] Während das BAG früher den Sinn und Zweck der Bezugnahmeklausel in den Vordergrund stellte, nicht organisierte Arbeitnehmer den gewerkschaftsangehörigen Arbeitnehmern gleichzustellen (daher sprach man auch von „Gleichstellungsklauseln“), stellt das BAG nun auf den Wortlaut der Be-

---

24 www.bmas.bund.de/Arbeitsrecht/Tarifvertraege.
25 BAG, Urt. v. 14.12.2005, 4 AZR 536/04.

zugnahmeklauseln (und die Umstände des Vertragsschlusses) ab. Für Altverträge gewährt das BAG aber Vertrauensschutz. Damit behalten kleine dynamische Bezugnahmeklauseln in Altverträgen die rechtliche Wirkung, die sie bis zu dem Revirement der Rechtsprechung hatten. Neuverträge sind jedoch nach den neuen Grundsätzen zu bewerten. Im Ergebnis führt dies zu unübersichtlichen Konstellationen:

Beispiel

Bei einem Verbandsaustritt eines organisierten Arbeitgebers führt eine kleine dynamische Bezugnahmeklausel in einem Altvertrag zu einer statischen Fortgeltung der Tarifverträge. In Altverträgen ist der Zweck der Bezugnahmeklausel entscheidend, eine Gleichstellung der nicht-organisierten Arbeitnehmer mit gewerkschaftlich organisierten Arbeitnehmern zu erreichen. Da es bei diesen zu einer statischen Nachwirkung der Tarifverträge kommt, wird den kleinen dynamischen Bezugnahmeklauseln in Altverträgen dieselbe Wirkung zugemessen.

Bei einer kleinen dynamischen Bezugnahmeklausel in einem Neuvertrag kommt es jedoch zu einer dynamischen Fortgeltung der in Bezug genommenen Tarifverträge. Hier ist nicht die Situation der organisierten Arbeitnehmer entscheidend, sondern der Wortlaut der vertraglichen Regelung, die eben die Anwendung der jeweils gültigen Tarifverträge vorsieht, also eine dynamische Wirkung.

67 Häufig überlagert sich die Anwendung von Tarifverträgen aufgrund Tarifbindung und aufgrund Bezugnahmeklauseln. Unternehmen, die selbst tarifgebunden sind, verwenden in der Regel auch Arbeitsverträge mit Bezugnahmen auf die für das Unternehmen geltenden Branchentarifverträge. Grund hierfür ist, dass die Unternehmen einheitliche Arbeitsbedingungen herstellen wollen. Aufgrund Tarifbindung würden die Tarifverträge nur gelten, wenn die Arbeitnehmer Mitglieder der tarifvertragsschließenden Gewerkschaft sind. Dies muss aber natürlich nicht zwingend der Fall sein und Unternehmen sind häufig über die Gewerkschaftszugehörigkeit ihrer Arbeitnehmer nicht informiert. Über die vertragliche Bezugnahme lässt sich dann die Anwendung der Tarifverträge vereinbaren. Es kann somit auch zu einer **doppelten Rechtsgrundlage** für die Anwendung der Tarifverträge kommen: Einerseits die vertragliche Bezugnahmeklausel, andererseits die beidseitige Tarifbindung.

c) Wirkung von Tarifverträgen

aa) Unterschreitung des Tarifniveaus

68 Die Möglichkeit, von Tarifverträgen abzuweichen, bildet einen wichtigen Unterschied zwischen Tarifverträgen, die aufgrund Tarifbindung oder Allgemeinverbindlichkeit gelten und Tarifverträgen, die nur aufgrund vertraglicher Bezugnahmeklausel gelten. Denn bei Geltung der Tarifverträge aufgrund Tarifbindung oder Allgemeinverbindlichkeitserklärung muss der Arbeitgeber mindestens die tariflichen Arbeitsbedingungen gewähren (sogenanntes **Günstigkeitsprinzip**). Eine Unterschreitung des tariflichen Niveaus ist ansonsten nur möglich, wenn die Tarifverträge dies ausdrücklich gestatten (§ 4 Abs. 3 TVG).

Bei Tarifverträgen, die nur aufgrund vertraglicher Bezugnahme gelten, besteht hingegen durchaus die Möglichkeit, von den Tarifverträgen abweichende Regelungen zu vereinbaren. Die vertragliche Bezugnahme muss zudem nicht zwingend sämtliche tariflichen Regelungen eines Branchentarifvertrags umfassen. In der Praxis ist dieser Aspekt meist nur relevant, wenn Unternehmen nicht tarifgebunden sind. Denn wenn bereits die Tarifbindung des Unternehmens besteht, will das Unternehmen mit den Bezugnahmeklauseln nur das tarifliche Regelwerk auf sämtliche Mitarbeiter erstrecken. Dann geht es nicht darum, das Tarifniveau durch andere Regelungen zu unterschreiten. Anders ist es bei Unternehmen, die selbst nicht tarifgebunden sind. Dann haben Bezugnahmeklauseln häufig den Zweck, nur für bestimmte Aspekte, wie z.B. die Lohngruppe eines Mitarbeiters, auf die tariflichen Regelungen zu verweisen. Andere Aspekte, wie z.B. Kündigungsfristen, können dann durchaus abweichend geregelt werden. Welche tariflichen Regelungen von der Bezugnahmeklausel umfasst sind, ist im Zweifel durch Auslegung zu ermitteln. 69

bb) Geltung in zeitlicher Hinsicht

Für den potentiellen Erwerber stellt sich häufig die Frage, ob und wenn ja wann die Bindung an Tarifverträge im Zielunternehmen beendet werden kann. Dieses Thema ist komplex. Bei der Geltung der Tarifverträge in zeitlicher Hinsicht ist wiederum nach der Rechtsgrundlage der Bindung an Tarifverträge zu unterscheiden. 70

Im Fall beidseitiger Tarifbindung endet die Bindung an die Tarifverträge mit dem **Ende des Tarifvertrags.**[26] Die Beendigungstatbestände für Tarifverträge entsprechen grundsätzlich denen des Vertragsrechts. Praktisch relevant sind der Ablauf der Laufzeit oder der Fall der ordentlichen Kündigung. Seltener sind die außerordentliche Kündigung, die einvernehmliche Aufhebung oder die auflösende Bedingung. In der Praxis fällt das Ende eines Tarifvertrags freilich in der Regel mit dem Beginn eines neuen Tarifvertrags zusammen. 71

Um zu verhindern, dass sich Arbeitgeber oder – weniger realitätsnah – Arbeitnehmer der Wirkung des Tarifvertrags durch Verbandsaustritt entziehen, ist die so genannte **Nachbindung** gesetzlich geregelt, § 3 Abs. 3 TVG. Es handelt sich um eine vollwertige Tarifbindung, die gesetzlich fingiert wird. Auch die Nachbindung endet erst mit Ende des Tarifvertrags. 72

An das Ende des Tarifvertrags schließt sich die **Nachwirkung** an (§ 4 Abs. 5 TVG). Mit dieser Bestimmung sollte verhindert werden, dass lückenhafte Arbeitsverhältnisse bestehen, die, soweit vorhanden, durch dispositives Gesetzesrecht gefüllt werden müssen.[27] 73

---

26 ErfKomm/*Franzen* § 3 TVG Rn 21.

27 Zu den Einzelheiten der Nachwirkung vgl. Grobys/Panzer/*Einfeldt* Tarifvertrag, Rn 93 ff.

74 Die Bindung an für allgemeinverbindlich erklärte Tarifverträge endet entweder mit der Aufhebung der Allgemeinverbindlichkeit oder mit Ablauf der Dauer der Allgemeinverbindlichkeit.

75 Bei der Bindung an Tarifverträge aufgrund von Bezugnahmeklauseln ist zunächst festzuhalten, dass eine rein vertraglich vereinbarte Tarifvertragsbindung zu jeder Zeit durch eine entsprechende vertragliche Regelung beendet werden kann. Dies gilt rechtlich sowohl bei einem Unternehmenserwerb im Wege eines Share Deals als auch bei einem Asset Deal. Insbesondere steht bei einem Asset Deal auch § 613a Abs. 1 BGB einer Änderung einer vertraglichen Bezugnahmeklausel nicht entgegen. In praktischer Hinsicht stellen sich jedoch zwei Probleme: Zunächst werden Arbeitnehmer nicht ohne weiteres auf die Anwendung der Tarifverträge verzichten möchten. Hier wird in der Regel entscheidend sein, welche künftigen Bedingungen den Arbeitnehmern angeboten werden sollen. Weiter ist zu berücksichtigen, ab wann der Arbeitgeber frühestens von Tarifverträgen abweichen darf, die bislang aufgrund beidseitiger Tarifbindung galten. Im Fall des Share Deals sind für die organisierten Arbeitnehmer die Tarifverträge weiter anzuwenden und es kann frühestens im Zeitraum der Nachwirkung eine andere Vereinbarung getroffen werden kann. Bei einem Asset Deal, der einen Betriebsübergang darstellt, sind die Vorgaben des § 613a Abs. 1 BGB zu beachten. Dann ist bei einem Betriebsübergang auf einen nicht tarifgebundenen Arbeitgeber eine **Veränderungssperre** von einem Jahr einzuhalten, bevor sie zum Nachteil des Arbeitnehmers geändert werden (§ 613a Abs. 1 Satz 2 BGB).

d) Inhalte der Tarifverträge

76 Das Spektrum inhaltlicher Regelungen von Tarifverträgen ist denkbar groß. An dieser Stelle können naturgemäß nicht die Inhalte aller möglichen Branchentarifverträge dargestellt werden. Vielmehr kann nur ein Überblick über die wichtigsten Regelungsbereiche von Tarifverträgen gegeben werden, die im Rahmen der arbeitsrechtlichen Due Diligence untersucht werden sollten.

! **Checkliste Tarifverträge**
- Regelmäßige Wochenarbeitszeit bei Vollzeittätigkeit
- Möglichkeit für Überstunden, auch an Feiertagen und Wochenenden
- Urlaubsanspruch pro Kalenderjahr
- Kündigungsfristen
- Sonderkündigungsschutz
- Lohn- und Gehaltsregelungen
- Sonstige Zahlungen (Urlaubsgeld, Weihnachtsgratifikation, leistungsabhängige Sonderzahlungen)
- Betriebliche Altersversorgung
- Ausschlussfristen

IV. Besondere Aspekte der arbeitsrechtlichen Due Diligence

1. Arbeitszeitsysteme

Im Rahmen der Due Diligence ist zunächst zu klären, welches Arbeitszeitsystem das Zielunternehmen praktiziert. Hier kommen einfachste Regelungen (z.B. die klassische 40-Stunden-Woche mit gleichmäßiger Verteilung auf 5 Arbeitstage), unterschiedliche Schichtsysteme oder variable Arbeitszeitsysteme in Betracht. Natürlich können für unterschiedliche Unternehmensbereiche und Mitarbeitergruppen auch unterschiedliche Arbeitszeitsysteme angewendet werden. 77

Dann ist die **rechtliche Grundlage des Arbeitszeitsystems** zu klären. Bei Schichtsystemen sind dies häufig Tarifverträge, teilweise auch Betriebsvereinbarungen. Es ist selten, rechtlich aber zulässig, dass Schichtsysteme nur arbeitsvertraglich geregelt werden. Möglich sind auch Regelungen in Betriebshandbüchern oder allgemeinen Anweisungen. Gleitzeitsysteme sind hingegen häufiger Gegenstand von Betriebsvereinbarungen oder anderen betrieblichen Regelungen. 78

Ist die Rechtsgrundlage ermittelt, sollte wenigstens überschlägig geprüft werden, ob das **Arbeitszeitsystem rechtswirksam eingeführt** wurde. Bei Regelungen auf Basis von Tarifverträgen ist dies in den wenigsten Fällen problematisch. Bei Arbeitszeitsystemen, die durch Betriebsvereinbarung geregelt werden, kann die Wirksamkeit an verschiedenen Aspekten scheitern.[28] 79

In der Praxis wird die Wirksamkeit von Arbeitszeitsystemen, vor allem wenn sie in Unternehmen seit längerem praktiziert werden, aber kaum ein Problem darstellen. Im Vordergrund steht häufig die Frage, ob die **Flexibilität eines Arbeitszeitsystems** ausreichend ist, um den Anforderungen des Unternehmens und des Marktes Rechnung zu tragen und ob über ein Arbeitszeitsystem möglicherweise vergleichsweise hohe Personalkosten generiert werden. Letzteres ist häufig der Fall, wenn Mitarbeiter auf Arbeitszeitkonten hohe Guthaben ansammeln, die vom Arbeitgeber bis zur letzten Minute ausgezahlt werden müssen. Anders ist es beispielsweise, wenn Mitarbeiter in Gleitzeitsystemen auch Mitverantwortung für die Arbeitszeitguthaben tragen und diese sogar zu bestimmten Stichtagen gekappt werden. Eine **Kappung von Guthaben** ist zwar eher die Ausnahme. Dennoch zeigt sich vor allem bei Mechanismen zur Steuerung und Begrenzung von Zeitguthaben, ob Unternehmen die Arbeitszeitsysteme beeinflussen können oder ob sich die Mitarbeiterinteressen durchgesetzt haben. 80

Gleitzeitsysteme erfordern in der Regel eine Erfassung der Arbeitszeit durch die Mitarbeiter. Auch diese ist häufig Gegenstand von Betriebsvereinbarungen. 81

Der Blick ist bei Arbeitszeitsystemen also auf Folgendes zu richten: 82

---

28 Vgl. dazu Rn 39 ff.

! **Checkliste Arbeitszeitsystem**
- Welches Arbeitszeitsystem besteht für welche Mitarbeitergruppen/Unternehmensbereiche?
- Auf welcher Rechtsgrundlage beruht das Arbeitszeitsystem?
- Führt das Arbeitszeitsystem zu besonderen Kosten (z.B. Zuschläge für Überstunden oder Wochenendarbeit)?
- Sind diese Kosten marktüblich oder ungewöhnlich?
- Besteht im Zielunternehmen ein Gleitzeitsystem?
- Falls ja, wie werden Zeitguthaben und Zeitsalden gehandhabt? Mit welchen Mechanismen werden Guthaben und Salden zurückgeführt? Können Guthaben gekappt werden?
- Wie ist die Zeiterfassung geregelt?

2. Freie Mitarbeiter und Leiharbeit

83 Es sollte immer abgefragt werden, ob im Zielunternehmen Fremdpersonal eingesetzt wird und die entsprechenden Verträge eingesehen werden. Diese Information ist wichtig, um die tatsächlich benötigte **Anzahl an Arbeitskräften** zu ermitteln, die sich dann aus Stammpersonal und Fremdpersonal zusammensetzt.

84 Freie Mitarbeiter und Leiharbeitnehmer unterliegen anderen rechtlichen Bedingungen als das Stammpersonal. Der Einsatz von Leiharbeitnehmern kann in der Regel kurzfristig und ohne rechtliche Risiken beendet werden, da in diesem Fall die Arbeitnehmerschutzvorschriften wie z.B. das Kündigungsschutzgesetz nicht eingreifen, sondern lediglich die Kündigungsfrist im Arbeitnehmerüberlassungsvertrag einzuhalten ist. Zu ermitteln ist auch, welche **Ursache für den Leiharbeitnehmereinsatz** besteht. Entweder werden damit nur vorübergehende Kapazitätsspitzen abgefedert, für die kein Stammpersonal vorgehalten werden soll. Teilweise finden sich Zeitarbeitskräfte aber auch in kritischen Unternehmensbereichen wie Buchhaltung, Controlling und IT, weil Stammarbeitnehmer das Unternehmen verlassen haben und nicht rechtzeitig geeignete Nachfolger gefunden werden konnten. Der Einsatz der Leiharbeitnehmer führt dann häufig zu etwas erhöhten Kosten und zu einer etwas instabileren Personalsituation.

85 Bei freien Mitarbeitern stellt sich oft die Frage nach der **Scheinselbständigkeit**, ob also der freie Mitarbeiter bei genauer Betrachtung zutreffend als Arbeitnehmer des Zielunternehmens angesehen werden muss. Dies kann zu Haftungsrisiken führen, da der Arbeitgeber in diesem Fall für nicht abgeführte Einkommensteuer und Sozialversicherungsbeiträge des vermeintlich freien Mitarbeiters haftet.[29] In der Praxis tritt diese Haftung jedoch seltener ein, als teilweise vermutet wird. Das Scheinselbständigkeitsrisiko lässt sich kaum auf Basis der vorgelegten Verträge ermitteln, da im Zweifel die praktische Handhabung des Vertragsverhältnisses entscheidend ist. Indiz für eine Scheinselbständigkeit ist jedoch, wenn der freie Mitarbeiter dem

29 Zu diesem Risiko und zur Abgrenzung von freien Mitarbeitern und Arbeitnehmern vgl. Grobys/Panzer/*Langer*/*Esskandari* Freie Mitarbeit Rn 2ff., 25, 35.

Zielunternehmen auf Zeitbasis derart umfangreiche Rechnungen stellt, dass der freie Mitarbeiter praktisch nicht für andere Auftraggeber arbeiten kann. Eine **Begrenzung des Haftungsrisikos** kann sich daraus ergeben, dass die Lohnsteuer- und Sozialversicherungsprüfung des Zielunternehmens nicht zu Beanstandungen geführt hat.

Lediglich der Vollständigkeit halber soll hier auf die Thematik der **verdeckten Arbeitnehmerüberlassung** durch Werk- und Dienstverträge hingewiesen werden. 86
Risiken bestehen vor allem dann, wenn Arbeitnehmer eines Fremdunternehmens auf Basis eines Werk- oder Dienstvertrages längerfristig im Zielunternehmen eingesetzt und möglicherweise in die Arbeitsorganisation des Zielunternehmers eingegliedert werden. Liegt dann keine Arbeitnehmerüberlassungserlaubnis vor, ist der geschlossene Werk- oder Dienstvertrag unwirksam und die eingesetzten (d.h. überlassenen) Arbeitnehmer können geltend machen, dass sie in einem Arbeitsverhältnis zum Zielunternehmen stehen, §§ 9 Nr. 1, 10 Abs. 1 AÜG. Diese Rechtsfolge wird künftig voraussichtlich auch auf Fälle erstreckt werden, in denen eine Arbeitnehmerüberlassungserlaubnis vorliegt.

3. Fluktuation, Krankenstand, Arbeitsunfälle

Angaben zu Fluktuation, Krankenstand und Arbeitsunfällen sind keine rechtlich 87
zu bewertenden Informationen, sondern statistische Angaben, die das Bild der Belegschaft vervollständigen. Ist z.B. die Fluktuation in bestimmten Unternehmensbereichen ungewöhnlich hoch oder treten ungewöhnlich viele Arbeitsunfälle auf, sollten nach dem Unternehmenskauf geeignete Gegenmaßnahmen getroffen werden.

4. Rechtsstreitigkeiten

Die Frage nach arbeitsrechtlichen Rechtsstreitigkeiten gehört zum Standardpro- 88
gramm der Due Diligence. Abgefragt werden sollten individualrechtliche Rechtsstreitigkeiten ebenso wie Auseinandersetzungen mit dem Betriebsrat. Bei **Streitigkeiten mit Arbeitnehmern** sollte ein Zeitraum von zwei oder drei Jahren abgedeckt werden und der Gegenstand des Rechtsstreits ermittelt werden. Bei Rechtsstreitigkeiten über die Beendigung des Arbeitsverhältnisses sollte eine Information erfolgen, ob und in welcher Höhe eine Abfindung gezahlt wurde. Diese Information ist hilfreich, um die **Abfindungspraxis** im Zielunternehmen einordnen zu können. Diese setzt sich häufig auch nach einem Erwerb des Zielunternehmens fort.

Auch **Rechtsstreitigkeiten mit dem Betriebsrat** sollten für die vergangenen 89
zwei oder drei Jahre abgefragt werden. Praktisch besonders relevant sind Meinungsverschiedenheiten mit dem Betriebsrat über Mitbestimmungsrechte in sozialen Angelegenheiten, § 87 Abs. 1 BetrVG. Können Arbeitgeber und Betriebsrat keine Einigung erzielen, entscheidet die Einigungsstelle gemäß § 87 Abs. 2 BetrVG. Nur für die

Einsetzung der Einigungsstelle ist – mangels Einigung der Betriebsparteien – das Arbeitsgericht zuständig, § 99 ArbGG. Daher sollte die Frage nach Rechtsstreitigkeiten mit dem Betriebsrat auch ausdrücklich auf **Einigungsstellenverfahren** erstreckt werden.

90 Schließlich wird bei der arbeitsrechtlichen Due Diligence auch häufig nach Streiks oder Arbeitsniederlegungen gefragt.

5. Abfindungen/Sozialpläne

91 Nicht selten plant der Erwerber eines Zielunternehmens mehr oder weniger konkret **Personalabbaumaßnahmen** nach einem Erwerb. Für die Einschätzung der möglichen Kosten in diesem Zusammenhang ist die Information maßgeblich, ob und wenn ja welche Regelungen im Zielunternehmen für die Gewährung und **Berechnung von Abfindungen** bei der Beendigung von Arbeitsverhältnissen bestehen.

92 In vielen Fällen lassen sich für die Berechnung von Abfindungen Anhaltspunkte finden. Bestehen keine verbindlichen Regeln, ergibt sich die Abfindungspraxis im Wesentlichen aus den in der Vergangenheit **gezahlten Abfindungen**, die durch die Frage nach den Rechtsstreitigkeiten und Abfindungsvergleichen abgedeckt ist. Besteht im Zielunternehmen ein Betriebsrat und hat es in der Vergangenheit einen größeren Personalabbau gegeben, wurde in der Regel ein Interessenausgleich und Sozialplan vereinbart, §§ 111 ff. BetrVG. Es ist daher zweckmäßig, bei der Due Diligence auch das Vorliegen **etwaiger Sozialpläne** abzufragen. Denn das Kompensationsniveau eines vergangenen Sozialplans bestimmt zumindest die Erwartungen des Betriebsrats und der Arbeitnehmer für die Dotierung eines künftigen Sozialplans. Erfahrungsgemäß ist es nicht einfach, die wirtschaftlichen Konditionen des letzten Sozialplans zu unterbieten. Von der bloßen Orientierung an Sozialplänen der Vergangenheit zu unterscheiden ist der sogenannte **Rahmensozialplan**. Hierbei handelt es sich um einen freiwilligen Sozialplan, der für eine künftige, konkret noch nicht geplante Betriebsänderung vorsorglich abgeschlossen wird. Solch ein Rahmensozialplan enthält üblicherweise nur die – nicht bindenden – Grundsätze für einen künftigen Sozialplan. Seltener ist dagegen ein Sozialplan, der für künftige Betriebsänderungen in einem bestimmten Zeitraum die Regeln für den Ausgleich der wirtschaftlichen Nachteile der vom Personalabbau betroffenen Arbeitnehmer abschließend und bindend regelt.[30]

! **Praxistipp**
Da es sich bei Sozialplänen wie auch bei Interessenausgleichen um Betriebsvereinbarungen handelt, sind diese normalerweise mit der Abfrage der bestehenden Betriebsvereinbarung des Zielunternehmens abgedeckt. Wegen der besonderen Bedeutung von Interessenausgleichen und Sozial-

30 WHSS/*Schweibert* Abschnitt C, Rn 208.

plänen empfiehlt es sich jedoch, die aktuell bestehenden und die in einem bestimmten Zeitraum, z.B. den letzten fünf Jahren, geschlossen Interessenausgleiche und Sozialpläne ausdrücklich abzufragen.

B. Betriebsübergang

I. Unterschiede zum Share Deal

Ein Asset Deal wird regelmäßig einen Betriebs- oder Betriebsteilübergang im Sinne 93
des § 613a BGB darstellen. Denn Betrieb und Betriebsteil werden im Rahmen des § 613a BGB weit definiert und die Übernahme des gesamten Unternehmens oder von Teilen davon reicht meist aus, um die gesetzlichen Tatbestandsvoraussetzungen zu erfüllen. Wegen der Rechtsfolgen des Betriebs(teil)übergangs unterscheidet sich der Asset Deal erheblich vom Share Deal. Für die betroffenen Arbeitnehmer kommt es zu einem gesetzlich angeordneten Arbeitgeberwechsel. Erwerber und Veräußerer müssen eine Regelung über die Haftung für die Verbindlichkeiten aus den Arbeitsverhältnissen treffen und die Arbeitnehmer über den Betriebsübergang unterrichten.

II. Voraussetzungen eines Betriebs- bzw. Betriebsteilübergangs

Ein Betriebsübergang liegt vor, wenn infolge eines Übergangs eines Betriebs durch 94
Rechtsgeschäft die Person des Betriebsinhabers wechselt und der neue Betriebsinhaber den Betrieb im Wesentlichen unverändert fortführt.

1. Übertragungsfähiger Betrieb oder Betriebsteil

Voraussetzung für das Vorliegen eines Betriebs- oder Betriebsteilübergangs ist zu- 95
nächst, dass überhaupt ein übertragungsfähiger Betrieb oder Betriebsteil vorliegt. Unter Betrieb im Sinne des § 613a BGB ist eine **wirtschaftliche Einheit** zu verstehen, die regelmäßig aus einer organisatorischen Gesamtheit von Personen und Sachen besteht, die auf Dauer zur Ausübung einer wirtschaftlichen Tätigkeit mit eigener Zielsetzung zusammengefasst ist.[31] Auch der Betriebsteil zeichnet sich dadurch aus, dass bestimmte, von der übrigen Betriebsorganisation abgrenzbare Res-

31 EuGH, Urt. v. 11.3.1997, C-13/95 – *Ayse Süzen*.

sourcen dauerhaft zur Erbringung eines betrieblichen Teilzwecks verknüpft werden und eine eigene Organisation aufweisen.[32, 33]

2. Übergang durch Rechtsgeschäft

96 Ein Betriebs- oder Betriebsteilübergang liegt nur vor, wenn die Übertragung der organisatorischen Einheit aufgrund eines Rechtsgeschäfts erfolgt, also eine vertragliche Beziehung zwischen Veräußerer und Erwerber vorliegt. Bei einem Asset Deal ist diese Voraussetzung unproblematisch gegeben.

3. Identitätswahrende Übertragung des Betriebs oder Betriebsteils

97 Schließlich setzt § 613a BGB voraus, dass der Betrieb oder Betriebsteil unter **Wahrung der Identität** auf einen neuen Inhaber übertragen und von diesem fortgeführt wird. Ob ein solcher im Wesentlichen unveränderter Fortbestand des Betrieb oder Betriebsteils bei dem neuen Inhaber anzunehmen ist, richtet sich nach den Umständen des konkreten Einzelfalls.

98 Vom BAG wird dies in ständiger Rechtsprechung anhand des sogenannten **„7-Punkte-Katalogs“** geprüft.[34] Danach hat die Prüfung, ob ein Betriebs- oder Betriebsteilübergang vorliegt, mit der Bestimmung der Art des Betriebs oder Betriebsteils zu beginnen, um eine sachgerechte Beurteilung anhand der weiteren Prüfungspunkte vornehmen zu können. Während bei betriebsmittelgeprägten Betrieben insbesondere die Übertragung von materiellen und immateriellen Betriebsmitteln ausschlaggebend für die Beurteilung der Identitätswahrung des übergehenden Betriebs sein soll, ist im Falle des Übergangs eines betriebsmittelarmen Betriebs oder Betriebsteils vorrangig auf andere Kriterien, etwa den Übergang wesentlicher Teile der Belegschaft, abzustellen.

99 Nach der Bestimmung der Art des Betriebs oder Betriebsteils kommt es darauf an, welche der folgenden Aspekte erfüllt sind:

- Übernahme von materiellen Betriebsmitteln (z.B. Produktionsanlagen, Vorräte)
- Übernahme von immateriellen Betriebsmitteln (z.B. Lizenzen, Marken, spezielles Know-how von einzelnen, besonders bedeutsamen Mitarbeitern)
- Übernahme der Hauptbelegschaft
- Übernahme von Kundenbeziehungen
- Vergleichbare Tätigkeit vor und nach Übergang

---

32 Für eine vertiefte Darstellung zur Abgrenzung zwischen Betrieb und Betriebsteil sowie den Voraussetzungen eines Betriebsübergangs siehe die ausführliche und lesenswerte Darstellung von ErfKomm/*Preis* § 613a BGB, Rn 5 bis 65.

33 BAG, Urt. v. 2.10.1974, 5 AZR 504/73.

34 Vgl. in ErfKomm/*Preis* § 613a BGB Rn 11.

- Dauer der Unterbrechung der Geschäftstätigkeit (die dauerhafte Stilllegung eines Betriebs oder Betriebsteils vor der Übertragung schließt einen späteren Betriebsübergang aus, eine nur kurze Unterbrechung hingegen nicht)
- Gesamtwürdigung

100 Im Rahmen der Gesamtwürdigung kann das Fehlen oder Vorliegen eines einzigen der genannten Merkmale für sich genommen regelmäßig nicht für das Vorliegen eines Betriebs- oder Betriebsteilübergangs entscheidend sein. Unter Berücksichtigung der Gegebenheiten im Einzelfall sowie der Art des Betriebs oder des Betriebsteils kann aber einem Merkmal eine überragende Bedeutung zukommen, während ein anderes Merkmal bedeutungslos ist.

Beispiel
Ein Zulieferer für Stanz- und Ziehteile in der Automobilindustrie betreibt an mehreren Standorten in Deutschland Produktionsstätten. Eine der Produktionsstätten wird im Wege des Asset Deals veräußert. Von der Veräußerung betroffen sind die Produktionsanlagen bestehend aus Gebäuden und Maschinen, das Eigentum am Grundstück, auf dem sich die Produktionsanlagen befinden, sowie die Vorräte. Übernimmt der Erwerber zudem auch das Personal, liegt ein Betriebsübergang vor. Aber auch ohne die Übernahme der Belegschaft ist in dieser Situation von einem Betriebsübergang auszugehen, mit der Folge, dass die Arbeitsverhältnisse der in der Produktionsstätte beschäftigten Mitarbeiter „automatisch" auf den Erwerber übergehen würden.

III. Rechtsfolgen des Betriebsübergangs

1. Übergang der Arbeitsverhältnisse kraft Gesetz

101 Wesentliche Rechtsfolge eines Betriebs- oder Betriebsteilübergangs ist der Übergang sämtlicher hiervon betroffener Arbeitsverhältnisse auf den Erwerber, unabhängig davon, wie der Arbeitsvertrag ausgestaltet ist (unbefristet oder befristet, Teilzeitarbeitsverhältnisse), und ob die Hauptleistungspflichten – z.B. wegen Elternzeit, Mutterschutz, Passivphase der Altersteilzeit oder Arbeitsunfähigkeit – ruhen. **Nicht erfasst** vom Betriebsübergang werden z.B. Ruhestandsverhältnisse mit Mitarbeitern, die zum Zeitpunkt des Übergangs bereits ausgeschieden waren (so genannte **Betriebsrentner**), gekündigte Arbeitsverhältnisse, sofern die Kündigungsfrist vor dem Zeitpunkt des Übergangs abgelaufen ist sowie Dienstverhältnisse mit Organmitgliedern (z.B. GmbH-Geschäftsführern).

102 Praktisch wichtig ist die Frage, welche Arbeitsverhältnisse dem veräußerten Betrieb oder Betriebsteil zugeordnet waren und daher kraft Gesetzes auf den Erwerber übergehen. Häufig einigen sich Erwerber und Veräußerer auf die Übernahme einer bestimmten Zahl von Arbeitnehmern. Teilweise werden die Arbeitnehmer in einer Anlage zum Kaufvertrag aufgelistet. Welche und wie viele Arbeitsverhältnisse einem Betrieb oder Betriebsteil zuzuordnen sind, unterliegt jedoch nicht der Disposition

von Erwerber und Veräußerer. Ob dann weitere Arbeitnehmer erfolgreich geltend machen können, auch ihr Arbeitsverhältnis sei auf den Erwerber übergegangen, hängt davon ab, ob das Arbeitsverhältnis dem veräußerten Betrieb oder Betriebsteil zugeordnet war. Hierfür kommt es darauf an, ob der betreffende Mitarbeiter in den übertragenen Betrieb oder Betriebsteil eingegliedert war. Nicht ausreichend ist hingegen eine Tätigkeit **für** den übertragenen Betriebsteil. So wird etwa das Arbeitsverhältnis eines Mitarbeiters aus der Personalabteilung nicht automatisch auf den Betriebserwerber übergehen, wenn der Teil der Produktion nebst Belegschaft veräußert wird, für den der Mitarbeiter in der Personalabteilung tätig war.

! **Praxistipp**
Kann bei einem Mitarbeiter die Frage nach seiner Zuordnung zu dem übertragenen Betrieb oder Betriebsteil nicht eindeutig beantwortet werden, sollte vor dem Betriebsübergang eine ausdrückliche Zuordnung vorgenommen werden. Dies kann durch eine Versetzung erfolgen oder durch eine einvernehmliche Änderung des Arbeitsvertrags. Häufig versuchen Betriebsveräußerer, die Mitarbeiter dem Betrieb zuzuordnen, die sie nach der Veräußerung des Betriebs nicht mehr einsetzen können.

2. Fortgeltung der Rechte und Pflichten aus dem Arbeitsverhältnis

103 Gemäß § 613a Abs. 1 Satz 1 BGB tritt der Erwerber eines Betriebs oder Betriebsteils in die Rechte und Pflichten aus den im Zeitpunkt des Übergangs bestehenden Arbeitsverhältnissen ein. Damit findet ein gesetzlich angeordneter **Vertragspartnerwechsel auf Arbeitgeberseite** statt, bei dem das Arbeitsverhältnis inhaltlich unverändert bleibt.[35] Dies bedeutet, dass der **Erwerber Schuldner aller bestehenden oder künftigen Verbindlichkeiten** aus dem Arbeitsverhältnis wird.[36] Für Systeme der betrieblichen Altersversorgung gilt ebenfalls, dass der Erwerber in die Versorgungsanwartschaften der übergehenden Mitarbeiter eintritt. Können einzelne Ansprüche wegen ihrer Eigenart nicht vom Erwerber erfüllt werden – z.B. wenn der Erwerber, anders als der Veräußerer, keine Kantine betreibt, in der die Mitarbeiter vergünstigt essen können – haben die betroffenen Mitarbeiter Anspruch auf finanziellen Ausgleich. Die beim Veräußerer erworbene Betriebszugehörigkeit der Mitarbeiter gilt beim Erwerber fort.

! **Checkliste Haftung für Vergütungsansprüche**
Der Betriebserwerber haftet insbesondere für folgende Ansprüche:
- Festvergütung
- Variable Vergütung, z.B. Boni, Gratifikationen, Leistungsprämien, Provisionen

35 BAG, Urt. v. 22.2.1978, 5 AZR 800/76.
36 ErfKomm/*Preis* § 613a BGB Rn 73.

- Überstundenvergütung
- Urlaubsansprüche und Urlaubsabgeltung
- Jubiläumszahlungen
- Ansprüche auf betriebliche Altersversorgung

Während also der Erwerber umfassend für Ansprüche aus den übergegangenen Arbeitsverhältnissen haftet, wird der Veräußerer von etwaigen Ansprüchen frei, soweit nicht die **gesetzliche Nachhaftung** des Veräußerers gemäß § 613a Abs. 2 BGB eingreift.[37] Da sich die übergegangenen Arbeitnehmer bei der Geltendmachung von Ansprüchen in aller Regel an den neuen Betriebsinhaber wenden, hat der Erwerber naturgemäß ein Interesse daran, im Rahmen der Due Diligence zu klären, welche Ansprüche aus den Arbeitsverhältnissen er übernimmt. Im Rahmen der Vertragsverhandlungen kann er dann mit dem Veräußerer eine interessengerechte Verteilung der Haftung vereinbaren. 104

3. Fortgeltung von Kollektivvereinbarungen

Der Erwerber eines Betriebs „übernimmt" in aller Regel mit den Arbeitsverhältnissen auch die Tarifverträge und Betriebsvereinbarungen. Wie diese Kollektivvereinbarungen im Einzelnen fortwirken und welche Bindung sich daraus für den Betriebserwerber ergibt, wird im Rahmen der Due Diligence nicht immer genau untersucht, da dies in erster Linie die Situation nach dem potenziellen Erwerb betrifft. Für den Erwerber können damit jedoch **erhebliche Rechtsfolgen** verbunden sein. Da die Thematik sehr komplex ist, sollen im Folgenden nur die wesentlichen Grundzüge dargestellt werden. Es ist jedoch empfehlenswert, sich vor einem Unternehmenskauf mit Betriebsübergang über das rechtliche Schicksal von Kollektivvereinbarungen ein genaues Bild zu machen. 105

Zu unterscheiden ist zwischen der kollektivrechtlichen Fortgeltung, der individualrechtlichen Fortgeltung sowie der Transformation von Tarifverträgen und Betriebsvereinbarungen. 106

a) Fortgeltung von Tarifverträgen

Verbandstarifverträge gelten auch nach einem Betriebsübergang für übergegangene Arbeitsverhältnisse kollektivrechtlich fort, wenn der Erwerber, ebenso wie zuvor der Veräußerer, Mitglied des tarifschließenden Arbeitgeberverbandes ist oder der Tarifvertrag allgemeinverbindlich (§ 5 TVG) ist. Für die normative Fortgeltung von Fir- 107

37 Vgl. zur Haftungsverteilung die Ausführungen dazu unter Rn 117.

mentarifverträgen bedarf es hingegen eines Übernahmevertrages zwischen der tarifschließenden Gewerkschaft und dem Erwerber.[38]

108 Eine derartige kollektivrechtliche Fortgeltung kommt nicht in Betracht, wenn z.B. der Erwerber, anders als der Veräußerer, nicht tarifgebunden ist. Dann greift § 613a Abs. 1 Satz 2 BGB als Auffangvorschrift ein und ordnet die individualrechtliche Fortgeltung an, indem die Inhalte des Tarifvertrages zum Inhalt des Arbeitsverhältnisses werden. Betroffen von dieser **Transformation** sind alle Tarifnormen, die vor dem Betriebsübergang aufgrund beiderseitiger Tarifgebundenheit auf das Arbeitsverhältnis Anwendung fanden, auch wenn es sich um in der Nachwirkung (§ 4 Abs. 5 TVG) befindliche Tarifnormen handelt. Die transformierten Tarifverträge gelten aber nur statisch fort. Erhöhungen der Tariflöhne müssen also ab dem Zeitpunkt des Betriebsübergangs nicht weitergegeben werden.

109 Die transformierten Tarifregelungen werden einer einjährigen Veränderungssperre unterworfen, ohne dass hiervon die anderen Regelungen des Arbeitsvertrages betroffen wären. Zulässig ist es zudem, bereits vor Ablauf der Jahresfrist nachteilige Regelungen für einen nach dem Ablauf der Jahresfrist liegenden Zeitpunkt zu treffen.

110 Eine Transformation der Tarifregelungen in das Arbeitsverhältnis findet nach § 613a Abs. 1 Satz 3 BGB nicht statt, wenn die betreffenden Rechte und Pflichten bereits durch einen für den Erwerber und den übergehenden Mitarbeiter geltenden **anderen Tarifvertrag** geregelt werden. Dies ist z.B. der Fall, wenn beim Erwerber ein Firmentarifvertrag gilt, an den der Mitarbeiter aufgrund Gewerkschaftszugehörigkeit ebenso gebunden ist wie an den Verbandstarifvertrag, der beim Veräußerer gegolten hat. Eine entsprechende „Regelungsidentität" zwischen den bei Veräußerer und Erwerber geltenden Tarifnormen setzt keine vollständige Regelungsgleichheit voraus, sondern ist bereits dann gegeben, wenn dieselbe Sachgruppe erfasst ist.

Beispiel
Enthalten sowohl der für den Veräußerer als auch der für den Erwerber geltende Tarifvertrag Regelungen zur Arbeitszeit, werden die zuvor beim Veräußerer anwendbaren Regelungen von den beim Erwerber anwendbaren verdrängt. Sieht hingegen der Tarifvertrag beim Veräußerer Abfindungszahlungen im Falle der Beendigung von Arbeitsverhältnissen unter der Überschrift „Kündigungen" vor, der Tarifvertrag beim Erwerber unter der Überschrift „Kündigungen" hingegen nur Regelungen zur Kündigungsfrist, wird die beim Veräußerer vorgesehene Abfindungsregelung von den tariflichen Regelungen beim Erwerber nicht verdrängt.[39]

111 Ob im Fall der nachträglichen Verdrängung das Günstigkeitsprinzip oder vielmehr das Ordnungsprinzip eingreift, ist unter Berücksichtigung der neueren europäi-

38 Grobys/Panzer/*Döring* Betriebsübergang Rn 104.
39 Angelehnt an BAG, Urt. v. 20.4.1994, 4 AZR 342/93.

schen Rechtsprechung für deutsches Recht nicht abschließend geklärt.[40] Lediglich nachwirkende Tarifnormen beim Erwerber sowie beim Erwerber geltende Betriebsvereinbarungen stehen einer Transformation von Tarifverträgen nicht entgegen.[41]

Gegenstand umfangreicher Diskussionen im Zusammenhang mit der Fortgel- 112
tung tarifrechtlicher Normen beim Betriebsübergang waren in der Vergangenheit **Bezugnahmeklauseln** in Arbeitsverträgen.[42] Bezugnahmeklauseln gehen wie die übrigen Rechten und Pflichten aus dem Arbeitsverhältnis auch gemäß § 613a Abs. 1 Satz 1 BGB auf den Erwerber über.

Die Wirkungen einer Bezugnahmeklausel hängen von ihrer konkreten Ausge- 113
staltung ab:

- **Statische Bezugnahmeklauseln** sind unproblematisch. Sie verpflichten den Erwerber weiterhin zur statischen Anwendung der in Bezug genommenen Tarifverträge.
- **Große dynamische Bezugnahmeklauseln** bewirken, dass die nach dem Betriebsübergang beim Betriebserwerber kollektivrechtlich geltenden Tarifverträge in Bezug genommen werden. Sie werden daher auch „Tarifwechselklauseln" genannt.[43]
- Bei **kleinen dynamischen Bezugnahmeklauseln** ist zwischen Alt- und Neuverträgen zu unterscheiden[44] Im Falle einer Gleichstellungsabrede in Altverträgen werden die in Bezug genommenen Tarifverträge bei einem nicht tarifgebundenen Erwerber nach § 613 a Abs. 1 S. 2 BGB transformiert und mit dem zum Zeitpunkt des Übergangs bestehenden Normenstand statisch zum Inhalt des Arbeitsvertrages.[45] Kleine dynamische Bezugnahmeklauseln in Neuverträgen werde nur noch bei Vorliegen konkreter Anhaltspunkte als Gleichstellungsabrede verstanden, anderenfalls bewirken sie stets eine dynamische Weitergeltung der in Bezug genommenen Tarifverträge und zwar unabhängig davon, ob der Erwerber tarifgebunden ist, oder nicht.[46] Die Klausel wirkt vielmehr dynamisch weiter. Es finden also weiterhin die zum Zeitpunkt des Übergangs beim Veräußerer angewendeten Tarifverträge in ihrer jeweils geltenden Fassung Anwendung.[47] Dies gilt unabhängig davon, ob diese Tarifverträge für den Erwerber fachlich einschlägig sind. Eine neuere Entscheidung des EuGH scheint dieses Ergebnis in Frage zu stellen.[48] Der EuGH hat (für das englische Recht) vertreten,

---

40 Vgl. Grobys/Panzer/*Döring* Betriebsübergang Rn 112.
41 HWK/*Willemsen*/*Müller-Bonanni* § 613a BGB Rn 272.
42 Vgl. dazu auch oben Rn 64 ff.
43 Vgl. etwa in ErfKomm/*Preis* § 613a BGB Rn 127a.
44 Vgl. hierzu bereits die Ausführungen unter Rn 66.
45 BAG, Urt. v. 21.8.2002, 4 AZR 263/01.
46 BAG, Urt. v. 14.12.2005, 4 AZR 536/04.
47 BAG, Urt. v. 22.4.2009, 4 AZR 100/08.
48 EuGH, Urt. v. 18.7.2013, C-426/11 – Alemo-Herron.

dass eine dynamische Bezugnahmeklausel für den Fall eines Betriebsübergangs auf einen nicht tarifgebundenen Erwerber nicht zur dynamischen Weitergeltung von Tarifverträgen führen dürfe. Denn diese Verpflichtung zur dynamischen Anwendung von Tarifverträgen aufgrund der übergegangenen Bezugnahmeklausel verletze die negative Koalitionsfreiheit des nicht tarifgebundenen Erwerbers. Wäre diese Entscheidung auf das deutsche Recht übertragbar, wäre im Falle des Betriebsübergangs nur von einer statischen Fortwirkung von in Bezug genommenen Tarifverträgen beim nicht tarifgebundenen Erwerber auszugehen. Die Übertragbarkeit der EuGH-Entscheidung auf deutsches Recht wird aber wegen der eklatanten Unterschiede zwischen dem deutschen und dem englischen Recht in der Literatur größtenteils abgelehnt.

b) Fortgeltung von Betriebsvereinbarungen

114 Auch für Betriebsvereinbarungen ordnet § 613a BGB grundsätzlich die **kollektive Fortgeltung** an, gegebenenfalls die Transformation in das Arbeitsverhältnis, sofern beim Erwerber nicht Kollektivvereinbarungen zum selben Regelungsgegenstand bestehen. Bei Betriebsvereinbarungen ist aber zusätzlich danach zu unterscheiden, von welchem Gremium (örtlicher Betriebsrat, Gesamtbetriebsrat oder Konzernbetriebsrat) die Betriebsvereinbarung geschlossen wurde.[49]

115 Für die kollektivrechtliche Fortgeltung von Betriebsvereinbarungen gilt Folgendes:
- **Einzelbetriebsvereinbarungen** wirken kollektivrechtlich fort, wenn die betriebsverfassungsrechtliche Identität des Betriebs(teils) durch den Betriebsübergang gewahrt bleibt. Die Identität wird nicht gewahrt, wenn der übergegangene Betrieb(steil) in die beim Erwerber bestehende Organisation eingegliedert und die zuvor bestehende einheitliche Leitung aufgegeben wird.
- **Gesamtbetriebsvereinbarungen** wirken kollektivrechtlich fort, wenn mehrere Betriebe oder Betriebsteile identitätswahrend auf einen neuen Inhaber übertragen werden. Die Gesamtbetriebsvereinbarung gilt als Einzelbetriebsvereinbarung fort, wenn nur ein einzelner von dieser Betriebsvereinbarung betroffener Betrieb übertragen wird.
- Die Grundsätze für die Fortgeltung von Gesamtbetriebsvereinbarungen werden zumeist auch auf **Konzernbetriebsvereinbarungen** übertragen.

116 Ist eine kollektivrechtliche Fortgeltung von Betriebsvereinbarungen ausgeschlossen, weil z.B. der erworbene Betrieb in eine andere Einheit integriert wird und seine Identität verliert, kommt es grundsätzlich zur Transformation der betriebsverfas-

---

49 Vgl. zu den Auswirkungen eines Unternehmenskaufs auf die Arbeitnehmervertretungen Rn 135.

sungsrechtlichen Regelungen in die übergegangenen Arbeitsverhältnisse und es greift die Veränderungssperre. Die Transformation von Betriebsvereinbarungen wird – anders als bei Tarifverträgen – indes nicht per se durch das Bestehen einer Betriebsvereinbarung beim Erwerber zum selben Regelungsgegenstand ausgeschlossen. Vielmehr ist zunächst im Wege der **Auslegung** der beim Erwerber geltenden Betriebsvereinbarung zu ermitteln, ob diese etwaig neu hinzukommende Betriebe oder Betriebsteile nach ihrem Regelungsgehalt überhaupt erfassen will.[50]

4. Haftung von Betriebsveräußerer und Betriebserwerber

Der Kaufvertrag beim Asset Deal enthält typischerweise eine Regelung, für welche Ansprüche aus den Arbeitsverhältnissen der übergehenden Mitarbeiter Veräußerer und Erwerber haften. Eine solche Regelung ist überaus wichtig, da es ansonsten bei der **gesetzlichen Haftungsregelung** des § 613a Abs. 2 BGB bleibt. Diese führt u.a. für Ansprüche, die bis zum Zeitpunkt des Betriebsübergangs entstanden sind, zu einer **gesamtschuldnerischen Haftung** von Erwerber und Veräußerer und einer Haftung zu gleichen Teilen im Innenverhältnis, die in der Regel nicht interessengerecht sein wird. 117

Ausdrücklich regelt § 613a Abs. 2 BGB nur die Haftung des bisherigen Arbeitgebers, mithin des Veräußerers. Für welche Ansprüche der Erwerber zu haften hat, ergibt sich im Umkehrschluss. 118

a) Haftung des Betriebsveräußerers

Die Regelung in § 613a Abs. 2 BGB betrifft nur übergehende Arbeitsverhältnisse. Daher haftet der Veräußerer allein und uneingeschränkt für sämtliche Ansprüche von Mitarbeitern, 119

- deren Arbeitsverhältnis zum Zeitpunkt des Betriebsübergangs beendet war,
- deren Arbeitsverhältnis nicht vom Betriebsübergang erfasst ist, oder
- die dem Übergang ihres Arbeitsverhältnisses widersprochen haben.

Bei übergehenden Mitarbeitern haftet der Veräußerer für Ansprüche, die bereits **vor dem Betriebsübergang entstanden** und fällig geworden sind oder **innerhalb eines Jahrs** ab dem Betriebsübergang fällig werden. Für letztere besteht die Haftung aber nur in dem Umfang, der dem im Zeitpunkt des Betriebsübergangs abgelaufenen Teil ihres Bemessungszeitraums entspricht. Der Veräußerer ist also grundsätzlich nicht an Personalkosten beteiligt, die der Zeit nach dem Betriebsübergang zuzuordnen sind. 120

---

50 Grobys/Panzer/*Döring* Betriebsvereinbarung, Rn 121; HWK/*Willemsen*/*Müller-Bonanni* § 613a BGB Rn 269.

Beispiel
Der Betriebsübergang findet zum 1. Oktober, 0:00 Uhr statt. Die übergehenden Mitarbeiter haben mit der Gehaltszahlung für November Anspruch auf eine Jahressondergratifikation in Höhe eines Bruttomonatsgehalts. Die Gratifikation wird für die Betriebstreue im jeweiligen Kalenderjahr gezahlt. Im Zeitpunkt des Betriebsübergangs sind 9 Monate des laufenden Jahres und damit 9/12 des Bemessungszeitraums abgelaufen. Der Veräußerer haftet den übergehenden Arbeitnehmern daher in Höhe von 9/12 der Jahressondergratifikation.

b) Haftung des Betriebserwerbers

121 Für den Erwerber als neuem Arbeitgeber gilt eine **uneingeschränkte Haftung** gegenüber den auf ihn übergegangenen Mitarbeitern für sämtliche Verbindlichkeiten aus dem Anstellungsverhältnis, inklusive der Verbindlichkeiten aus betrieblicher Altersversorgung. Erfolgt der Betriebsübergang nach der Eröffnung eines Insolvenzverfahrens, ist die Haftung des Erwerbers für solche Ansprüche ausgeschlossen, die zum Zeitpunkt der Eröffnung des Insolvenzverfahrens bereits entstanden waren.[51]

Praxistipp
Die Praxis greift bei der Regelung der Haftungsverteilung im Unternehmenskaufvertrag für Ansprüche aus den Arbeitsverhältnissen der übergehenden Arbeitnehmer häufig auf eine Zuweisung nach dem „Stichtagsprinzip" zurück. Danach haftet der Veräußerer für sämtliche Ansprüche, die auf die Zeit bis zum Betriebsübergang entfallen, der Erwerber für sämtliche Ansprüche, die auf die Zeit nach dem Betriebsübergang entfallen. Auch die Haftung für Ansprüche aus der betrieblichen Altersversorgung wird in der Regel nach dem Stichtagsprinzip verteilt.

122 Die zwischen Veräußerer und Erwerber vereinbarte Haftungsverteilung betrifft nur das Innenverhältnis. Im Außenverhältnis bleibt es dabei, dass der Erwerber gegenüber den übergehenden Arbeitnehmern unbeschränkt haftet, während die Haftung des Veräußerers auf die Ansprüche beschränkt ist, die die Zeit vor dem Betriebsübergang betreffen.

5. Kündigungsverbot, § 613a Abs. 4 S. 1 BGB

123 Die Kündigung (gleich ob Beendigungs- oder Änderungskündigung) des Arbeitsverhältnisses eines Mitarbeiters durch den bisherigen Arbeitgeber oder durch den neuen Betriebsinhaber **wegen** des Übergangs eines Betriebs oder Betriebsteils ist gemäß § 613a Abs. 4 Satz 1 BGB unwirksam. Eine Kündigung aus anderen Gründen als dem Betriebsübergang soll hingegen möglich bleiben. So sind z.B. „echte" betriebsbedingte Kündigungen auch im Umfeld eines Betriebsübergangs zulässig.

51 BAG, Urt. v. 17.1.1980, 3 AZR 160/79; Grobys/Panzer/*Döring* Betriebsübergang Rn 57 und 128.

Ein in der Praxis häufiger Fall der Kündigung im Zusammenhang mit einem Betriebsübergang ist die **Kündigung aufgrund eines sog. Erwerberkonzepts.** Die Besonderheit besteht darin, dass der Veräußerer bereits vor dem Betriebsübergang Kündigungen ausspricht, die auf einer Planung des Erwerbers beruhen. Der Erwerber spart dadurch Personalkosten und gegebenenfalls zeitraubende Verhandlungen mit dem Betriebsrat. Voraussetzung ist, dass Erwerber und Veräußerer eine rechtsverbindliche Vereinbarung über den Betriebsübergang und das bestehende Rationalisierungs- oder Sanierungskonzept geschlossen haben und dieses zum Zeitpunkt des Ausspruchs der Kündigung durch den Veräußerer bereits teilweise umgesetzt wurde.[52] 124

IV. Die Unterrichtung der Mitarbeiter nach § 613a Abs. 5 BGB

1. Bedeutung der Unterrichtung

Gemäß § 613a Abs. 5 BGB sind die betroffenen Mitarbeiter in Textform über den Betriebsübergang zu unterrichten. Die Erfüllung dieser Unterrichtungspflicht ist **keine Voraussetzung für den Übergang der Arbeitsverhältnisse.** Gleichwohl ist der Unterrichtung ein hoher Stellenwert beizumessen: Innerhalb eines Monats nach Zugang der Unterrichtung können die Mitarbeiter dem Übergang ihrer Arbeitsverhältnisses auf den Erwerber widersprechen, § 613a Abs. 6 BGB. Tun sie dies, verbleibt ihr Arbeitsverhältnis beim Veräußerer, der diese Mitarbeiter dann – sofern entsprechende Arbeitsplätze bei ihm noch vorhanden sind – weiterbeschäftigen muss. Zweck der Unterrichtung ist es, die Mitarbeiter in die Lage zu versetzen, in Kenntnis der wesentlichen Umstände des Betriebsübergangs über die Ausübung ihres Widerspruchsrechts zu entscheiden. Erfolgt die Unterrichtung nach § 613a Abs. 5 BGB fehlerhaft, wird die Widerspruchsfrist des § 613a Abs. 6 BGB nicht ausgelöst. Die Mitarbeiter können ihr **Widerspruchsrecht unbefristet** ausüben.[53] Denkbar ist also, dass Mitarbeiter ihr Widerspruchsrecht noch Jahre nach dem Betriebsübergang ausüben. Sinnvoll kann das für Mitarbeiter z.B. dann sein, wenn beim Betriebserwerber ein Personalabbau mit geringen Abfindungszahlungen droht, während beim Veräußerer im Falle eines Personalabbaus großzügig dotierte Sozialpläne greifen. Die Mitarbeiter können dann versuchen, durch die Ausübung des Widerspruchsrechts in den Genuss der höheren Zahlungen beim Veräußerer zu kommen. Eine Begrenzung für die Ausübung des Widerspruchsrechts bildet jedoch die **Verwirkung.**[54] Bei einer fehlerhaften Unterrichtung sind auch Schadensersatzansprüche aus § 280 BGB seitens der Mitarbeiter denkbar. 125

52 BAG, Urt. v. 20.9.2006, 6 AZR 249/05.
53 ErfKomm/*Preis* § 613a Rn 101.
54 Zu den Voraussetzungen der Verwirkung im Einzelnen s. ErfKomm/*Preis* § 613a Rn 101a ff.

126 Die Unterrichtungspflicht richtet sich an **Veräußerer und Erwerber als Gesamtschuldner**, so dass beide Seiten in der Verantwortung stehen. Sie ist deutlich mehr als eine lästige Obliegenheit. Tatsächlich sollte das Unterrichtungsschreiben sorgfältig verfasst werden. Zu beachten ist, dass die Formulierung von Unterrichtungsschreiben äußerst anspruchsvoll ist. Nach dem BAG darf die Unterrichtung über die Rechtsfolgen „keinen juristischen Fehler enthalten"; nicht ausreichend ist, wenn die Unterrichtung nur „im Kern zutreffend" und „lediglich ausreichend" ist.[55] Die Anforderungen sind mit der prägnanten Formulierung zutreffend wiedergegeben, dass die **Unterrichtung „zutreffend, vollständig und präzise"** sein muss.[56] Einerseits darf kein rechtlich relevanter Gesichtspunkt ausgelassen werden. Andererseits gilt es, vor allem um den in der Regel unerwünschten Widerspruch der Mitarbeiter zu vermeiden, die Hintergründe und Rechtsfolgen des Betriebsübergangs für Rechtslaien verständlich aufzubereiten.

! **Praxistipp**
Es ist zweckmäßig, dass Veräußerer und Erwerber vereinbaren, wer die Mitarbeiter wann unterrichtet. Das Unterrichtungsschreiben kann auch, was in der Praxis häufig gewählt wird, von Veräußerer und Erwerber unterzeichnet werden. Dadurch wird gegenüber den Mitarbeitern dokumentiert, dass es sich um eine gemeinsame und abgestimmte Unterrichtung und nicht um eine einseitige Darstellung handelt.

2. Zeitpunkt der Unterrichtung

127 Die Unterrichtung der Mitarbeiter hat nach dem Gesetzeswortlaut **vor dem Betriebsübergang** zu erfolgen. Eine Mindestfrist gilt insoweit nicht, indes empfiehlt es sich angesichts der Monatsfrist für die Ausübung des Widerspruchs, die Mitarbeiter mindestens einen Monat vor dem geplanten Zeitpunkt des Übergangs zu unterrichten. Nur so kann zum Zeitpunkt des Betriebsübergangs Gewissheit über die Anzahl der übergehenden Mitarbeiter erlangt werden.

128 Erfolgt die **Unterrichtung erst nach dem Betriebsübergang**, wird auch die Widerspruchsfrist erst nach dem Betriebsübergang ausgelöst. Dies hat in erster Linie **praktische Konsequenzen**. Es besteht bei Unterrichtung nach dem Betriebsübergang für geraume Zeit **Unkenntnis über die Zahl der widersprechenden Arbeitnehmer**. Zudem macht es einen unprofessionellen und unkoordinierten Eindruck auf die Belegschaft des erworbenen Betriebs, wenn ihr neuer Arbeitgeber die rechtzeitige Unterrichtung versäumt. Sind Betriebsräte vorhanden, werden diese die zeitnahe Unterrichtung anmahnen. In rechtlicher Hinsicht sind allerdings kaum Konsequenzen zu befürchten. Zwar könnten die Mitarbeiter grundsätzlich einen

55 BAG, Urt. v. 13.7.2006, 8 AZR 303/05; BAG, Urt. v. 20.3.2008, 8 AZR 1016/06.
56 *Hohenstatt/Grau* NZA 2007, 13, 14.

Schadensersatzanspruch wegen der fehlenden Unterrichtung geltend machen. Fraglich ist aber, ob ein Schaden überhaupt entstanden ist. Bislang besteht **keine Vermutung**, dass Mitarbeiter bei ordnungsgemäßer Unterrichtung ihr Widerspruchsrecht ausgeübt hätten. Zudem können die Mitarbeiter auch bei der verspäteten Unterrichtung ihr Widerspruchsrecht noch ausüben. Grundsätzlich muss der Betriebserweber auch das Arbeitsverhältnis unverändert fortführen, so dass es normalerweise nicht zu finanziellen Einbußen der Mitarbeiter kommt. Sollte dies dennoch der Fall sein, beispielsweise weil es zur Ablösung von kollektiven Regelungen kommt, wird ein Schaden dennoch bezweifelt, da den Mitarbeitern beim Betriebsveräußerer möglicherweise gekündigt worden wäre.[57]

3. Inhalt der Unterrichtung

§ 613a Abs. 5 BGB benennt die Umstände, über die die Mitarbeiter unterrichtet werden müssen, ausdrücklich. Die Unterrichtung zu diesen Umständen muss über die bloße Wiedergabe des Gesetzestextes hinausgehen und rechtlich zutreffend, bei unklaren Rechtsfragen zumindest aber rechtlich vertretbar sein. Die Unterrichtung muss folgende Punkte umfassen: 129

- **Zeitpunkt des (geplanten) Übergangs**: Hiermit ist der Zeitpunkt gemeint, in dem der Erwerber im eigenen Namen die Leitungsmacht über den übergegangenen Betrieb(steil) übernimmt. 130
- **Grund des Übergangs**: Es ist über die genaue Rechtsgrundlage des Betriebsübergangs (z.B. Unternehmenskaufvertrag) sowie die Erwägungen des Betriebsveräußerers, die ihn zur Veräußerung veranlasst haben, zu unterrichten. Letzteres jedenfalls dann, wenn die Information für die Ausübung des Widerspruchsrechts von Bedeutung ist (z.B. Einstellung der Betriebstätigkeit durch den Veräußerer mit der Folge, dass ein Widerspruch mangels Beschäftigungsmöglichkeit beim Veräußerer zur betriebsbedingten Kündigung des Arbeitsverhältnisses führt).
- **Rechtliche, wirtschaftliche und soziale Folgen des Übergangs**: Die rechtlichen Folgen, auf die insoweit hinzuweisen ist, ergeben sich insbesondere aus den in § 613a BGB selbst angeordneten Rechtsfolgen, insbesondere also der Übergang der Arbeitsverhältnisse, der Eintritt des Erwerbers in alle Rechte und Pflichten aus den Arbeitsverhältnissen, die Fortgeltung kollektivrechtlicher Bestimmungen, das zwischen Erwerber und Veräußerer geltende Haftungssystem sowie das Kündigungsverbot.
- **In Aussicht genommene Maßnahmen**: Die Mitarbeiter sind über beabsichtigte Versetzungen, Entlassungen und Betriebsänderungen zu unterrichten, sofern diese vom Erwerber bereits konkret geplant und in Aussicht genommen sind. Die Unterrichtungspflicht soll darüber hinaus auch etwaige Weiterbildungs-

57 WHSS/*Willemsen* Abschnitt G Rn 229.

maßnahmen im Zusammenhang mit etwaig geplanten Produktionsumstellungen umfassen.

131 Auch wenn dies im Gesetz nicht ausdrücklich erwähnt ist, muss die Unterrichtung **die Angabe des Erwerbers** enthalten, so dass dieser konkret identifizierbar ist. Auch sollte vorsorglich über die Haftungsverhältnisse bzw. das Haftkapital des Erwerbers sowie etwaige Konzernverflechtungen gegeben werden.

132 Die Unterrichtung muss auch das **Widerspruchsrecht und die Rechtsfolgen eines Widerspruchs** umfassen. Dies beinhaltet auch die Information, wie und bei wem der Widerspruch zu erheben ist, sowie mittelbare Folgen des Widerspruchs, also etwa das Risiko einer betriebsbedingten Kündigung durch den Betriebsveräußerer wegen Wegfalls der Beschäftigungsmöglichkeit.

! **Praxistipp**
In der Regel sind es die rechtlichen Berater des Erwerbers, die das Unterrichtungsschreiben formulieren. Den Schwerpunkt des Unterrichtungsschreibens bilden die Folgen des Betriebsübergangs für die Arbeitnehmer. Für diese Folgen ist die Situation und Planung auf der Erwerberseite maßgeblich, die der Veräußerer nicht oder nur in sehr geringem Umfang kennt.

C. Betriebliche Altersversorgung

I. Share Deal

133 Ein Share Deal hat grundsätzlich keine Auswirkungen auf die betriebliche Altersversorgung des Zielunternehmens. Der Erwerber übernimmt mit dem Unternehmen auch dessen Altersversorgung vollumfänglich. Dies betrifft insbesondere auch Verbindlichkeiten gegenüber ausgeschiedenen Arbeitnehmern mit unverfallbaren Anwartschaften und Betriebsrentnern. Ist die betriebliche Altersversorgung in einem Konzern geregelt, kann sich Anpassungsbedarf bei der Herauslösung der Zielgesellschaft aus dem Konzern ergeben.

II. Asset Deal

134 Bei einem Asset Deal sind die Auswirkungen auf die betriebliche Altersversorgung wesentlich komplexer als bei einem Share Deal. Da der Asset Deal in der Regel einen Betriebsübergang darstellt,[58] gelten für die betriebliche Altersversorgung folgende Grundsätze:

---

58 Vgl. dazu Rn 93.

- Ausgeschiedene Arbeitnehmer sind nicht von einem Betriebsübergang erfasst. Der Betriebserwerber übernimmt daher nicht die Verbindlichkeiten aus der betrieblichen Altersversorgung Arbeitnehmern, deren Arbeitsverhältnis vor dem Betriebsübergang beendet wurde (**Rentner und mit unverfallbarer Anwartschaft ausgeschiedene Mitarbeiter**).
- In die betriebliche Altersversorgung der übergehenden Mitarbeiter tritt der Betriebserwerber mit allen Pflichten ein, § 613a Abs. 1 Satz 1 BGB. Der Betriebserwerber trägt daher die im Außenverhältnis **unbeschränkte Haftung für die Ansprüche der übergehenden Mitarbeiter** aus der betrieblichen Altersversorgung. Für die Haftung des Betriebsveräußerers gilt mangels anderer Vereinbarungen § 613a Abs. 2 BGB. Damit ist die Haftung des Betriebsveräußerers begrenzt auf die Verbindlichkeiten, die innerhalb eines Jahres nach dem Betriebsübergang fällig werden.
- Die zur Durchführung der betrieblichen Altersversorgung beim Betriebsveräußerer eingesetzten **externe Versorgungsträger** (z.B. eine Unterstützungs- oder eine Pensionskasse) gehen im Rahmen des Betriebsübergangs nicht auf den Betriebserwerber über. Dieser muss sich daher gegebenenfalls um eigene Durchführungswege kümmern.[59]
- Es kann zur Kollision und gegebenenfalls **Ablösung von Altersversorgungssystemen** kommen, die auf kollektivrechtlichen Vereinbarungen beruhen. Relevant ist dies vor allem bei Versorgungszusagen auf der Grundlage von Betriebsvereinbarungen. Hierfür gelten grundsätzlich die Mechanismen des § 613a Abs. 1 Satz 2 und 3 BGB,[60] so dass es auch zu einer Ablösung einer Altersversorgung des Veräußerers durch die Altersversorgung des Erwerbers kommen kann.
- Auf die Auswirkungen des Betriebsübergangs auf die betriebliche Altersversorgung ist im **Unterrichtungsschreiben gem. § 613a Abs. 5 BGB** hinzuweisen.

D. Auswirkungen des Unternehmenskaufs auf Betriebsräte

I. Share Deal

1. Auswirkung auf Betriebsräte im Zielunternehmen

Der Share Deal hat **keine Auswirkungen auf die örtlichen Betriebsräte** im Zielunternehmen. Für die örtlichen Betriebsräte ist Anknüpfungspunkt der jeweilige Betrieb, § 1 Abs. 1 BetrVG. Daher sind örtliche Betriebsräte nur betroffen, wenn eine Organisationsänderung auf Betriebsebene stattfindet. Bei einem reinen Share Deal 135

59 WHHS/*Schnitker* Abschnitt J Rn 494 ff.
60 Vgl. dazu Rn 105.

findet die Veränderung dagegen allein auf Gesellschafterebene statt, die Zielgesellschaft und ihre Betriebe werden nicht berührt. Da keine organisatorischen Veränderungen bei der Zielgesellschaft vorgenommen werden und somit auch die Betriebe als Anknüpfungspunkte für betriebsverfassungsrechtliche Zuordnungen bestehen bleiben, amtieren die dort errichteten Betriebsräte bis zum Ablauf der regulären Amtszeit fort.[61]

136 Der Käufer übernimmt also sämtliche im Zielunternehmen vorhandenen Betriebsräte. Dies gilt auch für einen etwaigen Gesamtbetriebsrat. Dieser wird errichtet, wenn in einem Unternehmen mehrere Betriebsräte bestehen, § 47 Abs. 1 BetrVG. Vereinfacht gesagt ist das dann der Fall, wenn ein Unternehmen mehrere Standorte hat.

2. Auswirkungen beim Erwerber

137 Wie gesehen bleiben bei einem Share Deal lokale Betriebsräte und ein Gesamtbetriebsrat des Zielunternehmens im Amt. Eine Besonderheit kann jedoch in Fällen gelten, in denen der Erwerber erst aufgrund des Share Deals die Konzernvoraussetzungen der §§ 17, 18 AktG erfüllt. Unter den Voraussetzungen des § 54 BetrVG ist dann die **Gründung eines Konzernbetriebsrats** möglich.

138 Allerdings ist im BetrVG – anders als für lokale Betriebsräte und Gesamtbetriebsräte – für Konzernbetriebsräte **keine obligatorische Gründung** vorgesehen. Ob ein Konzernbetriebsrat eingerichtet wird, entscheiden die zuständigen Gesamtbetriebsräte durch Beschluss, § 54 Abs. 1 S. 1 BetrVG.

II. Asset Deal

1. Identitätswahrung

139 Bei einem Asset Deal spielen sich die Veränderungen in erster Linie auf Betriebsebene ab. Die Auswirkungen auf die Arbeitnehmervertretung hängen dabei vor allem davon ab, ob die Identität der einzelnen Betriebe auch nach dem Asset Deal gewahrt bleibt oder nicht. Denn die Zuständigkeit des Betriebsrats ist an die **Identität des Betriebs** geknüpft, für den er gewählt wurde.[62]

140 Zunächst ist der Fall denkbar, dass ein Betrieb veräußert wird, ohne dass der Erwerber organisatorische Veränderungen an diesem Betrieb vornimmt. In einem solchen Fall bleibt die Identität des Betriebes unproblematisch gewahrt. Somit bleibt auch der gewählte Betriebsrat im Amt. Gegebenenfalls kann dann beim Er-

---

61 Vgl. WHHS/*Hohenstatt* D 7.

62 BAG, Urt. v. 31.5.2000, 7 ABR 78/98.

werber **erstmals ein Gesamtbetriebsrat gegründet** werden, wenn dort bislang nur ein Betriebsrat vorhanden war, § 47 Abs. 1 BetrVG.

2. Verlust der Betriebsidentität/Übergangsmandat

Verliert der Betrieb (zumindest teilweise) seine Identität infolge einer Betriebsspaltung (beim Veräußerer) bzw. Betriebszusammenlegung (mit einem anderen Betrieb des Erwerbers), erlischt gleichzeitig das Mandat des bisherigen Betriebsrats für diesen Betrieb. Maßgebliche Kriterien für den Fortbestand der Betriebsidentität sind unter anderem die **Belegschaftsstärke** und der **Betriebszweck**. Ändert sich eines dieser Kriterien durch den Asset Deal wesentlich, tritt **in der Regel ein Identitätsverlust** und in der Folge ein Mandatsverlust des Betriebsrats ein. Im Einzelfall kann es jedoch schwierig sein, die Frage des Identitätsverlusts eindeutig zu beantworten. Zudem sind bei der Zusammenlegung von Betrieben viele verschiedene Konstellationen möglich.[63] 141

Zur Aufrechterhaltung des Schutzes des Betriebsverfassungsrechts besteht in derartigen Fällen ein **Übergangsmandat gem. § 21a BetrVG**, sofern aus den Organisationsveränderungen neue betriebsratsfähige Einheiten gem. §§ 1, 4 BetrVG hervorgehen. Nach § 21a BetrVG steht dem Betriebsrat für jede Form der Betriebsspaltung oder Zusammenlegung von Betrieben oder Betriebsteilen zu einem Betrieb ein Übergangsmandat zu, wenn die Organisationsänderung zum Wegfall des bisherigen Betriebsrats führt oder ein Teil der Arbeitnehmer aus seinem Zuständigkeitsbereich herausfällt.[64] Wird ein übernommener Betrieb oder Betriebsteil hingegen in einen Betrieb des Erwerbers eingegliedert, der über einen Betriebsrat verfügt, übernimmt dieser nach § 21a Abs. 2 BetrVG das Mandat. Bei der Eingliederung in einen betriebsratslosen Betrieb ist das Übergangsmandat umstritten.[65] 142

Das Übergangsmandat stellt ein Vollmandat dar und umfasst somit sämtliche Rechte und Pflichten des Betriebsrats nach dem BetrVG.[66] Es endet gem. § 21a Abs. 1 S. 3 BetrVG spätestens sechs Monate nach Wirksamwerden der Organisationsänderung oder früher, wenn zwischenzeitlich ein neuer Betriebsrat gewählt wurde. Dementsprechend ist der (Übergangs-)Betriebsrat gem. § 21a Abs. 1 S. 2 BetrVG verpflichtet, **unverzüglich Betriebsratswahlen einzuleiten**. 143

---

63 Vgl. hierzu Grobys/Panzer/*Hopfe* Übergangsmandat/Restmandat, Rn 22 ff.
64 Vgl. ErfK/*Koch* § 21a Rn 1.
65 Dagegen mit guten Argumenten und m.w.N. WHSS/*Hohenstatt* Kapitel D Rn 83 ff.
66 Vgl. Grobys/Panzer/*Hopfe* Übergangsmandat/Restmandat, Rn 3.

Kapitel 9
Fusionskontrolle und Kartellrecht

A. Einführung

Das Kartellrecht ist vielen vor allem durch die Verfahren der Kommission gegen illegale Absprachen zwischen Wettbewerbern[1] oder wegen Missbrauch einer marktbeherrschenden Stellung[2] bekannt. Die Fusionskontrolle stellt neben dem Verbot wettbewerbswidriger Absprachen und Marktmissbrauch die dritte Säule des Kartellrechts dar. 1

Für die Praxis des Unternehmenskaufs hat die Fusionskontrolle schon deswegen eine große Bedeutung, weil der Vollzug (Closing) eines Unternehmenskaufes nach den meisten Kartellgesetzen erst nach Freigabe des Zusammenschlusses[3] durch die zuständigen Kartellbehörden erfolgen darf (Vollzugsverbot). Dementsprechend gehört die Freigabe des Zusammenschlusses durch bestimmte Kartellbehörden zu den üblichen Vollzugsbedingungen im Unternehmenskaufvertrag. 2

I. Ziele und Praxis der Fusionskontrolle

Ziel der Fusionskontrolle ist es, Marktstrukturen zu verhindern, welche dem Wettbewerb abträglich sind. Der Begriff des Wettbewerbs ist unscharf, für die Praxis reicht die Feststellung, dass Wettbewerb da besteht, wo Unternehmen durch bessere Produkte oder günstigere Preise um Kunden werben. Die Fusionskontrolle zielt darauf ab, die Rahmenbedingungen für diesen Zustand aufrecht zu erhalten. Erwirbt der Marktführer seinen ärgsten oder gar einzigen Wettbewerber, verringern sich die Auswahlmöglichkeiten seiner Abnehmer. Gleichzeitig entfällt der Druck auf den Marktführer, seine Produkte zu angemessenen Preisen anzubieten oder diese weiterzuentwickeln. 3

---

1 http://europa.eu/rapid/press-release_IP-13-1208_de.htm (die Abstimmung mehrerer Großbanken über den Zinssatz in der Derivatebranche wurde mit Rekordbußgeldern von insgesamt 1,7 Mrd. Euro bestraft).

2 http://europa.eu/rapid/press-release_IP-09-745_de.htm (Intel hatte durch Rabatte etc. Hersteller von Computern veranlasst, seine ohnehin omnipräsenten Prozessoren zu Lasten seiner Wettbewerber zu verwenden, wofür die Kommission Intel mit der höchsten bisher gegen ein einzelnes Unternehmen verhängten Geldbuße von 1,1 Mrd. Euro belegte).

3 Zusammenschluss ist ein technischer Begriff, der, neben anderen Konstellationen wie etwa der Neugründung eines Gemeinschaftsunternehmens, den in diesem Werk behandelten Unternehmenskauf umfasst.

4 In der Praxis werfen viele Transaktionen keine oder nur untergeordnete kartellrechtliche Probleme auf, d.h. sie gefährden den Wettbewerb nicht. So hat die Europäische Kommission vom 1. Januar 1990 bis zum 31. Dezember 2014 von 5.569 angemeldeten und nicht zurückgenommenen Fällen nur 24 gänzlich untersagt und mit 5.035 gut 90% aller Fälle in der erste Prüfungsphase ohne Auflagen freigegeben.[4] Auch das Bundeskartellamt hat in der Zeit von 1990 bis 2014 nur 187 von 34.268 angemeldeten Vorhaben untersagt.[5] Oftmals will ein Unternehmen nicht einen unmittelbaren Wettbewerber erwerben, sondern neue Märkte erschließen, in welchen es aus eigener Kraft nicht oder nicht ausreichend vertreten sein kann, so dass sich durch den Kauf keine Verringerung der Wettbewerberzahl ergibt. Dennoch bedarf es in solchen Fällen einer Anmeldung bei den Kartellbehörden, weil die entsprechenden Kartellgesetze die Anmeldepflicht in der Regel an leicht feststellbare Kriterien wie Umsatz oder Vermögenswerte knüpfen und nicht an wettbewerbliche Probleme. Insofern spielen Fragen zu Zuständigkeiten und Verfahren (**formelle Fusionskontrolle**) in der Praxis oft eine wichtigere Rolle als die zu den wettbewerblich-inhaltlichen Problemen eines Zusammenschlusses (**materielle Fusionskontrolle**).

II. Gesetzliche Grundlagen

5 Für Deutschland finden sich die Fusionskontrollvorschriften in den § 35ff. des Gesetzes gegen Wettbewerbsbeschränkungen (GWB), für die EU ist die VO 139/2004 (Fusionskontrollverordnung oder FKVO) maßgeblich. Diese für ein deutsches Unternehmen oft wichtigsten Vorschriften stehen dabei in einem Ausschlussverhältnis: nach § 35 Abs. 3 GWB findet das GWB keine Anwendung, **soweit die Kommission nach der FKVO ausschließlich** zuständig ist.

6 Gerade bei Unternehmenskäufen mit Auslandsbezug sind neben dem GWB oder der FKVO auch ausländische Kartellgesetze zu beachten. Inzwischen haben **circa 125 Länder Kartellgesetze**, die allermeisten mit Fusionskontrollvorschriften. Einen Überblick zu behalten fällt selbst den auf das Kartellrecht spezialisierten Kanzleien schwer und es ist nicht ungewöhnlich, dass solche Kanzleien mehrere Mitarbeiter ausschließlich mit der Aufgabe betrauen, für einen entsprechenden Überblick zu sorgen. Die Vielzahl von Fusionskontrollvorschriften, die gerade bei jüngeren Gesetzen unausgereift bzw. sehr weitgehend sind, stellt eine erhebliche Herausforde-

4 http://ec.europa.eu/competition/mergers/statistics.pdf.

5 XX. Hauptgutachten der Monopolkommission, S. 280 sowie http://www.bundeskartellamt.de/SharedDocs/Meldung/DE/Pressemitteilungen/2014/23_12_2014_Jahresr%C3%BCckblick.html.

rung insbesondere beim Kauf von Unternehmen mit umfangreichem Auslandsgeschäft dar.[6]

III. Zentrale Begriffe

Im Kartellrecht gibt es eine Reihe immer wiederkehrender Begriffe, die von zentraler 7
Bedeutung sind. Es handelt sich dabei um Begriffe, die zum Alltag eines Unternehmens gehören, aber im Kartellrecht eine spezifische Bedeutung haben und oft eine Vermittlung zwischen geschäftlicher und rechtlicher Sicht erfordern.

1. Markt

Der „Markt"-Begriff ist der wichtigste Begriff des Kartellrechts und derjenige, bei 8
dem die anwaltliche und die Geschäftssicht am ehesten auseinanderfallen können. Der kartellrechtlich definierte Markt ist ein Hilfskonstrukt, um Wettbewerbsbeziehungen offenzulegen[7] und um die Marktmacht der zusammengeschlossenen Unternehmen zu überprüfen. Als Indikator für Marktmacht kommt wiederum dem Marktanteil eine wichtige Rolle zu. Ein gutes Beispiel hierfür ist die Prüfungspraxis der Kommission in der pharmazeutischen Industrie. Fusionieren zwei große Pharmaunternehmen, sind oft hunderte von Märkten betroffen, da fast jedes Medikament einem unterschiedlichen Markt zugewiesen wird. Um Anmeldungen solcher Zusammenschlüsse innerhalb der gesetzlichen Fristen zu prüfen, wendet die Kommission eine 35 + 1 Regel an. Diese besagt, dass sich die Kommission im Rahmen der Prüfung des Vorhabens intensiv (nur) mit solchen Märkten beschäftigen wird, bei denen der Marktanteil eines beteiligten Unternehmens von 35% oder mehr um 1% oder mehr erhöht wird.[8]

Kartellbehörden grenzen Märkte sachlich und räumlich ab: 9

Dem sachlichen Markt gehören diejenigen Produkte oder Dienstleistungen an, die nach **Preis, Beschaffenheit und Verwendungszweck** aus Sicht der Marktgegenseite (Abnehmer) austauschbar sind.[9]

---

6 Siehe hierzu Rn 123 f.

7 *Bechtold* § 18 Rn 5 m.w.N.

8 EG Kommission, Fall Nr. COMP/M.5555 – 22.9.2009 – *Novartis/Ebewe*, Rn 21; EG Kommission, Fall Nr. COMP/M.5778 – 9.8.2010 – *Novartis/Alcon*, Rn 25; EG Kommission, Fall Nr. COMP/M.6705 – 9.11.2012 – *Procter & Gamble/Teva Pharmaceutical OTC II*, Rn 12.

9 Ziffer 6.1 des Formblatts CO, Anhang Durchführungs-VO; *Emmerich* § 4 Rn 63; Immenga/Mestmäcker/*Fuchs/Möschel* GWB, § 18 Rn 32 mit umfassenden Nachweisen zur deutschen Rechtsprechung.

Beispiel

Der X-Konzern stellt eine breite Palette von Personenkraftwagen her, die von Kleinstwagen bis zu luxuriösen Limousinen reicht. Jedes dieser Fahrzeuge vermittelt dem Fahrer individuelle Fortbewegungsmöglichkeiten und hat damit einen vergleichbaren Verwendungszweck (unter Ausklammerung verschiedener Transportanforderungen). Dies könnte für die Annahme eines einheitlichen Automobilmarktes sprechen. Insbesondere die Preise der verschiedenen Fahrzeuge sind ist aber derart unterschiedlich, dass gemeinhin von einer Vielzahl von einzelnen Märkten innerhalb der Automobilindustrie ausgegangen wird.[10]

10 Der räumliche Markt umfasst das Gebiet, in dem die beteiligten Unternehmen die relevanten Produkte oder Dienstleistungen anbieten, in dem die **Wettbewerbsbedingungen hinreichend homogen** sind und das sich von benachbarten Gebieten durch **spürbar unterschiedliche Wettbewerbsbedingungen** unterscheidet.[11] Zu den Wettbewerbsbedingungen, auf die es bei der Bestimmung des räumlichen Marktes ankommt, gehören unter anderem: Erforderlichkeit von lokalen Geschäftsräumen, Zugangsbedingungen zu den Vertriebswegen, Kosten der Errichtung eines Vertriebsnetzes, etwaige regulatorische Schranken im öffentlichen Auftragswesen, Preisvorschriften, den Handel oder die Produktion einschränkende Kontingente und Zölle, technische Normen, Monopole, Niederlassungsfreiheit, erforderliche behördliche Genehmigungen, Verpackungsvorschriften sowie Transportkosten.[12]

Praxistipp

Gerade bei der Darstellung des räumlichen Marktes in der Anmeldung ist Vorsicht geboten. Hier besteht die Versuchung, mittels der Annahme globaler Märkte seine Marktanteilszahlen zu verkleinern. Dabei sind gerade stark variierende Marktanteile von Land zu Land ein starkes Indiz für nationale Märkte. Auch darf eine globale Verfügbarkeit sowie eine global starke Marke nicht mit einem weltweiten Markt gleichgesetzt werden. Ein instruktives Beispiel für die weite – und für sich berechtigte – Geschäftssicht gegenüber der Betrachtung der Kartellbehörden ist die Entscheidung der Kommission zur Übernahme des Kopfhörerherstellers Beats durch Apple. Hier ging Apple für Kopfhörer von weltweiten, zumindest aber europaweiten Märkten aus.[13] Die Kommission tendierte zur Annahme nationaler Märkte und führte dafür **nationale Vertriebssysteme, Kundendienste, Vermarktungsstrategien, spezifische Kundenwünsche** sowie **Verkaufsorganisationen** an.[14] Für die Praxis bedeutet dies, dass man bei der Vorbereitung einer Fusionskontrollanmeldung neben den Marktzahlen für den als richtig angenommenen Markt auch diejenigen Zahlen bereithalten sollte, die bei der Annahme eines räumlich engeren Marktes zum Tragen kämen.

10 EG Kommission, Fall Nr. COMP/M.5250 – 23.7.2008 – *Porsche/Volkswagen*, Rn 18 ff.

11 Ziffer 6.2 des Formblatts CO, Anhang Durchführungs-VO; *Bechtold* § 18 Rn 23.

12 Bekanntmachung der Kommission über die Definition des relevanten Marktes im Sinne des Wettbewerbsrechts der Gemeinschaft, OJ 1997 Nr. C 372, Rn 30.

13 EG Kommission, Fall Nr. COMP/M.7290 – 25.7.2014 – *Apple/Beats*, Rn 14.

14 EG Kommission, Fall Nr. COMP/M.7290 – 25.7.2014 – *Apple/Beats*, Rn 15.

Welcher Markt am Ende der zutreffende sachliche und/oder räumliche Markt ist, lässt sich oft nur schwer bestimmen. In der Entscheidung der Kommission zum Zusammenschluss von Volkswagen und Porsche hatten die Parteien vorgetragen, dass es einen einheitlichen Markt für sog. SUVs einschließlich „echter" Geländewagen gibt. Dies wurde seitens befragter Wettbewerber in Zweifel gezogen[15] und auch dem automobilen Laien wird fraglich sein, ob ein „Range Rover" mit einem „Dacia Duster" um Kunden kämpft. 11

Um zumindest näherungsweise den „richtigen" Markt im Rahmen seiner Anmeldung zu bestimmen, orientiert man sich in der Praxis an den folgenden Informationsquellen: 12

- Entscheidungen der Kommission/nationaler Behörden in Fusionskontrollverfahren oder auch allgemeinen Kartellverfahren[16]
- Jahresberichte der Kommission/nationaler Behörden[17]
- Leitlinien der Kommission zu bestimmten Industriezweigen, etwa Nutzung der ATC-Klassifizierung für Fälle der Pharmabranche[18]
- Experten aus dem Haus des Mandanten
- Spezialisierte Berater (neben den bekannten Wirtschaftsprüfungsgesellschaften gibt es hochspezialisierte Unternehmen wie z.B. Oxera, NERA, Charles River Associates usw.)

Praxistipp !

Die im Sinne eines reibungslosen Fusionskontrollverfahrens optimale Marktabgrenzung ist diejenige, nach der Käufer und Zielunternehmen nicht auf demselben sachlichen oder räumlichen Markt tätig sind. In diesem Fall wird die Anzahl der Wettbewerber nicht reduziert und eine etwaige Marktmacht des Käufers nicht gestärkt, so dass meist keine wettbewerbliche Bedenken bestehen. Dieses Wunschergebnis verleitet oft dazu, Märkte sehr eng zu definieren. Dies führt zwar einerseits zur fehlenden Überschneidung, andererseits oft zu hohen Marktanteilen auf dann sehr engen Märkten. Das wiederum kann sich später rächen, weil man in den Akten der Kartellbehörde als in diesem Bereich womöglich marktbeherrschend vermerkt ist und ein marktbeherrschendes Unternehmen besonderen Beschränkungen unterliegt. Hier ist also Vorsicht geboten.

15 EG Kommission, Fall Nr. COMP/M.5250 – 23.7.2008 – *Porsche/Volkswagen*, Rn 24.

16 Siehe etwa Übersicht bei Immenga/Mestmäcker/*Fuchs/Möschel* Rn 73.

17 Das BKartA veröffentlicht alle zwei Jahre einen Wettbewerbsbericht; hinzukommen die Hauptgutachten der Monopolkommission, welche sich auch zur Praxis der deutschen Fusionskontrolle äußern, vgl. www.monopolkommission.de.

18 EG Kommission, Fall Nr. COMP/M.6705 – 9.11.2012 – *Procter & Gamble/Teva Pharmaceutical OTC II*, Rn 8.

2. Unternehmen

13 Der Unternehmensbegriff im Kartellrecht ist denkbar weit, er erfasst jede natürliche oder juristische Person, die einer selbständigen wirtschaftlichen Tätigkeit nachgeht.[19] Bedeutung erlangt der Unternehmensbegriff für die Fusionskontrolle zum einen dadurch, dass nur ein Zusammenschluss von Unternehmen anmeldepflichtig ist. Zum anderen ist der Begriff des beteiligten Unternehmens für die Umsatz- und Marktanteilsberechnung von zentraler Bedeutung. Dabei ist wichtig zu wissen, dass **Konzerne** im Kartellrecht (grob vereinfacht) als **ein Unternehmen** behandelt werden. Würde also Skoda Ferrari erwerben, könnte man nicht sagen, dass das unproblematisch wäre, denn neben Skoda gehört auch Lamborghini zum Volkswagen-Konzern, so dass es unter Umständen zu einer Marktkonzentration im Bereich der Supersportwagen käme.

3. Wettbewerber

14 Man unterscheidet zwischen aktuellen und potenziellen Wettbewerbern. **Aktuelle Wettbewerber** sind solche, die derzeit auf dem gleichen sachlichen und räumlichen Markt tätig sind. **Potentielle Wettbewerber** sind solche, welche die Möglichkeit, Fähigkeit und den Anreiz haben, innerhalb eines nicht allzu langen Zeitraums (zwei – drei Jahre) nachhaltig in einen Markt einzutreten. Sie spielen in der Fusionskontrolle in zweierlei Hinsicht eine Rolle. Zum einen kann der Erwerb eines potentiellen Wettbewerbers dem Wettbewerb abträglich sein (Ausschaltung eines kommenden Wettbewerbers durch Übernahme). Zum anderen kann eine drohende Beeinträchtigung des aktuellen Wettbewerbs aufgrund eines Zusammenschlusses durch das Vorhandensein eines potentiellen Wettbewerbers wieder aufgewogen werden (würde das fusionierte Unternehmen seine Preise erhöhen, würde ein neuer Wettbewerber auf den Markt treten und die Kunden beliefern, die nicht bereit sind, die höheren Preise zu zahlen).

B. Verfahren und materielle Prüfung im Überblick

I. Verfahren

1. Anmeldepflichtige Vorhaben

15 Der Fusionskontrolle unterliegen im Kern drei M&A-Konstellationen: Der Erwerb der alleinigen oder gemeinschaftlichen Kontrolle über ein Unternehmen (in der Regel durch Übernahme der Mehrheit der Anteile oder erheblicher Vermögenswerte), die

---

19 *Bechtold* § 1 Rn 7 zum deutschen Recht und Schulte/*Henschen* Fusionskontrolle, Rn 956 ff. zum europäischen Recht.

Fusion zweier Unternehmen zu einem neuen Unternehmen sowie die Gründung eines Gemeinschaftsunternehmens. Hinzukommen können, je nach Kartellgesetz, weitere Tatbestände, etwa der Erwerb von Minderheitsbeteiligungen (Deutschland, Österreich, Korea) oder der Abschluss von exklusiven Lizenzverträgen (Vereinigte Staaten, Brasilien).

2. Zuständigkeiten und Verfahrensbeteiligte

In welchen Ländern eine fusionskontrollrechtliche Anmeldung vorzunehmen ist, 16
richtet sich nach den jeweiligen Kartellgesetzen der Länder. Typischerweise greift die Fusionskontrolle eines Landes ein, wenn alle beteiligten Unternehmen gemeinsam einen bestimmten weltweiten oder landesweiten Umsatz erzielen und mindestens zwei der am Zusammenschluss beteiligten Unternehmen jeweils für sich einen bestimmten Umsatz im jeweiligen Land erzielen. Als Beispiel sei Frankreich genannt, wo die Fusionskontrolle ausgelöst wird, wenn alle beteiligten Unternehmen zusammen einen Umsatz von weltweit 150 Mio. € und jeweils zwei beteiligte Unternehmen mehr als 50 Mio. € Umsatz in Frankreich erzielen.

Nach den meisten Kartellgesetzen kommt es auf der Erwerberseite grundsätz- 17
lich auf den Konzernumsatz der erwerbenden Gesellschaft an, während man auf der Verkäuferseite nur den Umsatz des Bereichs oder der Gesellschaft, die verkauft wird, berücksichtigt. Prominente Ausnahme ist Brasilien, d.h. dort muss der gesamte Verkäuferumsatz berücksichtigt werden. Geht man also von dem vorgenannten fiktiven Beispiel (Skoda erwirbt Ferrari) aus, wäre in den meisten Ländern einerseits der Konzernumsatz von VW maßgeblich, andererseits nur der Umsatz von Ferrari, nicht aber der Umsatz des Fiat-Konzerns, dem Ferrari zu 90% gehört, zu berücksichtigen. In Brasilien wäre hingegen der Konzernumsatz von Fiat maßgeblich.

3. Verwaltungsverfahren

Ein Fusionskontrollverfahren wird in der Regel auf Antrag des erwerbenden Unter- 18
nehmens eröffnet. Hierzu wird eine zum Teil sehr umfassende Anmeldung eingereicht, welche Details über das anmeldende Unternehmen, das Zielunternehmen, die betroffenen Produkte, mögliche Märkte, Kunden, Lieferanten etc. enthalten muss. Gerade bei Verfahren der Kommission finden oft vorbereitende Treffen mit Behördenvertretern statt, um unter anderem den Umfang der zu liefernden Informationen abzustimmen. Das Verfahren dauert je nach Land unterschiedlich lang, es gibt aber gewisse Parallelen. Typisch ist eine erste Phase von etwa einem Monat Dauer, innerhalb derer unproblematische Fälle beschieden werden. Wirft ein Fall komplexere Fragen auf, wird oft eine zweite Prüfungsphase seitens der Kartellbehörde eröffnet, in welcher der Fall näher erörtert wird. Diese kann mehrere Monate dauern und mit sehr großem Aufwand für die beteiligten Unternehmen verbunden sein.

Praxistipp
Bei der zeitlichen Dimension eines Fusionskontrollverfahrens ist immer auch der Vorbereitungszeitraum zu berücksichtigen. Dieser kann von wenigen Tagen bis zu mehreren Monaten dauern. In vielen Ländern (gerade Lateinamerikas) dauern zudem selbst Verfahren, die keinen problematischen Fall zum Gegenstand haben, viele Monate. Dies ist sowohl bei der Wahl der Länder, deren kartellrechtliche Freigabe man im Vertrag als Vollzugsbedingung vereinbaren möchte, als auch der Planung des Vollzugs zu beachten.

19 Die Kartellbehörde gibt ein Vorhaben am Ende des Verfahrens entweder frei, stimmt ihm nur unter Auflagen und/oder Bedingungen zu oder untersagt es. Die Untersagung ist dabei sehr selten, denn entweder äußert die Behörde schon während des Verfahrens so große Bedenken, dass die Anmeldung zurückgenommen wird oder man findet eine Lösung über Auflagen/Bedingungen. In letzterem Fall wird in der Regel vereinbart, dass die beteiligten Unternehmen bestimmte Unternehmensteile oder gewerbliche Schutzrechte (Marken, Patente) an einen unabhängigen Dritten veräußern, der mit Hilfe dieser Vermögenswerte den Wettbewerbsdruck auf die sich zusammenschließenden Unternehmen aufrecht erhalten kann.

4. Kosten

20 Die behördlichen Kosten für ein Fusionskontrollverfahren, welche in der Regel im Kaufvertrag dem Erwerber aufgebürdet werden, betragen zwischen 0 € (Kommission) bis hin zu umgerechnet 700.000,00 € (Anmeldegebühren in Nicaragua). Hinzu kommen die Kosten für externe Rechtsanwälte, die bei großen und komplexen Fusionskontrollverfahren einstellige Millionenbeträge erreichen können.

II. Materielle Prüfung

1. Prüfungsmaßstab

21 Während bis vor einigen Jahren innerhalb der EU nur die Entstehung oder Verstärkung einer marktbeherrschenden Stellung eine Untersagungsentscheidung oder Freigabe des Vorhabens nur unter Auflagen und Bedingungen befürchten ließen, kommt es heute auf die **erhebliche Behinderung wirksamen Wettbewerbs** an. Dabei spielt die Frage der Marktbeherrschung nach wie vor eine große Rolle. Marktbeherrschend ist nämlich das Unternehmen, das insbesondere Preise erhöhen kann, ohne durch den Verlust von Umsatz bestraft zu werden, da für die Kunden keine ausreichenden Ausweichmöglichkeiten bestehen. Entsteht ein solches Unternehmen durch den Zusammenschluss, ist damit eine erhebliche Behinderung wirksamen Wettbewerbs gegeben. Eine solche droht auch, wenn durch einen Zusammenschluss die Verhältnisse auf einem Markt derart geändert werden, dass für die Unternehmen kein Anreiz besteht, gegeneinander zu konkurrieren. Dabei ist insbe-

sondere an Märkte zu denken, auf denen aufgrund ähnlicher Produkte und Anbieter ohnehin wenig Wettbewerb und nach dem Zusammenschluss noch weniger Auswahl für die Abnehmer besteht.

2. Horizontale Zusammenschlüsse

Die größte Aufmerksamkeit schenken Kartellbehörden nach wie vor den sogenann- 22
ten horizontalen Zusammenschlüssen, bei denen zwei oder mehrere Wettbewerber zusammengehen. Hierdurch verringern sich die Anzahl der Wettbewerber und damit die Ausweichmöglichkeiten für die Abnehmer. Je größer die Konzentration auf dem Markt vor dem Zusammenschluss war, desto kritischer werden Kartellbehörden den Zusammenschluss betrachten, insbesondere wenn marktanteilsstarke Unternehmen fusionieren. Neben dem Marktanteil ist insoweit auch der Konzentrationsgrad relevant. Berechnet wird dieser oft mit dem **Herfindahl-Hirschmann-Index (HHI)**: Man nimmt die Marktanteile sämtlicher Wettbewerber jeweils zum Quadrat und addiert sie dann. Je höher der Wert, desto höher die Konzentration. Eine hohe Konzentration (EU: über 2.000; Vereinigte Staaten: über 2.500) ist jedoch unschädlich, wenn der Zuwachs gering ist (EU: Delta von weniger als 150; Vereinigte Staaten: Delta von weniger als 100).[20]

Beispiel

Nimmt man etwa einen Markt mit 20 Wettbewerbern an, die jeweils 5% Marktanteil haben, ergäbe sich ein HHI von 500 ($5^2 \times 20$). Ein Zusammenschluss von zweien dieser Wettbewerber würde einen HHI von 550 ($5^2 \times 18 + 10^2$) ergeben, d.h. eine geringe Erhöhung einer Konzentration, die nach wie vor niedrig ist, so dass keine wettbewerblichen Bedenken bestünden. Geht man von einem Markt aus, auf dem nur 4 Wettbewerber mit jeweils 25% tätig sind, käme man auf den hohen Wert von 2500 ($25^2 \times 4$). Schlössen sich hier zwei Unternehmen zusammen, käme es zu einem deutlichen Zuwachs auf 3750 (($50^2 + 25^2 + 25^2$), so dass eine nähere Prüfung des Zusammenschlusses erforderlich wäre.

---

3. Vertikale Zusammenschlüsse

In Fällen, in denen Unternehmen sich aktuell oder potentiell als Kunde und Liefe- 23
rant gegenüberstehen, prüfen die Behörden, ob hierdurch für die Wettbewerber der Beteiligten Nachteile beim Marktzugang entstehen.[21] Erwirbt ein Automobilhersteller einen Hersteller von Bremsanlagen für Automobile, steht unter Umständen

---

20 Leitlinien zur Bewertung horizontaler Zusammenschlüsse gemäß der Ratsverordnung über die Kontrolle von Unternehmenszusammenschlüssen, ABl. 2004 C 31/03, Rn 20; US Horizontal Merger Guidelines, S. 19.

21 *Emmerich* § 16 Rn 41; *Bundeskartellamt* Leitfaden zur Marktbeherrschung in der Fusionskontrolle Rn 138.

zu befürchten, dass das fusionierte Unternehmen anderen Automobilherstellern den Zugang zu diesen Bremsanlagen durch entsprechende Preissteigerungen erschwert.

4. Konglomerate Zusammenschlüsse

24 Schließlich kann auch der Zusammenschluss von Unternehmen in benachbarten Märkten problematisch sein. Zum einen könnte das fusionierte Unternehmen verschiedene Produkte so koppeln, dass Kunden gezwungen werden, bestimmte nicht gewünschte Produkte mitzukaufen, nur um das eigentlich gewünschte Produkt zu erwerben. Zum anderen könnte ein Unternehmen nach dem Zusammenschluss über ein so breites Portfolio verfügen, dass andere Unternehmen dem etwa bei Rabattgestaltungen nichts entgegen zu setzen haben.[22] Da die genannten Praktiken oft für sich verboten sind, muss die Kartellbehörde in diesen Fällen nachweisen, dass ein zukünftiges rechtswidriges Verhalten des Unternehmens wahrscheinlich ist.[23]

C. Deutsche Fusionskontrolle

I. Formelle Fusionskontrolle

1. Anmeldepflichtige Vorhaben

25 § 37 Abs. 1 GWB unterscheidet vier Fälle von Zusammenschlussvorhaben, nämlich
- Erwerb des (wesentlichen) Vermögens eines anderen Unternehmens
- Erwerb der Kontrolle über ein anderes Unternehmen oder eines Teils des selben
- Erwerb von mehr als 25% oder mehr als 50% der Anteile eines anderen Unternehmens
- Erwerb wettbewerblich erheblichen Einflusses auf ein anderes Unternehmen

a) Vermögenserwerb (§ 37 Abs. 1 Nr. 1 GWB)

26 **Vermögen eines Unternehmens** im Sinne dieser Vorschrift ist die Gesamtheit aller geldwerten Güter und Rechte eines Unternehmens ohne Rücksicht auf Art, Verwen-

22 *Emmerich* § 16 Rn 45 f.

23 *Emmerich* § 16 Rn 47 f.; *Mäger* Kap. 8 Rn 232. Auffällig ist, dass in der Fusionskontrolle der Vereinigten Staaten, die vielen Praktikern als zumindest inhaltlich sehr viel lebensnäher vorkommt, konglomerate Aspekte keine praktische Rolle spielen.

dung und gesonderte Verwertbarkeit, beschränkt auf das Aktivvermögen.[24] Es muss sich um den Erwerb des **gesamten Vermögens** oder eines **wesentlichen Teils** dessen handeln. Der Begriff des wesentlichen Vermögensteils ist allerdings nicht exakt definiert. Unstrittig ist, dass das nahezu gesamte Vermögen eines Unternehmens oder mehr als die Hälfte dessen unter diesen Begriff fällt.[25] In der Praxis hin und wieder strittig sind die Fälle des Erwerbs **einzelner Anlagen oder Produktportfolien**: Hier kommt es nicht so sehr auf den absoluten oder relativen Buch- oder Umsatzwert an. Entscheidend ist, ob der übertragene Vermögensteil die Stellung des Erwerbers auf dem betroffenen Markt erheblich zu verändern in der Lage ist.[26] Das ist dann der Fall, wenn **die Grundlage der Marktstellung des Veräußerers** übertragen wird.[27] So wurde entschieden, dass die folgenden Vorgänge unter § 37 Abs. 1 Nr. 1 GWB (bzw. die entsprechenden Vorgängervorschriften) fielen:
- Der Verkauf einer Zementmahlanlage, mit der die Schlacke aus der Stahlproduktion des Veräußerers zu Zement verarbeitet wurde, obwohl die Anlage weniger als 1% des Umsatzes des verkaufenden Klöckner-Konzerns ausmachte.[28]
- Der Verkauf eines von mehreren Produktionsprogrammen (besondere Industrienähmaschinen) einer Unternehmensdivision, da die Produkte dieses Programms für einen von den anderen Produktionsprogrammen unterscheidbaren Absatzmarkt bestimmt waren.[29]
- Der Verkauf einer Marke, unter welcher der Verkäufer Folien zum Verkauf von Lebensmitteln vertrieb, an einen Hersteller von vergleichbaren Folien.[30]

Nicht ausreichend ist die Übertragung von Vermögenswerten, denen **noch kein** 27
Umsatz zugeordnet wird, etwa die Übertragung einer Lizenz, die im betroffenen Markt noch nicht verwendet wurde. Beispiel hierfür war der Erwerb einer Lizenz für die Herausgabe der deutschsprachigen Ausgabe eines bekannten englischsprachi-

24 KG Berlin, Urt. v. 22.5.1985, WuW/E OLG 3591, 3593 – *Coop Schleswig-Holstein/Deutscher Supermarkt.* Umstritten an dieser Formel ist lediglich, ob es nicht ausschließlich auf das unternehmerisch genutzte Vermögen ankommt (so *Bechtold* GWB, § 37 Rn 5). In der Praxis dürfte dies regelmäßig keine Rolle spielen, da Unternehmen unter dem fortwährenden Diktat der Effizienzsteigerung kaum noch nicht unternehmerisch genutztes Vermögen haben dürften.

25 Langen/Bunte/*Kallfaß* Band 1, GWB, § 37 Rn 8.

26 BGH, Beschl. v. 12.2.1980, KVR 4/79, WuW/E 1763, 1771 – *Bituminöses Mischgut*; BGH, Urt. v. 13.3.1979, KVR 8/77, WuW/E 1570, 1573 – *Kettenstichmaschinen.*

27 BGH, Urt. v. 10.10.2006, KVR 32/05, WuW/E DE-R 1979, 1981 – *National Geographic I; Bechtold,* § 37 Rn 8; *Emmerich* § 33 Rn 6.

28 BGH, Urt. v. 23.10.1979, KVR 1/75, WuW/E, 1377, 1379 ff. – *Zementmahlanlage I;* BGH, Urt. v. 23.10.1979, KVR 3/78, WuW/E 1655 – *Zementmahlanlage II.*

29 BGH, Urt. v. 13.3.1979, KVR 8/77, WuW/E 1570, 1573 – *Kettenstichmaschinen.*

30 BGH, Urt. v. 7.7.1992, KVR 14/91, BGHZ 119, 117, 127 -– *Warenzeichenerwerb.*

gen Magazins.[31] Es muss also eine schon **bestehende Markposition** übertragen werden.

Praxistipp
Nicht jeder größere unternehmensbezogene Kauf von Vermögenswerten unterliegt der Fusionskontrolle. Werden aber Vermögensgegenstände erworben, denen sich ein Umsatz zurechnen lässt, sollte zumindest immer auch an eine mögliche Fusionskontrolle gedacht werden.

28 Nur der Erwerb, sei es durch Rechtsgeschäft oder Gesetz (z.B. Erbschaft)[32] von **Vollrechten** löst die Fusionskontrollpflicht nach § 37 Abs. 1 Nr. 1 GWB aus, d.h. es muss das Eigentum an Sachen oder die Inhaberschaft von Rechten übertragen werden. Somit ist die Einräumung von Nutzungsrechten, die etwa durch Lizenz- oder Mietverträge vermittelt werden, kein Vermögenserwerb.[33] Sie können aber vom Tatbestand des Kontrollerwerbs gem. § 37 Abs. 1 Nr. 2 GWB erfasst sein.

b) Kontrollerwerb (§ 37 Abs. 1 Nr. 2 GWB)

29 Kontrolle bedeutet die Möglichkeit für ein oder mehrere Unternehmen, einen **bestimmenden Einfluss** auf die Tätigkeit eines anderen Unternehmens auszuüben. Diese Möglichkeit – eine tatsächliche Ausübung ist nicht erforderlich[34] – ist zumindest dann gegeben, wenn das herrschende Unternehmen die **Geschäftspolitik** des abhängigen Unternehmens insgesamt bestimmen und diese Entscheidung **durchsetzen** kann.[35]

30 Auch der Erwerb von **Kontrolle über Unternehmensteile** kann den Tatbestand des § 37 Abs. 1 Nr. 2 GWB erfüllen. Dabei kommt nicht jeder Unternehmensteil, etwa eine isolierte Lagerhalle, in Betracht. Vielmehr wird der gleiche Maßstab angelegt, wie bei dem Erwerb eines (wesentlichen) Teils des Vermögens nach § 37 Abs. 1 Nr. 1 GWB, d.h. es kommt auch insoweit darauf an, dass die **Grundlage der Marktposition** des Veräußerers kontrolliert wird.[36]

31 Auf welchem Wege die Kontrolle erworben wird, ist unerheblich. Der wichtigste Fall des Kontrollerwerbs ist der Erwerb einer Mehrheit der Anteile oder der Erwerb der Vermögenswerte eines Unternehmens. Nicht erforderlich ist eine gesellschaftsrechtliche Grundlage; es reichen auch personelle Verflechtungen (so könnte auch

31 BGH, Urt. v. 10.10.2006, KVR 32/05, WuW/E DE-R 1979 – *National Geographic I.*
32 *Bechtold* § 37 Rn 4.
33 BGH, Urt. v. 10.10.2006, KVR 32/05, WuW/E DE-R 1979, 1980 – *National Geographic I* m.w.N.
34 Immenga/Mestmäcker/*Thomas* GWB, § 37 Rn 86.
35 Schulte/*Peter* Fusionskontrolle, Rn 140 m.w.N.
36 BGH, WuW DE-R 1979, 1980 – *National Geographic I;* Langen/Bunte/*Kallfaß* GWB, § 37 Rn 17; Schulte/*Peter* Fusionskontrolle, Rn 134 m.w.N.

eine Hochzeit zwischen Angehörigen von Unternehmensfamilien ausreichen) oder wirtschaftliche Verbindungen aus. Hier wird aber die in jedem Fall erforderliche **Dauerhaftigkeit** der die Kontrolle vermittelnden Umstände besonders festzustellen sein.[37]

Ebenfalls von § 37 Abs. 1 Nr. 2 GWB erfasst ist der Erwerb **gemeinsamer Kontrolle**. In diesen Fällen sind mehrere Unternehmen an einem anderen Unternehmen beteiligt und üben gemeinsam bestimmenden Einfluss auf dieses aus. Dabei reicht es nach der Rechtsprechung der deutschen Gerichte nicht aus, dass etwa aufgrund Stimmengleichheit der Gesellschafter ein Einigungszwang hinsichtlich der Führung des Unternehmens besteht.[38] Vielmehr müssen zwischen den Gesellschaftern Vereinbarungen oder sonstige tatsächliche Verbindungen bestehen, die bedingen, dass eine gemeinsame Führung stattfindet. Ausreichend sind insoweit dauerhaft gemeinsame Interessen, soweit diese dazu führen, dass die Gesellschafter gegenüber dem beherrschten Unternehmen als eine Einheit auftreten.[39] 32

Beispiel

Die Unternehmen A und B sind in der Stahlindustrie tätig. Um Kosten zu sparen, beschließen sie, eine gemeinsame Vertriebstochter zu gründen, die C. A übernimmt 60% und B 40% der Anteile an der C. Im Gesellschaftsvertrag der C ist bestimmt, dass grundsätzliche alle Entscheidungen mit einfacher Mehrheit gefasst werden, aber die Bestellung der Geschäftsführung, der Abschluss zentraler Verträge und die Festlegung des Jahresbudgets sowie der Geschäftspläne einer Mehrheit von 75% der Anteile bedürfen.

Der Umstand, dass A und B sich über zentrale Fragen bei der Führung der C einigen müssen, würde nicht für eine gemeinsame Kontrolle im Sinne des § 37 Abs. 1 Nr. 2 GWB ausreichen. Vielmehr müssten A und B aufgrund weiterer Umstände verbunden sein. Da A und B beide an einem kostengünstigen Vertrieb ihrer Produkte durch C interessiert sind, spricht einiges dafür, dass in dieser Konstellation eine gemeinsame Kontrolle angenommen würde.

Während der Kontrollerwerb in anderen Rechtsordnungen der zentrale Tatbestand ist, spielt es in der Praxis der deutschen Fusionskontrolle keine derart herausgehobene Rolle, da die typischen Konstellationen des Unternehmenskaufs (Erwerb aller Anteile an einem Unternehmen oder von wesentlichem Betriebsvermögen) von den sonstigen Tatbeständen erfasst werden und damit zusätzlich zum Kontrollerwerb eingreifen. Der Kontrollerwerbstatbestand kann aber in den folgenden Fällen eine eigenständige Bedeutung entfalten: 33

- Kontrolle vermittelnde Nutzungsverträge: Da § 37 Abs. 1 Nr. 1 GWB nur den Erwerb von Vollrechten erfasst, können insbesondere **Beherrschungsverträge, Betriebspacht- oder Betriebsführungsverträge** dem Beherrscher/Pächter/Be-

37 Immenga/Mestmäcker/*Thomas* GWB, § 37 Rn 93; *Bechtold* § 37 Rn 12.
38 BGH, Urt. v. 8.5.1979, KVR 1/78, BGHZ 74, 359, 366 – *WAZ*.
39 BGH, Beschl. v. 18.11.1986, KVR 9/85 – WuW/E 2337, 2339 – *Hussel-Mara*.

triebsführer die Kontrolle über ein Unternehmen vermitteln.[40] Denkbar sind auch **Lizenzverträge über Marken- oder Patente**, wenn sie **exklusiv**, d.h. eine Nutzung des Schutzrechtes durch den Inhaber ausschließen, und **langfristig** sind[41] und den Marken/Patenten bereits ein bestehender Umsatz zugewiesen werden kann.

- Erwerb von weniger als 25% oder Aufstockung eines Anteils von über 25% auf unter 50%, wenn aufgrund tatsächlicher Umstände hiermit eine Kontrolle des Unternehmens möglich ist. Häufig genannter Fall ist die gesicherte **Hauptversammlungsmehrheit**, d.h. eine Situation, wo dem Gesellschafter mit den meisten Anteilen aufgrund **Streubesitzes** die faktische Mehrheit zufällt.[42]

c) Erwerb von Anteilen (§ 37 Abs. 1 Nr. 3 GWB)

34 Dieser Tatbestand wirft in der Regel keine größeren Schwierigkeiten auf. Erfasst ist der Erwerb von Anteilen an einem anderen Unternehmen für eigene Rechnung, wenn die Anteile entweder 50% oder 25% des **Kapitals oder der Stimmrechte** des anderen Unternehmens erreichen. Während mit dem Erwerb von mehr als 50% der Stimmrechte eines Unternehmens in der Regel auch die (alleinige) Kontrolle im Sinne von § 37 Abs. 1 Nr. 2 GWB verbunden ist, kann auch eine reine Kapitalbeteiligung (Anteile ohne Stimmrechte)[43] die Fusionskontrolle auslösen.

35 Erwerben **Kreditinstitute, Finanzinstitute oder Versicherungsunternehmen** Anteile an einem anderen Unternehmen zum Zwecke der Veräußerung, gilt dies nach § 37 Abs. 3 Satz 1 GWB nicht als Zusammenschluss, wenn sie das Stimmrecht aus den Anteilen nicht ausüben und die Veräußerung innerhalb eines Jahres erfolgt (sog. **Bankenklausel**). Diese Bestimmung beabsichtigt keine Privilegierung dieser Unternehmen, sondern berücksichtigt, dass diese im Rahmen ihrer üblichen Geschäftstätigkeit (Unterstützung der Unternehmensgründung, Veräußerungsauftrag, Vorbereitung Börsengang) Unternehmensanteile treuhänderisch verkaufen dürfen.[44] Da bei dieser Art von Zwischenerwerb kein externes Marktwachstum oder keine Beeinflussung des Marktes (Verbot der Stimmrechtsausübung) stattfindet, bedarf dieser Vorgang keiner Fusionskontrolle. Läuft die Jahresfrist, die nach § 37 Abs. 3 Satz 2 GWB verlängert werden kann, ohne Veräußerung ab oder übt das Unternehmen die Stimmrechte aus, bleibt es bei der Erforderlichkeit einer Anmeldung.[45]

---

40 Langen/Bunte/*Kallfaß* GWB, § 37 Rn 23 f.
41 *Albert* S. 64 f.
42 *Bechtold* § 37 Rn 11; Immenga/Mestmäcker/*Thomas* GWB, § 37 Rn 122.
43 Immenga/Mestmäcker/*Thomas* GWB, § 37 Rn 247.
44 Immenga/Mestmäcker/*Thomas* GWB, § 37 Rn 396.
45 Langen/Bunte/*Kallfaß* GWB, § 37 Rn 64.

d) Wettbewerblich erheblicher Einfluss (§ 37 Abs. 1 Nr. 4 GWB)

§ 37 Abs. 1 Nr. 4 GWB erfasst **jede sonstige Verbindung** zwischen Unternehmen, 36 aufgrund derer ein oder mehrere Unternehmen unmittelbar oder mittelbar wettbewerblich erheblichen Einfluss auf ein anderes Unternehmen ausüben können. Dieser Tatbestand kommt nur zur Anwendung, wenn ein Vorgang nicht unter einen der vorgenannten Tatbestände fällt.[46] Es geht dabei nicht um Kontrolle. Vielmehr soll eine Konstellation erfasst werden, in welcher der Mehrheitsgesellschafter als eigentlich kontrollierende Partei auf den Minderheitsgesellschafter Rücksicht nehmen muss, wenn es um den Einsatz wettbewerblicher Ressourcen geht.[47]

Ein rein faktischer oder wirtschaftlicher Einfluss reicht nicht, vielmehr muss 37 dieser **gesellschaftsrechtlich vermittelt** sein, etwa durch einen Erwerb einer geringen Beteiligung am Zielunternehmen.[48] Eine derartige Vermittlung besteht vor allem bei einer **Minderheitsbeteiligung (knapp) unter 25%**[49] in Kombination mit sog. **Plus-Faktoren** wie Informations-, Mitsprache- und Kontrollmöglichkeiten, die über die üblichen Minderheitenrechte hinausgehen.[50] Dabei ist nicht erforderlich, dass diese Plus-Faktoren rechtlich abgesichert sind, vielmehr können sie sich auch aus den Umständen ergeben.[51] „Wettbewerblich erheblich" ist der Einfluss nur, wenn die Unternehmen sich als Wettbewerber oder im Verhältnis Kunde/Lieferant gegenüberstehen.[52]

e) Konzerninterne Umstrukturierungen

In Konzernen werden häufig Beteiligungen „umgehängt", etwa Enkelgesellschaften 38 von einer auf die andere Tochtergesellschaft der Konzernmutter übertragen, gerade auch in Vorbereitung von Unternehmenskäufen. Streng genommen stellen diese Vorgänge Zusammenschlüsse nach § 37 Abs. 1 Nr. 2 und/oder 3 GWB dar, da die aufnehmende Tochtergesellschaft die Kontrolle und/oder mehr als 50% der Anteile an der Enkelgesellschaft erwirbt. Derartige offensichtlich für den Wettbewerb irrelevante Vorgänge werden aber bereits mit Rücksicht auf die Einheit des Unternehmensbegriffs[53] von der Fusionskontrolle ausgenommen.[54]

---

46 Schulte/*Peter* Fusionskontrolle, Rn 184.

47 *Bechtold* § 37 Rn 41; BKartA, Beschl. v. 22.7.2004, B 8 27/04, WuW/E DE-V 983, 984 – *Mainova/Aschaffenburger Versorgungs-GmbH.*

48 Immenga/Mestmäcker/*Thomas* GWB, § 37 Rn 306.

49 *Emmerich*, § 33 Rn 48; *Bechtold* § 37 Rn 39.

50 Immenga/Mestmäcker/*Thomas* GWB, § 37 Rn 308.

51 OLG, Beschl. v. 6.7.2005, VI-Kart 26/04 (V), WuW/E DE-R 1581, 1583 – *Bonner Zeitungsindustrie.*

52 *Bechtold* § 37 Rn 43.

53 Rn 13.

54 OLG Düsseldorf, Urt. v. 31.1.2001, Kart 5/00 (V), WuW/E DE-R 647, 648f. – *OTZ*; Immenga/Mestmäcker/*Thomas* GWB, § 37 Rn 370.

39 Außerhalb dieser reinen Konzernfälle kann es vorkommen, dass sich Unternehmen zeitlich versetzt mehrfach zusammenschließen und daher eigentlich für jeden weiteren Zusammenschluss erneut eine Anmeldung einreichen müssten. Nach § 37 Abs. 2 GWB ist jedoch eine erneute Anmeldung dann nicht erforderlich, wenn der zeitlich nachfolgende Zusammenschluss **keine wesentliche Verstärkung** der bestehenden Unternehmensverbindung bewirkt. Eine wesentliche Verstärkung nimmt man immer dann an, wenn die bestehende Verbindung **weiter abgesichert** wird oder der Erwerber **zusätzliche Rechte** erhält.[55]

Beispiel
Unternehmen X erwirbt 45% der Anteile an der Y-Aktiengesellschaft. Aufgrund einer gesicherten Hauptversammlungsmehrheit erlangt X damit die Kontrolle über Y nach § 37 Abs. 1 Nr. 2 GWB. Später stockt X seine Anteile an der Y auf über 50% auf und erfüllt dadurch den Tatbestand des § 37 Abs. 1 Nr. 3 GWB. Auch die Aufstockung stellt einen anzumeldenden Zusammenschluss an, da aus der faktischen eine absolute Mehrheit geworden ist und damit die Kontrolle von X auch bei einer Konsolidierung der anderen Anteile an der Y abgesichert wäre.

2. Aufgreifschwellen

40 Liegt ein Zusammenschluss im Sinne des § 37 GWB vor, führt dies nicht zwangsläufig zu einer Anmeldepflicht. Vielmehr müssen zusätzlich die Umsatzschwellen des § 35 Abs. 1 GWB erfüllt sein und die (deutsche) Fusionskontrolle darf nicht nach § 35 Abs. 2 GWB (sog. De-Minimis-Klausel) oder § 35 Abs. 3 GWB (Vorrang der europäischen Fusionskontrolle) ausgeschlossen sein.

a) Umsatzgrenzen

41 Nach § 35 Abs. 1 GWB greift die deutsche Fusionskontrolle, wenn der weltweite Umsatz aller an dem Zusammenschluss beteiligten Unternehmen 500 Mio. € übersteigt, ein beteiligtes Unternehmen mindestens 25 Mio. € Umsatz in Deutschland erzielt **und** ein anderes beteiligtes Unternehmen mindestens 5 Mio. € Umsatz in Deutschland erwirtschaftet.

aa) Beteiligte Unternehmen

42 Dementsprechend hat der **Begriff des beteiligten Unternehmens** insbesondere für diese Vorschrift große Bedeutung. Wer im Einzelnen als beteiligtes Unternehmen gilt, hängt entscheidend von der Art des Zusammenschlusses ab:

55 *Emmerich* § 33 Rn 53; umfassend Immenga/Mestmäcker/*Thomas* GWB, § 37 Rn 375 ff.

- Beim Vermögenserwerb sind der oder die Erwerber und das übertragene Unternehmensvermögen die beteiligten Unternehmen.[56]
- Beim Kontrollerwerb sind grundsätzlich der oder die Erwerber und das Unternehmen, über das Kontrolle erworben wird, beteiligt. Beim Erwerb gemeinsamer Kontrolle stellt sich vielfach die Frage, ob das Gemeinschaftsunternehmen beteiligtes Unternehmen ist oder nicht.[57]
- Beim Anteilserwerb sind der Erwerber und das Unternehmen, an dem Anteile erworben werden, beteiligte Unternehmen.[58]
- Im Fall des wettbewerblichen Einflusses sind das einflussnehmende und das Unternehmen, auf das Einfluss genommen wird, beteiligte Unternehmen.[59]

In der Praxis werden bei Unternehmenskäufen oft Zwischen- oder Vorratsgesell- 43
schaften verwendet. Da diese häufig keinen oder nur nominellen Umsatz haben, würde oftmals keine fusionskontrollrechtliche Prüfung stattfinden. Vor diesem Hintergrund ordnet § 36 Abs. 2 Satz 1 GWB für beteiligte Unternehmen, die abhängige Unternehmen im Sinne von § 17 AktG oder Konzernunternehmen im Sinne von § 18 AktG sind, an, dass diese als einheitliche Unternehmen anzusehen sind.

In der Konsequenz kommt also bei einem Zusammenschluss, an dem ein **Kon-** 44
zernunternehmen beteiligt ist, der **gesamte Konzernumsatz** zum Tragen. Dies gilt aber uneingeschränkt **nur für die Erwerberseite**, nicht für die Verkäuferseite. Für die **Verkäuferseite** kommt es grundsätzlich nur auf den **Umsatz des verkauften Unternehmens** an, § 38 Abs. 5 S. 1 GWB. Hierzu gibt es wieder eine Rückausnahme, denn nach § 38 Abs. 5 S. 2 GWB kommt es beim Verbleib von mehr als 25% der Anteile beim Veräußerer auf dessen Konzernumsatz an.

In der Regel wird die Ermittlung der relevanten Umsatzträger keine großen 45
Probleme bereiten. In vielen Fällen ergeben sich die maßgeblichen Konzernzahlen aus Jahresabschlüssen und -berichten. Besonderheiten können sich aber bei Gemeinschaftsunternehmen ergeben. Nach § 36 Abs. 2 Satz 2 GWB gelten alle Unternehmen, die gemeinsam beherrschenden Einfluss auf ein anderes Unternehmen (Gemeinschaftsunternehmen) ausüben, als beherrschende Unternehmen, sog. **Mehrmütterklausel**. Um eine gemeinsame Beherrschung anzunehmen, muss neben der gemeinsamen Interessenlage aufgrund bestimmter Umstände eine auf **Dauer gesicherte, beständige und einheitliche Einflussnahme der Mütter** zu erwarten sein – entsprechend der Annahme einer gemeinsamen Kontrolle gemäß § 37

56 Immenga/Mestmäcker/*Thomas* GWB, § 37 Rn 68.
57 Siehe hierzu Immenga/Mestmäcker/*Thomas* GWB, § 37 Rn 234, 236 ff.
58 Immenga/Mestmäcker/*Thomas* GWB, § 37 Rn 292.
59 Immenga/Mestmäcker/*Thomas* GWB, § 37 Rn 355.

Abs. 1 Nr. 2 GWB.[60] Welche Umstände dies sein können, lässt sich abstrakt nicht sagen, es kommen sowohl rechtliche als auch tatsächliche Umstände in Betracht, beispielsweise eine ausdrückliche Gesellschaftervereinbarung zu einer gemeinsamen Unternehmenspolitik, Gemeinsamkeiten der Gesellschafter aus der Entstehungsgeschichte, über die Gesellschafterstellung hinausgehende gemeinsame Ziele und Motive, familiäre Bindungen oder eine langjährige Praxis des einheitlichen Abstimmens.[61]

46 Konsequenz der Mehrmütterklausel ist, dass einerseits dem Gemeinschaftsunternehmen der Umsatz aller beherrschenden Mütter zugerechnet werden, andererseits den jeweiligen Müttern auch der volle Umsatz des Gemeinschaftsunternehmens zugerechnet wird. Eine Zurechnung zwischen den Müttern findet dagegen nicht statt.

47 Eine **Umgehung** der Fusionskontrolle durch Stückelung einer Transaktion, so dass diese nicht die Schwellenwerte des § 35 Abs. 1 GWB erreicht, verhindert § 38 Abs. 5 Satz 3 GWB, welcher Art. 5 Abs. 2 UAbs. 2 FKVO entspricht: Finden zwischen denselben beteiligten Unternehmen innerhalb von zwei Jahren Zusammenschlüsse statt, die zusammengerechnet die Schwellenwerte erreichen, werden die einzelnen Zusammenschlüsse als ein Zusammenschluss gewertet und insgesamt der Fusionskontrolle unterworfen. Hat ein Unternehmen mit vier etwa gleich umsatzstarken Geschäftsbereichen also einen Gesamtumsatz von 8 Mio. EUR, können Käufer und Verkäufer die Fusionskontrolle nicht dadurch aushebeln, dass sie alle drei Monate den Verkauf eines der vier Geschäftsbereiche vereinbaren. Angemeldet werden muss dabei die Transaktion, mit der die Schwelle überschritten wird,[62] im genannten Fall also die dritte.

bb) Relevanter Umsatz

48 Hat man nach den vorstehenden Grundsätzen eruiert, welche Unternehmen bei der Umsatzberechnung zu berücksichtigen sind, ist zu klären, welche Erlöse als Umsätze zu berücksichtigen sind. § 38 Abs. 1 Satz 1 GWB verweist insoweit auf § 277 Abs. 1 HGB. Nach § 277 Abs. 1 HGB sind Umsätze die Erlöse aus **der typischen Tätigkeit des Unternehmens** nach **Abzug von Erlösschmälerungen** (etwa Preisnachlässe, Treuerabatte, Skonti, Fracht- und Verpackungskosten) und **Umsatzsteuer**. Als nicht typische

---

60 BGH, Beschl. v. 22.6.1981, KVR 7/80, NJW 1981, 2699, 2700 – *Transportbeton Sauerland*; zur Übereinstimmung mit den Beherrschungskriterien nach § 37 GWB vgl. Langen/Bunte/*Kallfaß* GWB, § 36 Rn 65.

61 BGH, Urt. v. 8.5.1979, KVR 1/78, WuW 1608, 1611 – *WAZ*; BGH, Urt. v. 30.9.1986, KVR 8/85, WuW/E 2321, 2323 – *Mischguthersteller*; OLG Düsseldorf, Beschl. v. 6.10.2004, VI-Kart 14/04 (V), WuW/E DE-R 1413, 1415 – *Radio TON-Regional*.

62 Immenga/Mestmäcker/*Thomas* § 38 Rn 80 f.

Erlöse sind außerordentliche Erträge wie Gewinne aus Unternehmensverkäufen und Umstrukturierungen einzustufen.[63] In der Praxis spielt die Frage nach typischen/atypischen Umsätzen regelmäßig keine große Rolle, während die Tatsache, dass es auf Netto- und nicht Bruttoerlöse ankommt, hin und wieder Bedeutung hat.

Nach § 38 Abs. 1 Satz 2 GWB sind Umsätze zwischen verbundenen Gesellschaf- 49
ten im Sinne des § 36 Ab. 2 Satz 1 GWB herauszurechnen, es kommt also nur auf die Außenumsätze an. Werden Umsätze in einer anderen Währung als EUR erzielt, sind diese Beträge nach dem jeweiligen **Jahresmittelkurs der Europäischen Zentralbank** umzurechnen.[64]

In **zeitlicher Hinsicht** kommt es auf den Umsatz aus dem **letzten abgeschlos-** 50
senen Geschäftsjahr an. Soweit etwa in den ersten Monaten eines Jahres noch keine geprüften Zahlen für das Vorjahr vorliegen, übermittelt man in der Regel die Zahlen des Vorvorjahres. Hat der Erwerber und/oder das Zielunternehmen in der Zeit **zwischen letztem abgeschlossenen Geschäftsjahr und Anmeldung** Unternehmensteile erworben oder veräußert, sind deren Umsätze (aus dem letzten abgeschlossenen Geschäftsjahr) hinzuzurechnen oder abzuziehen.[65]

Für bestimmte Unternehmen gibt es Sonderregeln: Bei **Handelsunternehmen** 51
werden nach § 38 Abs. 2 GWB nur **drei Viertel der Umsätze** in Ansatz gebracht, wobei Handel mit Waren voraussetzt, dass ein Unternehmen die Erzeugnisse nicht ver- oder bearbeitet.[66] § 38 Abs. 3 GWB regelt Besonderheiten für **Presse- und Rundfunkunternehmen, Banken und Versicherungsunternehmen**.

cc) Räumliche Zuordnung

§ 35 Abs. 1 Satz 1 GWB setzt voraus, dass mindestens eines der beteiligten Unter- 52
nehmen einen Umsatz von 25 Mio. € in Deutschland und ein weiteres beteiligtes Unternehmen einen Umsatz von 5 Mio. € in Deutschland erzielt.

Für die Frage, welcher Umsatz als in Deutschland erzielt anzusehen ist, gibt es 53
keine gesetzlichen Vorgaben. Es entspricht aber allgemeiner Auffassung, dass es im Grundsatz auf den **Standort des Abnehmers** der Ware oder Dienstleistung ankommt.[67] Entscheidend ist jeweils, **wo der Wettbewerb beim Verkauf der Waren** stattfindet.[68]

---

63 Immenga/Mestmäcker/*Thomas* § 38 Rn 13.

64 Immenga/Mestmäcker/*Thomas* § 38 Rn 19.

65 *Bechtold* § 36 Rn 66.

66 *Bechtold* § 38 Rn 6.

67 *Bechtold* § 35 Rn 33; Langen/Bunte/*Kallfaß* GWB, § 35 Rn 21.

68 Konsolidierte Mitteilung der Kommission zu Zuständigkeitsfragen gemäß der Verordnung (EG) Nr. 139/2004 des Rates über die Kontrolle von Unternehmenszusammenschlüssen, ABl. 2009, C 43/10 (zit.: Konsolidierte Zuständigkeitsmitteilung), Rn 196.

dd) Inlandsauswirkung (§ 130 Abs. 2 GWB)

54 Im Normallfall führen die beiden Inlandsumsatzschwellen dazu, dass die Übernahme von Unternehmen mit einem geringen Umsatz in Deutschland nicht nach deutschem Recht fusionskontrollpflichtig ist. Denkbar sind aber Szenarien, in denen auf der Erwerberseite mehrere Unternehmen stehen, die jeweils die Umsatzschwellen erreichen, ohne dass das Zielunternehmen einen nennenswerten Umsatz in Deutschland erzielt. In diesen Fällen ist § 130 Abs. 2 GWB zu berücksichtigen, der das GWB insgesamt auf Vorgänge erstreckt, aber auch beschränkt, die **Auswirkungen auf seinen Geltungsbereich** Deutschland haben. Das BKartA hat in seinem Merkblatt zu Inlandsauswirkungen[69] festgehalten, dass für den Fall, dass auf **Erwerberseite mehr als ein beteiligtes Unternehmen** auftritt und diese ein Gemeinschaftsunternehmen erwerben, auch bei formaler Erfüllung der Inlandsumsatzschwellen keine Anmeldung erfolgen muss, wenn das Gemeinschaftsunternehmen **auf keinem Inlandsmarkt aktuell oder potenziell tätig** ist. Das gilt nach Auffassung des BKartA auch, wenn die Muttergesellschaften (einschließlich verbundener Unternehmen) auf keinem Markt im Inland aktuelle oder potenzielle Wettbewerber sind, auf dem das Gemeinschaftsunternehmen im Ausland tätig ist. Die Muttergesellschaften dürften auch nicht auf Märkten, die dem Produktmarkt des Gemeinschaftsunternehmens vor- oder nachgelagert sind, tätig sein. In diesem Fällen bestehe keine Gefahr, dass die Gründung oder Übernahme eines Gemeinschaftsunternehmens das Wettbewerbsverhältnis der Mütter negativ beeinflusst, etwa in dem die gemeinsamen Entscheidungen betreffend des Gemeinschaftsunternehmens dazu dienen, das wettbewerbliche Verhalten der Mütter zu koordinieren.[70]

55 Darüber hinaus nimmt das BKartA ein Fehlen der Inlandswirkung an, wenn das Gemeinschaftsunternehmen (i) Umsätze von **weniger als 5 Mio. €** in Deutschland hat, (ii) in Deutschland auf allen relevanten Märkten einen **Marktanteil von weniger als 5%** hat und (iii) keine weiteren Umstände vorliegen, die für eine Inlandsauswirkung sprechen. Als Umstände, die für eine Inlandsauswirkung sprechen, werden die Übertragung von erheblichen Ressourcen auf das Gemeinschaftsunternehmen, etwa gewerbliche Schutzrechte oder Know-how, genannt.[71]

b) De-Minimis-Klausel

56 Selbst wenn die vorstehenden Voraussetzungen erfüllt sind, findet eine Fusionskontrolle nicht statt, wenn sich ein Unternehmen, das einen **weltweiten Umsatz**

---

69 Merkblatt – Inlandsauswirkungen in der Fusionskontrolle, 30. September 2014 (zit.: Merkblatt Inlandsauswirkungen).

70 Merkblatt – Inlandsauswirkungen, S. 6.

71 Merkblatt – Inlandsauswirkungen, S. 7 f.

von weniger als 10 Mio. € hat und kein abhängiges Unternehmen im Sinne des § 36 Abs. 2 GWB[72] ist, einem anderen Unternehmen (unabhängig von dessen Größe) anschließt. Dementsprechend ist der Erwerb eines Unternehmens, das insgesamt, also einschließlich aller verbundenen Gesellschaften, einen Umsatz von weniger als 10 Mio. € Umsatz hat, fusionskontrollfrei möglich. Durch das Erfordernis der fehlenden Abhängigkeit wird verhindert, dass Großkonzerne sich ohne Fusionskontrolle von kleineren Unternehmensteilen trennen.[73]

3. Verfahrensablauf

a) Zuständige Behörde

Das BKartA in Bonn ist die für die Fusionskontrolle ausschließlich zuständige Kar- 57
tellbehörde in Deutschland.[74] Innerhalb des BKartA sind diejenigen neun der zwölf Beschlussabteilungen für die Fusionskontrolle zuständig, die nach Industriezweigen aufgestellt sind.[75] An diese ist die Anmeldung zu richten. Wer also zum Beispiel ein Telekommunikationsunternehmen zu erwerben gedenkt, richtet seine Anmeldung an den oder die Vorsitzende(n) der 7. Beschlussabteilung.

b) Inhalt der Anmeldung

Der Umfang einer Anmeldung zum BKartA ist im Vergleich zu Anmeldungen in an- 58
deren Rechtssystemen gering. Die wesentlichen Hinweise ergeben sich aus § 39 GWB. Zur **Anmeldung verpflichtet** sind **alle am Zusammenschluss beteiligten Unternehmen** sowie im Fall des Vermögens- oder Anteilserwerbs auch der Veräußerer (§ 39 Abs. 2 GWB).

Praxistipp !

In der Praxis meldet eine der Parteien, in der Regel der Erwerber im Namen aller beteiligten Unternehmen an. Das BKartA ist sehr pragmatisch und fordert insbesondere keine Vollmachtsurkunden ein.

Der Inhalt der Anmeldung ist in § 39 Abs. 3 GWB festgelegt. Im Übrigen hat das 59
BKartA auf seiner Internetseite ein Anmeldeformular hinterlegt, aus dem sich die

---

72 Siehe Rn 43.

73 Langen/Bunte/*Kallfaß* GWB, § 35 Rn 22.

74 Neben dem Bundeskartellamt sind noch das Bundesministerium für Wirtschaft und Technologie und die Landeskartellbehörden Kartellbehörden im Sinne des GWB.

75 Das Organigramm des Bundeskartellamts lässt sich unter http://www.bundeskartellamt.de/SharedDocs/Publikation/DE/Sonstiges/Organigramm.pdf?__blob=publicationFile&v=19 abrufen, hieraus ergeben sich die exakten Zuständigkeiten.

vom BKartA gewünschten Angaben ergeben.[76] Dabei handelt es sich um Angaben zu den beteiligten Unternehmen, nämlich Firma, Niederlassung, Art des Geschäftsbetriebs, Umsatzerlöse (Deutschland, EU-weit, weltweit), Marktanteile von über **20%**, bei Anteilserwerb die exakte Zahl erworbener und gehaltener Anteile sowie – in der Praxis gerne vergessen – eine zustellungsbevollmächtigte Person im Inland bei ausländischen Unternehmen. Nach § 39 Abs. 5 GWB kann das BKartA zusätzliche Informationen zu Marktanteilen und der Grundlage ihrer Berechnung anfordern.

60 In der Regel deckt man die erforderlichen Angaben zu Umsätzen und Beteiligungen durch die Beifügung von Geschäftsberichten ab. Ferner nennt man in der Regel die Marktanteile auf den für den Zusammenschluss relevanten Märkten, auch wenn diese unter 20% liegen. Relevante Märkte sind dabei die Märkte, auf denen sich die **Tätigkeiten der Unternehmen überschneiden** oder die Märkte, auf denen das **Zielunternehmen/Gemeinschaftsunternehmen** tätig ist.

! **Praxistipp**
Nach dem Gesetz müssen alle Märkte, auf denen die beteiligten Unternehmen mehr als 20% Marktanteil haben, benannt werden. Bei Unternehmen mit sehr weit verzweigten Tätigkeiten können dies hunderte sein. Im Allgemeinen genügt aber der Hinweis in der Anmeldung, dass das Unternehmen ggf. auf anderen als den relevanten Märkten Marktanteile von mehr als 20% hat, diese aber für den Zusammenschluss keine Rolle spielen.

---

c) Form und Verfahrensablauf

61 **Die Anmeldung kann seit 2013 per E-Mail mit qualifizierter elektronischer Signatur eingereicht werden**, § 39 Abs. 1 Satz 2 und 3 GWB. Nach wie vor wird sie aber überwiegend vorab per Telefax mit anschließendem Postversand eingereicht, zumal sich die elektronische Kommunikation mit dem BKartA noch im Aufbau befindet. Eine **einfache E-Mail genügt nicht**.

62 Anders als im Rahmen eines Verfahrens bei der Europäischen Kommission sind Vorfeldtreffen mit dem BKartA nur bei möglicherweise problematischen Vorhaben üblich. Im Normalfall wird eine Anmeldung ohne Vorankündigung eingereicht. Es gibt **keine gesetzliche Anmeldefrist**, d.h. es ist nicht erforderlich, die Anmeldung innerhalb einer bestimmten Tagesanzahl nach Abschluss etwa des Unternehmenskaufvertrags einzureichen. In der Praxis wird häufig eine Frist von 5 bis 10 Werktagen nach Vertragsunterschrift vereinbart, innerhalb derer anzumelden ist.

76 http://www.bundeskartellamt.de/SharedDocs/Publikation/DE/Mustertexte/Muster%20-%20Anmeldeformular%20Fusionskontrolle.html?nn=3590938.

Praxistipp

!

Das Fehlen einer Anmeldefrist ist zwar in der EU üblich, in Ländern außerhalb der EU gibt es aber durchaus Vorschriften, die eine Anmeldung innerhalb einer bestimmten Frist nach Vertragsunterzeichnung fordern. So muss man in Serbien innerhalb von 15 Wochentagen, in Ecuador sogar innerhalb von 8 Wochentagen nach Vertragsunterzeichnung anmelden. Dies sollte man bei der Transaktionsplanung/Vorbereitung der Anmeldungen berücksichtigen.

Nach erfolgter Anmeldung prüft das BKartA zunächst die Vollständigkeit der Anmeldung. Das BKartA nimmt in der Regel innerhalb weniger Tage Kontakt zu dem anmeldenden Unternehmen auf, entweder um auf etwaig fehlende Angaben oder Unterlagen hinzuweisen oder aber um weitere Informationen, insbesondere zu den Produkten, Wettbewerbern, Kunden oder Lieferanten zu erbitten. Gleichzeitig wird der Zusammenschluss auf der **Internetseite des Bundeskartellamts veröffentlicht**. 63

Praxistipp

!

Oftmals möchten die Unternehmen verhindern, dass das angemeldete Vorhaben veröffentlicht wird, etwa im Hinblick auf noch ausstehende Gespräche mit Arbeitnehmervertretern oder Kunden. Das BKartA kann diesem Wunsch schon aus Gründen der Gleichbehandlung nicht entsprechen. Es ist daher ratsam, vor einer Anmeldung jegliche erforderliche Kommunikation vorgenommen zu haben, um nicht von der Veröffentlichung des BKartA in Zugzwang gesetzt zu werden.

Das BKartA hat nach § 40 Abs. 1 Satz 1 GWB ab Erhalt der **vollständigen Anmeldung einen Monat Zeit**, den beteiligten Unternehmen mitzuteilen, ob es in ein Hauptprüfverfahren eingetreten ist (sog. **Monatsbrief**). Tut es das nicht, kann der Zusammenschluss nicht mehr untersagt und somit von den Unternehmen vollzogen werden. In der Praxis lässt das BKartA diese Frist allerdings nicht ablaufen, sondern gibt unproblematische Fälle zum Teil deutlich vor Ablauf der Monatsfrist frei. 64

Leitet das BKartA ein **Hauptprüfungsverfahren** ein, hat es innerhalb von **vier Monaten nach Eingang der vollständigen Anmeldung** per Verfügung zu entscheiden, ob es den Zusammenschluss freigibt oder nicht (§ 40 Abs. 2 Satz 1 und 2 GWB). Ergeht keine Entscheidung innerhalb dieses Zeitraums, gilt der Zusammenschluss als freigeben, es sei denn, die anmeldenden Unternehmen haben einer **Fristverlängerung zugestimmt** (§ 40 Abs. 2 Satz 4 Nr. 1), dem BKartA wurden **falsche Angaben** gemacht (§ 40 Abs. 2 Satz 4 Nr. 2) oder es **fehlt ein Inlandsvertreter** für ein ausländisches Unternehmen (§ 40 Abs. 2 Satz 4 Nr. 3). 65

Diese Frist von vier Monaten wird **gehemmt**, wenn eines der beteiligten Unternehmen eine formale Auskunftsanfrage des BKartA nach § 59 GWB schuldhaft nicht rechtzeitig oder vollständig beantwortet hat und das BKartA daher gezwungen ist, eine zweite Auskunftsanfrage zu stellen. 66

Macht ein beteiligtes Unternehmen **erstmals** im Hauptprüfverfahren **Vorschläge zu Bedingungen und Auflagen**, verlängert sich die Vier-Monats-Frist um einen 67 weiteren Monat, § 40 Abs. 2 Satz 7 GWB. Hiermit gleicht der deutsche Gesetzgeber das GWB an Art. 10 Abs. 1 und Abs. 3 FKVO an.

d) Kosten und Vollzugsanzeige

68 In der Regel endet ein Fusionskontrollverfahren mit einer Freigabe ohne Hauptprüfungsverfahren, die keine nähere Begründung enthält, sondern lediglich die Zahlung einer Verwaltungsgebühr von maximal 100.000 €. Die exakte Höhe ist abhängig vom Aufwand des BKartA. In der Regel liegt die Summe zwischen **5.000 und 15.000 €**, Tendenz steigend.

69 In der Praxis manchmal vergessen wird die **Vollzugsanzeige** nach § 39 Abs. 6 GWB – ein schlichtes Schreiben der beteiligten Unternehmen an das BKartA über den Vollzug des Zusammenschlusses.

e) Vollzugsverbot

70 Nach § 41 Abs. 1 GWB dürfen Unternehmen den Zusammenschluss erst dann vollziehen, bis eine Freigabe durch das Bundeskartellamt erfolgt ist. In der Praxis stellen sich regelmäßig Fragen zu der Reichweite dieses Vollzugsverbots. Hierfür hat sich in der Praxis ein gewisser Standard etabliert, der nicht nur in Deutschland, sondern auch in vielen anderen Ländern zum Tragen kommt. Nachfolgend ist ein typischer Leitfaden wiedergegeben:

Unzulässig sind	Zulässig sind
die rechtliche und organisatorische Zusammenführung einzelner Unternehmen	Personalplanungen und Nominierungen, sofern die Posten noch nicht tatsächlich übernommen werden
die Aufnahme gemeinsamer Geschäftsaktivitäten	die Vorbereitung eines Geschäftsplans
die Einführung gemeinsamer Berichts- und Organisationsstrukturen	die Erarbeitung der (gemeinsamen) Berichts- und Organisationsstrukturen
die Befolgung interner Weisungen der zukünftigen Geschäftsführung/Anteilseigner	das Erarbeiten der zukünftigen Strategie für die Zeit nach Freigabe des Zusammenschlusses
die Abstimmung und Anpassung von Produkten	die Benennung zukünftiger Teams
die Abstimmung der beiderseitigen Vermarktungs- und Absatzbemühungen	die Vorbereitung eines gemeinsamen Marktauftritts für die Zeit nach Freigabe des Zusammenschlusses
die Umbenennung und eine entsprechende Öffentlichkeitskampagne	Informationsveranstaltungen mit den und für die betroffenen Mitarbeiter
der gemeinsame Vertrieb	Mitarbeiterschulungen für das zukünftige Verhalten nach Freigabe des Zusammenschlusses bzw. nach Ablauf der Wartefristen

Fort

Unzulässig sind	Zulässig sind
die Ausübung gesellschaftsrechtlicher Kontrollrechte	die Veröffentlichung von Informationen über die zukünftige interne Personalstruktur/-ernennung

Fettnapf
Zu beachten ist weiterhin, dass die beteiligten Unternehmen, wenn sie bisher Wettbewerber waren, dies auch bis zum Vollzug des Zusammenschlusses (nicht schon ab Erteilung der Freigabe) bleiben. Bis dahin **verboten** sind also jegliche **Absprachen über Kunden- oder Gebietsaufteilungen** sowie der **Austausch von Geschäftsgeheimnissen** wie Preise, Kosten, Kunden, Forschungsprojekte, Gewinnmargen, Produktionsmengen oder Geschäftspläne.

Verstöße gegen das Vollzugsverbot führen einerseits zur schwebenden Unwirksamkeit etwaiger Rechtsgeschäfte (etwa einer Übertragung von Anteilen, vgl. § 41 Abs. 1 Satz 2 GWB) und werden andererseits mit Bußgeldern gegen die handelnden Personen von bis zu 1 Mio. € sowie mit Unternehmensbußgeldern von bis zu 10% des im Vorjahr erwirtschafteten Gesamtumsatzes geahndet (§ 81 Abs. 2 Nr. 1 und Abs. 4 GWB). Wird der nachträglich angemeldete Zusammenschluss freigeben, werden die entsprechenden Rechtsgeschäfte wirksam bzw. bei unanfechtbarer Untersagung endgültig nichtig.[77] 71

Vom Vollzugsverbot kann das BKartA auch eine Befreiung erteilen, wenn die beteiligten Unternehmen schwerwiegende Gründe hierfür vortragen, z.B. ein schwerer Schaden für die Unternehmen (§ 41 Abs. 2 GWB). Der klassische Fall ist derjenige der sog. **Sanierungsfusion**.[78] 72

f) Unterlassene Anmeldung

Wird eine Anmeldung gänzlich unterlassen, wurde dies früher in der Regel nicht bestraft. Vielmehr wurde vom BKartA nur eine Nachholung der Anmeldung gefordert. Inzwischen werden hohe Bußgelder für unterlassene Anmeldungen ausgesprochen. Erweist sich der nicht angemeldete Zusammenschluss dann als nicht freigabefähig, leitet das BKartA zudem ein **Entflechtungsverfahren** ein, § 41 Abs. 3 GWB. 73

II. Materielle Fusionskontrolle

Nach § 36 Abs. 1 Satz 1 GWB sind Zusammenschlüsse zu untersagen, durch die **wirksamer Wettbewerb erheblich behindert** würde. Dies ist insbesondere dann 74

77 Langen/Bunte/*Kallfaß* GWB, § 41 Rn 1.
78 Siehe hierzu Rn 92.

der Fall, wenn zu erwarten ist, dass der Zusammenschluss **eine marktbeherrschende Stellung** begründen oder verstärken würde. „Zu erwarten sein“ bedeutet, dass eine **Prognoseentscheidung** zu treffen ist. Hierbei sind die Wettbewerbslage auf dem betroffenen Markt vor und nach dem Zusammenschluss zu vergleichen[79] und sowohl die unmittelbaren Folgen des Zusammenschlusses als auch die längerfristigen Veränderungen der Wettbewerbsbedingungen zu berücksichtigen. Längerfristige Veränderungen werden berücksichtigt, wenn sie sich in **drei bis fünf Jahre**n mit **hoher Wahrscheinlichkeit** einstellen.[80]

1. Untersagungsvoraussetzungen

75 Für die Frage, ob eine **Untersagungspflicht** des BKartA besteht, kam es bis zum 26. Juni 2013 allein auf die Begründung oder Verstärkung einer marktbeherrschenden Stellung an. Mit der Neufassung des § 36 Abs. 1 Satz 1 GWB, welcher nunmehr eine erhebliche Behinderung wirksamen Wettbewerbs verlangt, wurde eine Anpassung an den Standard der FKVO[81] beabsichtigt.[82] Insbesondere sollen Vorhaben erfasst werden, die zwar keine marktherrschende Stellung begründen oder verstärken, aber dem Wettbewerb nachhaltig schadet.

Beispiel

A ist mit einem Marktanteil von 70% das beherrschende Unternehmen auf dem Markt für Toilettenpapier. B und C halten jeweils 15% des Marktes. Drogerien und Supermärkte führen neben den Produkten von A in der Regel auch Produkte von B oder C, aber meist nicht Produkte von A, B **und** C. Insofern herrscht intensiver Wettbewerb zwischen B und C um den „2. Platz im Regal“. Fusionieren B und C, würde dieser Restwettbewerb erlöschen und insgesamt eine erhebliche Behinderung des Wettbewerbs auf dem Markt eintreten, ohne dass das fusionierte Unternehmen B+C eine marktbeherrschende Stellung einnähme, da diese weiterhin A zukäme.

---

2. Marktbeherrschende Stellung

76 Das Gesetz geht davon aus, dass insbesondere die Begründung oder Verstärkung einer marktbeherrschenden Stellung eine erhebliche Behinderung wirksamen Wettbewerbs bewirken würde. Ob eine solche entsteht oder verstärkt wird, dürfte also auch zukünftig die wesentliche Frage bei der Prüfung eines Zusammenschlusses

---

79 BGH, Urt. v. 21.2.1978, KVR 4/77, WuW/E 1501, 1507 – *KFZ-Kupplungen*; Schulte/*Ewen* Fusionskontrolle, Rn 460f.

80 Immenga/Mestmäcker/*Thomas* GWB, § 36 Rn 612 m.w.N.

81 Vgl. insoweit Rn 118.

82 Regierungsbegründung 8. GWB Novelle, BT-Drucksache 17/9852, S. 28.

sein.[83] Auch das BKartA geht von einer weiterhin großen Bedeutung dieses Kriteriums aus.[84]

a) Begriff

Marktbeherrschung liegt nach § 18 Abs. 1 GWB vor, wenn ein Unternehmen auf dem 77
sachlich und räumlich relevanten Markt ohne Wettbewerber ist, keinem wesentlichen Wettbewerb ausgesetzt ist oder eine im Verhältnis zu seinen Wettbewerbern überragende Marktstellung hat. Entscheidend ist, dass das betreffende Unternehmen über so viel Marktmacht verfügt, dass seine Verhaltensspielräume nicht hinreichend durch den Wettbewerb kontrolliert werden, so dass es ohne Sanktion (= Verlust von Kunden) Preise erhöhen, Mengen verringern oder sein Dienstleistungsniveau senken kann.[85] § 18 Abs. 2 GWB nennt die Faktoren, die insbesondere – also nicht nur – bei der Bestimmung der Marktbeherrschung zu berücksichtigen sind: **Marktanteil, Finanzkraft, Zugang zu Beschaffungs- und Absatzmärkten, Verflechtungen mit anderen Unternehmen, Marktzutrittsschranken, potenzieller Wettbewerb durch Dritte, Angebotsumstellungsflexibilität und Ausweichmöglichkeiten der Marktgegenseite**.

b) Marktbeherrschung durch ein einzelnes Unternehmen

Im Fokus der Untersuchung eines Zusammenschlusses steht die Frage, ob ein Un- 78
ternehmen durch den Zusammenschluss den relevanten Markt beherrschen wird. Besondere Bedeutung hat dabei § 18 Abs. 4 GWB, der die widerlegbare Vermutung enthält, dass ein Unternehmen marktbeherrschend ist, wenn es einen **Marktanteil von mindestens 40%** hat. Diese Vermutung kommt allerdings erst dann zum Tragen, wenn die Untersuchungen des BKartA ergebnislos waren, also weder eine marktbeherrschende Stellung positiv festgestellt noch ausgeschlossen werden konnte.[86]

Bei der Erstellung einer Anmeldung zum BKartA wird dementsprechend von 79
den beteiligten Unternehmen in erster Linie eine Marktabgrenzung angestrebt, die, wenn sich eine Überschneidung der Aktivitäten nicht bestreiten lässt, für die beteiligten Unternehmen einen Anteil ergibt, der weit unterhalb der 40% liegt.[87] Da es sich aber um eine widerlegbare Vermutung handelt, können im Einzelfall Gründe

83 *Bechtold* § 36 Rn 34 f.
84 Leitfaden Marktbeherrschung, Rn 1.
85 Leitfaden Marktbeherrschung, Rn 22 zur Einzelmarktbeherrschung.
86 Leitfaden Marktbeherrschung, Rn 26.
87 Siehe Rn 8–12 zu Fragen der Marktabgrenzung.

vorliegen, die trotz eines Marktanteils von weniger als 40% eine marktbeherrschende Stellung begründen können.

Beispiel
A und B fusionieren zum Unternehmen C. Unternehmen C hat einen Marktanteil von 32%. Nächster Wettbewerber ist Unternehmen D, das einen Marktanteil von 8% hat. Der restliche Markt ist zersplittert.
In diesem Fall könnte insbesondere § 18 Abs. 1 Nr. 3 GWB Bedeutung gewinnen, der auf eine überragende Stellung gegenüber den Wettbewerbern abstellt. Verfügt C zusätzlich über ein überragendes Marken- und Patentportfolio und sind seit Jahren keine neuen Anbieter in den Markt eingetreten, dürften es die beteiligten Unternehmen schwer haben, gegen die Feststellung einer marktbeherrschenden Stellung zu argumentieren.

---

80 Berechnet werden Marktanteile in der Regel **nach Umsatz, nicht nach Menge**. Dies macht insbesondere bei heterogenen Produkten Sinn, also Produkten, die demselben Markt zugehörig sind, aber qualitativ und preislich recht deutliche Unterschiede aufweisen.[88]

Praxistipp
Es kann sich anbieten, in einer Anmeldung die Marktanteile sowohl nach Umsatz als auch nach Menge darzustellen. So lassen sich etwa für Unternehmen, die Markenprodukte herstellen, Konstellationen denken, in denen man den Wettbewerbsdruck durch Nachahmerprodukte anhand deren hoher Stückzahlen belegt, ggf. unter Hinweis auf bald auslaufende Patente des Originalherstellers. Des Weiteren kann sich eine Darstellung der Marktanteile über mehrere Jahre anbieten, vorausgesetzt, die Marktanteile gehen zurück (und man erwirbt nicht das Unternehmen, das einem die Anteile abgenommen hat).

---

81 In der Praxis ist der Marktanteil das wichtigste Kriterium – und sei es auch nur, um unter Hinweis auf die niedrigen Marktanteile die Unbedenklichkeit des Zusammenschlusses hervorzuheben. Neben dem Marktanteil können, in den unterschiedlichsten Konstellationen, auch andere Faktoren eine Rolle spielen, wobei es immer um die Feststellung geht, ob die nach dem Zusammenschluss verbleibenden Unternehmen Druck auf die beteiligten Unternehmen ausüben können. Im Einzelnen sind die folgenden Fragen zu klären.

- **Kapazitäten:** Können Wettbewerber der beteiligten Unternehmen aufgrund eigener Überkapazitäten bzw. leicht und schnell erweiterbarer Kapazitäten auf eine Einschränkung/Verschlechterung des Angebots der beteiligten Unternehmen reagieren?[89]

---

88 Leitfaden Marktbeherrschung, Rn 29.
89 Leitfaden Marktbeherrschung, Rn 40.

- **Kundenpräferenzen/Wechselkosten**: Können Kunden selbst in Abwesenheit langer Vertragsbindungen bei einer etwaigen Preiserhöhung der sich zusammenschließenden Unternehmen auf andere Anbieter ausweichen oder sind sie aufgrund von etwa Markentreue oder hoher Wechselkosten an diese gebunden?[90]
- **Gewerbliche Schutzrechte/Know-how**: Ist eine möglicherweise führende Stellung der beteiligten Unternehmen durch Schutzrechte abgesichert oder können Wettbewerber diese umgehen oder haben gar eigene Entwicklungen, die ihnen einen Angriff auf die Zusammenschlussbeteiligten erlauben?[91]
- **Marktphase**: Ist der Markt noch jung, so dass hohe Marktanteile nur eine Momentaufnahme sind oder handelt es sich um reife Märkte, bei denen größere Veränderungen der Marktverhältnisse weniger wahrscheinlich sind?
- **Zugang zu Absatz- und Beschaffungsmärkten**: Hat ein beteiligtes Unternehmen besondere Vorteile gegenüber Wettbewerbern, weil es vertikal integriert ist und wichtige Inhaltsstoffe selbst herstellt (Zugang zu Beschaffungsmärkten) oder ein besonders gutes Vertriebsnetzwerk hat?[92]
- **Verflechtung mit anderen Unternehmen**: Bestehen Verflechtungen rechtlicher, wirtschaftlicher, personeller oder finanzieller Art mit anderen Unternehmen, insbesondere solchen, die aktuelle oder potentielle Wettbewerber sind?[93]
- **Finanzielle Ressourcen**: Hat ein beteiligtes Unternehmen deutlich überlegene finanzielle Möglichkeiten, um etwa eine längere Kampfpreiskampagne durchzuhalten?[94]

Stellt das BKartA fest, dass nach den aktuellen Gegebenheiten möglicherweise eine **82**
marktbeherrschende Stellung besteht, wird seitens der beteiligten Unternehmen oft mit dem **potenziellen Wettbewerb** argumentiert. Dabei wird vorgetragen, dass die Entstehung einer marktbeherrschenden Stellung dadurch ausgeschlossen ist, dass derzeit noch nicht auf dem betroffenen Markt tätige Unternehmen in Kürze eintreten werden und dadurch den Handlungsspielraum des scheinbar marktmächtigen fusionierten Unternehmens einschränken. Ein solcher potenzieller Wettbewerb wird nur dann vom BKartA anerkannt, wenn ein **Markteintritt wahrscheinlich** ist und anzunehmen ist, dass dieser, wenn er sich realisiert, **rechtzeitig** und in **ausreichendem Umfang erfolgt**.[95]

---

90 Leitfaden Marktbeherrschung, Rn 43ff.
91 Leitfaden Marktbeherrschung, Rn 47.
92 Leitfaden Marktbeherrschung, Rn 49–51.
93 Leitfaden Marktbeherrschung, Rn 52f.
94 Leitfaden Marktbeherrschung, Rn 54ff.
95 Leitfaden Marktbeherrschung, Rn 73.

c) Marktbeherrschung durch mehrere Unternehmen

83 Neben der Marktbeherrschung durch ein Unternehmen ist auch denkbar, dass mehrere Unternehmen einen Markt gemeinsam beherrschen (Oligopol). Nach § 18 Abs. 5 GWB sind zwei oder mehrere Unternehmen marktbeherrschend, soweit zwischen ihnen kein wesentlicher Wettbewerb besteht (§ 18 Abs. 5 Nr. 1 GWB) und sie in ihrer Gesamtheit die Voraussetzungen der Marktbeherrschung erfüllen (§ 18 Abs. 5 Nr. 2 GWB). Dementsprechend ist für die Annahme einer solchen gemeinsamen Marktbeherrschung entscheidend, dass es **keinen Binnenwettbewerb** zwischen einer Gruppe von Unternehmen gibt und auf diese Gruppe **kein wesentlicher Wettbewerbsdruck durch Außenseiter** ausgeübt wird.

84 Eine gemeinsame Beherrschung kommt vor allem in solchen Märkten in Betracht, die gekennzeichnet sind durch eine geringe Anzahl von Wettbewerbern, relativ hohe Marktzutrittsschranken, eine regelmäßige Interaktion auf einem oder mehreren Märkten, Markttransparenz, Homogenität der Produkte, eine geringe Nachfragemacht, eine gewisse Symmetrie der Oligopolmitglieder und bestehende Verflechtungen zwischen diesen sowie Stabilität der Marktbedingungen.[96]

85 Die Gruppe der Wettbewerber, die das Oligopol bilden, ist in der Regel durch ein Bewusstsein der Interessengleichheit und wechselnden Abhängigkeiten geprägt.[97] Fehlender Binnenwettbewerb bedeutet dabei, dass keiner der Oligopolisten größere Wettbewerbsvorstöße unternimmt, sondern seinen angestammten Kundenkreis zu gleichbleibenden Bedingungen verwaltet. Die wichtigsten Voraussetzungen für den langfristigen Bestand einer solchen Situation sind neben den im vorstehenden Absatz genannten Faktoren eine **hohe Markttransparenz** (die Wettbewerber wissen genau, was die jeweils anderen machen, bemerken also insbesondere „unerwünschte" Preis- oder Leistungsoffensiven) und glaubhafte **Sanktionsmöglichkeiten** (aufgrund der vielfach bestehenden und häufig genutzten Verbindungen können die anderen entweder die Kostenlast des ausbrechenden Unternehmens vergrößern oder ihrerseits auf den Wettbewerbsvorstoß einsteigen).[98]

86 Hinzutreten muss nach § 18 Abs. 5 Nr. 2 GWB, dass die Unternehmen in ihrer Gesamtheit auf dem Markt entweder keinem wesentlichen Wettbewerb ausgesetzt sind oder in ihrer Gesamtheit eine überragende Marktstellung haben.[99] Nach § 18 Abs. 6 GWB wird eine gemeinsame Marktbeherrschung vermutet, wenn drei oder weniger Unternehmen mehr als 50% oder fünf oder weniger Unternehmen weniger als zwei Drittel des Marktes innehaben. Anders als die Einzelmarkbeherrschungsvermutung hat diese **Oligiopolvermutung** keine große praktische Bedeutung, da

---

96 Leitfaden Marktbeherrschung, Rn 90.
97 *Bechtold* § 18 Rn 61.
98 Leitfaden Marktbeherrschung, Rn 91 ff.
99 *Bechtold* § 18 Rn 64.

die Feststellung gemeinsamer Beherrschung umfassende Tatsachenermittlungen erfordert.[100]

Aus den vorstehenden Ausführungen ergibt sich, dass eine Situation der gemeinsamen Marktbeherrschung langfristig entsteht. Insofern stellt sich die Frage, inwiefern ein punktueller Zusammenschluss eine derartige Situation entstehen oder verstärken lassen kann. Unstrittig sind die Fälle, in denen ein Zusammenschluss zwischen Unternehmen zu einer **Verengung des Oligopols und größeren Symmetrie der Oligopolisten** führt.[101] 87

Beispiel
Die geplante Übernahme aller Anteile an ProSiebenSat.1 durch Axel Springer wurde unter anderem deswegen untersagt, weil die zwischen ProSiebenSat.1 und Bertelsmann (RTL) bestehende gemeinsame Marktbeherrschung auf dem deutschen Fernsehwerbemarkt (80% gemeinsamer Marktanteil) noch weiter verstärkt würde, da dann auch ProSiebenSat.1 die Möglichkeit gehabt hätte, sein Angebot mit Printmedien zu verknüpfen, was bis dahin lediglich Bertelsmann möglich war.[102]

Nach Auffassung des BKartA und der Gerichte kann es für eine Untersagung durch das BKartA aber auch genügen, wenn die **Marktmacht lediglich eines Oligopolisten** durch die Transaktion gestärkt wird.[103] 88

d) Vertikale/Konglomerate Zusammenschlüsse

Die vorstehenden Ausführungen beziehen sich im Wesentlichen auf horizontale Zusammenschlüsse, also die Übernahme oder das Zusammengehen von aktuellen oder potentiellen Wettbewerbern. Wie bereits oben[104] ausgeführt, kann ein Zusammenschluss aber auch dann wettbewerbliche Probleme hervorrufen, wenn es sich bei dem zu übernehmenden Unternehmen um einen Kunden bzw. Lieferanten handelt (**vertikaler Zusammenschluss**) oder um ein Unternehmen in benachbarten Märkten (**konglomerater Zusammenschluss**). Ausweislich der Regierungsbegründung sollen gerade die mit derartigen Zusammenschlüssen verbundenen Schwierigkeiten von dem neuen Prüfungsmaßstab der erheblichen Beeinträchtigung wirksamen Wettbewerbs erfasst werden.[105] 89

100 Leitfaden Marktbeherrschung, Rn 89.
101 *Bechtold* § 36 Rn 28.
102 OLG Düsseldorf, Urt. v. 3.12.2008, VI-Kart 7/06, WuW/E DE-R 2593, 2599 – *Springer/ProSieben-Sat.1.*
103 BGH, Beschl. v. 11.11.2008, KVR 60/07, WuW/E DE-R 2451, 2461 – *E.ON/Stadtwerke Eschwegen*, BGH, Beschl. v. 8.6.2010, KVR 4/09, WuW/E DE-R 3067, 3076 – *Springer/ProSieben II.*
104 Rn 23f.
105 BT-Drucks. 17/9852, S. 28.

90 Vertikale Aspekte spielen gerade im Energiebereich eine wichtige Rolle. So hat das BKartA mehrfach Beteiligungen der beiden großen Energieversorger RWE und E.ON – die im Bereich der Stromweiterverteilung in vielen Regionen als entweder allein oder gemeinsam marktbeherrschend angesehen wurden – an Stadtwerken untersagt. Das BKartA befürchtete, dass die betroffenen Stadtwerke Bezugsverträge ausschließlich mit ihrem jeweiligen neuen Gesellschafter abschließen und diese somit ihre marktbeherrschende Stellung stärken würden.[106] Konglomerate Aspekte wurden insbesondere im Bereich der Medien untersucht. So wurde der Springer/ProSiebenSat.1 Zusammenschluss auch deshalb untersagt, weil das BKartA annahm, dass die marktbeherrschende Stellung von Springer im Bereich der Straßenverkaufszeitungen durch die Vernetzung mit Fernsehinhalten weiter verstärkt würde, sog. **cross-mediale Promotion.**[107] Ein weiterer Aspekt kann ein erheblicher **Zuwachs von Finanzkraft** für ein marktbeherrschendes Unternehmen sein. Hier wird es aber regelmäßig darauf ankommen, ob der Erwerber in einem marktnahen Umfeld tätig ist und somit ein **„Abschreckungseffekt“** für Wettbewerber eintritt.[108] Wissen die ohnehin unterlegenen Wettbewerber des Marktbeherrschers, dass dessen neuer Eigentümer im Zweifel viel Geld in diesen stecken wird, kann dies nach Auffassung des BKartA dazu führen, dass sie gar nicht erst versuchen, die Position des übernommenen Unternehmens anzugreifen.

e) Verstärkung und Verursachung

91 § 36 GWB nennt ausdrücklich die Begründung **oder Verstärkung** als Regelbeispiel für eine erhebliche Behinderung wirksamen Wettbewerbs. Eine Verstärkung tritt ein, wenn der oder die Marktbeherrscher aufgrund des Zusammenschlusses noch eher als vorher in der Lage sein werden, Angriffe auf ihre herausgehobene Marktposition abzuwehren. Eine derartige Verstärkung ist insbesondere anzunehmen, wenn ein aktueller oder potentieller Wettbewerber übernommen wird.[109] Je größer die aktuelle Marktmacht ist, desto geringere Anforderungen stellt das BKartA an den Zuwachs.[110] In der Praxis spielt die Verstärkung vor allem bei **gemeinsamer Marktbeherrschung** und **vertikalen sowie konglomeraten Zusammenschlüssen** eine Rolle.

---

106 BGH, Beschl. v. 15.7.1997, KVR 33/96, WuW/E DE-R 24, 29f. – *Stromversorgung Aggertal*; BGH, Beschl. v. 11.11.2008, KVR 60/07, WuW/E DE-R 2451, 2461 – *E.ON/Stadtwerke Eschwegen;* BKartA, 20.11.2003, B 8 – 84/03, WuW/E DE-V 837, 843 – *E.ON/Stadtwerke Lübeck.*

107 BGH, Beschl. v. 8.6.2010, KVR 4/09, WuW DE-R 3067, 3076 – *Springer/ProSieben II.*

108 BGH, Urt. v. 21.2.1978, KVR 4/77, WuW/E 1501, 1510 – *KFZ-Kupplungen*; BGH, Urt. v. 25.6.1985, KVR 3/84, WuW/E 2150, 2157 – *Rheinmetall/WMF.*

109 *Bechtold* § 36 Rn 22.

110 Leitfaden Marktbeherrschung, Rn 14.

Sowohl Entstehung als auch Verstärkung einer marktbeherrschenden Stellung müssen durch den Zusammenschluss **verursacht** werden. Diese Verursachung ist insbesondere dann ausgeschlossen, wenn das zu übernehmende Unternehmen für sich nicht überlebensfähig ist, kein alternatives Unternehmen als Übernehmer in Betracht kommt und im Fall des Untergangs des angeschlagenen Unternehmens dessen Marktposition im Wesentlichen auf den Erwerber übergehen würde.[111] Hierfür wird der Begriff **Sanierungsfusion** verwendet. 92

3. Ausnahmen von der Untersagungspflicht

Führt ein Zusammenschluss zur erheblichen Behinderung wirksamen Wettbewerbs auf einem Markt, kommt dennoch eine Freigabe durch das BKartA in Betracht, wenn 93

- die beteiligten Unternehmen nachweisen, dass der Zusammenschluss auch Verbesserungen der Wettbewerbsbedingungen (auf einem anderen – ebenfalls beherrschten – Markt als dem betroffenen Markt[112]) verursacht und diese Verbesserungen die Behinderungen überwiegen (§ 36 Abs. 1 Satz 2 Nr. 1 GWB),
- es sich bei dem betroffenen Markt um einen Bagatellmarkt handelt (§ 36 Abs. 1 Satz 2 Nr. 2 GWB) oder
- die Übernahme eines kleinen oder mittleren Zeitungs- oder Zeitschriftenverlags durch einen anderen Verlag dessen Überleben sichert (§ 36 Abs. 1 Satz 2 Nr. 3 GWB).

Praktisch am bedeutendsten ist der Fall des § 36 Abs. 1 Satz 2 Nr. 2 GWB. Ein **Bagatellmarkt** § 36 Abs. 1 Satz 2 Nr. 2 GWB liegt vor, wenn auf einem Markt seit mehr als **5 Jahren Waren oder gewerbliche Leistungen angeboten** werden und dabei im letzten abgelaufenen Geschäftsjahr ein Gesamtumsatz von **weniger als 15 Mio. €** erzielt wurde. Für die Berechnung dieser 15 Mio.-Grenze (sog. Bagatellschwelle) kommt es auf den **Umsatz in Deutschland** an, auch wenn der räumliche Markt größer als Deutschland ist.[113] 94

Die Bagatellschwelle gilt aber nur dann, wenn **ein isolierter Bagatellmarkt** betroffen ist. Sie ist dann nicht anwendbar, wenn mehrere kleine Märkte betroffen sind, die für sich, aber nicht zusammen genommen unterhalb der Bagatellschwelle liegen und die sachlich oder räumlich miteinander verknüpft sind – dies ist der Fall, wenn die Nachfrager und Anbieter auf den verschiedenen Märkten im Wesentlichen die gleichen sind, die Unternehmenspolitik der beteiligten Unternehmen für die 95

---

111 Leitfaden Marktbeherrschung, Rn 184.

112 Leitfaden Marktbeherrschung, Rn 191/192.

113 BGH, Beschl. v. 25.9.2007, KVR 19/07, WuW/E DE-R 2133, 2136 – *Sulzer/Kelmix*; Langen/Bunte/*Kallfaß* GWB, § 35 Rn 25.

Märkte die gleiche ist und die Wettbewerbsbedingungen auf den einzelnen Märkten nicht isoliert betrachtet werden können.[114]

Beispiel
Im Fall Sulzer/Kelmix akzeptierte der BGH, dass aufgrund unterschiedlicher Anbieter, Kunden und Marktanteilsverteilungen auf dem Markt für Kartuschen, Mischer und Austragsgeräte für Zweikomponenten-Material für medizinische Anwendungen einerseits und dem Markt für entsprechende Produkte für industrielle Anwendungen andererseits keine Verbindung der beiden Märkte bestand, so dass die Bagatellmarktklausel Anwendung fand.

4. Abhilfen

96 Stellt das BKartA fest, dass ein Zusammenschluss zu einer erheblichen Behinderung wirksamen Wettbewerbs führt, muss es den Zusammenschluss nicht zwangsläufig untersagen. Nach § 40 Abs. 3 Satz 1 GWB besteht für das BKartA die Möglichkeit, eine Freigabe mit Auflagen und Bedingungen (zusammen: **„Nebenbestimmungen“**) zu versehen, „um sicherzustellen, dass die beteiligten Unternehmen den Verpflichtungen nachkommen, die sie gegenüber dem Bundeskartellamt eingegangen sind, um eine Untersagung abzuwenden“. Dabei bedeutet eine Bedingung, dass die Freigabe nur Wirksamkeit erlangt (aufschiebend bedingt) oder beibehält (auflösend bedingt), wenn die beteiligten Unternehmen ihren Verpflichtungen nachkommen, während die Auflage neben der Freigabe steht und bei Nichterfüllung gesonderte Sanktionen erfordert. Die aufschiebende Bedingung ist in der Praxis die bevorzugte Nebenbestimmung, da bei Nichterfüllung dieser Nebenbestimmung nie eine Freigabe erteilt wurde.[115]

97 Das BKartA kann **nicht frei entscheiden**, ob es untersagt oder mit Nebenbestimmungen freigibt: Ist eine Lösung der wettbewerblichen Probleme durch eine Nebenbestimmung möglich, muss eine Freigabe mit Nebenbestimmungen erfolgen.[116] Nebenbestimmungen kommen auch nur in Betracht, wenn das Vorhaben ohne sie untersagt werden müsste.[117] Es ist also nicht möglich, **„auf Verdacht“** bestimmte Nebenbestimmungen zu verhängen.

98 Nach § 40 Abs. 3 Satz 2 GWB dürfen die Nebenbestimmungen nicht darauf gerichtet sein, die beteiligten Unternehmen einer laufenden Verhaltenskontrolle zu unterwerfen. Zulässig sind damit nur strukturelle Maßnahmen, also solche, welche

114 BGH, Beschl. v. 25.9.2007, KVR 19/07, WuW/E DE-R 2133, 2136 – *Sulzer/Kelmix.*

115 *Krueger* NZKart 2013, 130, 131.

116 BGH, Beschl. v. 20.4.2010, KVR 1/09, WuW/E DE-R 2905, 2920/2921 – *Phonak/GN Store.*

117 OLG Düsseldorf, Beschl. v. 30.7.2003, WuW/E DE-R 1159, 1162 – *BASF/NEPG*; *Bechtold* § 40 Rn 29; Langen/Bunte/*Kallfaß* § 40 Rn 27.

die Wettbewerbsbedingungen verändern.[118] Vor diesem Hintergrund ist in der Praxis die **Auflage oder Bedingung, einen Unternehmensteil innerhalb eines überschaubaren Zeitraums abzugeben**, die typische Zusage.[119] Möglich sind aber auch **Verhaltenszusagen**, wie die Gewährung einer **exklusiven Lizenz** an Dritte zur Herstellung bestimmter Produkten aus einem erworbenen Produktportfolio.[120] Weitere Beispiele aus der Praxis des BKartA sind Zusagen, Slots an Flughäfen an Dritte zu vergeben, exklusive Liefervereinbarungen zu beenden oder Dritten den Zugang zu wichtigen Infrastruktureinrichtungen zu gewähren.[121]

In der Praxis machen die beteiligten Unternehmen selbst Vorschläge für die 99
richtigen Zusagen. Das BKartA erstellt hierzu ein Eckpunktepapier, mit dem es die wesentlichen Umsetzungsmaßnahmen beschreibt. Meist bestehen dann noch Meinungsverschiedenheiten, die im Verhandlungswege ausgeräumt werden müssen. Kernpunkte der Vorgaben des BKartA sind in der Regel, dass der Erwerber von den beteiligten Unternehmen unabhängig ist, über Markterfahrung und ein plausibles Marktkonzept für den abzugebenden Unternehmensteil verfügt, die schnelle Abwicklung des Verkaufs, die Bestellung eines Sicherungstreuhänders für diese Zeit und – im Fall des Scheiterns eines „Privatverkaufs" – die Bestellung eines Veräußerungstreuhänders.[122]

Praxistipp !

Bei der wettbewerblichen Prüfung eines Unternehmenskaufs sollte man als Käufer erwägen, welche Zusagen man zu geben bereit ist. Oft wird der Verkäufer eine sog. **„Hell or High Water"-Klausel** einfordern, die besagt, dass der Käufer jegliche Zusagen machen muss, um das Vorhaben zum Erfolg zu bringen. Der Käufer wird sich jedoch in der Regel nicht von allen erdenklichen Vermögenswerten trennen mögen. Insofern besteht hier beträchtliches Konfliktpotential oder aber auch die Chance, sich in einem Bieterprozess von vorsichtigeren Bietern abzusetzen.

5. Rechtschutz, Ministererlaubnis

Gegen die Entscheidungen des BKartA kann man Beschwerde beim OLG Düsseldorf 100
einlegen. Gegen dessen Entscheidung kann Rechtsbeschwerde beim BGH eingelegt werden, wenn das OLG Düsseldorf dies **zugelassen** hat.[123]

---

118 Langen/Bunte/*Kallfaß* § 40 Rn 29.

119 Siehe auch die Übersicht der zwischen 1999 und 2008 vereinbarten Nebenbestimmungen in Entscheidungen des BKartA bei Schulte/*Schulte* Fusionskontrolle, Rn 675.

120 BKartA, Beschl. V. 22.5.2003, B3-6/03, WuW/E DE-V 801, 804 – *BASF/Bayer CropScience.*

121 *Krueger* NZKart 2013, 130, 131 f.

122 *Krueger* NZKart 2013, 130, 133 f.;

123 Einen Überblick über die Rechtsmittel findet sich bei Schulte/*Spitze* Fusionskontrolle, Rn 727 ff.

101 Sieht man keine Möglichkeit zu widerlegen, dass eine erhebliche Behinderung wirksamen Wettbewerbs vorliegt, besteht die Möglichkeit, nach § 42 GWB eine **Ministererlaubnis** zu beantragen. Diese lässt es insbesondere zu, Aspekte wie Arbeitsplatzsicherung, internationale Wettbewerbsfähigkeit und sonstige Aspekte zur Erhaltung des Wirtschaftsstandorts Deutschlands zu berücksichtigen, welche das BKartA von Rechts wegen außer Acht lassen muss.

Praxistipp
Für den Alltag des Unternehmenskaufs ist die Ministererlaubnis kaum relevant: In den fast 42 Jahren seit seiner Einführung 1973 wurden erst 20 Anträge gestellt und davon nur 8 gewährt. Der letzte Erfolg gelang E.ON bei der Übernahme von Ruhrgas, ein Verfahren, von dem vor allem viele Kanzleien profitiert haben.

III. Beteiligung Dritter

102 Es sind zwei Szenarien zu unterscheiden: Die Befragung Dritter durch das BKartA und die Intervention Dritter gegen den Zusammenschluss.

103 Nach § 59 Abs. 1 Nr. 1 GWB kann die zuständige Kartellbehörde – bei Zusammenschlüssen also das BKartA – von Unternehmen und Unternehmensvereinigungen **Auskunft über ihre wirtschaftlichen Verhältnisse** sowie die **Herausgabe von Unterlagen** verlangen. Nach § 59 Abs. 1 Nr. 2 GWB kann sich dies auch auf verbundene Unternehmen im Sinne von § 36 Abs. 2 GWB beziehen. Der Begriff „wirtschaftliche Verhältnisse" wird dabei sehr weit verstanden und umfasst **die gesamte wirtschaftliche Tätigkeit** des Adressaten.[124] Eine solche **formelle Anfrage** des BKartA im Rahmen der Fusionskontrolle ist aber eher selten, da die meisten Fälle unproblematisch sind und das BKartA daher **in der Regel informelle Anfragen** stellt. Anders als bei formellen Anfragen nach § 59 GWB besteht hier keine Antwortpflicht der Unternehmen und es droht auch kein Bußgeld.[125] Da das BKartA aber eine formelle Anfrage stellen könnte, werden diese informellen Anfragen üblicherweise beantwortet.

104 Als Dritte kommen vor allem **Kunden, Lieferanten und Wettbewerber** in Betracht. Einwänden von Kunden wird im Allgemeinen größere Bedeutung zugemessen. Insofern empfiehlt es sich, bei der internen Vorprüfung darüber nachzudenken, wie Kunden auf einen Zusammenschluss reagieren werden.

105 Da Zusammenschlüsse im Internet bekannt gemacht werden, ist es **Dritten** jederzeit möglich, formlos Bedenken gegen den Zusammenschluss vorzutragen. Möch-

124 Schulte/*Ewen* Rn 698; Immenga/Mestmäcker/*Klaue* GWB, § 59 Rn 25.
125 *Bechtold* § 59, Rn 13; *Von Dietze/Janssen* Rn 576.

te man sich als Dritter die Möglichkeit offenhalten, Beschwerde gegen die Freigabeentscheidung des BKartA gemäß § 63 Abs. 1 GWB zu erheben, sollte man sich gemäß § 54 Abs. 2 Nr. 3 GWB zum Fusionskontrollverfahren **beiladen lassen**. Die Beiladung erfolgt seitens des BKartA, wenn die wirtschaftlichen Interessen des Antragsstellers erheblich berührt sein können – dies wird bei Wettbewerbern, aber auch bei Kunden und Lieferanten regelmäßig der Fall sein.

D. Europäische Fusionskontrolle

Die europäische Fusionskontrolle spielt in der M&A-Praxis selbst der meisten Dax- **106**
30-Konzerne aufgrund der hohen Aufgreifschwellen keine alltägliche Rolle und soll daher im Folgenden nur kurz skizziert werden.

I. Formelle Fusionskontrolle

1. Anmeldepflichtige Vorhaben

Nach der FKVO sind Zusammenschlüsse mit gemeinschaftsweiter Bedeutung an- **107**
meldepflichtig.

Art. 3 FKVO definiert als Zusammenschluss die Fusion von mehreren vorher un- **108**
abhängigen Unternehmen oder aber den Erwerb der Kontrolle über ein oder mehrere Unternehmen durch ein oder mehrere Unternehmen. Hinsichtlich des Kontrollerwerbs kann für die Zwecke der Praxis und des vorliegend angestrebten Überblicks weitgehend auf die Ausführungen zu § 37 Abs. 1 Satz 1 Nr. 2 GWB verwiesen werden, zumal das GWB an dieser Stelle der FKVO nachempfunden ist.[126] Abweichend zur Praxis des BKartA genügt es aber der Kommission im Bereich **der gemeinsamen Kontrolle**, wenn sich mehrere Gesellschafter eines Unternehmens gegenseitig behindern können, es genügt also **die negative Kontrolle**. Folglich ist eine gemeinsame Kontrolle bei einer paritätischen Beteiligung[127] oder aber einem Vetorecht eines Minderheitsgesellschafters in strategischen Fragen (Budget, Geschäftsplan, größere Investitionen und die Besetzung der Unternehmensleitung)[128] gegeben.

Als eine Besonderheit der europäischen Fusionskontrolle ist in Art. 3 Abs. 4 **109**
FKVO festgehalten, dass die Gründung eines Gemeinschaftsunternehmens (GU) nur dann den Tatbestand des Kontrollerwerbs erfüllt, wenn es auf Dauer alle Funktionen einer selbstständigen wirtschaftlichen Einheit erfüllt (**sog. Vollfunktions-GU**). Für ein Vollfunktions-GU kennzeichnend ist, dass es zwar nicht in jeder Hinsicht

126 Rn 29 ff.
127 Konsolidierte Zuständigkeitsmitteilung, Rn 64.
128 Konsolidierte Zuständigkeitsmitteilung, Rn 65 ff.

selbständig sein muss, aber nicht nur eine spezifische Funktion für die Muttergesellschaften ausübt, sondern eigenständig am Markt auftritt und auf Dauer angelegt ist.[129] Die Eigenständigkeit erfordert nicht, dass keine Verbindungen zu den Muttergesellschaften bestehen, doch muss ein erheblicher Teil des Umsatzes des GU mit Dritten erzielt werden; übersteigt dieser Anteil 50%, indiziert dies die Vollfunktion.[130] Darüber hinaus muss es ein eigenes Management haben und eine ausreichende Kapitalausstattung haben.[131]

! **Praxistipp**
Erfüllt ein Gemeinschaftsunternehmen nicht die Voraussetzungen eines Zusammenschlusses nach der FKVO, ist zum einen eine Prüfung nach dem allgemeinen Kartellverbot des Art. 101 AEUV durchzuführen, zum anderen kann insbesondere eine fusionskontrollrechtliche Anmeldung zum BKartA erforderlich sein. Ein Beispiel hierfür wäre ein Gemeinschaftsunternehmen zweier Lebensmittelkonzerne, das ausschließlich für diese den Einkauf bestimmter hochpreisiger Waren vornimmt, um Kosten zu sparen. Nach EU-Recht handelt es sich um eine Einkaufskooperation, die unter bestimmten Umständen zulässig ist, nach deutschem Recht wäre es ein Zusammenschluss gemäß § 37 Abs. 1 Nr. 2 GWB.

2. Aufgreifschwellen

110 Zusammenschlussvorhaben, welche die nachfolgend dargestellten Umsatzschwellen erreichen, haben nach Art. 1 Abs. 2 oder Abs. 3 FKVO **„gemeinschaftsweite Bedeutung“** und unterliegen daher der Fusionskontrolle durch die Kommission:

- Der gemeinsame weltweite Umsatz der beteiligten Unternehmen liegt bei 5 Mrd. € **und** mindestens zwei der beteiligten Unternehmen haben einen gemeinschaftsweiten Umsatz von 250 Mio. €
  oder
- alle am Zusammenschluss beteiligten Unternehmen haben zusammen einen weltweiten Gesamtumsatz von mehr als 2,5 Mrd. € **und**
- mindestens zwei der beteiligten Unternehmen erzielen einen gemeinschaftsweiten Umsatz von jeweils mehr als 100 Mio. € **und**
- alle am Zusammenschluss beteiligten Unternehmen erzielen zusammen in mindestens drei Mitgliedstaaten einen Gesamtumsatz von jeweils mehr als 100 Mio. € **und**
- mindestens zwei der beteiligten Unternehmen erzielen in jedem dieser drei Mitgliedstaaten einen Umsatz von jeweils mehr als 25 Mio. €.

129 Siehe im Einzelnen Konsolidierte Zuständigkeitsmitteilung, Rn 91–109.
130 Konsolidierte Zuständigkeitsmitteilung, Rn 98.
131 *Mäger* Kap. 9 Rn 17 f.

Sind diese Voraussetzungen erfüllt, ist die Kommission nur dann nicht zuständig, wenn alle beteiligten Unternehmen mehr als zwei Drittel ihres Umsatzes in ein und demselben Mitgliedstaat erzielen. 111

Praxistipp
In der Praxis kann man den folgenden „Schnelltest" anwenden: Liegt der Umsatz des Zielunternehmens in der EU unter 100 Mio. €, ist keine Anmeldung bei der Kommission erforderlich. **!**

Hinsichtlich der Umsatzberechnung kann in weiten Teilen auf die Ausführungen zur deutschen Fusionskontrolle verwiesen werden.[132] Hervorzuheben ist jedoch Art. 5 Abs. 4 FKVO, der anders als § 36 Abs. 2 GWB bei der Berechnung des Konzernumsatzes vornehmlich auf Stimm-, Mandats- und Anteilsmehrheiten sowie ausdrückliche Weisungsrechte abstellt, welche die Konzernbeziehung begründen, und damit in Grenzfällen eine einfachere Berechnung erlaubt.[133] 112

3. Verfahren

a) Zuständigkeiten

Ist die Kommission zuständig, ist in den Mitgliedstaaten kein Fusionskontrollverfahren nötig. Dieser „**One-Stop-Shop**" bringt eine große Erleichterung, da man statt theoretisch 28 „kleinen" Anmeldungen nur eine, wenngleich sehr umfangreiche Anmeldung vorbereiten muss. Vor diesem Hintergrund besteht die Möglichkeit, dass die beteiligten Unternehmen die Prüfung eines Vorhabens durch die Kommission erbitten, auch wenn nach Art. 1 Abs. 2 oder 3 FKVO kein Fall gemeinschaftsweiter Bedeutung vorliegt. Nach Art. 4 Abs. 5 FKVO können sie hierfür einen Antrag bei der Kommission stellen, vorausgesetzt, dass der Zusammenschluss nach dem Wettbewerbsrecht **mindestens dreier Mitgliedstaaten** geprüft werden muss. Umgekehrt kann nach Art. 4 Abs. 4 FKVO auch beantragt werden, dass ein Verfahren von der Kommission an einen Mitgliedstaat abgegeben wird. Beiden Fällen ist gemein, dass die Anträge jeweils **vor einer Anmeldung** (bei der nationalen Kartellbehörde oder Kommission) gestellt werden müssen. Nach Anmeldung sind Verweisungen zwar auch möglich, aber nur auf Antrag der involvierten Behörden (Art. 9 bzw. 22 FKVO).[134] 113

---

132 Vgl. Rn 48ff.

133 Siehe hierzu *Mäger* Kap. 8 Rn 109.

134 Jüngst lehnte die Kommission einen Antrag der spanischen Kartellbehörde ab, einen bei der Kommission angemeldeten Zusammenschluss auf dem spanischen Telekommunikationssektor an sie zu verweisen, Pressemitteilung der Kommission vom 26. Januar 2015 – *Orange/Jazztel*.

Praxistipp
Ob ein solcher Verweisantrag Sinn macht, hängt von den Besonderheiten des Einzelfalls ab. Insbesondere ist zu beachten, dass dieser Antrag recht umfangreich zu begründen ist und im Falle von nur wenigen Anmeldungen in Mitgliedstaaten mit recht leicht vorzubereitenden Anmeldungen der Arbeitsaufwand geringer sein kann. Eine Verweisung zu nationalen Kartellbehörden kann Sinn machen, wenn man davon ausgeht, dass eine Behörde aufgrund nationaler Interessen wohlwollender als die Kommission entscheidet oder aber ein Verfahren wie die Ministererlaubnis nach § 42 GWB in Betracht kommt.[135]

b) Anmeldung

114 Das Verfahren vor der Kommission ist im Vergleich zum Verfahren vor dem BKartA recht formal und aufwendig, auch bei einfachen Fällen. Insbesondere ist durch die sog. Durchführungs-VO[136] exakt vorgegeben, wie eine Anmeldung zu erfolgen hat. Wichtige Begriffe sind hierbei das „Formblatt CO" und das „Vereinfachte Formblatt CO", nach denen die Anmeldungen zu erfolgen haben. Ferner hat die Kommission noch sog. „Best Practices" herausgegeben, die Hinweise zum Verfahrensablauf geben.[137]

Praxistipp
Zentraler Begriff für die Anmeldung nach Formblatt CO ist derjenige des „betroffenen Marktes". Ausweislich Ziffer 6.3 des Formblatts CO sind betroffene Märkte solche, auf denen zwei beteiligte Unternehmen als Wettbewerber tätig sind und einen gemeinsamen Marktanteil von 20% haben oder aber in einem vertikalen Verhältnis (Kunde/Lieferant) stehen und auf einem der so betroffenen Märkte einen Marktanteil von mehr als 30% haben. Gibt es solche betroffenen Märkte, muss eine Reihe von Fragen zu Kunden, Lieferanten, Wettbewerbern und sonstigen Marktbedingungen beantwortet werden, was die Arbeitslast der Unternehmen erheblich ansteigen lässt. Daher ist ein Ziel des informellen Vorverfahrens, mit der Kommission zu vereinbaren, dass bestimmte, besonders aufwendige Abschnitte des Formblatts CO nicht ausgefüllt werden müssen, insbesondere wenn etwa der gemeinsame Marktanteil 25% oder weniger beträgt. Fehlt es an betroffenen Märkten, reicht eine Anmeldung nach dem Vereinfachten Formblatt CO. Dieses kommt auch zur Anwendung, wenn ein Wechsel von gemeinsamer zu alleiniger Kontrolle angemeldet wird, also etwa wenn die eine Mutter eines Gemeinschaftsunternehmens ihre Anteile an die andere Mutter veräußert. Andere Fälle für das vereinfachte Verfahren sind die Gründung oder Übernahme eines Gemeinschaftsunternehmens, das in der EU einen Umsatz oder Vermögenswerte von weniger als 100 Mio. € hat oder fehlende horizontale oder vertikale Überschneidungen der beteiligten Unternehmen.[138]

135 Zu praktischen Aspekten der Verweisungen vgl. *Mäger* Kap. 8 Rn 126/135.
136 Durchführungsverordnung (EU) Nr. 1269/2013 vom 5. Dezember 2013 zur Änderung der Verordnung (EG) Nr. 802/2004 zur Durchführung der FKVO.
137 http://ec.europa.eu/competition/mergers/legislation/proceedings.pdf.
138 Insoweit besteht eine Parallele zur Sicht des Bundeskartellamts auf die Inlandsauswirkung bestimmter Zusammenschlüsse, siehe Rn 54 f.

c) Verfahrensablauf

Der Verfahrensablauf eines normalen Falls ist nachfolgend im Überblick dargestellt: 115

Zeit vor geplantem Vollzug	Ereignis	Anmerkung
10–13 Wochen	Treffen mit der Kommission zur Erläuterung des Vorhabens	Vorbereitet durch ausführliches Memorandum
7–9 Wochen	Einreichung eines Entwurfs des Formblatt CO	Kommission führt nach erstem Kontakt oft Telefonkonferenzen mit Wettbewerbern/Kunden durch
6–8 Wochen	Anmeldung – Kommission hat **25 Arbeitstage** Zeit, den Zusammenschluss zu prüfen	Es besteht auch nach FKVO keine Anmeldefrist
2 Wochen	**Freigabe**	Kommission verschickt (oft sehr lange) Fragebögen an Kunden, Lieferanten, Wettbewerber
0	Frist **verlängert sich um 10 Arbeitstage**, wenn beteiligte Unternehmen Zusagen anbieten oder ein Mitgliedstaat Verweisung beantragt	Kommission verschickt bei Zusagen abermals Fragebögen und eruiert Interesse von Dritten, Unternehmensteile zu übernehmen

Entscheidet die Kommission innerhalb der 25 (35) Arbeitstage nicht, gilt der Zusammenschluss als freigegeben. Hat die Kommission Anlass zu ernsthaften Bedenken hinsichtlich der Vereinbarkeit des Zusammenschlusses mit dem Gemeinsamen Markt (Art. 6 Abs. 1 lit. c)), eröffnet sie ein Hauptprüfungsverfahren (oft **Phase II** genannt). Dies kann **90 Arbeitstage** ab der Eröffnungsentscheidung in Anspruch nehmen, bei Angebot von Zusagen seitens der Unternehmen bis zu **125 Arbeitstage**. Für die praktische Planung eines Unternehmenskaufes bedeutet dies, dass zwischen Unterschrift des Vertrages und Vollzug bis zu **38 Wochen** vergehen können. 116

4. Vollzugsverbot

Das europäische Recht kennt wie das deutsche Recht ein Vollzugsverbot. Im Wesentlichen kann auf die Ausführungen zum deutschen Recht verwiesen werden.[139] 117

139 Rn 70.

II. Materielle Fusionskontrolle

1. Untersagungsvoraussetzungen

118 Nach Art. 2 Abs. 3 FKVO sind Zusammenschlüsse, durch welche wirksamer Wettbewerb im Binnenmarkt oder in einem wesentlichen Teil desselben erheblich behindert wird, insbesondere durch Begründung oder Verstärkung einer marktbeherrschenden Stellung, für unvereinbar mit dem Binnenmarkt zu erklären (**sog. SIEC-Test**).[140] Vor 2004 kam es – wie bis vor kurzem im deutschen Recht – allein auf die Begründung oder Verstärkung einer marktbeherrschenden Stellung an. In der Praxis hat es seit 2004 aber trotz der Neuformulierung von Art. 2 Abs. 3 FKVO keine großen Umwälzungen gegeben. In den meisten Fällen prüft die Kommission nach wie vor, ob ein oder mehrere Unternehmen durch den Zusammenschluss auf den betroffenen Märkten eine überragende Marktstellung einnehmen.[141] Gerade im Mobilfunksektor gab es jedoch nur unter Auflagen freigegebene Zusammenschlüsse, die keine marktbeherrschende Stellung, sondern lediglich eine Verschlechterung der Marktbedingungen begründeten (Reduzierung der Wettbewerberzahl von vier auf drei in einem Markt mit hohen Zutrittsschranken).[142]

119 In der Praxis wird man daher darzulegen versuchen, dass keine marktbeherrschende Stellung begründet oder verstärkt wird. Eine marktbeherrschende Stellung wird im Wesentlichen wie nach § 18 GWB definiert[143] – es kommt also darauf an, ob ein Unternehmen sich dauerhaft unabhängig von seinen Wettbewerbern und Kunden verhalten kann.[144] Zwar fehlt es an einer Vermutung wie in § 18 Abs. 6 GWB, doch hat die Kommission in ihren Leitlinien zur Bewertung horizontaler Zusammenschlüsse ausgeführt, dass ein gemeinsamer Marktanteil von 50% oder mehr für die Annahme einer marktbeherrschenden Stellung ausreichen kann.[145] Gleichzeitig geht die Kommission davon aus, dass bei einem gemeinsamen Marktanteil von weniger als 25% die Begründung einer marktbeherrschenden Stellung nicht vermutet wird.[146] Die weiteren Faktoren, die eine Rolle für die Frage nach Begründung einer marktbeherrschenden Stellung spielen, entsprechen im Kern denen in der deutschen Fusionskontrolle.[147]

---

140 **S**ignificant **I**mpediment of **E**ffective **C**ompetition, siehe englische Fassung des Art. 2 Abs. 3 FKVO.

141 *Von Dietze/Janssen* Rn 728; *Emmerich* § 34 Rn 12.

142 Fall Nr. COMP/M.6497 – *Hutchison 3G Austria/Orange Austria*, Rn 83; Fall COMP/M.7018 – *Telefónica Deutschland/E-Plus*, Rn 210 f.

143 Dazu Rn 77.

144 *Emmerich* § 16 Rn 24 m.w.N.

145 Leitlinie horizontale Zusammenschlüsse, Rn 17.

146 Erwägungsgrund 32 FKVO.

147 Siehe dazu Rn 81.

Praxistipp
Aufgrund der hohen formalen Anforderungen des Formblatts CO ist man bemüht, die relevanten Märkte so zu definieren, dass entweder keine Überschneidungen bestehen oder die gemeinsamen Anteile **unter 20%** liegen. So spart man sich sowohl Diskussionen über eine marktbeherrschende Stellung als auch das Ausfüllen eines vollständigen Formblatts CO.[148]

2. Abhilfen

Wie im deutschen Recht kann auch die Kommission einen Zusammenschluss unter Auflagen und Bedingungen freigeben, Art. 6 Abs. 2 UAbs. 2 und Art. 8 Abs. 2 UAbs. 2 FKVO, statt diesen zu untersagen. Die Kommission hat zu Inhalt und Umfang von Zusagen eine ausführliche Mitteilung[149] sowie Mustertexte[150] herausgegeben. Ebenso wie das BKartA gibt dabei auch die Kommission der Zusage einer Veräußerung von Unternehmensteilen den Vorrang.[151] 120

III. Beteiligung Dritter

Die Kommission führt bei normalen Verfahren, also solchen, bei denen es betroffene Märkte gibt, regelmäßig intensive Befragungen von Wettbewerbern und Kunden durch. Dabei führt sie seit einiger Zeit vor Einreichung der Anmeldung Telefonkonferenzen mit Wettbewerbern und Kunden durch, um sich ein Bild über die betroffenen Märkte zu machen. Im eigentlichen Verfahren folgt dann ein umfassender Fragebogen, der angesichts der engen Fristen des Verfahrens innerhalb weniger Tage zu beantworten ist. 121

Gegen die Freigabe eines Zusammenschlusses können insbesondere die **Hauptwettbewerber** der beteiligten Unternehmen vor dem EuG klagen; Kunden oder Lieferanten werden die Klagebefugnis nur ausnahmsweise haben.[152] 122

148 Siehe zu diesem Aspekt Rn 114.

149 Mitteilung der Kommission über nach der Verordnung (EG) Nr. 139/2005 des Rates und der Verordnung (EG) Nr. 802/204 der Kommission zulässige Abhilfemaßnahmen, ABl. 2008/C 267/01.

150 http://ec.europa.eu/competition/mergers/legislation/best_practice_commitments_trustee_en.pdf.

151 Mitteilung Zusagen, Rn 22; *Mäger* Kap. 8 Rn 244.

152 *Mäger* Kap. 8 Rn 347.

E. Betreuung multijurisdiktionaler Anmeldungen

123 Wie eingangs erwähnt, sind die meisten Vorhaben inhaltlich wenig problematisch, so dass dem Verwalten der Fusionskontrollverfahren in der Praxis oft eine größere Bedeutung als die Lösung komplexer inhaltlicher Fragen zukommt. Dabei ist besonderes Augenmerk auf ausländische Rechtsordnungen zu legen, da immer mehr Länder ein Kartellrecht und damit ein Fusionskontrollregime haben, dessen Beachtung sie einfordern und durchsetzen.

I. Bestimmung der relevanten Länder

124 Die meisten EU-Mitgliedstaaten haben sehr klare Fusionskontrollvorschriften, die voraussetzen, dass mindestens 2 beteiligte Unternehmen im jeweiligen Land bestimmte **Umsätze** erzielen oder **Vermögenswerte** haben.[153] Andere Fusionskontrollrechte stellen auf den Wert einer Transaktion ab, insbesondere die Vereinigten Staaten (ab 20. Februar 2015: 76,3 Mio. USD).[154] In diesen Ländern kann man relativ schnell und einfach klären, ob man bei den jeweiligen Wettbewerbsbehörden anmelden muss. Hingegen gibt es eine Reihe von Ländern, insbesondere in Lateinamerika,[155] bei denen es auf **Marktanteile** ankommt. Dies bringt immer dann größere Probleme mit sich, wenn zum einen der relevante Markt unklar ist und zum anderen die Daten über Marktanteile nicht ohne weiteres verfügbar sind.

125 Diese Vielzahl und Vielfalt der Fusionskontrollregime macht die Berücksichtigung im Rahmen des Unternehmenskaufvertrages schwierig. Verkäufer tun sich in der Regel schwer mit einer Liste von 30 Ländern, deren Freigabe Vollzugsbedingung ist, zumal viele jüngere Wettbewerbsbehörden oft überfordert sind und für Vorhaben, die das BKartA in 10–15 Tagen freigeben würde, mehrere Monate, wenn nicht Jahre benötigen. Aber auch der Käufer wird mit einem solchen Schwebezustand nicht glücklich sein. Ist eine Transaktion erst einmal publik, möchte er so schnell wie möglich die Kontrolle über sein neues Unternehmen übernehmen, auch um Unsicherheiten in der Belegschaft und bei den Kunden zu vermeiden.

153 So greift die italienische Fusionskontrolle ein, wenn alle beteiligten Unternehmen zusammen einen Umsatz von 489 Mio. EUR in Italien und der Umsatz des Zielunternehmens in Italien 49 Mio. EUR beträgt.

154 Hierbei handelt es sich um vereinfachte Darstellungen, insbesondere die US-Fusionskontrolle ist eine nur schwer zugängliche Materie.

155 Spanien und Portugal haben Mischsysteme aus Umsatz- und Marktanteilen, ggf. ist hier ein Zusammenhang zu sehen.

Bei großen Transaktionen einigt man sich daher regelmäßig auf zwei Listen: Eine kurze mit den für den Vollzug relevanten Behörden der betreffenden Länder und eine längere mit den Behörden der anderen Länder, deren Freigabe man anstrebt, aber die nicht Voraussetzung für den Vollzug sind. 126

Praxistipp !

Steht man vor dem Vollzug einer Transaktion und liegen zwar die nach dem Vertrag erforderlichen, nicht aber alle nach den jeweiligen Gesetzen erforderlichen Freigaben vor, stellt sich oft die Frage nach sog. **Hold Separate-Vereinbarungen**. Darin verpflichten sich die Unternehmen, den Zusammenschluss im Lande nicht umzusetzen, die Transaktion im Übrigen in den anderen Ländern aber zu vollziehen. Während man in entsprechenden Veröffentlichungen zur internationalen Fusionskontrolle oft liest, dass derartige Vereinbarungen nicht möglich sind, wird man bei entsprechend kompetenter anwaltlicher Begleitung vor Ort oftmals eine – in jeder Hinsicht gesetzeskonforme – Lösung finden.

II. Zusammenarbeit mit ausländischen Kanzleien

Oftmals wird man bei einem Unternehmenskauf auf seinen angestammten Rechtsberater zurückgreifen wollen. Im Zusammenhang mit der Fusionskontrolle empfiehlt es sich aber in der Regel, eine im Kartellrecht versierte Anwaltskanzlei mit der Betreuung des gesamten Fusionskontrollverfahrens zu betrauen. Je nach Zuschnitt der Kanzlei hat diese entweder in vielen Ländern Büros, die in der Regel insbesondere die Fusionskontrolle als Teil der Beratung zu nationalen Regularien anbieten, oder verfügt über ein Netzwerk von unabhängigen Kanzleien, welche die identische Leistung anbieten. In jedem Fall sollte ein Anwalt/eine Anwältin zentraler Ansprechpartner sein, bei dem/der alle Informationen und Informationsanfragen zusammenlaufen, um die beteiligten Unternehmen nicht mit sich überlappenden Informationsanfragen zu überfordern. 127

III. Vorbereitung und Arbeitsaufwand

Der erste Schritt, den man aus Sicht des Käufers – der nach den üblichen Regeln des Unternehmenskaufs die Verantwortung für die Fusionskontrolle trägt – unternimmt, ist, möglichst viele Informationen über das Zielunternehmen im Rahmen der Due Diligence zu erhalten. Insbesondere sollte man auf eine vollständige Übersicht der Umsätze und Tätigkeiten des Zielunternehmens drängen, damit nicht im Laufe des Verfahrens neue Anmeldeerfordernisse entdeckt werden. 128

Es bietet sich ebenfalls an, möglichst früh eine Arbeitsbeziehung mit den „gegnerischen" Anwälten aufzubauen, da man zum einen bestimmte Fragen schneller klären kann als im Zuge der Due Diligence und zum anderen für den Erfolg von Fusionskontrollverfahren auch eine gute Zusammenarbeit entscheidend ist. Gerade als 129

Unternehmensvertreter sollte man darauf achten, dass die jeweiligen Kanzleien sich nicht auszustechen versuchen – die Gegenseite von heute ist der Mandant von morgen –, sondern konstruktiv zusammenarbeiten.

F. Nebenabreden

130 Entgegen der früheren Praxis der Kommission gibt sie heute vertraglich vereinbarte Wettbewerbsverbote und andere eigentlich wettbewerbsbeschränkende Vereinbarungen zwischen den beteiligten Unternehmen, die für den Erfolg der Transaktion als erforderlich angesehen werden, nicht mehr ausdrücklich frei. Vielmehr hat sie für diese Fälle eine Bekanntmachung herausgegeben, an der man sich auch für die deutsche Praxis orientieren kann.[156]

I. Wettbewerbsverbot

131 Mit einem Wettbewerbsverbot wird dem **Verkäufer** für einen begrenzten Zeitraum untersagt, die gleichen Produkte und Leistungen wie das verkaufte Unternehmen anzubieten. Soweit der Erwerber ausschließlich Maschinen und gewerbliche Schutzrechte übernimmt, wird ein solches Verbot als nicht notwendig angesehen, da er aus seinen Eigentums- und sonstigen Rechten gegen den Verkäufer vorgehen kann.[157]

132 Vor diesem Hintergrund werden Wettbewerbsverbote zugelassen, wenn auch der Geschäftswert und/oder das Know-how des Unternehmens auf den Erwerber übertragen werden. Das Verbot muss sachlich auf den **derzeitigen Unternehmensgegenstand**, räumlich auf den **Raum, in dem das Unternehmen tätig war** und zeitlich auf zwei oder drei Jahre beschränkt sein, je nachdem ob auch Know-how übertragen wird; wird nur der Geschäftswert übertragen, verkürzt sich dieser Zeitraum auf höchstens zwei Jahre.[158]

! **Praxistipp**
Der Verkäufer muss aufpassen, sich nicht auf ein allzu breites Wettbewerbsverbot einzulassen. Gerade bei dem Verkauf von Unternehmensteilen gibt es oft Überschneidungen zwischen dem verkauften und den zurückbehaltenen Geschäftsbereichen, so dass sich empfiehlt, Klarstellungen und Ausnahmen zum Wettbewerbsverbot zu vereinbaren. Verkauft ein Chemieunternehmen etwa ein

156 Bekanntmachung der Kommission über Einschränkungen des Wettbewerbs, die mit der Durchführung von Unternehmenszusammenschlüssen unmittelbar verbunden und für diese notwendig sind, ABl. 2005/C 56/03 (zit.: Bekanntmachung Nebenabreden).

157 Bekanntmachung Nebenabreden, Rn 21.

158 Bekanntmachung Nebenabreden, Rn 18 ff.

Produktportfolio, das auf einer bestimmten Chemie beruht und behält Produkte, die auf einer anderen Chemie beruhen, aber eine ähnliche Funktion haben, sollten letztere Produkte ausdrücklich vom Wettbewerbsverbot ausgenommen werden. Es empfiehlt sich hier auch mehrfaches Nachfragen bei den involvierten Geschäftsbereichen.

Wettbewerbsverbote **zu Lasten des Käufers** sind grundsätzlich **verboten.**[159] Dementsprechend muss der Verkäufer auf gewerbliche Schutzrechte und einen entsprechenden Zuschnitt der verkauften Vermögenswerte setzen, um zu verhindern, dass etwa der Käufer seines Geschäfts in Spanien ihm auch das Geschäft in Portugal abnimmt. 133

II. Lieferbeziehungen

Oft werden bei einem Unternehmenskauf nicht alle Vermögenswerte, die das Unternehmen genutzt hat, auf den Erwerber übertragen. Stellt ein Unternehmen in einem Konzernverbund bestimmte Rohstoffe für alle Konzerntöchter her, wird die entsprechende Produktionsanlage beim Verkauf einer Tochtergesellschaft in der Regel nicht mit übertragen, da sie noch für die verbleibenden Tochtergesellschaften genutzt wird. Dennoch ist für die Fortführung des erworbenen Unternehmens der Zugang zu diesem Rohstoff wichtig. Entsprechende Lieferverträge zwischen Unternehmensverkäufer und -käufer werden dementsprechend für eine bestimmte Zeit geduldet. 134

Als mit dem Unternehmenskauf verbunden gelten Lieferbeziehungen, die der Umsetzung des Unternehmenskaufs dienen, **wenn sie fünf Jahre nicht überschreiten**. Gleiches gilt für entsprechende Dienstleistungs- und Vertriebsvereinbarungen. Insbesondere letztere können eine Rolle spielen, wenn der Vertrieb der Produkte einer behördlichen Genehmigung (z.B. Zulassung nach § 21 Arzneimittelgesetz) bedarf, welche nicht unmittelbar mit dem Closing übertragen oder neu ausgestellt werden kann. Dann tritt der Verkäufer als Inhaber der Zulassung bis zu deren Übertragung als Distributor des Käufers auf. 135

Exklusive Liefer- oder Bezugsbindungen werden hingegen nicht dadurch privilegiert, dass sie im Zusammenhang mit einem Unternehmenskauf geschlossen wurden.[160] Derartige Vereinbarungen können aber aufgrund anderer kartellrechtlicher Vorschriften zulässig sein.[161] 136

159 Bekanntmachung Nebenabreden, Rn 17.
160 Bekanntmachung Nebenabreden, Rn 33 f.
161 Vgl. zu den Möglichkeiten exklusiver Lieferbeziehungen *Mäger* Kap. 4 Rn 114 ff.

III. Lizenzvereinbarungen

137 Ähnlich wie eine Lieferbeziehung kann auch die Gewährung eines Nutzungsrechts für Patente oder Know-how (Lizenz) erforderlich sein, um entweder den Käufer in die Lage zu versetzen, das neue Unternehmen zu betreiben oder den Verkäufer, sein zurückbehaltenes Geschäft fortzuführen. Entsprechende Lizenzen sind als unbefristete und auch als ausschließliche Lizenz (= nur der Lizenznehmer darf das Recht nutzen, kein Dritter, nicht einmal der Lizenzgeber) durch den Unternehmenskauf gerechtfertigt.[162] Während dabei eine **gegenständliche Beschränkung** auf bestimmte Anwendungsbereiche zulässig ist, kann der Lizenznehmer bei der **Herstellung** der Produkte nicht auf das Gebiet, in dem die übertragene Geschäftsaktivität ausgeübt wurde, beschränkt werden. Aber auch hier bietet das sonstige Kartellrecht unter bestimmten Umständen Möglichkeiten, den Handlungsspielraum von sowohl Lizenzgeber- als auch Lizenznehmer einzuschränken.[163]

162 Bekanntmachung Nebenabreden, Rn 28.
163 Vgl. zu den Möglichkeiten der Ausgestaltung von Patentlizenzen *Mäger* Kap. 5 Rn 1ff.

Kapitel 10
Besonderheiten beim Kauf eines Unternehmens in Krise und Insolvenz

A. Einleitung

Krise und Insolvenz eines Unternehmens erfordern regelmäßig den Verkauf des werthaltigen Unternehmens(-teils), des defizitären Geschäftsbereichs oder von Tochtergesellschaften mit dem Ziel der Sanierung. 1

Der Erwerb eines Unternehmens in der Krise oder aus der Insolvenz bietet jedem Erwerber Chancen, begründet aber zugleich **besondere Risiken**, die jeder Erwerber kennen und vor der Entscheidung überprüfen sollte. Er hat die **Wahl**, Erwerb und Sanierung außerhalb eines Insolvenzverfahrens durchzuführen oder aber das Krisenunternehmen nach Insolvenzeröffnung vom Insolvenzverwalter zu erwerben. Worauf kommt es an? 2

Chancen, Risiken und Gestaltungsmöglichkeiten der Transaktion hängen maßgeblich vom Zeitpunkt des Unternehmenskaufs ab. Dabei bietet das Insolvenzverfahren dem Käufer im Vergleich zu einem Erwerb außerhalb der Insolvenz gleich mehrere (Haftungs-)Erleichterungen und Vorteile bei deutlich reduziertem Risiko. Der Kauf aus der Insolvenz hat allerdings auch einige Besonderheiten, die es nachfolgend ebenfalls zu beleuchten gilt. 3

B. Übertragungsform: Asset Deal oder Share Deal?

Sowohl beim Unternehmenskauf in der Krise als auch beim Erwerb aus der Insolvenz stehen den Parteien eines M&A-Prozesses grundsätzlich sämtliche **Transaktionsstrukturen** zur Verfügung, die auch bei Verkauf einer nicht in der Krise befindlichen Gesellschaft möglich sind. 4

Transaktionen „gesunder" Unternehmen finden regelmäßig im Rahmen eines **Share Deals** statt. Bei notleidenden Unternehmen dagegen können je nach Ausgangslage sowohl Share Deals als auch Asset Deals in Betracht kommen. Beim Kauf aus der Insolvenz sind **Asset Deals** der Regelfall. 5

I. Transaktionsstruktur folgt Sanierungskonzept

Es gibt keine pauschalen Kriterien, nach denen bei Vorliegen dieser oder jener Voraussetzungen nur die eine oder andere Form des Unternehmenskaufs in Frage kommt. Welche **Transaktionsstruktur** zu wählen ist, hängt von einer Vielzahl von Faktoren ab. 6

7 Ein wichtiger Faktor für die Verkaufsoptionen und ihre Umsetzung ist, ob das kriselnde Zielunternehmen **insolvenzreif** ist oder nicht. Ist das Unternehmen bereits zahlungsunfähig und/oder überschuldet, so besteht eine strafbewehrte Insolvenzantragspflicht. Nach § 15a InsO hat die Geschäftsführung unverzüglich, spätestens aber **drei Wochen** nach Eintritt der Zahlungsunfähigkeit oder Überschuldung einen Insolvenzantrag zu stellen. Die Drei-Wochen-Frist ist eine **Höchstfrist**, die nicht überschritten werden darf. Können also Zahlungsunfähigkeit und Überschuldung nicht kurzfristig durch die Zuführung ausreichender Finanzmittel beseitigt werden, muss die Geschäftsführung des Zielunternehmens Antrag auf Eröffnung des Insolvenzverfahrens stellen.

8 Sobald der **vorläufige Insolvenzverwalter** vom Gericht bestellt ist, wird dieser prüfen, ob und wie das Unternehmen weitergeführt werden soll. Dabei wird er regelmäßig den **Verkauf** des insolventen Unternehmens erwägen, aber erst **nach Eröffnung des Insolvenzverfahrens** umsetzen. Über die Art und Weise der Transaktionsstruktur wird er auch in Abstimmung mit den (potenziellen) Investoren entscheiden.

9 Für die Beantwortung der Frage, ob der Erwerb des Unternehmens mittels Asset Deal oder Share Deal erfolgt, ist von wesentlicher Bedeutung, mit welchem **Sanierungskonzept** das Zielunternehmen übernommen werden soll. Gerade in der Krise muss aufgrund einer sorgfältigen Überprüfung der gesamtwirtschaftlichen Lage des Unternehmens, seiner Liquidität, der Beteiligungsverhältnisse, der Gläubiger usw. festgestellt werden, welches Sanierungskonzept das Sanierungsziel am besten erreichen lässt.

10 Das schlüssige Sanierungskonzept muss dabei die wesentliche Frage beantworten, ob das Unternehmen außerhalb einer Insolvenz **sanierungsfähig** ist und etwaige Restrukturierungsmaßnahmen finanzierbar sind oder ob die Sanierung innerhalb eines Insolvenzverfahrens erfolgen soll, sei es durch eine sogenannte übertragende Sanierung (Asset Deal) oder über einen Insolvenzplan.

11 Die Sanierungsfähigkeit wiederum setzt voraus, dass die **Liquidität** des Zielunternehmens gesichert ist oder zumindest kurzfristig wiederhergestellt werden kann.

12 Bei den Überlegungen spielen weiter die unterschiedlichen Interessen von Verkäufer, Käufer und Insolvenzverwalter ebenso wie deren **Haftungsrisiken** eine wesentliche Rolle.

! Praxistipp

Da sich diese Risiken bei einem Erwerb des Zielunternehmens nach **Eröffnung des Insolvenzverfahrens** in der Regel erheblich reduzieren, kann es für den Investor empfehlenswert sein, bis zu diesem Zeitpunkt abzuwarten.

---

13 Dennoch ist immer wieder festzustellen, dass sich die Beteiligten zu wenig mit der Minimierung der Haftungs- und Insolvenzrisiken befassen. Vielmehr wählen sie die Transaktionsstruktur vor allem mit dem Ziel der **steuerlichen** und **bilanziellen Op-**

timierung. Das kann gravierende Konsequenzen haben. Mögliche Folgen einer Insolvenz des Verkäufers oder der Erwerbergesellschaft nach der Transaktion werden nicht selten zu wenig bedacht.

II. Sanierung außerhalb Insolvenz

Die beiden Optionen der Sanierung außerhalb oder innerhalb einer Insolvenz stehen **gleichberechtigt** nebeneinander. Zu den allgemeinen Vor- und Nachteilen von Share Deal und Asset Deal[1] kommen einige Besonderheiten der Sanierung. 14

1. Share Deal

Beim Anteilserwerb (**Share Deal**) werden die Anteile an der Zielgesellschaft und damit (für den Regelfall einer Kapitalgesellschaft) ihr Haftungsschild übertragen. 15

Die Zielgesellschaft bleibt also trotz Übertragung stets in der **gleichen Rechtsstellung** hinsichtlich ihrer Verträge, Ansprüche und Verbindlichkeiten wie vor der Übertragung. 16

Darin liegt im Sanierungsfall allerdings auch ein **Schwachpunkt**. Da sämtliche Passiva, insbesondere die Verbindlichkeiten aus Lieferung und Leistung, unverändert fortbestehen, gilt der Kauf der Anteile eines Krisenunternehmens durch einen Investor zugleich als teuerste Alternative der Sanierung. In der Regel wird über Höhe und Abwicklung des **Kaufpreises** bestimmt, inwieweit Altgesellschafter und/oder der Investor für eine Mindestentschuldung und den Ausgleich der übernommenen Verbindlichkeiten zu sorgen haben, was naturgemäß eine **ordnungsgemäße Buchführung** beim Zielunternehmen voraussetzt. 17

Insofern handelt es sich beim Share Deal um eine **echte Sanierung/Reorganisation** des Unternehmensträgers, da dieser – anders als bei der übertragenden Sanierung mittels Asset Deal – als solcher, wenn auch mit einem oder mehreren neuen Gesellschaftern, fortbesteht. 18

Da sämtliche Passiva, insbesondere (über-)fällige Verbindlichkeiten, fortbestehen, ist größter **Nachteil** des Share Deals das wesentliche Risiko, ob das kriselnde Zielunternehmen überhaupt **sanierungsfähig** ist, also nach Durchführung der Sanierungsmaßnahmen ein Überschuss der Einnahmen über die Ausgaben erzielt werden kann. 19

Ein besonderes **Risiko** besteht für den Investor darin, dass er mit Anteilskauf auch unerkannte und unbekannte, bilanziell nicht ausgewiesene Risiken übernimmt. Deshalb kann zu einem Anteilskauf auch immer nur dann geraten werden, 20

---

1 Vgl. Kap. 7 Rn 27.

wenn sowohl die **sorgfältige Buchführung** und Erstellung der Jahresabschlüsse vom Veräußerer **garantiert** ist und der Investor durch eine umfangreiche **Due Diligence** in die Lage versetzt ist, mögliche Risiken außerhalb der Handelsbücher sowie Chancen des Unternehmens sorgfältig zu überprüfen.

21 Insofern ist jeder Geschäftsführer verpflichtet, eine sorgfältige Due Diligence zur Vorbereitung der Erwerbsentscheidung durchzuführen, um die bestehenden **Chancen und Risiken** festzustellen.[2] Zwar obliegt dem Verkäufer für alle Umstände, welche die Überlebensfähigkeit des zu erwerbenden Zielunternehmens ernsthaft gefährden, eine gesteigerte **Aufklärungspflicht.**[3] So trifft den Verkäufer die Pflicht, ungefragt sämtliche Verbindlichkeiten zu offenbaren, wenn sie die Überlebensfähigkeit des Zielunternehmens gefährden, weil Zahlungsunfähigkeit oder Überschuldung drohen.[4] Diese Aufklärungspflichten des Verkäufers helfen dem Investor allerdings nur begrenzt, wenn der Verkäufer sich nicht an seine Obliegenheit hält und der Investor für das übernommene Unternehmen den unvermeidbaren **Insolvenzantrag** stellen muss.

22 Zusammenfassend dürfte ein **Share Deal** grundsätzlich immer dann **vorzuziehen** sein, wenn eine etwaige Unterbilanz, Überschuldung und/oder Zahlungsunfähigkeit durch Eigenleistungen der bisherigen Gesellschafter und die Kapitalzufuhr des Investors überwunden werden können, die **Fortbestehensprognose positiv** ist und eine ordnungsgemäße Buchführung beim kriselnden Unternehmen festgestellt ist.

2. Asset Deal (Übertragende Sanierung)

23 Wenn und soweit statt der Geschäftsanteile an der Zielgesellschaft deren Betriebsvermögen im Wege eines Vermögenserwerbs (**Asset Deal**) übernommen wird, übernimmt der Käufer nicht das gesamte Unternehmen mit allen Rechten und Pflichten, sondern nur **bestimmte, ausgewählte Aktiva** bzw. Vermögensgegenstände sowie ggf. bestimmte Passiva und sonstige Rechtsbeziehungen des Zielunternehmens. Der Investor kann sich so quasi die „Rosinen“ und überlebensfähigen Bereiche der Zielgesellschaft herauspicken; diejenigen Assets, Verträge oder Verbindlichkeiten, die er nicht erwerben möchte, muss er auch nicht übernehmen.

24 Anders als beim Anteilserwerb besteht somit beim Asset Deal nicht die Gefahr, unerkannte oder **unerwünschte Verbindlichkeiten** mit zu erwerben. Diese werden in der Regel zurückgelassen.

---

2 Vgl. OLG Oldenburg, Urt. v. 22.5.2006, 1 U 34/03, NZI 2003, 305; vgl. dazu auch Kap. 6 Rn 14 f.

3 Vgl. BGH, Urt. v. 4.4.2001, VIII ZR 32/00, DStR 2001, 901.

4 Vgl. BGH, Urt. v. 6.2.2002, VIII ZR 185/00, BB 2002, 903; Urt. v. 28.11.2001, VIII ZR 37/01, NJW 2002, 2042.

Der Erwerb des Krisenunternehmens durch eine solche Einzelrechtsübertragung soll in der Regel dem Ziel dienen, die **Aktiva von den Passiva** des Krisenunternehmens zu **trennen**, um auf diese Weise eine Sanierung lediglich der im Krisenunternehmen marktwirtschaftlich gebundenen Ressourcen vorzunehmen. Deshalb wird der (gesunde) Unternehmens(-teil) abgetrennt. 25

In aller Regel wird daher die übertragende Sanierung in der Gestalt durchgeführt, dass die Aktiva vom kriselnden Unternehmen **getrennt** und im Wege der **Einzelrechtsnachfolge** auf den Investor übertragen werden. Mit dem Kaufpreis, welchen der Investor für den Erwerb der Unternehmensaktiva zu zahlen hat, werden sodann die Gläubiger des Krisenunternehmens **befriedigt**. Das Krisenunternehmen selbst wird sodann in aller Regel der **Liquidation** zugeführt und erlischt. 26

Zumeist wird der Investor allerdings mit dem Problem konfrontiert, dass von Sicherungsrechten unbelastetes Aktivvermögen nicht mehr vorhanden ist, weswegen in aller Regel die **Zustimmung der Sicherungsnehmer**, insbesondere der kreditgebenden (Haus-)Banken, und damit der Gläubiger zur Transaktion erforderlich ist. Dadurch ist eine übertragende Sanierung in aller Regel nicht so „geräuschlos" durchzuführen wie ein Anteilserwerb. Darüber hinaus ist der Erwerb im Wege des Asset Deals in der Krise der Zielgesellschaft gerade für den Investor mit erheblichen rechtlichen **Risiken** behaftet, auch wenn er die Verbindlichkeiten der Zielgesellschaft nicht mit übernimmt.[5] 27

Eine übertragende Sanierung durch Einzelrechtsnachfolge in das Aktivvermögen kommt vor allem dann in Betracht, wenn sich der Unternehmensträger in derart schlechter Verfassung befindet, dass sich ohne Trennung von Aktiva und Passiva eine **Insolvenz** nicht mehr vermeiden lässt, das Unternehmen als solches ohne die Schuldenlast leistungswirtschaftlich jedoch überlebensfähig ist. 28

Letzteres ist allerdings kein Umstand, der für eine übertragende Sanierung **außerhalb** eines Insolvenzverfahrens spricht. Die Sanierung ist auch im Insolvenzverfahren möglich, entspricht allerdings in der Regel nicht den Interessen des Verkäufers, wohl aber denen des Investors. 29

3. Spezifische Interessen des Verkäufers

Dem Verkäufer ist in der Regel daran gelegen, die **Publizität** eines negativ behafteten Insolvenzantrags zu vermeiden. Das gilt insbesondere für krisengeschüttelte **Tochtergesellschaften** von Konzernen, die Nachfragen und Implikationen von Seiten der Kreditgeber und Kunden vermeiden wollen. Deshalb sind für diese in aller Regel nur der Verkauf und die Sanierung **außerhalb** der Insolvenz eine Option. 30

5 Siehe dazu Kap. 10 Rn 50f.

31 Der Verkäufer erhofft sich in der Regel bei einer Veräußerung des Krisenunternehmens außerhalb einer Insolvenz einen **höheren Kaufpreis**. Der Verkaufserlös ist grundsätzlich höher, wenn kein Insolvenzantrag gestellt wird. Dagegen kann der Investor erfahrungsgemäß das Zielunternehmen im Wege der übertragenden Sanierung aus der Insolvenz zu günstigeren Preisen erwerben, zumal mit einem erheblich verringerten Haftungsrisiko. Mitunter sind hier sogar „Schnäppchen" möglich, wobei Restrukturierungsmaßnahmen insbesondere im Personalbereich mithilfe des Insolvenzverwalters möglich sind.

32 Der Verkäufer versucht zudem, mitunter ganz erhebliche **Liquidationskosten** für die Stilllegung und Abwicklung des Geschäftsbetriebs zu vermeiden.

33 Existiert zwischen dem veräußerungswilligen Altgesellschafter und dem Zielunternehmen ein **Ergebnisabführungsvertrag**, nach dem sich die Muttergesellschaft verpflichtet hat, entsprechend den Vorschriften des § 302 AktG jeden während der Vertragsdauer sonst entstehenden Jahresfehlbetrag der Tochtergesellschaft auszugleichen, so ist die Sanierung **mittels Insolvenz keine Option**. Es bliebe wie bei der Liquidation dabei, dass der Altgesellschafter die Verluste auszugleichen hat, die bis zum frühestmöglichen Beendigungszeitpunkt des Ergebnisabführungsvertrages angefallen sind. Bei einem noch während der Laufzeit des Ergebnisabführungsvertrages gestellten Insolvenzantrag könnte der Insolvenzverwalter den bestehenden Verlustausgleichsanspruch in voller Höhe für den gesamten Zeitraum bis zur Insolvenzeröffnung geltend machen.[6]

34 Schließlich müssen sich die Interessen des Verkäufers und des Investors keineswegs decken. Dem Verkäufer wird es in aller Regel darum gehen, möglichst günstig, steuerlich optimiert und unter Minimierung eigener Haftungsgefahren und -zusagen zu veräußern, während es dem Investor darum geht, das kriselnde Unternehmen in die Profitabilität zurückzuführen und zugleich die erheblichen Haftungsrisiken zu vermeiden, die ihn insbesondere beim Erwerb von kriselnden Unternehmen treffen können. Diese sind beim Kauf aus der Krise meist höher, da bei der Transaktion typischerweise **erheblicher Zeitdruck** besteht.

35 Jeder Investor ist daher gut beraten, nach Abwägung aller Umstände des Einzelfalls und nur nach Durchführung einer **sehr sorgfältigen Due Diligence** zu entscheiden, ob trotz der bestehenden Risiken ein Erwerb ohne Insolvenz zu bevorzugen ist, z.B. um sich das Zielunternehmen zu sichern, ohne sich in einem vom Insolvenzverwalter veranstalteten Bieterverfahren gegen andere Konkurrenten durchsetzen zu müssen.

---

6 BGH, Urt. v. 14.12.1987, II ZR 170/87; Emmerich/Habersack/*Emmerich* § 297 Rn 52b; Hüffer/*Hüffer* § 297 Rn 22a.

III. Sanierung innerhalb eines Insolvenzverfahrens?

Jeder Investor wird daher auch zu prüfen haben, ob er nun die Transaktion außerhalb eines Insolvenzverfahrens durchführen will, oder ob das Krisenunternehmen zunächst Insolvenzantrag stellen soll und der Investor sodann das Unternehmen während des laufenden Insolvenzverfahrens erwirbt. Auch hierbei stellt sich die Frage nach der **Wahl der Transaktionsstruktur**. 36

1. Asset Deal ist Regelfall

Beim Unternehmenskauf aus der Insolvenz ist der Asset Deal der Regelfall. Der Erwerb sämtlicher oder wenigstens der wesentlichen aktiven Vermögenswerte eines insolventen Unternehmensträgers wird insbesondere als **übertragende Sanierung** bezeichnet, mitunter auch als „In-Court-Sale“. 37

Der Grund hierfür liegt vor allem darin, dass bei der übertragenden Sanierung – anders als beim Share Deal – Vermögen einerseits und Verbindlichkeiten andererseits **getrennt** werden können. Die zu hohen, fälligen Verbindlichkeiten sowie die zu teuren Verträge haben ja gerade zur Zahlungsunfähigkeit und/oder Überschuldung der Insolvenzschuldnerin geführt. Der Erwerb nur der Aktiva des insolventen Unternehmens, während die gesamten Passiva mit dem Mantel des insolventen Unternehmensträgers in der Insolvenzmasse verbleiben, ermöglicht dem Geschäftsbetrieb einen **unbelasteten Neustart**. Der Investor kann alle Verträge neu verhandeln. Zur Aufnahme des Geschäftsbetriebs oder der einzelnen Aktiva gründet der Investor oft eine **neue Gesellschaft** (NewCo) als **Auffanggesellschaft**, auf die dann die Vermögenswerte oder der gesamte Geschäftsbetrieb der insolventen Gesellschaft im Wege der Einzelrechtsnachfolge übertragen werden. 38

Zu beachten ist, dass eine übertragende Sanierung nicht unbedingt die Übernahme des gesamten Unternehmens bzw. Geschäftsbetriebs bedeuten muss. Oftmals werden auch nur diejenigen **Unternehmensteile** übertragen, die sich als gewinnbringend und profitabel herausstellen, während nicht-kostendeckende Betriebsteile stillgelegt werden, ggf. kombiniert mit Personalabbau. Gerade in diesem Zusammenhang zeigt sich, wie wichtig es ist, noch im Rahmen der Vorbereitung der Transaktion die operative Geschäftstätigkeit des Unternehmens sowie die **Kernkompetenzen** und die Leistungsfähigkeit der Geschäftsbereiche **zu analysieren**. Sofern sich kein Interessent für den Erwerb des gesamten Unternehmens bzw. Geschäftsbetriebs findet, sind **Teilverkäufe** einzelner Geschäftsbereiche oder Tochtergesellschaften üblich, notfalls werden die einzelnen Vermögensgegenstände zu **Liquidationswerten** veräußert. Der Insolvenzverwalter wird nach Möglichkeit immer sämtliche Aktiva des insolventen Unternehmens einschließlich etwaiger Beteiligungen an nichtinsolventen inländischen und/oder ausländischen Tochtergesellschaften als lebendes, am Markt operierendes Unternehmen zu Fortführungswerten veräußern wollen. 39

40 Nachteil eines Asset Deals ist, dass im Grundsatz jedes einzeln zu übertragende **Vermögensgut spezifisch erfasst** und aufgelistet werden muss. Zu übertragende körperliche Sachen müssen hinreichend bestimmt sein.[7] Forderungen und Rechte müssen bestimmt oder zumindest bestimmbar bezeichnet werden, was nicht selten zu erheblichen Schwierigkeiten bei der Vorbereitung von Kauf- und Übertragungsverträgen führt.

41 Ferner ist erforderlich, jeden zumindest **wesentlichen Vertragspartner** ebenso wie die Inhaber bestimmter Sicherungsrechte anzusprechen und um Zustimmung zur Übertragung des betreffenden Vertrages oder des betreffenden Sicherungsrechts zu bitten, da insbesondere Verträge nach § 414 BGB jeweils nur mit Zustimmung des Vertragspartners auf die neu zu gründende Auffanggesellschaft übertragen werden können.[8] Die **Kontinuität der Vertragsbeziehungen** ist hier gefährdet, weshalb der Insolvenzverwalter wie auch der potenzielle Investor Wert darauf legen werden, bestimmte Vertragsbeziehungen des insolventen Unternehmens stabil zu halten und für Vertrauen zu werben, damit diese Vertragsbeziehungen auf den übernehmenden Rechtsträger übertragen werden können. Das setzt natürlich voraus, dass die Verträge wichtig und profitabel bzw. finanzierbar sind.

2. Share Deal

42 Es gibt aber auch **Ausnahmen** von diesem Regelfall. So scheidet beispielsweise eine übertragende Sanierung dann aus, wenn die **Übertragung bestimmter Rechte** (wie etwa behördliche Genehmigungen, Konzessionen, gewerbliche Schutzrechte) von dritter Seite versagt wird. Die Transaktionsstruktur des Share Deals ermöglicht es, den insolventen Rechtsträger als solchen zu erhalten. Dies bedeutet, dass die **bestehenden Vertragsverhältnisse** des Unternehmens für den Erwerber unmittelbar nutzbar sind, ohne dass es – wie beim Asset Deal – der Zustimmung der Vertragspartner zur Übertragung bedürfte. Dies ist insbesondere bei einer **Vielzahl von Vertragsbeziehungen** vorteilhaft, sowie in Fällen, in denen zu befürchten ist, dass wesentliche Vertragspartner dem Übergang ihrer Vertragsverhältnisse auf den Erwerber im Falle eines Asset Deal nicht zustimmen werden oder in denen Genehmigungen, Subventionszusagen, EU-Beihilfen oder Zertifizierungen allein an den insolventen Rechtsträger **gebunden** sind.

43 Der Erwerb der Anteile an einem insolventen Unternehmen setzt jedoch regelmäßig voraus, dass das insolvente Unternehmen durch einen sogenannten **Insolvenzplan** saniert und vor allem (weitgehend) entschuldet wird. Denn der Erwerb des insolventen Unternehmens im Wege eines Share Deals lässt den **Insolvenzgrund** der Überschuldung oder Zahlungsunfähigkeit zunächst unberührt, was re-

---

7 Zum Bestimmtheitsgrundsatz beim Asset Deal und üblichen Lösungsansätzen vgl. Kap. 7 Rn 37.

8 Vgl. hierzu Kap. 7 Rn 51 f.

gelmäßig nicht den Interessen des Erwerbers entspricht. Der Erwerber wird nur dann bereit sein, frische **Eigenmittel** in die insolvente Zielgesellschaft einzubringen, wenn im Gegenzug die Gläubiger der Gesellschaft bereit sind, auf ihre Ansprüche – ggf. gegen Ausstellung eines Besserungsscheins – zu verzichten. Insbesondere das Insolvenzplanverfahren der §§ 217 ff. InsO bietet die Möglichkeit, entsprechende Regelungen mit den Gesellschaftsgläubigern zu vereinbaren.

Es besteht auch die Möglichkeit, dass der Insolvenzverwalter – aus bestimmten z.B. steuerlichen Gründen – zunächst eine neue Gesellschaft als Auffanggesellschaft gründet, auf die dann die Vermögenswerte der insolventen Gesellschaft im Wege des Asset Deals übertragen werden. Anschließend gehen die Geschäftsanteile an dieser Auffanggesellschaft auf den Investor im Wege des Share Deals über. 44

Im **Insolvenzplanverfahren** steht dem Insolvenzverwalter – wie im Falle einer übertragenden Sanierung im Wege des Asset Deals – das gesamte insolvenzrechtliche Instrumentarium zur Sanierung des Unternehmens zur Verfügung, insbesondere die Erleichterungen hinsichtlich der Arbeitnehmerrestrukturierung sowie das Wahlrecht zur (Nicht-)Erfüllung gegenseitiger, vor allem nachteiliger Verträge gemäß § 103 InsO. 45

3. Interessen des Erwerbers – Rechtssicherheit

Welche Transaktionsstruktur der Insolvenzverwalter bei der Veräußerung des insolventen Unternehmens wählen wird, hängt folglich auch von den Interessen und Bedürfnissen des Erwerbers ab, weshalb die Insolvenzverwalter in der Regel flexibel sind. 46

Neben der Übernahme der interessanten Geschäftsbereiche und ihrer Rückführung in die Profitabilität wird es dem Erwerber in der Transaktion maßgeblich darauf ankommen, **keine Haftung** für die **Altverbindlichkeiten** übernehmen zu müssen. 47

Die mit dem Kauf eines Krisenunternehmens verbundenen Haftungsrisiken sind daher im Rahmen des Sanierungskonzepts mitentscheidend dafür, ob der Unternehmenskauf noch vor Eröffnung des Insolvenzverfahrens oder aber erst nach diesem Zeitpunkt durchgeführt werden soll. 48

Die Zeit bis zur Eröffnung des Insolvenzverfahrens wäre jedenfalls keine verlorene Zeit. Sie kann z.B. für die Durchführung einer Due Diligence und Verhandlungen mit dem vorläufigen Insolvenzverwalter genutzt werden, sodass die Transaktion bereits kurz nach Eröffnung des Insolvenzverfahrens vollzogen werden kann. 49

C. Unternehmenskauf vor Eröffnung des Insolvenzverfahrens?

50 Kauft ein Investor ein krisengeschütteltes Unternehmen, bei dem womöglich schon wegen Eintritts von Zahlungsunfähigkeit und/oder Überschuldung die Insolvenzantragspflichten nach § 15a InsO gelten, so geht er zahlreiche gravierende **(Haftungs-) Risiken** ein.

51 Diese sind regelmäßig nur durch eine umfangreiche Due Diligence und sorgfältige Prüfung der Buchhaltung des Zielunternehmens beherrschbar, wobei Restrisiken bleiben, die insbesondere vonseiten der Gläubiger drohen. Diese können jederzeit **zwangsvollstrecken** oder Insolvenzantrag stellen. Ebenso kann der Geschäftsführer des Zielunternehmens **Insolvenzantrag** stellen.

I. Haftungsrisiken für den Erwerber beim Asset Deal

52 Kauft der Erwerber im Wege des Asset Deals, so sieht er sich insbesondere folgenden Haftungsrisiken gegenüber:

1. Haftung bei Firmenfortführung, § 25 Abs. 1 HGB

53 Nach § 25 Abs. 1 HGB gilt: Wer ein erworbenes Handelsgeschäft unter der bisherigen Firma fortführt, der haftet für alle im Betriebe des Geschäfts begründeten (Alt-)Verbindlichkeiten des früheren Inhabers.

54 **Erwerb** im Sinne von § 25 HGB ist hier die Unternehmensübertragung und Überlassung, es genügt jeder Übergang der Unternehmensträgerschaft.

55 Dabei gilt § 25 HGB auch beim Erwerb eines Unternehmensteils und nicht nur bei Erwerb eines Unternehmens insgesamt.[9] So liegt eine **Unternehmensfortführung** auch dann vor, wenn nur ein Teilbereich des Unternehmens fortgeführt wird, sofern es sich aus der Sicht des maßgeblichen Rechtsverkehrs um den – den Schwerpunkt des Unternehmens bildenden – **wesentlichen Kernbereich** handelt. Für die Frage, ob der wesentliche Kernbereich eines Unternehmens fortgeführt wurde, kommt dem Wert der Unternehmensteile maßgebliche Bedeutung zu.

56 Weiter muss ein rechtsgeschäftlicher Erwerb eines **Handelsgeschäfts** vorliegen. Erfasst werden damit insbesondere Unternehmen, die in der Rechtsform einer oHG, KG, GmbH oder AG geführt werden, vgl. § 6 HGB.

57 Zentrale Voraussetzung des § 25 Abs. 1 HGB für die Haftung des Erwerbers eines Handelsgeschäftes für die gesamten Altverbindlichkeiten ist, dass er dieses „*unter*

9 Vgl. BGH, Urt. v. 16.9.2009, VIII ZR 321/08, NJW 2010, 236; Beschluss vom 7.12.2009, II ZR 229/08, NZG 2010, 112.

der bisherigen Firma mit oder ohne Beifügung eines das Nachfolgeverhältnis andeutenden Zusatzes fortführt". Eine **Firmenfortführung** liegt nach der einschlägigen Rechtsprechung vor, wenn der Rechtsverkehr – trotz geringfügiger Änderungen – die nach dem Erwerb tatsächlich verwendete Firma noch mit der alten Firma identifiziert.

Entscheidend für den Haftungstatbestand ist die durch die Firmenfortführung nach außen dokumentierte **Kontinuität** des in seinem wesentlichen Bestand fortgeführten Unternehmens. Es kommt auf die tatsächliche Übernahme und nicht auf das Bestehen eines wirksamen Rechtsgrundes an.[10] Geringfügige Änderungen oder Hinzufügungen ändern an der Haftung nichts, solange die **Firmenidentität** nach Verkehrsanschauung gegeben ist. Soweit sich also der Erwerber entscheidet, sich an die alte Firma „anzuhängen", so muss er hierfür mit einer Haftung nach § 25 Abs. 1 HGB „bezahlen". 58

Rechtsfolge ist, dass er für alle bislang aufgelaufenen **Altverbindlichkeiten** voll einzustehen hat. Dabei haftet der Erwerber mit seinem gesamten Vermögen. Die Haftung ist insbesondere nicht auf das übernommene Vermögen bzw. den übernommenen Geschäftsbetrieb beschränkt. 59

Der Erwerber kann seine Haftung nach § 25 Abs. 1 HGB jedoch **ausschließen.** Er kann sich natürlich bei Übernahme durch eine vollständige **Änderung der Firma** auf die rechtlich sichere Seite begeben. Er hat jedoch auch die Möglichkeit, seine Haftung durch eine **Vereinbarung** mit dem Veräußerer auszuschließen. 60

Diese Vereinbarung muss, um Dritten gegenüber wirksam zu sein, in das **Handelsregister eingetragen** und **bekanntgemacht** werden. Die Vereinbarung mit dem Veräußerer muss spätestens im Moment der dinglichen Übertragung des Handelsgeschäfts geschlossen sein. Die Anmeldung der Eintragung und Bekanntmachung im Handelsregister muss unverzüglich nach Geschäftsübernahme erfolgen. 61

Eine solche Eintragung im Handelsregister ist immer dann bereits **zulässig,** wenn eine Haftung des Erwerbers nach § 25 Abs. 1 HGB auch nur „ernsthaft in Betracht" kommt. Sie ist daher aus Gründen der **Vorsorge** jedem Erwerber zu empfehlen, auch wenn Ungewissheit über das Vorliegen der Voraussetzungen des § 25 HGB besteht. 62

2. Haftung für Betriebssteuern nach § 75 AO

Die Haftungsnorm des § 25 HGB wird im Hinblick auf **bestimmte Steuerverbindlichkeiten** durch § 75 AO ergänzt. Anders als bei § 25 HGB kann hier die Haftung für Betriebssteuern nicht durch eine Vereinbarung mit dem Veräußerer und die Eintra- 63

10 Vgl. BGH, Urt. v. 4.11.1991, II ZR 85/91, ZIP 1992, 398.

gung in das Handelsregister oder etwa eine Mitteilung an die Finanzbehörden ausgeschlossen werden.

64 Die Vorschrift des § 75 Abs. 1 AO ordnet die **Haftung des Erwerbers** eines Unternehmens für Steuern an, bei denen sich die Steuerpflicht auf den Betrieb des Unternehmens gründet.

65 Auslöser der Haftung ist der Erwerb eines „Unternehmens" oder eines bestimmten Unternehmensteils „im Ganzen". Hierunter versteht der Bundesfinanzhof den Übergang des gesamten lebenden Unternehmens, d.h. der durch das Unternehmen repräsentierten organischen Zusammenfassung von Einrichtungen und dauernden Maßnahmen, die dem Unternehmen dienen oder zumindest seine wesentlichen Grundlagen ausmachen, sodass der Erwerber das Unternehmen ohne nennenswerte finanzielle Aufwendungen fortführen kann.[11]

66 Gegenstand der Haftung sind die **Betriebssteuern** und die von dem Unternehmen einzubehaltenden und abzuführenden Steuern (Steuerabzugsbeträge) sowie Erstattungsschulden wegen zu Unrecht in Anspruch genommener Steuervergütungen, sofern sie seit dem Beginn des letzten Kalenderjahres vor Übereignung entstanden (nicht: fällig geworden) und spätestens ein Jahr nach Anmeldung des Betriebes durch den Erwerber bei der Finanzbehörde festgesetzt oder mit Festsetzungswirkung angemeldet worden sind.

67 Als Betriebssteuer im Sinne des § 75 AO kommen vor allem die **Gewerbesteuer** und die **Umsatzsteuer** in Betracht, daneben aber auch Verbrauchssteuern, Versicherungssteuern und Steuerabzugsbeträge wie insbesondere die Lohnsteuer. Einkommens- und Körperschaftssteuer fallen dagegen nicht darunter.

68 Eine **Kenntnis** des Erwerbers von den Steuerschulden ist für die Haftung nach § 75 AO nicht erforderlich.

69 Der Umfang der Haftung ist allerdings – anders als bei § 25 Abs. 1 HGB – auf den **Bestand des übernommenen Vermögens** beschränkt, der Erwerber haftet also nicht mit seinem gesamten, auch vor Betriebsübernahme bereits existenten Vermögen.

3. Haftung wegen Betriebsübergang, § 613a BGB

70 Als überaus problematisch für den Erwerber erweist sich bei der Übernahme des kriselnden Geschäftsbetriebes der gesetzlich vorgeschriebene **Übergang der Arbeitsverhältnisse** nach § 613a BGB.[12]

---

11 Vgl. BFH, BStBl 93, 700; 11, 477.

12 Allgemein zu Arbeitsverhältnissen im Insolvenzverfahren siehe Runkel/Schmidt/*Höfer* § 12, S. 900 f.

Die Vorschrift des § 613a Abs. 1 Satz 1 BGB besagt, dass der Erwerber eines Betriebs oder Betriebsteils in **die Rechte und Pflichten** aus den im Zeitpunkt des Übergangs bestehenden Arbeitsverhältnissen eintritt. 71

Der Erwerber haftet also – anders als bei § 25 HGB oder § 75 Abs. 1 AO – nicht 72 nur für einzelne Verbindlichkeiten. Vielmehr gehen die Rechte und Pflichten aus allen Arbeitsverhältnissen **vollständig** auf ihn über. Daraus ergibt sich eine Haftung des Erwerbers für alle daraus resultierenden **Altverbindlichkeiten** des kriselnden Unternehmens, also vor allem für ausstehenden **Arbeitslohn**, aber auch für sonstige rückständige Leistungen gegenüber Arbeitnehmern wie z.B. Ansprüche in Bezug auf die betriebliche **Altersvorsorge**, **Altersteilzeitvereinbarung** oder **Urlaub**.[13]

Der Erwerber kann der Haftung für Altverbindlichkeiten nicht entgehen, da 73 § 613a BGB auch in der **Krise** und vor **Eröffnung des Insolvenzverfahrens** uneingeschränkt Anwendung findet.[14]

Ein weiteres Risiko für den Erwerber liegt darin, dass er und der Veräußerer die 74 betroffenen Arbeitnehmer von dem Betriebsübergang nach § 613a Abs. 5 BGB zu **informieren** haben. Die Arbeitnehmer könnten dann innerhalb einer Frist von einem Monat nach Zugang des Unterrichtungsschreibens dem Übergang ihres Arbeitsverhältnisses auf den Erwerber **widersprechen**. Soweit sie dies tun, bleiben sie bei dem Veräußerer angestellt, mit der Gefahr, dass dieser ihnen betriebsbedingt kündigt.

Praxistipp !

Solche Widersprüche, insbesondere wenn sie massenhaft erfolgen, können den Erfolg der Transaktion und die Sanierung des veräußerten Unternehmens gefährden. Deshalb ist es enorm wichtig, dass das **Unterrichtungsschreiben** an die Arbeitnehmer entsprechend der nicht ganz einfachen gesetzlichen, durch Rechtsprechung verfeinerten Vorgaben abgefasst ist. So sind die Arbeitnehmer auch über wesentliche Aspekte der Krise, den Grund für die übertragende Sanierung, die konkreten Zukunftspläne und alle Umstände aufzuklären, welche die Überlebensfähigkeit des übernehmenden Unternehmens ernsthaft gefährden.[15]

Mängel des Unterrichtungsschreibens führen dazu, dass die Monatsfrist nicht zu 75 laufen beginnt. In solchen Fällen hat der Arbeitnehmer dann, soweit er nicht auf sein Widerspruchsrecht verzichtet oder eine fehlerfreie Belehrung nachgeholt wird, die Möglichkeit, sein **Widerspruchsrecht** bis zur Grenze der Verwirkung auszuüben. Diese Grenze kann nach der einschlägigen Rechtsprechung des BAG nur im Einzelfall bestimmt werden.

---

13 Zu weiteren arbeitsrechtlichen Konsequenzen des Betriebsübergangs siehe Kap. 8 Rn 101 f.
14 Vgl. BAG, Urt. v. 20.9.2006, 6 AZR 215/06, NZA 2007, 335.
15 Vgl. BAG, Urt. v. 10.11.2011, 8 AZR 430/10, NJOZ 2012, 860; Urt. v. 14.12.2006, 8 AZR 763/05.

76 Es gilt keine generelle Höchstfrist, auch nicht von etwa sechs Monaten.[16] Es kommt nicht alleine auf die Frage an, wie viel Zeit vergangen ist (sog. **Zeitmoment**), sondern auch und vor allem darauf, ob der Arbeitnehmer im konkreten Einzelfall so handelte, dass der Arbeitgeber darauf vertrauen durfte, der Arbeitnehmer werde sein Widerspruchsrecht schon nicht mehr ausüben (sog. **Umstandsmoment**).[17]

77 Spätestens dann, wenn der Erwerber selbst Insolvenz beantragen muss, weil die Sanierung des kriselnden Geschäftsbetriebes gescheitert ist, werden die betroffenen Arbeitnehmer die Unterrichtungsschreiben erneut **prüfen** lassen, um ggf. zum alten Arbeitgeber zurückkehren zu können.

! **Praxistipp**
Damit die Arbeitnehmer nicht die **Insolvenzmasse** belasten, zielen die Bemühungen des Insolvenzverwalters mitunter darauf ab, die Arbeitnehmer zur Ausübung ihres Widerspruchs zu animieren und sie dabei zu unterstützen.

---

78 Die **Haftung** für alle bis dato offenen Ansprüche der Arbeitnehmer liegt dann wieder allein beim **Veräußerer.** Denn der rechtzeitige und wirksame Widerspruch schließt den Übergang des Arbeitsverhältnisses aus. Es bleibt dann (nur) mit dem bisherigen Arbeitgeber bestehen, wobei der Widerspruch auf den Zeitpunkt des Übergangs zurückwirkt, auch wenn er erst danach erklärt worden ist.

79 Eine **Kündigung** durch den bisherigen Arbeitgeber aus betrieblichen Gründen ist dann nicht ausgeschlossen.

4. Insolvenzrechtliche Sonderrisiken

80 Kauft der Erwerber ein Krisenunternehmen, so sieht er sich vor allem insolvenzrechtlichen Sonderrisiken ausgesetzt, sollte während der Abwicklung des Unternehmenskaufs oder danach beim **Verkäufer** die **Insolvenz** eintreten.

81 Der Erwerb im Krisenstadium ist in erheblichem Umfang mit diversen Unwägbarkeiten und potenziellen insolvenzrechtlichen Risiken für die Transaktionssicherheit belastet.

a) Zwischenzeitlicher Eintritt der Insolvenzreife

82 Zunächst besteht das Risiko, dass der **Verkäufer**, der seinen Geschäftsbetrieb oder zumindest Teile davon im Wege des Asset Deals an den Investor veräußern will, noch während der Verhandlungen über den Unternehmenskauf **insolvent** wird.

---

16 Vgl. BAG, Urt. v. 23.7.2009, 8 AZR 357/08, NZA 2010, 393.
17 Vgl. BAG, Urt. v. 23.7.2009, 8 AZR 357/08, NZA 2010, 393.

Tritt Zahlungsunfähigkeit und/oder Überschuldung ein, so hat die Geschäftsführung gemäß § 15a InsO unverzüglich, spätestens aber drei Wochen nach Eintritt der Zahlungsunfähigkeit oder Überschuldung, einen Insolvenzantrag zu stellen.

Zahlungsunfähigkeit liegt vor, wenn der Schuldner nicht in der Lage ist, seine fälligen Zahlungspflichten zu erfüllen, § 17 Abs. 2 Satz 1 InsO. Zahlungsunfähigkeit wird nach § 17 Abs. 2 Satz 2 InsO vermutet, wenn der Schuldner seine Zahlungen eingestellt hat. **Zahlungseinstellung** ist dasjenige nach außen hervortretende Verhalten, in dem sich typischerweise ausdrückt, dass der Schuldner nicht in der Lage ist, seine fälligen Zahlungspflichten zu erfüllen.[18] 83

So begründet z.B. eine **eigene Erklärung des Schuldners** nach Fälligkeit, zur Erfüllung der Forderung in einer Einmalzahlung nicht in der Lage zu sein, die Zahlungseinstellung, sofern sich die Erklärung des Schuldners insgesamt auf einen **wesentlichen Teil** (d.h. auf einen etwa 10% der Gesamtverbindlichkeit betragenden Teil) bezieht. 84

Das Gleiche gilt, wenn der Schuldner infolge der ständigen verspäteten Begleichung seiner Verbindlichkeiten einen Forderungsrückstand vor sich herschiebt und demzufolge am **Rande des finanzwirtschaftlichen Abgrunds** operiert.[19] 85

So kann auch die **Nichtzahlung einer einzigen Verbindlichkeit** eine Zahlungseinstellung begründen, wenn die Forderung von insgesamt nicht unbeträchtlicher Höhe ist, was je nach Zuschnitt des schuldnerischen Geschäftsbetriebs auch eine einzelne Forderung in Höhe von rund 33.000,00 € sein kann.[20] 86

Liegt keine Zahlungseinstellung vor, so ist regelmäßig von Zahlungsunfähigkeit auszugehen, wenn eine innerhalb von drei Wochen bestehende **Liquiditätslücke** des Schuldners **10% oder mehr seiner fälligen Gesamtverbindlichkeiten** beträgt. Eine Ausnahme wird jedoch dann zugelassen, wenn mit an Sicherheit grenzender Wahrscheinlichkeit zu erwarten ist, dass die Liquiditätslücke demnächst (fast) vollständig geschlossen wird und den Gläubigern ein Zuwarten nach den besonderen Umständen des Einzelfalles zuzumuten ist.[21] Bei der Prüfung der Zahlungsunfähigkeit sind auch die in dem Drei-Wochen-Zeitraum fällig werdenden Verbindlichkeiten zu berücksichtigen, die sog. Passiva II.[22] 87

Zahlungsunfähigkeit liegt dagegen nicht vor bei einer bloßen **Zahlungsstockung**. Eine solche ist anzunehmen, wenn der Schuldner sich **binnen drei Wochen** die benötigten liquiden Mittel beschaffen kann. Lediglich ganz geringfügige Liquidi- 88

18 BGH, Urt. v. 7.5.2013, IX ZR 113/10 Rn 15.
19 BGH, Urt. v. 6.12.2012, IX ZR 3/12 Rn 21, NJW 2013, 940.
20 BGH, Beschl. v. 26.2.2013, II ZR 54/12 Rn 6, GmbHR 2013, 482; Urt. v. 6.12.2012, IX ZR 3/12.
21 BGH, Urt. v. 24.5.2005, IX ZR 123/04; Urt. v. 6.12.2012, IX ZR 3/12.
22 Str. vgl. BGH, Urt. v. 6.12.2012, IX ZR 3/12 Rn 21; Urt. v. 7.5.2013, IX ZR 113/10 Rn 15.

tätslücken bleiben außer Betracht. Von einer geringfügigen Liquiditätslücke ist regelmäßig bis zu einer Unterdeckung von zehn Prozent auszugehen.

89 Ein Schuldner ist **nicht zahlungsunfähig**, wenn er die konkrete Möglichkeit hat, sich kurzfristig hinreichende liquide Mittel zu beschaffen, etwa durch die Veräußerung oder Beleihung von Vermögensgegenständen. Dabei ist nicht erforderlich, dass sich der Schuldner die liquiden Mittel auch tatsächlich kurzfristig verschafft. Letztlich kommt es immer auf den Einzelfall an.

90 Sollte der Verkäufer zahlungsunfähig sein, kann er selbst aber aus dem Unternehmensverkauf binnen drei Wochen einen Kaufpreis erzielen, der die bereits fälligen und innerhalb dieses Drei-Wochen-Zeitraums fällig werdenden Verbindlichkeiten zu mindestens 91% abdeckt, so kann dies die Zahlungsunfähigkeit wieder beseitigen.

91 Sofern allerdings mit einem Geldfluss aus dem Unternehmensverkauf erst für die Zeit nach drei Wochen zu rechnen ist, liegt nur dann keine Zahlungsunfähigkeit vor, wenn **mit an Sicherheit grenzender Wahrscheinlichkeit** zu erwarten ist, dass der Kaufpreis fließt und damit die Liquiditätslücke vollständig geschlossen wird. Aufgrund der Unwägbarkeiten in den Kaufvertragsverhandlungen wird an Sicherheit grenzende Wahrscheinlichkeit kaum zu erreichen sein. Kaufvertragsverhandlungen können immer auch scheitern. In diesem Fall hätte dann die Geschäftsführung des Krisenunternehmens bereits die Insolvenz verschleppt.

! **Praxistipp**

Um den größten Zeitdruck und das Risiko einer Insolvenzverschleppung zu minimieren, sollte während der Verhandlungen über den Unternehmenskauf sichergestellt sein, dass keine Zahlungsunfähigkeit und/oder Überschuldung eintritt. Zu prüfen ist, ob wesentliche Gläubiger zu vorübergehenden Stundungen bereit sind, ob der Gesellschafter des Krisenunternehmens für die Zeit der Kaufvertragsverhandlungen zur Vergabe eines weiteren Gesellschafterdarlehens bereit ist usw.

92 Kann die Insolvenzreife nicht beseitigt werden, droht der **Antrag auf Eröffnung des Insolvenzverfahrens über das Vermögen** des Krisenunternehmens. Zu dem Antrag sind sowohl das Schuldnerunternehmen selbst (**Eigenantrag durch die eigene Geschäftsführung**) als auch alle Gläubiger berechtigt (**Fremdantrag**), § 13 Abs. 1 InsO.

93 Nach Eingang des Insolvenzantrags prüft das Insolvenzgericht im Rahmen des vorläufigen Insolvenzverfahrens (**Insolvenzeröffnungsverfahren**), ob die Voraussetzungen für die Eröffnung des Insolvenzverfahrens gegeben sind, insbesondere also, ob die Eröffnungsgründe Zahlungsunfähigkeit, drohende Zahlungsunfähigkeit oder Überschuldung (§§ 17–19 InsO) bestehen.

94 Bis das Insolvenzgericht entscheidet, können Wochen oder Monate vergehen. In der Regel erfolgt der Eröffnungsbeschluss innerhalb von zwei bis drei Monaten nach Insolvenzantrag. Um bis zur Entscheidung über den Antrag eine den Gläubigern

nachteilige Veränderung in der Vermögenslage des Hauptschuldners zu verhindern, kann das Insolvenzgericht **vorläufige Sicherungsmaßnahmen** anordnen, § 21 InsO.

Nach Stellung des Insolvenzantrags kann deshalb z.B. ein **vorläufiger Insolvenzverwalter** bestellt werden, der zu prüfen hat, ob eine die Durchführung des Verfahrens voraussichtlich deckende Masse sowie ein Eröffnungsgrund vorliegen. Im Falle eines Eigenantrags ist die Bestellung des vorläufigen Insolvenzverwalters der **Regelfall**. Im Falle eines Fremdantrags wird das Insolvenzgericht in der Regel den Schuldner, hier also das Krisenunternehmen, zunächst anhören. 95

Sofern allerdings, z.B. wegen des anstehenden Asset Deals, eine Verschleuderung des Schuldnervermögens zu befürchten ist, kann das Insolvenzgericht auch ohne Anhörung zunächst einen vorläufigen Insolvenzverwalter bestellen, ohne dessen Zustimmung nach § 21 Abs. 2 Nr. 2 2. Alt. InsO Verfügungen des Schuldnerunternehmens nicht mehr wirksam sind. Das Schuldnerunternehmen könnte also seine Assets nicht mehr zu Eigentum übertragen. Der Investor kann die Vermögensgegenstände nicht mehr zu Eigentum erwerben. 96

Praxistipp !

Krisenunternehmen und Investor sollten unter allen Umständen vermeiden, dass der Geschäftsführer des Krisenunternehmens und/oder Gläubiger Insolvenzanträge stellen.

Im Falle eines Eigenantrags ist zu berücksichtigen, dass dieser bis zur Eröffnung des Insolvenzverfahrens oder bis zur rechtskräftigen Abweisung des Antrags jederzeit wieder **zurückgenommen** werden kann. Ob ein Gläubiger zur Zurücknahme seines Antrags bewegt werden kann, ist fraglich. Dazu wird er, wenn überhaupt, nur bei vollständigem Ausgleich seiner Forderungen bereit sein. Bei Finanzamt und Sozialversicherungsträgern ist auch dies nicht mehr sicher. 97

Praxistipp !

Jeder Investor sollte tunlichst vermeiden, dem Krisenunternehmen während der Vertragsverhandlungen ein Darlehen oder eine Art Vorschuss auf den noch zu leistenden Kaufpreis zu gewähren, um die etwaige Zahlungsunfähigkeit zu beseitigen und auf diese Weise Transaktionssicherheit „einzukaufen". Sollten die Vertragsverhandlungen scheitern und insofern keine Sicherheiten bestehen, ist die Rückgewähr fraglich, im Falle einer Insolvenz des Krisenunternehmens wäre der Rückzahlungsanspruch nur eine Insolvenzforderung, die der Investor zur Insolvenztabelle anzumelden hätte. Darauf erhält er nur eine Quote.

b) Eintritt der Anschlussinsolvenz nach Vertragsabschluss

Selbst wenn das Krisenunternehmen seine Zahlungsunfähigkeit während der Vertragsverhandlungen noch vermeiden konnte, so besteht weiter das Risiko, dass der Verkäufer **nach** Vertragsabschluss über die Transaktion doch eine **Anschlussinsolvenz** beantragt. 98

99 So kann der Verkäufer durch die Erfüllung des Kaufvertrags, also die Übertragung der Assets auf den Investor, **insolvenzreif** werden. Insolvenzreife aufgrund eines Asset Deals ist möglich, wenn die Erfüllung des Asset Erwerbs zur sofortigen Überschuldung oder Zahlungsunfähigkeit der Gesellschaft führt. Eine solche Folge kann insbesondere dann eintreten, wenn zwischen Leistung und Gegenleistung ein erhebliches **Missverhältnis** besteht, oder wenn der erzielte Kaufpreis überhaupt nicht zur Deckung aller fälligen Verbindlichkeiten ausreicht. Insbesondere im letzteren Falle wäre immer zwingend Insolvenzantrag zu stellen.

! **Praxistipp**
Die Due Diligence des Investors sollte immer den Risikofaktor umfassen, dass der zu zahlende Kaufpreis ausreicht, um alle fälligen und fällig werdenden Verbindlichkeiten des Veräußerers, ggf. zusammen mit anderen Finanzmaßnahmen, zu erfüllen. Ist dies nicht der Fall, so ist zwingend zu prüfen, ob die daraus folgenden Risiken, insbesondere Anfechtungsrisiken, beherrschbar sind. Wenn nicht, sollte der Investor nur noch den Kauf aus der Insolvenz erwägen, also den Asset Deal verschieben.

---

100 Mit Eröffnung des Insolvenzverfahrens können sämtliche Forderungen, auch die des Investors gegen den insolventen Rechtsträger, nur noch zur Insolvenztabelle angemeldet und damit – anstatt mit ihrem vollen Wert – in der Regel nur teilweise mit der Quote erfüllt werden. Das gilt in besonderem Maße für Gewährleistungsansprüche, welche dann nicht mehr durchgesetzt werden können.

101 Die Anschlussinsolvenz führt dazu, dass das Insolvenzgericht einen Insolvenzverwalter bestellt und mit der Aufgabe betraut, das Vermögen des Schuldners zu verwerten. Auf ihn geht mit der Eröffnung die **Verwaltungs- und Verfügungsbefugnis** über das zur Insolvenzmasse gehörende Vermögen des Schuldners über, vgl. § 80 Abs. 1 InsO. Dieser wird dann insbesondere prüfen, ob der Unternehmensverkauf noch weiter abzuwickeln ist oder gestoppt, ggf. im Wege der Insolvenzanfechtung sogar **rückabgewickelt** werden kann.[23]

c) Wahlrecht des Insolvenzverwalters, § 103 InsO

102 Ist der Asset Deal-Kaufvertrag im Zeitpunkt der Eröffnung des Insolvenzverfahrens über das Vermögen des Veräußerers von **keiner Vertragspartei vollständig** erfüllt, so steht dem Insolvenzverwalter ein **Erfüllungswahlrecht** gemäß § 103 InsO zu.

103 Danach kann er sich für die **Erfüllung** entscheiden. Dann wird der Asset Deal – wie vereinbart – vollzogen. In diesem Fall realisiert sich das krisenspezifische Risiko der Nichterfüllung für den Erwerber nicht. Das dürfte allerdings eher die Ausnahme

---

23 Zu den Rechten und Pflichten des Insolvenzverwalters siehe Schmidt, A./*Kuleisa* § 80 Rn 9 f.

sein, wird der Insolvenzverwalter in aller Regel doch nicht bereit sein, die in dem Kaufvertrag ausgehandelten Gewährleistungsrechte zu übernehmen und damit auf Dauer die Insolvenzmasse zu belasten.

Der Insolvenzverwalter wird nach § 103 InsO vielmehr die **Nichterfüllung** des 104 Asset Erwerbs wählen. In diesem Falle scheitert der Vollzug des Asset Erwerbs. Der Insolvenzverwalter ist zur Erfüllung des Kaufvertrages nicht mehr verpflichtet. Der Käufer hat alle bei ihm bis dahin aufgelaufenen **Transaktionskosten**, insbesondere Beraterkosten für die Due Diligence und die Kosten der Ausarbeitung der Vertragsdokumente, deren Verhandlung und des Abschlusses des Kaufvertrages (wie etwa Notarkosten) allein zu tragen. Es handelt sich um **vergebliche Aufwendungen**, die im Einzelfall wirtschaftlich erheblich sein können.

Mit der Nichterfüllungswahl ist keine Pflicht des Insolvenzverwalters zur Rück- 105 gewähr bereits erlangter **Teilleistungen** verbunden.[24]

Die noch offenen **Erfüllungsansprüche** der Parteien aus dem Unternehmens- 106 kaufvertrag sind nicht mehr durchsetzbar.[25] Dazu gehören auch etwaige noch offene Erfüllungsansprüche des Käufers auf Übertragung des verkauften Unternehmens oder von einzelnen Assets. Der Käufer erhält den Kaufgegenstand nicht mehr. Etwaige noch offene Ansprüche des Käufers aus der Nichterfüllung des Asset Deal-Kaufvertrages sind dann lediglich **Insolvenzforderungen**, die er zur **Insolvenztabelle** anmelden kann, § 103 Abs. 2 Satz 1 InsO.

Der sog. „**worst case**" ist also für den Erwerber der, dass er den Kaufpreis be- 107 reits zu einem Großteil vorgeleistet hat, bevor der Asset Erwerb vollständig erfüllt ist. Wenn in einem solchen Falle die ausstehende Restleistung des Veräußerers einen höheren Wert als die noch ausstehende Restkaufpreiszahlung hat, so kann und wird der Insolvenzverwalter die Nichterfüllung des Vertrages wählen. Dann kann der Käufer die Übertragung der Assets nicht mehr verlangen und den Anspruch auf Rückzahlung des bereits geleisteten Kaufpreises nur als Insolvenzgläubiger geltend machen. Darauf erhält er nur noch die **Quote**, was regelmäßig einen erheblichen Ausfall mit sich bringt. Faktisch muss die Vorleistung dadurch schlimmstenfalls erneut erbracht werden.

Praxistipp **!**

Jedem Käufer ist unbedingt zu raten, beim Asset Erwerb keine (ungesicherten) Vorleistungen zu erbringen.

Kein Erfüllungswahlrecht steht dem Insolvenzverwalter mehr zu, sobald eine der 108 Vertragsparteien ihre Leistungen **voll erbracht** hat.[26] Der Investor muss also auf

24 BGH, Urt. v. 27.5.2003, IX ZR 51/02.

25 BGH, Urt. v. 25.4.2002, IX ZR 313/99.

26 Vgl. Schmidt, A./*Ahrendt* § 103 Rn 9 f.

eine möglichst rasche und vor allem vollständige Erfüllung des Unternehmenskaufvertrages (Zug um Zug) drängen.

109 Der Zeitraum zwischen dem Abschluss des Kaufvertrages (***Signing***) und dessen dinglichen Verzug (***Closing***) sollte möglichst kurz gehalten werden. Je länger die Periode zwischen Signing und Closing ist, desto länger besteht das Risiko des Insolvenzverfahrens mit der damit verbundenen Möglichkeit des Insolvenzverwalters, den Vertrag nicht zu erfüllen.

110 Das gleiche Problem entsteht, wenn von den zahlreichen Übertragungsakten, die bei einem Asset Erwerb erforderlich sind, **einzelne Übertragungsakte** nicht vollzogen werden, wie z.B. die Übertragung von Grundstücken, deren grundbuchlicher Vollzug durchaus einen Zeitraum von mehreren Wochen oder gar Monaten in Anspruch nehmen kann.

111 Der Kaufpreis ist beispielsweise noch nicht vollständig geflossen, wenn ein Teil davon auf einem **Treuhandkonto** zur Absicherung eventueller Garantieansprüche des Käufers **hinterlegt** wird. Denn solange auch nur ein Teil des Kaufpreises auf dem Treuhandkonto hinterlegt ist, ist keine vollständige Erfüllung der Käuferpflichten eingetreten. Das Gleiche kann in Betracht kommen, wenn nachträgliche Kaufanpassungsklauseln (wie z.B. „Earn Out“) vereinbart werden. Folge: Dem Insolvenzverwalter steht bis zur Auskehr bzw. Zahlung des Kaufpreises das Recht zur Wahl der Nichterfüllung nach § 103 InsO zu, sofern auch noch Restpflichten des Verkäufers unerfüllt sind.

! **Praxistipp**
Sofern Garantieansprüche oder etwaige Vorleistungen des Käufers abgesichert werden sollen, sollte der Käufer auf eine vom Verkäufer beizubringende selbstschuldnerische Bürgschaft (Bankbürgschaft) ausweichen.

d) Anfechtung des Unternehmenskaufs gemäß §§ 129ff. InsO

112 Auch wenn dem Insolvenzverwalter kein Erfüllungswahlrecht gemäß § 103 InsO mehr zusteht, weil zumindest eine der Vertragsparteien ihre Leistungen voll erbracht hat, wird die Transaktionssicherheit für den Investor weiter dadurch gefährdet, dass der Insolvenzverwalter den Kaufvertrag **gemäß der §§ 129ff. InsO anfechten** kann.[27]

! **Praxistipp**
Unternehmensveräußerungen, die vor Eröffnung des Insolvenzverfahrens vorgenommen wurden und die die Insolvenzgläubiger benachteiligen, wird der Insolvenzverwalter nach Maßgabe der §§ 130–146 InsO auf ihre **Anfechtbarkeit** hin **überprüfen** und ggf. anfechten.

27 Vgl. dazu *Primozic/Doetsch* NJW 2010, 2922.

Der Erwerber wäre dann nach § 143 InsO verpflichtet, das erworbene Unternehmen bzw. die einzelnen erworbenen Assets zur Insolvenzmasse zurück zu gewähren, während er seinen Rückforderungsanspruch regelmäßig nur als einfache Insolvenzforderung zur Insolvenztabelle anmelden kann, § 144 Abs. 2 InsO. 113

Praxistipp
Der Erwerber muss bei jeder Transaktion von Unternehmen und jedem Kauf von Vermögensgegenständen von einem Krisenunternehmen die Anfechtungsrisiken prüfen und bewerten. !

aa) Anfechtungsfristen bis zu zehn Jahre

Während das Wahlrecht des Insolvenzverwalters nach § 103 InsO ein rechtliches Risiko ist, das sich nach vollständigem Vollzug des Vertrages auf zumindest einer Seite der Vertragsparteien erledigt, muss der Erwerber wegen des Anfechtungsrisikos erheblich länger mit einer Inanspruchnahme durch den Insolvenzverwalter rechnen. 114

Eine **Anfechtung** des Asset Deal-Kaufvertrages bzw. der Übertragung des Unternehmens oder einzelner Assets ist je nach Anfechtungstatbestand in einem Zeitraum von **bis zu zehn Jahren** vor dem Insolvenzantrag möglich. 115

Erfolgt z.B. der Vertragsabschluss oder die Übertragung der Assets in den letzten **drei Monaten** vor dem Antrag auf Eröffnung des Insolvenzverfahrens, so kann der Insolvenzverwalter diese Rechtshandlung nach § 130 Abs. 1 Nr. 1 InsO anfechten, wenn zur Zeit der Handlung der Schuldner zahlungsunfähig war und der Gläubiger die Zahlungsunfähigkeit kannte. § 130 Abs. 2 InsO ordnet dabei an, dass der Erwerber nicht unbedingt **Kenntnis von der Zahlungsunfähigkeit** selbst haben muss. Vielmehr steht der Kenntnis der Zahlungsunfähigkeit die Kenntnis von Umständen gleich, die zwingend auf die Zahlungsunfähigkeit schließen lassen.[28] 116

Insoweit werden auch die in einer **Due Diligence** gewonnenen Kenntnisse dem Erwerber zugerechnet. Insbesondere aus der Financial Due Diligence wird der Investor wissen, dass sich das Unternehmen in der Krise befindet und womöglich bereits zahlungsunfähig ist. Drohende Zahlungsunfähigkeit reicht für § 130 Abs. 1 Nr. 1 InsO allerdings nicht. 117

Die gleiche positive Kenntnis wird sich ergeben, wenn es sich um ein sog. **Management Buy-Out** (MBO) handelt. Das Management wird sein Unternehmen und dessen finanzielle Lage am besten kennen. 118

Nach § 133 InsO ist eine Rechtshandlung anfechtbar, die der Schuldner in den letzten zehn Jahren vor dem Antrag auf Eröffnung des Insolvenzverfahrens oder nach diesem Antrag mit dem **Vorsatz, seine Gläubiger zu benachteiligen**, vorgenommen hat, wenn der andere Teil zur Zeit der Handlung den Vorsatz des Schuld- 119

28 Vgl. dazu BGH, Urt. v. 27.3.2008, IX ZR 98/07, NZI 2008, 366.

ners kannte. Die Kenntnis des Käufers vom Gläubigerbenachteiligungsvorsatz wird dann vermutet, wenn er die **drohende Zahlungsunfähigkeit**, z.B. aus der durchgeführten Due Diligence oder dem MBO, und die Gläubigerbenachteiligung kannte.

120 Die **Beweislast** für das Vorliegen der Voraussetzungen einer Insolvenzanfechtung trägt nach allgemeinen Grundsätzen zwar der **Insolvenzverwalter**.[29] Aufgrund der durchgeführten Due Diligence und der Gespräche im Rahmen der Kaufvertragsverhandlungen ist jedoch regelmäßig davon auszugehen, dass es dem Insolvenzverwalter gelingen wird, die Kenntnis des Investors von der (drohenden) Zahlungsunfähigkeit zu belegen.

! **Praxistipp**
Das bis zu zehn Jahre lang drohende Anfechtungsrisiko ist ein sehr reales und wird den Investor bis zu zehn Jahre lang belasten.

bb) Vermeidung der Gläubigerbenachteiligung

121 Der Investor muss also nach Wegen suchen, die **Anfechtungssicherheit** zu **erhöhen** und Anfechtungsrisiken zu minimieren, besser noch praktisch auszuschließen.

122 Die Lösung kann nicht darin bestehen, keine Due Diligence und kein MBO durchzuführen. Das Hauptaugenmerk muss der Investor daher darauf legen, eine **Gläubigerbenachteiligung** zu vermeiden. **Grundvoraussetzung aller Anfechtungstatbestände** ist nach § 129 Abs. 1 InsO die Gläubigerbenachteiligung. Diese ist gegeben, wenn die Befriedigung der Insolvenzgläubiger verkürzt, vereitelt, erschwert, gefährdet oder verzögert wird.[30]

123 Soweit und sofern also für die erworbenen Assets bzw. den übernommenen Geschäftsbetrieb ein vollauf angemessener Kaufpreis gezahlt wird und dieser Erlös den Insolvenzgläubigern gleichmäßig und nicht nur einzelnen von ihnen zugutekommt, scheidet eine Gläubigerbenachteiligung aus.

124 Der Investor kann sich deshalb gegen eine Insolvenzanfechtung am besten dadurch absichern, dass er einen **angemessenen Kaufpreis** zahlt.

! **Praxistipp**
Im Kaufvertrag müssen sich Leistung und Gegenleistung äquivalent gegenüberstehen, der Kaufpreis muss angemessen sein. Der Erwerber kann z.B. die Angemessenheit des Kaufpreises dokumentieren, indem er ein Wertgutachten eines Wirtschaftsprüfers einholt. Dem Investor ist die Bewertung des Zielunternehmens bzw. der zu übernehmenden Assets mittels Wertgutachten eines Wirtschaftsprüfers dringend zu empfehlen, um bei einer späteren Insolvenz die Angemessenheit des Kaufpreises durch ein unabhängiges Gutachten nachweisen zu können.

29 Ständige Rechtsprechung, vgl. BGH, Urt. v. 11.5.2000, IX ZR 262/98, NJW 2000, 3777.
30 Vgl. BGH, Urteil vom 17.7.2014, IX ZR 240/13 Rn 21, ZIP 2014, 1545.

Der Investor kann die Anfechtungssicherheit weiter dadurch erhöhen, dass er den Vertrag als **Bargeschäft** ausgestaltet und abwickelt. § 142 InsO nimmt Bargeschäfte aus praktisch **sämtlichen Anfechtungstatbeständen** aus. Nach dem Wortlaut gilt § 142 InsO zwar nicht für die Anfechtung wegen vorsätzlicher Gläubigerbenachteiligung gemäß § 133 InsO. Tendenziell vertritt die höchstrichterlicher Rechtsprechung jedoch mehr und mehr die Auffassung, dass Bargeschäfte nicht gläubigerbenachteiligend und daher auch nicht nach § 133 InsO anfechtbar sind.[31] 125

Bargeschäfte sind entgeltliche Geschäfte, bei der **gleichwertige Leistungen** ausgetauscht werden. Damit der Investor in den Genuss der Vorteile eines Bargeschäfts im Sinne von § 142 InsO kommt, verlangt diese Vorschrift *„eine Leistung des Schuldners, für die unmittelbar eine gleichwertige Gegenleistung in sein Vermögen gelangt"*. Der Tatbestand verlangt also drei Elemente: 126
- Verknüpfung von Leistung und Gegenleistung in der Parteivereinbarung,
- Gleichwertigkeit von Leistung und Gegenleistung, und
- enger, zeitlicher Zusammenhang zwischen Leistung und Gegenleistung (Unmittelbarkeit).[32]

Es gibt keine starren zeitlichen Grenzen für die Annahme eines Bargeschäfts. Es darf zwischen Leistung und Gegenleistung nur so viel Zeit vergehen, dass das Geschäft nicht den Charakter eines Kreditgeschäfts annimmt. Als unmittelbarer Leistungsaustausch beim Kauf und der Bezahlung beweglicher Sachen dürfte eine Frist von zwei Wochen zwischen Zahlung und Lieferung bzw. Übertragung unschädlich sein, die **Höchstgrenze** liegt allerdings bei **30 Tagen**. 127

cc) Rechtsfolge der erfolgreichen Anfechtung

Kann der Insolvenzverwalter erfolgreich den Asset Deal-Kaufvertrag anfechten, so hat der Investor die erworbenen Assets der Insolvenzmasse **zurück zu gewähren**, § 143 Abs. 1 Satz 1 InsO. Im Gegenzug wird der Kaufpreis aus der Insolvenzmasse als Masseforderung gemäß § 144 Abs. 2 Satz 1 InsO an den Investor erstattet, wenn und soweit die Masse im Zeitpunkt der Rückerstattung noch um den Kaufpreis bereichert und dieser in der Masse vorhanden ist. Da dies zumeist nicht mehr der Fall ist, kann der Investor seinen Anspruch auf Rückzahlung des Kaufpreises nur als Insolvenzgläubiger zur Insolvenztabelle geltend machen, § 144 Abs. 2 InsO. Er wird daher in aller Regel auf seinen Rückzahlungsanspruch nur die Quote im Insolvenzverfahren erhalten. Er trägt also ein ganz erhebliches Ausfallrisiko. 128

---

31 Z.B. BGH, Urt. v. 17.7.2014, IX ZR 240/13 Rn 21, ZIP 2014, 1545; BAG, Urt. v. 29.1.2014, 6 AZR 345/12 Rn 57, NZA 2014, 372.
32 Vgl. BGH, Urt. v. 17.7.2014, IX ZR 240/13 Rn 21, ZIP 2014, 1545.

e) Kein Erwerb vom vorläufigen Insolvenzverwalter

129 Der Investor kann keine erhöhte Transaktionssicherheit dadurch erreichen, dass er das Krisenunternehmen nach dem Insolvenzantrag, aber vor Eröffnung des Insolvenzverfahrens vom **vorläufigen Insolvenzverwalter** erwirbt.

130 Der vorläufige Insolvenzverwalter wird das Schuldnerunternehmen bzw. dessen Assets nicht **vor Eröffnung** des Insolvenzverfahrens veräußern, sondern immer nur danach.

131 Vor Eröffnung des Insolvenzverfahrens ist ein Unternehmenskauf nach ständiger Rechtsprechung und herrschender Meinung in der Literatur **ausgeschlossen.**[33] Dies folgt aus der nur beschränkten Befugnis des vorläufigen Insolvenzverwalters: Dieser hat gemäß § 22 Abs. 1 Satz 2 Nr. 2 InsO das Unternehmen bis zur Entscheidung über die Eröffnung des Insolvenzverfahrens fortzuführen, soweit nicht ausnahmsweise das Insolvenzgericht einer Stilllegung zustimmt, um eine erhebliche Verminderung des Vermögens zu vermeiden. Auch ist in § 159 InsO geregelt, dass der Insolvenzverwalter das zur Insolvenzmasse gehörende Vermögen – und damit auch eine übertragende Sanierung – erst „nach dem Gerichtstermin“ vorzunehmen hat. Verwertungsmaßnahmen durch einen vorläufigen Insolvenzverwalter sind daher ausgeschlossen.

! **Praxistipp**

Ein Unternehmenskauf vom vorläufigen Insolvenzverwalter erfolgt in praxi nicht. Bei besonderem Zeitdruck kann der Insolvenzverwalter bzw. das Insolvenzgericht die von ihm zu beschließende Insolvenzeröffnung „vorziehen“ und den Kaufvertrag unmittelbar nach Insolvenzeröffnung – unter Zustimmung des parallel dazu eingesetzten, vorläufigen Gläubigerausschusses – abschließen. Die Zeit bis dahin ist für die Verhandlungen zu nutzen.

II. Haftungsrisiken für den Erwerber beim Share Deal

132 Der Erwerb eines krisengeschüttelten Unternehmens im Wege des Share Deals begründet **keine besonderen krisen- oder insolvenzspezifischen** Haftungstatbestände für den Erwerber: Das Gesetz sieht für den Erwerber keine persönlichen Haftungsfolgen vor, sodass der Share Deal für den Erwerber keine weitergehenden Haftungsfolgen vorsieht als jeder andere „normale“ Share Deal.

133 Natürlich kann auch im Nachgang des Erwerbs der Geschäftsanteile eines Krisenunternehmens die **Insolvenz** eintreten, sodass die Investitionen des Erwerbers

---

33 Vgl. BGH, Urt. v. 20.2.2003, IX ZR 81/02, NZI 2003, 259, 260; Arends/Hofert-von Weiss BB 2009, 1538; Vallender GmbHR 2004, 543.

mutmaßlich verloren sind. Eine persönliche Haftung ist damit jedoch nicht verbunden.

Etwas anderes könnte z.B. dann gelten, wenn der Erwerber zusammen mit dem GmbH-Anteil zugleich ein **Gesellschafterdarlehen** erworben hat und sich anschließend dieses Darlehen von der übernommenen Gesellschaft hat ausbezahlen lassen. Hier besteht nach § 135 Abs. 1 Nr. 1 InsO die Gefahr, dass diese Darlehensrückzahlung angefochten wird, wenn die GmbH innerhalb eines Jahres nach Rückzahlung des Darlehens Insolvenzantrag stellen muss. Das Gleiche gilt, wenn der Erwerber als neuer Gesellschafter dem Zielunternehmen nach dem Erwerb Gesellschafterdarlehen gewährt und diese binnen eines Jahres vor Insolvenzantrag zurückgezahlt erhält.[34] 134

Von dieser Anfechtung nach § 135 Abs. 1 Nr. 1 InsO und einer Einstufung als nachrangige Gesellschafterdarlehen sind nach dem **Sanierungsprivileg** des § 39 Abs. 4 Satz 2 InsO jedoch alle bereits bestehenden, übernommenen oder neu gewährten Darlehen ausgenommen, wenn der Erwerber die Geschäftsanteile bei drohender oder bereits eingetretener Zahlungsunfähigkeit oder Überschuldung zum Zwecke der Sanierung der Gesellschaft erwirbt. Solange daher die GmbH nicht nachhaltig saniert ist, also keiner der drei Insolvenzeröffnungsgründe der §§ 17–19 InsO mehr besteht, kann sich der Erwerber auf das Sanierungsprivileg berufen. Seine übernommenen oder neu gewährten Gesellschafterdarlehen werden dann wie normale Forderungen behandelt. 135

Dem erhöhten Risiko eines Scheiterns wird der Erwerber nur dadurch begegnen können, dass er eine **sorgfältige financial und legal Due Diligence** auf Basis ordnungsgemäßer Buchführung des Zielunternehmens vornimmt, sodass der Erwerber vor Einstieg weiß, wie viel **Kapital** er investieren muss, um die Reorganisationskosten des Krisenunternehmens zu begleichen, den laufenden Geschäftsbetrieb zu finanzieren und den Turn around herbeizuführen. Eine besondere persönliche Haftung des Erwerbers als neuer Gesellschafter ist auch damit nicht verbunden. 136

Beim Erwerb ist deshalb in erster Linie die Ermittlung eines angemessenen Kaufpreises mit Schwierigkeiten verbunden. Von maßgeblicher Bedeutung ist deshalb die Durchführung der Due Diligence. Daneben haben Vereinbarungen über die **Gewährleistung** besondere Bedeutung. 137

Um einer eigenständigen Haftung zu entgehen, wird der Erwerber eines Krisenunternehmens besonderen Wert darauf legen, dass es keine rückständigen **Einlagen auf die Geschäftsanteile** gibt. Wer einen Geschäftsanteil übernimmt, hat eine rückständige Einlage zu leisten. Die **Einlagehaftung** trifft nicht nur den, der originär einen Geschäftsanteil von der Gesellschaft bei Gründung oder im Zuge einer Kapitalerhöhung erwirbt. Die Haftung trifft auch jeden Erwerber eines Geschäftsan- 138

34 Vgl. zur Anfechtung der Rückzahlung verschiedener, auch binnen Jahresfrist abgetretener Gesellschafterdarlehen BGH, Urt. v. 21.2.2013, IX ZR 32/12, NJW 2013, 2282.

teils, und zwar gesamtschuldnerisch neben dem Veräußerer nach § 16 Abs. 2 GmbHG. Diese Einlageverpflichtung besteht, soweit eine geschuldete Einlage nicht erbracht worden ist. In Fällen der Bareinlage kommt es darauf an, dass die Barzahlung erfolgt und nicht wieder an den Einleger zurückgeflossen ist. Dabei kann sich eine Einlageverpflichtung auch aus den Fallgestaltungen des sogenannten „Hin- und Herzahlens" und der sogenannten „verdeckten Sacheinlage" ergeben, vgl. § 19 Abs. 4 und 5 GmbHG.

! **Praxistipp**
Bei Krisenunternehmen ist zu prüfen, ob es rückständige Einlagen gibt oder ob diese Einlagen möglicherweise zurückgeflossen sind. Solche Einlageverpflichtungen macht der Insolvenzverwalter als erstes geltend. Für diesen Fall kann der Erwerber seinen Rückgriffsanspruch gegen den Veräußerer nur dadurch besichern, dass er sich eine Bankbürgschaft oder die Garantie einer Obergesellschaft des Verkäufers geben lässt.

139 Schließlich wird der Erwerber darauf zu achten haben, dass es sich bei dem Zielunternehmen nicht um eine bereits deaktivierte **Vorrats- oder Mantelgesellschaft** handelt, die wieder „in Betrieb genommen" werden soll. Eine solche „Inbetriebnahme" bezeichnet man als **wirtschaftliche Neugründung**. Wird diese wirtschaftliche Neugründung vor Inbetriebnahme nicht gegenüber dem Registergericht offengelegt, besteht die Gefahr einer Haftung des Gesellschafters für die Verbindlichkeiten der Gesellschaft. Danach haften die Gesellschafter für eine bei Gründung bestehenden **Unterbilanz** (= Differenz) zwischen der statuarischen Stammkapitalziffer und dem Wert des tatsächlichen Vermögens der Gesellschaft.[35] Da die Haftung wegen wirtschaftlicher Neugründung auf den Erwerber der Geschäftsanteile übergeht, muss der Erwerber gerade bei Krisenunternehmen ein besonderes Augenmerk bei der Due Diligence darauf legen und sich durch entsprechende Garantien des Verkäufers im Kaufvertrag dagegen absichern, dass er nicht eine bereits stillgelegte Mantelgesellschaft wieder in Betrieb nimmt.

140 Abgesehen von dieser **Differenzhaftung** wird jeder Insolvenzverwalter zudem regelmäßig prüfen, ob eine **Ausfallhaftung** der übrigen Gesellschafter von rückständigen Einlagen nach § 24 GmbHG in Betracht kommt, wenn die Einlagen von dem jeweiligen Gesellschafter nicht zu erlangen sind. Haben die Mitgesellschafter rückständige Einlagen noch nicht geleistet, sind diese jedoch nicht zu erlangen, trifft die Ausfallhaftung auch denjenigen, der durch den Erwerb eines Geschäftsanteils nachträglich erst Gesellschafter der Gesellschaft wird.[36] Gerade bei Krisenunternehmen sind regelmäßig die Stammeinlagen – entgegen aller Zusicherungen in

35 Vgl. BGH, Urt. v. 6.3.2012, II ZR 56/10, NJW 2012, 1875.

36 Vgl. zur Beweislastverteilung für Erfüllung der Stammeinlageverpflichtung OLG Köln, Urt. v. 29.1.2009, 18 U 19/08, NZG 2009, 505.

früheren Anteilsübertragungsverträgen – häufig doch nicht vollständig eingezahlt oder zwischenzeitlich zurückgezahlt worden, sodass Insolvenzverwalter regelmäßig auch die Ausfallhaftung nach § 24 GmbHG gegenüber den Erwerbern durchzusetzen suchen. Der Erwerber ist daher regelmäßig auf eine eigene, sorgfältige Due Diligence angewiesen.

D. Unternehmenskauf nach Eröffnung des Insolvenzverfahrens

I. Vorteile der übertragenden Sanierung (Asset Deal)

141 Die vorstehend dargestellten Risiken für den Erwerber, insbesondere die Haftungsrisiken beim Asset Deal (übertragende Sanierung), aber auch die Risiken eines Scheiterns der Investitionen beim Share Deal, entfallen weitestgehend in der Insolvenz der Zielgesellschaft, was den Asset-Erwerb nach Eröffnung des Insolvenzverfahrens so **interessant** macht.[37]

142 Alle genannten Risiken reduzieren sich bei einem Erwerb **nach** Eröffnung des Insolvenzverfahrens so erheblich, dass jedem Käufer grundsätzlich zu **empfehlen** ist, zu prüfen, ob bis zu diesem Zeitpunkt abgewartet werden kann. Folgende Vorteile sind hervorzuheben:

1. Keine Haftung für Altverbindlichkeiten

143 Zum einen übernimmt der Erwerber beim Asset-Erwerb von vornherein keine Alt-Verbindlichkeiten des insolventen Unternehmens. Diese verbleiben beim insolventen Rechtsträger. Der Insolvenzverwalter nutzt den Kaufpreis, um damit möglichst weitgehend die Forderungen der Insolvenzgläubiger (die diese zur Insolvenztabelle angemeldet haben) zu bedienen. Auf diese Weise startet der Erwerber sozusagen **„Debt Free“**.

Praxistipp !
Die übertragende Sanierung ist deshalb so beliebt, weil es ihr gelingt, die Schulden des Insolvenzschuldners beim Unternehmensübergang schlichtweg „abzustreifen“ und so der Muttergesellschaft einen unbelasteten Neustart zu ermöglichen.

144 Weiter haftet der Erwerber bei der übertragenden Sanierung nicht unter dem Gesichtspunkt der Firmen- und Geschäftsfortführung nach **§ 25 HGB**. Auch wenn der Wortlaut dieser Vorschrift keine ausdrückliche Ausnahmeregelung enthält, findet

37 Allgemein zum Unternehmenskauf aus der Insolvenz siehe Runkel/Schmidt/*Undritz* § 15, S. 1276 f.

§ 25 HGB auf einen Unternehmenserwerb vom Insolvenzverwalter aus der Insolvenz nach einhelliger Rechtsprechung und Literatur keine Anwendung. Die Aufgabe des Insolvenzverwalters, das Unternehmen im Interesse der Gläubiger an der schnellstmöglichen Verwertung der Masse im Ganzen zu veräußern, solle nicht durch eine mögliche Haftung des Erwerbers für die Schulden des bisherigen Unternehmensträgers erschwert werden. Zudem verlange der Grundsatz der Gleichbehandlung aller Gläubiger im Insolvenzverfahren eine Gleichbehandlung der Privatgläubiger des Insolvenzschuldners mit dessen Geschäftsgläubigern. Letztere würden bevorzugt, wenn ihnen im Falle der Betriebsveräußerung gemäß § 25 HGB der Erwerber hafte, während die Privatgläubiger benachteiligt würden, weil der Erwerber seine Haftung aus § 25 HGB kaufpreismindernd berücksichtigen werde, was dann das zur Verteilung unter die Privatgläubiger zur Verfügung stehende Vermögen schmälern würde.[38]

145 Dagegen ist ausdrücklich in § 75 Abs. 2 AO geregelt, dass die Haftung des Erwerbers für **Betriebssteuern** des Veräußerers beim Erwerb aus der Insolvenz kraft Gesetzes ausgeschlossen ist. Der Erwerber muss folglich nicht für die rückständigen Betriebssteuern aufkommen, wenn der Betrieb aus der Insolvenzmasse heraus erworben wird.

146 Der Kauf des gesamten Unternehmens vom Insolvenzverwalter wird schließlich in der Regel, aber nicht immer, auch die Voraussetzungen einer Geschäftsveräußerung im Ganzen nach § 1 Abs. 1a UStG erfüllen, sodass **keine Umsatzsteuer** anfällt.

2. Eingeschränkte Anwendung des § 613a BGB

147 Ein weiterer – in der Praxis sehr bedeutender – Vorteil für den Unternehmenskauf nach Eröffnung des Insolvenzverfahrens besteht im Hinblick auf die eingeschränkte Anwendung des § 613a BGB, nach dessen Vorschriften der Erwerber grundsätzlich in die Rechte und Pflichten aus den im Zeitpunkt des Betriebsübergangs bestehenden Arbeitsverhältnisse eintritt, also auch in die Haftung für **rückständige Löhne** und andere **Altverbindlichkeiten** des insolventen Unternehmens.

148 Nach ständiger Rechtsprechung des BAG gilt der § 613a BGB zwar auch bei einem Betriebsübergang **nach Eröffnung des Insolvenzverfahrens**, die Verantwortlichkeit des Erwerbers werde jedoch gemäß § 613a BGB teleologisch reduziert:

149 Der Erwerber tritt zwar **kraft Gesetzes in die Arbeitsverhältnisse** mit den Arbeitnehmern des Betriebs ein. Er haftet aber – und das ist die Besonderheit in der Insolvenz – nicht für Verbindlichkeiten gegenüber den übergegangenen Arbeitnehmern, soweit diese Verbindlichkeiten **vor der Eröffnung** des Insolvenzverfahrens

---

38 Vgl. BAG, Urt. v. 20.9.2006, Az. 6 A ZR 215/06 Rn 10; BGH, Urt. v. 11.4.1988, II ZR 313/87 ständige Rechtsprechung.

entstanden sind. Die **Altverbindlichkeiten** der übergegangenen Arbeitnehmer verbleiben viel mehr bei der (insolventen) Verkäuferin.[39]

150 In entsprechender Weise schuldet der Erwerber lediglich denjenigen Teil einer beim Veräußerer begründeten betrieblichen Altersversorgung, den der jeweilige Arbeitnehmer nach Verfahrenseröffnung erdient hat. Der Erwerber kann sich so aus der Haftung für bereits begründete **Versorgungsanwartschaften** befreien.

151 Diese Haftungserleichterung gilt jedoch nur in Bezug auf Insolvenzforderungen, die bereits vor Verfahrenseröffnung entstanden sind, nicht hingegen für Masseforderungen wie z.B. Ansprüche auf Arbeitsentgelt, welche aus der Zeit nach Insolvenzeröffnung stammen. Für diese haftet der Erwerber neben dem Insolvenzverwalter, der als Arbeitgeber für die Masseforderungen der Arbeitnehmer grundsätzlich gerade zu stehen hat. Der Kaufvertrag mit dem Insolvenzverwalter sollte regeln, wer hier die Ansprüche der Arbeitnehmer auszugleichen hat.

3. Keine Anfechtungsrisiken, kein Wahlrecht nach § 103 InsO

152 Auch die oben skizzierte Gefahr einer **Anfechtung** des Unternehmenskaufvertrags nach den §§ 129 ff. InsO besteht bei einem Erwerb des Unternehmens nach der Eröffnung des Insolvenzverfahrens nicht. Wie sich bereits aus dem Wortlaut des § 129 Abs. 1 InsO ergibt, kann sich die Anfechtung des Insolvenzverwalters nur auf Rechtshandlungen beziehen, die bereits vor Eröffnung des Insolvenzverfahrens vorgenommen worden sind, nur diese sind anfechtbar. Der Insolvenzverwalter kann sein eigenes Handeln nicht anfechten.

153 Bei einer Veräußerung des Geschäftsbetriebs durch den Insolvenzverwalter findet schließlich auch das in § 103 InsO geregelte Wahlrecht des Insolvenzverwalters logischerweise keine Anwendung. Für den von ihm selbst begründeten Unternehmenskaufvertrag nach Insolvenzeröffnung muss der Insolvenzverwalter selbstverständlich einstehen. Er hat hier kein Wahlrecht.

4. Neuverhandlung von Verträgen

154 Ein weiterer, allerdings nicht ganz uneingeschränkter Vorteil der übertragenden Sanierung ist, dass bei einem Asset Deal die Verträge des insolventen Rechtsträgers nicht auf den Erwerber übergehen. Es gibt keinen automatischen **Vertragsübergang**.

155 Häufig sind wirtschaftlich ungünstige Verträge mit Lieferanten oder nicht kostendeckende Verträge mit Kunden **wesentliche Gründe** für die Insolvenz des Ziel-

39 Vgl. BAG, Urt. v. 22.10.2009, 8 A ZR 766/08 Rn 37; Urt. v. 30.10.2008, 8 A ZR 54/07 m.w.N.

unternehmens. Die Insolvenzsituation kann daher dazu genutzt werden, die Vertragsverhältnisse des insolventen Unternehmens nach den Vorstellungen des Erwerbers neu zu gestalten und neue Vereinbarungen der Zielgesellschaft mit Kunden und Lieferanten zu verhandeln. Die Eröffnung des Insolvenzverfahrens und die drohende Liquidation der Gesellschaft erhöhen insoweit den Einigungsdruck für die Vertragspartner.

156 Deshalb wird sich der potenzielle Käufer im Rahmen der Due Diligence insbesondere die Vertragsverhältnisse des insolventen Unternehmens sehr genau ansehen, um sodann mit den bisherigen Vertragspartnern zu verhandeln, welche Verträge zu welchen Konditionen übernommen, welche neu begründet und welche ad acta gelegt werden.

157 Kann sich der Erwerber mit einem Vertragspartner nicht auf neue Vertragsbedingungen einigen oder benötigt der Erwerber bestimmte Verträge nicht, so kann der Insolvenzverwalter die jeweiligen Verträge im Regelfall zurückbehalten und den Erwerber so von diesen Verträgen entlasten. Ggf. macht der Insolvenzverwalter von seinem **Wahlrecht** nach § 103 InsO Gebrauch. Mitunter brauchen strategische Investoren bestimmte Verträge bzw. Liefer- oder Kundenbeziehungen nicht, weil sie durch die Nutzung bestehender eigener Rahmenvereinbarungen Synergien erzielen können.

II. Besonderheiten beim Share Deal in der Insolvenz

158 Während der Unternehmenskauf vom Insolvenzverwalter meist als Asset Deal strukturiert ist, ist der Erwerb von Anteilen an einem insolventen Unternehmen eher selten.

1. Insolvenzplan

159 Ein Anteilserwerb setzt regelmäßig voraus, dass das insolvente Unternehmen zuvor durch einen **Insolvenzplan** saniert und vor allem (weitgehend) entschuldet wird. Anderenfalls macht der Anteilserwerb in der Insolvenz wirtschaftlich keinen Sinn.

160 Der Share Deal nach Insolvenzplanverfahren ermöglicht es, den insolventen **Rechtsträger** als solchen samt Namensrechten und damit verbundenen Rechten, wie z.B. Lizenzen, Patenten oder Genehmigungen, **zu erhalten**. Dies bedeutet, dass der Erwerber die bestehenden **Vertragsverhältnisse** des Unternehmens unmittelbar nutzen kann, ohne dass es – wie beim Asset Deal – der Zustimmung der Vertragspartner und Lizenzgeber zur Übertragung bedürfte. Dies ist z.B. bei einer Vielzahl von Vertragsbeziehungen vorteilhaft, sowie in Fällen, in denen zu befürchten ist, dass wesentliche Vertragspartner dem Übergang ihrer Vertragsverhältnisse auf den Erwerber im Falle eines Asset Deal nicht zustimmen werden, oder in denen Genehmigungen, Subventionszusagen oder Zertifizierungen ausschließlich an den

insolventen Rechtsträger gebunden sind, was einen Asset Deal zwingend ausschließen kann.

Mit einem Insolvenzplan können die Beteiligten die Sanierung des Insolvenzschuldners abweichend von den Regelungen der InsO gestalten, § 217 Satz 1 InsO. So ist jetzt der Weg eines Anteilserwerbs in (und aus) der Insolvenz eröffnet. Die Übertragung der Anteilsrechte ist auch gegen den Willen des einzelnen, in dessen Rechte eingegriffen wird, möglich, jedenfalls dann, wenn dieser Anteilserwerb unmittelbar Gegenstand des Insolvenzplans ist und das sogenannte **Obstruktionsverbot** des § 245 InsO eingreift. 161

2. Rechte der Altgesellschafter

Die **Rechte der Altgesellschafter** werden durch das grundsätzliche Erfordernis ihrer Zustimmung zum Insolvenzplan gewahrt, § 222 Abs. 1 Nr. 4 InsO. Allerdings genügt die Zustimmung der Mehrheit, gerechnet nach ihrer Beteiligung, § 244 Abs. 3 InsO. Es bedarf also nicht mehr wie noch vor Inkrafttreten des ESUG am 1. März 2012 der Zustimmung aller Anteilsinhaber. Nach dem durch das ESUG eingeführten **Obstruktionsverbot** des § 245 InsO wird – soweit eine Mehrheit der Anteilsinhaber für den Insolvenzplan nicht zustande kommt – deren Zustimmung unter den Voraussetzungen des § 245 Abs. 1 InsO fingiert. Danach kommt es im Wesentlichen darauf an, dass kein Gläubiger mehr erhält als er ohne eine Insolvenz des Schuldners beanspruchen könnte und kein Anteilsinhaber schlechter gestellt wird, als er ohne einen Plan stünde. Da die Anteile der Gesellschafter im Insolvenzfall der Gesellschaft ohne Insolvenzplanverfahren regelmäßig wertlos sind, kann eine Schlechterstellung auch bei vollständigem Entzug der Gesellschafterstellung kaum angenommen werden.[40] 162

3. Beteiligung der Gläubiger

Wird auf diese Weise eine Veräußerung des Unternehmens nach Abschluss des Insolvenzplanverfahrens angestrebt, so wird die Beteiligung der Gläubiger am dadurch angestrebten, späteren Veräußerungserlös bereits im **gestaltenden Teil** des Insolvenzplans regelmäßig festgehalten werden, um deren Zustimmung zu dem Insolvenzplan sicher zu stellen. Den Gläubigern wird dabei – unter Einsortierung in **Gruppen** – eine bestimmte Quote vom Veräußerungserlös angeboten, die zudem danach variiert, ob es sich um besicherte, absonderungsberechtigte Gläubiger handelt oder nicht. 163

---

40 Vgl. dazu Kirchhof/Stürner/Eidenmüller/*Drukarczyk* § 245 Rn 91–101.

4. Einbeziehung des potenziellen Erwerbers

164 Zugleich sollte der potenzielle **Erwerber** in die Gestaltung des Insolvenzplans einbezogen werden, damit die Regelungen des Insolvenzplans auf das Sanierungskonzept des Erwerbers abgestimmt werden können, insbesondere im Hinblick auf die nach Wirksamwerden des Insolvenzplans fortbestehenden Verbindlichkeiten des Unternehmens. Denn in der Regel sollen aus den dem insolventen Unternehmen zur Verfügung stehenden Vermögensbestandteilen und den in Zukunft zu erwirtschaftenden **Erlösen** die im Insolvenzplan festgelegten Zahlungen an die Gläubiger zu bestimmten Zeitpunkten erfolgen. Höhe und Zeitpunkt der Zahlungen, ggf. auch solche im Rahmen eines **Besserungsscheins**, müssen in die Planung des Erwerbers „passen", also dort einfließen.

5. Rechtsschutzmöglichkeiten gegen den Insolvenzplan

165 Ein wesentliches Risiko des Insolvenzplanverfahrens waren bis zur Einführung des ESUG die weitreichenden **Rechtschutzmöglichkeiten** einzelner Gläubiger, welche sich durch den Insolvenzplan gegenüber dem Regelinsolvenzverfahren benachteiligt fühlten.[41] Sie konnten sowohl **Minderheitenschutzantrag** nach § 251 InsO einlegen, indem sie im Abstimmungstermin dem Insolvenzplan widersprachen, als auch **sofortige Beschwerde** gegen die Bestätigung des Insolvenzplans nach § 253 InsO einlegen, welche nach § 254 Abs. 1 Satz 1 InsO **aufschiebende Wirkung** hatte. Auf diese Weise konnten sie mithilfe der sofortigen Beschwerde das Wirksamwerden des Insolvenzplans verhindern, was das Insolvenzplanverfahren enorm in die Länge ziehen konnte. Hierdurch konnten Sanierungen durch Insolvenzpläne gefährdet werden. Das wurde oft von Gläubigerseite ausgenutzt.

166 Mit dem ESUG wurden jedoch die **Zulässigkeitsvoraussetzungen** in § 253 Abs. 2 InsO verschärft. Die sofortige Beschwerde gegen die Bestätigung des Insolvenzplans ist u.a. nur noch dann zulässig, wenn der Beschwerdeführer glaubhaft macht, dass er durch den Plan **wesentlich schlechter gestellt** wird, als er ohne einen Plan stünde, und dass diese Schlechterstellung nicht durch eine Zahlung aus den in § 253 Abs. 3 InsO genannten Mitteln ausgeglichen werden kann. Zudem wurde in § 253 Abs. 4 InsO eine dem aktienrechtlichen Freigabeverfahren nach § 246a AktG nachempfundene Regelung getroffen, wonach bei überwiegendem Vollzugsinteresse der am Plan Beteiligten das Landgericht auf Antrag die Beschwerde unverzüglich zurückweist.

167 Der BGH hat jüngst entschieden, dass eine sofortige Beschwerde ohne Rücksicht auf die gerügte Gesetzesverletzung mangels einer materiellen Beschwer gemäß § 253 Abs. 2 Nr. 3 InsO stets unzulässig ist, wenn es – etwa durch Aufnahme von

---

41 Vgl. dazu *Fischer* NZI 2013, 513.

Vorsorgemaßnahmen in den Insolvenzplan – an einer wesentlichen Schlechterstellung fehlt.[42]

Auch wenn auf diese Weise die Rechtsschutzmöglichkeiten einzelner Gläubiger erheblich eingeschränkt worden sind, sollte aus Erwerbersicht die gerichtliche Bestätigung des Insolvenzplans und der Ablauf der Frist zur sofortigen Beschwerde (Rechtskraft) bzw. die Zurückweisung der sofortigen Beschwerde weiter **Vollzugsbedingung** für den Unternehmenskaufvertrag sein. Dies bedeutet weiterhin, dass die Einlegung eines Rechtsmittels zu einem Scheitern der Transaktion führen kann, falls die Transaktion angesichts der angespannten Lage des Unternehmens nicht mehr rechtzeitig vollzogen werden kann. 168

Es kommt allerdings mittlerweile auch vor, dass (insbesondere eigenverwaltete) Unternehmen einen Insolvenzplan aufstellen, mit dessen Hilfe die Verbindlichkeiten des Unternehmens auf ein erträgliches Maß zurecht geschnitten werden, der aber nicht in die Anteilsrechte der Gesellschafter eingreift und insbesondere der auch keinen Verkauf des Unternehmens vorsieht, um mithilfe des Kaufpreiserlöses die Insolvenzgläubiger zu befriedigen. Ohne dass eine übertragende Sanierung im Wege eines Asset Deals verfolgt wird, kann auf diese Weise eine zügige Sanierung des Unternehmens erreicht werden, von dem mittel- und langfristig der bisherige **Gesellschafterkreis** profitiert. Einzige Voraussetzung ist, dass die Gläubiger dieser Sanierungsvariante zustimmen. 169

Zwar haben die Insolvenzgläubiger die Möglichkeit, einem solchen Insolvenzplan zu widersprechen. Fehlt allerdings ein konkretes Kaufangebot vonseiten eines interessierten Erwerbers, kann der Planersteller immer belegen, dass die beteiligten Gläubiger durch den Insolvenzplan nicht schlechter gestellt werden als bei einer sonst drohenden Liquidation des insolventen Rechtsträgers. 170

Praxistipp !

Um einen unattraktiven Insolvenzplan zu verhindern, muss der betreffende Gläubiger einen Kaufinteressenten präsentieren, der gegenüber dem Insolvenzverwalter ein konkretes, attraktives Kaufangebot im Wege eines Asset Deals unterbreitet. Werden die Gläubiger durch den Insolvenzplan schlechter gestellt, muss der Verwalter dieses Angebot, wenn ernst gemeint, weiterverfolgen. Doch Vorsicht: Der Kaufpreis muss angemessen und finanzierbar bleiben.

6. Feindliche Übernahme

Droht insofern die Annahme des Insolvenzplans, kann der Erwerbsinteressent noch eine **„feindliche Übernahme“** im Insolvenzplanverfahren versuchen: Er kann For- 171

42 Vgl. BGH, Beschl. v. 17.7.2014, IX ZB 13/14 Rn 27; vgl. auch BGH, Beschl. v. 17.9.2014, IX ZB 26/14.

derungen der Insolvenzgläubiger aufkaufen mit dem Ziel, dass in möglichst jeder Gruppe die nach § 244 InsO erforderliche Mehrheit dem Insolvenzplan nicht zustimmt und letztlich nach § 245 Abs. 1 Nr. 3 InsO eine Mehrheit der abstimmenden Gruppen den Plan mit den erforderlichen Mehrheiten ablehnt:

! **Praxistipp**

Anhand des Gläubigerverzeichnisses und der Insolvenztabelle können die relevanten Insolvenzgläubiger identifiziert und kontaktiert werden; der Kaufpreis für die Forderungen dürfte regelmäßig mindestens die zu erwartende Quote ausmachen.

---

172 Auf diese Weise kann der Erwerbsinteressent den Insolvenzplan zu Fall bringen und mit dem Insolvenzverwalter (nur noch) über einen Asset Deal verhandeln. Kann der Erwerbsinteressent mehr als die Hälfte der Summe der Forderungsbeträge der in der Gläubigerversammlung abstimmenden Gläubiger auf sich vereinigen, kann er erreichen, dass die Gläubigerversammlung nur dem ihm genehmen Asset Deal zustimmt.

E. Gestaltung des Unternehmenskaufvertrags in der Insolvenz

173 Kauft der Investor das Unternehmen im Wege des Asset Deals vom Insolvenzverwalter, so sind folgende Besonderheiten zu beachten:

I. Wesentliche Interessen des Insolvenzverwalters

174 § 1 Satz 1 InsO bestimmt, dass das Insolvenzverfahren dazu dient, die Gläubiger eines Schuldners gemeinschaftlich zu befriedigen, indem das Vermögen des Schuldners verwertet und der Erlös verteilt [...] wird.

175 Um seinem Auftrag gerecht zu werden, muss der Insolvenzverwalter daher versuchen, für die Gläubiger eine **hohe Quote** zu erreichen. Er wird also versuchen, einen **möglichst hohen Kaufpreis** zu erzielen. Dieses Ziel kann er am ehesten mit einem Verkauf des Unternehmens als Ganzes mit allen Assets und mit allen (nicht insolventen) Tochtergesellschaften erreichen.

176 Dabei wird der Insolvenzverwalter auch versuchen, möglichst **viele Arbeitsplätze zu erhalten.** Ein sozialverträgliches Konzept des Erwerbers ist essenziell. Dies gilt umso mehr, wenn **Arbeitnehmervertreter** im **Gläubigerausschuss** vertreten sind, was regelmäßig der Fall ist. Im Zweifel wird also derjenige Bieter den Zuschlag erhalten, der bei gleichem Kaufpreis mehr Arbeitsplätze erhalten will.

177 Weiter will der Insolvenzverwalter möglichst **keinerlei Haftung** übernehmen.

178 Schließlich ist ihm an einer hohen **Transaktionssicherheit** gelegen. Er kann sich in der Regel nur den Durchlauf eines Verkaufsprozesses und entsprechende

Verhandlungen leisten. Das Scheitern des Verkaufsprozesses bedeutet häufig auch das Ende des insolventen Unternehmens.

Praxistipp !

Der Insolvenzverwalter wird also auf eine Mehrzahl interessierter Bieter, auf die gesicherte Finanzierung durch den Erwerber, auf eine etwaige Fusionskontrolle und auf eine Vermeidung von Closingbedingungen, die er nicht beeinflussen kann, achten.

Damit die Transaktion nicht an fusionskontrollrechtlichen Problemen scheitert, 179
wird von potenziellen Erwerbern auch verlangt, dass diese alle zumutbaren Bedingungen und Auflagen der **Kartellbehörden** akzeptieren oder aber für den Fall einer Untersagung der Transaktion eine **Vertragsstrafe** zahlen.

Schließlich ist mitunter **Eile** geboten und daher ein – manchmal in wenigen Ta- 180
gen – schneller Verkaufserfolg gewollt, z.B. wenn das insolvente Unternehmen stark defizitär arbeitet oder Kunden und Lieferanten mit dem Abbruch der Geschäftsbeziehungen drohen oder die Saisonware eingekauft werden muss. Der vom Insolvenzverwalter behauptete Zeitdruck kann aber auch ein bloß vorgeschobenes, taktisches Mittel sein.

II. Zustimmungserfordernisse

Weitere Besonderheiten beim Unternehmenskauf aus der Insolvenz liegen in der 181
Vertretungsbefugnis des Insolvenzverwalters und in dem Erfordernis bestimmter Zustimmungen bezüglich der Transaktion.[43]

Die **Verfügungsbefugnis** des Insolvenzverwalters ergibt sich aus § 80 Abs. 1 182
InsO, wonach durch die Eröffnung des Insolvenzverfahrens das Recht des Schuldners, das zur Insolvenzmasse gehörende Vermögen zu verwalten und über es zu verfügen, auf den Insolvenzverwalter übergeht. Mit ihm allein wird also verhandelt.

Der Insolvenzverwalter hat dabei die **Zustimmungserfordernisse** der §§ 158ff. 183
InsO zu beachten. Hierzu zählt vor allem die **Zustimmung** des **Gläubigerausschusses** bzw. der **Gläubigerversammlung** bei besonders bedeutsamen Rechtshandlungen, zu denen auch, wie sich aus §§ 160 Abs. 1 und 2 Nr. 1, 162 InsO ergibt, der Abschluss eines Unternehmenskaufvertrages zählt.

Für die Veräußerung eines Unternehmens oder eines seiner Betriebe benötigt 184
der Insolvenzverwalter also die Zustimmung des Gläubigerausschusses oder, falls ein solcher nicht bestellt ist, der Gläubigerversammlung. Während zur Teilnahme an der Gläubigerversammlung alle Gläubiger berechtigt sind, besteht der Gläubigerausschuss nur aus **Repräsentanten der wesentlichen Gläubigergruppen**. Ge-

43 Vgl. dazu Runkel/Schmidt/*Undritz* § 15, S. 1319f.

rade im Verkaufsprozess ist die Einsetzung eines Gläubigerausschusses von Vorteil, weil er durch die geringe Zahl seiner Mitglieder wesentlich schneller und flexibler entscheiden kann als die Gläubigerversammlung.

Praxistipp
Vor Abschluss der Transaktion wird der Insolvenzverwalter vom Insolvenzgericht einen Gläubigerausschuss installieren lassen. Der Investor sollte sich über die Zusammensetzung des ggf. vorläufigen Gläubigerausschusses informieren und die Interessen gerade auch der Repräsentanten in seinem Kaufangebot berücksichtigen.

185 In § 158 InsO ist ausdrücklich geregelt, dass der Insolvenzverwalter vor der Betriebsveräußerung die Zustimmung des (vorläufigen) **Gläubigerausschusses** einholen muss, soweit er das Unternehmen schon **vor** der **ersten Gläubigerversammlung** (sog. Berichtstermin) veräußern will. Es sind allerdings Situationen denkbar, in denen der Insolvenzverwalter das Unternehmen schon vor Bestellung eines Gläubigerausschusses veräußern muss, was allerdings selten ist.

186 Die **fehlende Zustimmung** der Gläubigerversammlung bzw. des Gläubigerausschusses führt gemäß § 164 InsO nicht zur **Unwirksamkeit** des Unternehmenskaufvertrages.[44] Jedoch kann sie bei dem Insolvenzverwalter zu einer persönlichen Haftung (§ 60 InsO) und zu Aufsichtsmaßnahmen des Gerichts (§§ 59, 60 InsO) führen, sodass er stets besonderen Wert darauf legen wird, die Zustimmung zu erhalten.

Praxistipp
In der Praxis wird die Zustimmung des Gläubigerausschusses bzw. der Gläubigerversammlung daher in der Regel als **aufschiebende Bedingung** für den Vollzug der Transaktion formuliert.

Muster Zustimmungsvorbehalt
Die Wirksamkeit dieser Vereinbarung steht unter der aufschiebenden Bedingung der Zustimmung des (vorläufigen) Gläubigerausschusses, hilfsweise der Gläubigerversammlung in dem Insolvenzverfahren über das Vermögen der Schuldnerin zu dieser Vereinbarung.

III. Spezifika der Vertragsgestaltung

187 Bei der Verhandlung des Kaufvertrages stellen sich unter anderem folgende besondere Fragen:

44 Vgl. auch BGH, Urt. v. 5.1.1995, IX ZR 241/93, ZIP 1995, 290.

1. Kaufgegenstand

Beim Asset Deal werden die einzelnen Vermögensgegenstände des Unternehmens 188
kraft **Einzelrechtsnachfolge** übertragen. Es werden nur solche Gegenstände veräußert, die in die **Insolvenzmasse** fallen, Ausnahmen zeigt der Insolvenzverwalter vorher an. Wegen des **Bestimmtheitsgrundsatzes** ist eine genaue Bezeichnung des jeweiligen Kaufgegenstandes erforderlich.

Während bei nicht in der Insolvenz befindlichen Unternehmen auf aktuelle 189
Handelsbilanzen mit Anlagenspiegel Bezug genommen werden kann, wird dies bei einem Erwerb im Insolvenzverfahren regelmäßig nicht in Betracht kommen. Die in den Bilanzen aufgeführten Vermögensgegenstände sind meist nicht mehr vorhanden oder müssen nicht bilanziert werden bzw. sind nicht bilanzierungsfähig. Weil lediglich das zur Insolvenzmasse gehörende Vermögen verwertet wird (vgl. § 159 InsO), sind im Kaufvertrag nicht in die Insolvenzmasse fallenden Gegenstände der Insolvenzmasse abzugrenzen (§ 151 InsO). Da der Insolvenzverwalter verpflichtet ist, ein **Verzeichnis der einzelnen Gegenstände der Insolvenzmasse** aufzustellen, kann der Kaufvertrag auf dieses Verzeichnis Bezug nehmen.

Muster Bestimmung der Kaufgegenstände
Verkauft werden alle in Anlagen [■] zu diesem Vertrag genannten technischen Anlagen einschließlich der gesamten Betriebs- und Geschäftsausstattung. Anlage [■] entspricht dem von dem Insolvenzverwalter aufgestellten Verzeichnis der Massegegenstände gemäß § 151 InsO.

Gegenstände des Anlagevermögens sind in der Praxis oft an Gläubiger, insbesonde- 190
re Banken, **sicherungsübereignet**. In einer normalen M&A-Transaktion würde sich der Käufer mit einer Gewährleistung des Verkäufers absichern, dass sämtliche Vermögensgegenstände lastenfrei übertragen werden. Der Insolvenzverwalter wird mit der Übernahme von Gewährleistungen jedoch in der Regel zurückhaltend sein.

Soweit es um **bewegliche Sachen** geht, ist eine solche Gewährleistung aber aus 191
Käufersicht nicht erforderlich. Rechte Dritter daran wie Sicherungseigentum und Pfandrechte hindern die Übertragung nicht, der Insolvenzverwalter ist nach § 166 InsO zu ihrer Übertragung berechtigt. Das gilt nicht für Gegenstände im **Volleigentum Dritter**, z.B. bei Eigentumsvorbehalt oder geleasten Maschinen.[45] Diese werden grundsätzlich nicht verkauft. Hat der Käufer Bedarf an der Ware, löst der Verwalter vor dem Verkauf die Vorbehaltsware ab.

Die Identifizierung von **geleasten Maschinen** und solchen Maschinen, die 192
Gegenstand von Mietkaufverträgen sind, ist für die korrekte Kaufpreisermittlung wichtig. Der Insolvenzverwalter sollte im Kaufvertrag verpflichtet werden, offene Leasing- und Mietkaufraten aus der Zeit vor dem Vollzug des Unternehmenskaufvertrages zu zahlen. Soweit es sich dabei um Insolvenzforderungen aus der Zeit **vor**

---

45 Vgl. Schmidt, A./*Büchler* § 166 Rn 1.

Insolvenzeröffnung handelt, wird der Insolvenzverwalter die Erfüllung regelmäßig ablehnen. Hier bleibt dem Investor nichts anderes übrig, als den Betrag der offenen Raten vom Kaufpreis abzuziehen und ggf. den Dritten nach Vollzug selbst zu befriedigen, indem er in den Leasing- oder Mietkaufvertrag, ggf. nach Neuverhandlungen, einsteigt.

Praxistipp

Die Parteien sollten **Auffangklauseln** in den Vertrag aufnehmen, wonach alle dem Unternehmenszweck dienenden Sachen an einem bestimmten Standort/Räumen/Produktionsstätten mitverkauft und übertragen werden. Sollten im Nachgang weitere Rechtshandlungen zur Übertragung notwendig sein, so verpflichten sich die Beteiligten, diese nachzuholen.

193 **Forderungen** des insolventen Unternehmens gegen Kunden werden höchst selten mitverkauft. Hintergrund ist, dass der Insolvenzverwalter einen marktüblichen Bewertungsabschlag durch den Erwerber in Kauf nehmen müsste. Dagegen hat der Insolvenzverwalter bei eigenem Forderungseinzug eine starke Verhandlungsposition, weil er alle Forderungen geltend machen kann, ohne auf künftige Geschäftsbeziehungen Rücksicht nehmen zu müssen. Den Gläubigern gegenüber ist der Insolvenzverwalter verpflichtet, die Insolvenzmasse bestmöglich anzureichern.

2. Kaufpreis und Fälligkeit

194 Der Insolvenzverwalter wird in der Regel keinen Gesamtkaufpreis fordern, sondern diesen auf Grundstücke, Schutzrechte, Anlagevermögen, Vorräte usw. aufschlüsseln, um später daraus den Erlös besser auf die einzelnen, daran besicherten Gläubiger aufteilen zu können, sog. **Kaufpreisallokation**.

195 Grundsätzlich gilt auch im Insolvenzverfahren, dass der Kaufpreis **sofort fällig** ist (§ 271 BGB). Zahlung soll in der Regel **wenige Tage** nach Unterschrift oder Vollzug (Closing) erfolgen. Da der Liquiditätsbedarf des Erwerbers in den ersten Monaten nach dem Verkauf ansteigen wird, kann die sofortige Zahlungsverpflichtung jedoch zu einer deutlichen Überlastung führen. An dieser Stelle kann mitunter mit dem Insolvenzverwalter z.B. eine spätere Fälligkeit des Kaufpreises oder eine ratenweise Zahlung ausgehandelt werden.

196 Allerdings legt der Insolvenzverwalter bei Abschluss des Kaufvertrages besonderen Wert auf die Sicherung des Kaufpreises. Hierfür wird er in der Regel **Garantien** oder **selbstschuldnerische Bürgschaften** verlangen. Üblich sind die Stellung einer Bankgarantie oder die Zahlung des Kaufpreises auf ein Treuhandkonto bei Vertragsunterzeichnung. Regelmäßig wird er die unterbliebene oder verspätete Zahlung mit einer Vertragsstrafe oder bestimmten Rechtsfolgen verbunden wissen wollen. Hier sollte eine Regelung getroffen werden, die die Interessen beider Parteien angemessen berücksichtigt.

Muster Eigentumsvorbehalt
Der Verkäufer behält sich bis zur vollständigen Zahlung des Kaufpreises gemäß § [■] dieses Vertrages das Eigentum bzw. die Rechtsinhaberschaft an den Kaufgegenständen vor. Der Käufer darf über die Gegenstände im Rahmen des gewöhnlichen Geschäftsgangs jedoch bereits ab dem Stichtag verfügen und sie zur Finanzierung des Kaufpreises belasten.

Üblicherweise wird der Insolvenzverwalter die Kaufpreiszahlung durch die Verein- 197
barung eines vertraglichen **Rücktrittrechts** zusätzlich absichern wollen.

3. Wertermittlung

Die bekannten **Bewertungsmethoden** zur Ermittlung des Kaufpreises kommen im 198
Insolvenzverfahren nur eingeschränkt zur Anwendung. Zumindest lässt sich mit ihnen aber eine erste Größenordnung ermitteln, die als Basis für weitere Verhandlungen dienen kann.

Entscheidend ist bei der Wertermittlung im Insolvenzverfahren insbesondere, 199
welchen Erlös der Insolvenzverwalter bei einer Zerschlagung und Verwertung des Unternehmens erzielen würde. Als Untergrenze bzw. **Mindestkaufpreis** wird der Insolvenzverwalter den **Zerschlagungswert** des Unternehmens, d.h. die Liquidationswerte der einzelnen Vermögensgegenstände ansetzen. In der Regel hat der Insolvenzverwalter zuvor ein Unternehmen mit der Ermittlung der Fortführungs- sowie Liquidationswerte der einzelnen Vermögensgegenstände **mittels Gutachten** beauftragt, an dem sich die Parteien orientieren können.

Wertmindernd sollte ein etwaiger **Gewährleistungsausschluss** des Insolvenz- 200
verwalters berücksichtigt werden.

4. Gewährleistung

Im Gegensatz zu „normalen" M&A-Transaktionen, bei denen regelmäßig umfassen- 201
de, selbstständige Garantien vereinbart werden, sind derartige Zusicherungen beim Erwerb eines insolventen Unternehmens von untergeordneter Bedeutung. Der Insolvenzverwalter wird **Gewährleistungsansprüche** des Erwerbers (weitestgehend) ausschließen und keine Garantiezusage abgeben. Verkauft wird in der Regel „wie besichtigt" unter **Ausschluss** jeglicher Gewährleistung. Der Erwerber wird sich auf eine sorgfältige Due Diligence verlassen müssen.

Praxistipp
Als Kompromiss kann hier im Einzelfall eine auf einen bestimmten Kaufpreiseinbehalt beschränkte Gewährleistungs-/Garantieregelung in Betracht kommen.

In jedem Fall sollte sich der Erwerber Gewährleistungs- und sonstige Haftungsan- 202
sprüche des Verkäufers gegen Dritte (z.B. auch aus Altlasten) **abtreten** lassen. Im

Gegensatz zu etwaigen Garantien des Veräußerers bleiben diese dem Erwerber auch in der Insolvenz erhalten.

Muster Abtretung von Gewährleistungsansprüchen
Der Verkäufer tritt – aufschiebend bedingt mit der Zahlung des Kaufpreises – sämtliche Ansprüche und Rechte, die ihm wegen Mängeln an den in Anlage [■] aufgeführten Vermögensgegenständen gegenüber Dritten zustehen, an den diese Abtretung annehmenden Käufer ab.

5. Vertragsübernahme und -auflösung

203 Bereits im Rahmen der Due Diligence ist die Prüfung **bestehender Vertragsverhältnisse** für den Käufer von besonderem Interesse. Nicht selten waren wirtschaftlich ungünstige Verträge mit Lieferanten oder Kunden wesentliche Gründe für die Insolvenz.

204 Im Rahmen der vertraglichen Regelung mit dem Insolvenzverwalter besteht für den Erwerber die Möglichkeit, die Vertragsverhältnisse mit Lieferanten und Kunden **neu zu regeln**. So kann eine entsprechende Pflicht des Insolvenzverwalters zur **Kündigung** oder **Aufhebung** der Verträge aufgenommen werden bzw. der Verwalter erklärt gemäß § 103 InsO den Nichteintritt in bestimmte Verträge (**Wahlrecht**).

205 Alternativ können die Parteien die **Übernahme** der Verträge durch den Erwerber vereinbaren (§ 414 BGB). Dazu ist beim Asset Deal jedoch die Zustimmung der jeweiligen Vertragspartner erforderlich, von denen bereits im Vorfeld, vor allem wenn der jeweilige Vertrag existenziell wichtig ist, Verpflichtungserklärungen eingeholt werden können. Denn Dritte, mit denen die bisherigen Verträge bestehen, sind nicht gezwungen, einer Übertragung des jeweiligen Vertragsverhältnisses auf den Erwerber zuzustimmen. Die Übernahme der bestehenden Vertragsverhältnisse oder ein kompletter Neuabschluss mit anderen Konditionen ist Verhandlungssache.

Praxistipp
Im Rahmen der Due Diligence und in Gesprächen mit der Schuldnerin muss der Erwerber wesentliche, für die Fortsetzung des Geschäftsbetriebes elementare Verträge mit Kunden und Lieferanten identifizieren. Hier gilt es, deren Fortsetzung zu sichern oder für die Zeit nach Verkauf bereits neu zu verhandeln.

206 Sinnvoll ist es, für den Fall, dass die Vertragspartner der **Übertragung** des Vertragsverhältnisses auf den Erwerber **nicht zustimmen**, eine entsprechende interne Regelung zwischen Verkäufer und Käufer zur Kostentragung oder Freistellung von den vertraglichen Verpflichtungen aufzunehmen.

Muster Vertragsübernahme
Der Verkäufer überträgt mit Wirkung zum Stichtag die in Anlage [■] aufgeführten Verträge an den diese Übertragung annehmenden Käufer. Die Parteien verpflichten sich nach besten Kräften, die

erforderliche Zustimmung der jeweiligen Vertragspartner zu den Vertragsübernahmen einzuholen. Ist der Vertragspartner mit der Übernahme nicht einverstanden, wird der Verkäufer den Vertrag kündigen und der Käufer zahlt dem Verkäufer die anfallenden Gebühren und Vergütungen bis zum Ablauf der Kündigungsfrist, sofern der Gegenstand von ihm genutzt wird.

Besteht ein zwingendes Bedürfnis an der Übernahme bestimmter Verträge (z.B. 207
Mietverträge), kann der Erwerber den Kaufvertrag unter der **aufschiebenden Bedingung** einer solchen Vertragsübernahme abschließen, sofern die Zustimmung des Vertragspartners bei Abschluss noch nicht vorliegt. Allerdings wird der Insolvenzverwalter nur ausnahmsweise eine solche Vollzugsbedingung akzeptieren, sodass die Parteien frühzeitig Gespräche mit dem Vertragspartner führen sollten.

Will der Erwerber Kundenverträge übernehmen, ist eine klarstellende Regelung 208
hinsichtlich der noch offenen Aufträge sowie Forderungen und Verbindlichkeiten daraus zu treffen. An dieser Stelle sollte auch an die Vereinbarung einer **Erlösauskehrpflicht** von an den Verkäufer geleisteten Zahlungen gedacht werden.

Muster Offene Aufträge

Liefer- und Leistungspflichten aus offenen Kundenverträgen und Vertragsangeboten des Verkäufers gemäß § [■] dieses Vertrages übernimmt der Käufer, soweit sie nach den zugrundeliegenden Verträgen nach dem Stichtag zu erbringen sind. Dem Käufer stehen auch die damit verbundenen Forderungen und die vom Verkäufer bereits vereinnahmten Anzahlungen zu, soweit sie dem Zeitraum nach dem Stichtag zuzuordnen sind. An den Verkäufer hieraus geleistete Zahlungen werden unverzüglich und unentgeltlich an den Käufer ausgekehrt.

6. Gewerbliche Schutzrechte

Gewerbliche Schutzrechte wie beispielsweise Markenrechte sind oft noch vor der 209
Insolvenz zur Absicherung von Krediten usw. auf Dritte übertragen worden. Diese können dann vom Verwalter nicht mitveräußert werden, sie sind aber häufig für den Erwerber gerade von besonderem Interesse. Hier muss mit dem Markenrechtsinhaber gesondert verhandelt werden, in der Regel ist der Erwerb gewerblicher Schutzrechte eine Vollzugsbedingung.

7. Unterstützung der Insolvenzverwaltung

Aufgrund der oft jahrelangen Verfahrensdauer ist der Insolvenzverwalter an der 210
Unterstützung des Käufers interessiert. Er wird dem Erwerber regelmäßig Pflichten wie z.B. die **Aufbewahrung von Geschäftsunterlagen** oder die Mitwirkung von Arbeitnehmern bei der Zusammenstellung von Informationen auferlegen wollen. Um eine Überlastung zu vermeiden, sollte der Käufer die Frage der **Kostentragung** für derartige Unterstützungsleistungen bei den Vertragsverhandlungen berücksichtigen (z.B. im Rahmen des Kaufpreises).

F. Arbeitnehmerrestrukturierung in der Insolvenz

211 Der Erwerb eines Unternehmens vom Insolvenzverwalter bietet ferner umfangreiche Möglichkeiten zu **Restrukturierungen beim Personal**, sofern diese für eine erfolgreiche Sanierung erforderlich sind. Der Erwerber hat die einmalige Chance, mit Hilfe des Insolvenzverwalters und der insolvenzrechtlichen Sanierungsinstrumente den Personalbereich so zu gestalten, dass er zu der neuen Geschäftsplanung und dem Personalbedarf passt.[46]

I. Restrukturierung durch den Insolvenzverwalter

212 Hat der Insolvenzverwalter bereits beim Personal sofortigen Restrukturierungsbedarf identifiziert, z.B. weil ein hoch defizitärer Geschäftsbereich geschlossen werden muss, so wird er **Kündigungen** gegenüber den betreffenden Mitarbeitern aussprechen. Dem Insolvenzverwalter stehen dabei Sonderregelungen zur Verfügung, die die Kündigung von Mitarbeitern deutlich **vereinfachen**. So kann der Insolvenzverwalter Arbeitsverhältnisse unabhängig von sonst gültigen vertraglichen Kündigungsfristen mit einer **Frist von höchstens drei Monaten** zum Monatsende kündigen, § 113 InsO.

213 Die Entscheidung, welche Arbeitsverhältnisse gekündigt werden sollen, unterliegt grundsätzlich den allgemeinen Grundsätzen der **Sozialauswahl**. Der Insolvenzverwalter kann jedoch die Rechtssicherheit bzw. Unangreifbarkeit der ausgesprochenen Kündigungen dadurch erheblich erhöhen, dass er mit dem Betriebsrat einen **Interessenausgleich** schließt, in dem die zu kündigenden Mitarbeiter in einer **Namensliste** aufgeführt sind, § 125 InsO.

214 In diesem Fall wird (widerleglich) vermutet, dass die (insolvenzbedingten) Kündigungen durch dringende betriebliche Gründe gerechtfertigt waren und nicht aufgrund eines Betriebsübergangs erfolgten.[47] Das hat zur Folge, dass die Sozialauswahl nur noch auf **grobe Fehlerhaftigkeit** überprüfbar ist. Die Sozialauswahl ist dann nicht als grob fehlerhaft anzusehen, wenn sie dazu dient, eine ausgewogene Personalstruktur nicht nur nach dem Alter, sondern auch nach Ausbildung und Qualifikation zu erhalten oder zu schaffen.

215 Hat der Insolvenzverwalter bereits Kündigungen ausgesprochen, kann dies den Erwerb des Unternehmens **attraktiver** machen, weil der weitere Restrukturierungsbedarf geringer ist. Der Investor kann quasi ein bereits saniertes Unternehmen übernehmen, ohne noch mit dem Betriebsrat verhandeln zu müssen.

---

46 Allgemein zur Arbeitnehmerrestrukturierung in der Insolvenz siehe *Göpfert*.

47 Vgl. nur BAG, Urt. v. 20.9.2006, 6 AZR 249/05, NZA 2007, 387.

Erfolgen die Kündigungen allerdings innerhalb der letzten drei Monate vor Übergang des Unternehmens auf den Erwerber, gehen die **Arbeitsverhältnisse** der gekündigten Mitarbeiter gemäß § 613a BGB **im gekündigten Zustand** noch auf den Erwerber über. Die Höhe der noch zu zahlenden Löhne kann kaufpreismindernd berücksichtigt werden. 216

Praxistipp

Da der Investor an den Kündigungen in der Regel nicht beteiligt ist, kann er nicht nachprüfen, ob die Kündigungen wirksam sind. In dem Unternehmenskaufvertrag sollte daher auch geregelt werden, wer das (pekuniäre) Risiko trägt, dass die gekündigten Mitarbeiter die Wirksamkeit der ausgesprochenen Kündigungen anfechten, in der Regel der Insolvenzverwalter. Ergänzend kann vereinbart werden, dass der Insolvenzverwalter mit den Arbeitnehmern nach Kündigung Aufhebungsverträge gegen Gewährung einer Abfindung schließt.

II. Kündigung nach Erwerberkonzept

Meist erfolgt der Großteil der Kündigungen durch den Insolvenzverwalter jedoch erst, wenn der Erwerber, dessen Bedarf und dessen Planung für das Unternehmen feststehen. In aller Regel spricht der Insolvenzverwalter die **Kündigungen nach Unterzeichnung**, oft erst kurz vor Vollzug des Unternehmenskaufvertrages aus. 217

Zur sozialen Rechtfertigung der Kündigungen kann sich der Insolvenzverwalter auf das **Sanierungskonzept des Erwerbers (Erwerberkonzept)** stützen, sofern dieses vor dem Ausspruch der Kündigung hinreichend detailliert verbindlich festgelegt wurde, z.B. im Unternehmenskaufvertrag oder in einem mit dem Betriebsrat vereinbarten Interessenausgleich.[48] 218

Dem Insolvenzverwalter kommen dabei die gleichen Sonderregelungen zugute wie bei Kündigungen, die der Insolvenzverwalter aus eigenem Antrieb zur Sanierung und Restrukturierung des Arbeitnehmerbereichs ausspricht.[49] 219

III. Einrichten einer Transfergesellschaft

Alternativ kann der Insolvenzverwalter eine Arbeitnehmerrestrukturierung mittels einer sog. **Transfergesellschaft** durchführen, vor allem wenn Massenentlassungen vonnöten sind. 220

---

48 Vgl. BAG, Urt. v. 20.9.2006, 6 AZR 249/05, NZA 2007, 387.
49 Vgl. Rn 212f.

221 In diesem Fall beenden die Arbeitnehmer ihre Arbeitsverhältnisse mit dem Unternehmer vor dem Vollzug des Unternehmenskaufvertrages mittels eines Aufhebungsvertrages und begründen neue Arbeitsverhältnisse mit der Transfergesellschaft, typischerweise im Wege eines **dreiseitigen Vertrages** zwischen dem Insolvenzverwalter, der Transfergesellschaft und dem Arbeitnehmer. Der Betrieb des Unternehmens geht ohne Mitarbeiter auf den Erwerber über. Erst **nach dem Vollzug** des Kaufvertrages schließt der Erwerber mit ausgewählten Arbeitnehmern dann neue Arbeitsverträge. Er ist bei der Auswahl der Arbeitnehmer nicht an die **Grundsätze der Sozialauswahl** gebunden. Er kann auch von den bisherigen Arbeitsbedingungen abweichende arbeitsvertragliche Regelungen vorsehen.

222 Das Konzept einer Transfergesellschaft ist aber nur erfolgreich, wenn der Aufhebungsvertrag zwischen Insolvenzverwalter und Arbeitnehmer nicht wegen absichtlicher Umgehung des § 613a BGB als nach § 134 BGB **unwirksam** angesehen wird. Das bedingt, dass der Abschluss des Aufhebungsvertrages tatsächlich auf die Beendigung des Arbeitsverhältnisses gerichtet war, nicht auf eine bloße Unterbrechung der Kontinuität des Arbeitsverhältnisses.

223 Nach der Rechtsprechung des Bundesarbeitsgerichts ist dies der Fall und der Aufhebungsvertrag wirksam, wenn der Abschluss des Aufhebungsvertrages für den jeweiligen Arbeitnehmer ein sog. **Risikogeschäft** war, d.h. keine Sicherheit bestand, nach dem Übergang des Unternehmens beim Erwerber **weiterbeschäftigt** zu werden.[50] Eine unzulässige Umgehung des § 613a BGB wird von der Rechtsprechung hingegen angenommen, wenn mit einem Arbeitnehmer bei Abschluss des Aufhebungsvertrages bereits ein neuer Anstellungsvertrag geschlossen oder diesem verbindlich in Aussicht gestellt worden war („**Lemgoer Modell**"). Sofern Aufhebungsverträge nach den vorstehenden Grundsätzen unwirksam sind, gehen die betroffenen Arbeitsverhältnisse gemäß § 613a BGB auf den Erwerber über.

224 Ein anderes **Risiko** besteht darin, dass Arbeitnehmer, die einen Aufhebungsvertrag unterzeichnet haben, diesen wegen arglistiger Täuschung oder widerrechtlicher Drohung (§ 123 BGB) anfechten. Um dies zu verhindern, müssen Insolvenzverwalter und Erwerber die Arbeitnehmer vollständig und richtig über die Hintergründe des geplanten Erwerbs und die Einschaltung der Transfergesellschaft informieren. Natürlich dürfen den Arbeitnehmern vor ihrer Entscheidung über den Abschluss des Aufhebungsvertrages keine wesentlichen Nachteile in Aussicht gestellt, also im Sinne von § 123 BGB angedroht werden.

225 Für den Erfolg des Sanierungskonzepts des Erwerbers ist es zudem erforderlich, dass **genügend Mitarbeiter** in die Transfergesellschaft **wechseln**. Zur Absicherung des Erwerbers sieht der Unternehmenskaufvertrag in der Regel eine Vollzugsbedin-

50 Vgl. BAG, Urteil vom 18.8.2005, 8 AZR 523/04, NZA 2006, 145.

gung vor, nach der ein bestimmter **Prozentsatz** der Mitarbeiter (z.B. 80% oder 95%) in die Transfergesellschaft wechseln muss. Es ist sorgfältig zu überprüfen, welcher Prozentsatz als **Vollzugsbedingung** vereinbart wird. Ein höherer Prozentsatz mag ein Ansporn für viele Mitarbeiter sein, in die Transfergesellschaft zu wechseln. Das erhöht aber das Risiko des Scheiterns der gesamten Transaktion, falls sich wider Erwarten zu wenige Mitarbeiter finden, in die Transfergesellschaft zu wechseln.

Kapitel 11
Unternehmenskauf unter Beteiligung von Private Equity-Unternehmen

A. Einleitung

I. Wesen von Private Equity-Transaktionen

1. Was sind Private Equity-Transaktionen?

Unter „**Private Equity**“ versteht man gemeinhin die Investition von privatem Beteiligungskapital in nicht börsennotierte Unternehmen.[1] Auch findet sich die Beschreibung, Private Equity-Transaktionen seien die Übernahme von Unternehmen durch **Finanzinvestoren** auf Zeit.[2] 1

Eine trennscharfe Abgrenzung zu anderen Spielarten der Investition in und Finanzierung von Unternehmen (z.B. Venture Capital, Mezzanine Capital oder Hedge Fonds) ist nicht immer möglich. Kriterien zur Abgrenzung von Private Equity-Investitionen sind etwa der Umstand, dass in der Regel nicht in Unternehmen investiert wird, die sich noch in der Aufbauphase befinden (in Abgrenzung zu Venture Capital), oder die Mittel- bis Langfristigkeit der Investitionen (in Abgrenzung zu Hedge-Fonds).[3] Die zeitliche Befristung der Investition ist wiederum ein wesentliches Kriterium zur Unterscheidung von Private Equity-Transaktionen gegenüber Unternehmensakquisitionen strategischer Investoren. 2

Wichtiger als der Versuch einer umfassenden Definition von Private Equity ist jedoch gerade im Kontext von Unternehmenskäufen und -verkäufen das Verständnis für die Besonderheiten und Unterschiede, die sich ergeben, wenn ein Finanzinvestor beteiligt ist. Diese Besonderheiten und Unterschiede resultieren dabei maßgeblich aus den Zielen, die Private Equity-Investoren bei Unternehmensakquisitionen verfolgen. 3

---

1 Vgl. auch Hölters/*Weinheimer* Unternehmenskauf, S. 1238 sowie Bundesverband Deutscher Kapitalbeteiligungsgesellschaften (BVK) e.V.: „*Private Equity ist der englische Begriff für das Beteiligungskapital überwiegend institutioneller Anleger, das in nicht-börslich gehandelte Unternehmen investiert wird.*“

2 Eilers/Koffka/Mackensen/*Eilers*/*Koffka* S. 7.

3 Eilers/Koffka/Mackensen/*Eilers*/*Koffka* S. 2.

2. Zielsetzung von Private Equity-Investitionen

4 Laut dem Bundesverband Deutscher Kapitalbeteiligungsgesellschaften (BVK) e.V., nach eigenem Bekunden die „Stimme und das Gesicht der Beteiligungsbranche in Deutschland“,[4] haben Finanzinvestoren allein ein Ziel: Unternehmen besser und wettbewerbsfähiger und damit wertvoller zu machen. Etwas anders formuliert lässt sich sagen, dass Private Equity-Investoren die Wertsteigerung ihrer Portfolio-Unternehmen und damit vor allem die eigene Renditeoptimierung verfolgen. Das investierte Eigenkapital soll innerhalb eines überschaubaren Zeitraums eine hohe Rendite erwirtschaften, die dann an die Kapitalanleger der Private Equity-Fonds weitergegeben werden kann.[5]

5 Private Equity-Investoren haben kein Interesse an der Erzielung laufender Dividendeneinkünfte. Sie verfolgen eine sogenannte **„Exit-Strategie“**, d.h. ihr Ziel liegt in der Realisierung der Wertsteigerung eines Portfolio-Unternehmens im Rahmen einer späteren Veräußerung.[6] Im Unterschied zu strategisch motivierten Transaktionen ist damit die überschaubare zeitliche Befristung der Beteiligung – in der Regel ein Zeitraum von drei bis sieben Jahren[7] – ein ganz wesentliches Element einer Private Equity-Transaktion, das bereits beim Erwerb der Beteiligung Berücksichtigung findet. Sonstige, strategische Akquisitionen üblicherweise dominierende Motive wie die Stärkung der eigenen Marktposition, die Nutzung von Skaleneffekten oder die Realisierung von Synergien treten demgegenüber in den Hintergrund.

6 Ein weiterer wesentlicher Aspekt ist daneben die Bestrebung, eine Renditeoptimierung durch den Einsatz von Fremdkapital zu bewirken. Das bei der Kaufpreisfinanzierung aufgenommene Fremdkapital wirkt als Hebel (sog. **„Leverage-Effekt“**) für die Eigenkapitalrendite. Dies bedingt allerdings eine (frühe) Einbindung der finanzierenden Banken in die Transaktion, die auch das Verhältnis und die Verhandlungen zwischen den eigentlichen Kaufvertragsparteien unmittelbar beeinflusst.[8]

3. Wesentliche Unterschiede zu strategisch bedingten Transaktionen

7 Die wesentlichen Unterschiede zwischen Private Equity-Transaktionen und sonstigen, strategisch motivierten Transaktionen hinsichtlich Zielsetzung und Vorgehensweise lassen sich wie folgt zusammenfassen:[9]

---

4 Bundesverband Deutscher Kapitalbeteiligungsgesellschaften (BVK) e.V.
5 Eilers/Koffka/Mackensen/*Eilers/Koffka* S. 7.
6 Jesch/Striegel/Boxberger/*Inhester* S. 252.
7 Hölters/*Weinheimer* Unternehmenskauf, S. 1246.
8 Nach Eilers/Koffka/Mackensen/*Eilers/Koffka* S. 10 beeinflussen die beteiligten Banken sogar maßgeblich das Timing und die Dynamik von Private Equity-Transaktionen.
9 Vgl. auch Checkliste zur Motivlage bei *Seibt* A.I.3.

Finanzinvestor	Strategischer Investor
Zielsetzung und Strategie	
– Wertsteigerung u. Renditeoptimierung auf Stand-Alone-Basis – Ggf. Ergänzung zu bestehenden Portfoliounternehmen bei sogenannten „Buy & Build“ Strategien – Investmenthorizont zwischen drei und sieben Jahren – Zeitlich begrenzte Planung und frühzeitige Prüfung der Exitstrategie	– Erwerb aufgrund strategischer Position des Unternehmens – Stärkung der eigenen Marktposition – Realisierung von Synergien; Nutzung von Skaleneffekten und Kosteneinsparungspotenzial – Integration in vorhandene Unternehmensgruppe – Langfristiger Investmenthorizont und Planung
Due Diligence und Transaktionsprozess	
– Ziel: Transparenz schaffen und Plausibilisierung von Wachstumspotenzial, Unternehmensplanung, künftigen Cash-Flows und Optimierung des Managements – Vorwiegend Einsatz von externen Beratern, da kein eigenes unternehmensbezogenes Know-how verfügbar ist – Prüfung u.U. umfangreicher und intensiver als bei strategischem Investor, der Branche und Gegenstand des Zielunternehmens gut kennt	– Ziel: Transparenz über Vergangenheit und Gegenwart schaffen, Synergiepotenzial identifizieren und kalkulieren; Basis für Post Merger Integration schaffen – Vorwiegend Einsatz eigenen Personals mit Unterstützung von Beratern für Tax, Commercial oder Legal Due Diligence
Management	
– Beteiligung und Bindung des Managements erforderlich – Beteiligung des Managements am Kapital der Zielgesellschaft und am Weiterveräußerungserlös bei Exit	– Integration in bestehende Strukturen des Käufers, soweit sinnvoll – Ggf. Beteiligung an Bonus- und/oder Optionsprogramm

4. Bedeutung von Private Equity-Transaktionen

Wie wichtig es gerade auch für Verkäufer im deutschen Markt ist, sich mit den Besonderheiten und Gepflogenheiten der Private Equity-Branche auseinanderzusetzen, zeigt die Bedeutung, die Private Equity-Transaktionen im Laufe der Jahre auch hierzulande erlangt haben: 8

Bei mehr als 6.000 deutschen Unternehmen ist ein Private Equity-Fonds als Gesellschafter und Geldgeber involviert.[10] Die Jahresumsätze deutscher Private Equity- 9

10 Quelle: Bundesverband Deutscher Kapitalbeteiligungsgesellschaften (BVK) e.V.

finanzierter Unternehmen betrugen 2014 ca. 178,2 Mrd. €. In diesen Unternehmen sind fast eine Million Arbeitnehmer beschäftigt.[11]

10 2014 erreichten die Private Equity-Investitionen in Deutschland ein Volumen von 7,06 Mrd. €. Damit übertrafen die Private Equity-Investitionen das Vorjahresvolumen (5,06 Mrd. €) um 40%. Ein derartiges Investitionsvolumen in deutsche Unternehmen hat es zuletzt im Jahr 2008 gegeben. Dabei haben keineswegs nur große Transaktionen, sondern auch kleine und mittlere Buy-Outs sowie mittelständische Wachstumsfinanzierungen zu diesem Ergebnis beigetragen. Von den Investitionen in Deutschland wurden 4,56 Mrd. € von in Deutschland ansässigen Beteiligungsgesellschaften investiert. Weitere 0,47 Mrd. € investierten deutsche Beteiligungsgesellschaften im Ausland.[12]

11 Bei einem derartigen Wachstum der Private Equity-Branche[13] verwundert es nicht, dass ein Verkäufer eines attraktiven Unternehmens bei der ersten Marktansprache inzwischen sogar überwiegend Interessensbekundungen von Finanzinvestoren und Kapitalbeteiligungsgesellschaften erhält.

II. Auswirkungen auf den Unternehmenskauf und -verkauf bei Beteiligung von Private Equity-Investoren

1. Besonderheiten und Marktstandards beim Unternehmenskaufvertrag

12 Viele der heutigen sogenannten Marktstandards bei der Gestaltung von Unternehmenskaufverträgen sind ursprünglich von der Private Equity-Branche entwickelt und in den Markt eingeführt worden.[14] Dies gilt etwa für die heute bei den Kaufpreismodellen allgemein übliche Unterscheidung zwischen **„Closing Accounts“** und **„Locked Box“**, oder die sogenannten **„MAC“-Klauseln.**[15] Dabei hatten die jetzigen Standardregelungen oftmals besondere Anforderungen des Private Equity-Marktes zum Ursprung, die auch zu besonderen Gestaltungen in der Vertragspraxis führten. Mittlerweile haben viele ursprünglich von der Private Equity Branche entwickelte Regelungen Standards auch für den (strategischen) M&A-Markt gesetzt. Die Unterschiede zwischen Private Equity-Transaktionen und strategischen, industriellen Unternehmenskäufen haben sich deutlich relativiert. Einige Besonderheiten bestehen jedoch nach wie vor. Die Kenntnis dieser Eigenarten und deren Hintergründe ist nicht selten ein wesentlicher Faktor für die erfolgreiche Durchführung von Transaktionen mit Private Equity-Investoren.

---

11 BVK-Statistik, Das Jahr 2014 in Zahlen, Berlin, Februar 2015.
12 BVK-Statistik, Das Jahr 2014 in Zahlen, Berlin, Februar 2015.
13 Vgl. zur Entwicklung seit 2003 auch Hölters/*Hölters* Unternehmenskauf, S. 21.
14 Zu den Hintergründen Eilers/Koffka/Mackensen/*Schrader* S. 58.
15 S. dazu unten Rn 16ff.

2. Wesentliche Aspekte bei der Ausgestaltung des Unternehmenskaufvertrags

Teil B dieses Kapitels stellt die wesentlichen Aspekte und Besonderheiten bei der Vertragsgestaltung von Unternehmenskäufen und -verkäufen unter Beteiligung von Private Equity dar. Dabei kann die Darstellung freilich keinen Anspruch auf Vollständigkeit erheben, da die in der Praxis vorkommenden Regelungsbereiche und Gestaltungsvarianten gleichermaßen sehr vielfältig und umfangreich sind. 13

Im Einzelnen wird es um folgende Vertragsaspekte gehen:
- Kaufpreisklauseln,
- Garantien, Freistellungen, Haftung und Sicherung möglicher Käuferansprüche,
- Transaktionssicherheit,
- Closing, Vollzugsvoraussetzungen und -hindernisse,
- sonstige typische Regelungen.

3. Beteiligung und Bindung des Managements

Die Beteiligung und Bindung des Managements ist ein ganz wesentlicher Teil einer Transaktion unter Beteiligung eines Private Equity-Investors. Im Gegensatz zu einem strategischen Investor, der regelmäßig über branchen-spezifisches Knowhow und ein eigenes erfahrenes Management verfügt, ist ein Private Equity-Investor viel stärker darauf angewiesen, nicht nur das Unternehmen als solches, sondern insbesondere auch das bestehende (gute) Management zu übernehmen und zu binden. 14

Die daraus resultierenden Besonderheiten gilt es daher ebenfalls zu kennen und zu verstehen, wenn ein Unternehmenskauf- bzw. verkauf unter Beteiligung eines Private Equity-Investors zum Erfolg geführt werden soll. Nicht selten bestehen zunächst große Vorbehalte, wenn das Management erstmals mit Begriffen wie **„Good Leaver“** und **„Bad Leaver“** oder Vertragsstrafen zur Absicherung von Wettbewerbsverboten in Millionenhöhe konfrontiert wird. Teil C dieses Kapitels geht daher auf die maßgeblichen Aspekte der Beteiligung und Bindung des Managements ein. 15

B. Inhalte des Unternehmenskaufvertrags

I. Überblick

Kapitel 7 hat bereits die typischen Regelungsbereiche und Inhalte eines Unternehmenskaufvertrags dargestellt. Die dortigen Ausführungen zur Vertragsgestaltung gelten grundsätzlich auch für Unternehmenskaufverträge bei Private Equity-Transaktionen. Im Folgenden werden ergänzend einige Besonderheiten bei der Vertragsgestaltung von Unternehmenskäufen und -verkäufen unter Beteiligung von Finanzinvestoren erläutert. 16

II. Kaufpreisklauseln: „Closing Accounts“ vs. „Locked Box“, „Earn Out“

17 Die M&A-Praxis unterscheidet bei Kaufpreisklauseln seit jeher Modelle, denen ein fester Kaufpreis (**Fixkaufpreis**) zugrunde liegt und Modelle mit einem **variablen Kaufpreis**, der endgültig erst auf Basis einer Abrechnungsbilanz bzw. eines **Zwischenabschlusses** zum **Übertragungsstichtag** bestimmt wird.[16] Dabei erfolgte die Kaufpreisanpassung in der Vergangenheit oftmals um den Betrag, um den das Eigenkapital zum Closing von dem bei Vertragsschluss festgelegten Eigenkapitalwert abwich (auch Eigenkapitalgarantie genannt).[17]

18 Diese Unterscheidung zwischen festem und variablem Kaufpreis wurde in der Private Equity-Praxis fortgeschrieben und dort perfektioniert. Üblicherweise unterscheidet man heute noch die Kaufpreisanpassung auf Basis von sogenannten „**Closing Accounts**“, also eines Zwischenabschlusses zum Übertragungsstichtag, sowie das fixe, sog. **„Locked Box“-Modell**, welches an den letzten (feststehenden) Jahresabschluss der Zielgesellschaft anknüpft.

1. „Closing Accounts“, „Net Debt“- und „Net Working Capital“-Kaufpreisanpassung

19 Gegenstand der Kaufpreisanpassung auf Grundlage von „Closing Accounts“ ist die Erhöhung oder Verringerung des vereinbarten (vorläufigen) Kaufpreises um die Nettofinanzverbindlichkeiten (**Net Debt**) und das Nettoumlaufvermögen (**Net Working Capital**) zum Übertragungsstichtag. Nettofinanzverbindlichkeiten meint dabei den Saldo aus Verbindlichkeiten mit Finanzierungscharakter (Debt) (insbesondere Verbindlichkeiten gegenüber Kreditinstituten) und Barmitteln (Cash) (insbesondere Kassenbestand und Guthaben bei Kreditinstituten). Unter Nettoumlaufvermögen bzw. Net Working Capital wird in diesem Kontext regelmäßig der Saldo aus Vorräten und kurzfristigen Forderungen sowie kurzfristigen Verbindlichkeiten verstanden.

Muster Kaufpreis-Klausel/Closing Accounts

„Anteilskaufpreis

(1) Die Gegenleistung für die Veräußerung der Anteile nach diesem Vertrag (der „**Anteilskaufpreis**“) beträgt
  a) [■] € (in Worten: [■] Euro) (der „**Unternehmenswert**“)
  b) zuzüglich der Barmittel (wie in Anlage [■] definiert) zum Übertragungsstichtag
  c) abzüglich der Finanzverbindlichkeiten (wie in Anlage [■] definiert) zum Übertragungsstichtag

---

16 Hierzu Hölters/*Semler* Unternehmenskauf, S. 847; zu sog. „Bilanzausgleichsformeln“ *Holzapfel/Pöllath* S. 423.

17 *Liebs* S. 27.

d) zuzüglich bzw. abzüglich des Nettoumlaufvermögen-Differenzbetrags (wie in Anlage [■] definiert) zum Übertragungsstichtag.

Für die Bestimmung des Anteilskaufpreises und die vorstehend in b)–d) bezeichneten Positionen ist der Stichtagsabschluss gemäß § [■] maßgeblich."

---

20 Hintergrund dieser Anpassung um Cash und Debt ist die der Kaufpreisermittlung regelmäßig zugrunde liegende sogenannte **Cash-/Debt-free-Bewertung** des Private Equity-Investors. Dabei wird das Zielunternehmen zunächst finanzierungsneutral betrachtet und sowohl die bestehende Fremdfinanzierung als auch die vorhandenen Barmittel ausgeblendet.[18] Da das Zielunternehmen aber tatsächlich beim Closing nicht Cash-/Debt-free übergeben wird, sind die vorhandenen Posten zum Übergangsstichtag zu ermitteln und – je nachdem, ob Cash oder Debt überwiegt – kaufpreiserhöhend oder -reduzierend zu berücksichtigen.

21 Ähnliches gilt für das Net Working Capital. Hier geht der Erwerber allerdings regelmäßig von einem positiven Saldo des Nettoumlaufvermögens aus. Dies bedeutet, dass nicht bereits dann, wenn die kurzfristigen Forderungen die kurzfristigen Verbindlichkeiten überwiegen, der Kaufpreis zu erhöhen ist. Vielmehr müssen Käufer und Verkäufer im Kaufvertrag einen Schwellenwert für das Net Working Capital vereinbaren, dessen Über- oder Unterschreitung dann zu einer entsprechenden Kaufpreisanpassung nach oben oder unten führt.

Muster Anpassung Net Working Capital

„Nettoumlaufvermögen-Differenzbetrag" meint den Betrag, um den das Nettoumlaufvermögen (wie in Anlage [■] definiert) einen Betrag von [■] € übersteigt (als positive Zahl ausgedrückt) oder unterschreitet (als negative Zahl ausgedrückt).

---

22 Die Anpassung um das Net Working Capital ist für Private Equity-Investoren von besonderer Bedeutung, da andernfalls Schwankungen beim Nettoumlaufvermögen regelmäßig die Notwendigkeit mit sich bringen würden, dass der Investor dem Zielunternehmen weitere Liquidität zur Verfügung stellen müsste. Bei der üblichen Fremdfinanzierung der Akquisition bedeutet dies aber wiederum einen (meist schwierigen) Nachfinanzierungsbedarf für den Finanzinvestor, den es zu vermeiden gilt.

23 Ein weiterer, ganz wesentlicher Aspekt der Kaufpreisanpassung um das Net Working Capital liegt aber in dem damit erreichten Manipulationsschutz. Dem Versuch, durch geeignete Maßnahmen gezielt die Barmittel zum Stichtag zu erhöhen

---

18 Sehr instruktiv Eilers/Koffka/Mackensen/*Schrader* S. 59; zu Cash-/Debt-free-Klauseln vgl. auch Picot/*Picot* Handbuch M&A, S. 309 f.; Hölters/*Semler* Unternehmenskauf, S. 847.

bzw. die Bankverbindlichkeiten zu reduzieren, wird durch die Net Working Capital Anpassung ein Riegel vorgeschoben.[19]

Beispiel
Der Verkäufer könnte etwa Vorräte veräußern, Forderungen gegenüber Kunden beschleunigt einziehen oder Verbindlichkeiten gegenüber Lieferanten verzögert begleichen, um dadurch eine Kaufpreiserhöhung zu erreichen.

---

24 Welche (Bilanz-)Positionen bei der Berechnung der Nettofinanzverbindlichkeiten (Debt) und des Nettoumlaufvermögens (Net Working Capital) konkret zu berücksichtigen sind, ist im Einzelfall oftmals Gegenstand kontroverser Verhandlungen zwischen Käufer und Verkäufer. Naturgemäß hat der Verkäufer ein Interesse daran, insbesondere die Positionen der Finanzverbindlichkeiten gering zu halten, um die Wahrscheinlichkeit einer Kaufpreisreduzierung zu minimieren. Demgegenüber wird der Käufer eine weitreichende Definition der Finanzverbindlichkeiten anstreben. Diskussionen entstehen regelmäßig über Pensions-, Steuer- und sonstige Rückstellungen, Verbindlichkeiten aus Finanzierungsleasing sowie Verbindlichkeiten aus Anlageinvestitionen.

Beispiel
Der Käufer verlangt regelmäßig die Berücksichtigung der folgenden Positionen bei der Berechnung der Nettofinanzverbindlichkeiten:
- Verbindlichkeiten gegenüber Kreditinstituten,
- Anleihen,
- Darlehen des Verkäufers und der mit ihm verbundenen Unternehmen, einschließlich etwaiger Cash-Pool-Salden zugunsten des Verkäufers oder der mit ihm verbundenen Unternehmen,
- dem Verkäufer oder seinen verbundenen Unternehmen geschuldete Verbindlichkeiten jeder Art mit Ausnahme von Verbindlichkeiten aus Lieferungen und Leistungen,
- jegliche anderen verzinsten finanziellen Verbindlichkeiten wie Verbindlichkeiten aus Schuldscheinen, Wertpapiere oder Darlehen von anderen Dritten als Banken, dem Verkäufer oder mit ihm verbundenen Unternehmen,
- Verpflichtungen aus Finanzierungs- und Operating Leasingvereinbarungen,
- Factoring,
- Verbindlichkeiten aus Wechseln,
- Vorfälligkeitsentschädigungen aufgrund einer vorzeitigen Zahlung auf eine der vorausgenannten Verbindlichkeiten,
- Rückstellungen für Pensionsverbindlichkeiten.

---

25 Die endgültige Festlegung der (einzelnen Positionen der) Nettofinanzverbindlichkeiten und des Nettoumlaufvermögens und damit der Kaufpreisanpassung erfolgt

---

19 Seibt/*Schrader* C.II.1, Anm. 26.

auf Basis des Stichtagsabschlusses zum Closing. Dabei zeigt sich in der Praxis immer wieder, dass selbst bei sorgfältigster Definition der einzelnen Positionen im Kaufvertrag unterschiedliche Auffassungen der Parteien zutage treten und mühsame Diskussionen über die Kaufpreisanpassung auslösen können. Üblicherweise wird daher im Kaufvertrag direkt ein Streitbeilegungsmechanismus durch Beauftragung eines Schiedsgutachters vereinbart.[20]

Muster Klausel Stichtagsabschluss

„Stichtagsabschluss

1. Der Endgültige Kaufpreis für die Veräußerung der Verkauften Anteile gemäß § [■] und die Kaufpreisanpassung gemäß § [■] sind auf Grundlage eines zum Stichtag aufzustellenden [un]geprüften Zwischenabschlusses (bestehend aus Bilanz sowie Gewinn- und Verlustrechnung) der Gesellschaft („Stichtagsabschluss") zu ermitteln.
2. Der Käufer wird die Gesellschaft unverzüglich nach dem Vollzugstag veranlassen (und die Verkäufer werden den Käufer und die Gesellschaft hierbei unterstützen), den Stichtagsabschluss zum Stichtag aufzustellen. Der Stichtagsabschluss ist in Übereinstimmung mit den Grundsätzen ordnungsgemäßer Buchführung und allen übrigen anwendbaren Vorschriften des Handelsgesetzbuchs unter Wahrung der Bewertungs- und Bilanzkontinuität aufzustellen. Der Stichtagsabschluss ist den Verkäufern innerhalb von einem (1) Monat nach dem Vollzugstag zuzuleiten. Dem Stichtagsabschluss sind folgende Unterlagen beizufügen:
   a) eine Aufstellung über die in § [■] bezeichneten Positionen, und
   b) eine darauf basierende Berechnung der Kaufpreisanpassung.
3. Sind die Verkäufer der Auffassung, dass der ihnen vom Käufer zugeleitete Stichtagsabschluss und die darauf basierende Berechnung der Kaufpreisanpassung nicht in Übereinstimmung mit den Regelungen dieses Vertrags aufgestellt worden sind, können sie dies dem Käufer innerhalb von sieben (7) Bankarbeitstagen nach Zugang der in Absatz 2 genannten Unterlagen schriftlich im Wege einer schriftlichen Mitteilung unter Angabe der betroffenen Bilanz- bzw. Berechnungspositionen, der jeweiligen (aus ihrer Sicht zutreffenden) Beträge und der Gründe für einzelne Abweichungen mitteilen. Soweit die Verkäufer nicht innerhalb der Frist Einwendungen gegen den Stichtagsabschluss erheben, gilt der vom Käufer vorgelegte Stichtagsabschluss als von den Verkäufern genehmigt und ist für alle Parteien bindend.
4. Soweit die Parteien Meinungsverschiedenheiten über den Stichtagsabschluss nicht innerhalb von zwei (2) Wochen nach Zugang der schriftlichen Mitteilung gemäß § [■] (3) beim Käufer beilegen können, wird hierüber auf Antrag einer Partei durch einen neutralen Wirtschaftsprüfer als Schiedsgutachter im Sinne von § 317 BGB abschließend und für alle Parteien bindend entschieden. Können sich die Parteien nicht innerhalb von vier (4) Wochen nach Zugang der schriftlichen Mitteilung gemäß § [■] (3) beim Käufer auf den Schiedsgutachter einigen, wird dieser auf Antrag jeder Partei vom Sprecher des Vorstands des Instituts der Wirtschaftsprüfer e.V. (IDW) in Düsseldorf bestimmt. Die Entscheidung des Schiedsgutachters, die sich innerhalb des zwischen den Vertragspartnern streitigen Rahmens zu halten hat, ist für die Vertragspartner in den Grenzen des § 319 Abs. 1 BGB verbindlich. Der Schiedsgutachter wird vor seiner Entscheidungsfindung den Parteien ausreichend Gelegenheit geben, ihre jeweiligen Standpunkte schriftlich sowie im Rahmen von Anhörungen in

---

20 Hölters/*Semler* Unternehmenskauf, S. 849.

Anwesenheit ihrer Berater darzulegen. Die Kosten tragen die Parteien im Verhältnis ihres Obsiegens und Unterliegens. Die Parteien werden dafür sorgen, dass der Schiedsgutachter Zugang zu allen bei der Gesellschaft verfügbaren Unterlagen und Informationen sowie die Gelegenheit zu Gesprächen mit der Geschäftsführung und allen maßgeblichen Mitarbeitern der Gesellschaft erhält, soweit dies jeweils für die Überprüfung des Stichtagsabschlusses relevant ist.“

2. „Locked Box“-Modell

26 Wie bereits erwähnt, handelt es sich bei dem „Locked Box“-Modell um ein Gestaltungskonzept mit einem Fixkaufpreis, der regelmäßig auf Basis des letzten, in der Vergangenheit liegenden Jahresabschlusses der Zielgesellschaft ermittelt wird. Die Besonderheit des „Locked Box“-Modells liegt dabei nicht in der Kaufpreisklausel als solcher. Vielmehr geht es um die Gestaltung der Absicherung des Erwerbers für den Zeitraum ab dem zugrunde gelegten Abschlussstichtag. Damit der Erwerber zum Closing nicht sprichwörtlich „die Katze im Sack“ kauft, ist es ganz wesentlich, den finanziellen Status der Zielgesellschaft, den der Erwerber seiner Kaufpreisermittlung zugrunde gelegt hat, bis zum Closing weitgehend zu konservieren. Dies erfolgt in dreierlei Hinsicht:

27 Erstens beugt eine sogenannte **„No Leakage“-Klausel** im Unternehmenskaufvertrag Mittel- bzw. Wertabflüssen bei der Zielgesellschaft seit dem letzten Bilanzstichtag vor und verbietet insbesondere eine Gewinnausschüttung an den Verkäufer. Technisch erfolgt dies durch eine Kombination einer auf den Zeitraum zwischen Bilanzstichtag und Signing bezogenen Garantie des Verkäufers und einer zukunftsbezogenen Verpflichtung („**Covenant**“) für den Zeitraum zwischen Signing und Closing.

Muster No Leakage

„Kein Vermögensabfluss

1 Zusagen des Verkäufers

Der Verkäufer

1.1 garantiert im Wege eines selbständigen Garantieversprechens gemäß § 311 BGB, dass es im Zeitraum zwischen dem Bilanzstichtag und dem Abschluss dieses Vertrags nicht zu einem Vermögensabfluss an ihn oder ein mit ihm Verbundenes Unternehmen gekommen ist, bei dem es sich nicht um einen Zulässigen Vermögensabfluss gehandelt hat, und

1.2 verpflichtet sich dafür zu sorgen, dass es zwischen dem Abschluss dieses Vertrages und dem Closing nicht zu einem Vermögensabfluss an ihn oder ein mit ihm Verbundenes Unternehmen kommen wird, bei dem es sich nicht um einen Zulässigen Vermögensabfluss handelt, es sei denn, dass in diesem Vertrag etwas anderes vorgesehen ist.

2 Vermögensabfluss, Zulässiger Vermögensabfluss

2.1 Ein „Vermögensabfluss“ ist jede von der Zielgesellschaft zugunsten des Verkäufers oder eines mit diesem Verbundenen Unternehmens außerhalb des ordnungsgemäßen Geschäftsverlaufs vorgenommene und nicht in diesem Vertrag zugelassene oder bis zum Tag des Closings rückgängig gemachte oder ausgeglichene

(i) Dividendenzahlung oder vergleichbare Ausschüttung einschließlich einer Gegenleistung für den Erwerb eigener Anteile,
(ii) Übertragung wesentlicher Vermögensgegenstände,
(iii) Übernahme von Verbindlichkeiten des betreffenden Verkäufers oder eines mit diesem Verbundenen Unternehmens,
(iv) Rückzahlung von Verbindlichkeiten (einschließlich der Closing-Gesellschafterforderungen) an den betreffenden Verkäufer oder ein mit diesem Verbundenes Unternehmen,
(v) Zahlung oder Verpflichtung zur Zahlung von Aufwendungen oder Kosten für die in diesem Vertrag vorgesehenen Transaktionen, die nicht ausschließlich im Interesse der Zielgesellschaften liegen, sowie
(vi) sonstige den vorstehenden Leistungen gleichwertige Zuwendung.

2.2 Ein „Zulässiger Vermögensabfluss" ist jede
(i) Zahlung oder sonstige Leistung, die auf schriftliches Verlangen oder mit schriftlicher Zustimmung des Käufers erfolgt,
(ii) Zahlung oder sonstige Leistung, die gegen eine vollwertige Gegenleistung erfolgt,
(iii) [■].

3 Rechtsfolgen

Für den Fall der Unrichtigkeit der Garantie gemäß Ziffer 5.1.1 oder eines Verstoßes gegen die Verpflichtung gemäß Ziffer 5.1.2 hat der Verkäufer den jeweiligen Vermögensabfluss auszugleichen bzw. dessen Ausgleich zu veranlassen. Die Art und Weise des Ausgleichs richtet sich danach, in welcher Form der Vermögensabfluss im Einzelfall erfolgt ist, und hat insbesondere im Wege

(i) der Rückzahlung, falls der Vermögensabfluss in einer Zahlung bestanden hat,
(ii) der Herausgabe oder, bei Unmöglichkeit der Herausgabe, des Wertersatzes, falls der Vermögensabfluss in der Übertragung einer Sache bestanden hat,
(iii) der (Rück-)Übernahme der betreffenden Verbindlichkeit oder, bei Unmöglichkeit der (Rück-)Übernahme, der Freistellung von der betreffenden Verbindlichkeit, falls der Vermögensabfluss in einer Übernahme von Verbindlichkeiten bestanden hat,
(iv) der Befreiung von der betreffenden Verpflichtung, falls der Vermögensabfluss in der Eingehung einer Verpflichtung bestanden hat, oder
(v) auf sonstige Art und Weise

zu erfolgen."

Zweitens ist im Kaufvertrag sicherzustellen, dass das Unternehmen seit dem letzten Bilanzstichtag bis zum Signing im ordentlichen Geschäftsgang bzw. ordnungsgemäßen Geschäftsverlauf fortgeführt wurde bzw. zwischen Signing und Closing fortgeführt wird. Eine einfache Klausel könnte sein: 28

Muster Ordnungsgemäßer Geschäftsgang (einfach)
„Garantie zum ordnungsgemäßen Geschäftsverlauf
Die Gesellschaft hat [nach Kenntnis des Verkäufers] ihren Geschäftsbetrieb zwischen dem Bilanzstichtag und dem Abschluss dieses Vertrags als laufenden Betrieb im ordnungsgemäßen Geschäftsverlauf und im Wesentlichen in der gleichen Weise wie zuvor weitergeführt."

Ein Beispiel für eine ausführliche Formulierung wäre:

Muster Ordnungsgemäßer Geschäftsgang (ausführlich)
„Verpflichtung zum ordnungsgemäßen Geschäftsverlauf

Der Verkäufer verpflichtet sich, soweit rechtlich zulässig, dadurch, dass er

(i) nicht für einen Gesellschafterbeschluss stimmt, durch den die Gesellschafterversammlung der Zielgesellschaft eine Maßnahme billigen würde, die außerhalb des ordnungsgemäßen Geschäftsverlaufs liegt, insbesondere eine Maßnahme nach Ziffer 1.2, und

(ii) darauf hinwirkt, dass ein Gesellschafterbeschluss gefasst wird, mit dem die Geschäftsführer der Zielgesellschaft angewiesen werden, die Bestimmungen dieser Ziffer einzuhalten,

sicher zu stellen, dass, soweit nicht in diesem Vertrag etwas anderes bestimmt ist,

1.1 die Zielgesellschaft ihren Geschäftsbetrieb zwischen dem Abschluss dieses Vertrags und dem Closing als laufenden Betrieb im ordnungsgemäßen Geschäftsverlauf wie vor Abschluss dieses Vertrags weiterführt und

1.2 unbeschadet der generellen Regelung in Ziffer 1.1 bei der Zielgesellschaft ohne vorherige schriftliche Zustimmung des Käufers, die nicht unbillig verweigert oder verzögert werden darf, eine der folgenden Maßnahmen durchgeführt wird:

(i) Änderung der Satzung;

(ii) Umwandlung im Sinne des UmwG (Umwandlungsgesetz);

(iii) Abschluss eines Unternehmensvertrags im Sinne der §§ 291, 292 AktG (Aktiengesetz) oder eines Vertrags über eine stille Beteiligung;

(iv) Verfügung bzw. Verpflichtung zur Verfügung über Anteile an der Zielgesellschaft im Wege einer Veräußerung oder Belastung;

(v) Schaffung oder Ausgabe neuer Anteile an der Zielgesellschaft bzw. Gewährung von Optionen zu deren Bezug;

(vi) Erwerb von Beteiligungen an Gesellschaften oder Unternehmen in Höhe von mehr als 5% aller Anteile an dieser Gesellschaft oder diesem Unternehmen;

(vii) Erwerb oder Veräußerung bzw. Verpflichtung zum Erwerb oder zur Veräußerung von wesentlichen Vermögensgegenständen wenn Gegenleistungen, Investitionen und/oder eine Haftung von insgesamt mehr als [500.000] € (ausschließlich Umsatzsteuer) damit verbunden sind;

(viii) Besicherung einer Verpflichtung eines Dritten durch Garantie, Bürgschaft oder auf andere Weise oder Freistellung Dritter von Verbindlichkeiten oder Belastung von wesentlichen Vermögensgegenständen."

---

29 Drittens sollte der Käufer auf eine (nach Möglichkeit „harte") Bilanzgarantie[21] drängen, um die Basis seiner Kaufpreiskalkulation, also den letzten Jahresabschluss der Zielgesellschaft, abzusichern. Denn anders als bei der Kaufpreisanpassung auf Grundlage von „Closing Accounts" gibt es beim „Locked Box"-Modell keine spätere Prüfung der relevanten Bilanzpositionen mehr.

21 Zur Bilanzgarantie und der Unterscheidung zwischen „harten" und „weichen" Garantien vgl. *Blunk/Rabe* S. 408.

3. Pro/Contra der unterschiedlichen Gestaltungsvarianten

Da sowohl die Kaufpreisanpassung auf Grundlage von „Closing Accounts" als auch das „Locked Box"- Modell Vor- und Nachteile haben, lässt sich schwerlich die Aussage treffen, welches Konzept „besser" oder „schlechter" ist. Der Vorteil des „Locked Box"- Modells liegt sicher in seiner **geringeren Komplexität**. Auch entfällt bei diesem Modell der (teils nicht unerhebliche) Aufwand der Aufstellung und Prüfung eines Stichtagsabschlusses. Daraus resultiert jedoch auch sein Nachteil. Anders als bei dem Kaufpreisanpassungsmodell ermöglicht das „Locked Box"- Konzept nämlich nicht, etwaige Unternehmensveränderungen seit dem letzten Bilanzstichtag beim Kaufpreis zu berücksichtigen. Trotz der vorstehend beschriebenen Sicherungsmechanismen verbleibt somit ein **Restrisiko**, dass der Käufer möglicherweise „überzahlt". Weiter kann sich das Argument des geringeren Aufwands beim „Locked Box"-Konzept auch relativieren, da nicht selten der Käufer aufgrund des Wegfalls einer späteren Kaufpreiskorrektur die Prüfung des Zielunternehmens im Rahmen der **Due Diligence** intensiviert und damit ein erhöhter Aufwand ins Vorfeld der Transaktion verlagert wird. 30

Entscheiden sich die Parteien demgegenüber für eine Kaufpreisanpassung, nehmen sie nicht nur den damit verbundenen höheren Aufwand nach Closing in Kauf. Eine Kaufpreisanpassung auf Basis einer Stichtagsbilanz ist nämlich nicht nur aufwändiger, sondern gegebenenfalls auch streitanfälliger, da nicht selten Meinungsverschiedenheiten über die „korrekte" Bilanzierung und Berücksichtigung von Bilanzpositionen bei der Kaufpreisanpassung aufkommen. Vereinfacht lassen sich die Vor- und Nachteile der einzelnen Modelle wie folgt darstellen: 31

„Locked Box"- Modell	**Kaufpreisanpassungsmodell**
Pro: – Geringere Komplexität – Frühzeitige Klarheit über endgültigen Kaufpreis – Einfachere Durchführung/weniger Aufwand – Verminderte Streitanfälligkeit/hohe Transaktionssicherheit	Contra: – Komplexe Regelung – Höherer Aufwand bei Verhandlung und Vertragsgestaltung – Höherer Aufwand bei Aufstellung und Prüfung des Stichtagsabschlusses – Höhere Streitanfälligkeit nach Closing
Contra: – Restrisiko hinsichtlich Veränderungen des Zielunternehmens und operativer Risiken seit Bilanzstichtag – Ggf. ungeeignet, sofern Bilanzstichtag länger zurückliegt	Pro: – Erfassung von Geschäftsvorfällen und operativen Risiken seit letztem Bilanzstichtag

Hinsichtlich der Abwägung der dargestellten Vor- und Nachteile in der M&A-Praxis lässt sich bei Private Equity-Transaktionen ein gewisser Trend hin zum „Locked 32

Box"-Modell verzeichnen.[22] Bei Unternehmenskäufen zwischen strategischen Investoren scheint hingegen weiterhin eine Kaufpreisanpassung zum Stichtag das vorherrschende Konzept zu sein.

4. „Earn Out", insbesondere „Anti Embarrassment"-Klauseln

33 Der Begriff „**Earn Out**" bezeichnet Kaufpreisregelungen, bei denen der endgültige Kaufpreis von der zukünftigen Entwicklung der Zielgesellschaft abhängig gemacht wird.[23] In der Regel erfolgt dies durch die Zahlung eines zusätzlichen Kaufpreises in Abhängigkeit von dem Erreichen bestimmter Meilensteine, z.B. konkrete Umsatz- oder Ertragswerte.[24]

Muster Earn Out

„Earn Out

1. Der zusätzliche Kaufpreis (Earn out) beträgt bis zu [■] € (in Worten: [■] Euro) („Maximalbetrag") und bemisst sich nach Maßgabe der folgenden Regelungen in Abhängigkeit von der Erreichung bestimmter Ertragsziele in den Geschäftsjahren 2015 bis einschließlich 2017:
   a) Erzielt die Zielgesellschaft in den jeweiligen genannten Geschäftsjahren in Summe ein (konsolidiertes) EBIT von mehr als [■] €, so steht den Verkäufern ein variabler Kaufpreis in Höhe von 15% des jeweils den Schwellenwert von [■] € überschießenden Betrags zu, höchstens jedoch bis in Summe der Maximalbetrag erreicht wird.
   b) „EBIT" im Sinne des vorstehenden lit. a) meint das (Jahres-)Ergebnis vor Zinsaufwendungen bzw. -erträgen und vor Ertragsteuern im Sinne des Umsatzkostenverfahrens gemäß IFRS der jeweiligen Zielgesellschaften.
2. Der zusätzliche Kaufpreis ist – sofern die Voraussetzungen gemäß Absatz (1) erfüllt sind und der Maximalbetrag noch nicht ausgeschöpft ist – für jedes der genannten Geschäftsjahre jeweils im Folgejahr zehn (10) Bankarbeitstage nach Feststellung des letzten der Jahresabschlüsse der Zielgesellschaften fällig und zahlbar."

---

34 Earn Out-Klauseln haben ihre Berechtigung in Fällen, in denen die Geschäftsentwicklung der Zielgesellschaft aufgrund der besonderen Umstände des Einzelfalls schwer abschätzbar ist. In solchen Situationen können sie das Risiko des Käufers minimieren, einen zu hohen Kaufpreis zu zahlen. Der Nachteil solcher Kaufpreisgestaltungen liegt für den Verkäufer darin, dass er nach Übergabe der Verfügungsgewalt über das Unternehmen keine Einflussmöglichkeit hinsichtlich der Erreichung der relevanten Bezugsgrößen des Earn Outs mehr hat. Das Risiko einer Manipulation durch die Erwerberseite liegt auf der Hand. Anders mag die Situation sein, wenn der Verkäufer als Minderheitsgesellschafter und Geschäftsführer im Unter-

---

22 Eilers/Koffka/Mackensen/*Schrader* S. 67.
23 Hölters/*Semler* Unternehmenskauf, S. 851 m.w.N.; Hölters/*Gröger* Unternehmenskauf, S. 380f.; vgl. auch Picot/*Picot* Handbuch M&A, S. 308f.
24 Zu üblichen Zielgrößen vgl. Kap. 3 Rn 108.

nehmen verbleibt. In jedem Fall ist aber darauf zu achten, dass der Kaufvertrag die Voraussetzungen des Earn Outs detailliert regelt und für den Verkäufer ausreichende Informations- und Prüfungsrechte festlegt.

Beispiel
Sofern als Bemessungsgrundlage für die Berechnung des Earn Outs an Umsatzerlöse angeknüpft wird, die durch den zukünftigen Verkauf von speziellen Produkten der Zielgesellschaft erzielt werden, sollte der Verkäufer neben der jährlichen Rechnungslegung zu Informationszwecken zumindest quartalsweise Auflistungen der maßgeblichen Umsatzerlöse erhalten. Weiter sollte der Verkäufer ein Audit durch einen beruflich zur Verschwiegenheit verpflichteten Wirtschaftsprüfer durchführen lassen dürfen.

Eine besondere Form des Earn Outs stellen die sogenannten **„Anti-Embarassment"**- oder **„Clawback"-Klauseln** dar.[25] Diese werden von Finanzinvestoren im Fall des Exits, wenn sie also auf Verkäuferseite stehen, verwendet. Gegenstand dieser Klauseln ist die Vereinbarung eines zusätzlichen Kaufpreises für den Fall, dass der Erwerber innerhalb eines kurzen Zeitraums von einigen Monaten die Zielgesellschaft zu einem (überproportional) höheren Kaufpreis weiterveräußert. Hiermit soll erreicht werden, dass ein Teil des kurzfristig erzielten höheren Kaufpreises an den Erstverkäufer weitergereicht wird. Hintergrund dieser Gestaltung ist, dass ein Finanzinvestor sich bei solchen Fällen nicht vorhalten lassen möchte, offenkundig nicht den optimalen Kaufpreis erzielt zu haben.[26] Ein schneller Weiterverkauf zu einem höheren Preis dürfte beim Erwerb durch einen strategischen Investor kaum zu erwarten sein. Solche Klauseln finden sich daher überwiegend bei **Secondary**- oder auch **Management Buy-Outs**, also einer Weiterveräußerung an einen anderen Finanzinvestor bzw. einem Verkauf an das Management, wo eher damit gerechnet werden kann, dass die Erwerber eine günstige Gelegenheit zum Weiterverkauf nicht auslassen. 35

III. Garantien, Freistellungen, Haftung und Sicherung möglicher Käuferansprüche

Die Praxis des Unternehmenskaufs schließt das (unpassende) gesetzliche Gewährleistungssystem des Kaufrechts weitgehend aus und ersetzt es durch ein eigenständiges vertragliches **Haftungsregime** auf der Grundlage von abschließenden **Garantieversprechen** und klar definierten **Rechtsfolgen**.[27] Regelmäßig stellen dabei die Garantien und die Haftung der Verkäuferseite einen ganz wesentlichen Teil der 36

25 Eilers/Koffka/Mackensen/*Ellrott* S. 604.
26 Vgl. auch Eilers/Koffka/Mackensen/*Schrader* S. 78.
27 Hölters/*Semler* Unternehmenskauf, S. 877; siehe auch Kap. 7 Rn 77 ff.

Verhandlungen zwischen den Kaufvertragsparteien dar. Dies liegt nicht zuletzt an den Wechselwirkungen zwischen Kaufpreis und Umfang der Garantien. Einen „schlanken“ Garantienkatalog wird ein Verkäufer in der Regel nur dann durchsetzen können, wenn er Einbußen bzw. eine „Einpreisung“ beim Kaufpreis akzeptiert. Umgekehrt lässt sich ein „maximaler“ Kaufpreis wohl nur erzielen, wenn auch umfangreiche Garantien und Freistellungen gewährt werden. Während jedoch der Kaufpreis bzw. Unternehmenswert regelmäßig isoliert im Vorfeld verhandelt und im **Letter of Intent** oder einer vergleichbaren Vereinbarung fixiert wird, finden sich dort im Hinblick auf die noch zu verhandelnden Garantien/Freistellungen meist nur rudimentäre Aussagen, wie etwa *„Der Kaufvertrag wird die für Unternehmenskäufe üblichen Garantien enthalten“*. Damit ist das Feld für teils ausufernde Verhandlungen eröffnet.

37 Dem Grundsatze nach gilt Vorstehendes auch für Transaktionen mit Private Equity-Investoren. Danach differenzierend, ob Private Equity auf Käufer- oder Verkäuferseite auftritt, haben sich hier jedoch gewisse eigene Standards entwickelt.

1. Garantien und Freistellungen beim Unternehmenskauf

38 Beim Erwerb eines Unternehmens durch einen Private Equity-Investor treten zumeist keine Besonderheiten zutage, zumindest dann nicht, wenn der Erwerb von einem strategischen bzw. industriellen Verkäufer erfolgt. Regelmäßig ist der Private Equity-Investor nämlich – wie jeder andere Käufer – daran interessiert, möglichst umfangreiche Garantien und/oder Freistellungen zu erhalten. Bisweilen mag der Private Equity-Investor sogar ein besonderes Interesse an einem umfangreichen Garantienkatalog haben, weil er diesen, insbesondere im Fall eines „Secondary Buy-Outs“, also einer späteren Weiterveräußerung an einen anderen Finanzinvestor, möglicherweise weiterreichen kann.[28] Bei den heutzutage üblicherweise kurz bemessenen vertraglichen Verjährungsfristen von ca. 18 bis 24 Monaten dürfte dieser Fall freilich praktisch seltener vorkommen.

39 In jedem Fall positiv zu vermerken ist der Umstand, dass Private Equity-Investoren in der Regel sehr professionell sowohl bei der „Due Diligence“ als auch bei der späteren Vertragsverhandlung agieren. Unnötige oder gar emotional geführte Diskussionen über (unwesentliche) Garantien erlebt man mit Finanzinvestoren selten.

28 Vgl. hierzu Eilers/Koffka/Mackensen/*Schrader* S. 70.

2. Garantien und Freistellungen beim Unternehmensverkauf (Exit)

Im Fall der Veräußerung eines Unternehmens aus dem Portfolio eines Private Equity-Fonds sieht die Sache hingegen anders aus. 40

Während Verkäufer bei Garantieversprechen und Freistellungen naturgemäß zurückhaltend sind, regelmäßig aber die Notwendigkeit solcher Versprechen im Verhältnis zum Käufer erkennen, haben veräußernde Private Equity-Investoren geradezu eine Aversion gegen Garantien und Freistellungen. Ähnliches gilt auch hinsichtlich der Rechtsfolgenseite. Private Equity-Veräußerer sind sehr darum bemüht, ihre Haftung auch durch besonders niedrige Haftungshöchstgrenzen, sogenannte „**Caps**", und umfangreiche Haftungsausschlüsse oder -begrenzungen sowie kurze Verjährungsfristen weiter einzuschränken.[29] 41

Als Begründung hierfür wird regelmäßig angebracht, dass der Private Equity-Fonds darauf angewiesen sei, den Veräußerungserlös möglichst vollständig und zeitnah an seine Investoren auszuschütten. Dem stünden vertragliche Gewährleistungsrisiken jedoch entgegen. Weiter fiele es einem Private Equity-Investor auch grundsätzlich schwerer, Garantien abzugeben, da er typischerweise ein Portfolio-Unternehmen nicht so detailliert kennenlernen könne wie ein strategischer Investor.[30] 42

Wirklich überzeugend sind diese Argumente nicht. Auch ein strategischer Investor wird einen Veräußerungserlös lieber ausschütten oder reinvestieren wollen, anstatt Gewährleistungsrisiken auf Zeit zu akzeptieren. Dass ein Private Equity-Investor das verkaufte Unternehmen letztlich nicht so gut kennt, kann ebenfalls nicht überzeugen. Vor dem Hintergrund, dass es bei den Garantien letztlich um die Allokation von (abstrakten) Risiken geht, stellt sich die Frage des „Kennens" des Unternehmens nur bedingt. Im Zweifel wird der Erwerber weniger Kenntnisse vom Unternehmen haben. Damit ist die Frage der Risikoübernahme aber noch nicht vorentschieden, sondern bleibt Verhandlungssache. 43

Gleichwohl ist festzustellen, dass es sich in der Tat als eine Art „Standard" in der M&A-Praxis etabliert hat, dass Private Equity-Veräußerer grundsätzlich nur Garantien hinsichtlich der Anteile an der Zielgesellschaft sowie im Hinblick auf bestimmte gesellschaftsrechtliche Umstände abgeben. Auf das operative Geschäft bezogene Garantien erhält ein Erwerber hingegen seltener; wenn überhaupt, werden sie subjektiv ausgestaltet, d.h. nur „nach Kenntnis des Verkäufers" abgegeben. Auch Freistellungen, etwa für Umwelt- oder steuerliche Risiken, werden selten ein- 44

29 Vgl. EVCA Professional Standards, Governing Principles May 2003 (reprint January 2009), S. 23f.; zum angestrebten sog. „Clean Exit" s.a. Eilers/Koffka/Mackensen/*Ellrott* S. 598.

30 S. dazu Hölters/*Weinheimer* Unternehmenskauf, S. 1265; Eilers/Koffka/Mackensen/*Schrader* S. 69; Jesch/Striegel/Boxberger/*von Beauvais*/*Hellich* S. 382f.

geräumt, da sie regelmäßig erst spät verjähren[31] und damit der gewünschten zeitnahen Vollabwicklung des Fonds-Investments entgegenstehen. Ein gewisser Ausgleich bei den operativen Garantien mag dadurch geschaffen werden, dass nicht der Investor, sondern das Management persönlich gewisse Garantien gegenüber dem Erwerber abgibt (sog. „**Management Warranties**").[32] Da solche Garantien jedoch nur eine eingeschränkte finanzielle Sicherheit bieten können, sind sie eher „psychologischer" Natur und dienen vornehmlich dazu, dem Erwerber ein „besseres Gefühl" zu vermitteln. Vom Management persönlich eingegangene Garantien bieten nämlich eine gewisse Gewähr dafür, dass sie sorgfältig erwogen wurden.[33]

45 Dieser „Standard" wird auch gerne in den Verhandlungen vom Private Equity-Veräußerer bzw. seinen Beratern bemüht. Letztlich hängt der Umfang der Garantien/Freistellungen aber vom Einzelfall ab und bleibt Verhandlungssache. Dies gilt insbesondere, wenn der Erwerber eine – aufgrund eines käuferfreundlichen Marktumfelds – starke wirtschaftliche Position innehat und sich dem (Schein-)Argument des angeblichen Marktstandards nicht beugt.[34] Lediglich bei den bereits erwähnten „Secondary Buy-Outs" dürfte es tatsächlich uneingeschränkt akzeptiert sein, dass ein Private Equity-Veräußerer nur einen limitierten Garantienkatalog und keine Freistellungen – mit Ausnahme solcher zur Absicherung des „Locked Box"- Modells – zugesteht.

3. Sicherung vertraglicher Haftungsansprüche

46 Eine vergleichbare Diskussion ergibt sich regelmäßig auch im Zusammenhang mit der Absicherung möglicher Haftungsansprüche des Käufers. Verbreitet in der allgemeinen M&A-Praxis ist hier eine Einzahlung eines Teils des Kaufpreises auf ein Treuhandkonto („**Escrow Account**"). Der so hinterlegte Betrag dient dem Erwerber als Sicherheit für etwaige Ansprüche aus der Verletzung einer Verkäufergarantie.

47 Vor dem Hintergrund der dargestellten Zielsetzung eines Private Equity-Fonds, den Veräußerungserlös möglichst vollständig und zeitnah an seine Investoren auszuschütten, stößt diese sonst übliche Sicherungsmethode bei einem Private Equity-Veräußerer oftmals auf Widerstand. Letztlich gilt hier aber dasselbe wie bei den Garantien: ob ein (strategischer) Käufer seine möglichen Ansprüche über einen Treu-

---

31 Ansprüche aus Steuerfreistellungen verjähren nach der gängigen Praxis erst sechs Monate nach Bestandskraft des relevanten Steuerbescheids und damit mitunter erst nach vielen Jahren.

32 Hierzu näher Eilers/Koffka/Mackensen/*Schrader* S. 72; s.a. *Schaffner* BB 2007, 1292ff.; *Seibt/Wunsch* ZIP 2008, 1093ff.; *Hohaus/Weber* BB 2008, 2358, 2359.

33 Vgl. Eilers/Koffka/Mackensen/*Ellrott* S. 600.

34 Gleiches gilt auch für die Möglichkeit, etwaige nicht durch Garantien/Freistellungen abgedeckte Risiken „einzupreisen", die sich dem Käufer nur eröffnet, wenn er bei den vorherrschenden Gegebenheiten des Marktes gleichwohl einen wettbewerbsfähigen Preis bieten kann.

handbetrag absichern kann, ist Verhandlungssache und hängt von der stärkeren bzw. schwächeren Position der beteiligte Parteien ab. Festzustellen ist jedenfalls, dass die frühere, eher kategorische Ablehnung der „Treuhandlösung" einer zunehmenden Akzeptanz auch bei Private Equity-Veräußerern gewichen ist.

IV. Transaktionssicherheit

Die Sicherstellung, dass es tatsächlich zum Vollzug der Transaktion (Closing) kommt, ist für beide Vertragsseiten von wesentlicher Bedeutung. Aufwand und Kosten, die den Parteien auf dem Weg zum Vertragsabschluss entstehen, sind meist erheblich. Bei Private Equity-Transaktionen ergeben sich dabei im Zusammenhang mit der Akquisitionsfinanzierung spezielle Anforderungen. 48

1. Certainty of Funds

Nicht selten setzt der Erwerber zum Zwecke des Unternehmenskaufs ein Akquisitionsvehikel ein, d.h. eine lediglich mit Mindestkapital ausgestattete Gesellschaft, die nur zu diesem Zweck gegründet wurde. Bei Private Equity-Transaktionen ist dies naturgemäß ausnahmslos der Fall. Die Sicherstellung der Kaufpreisfinanzierung wird damit zu einer wesentlichen Anforderung. Dabei ist zwischen dem Interesse des Verkäufers an der erforderlichen Transaktionssicherheit und dem Interesse des Finanzinvestors, eine frühzeitige Kapitalbindung zu vermeiden, ein angemessener Ausgleich zu schaffen. Bei der Akquisitionsfinanzierung im Kontext von Private Equity-Transaktionen hat sich diesbezüglich ein Konzept etabliert, welches in Anlehnung an die bei öffentlichen Übernahmen bestehenden Regeln unter dem Begriff **„Certainty of Funds"** oder schlicht **„Certain Funds"** zusammengefasst wird. Ursprünglich wurde darunter nur die Finanzierungszusage von Seiten der kreditgebenden Bank verstanden. Im weiteren Sinn ist damit aber neben der Sicherstellung des fremdfinanzierten Teils des Kaufpreises auch die Bereitstellung bzw. Zusage des erforderlichen Eigenkapitals umfasst.[35] 49

Letztlich geht es darum, dem Veräußerer bereits bei **„Signing"**, also Unterzeichnung des Kaufvertrags, die notwendige Sicherheit zu verschaffen, dass das Käufervehikel bei **„Closing"**, d.h. dem Vollzug des Vertrags,[36] in der Lage ist, den Kaufpreis zu zahlen. Bei strategischen Investoren wird dieses Thema oft durch Patronatserklärungen oder entsprechende Garantien der hinter dem Akquisitionsvehikel stehenden Gesellschafter oder Konzernholding gelöst. Im letzteren Fall werden 50

35 Zum Konzept des „Certain Funds" Jesch/Striegel/Boxberger/*Ingenhoven* S. 268 ff.; vgl. auch Eilers/Koffka/Mackensen/*v. Rosenberg* S. 82 f., 90.
36 Zum Closing s. unten Rn 60 ff.

die Garantiegeber zu diesem Zweck Partei des Unternehmenskaufvertrags. Bei Private Equity-Transaktionen bedient man sich hingegen – je nachdem ob es die Eigenkapital- oder Fremdkapitalausstattung betrifft – sog. „Equity Commitment Letter" bzw. „Debt Commitment Letter".

a) Equity Commitment Letter

51 Bei einem **Equity Commitment Letter** handelt es sich um die Zusage des Fonds, das Akquisitionsvehikel mit dem – neben der Fremdfinanzierung – zur Kaufpreiszahlung erforderlichen Eigenkapital auszustatten. Die Bezeichnung als „Letter" resultiert daraus, dass diese Zusage regelmäßig in Briefform an das Vehikel oder auch den Verkäufer selbst erfolgt. Andere Gestaltungen, etwa in Form einer gesonderten Vertragsurkunde, sind jedoch ebenfalls denkbar.[37]

52 In rechtlicher Hinsicht handelt es sich hierbei zunächst um eine Verpflichtung, einmalig einen konkret festgelegten Eigenkapitalbetrag zur Verfügung zu stellen. Damit unterscheidet sich der Equity Commitment Letter dem Umfang nach von der Patronatserklärung, die eine stets ausreichende Kapitalausstattung des Vehikels zum Gegenstand hat, oder der sonst nicht unüblichen Garantie, für sämtliche Verpflichtungen der Erwerbergesellschaft unter dem Kaufvertrag einzustehen. Besteht die Verpflichtung nur gegenüber dem Akquisitionsvehikel, ist ihre Einhaltung im Verhältnis zum Veräußerer durch eine Garantie abzusichern. In der Regel wird die Verpflichtung aber direkt gegenüber dem Veräußerer ausgesprochen. Falls dem Akquisitionsvehikel ein eigenständiges Recht auf Zahlung eingeräumt wird, liegt ein sogenannter „echter Vertrag zugunsten Dritter" vor.

53 In zeitlicher Hinsicht erfolgt die Zusage durch den Equity Commitment Letter in der Regel bei Signing mit Leistungsversprechen zum Closing. Bei **Bieterverfahren** (Auktionsprozessen) kann es aber auch vorkommen, dass zur Erhöhung der Erfolgschancen der Equity Commitment Letter bereits mit dem bindenden Angebot verknüpft wird.[38] Um eine vorzeitige Kapitalbindung zu vermeiden, wird die Ausstattungsverpflichtung dabei mit dem Eintritt der Vollzugsvoraussetzungen des Kaufvertrags (**„Closing Conditions"**) verknüpft. So wird erreicht, dass die Ausstattungsverpflichtung nicht vor der Vollzugsverpflichtung nach dem Kaufvertrag eintritt.

54 Genauso wie Patronatserklärung oder Garantie bietet der Equity Commitment Letter dem Veräußerer nur dann eine adäquate Sicherheit, wenn der ausstellende Private Equity-Fonds ausreichend solvent ist. Dies kann der Veräußerer oft nur schwer überprüfen, da der Fonds seinerseits die benötigten Mittel erst kurz vor dem Closing bei seinen Geldgebern einfordert. Am Ende bleibt es meist dabei, dass der

37 Vgl. auch Eilers/Koffka/Mackensen/*v. Rosenberg* S. 82.
38 Eilers/Koffka/Mackensen/*v. Rosenberg* S. 83.

Veräußerer schlicht auf die Solvenz des Fonds vertrauen muss. Dies wird ihm umso leichter fallen, als es sich um einen Fonds einer bekannten und renommierten Beteiligungsgesellschaft handelt.

Muster Equity Commitment Letter

„From: [■] (the „**Purchaser**“); and
[■] (the „***Parent Shareholder***“)
To: [■] (the „**Seller**“) [Date]

Ladies and Gentlemen:
The following commitments and undertakings are in consideration of you entering into the share purchase agreement dated on or around the date of this letter (the „**SPA**“) regarding the sale and purchase of 100% of the share capital of [■] („**Target**“) to Purchaser.

1. The Parent Shareholder hereby confirms that the funds necessary to fulfill its obligations under this letter are, or at Closing, will be, available to it and no internal or other approval is required for the Parent Shareholder to fulfill its obligations hereunder. The Parent Shareholder hereby undertakes to the Seller and the Purchaser that (i) on the Closing Date, the Parent Shareholder shall cause the Purchaser to receive – directly or indirectly by way of equity contribution, shareholder loans and/or similar instruments – an amount on one of its bank accounts equal to [■] € (the „**Commitment**“) (or any greater amount to which the Seller and the Purchaser may agree) to be used by the Purchaser, together with the amount drawn down under the [Purchaser Acquisition Facility], to make the payments the Purchaser is obligated to make (y) pursuant to Clause [■] of the SPA at Closing or (z) resulting from any breach by Purchaser of any provision of the SPA, and (ii) the Commitment will not be withdrawn until the Purchase Price and interest thereon, if any, has been fully paid in accordance with the terms of the SPA.
2. The Purchaser undertakes to the Seller that:
   a) prior to Closing, it will not terminate, amend or agree to amend the terms of the [Purchaser Acquisition Facility], or waive or agree to waive any of its rights or obligations under the [Purchaser Acquisition Facility], in any case where such termination, amendment or waiver would prejudice its ability to either (i) draw down funds under the [Purchaser Acquisition Facility] or (ii) otherwise make the payments that it is obligated to make pursuant to Clause [■] of the SPA at Closing;
   b) it shall take all steps necessary to enforce all its rights under the [Purchaser Acquisition Facility] in order to allow it to draw down immediately available funds in an amount equal to at least [■] € on the Closing Date; and
   c) it shall not breach any term of the [Purchaser Acquisition Facility] which would prejudice the Purchaser's ability to obtain the proceeds of draw downs of funds there under.
3. The obligations of the Parent Shareholder and the Purchaser under paragraphs 0 and 2 of this letter are subject to the satisfaction at or before Closing of the conditions precedent that the Purchaser is obligated to consummate the Closing on the Closing Date pursuant to, and on the terms and subject to the conditions of, the SPA, including, for the avoidance of doubt, possible waivers.
4. This letter together with the SPA and the [Purchaser Acquisition Facility], constitutes the whole and only agreement of the parties with respect to the subject matter hereof, and supersedes all prior agreements, written or oral, with respect to such subject matter. This letter, including this provision, may not be amended or waived, except by a written instrument signed by all the parties hereto and expressed to be a variation of this letter.

5. If one or more provisions of this letter shall be invalid or unenforceable, the validity and enforceability of the other provisions of this letter shall not be affected. In such case the invalid or unenforceable provision shall be deemed to have been replaced by such valid and enforceable provision or provisions that reflect as closely as possible the commercial intention of the Parties as regards the invalid or unenforceable provision. The same shall apply in the event that this letter contains any unintentional omissions (Vertragslücken).
6. This letter shall terminate and be of no further force or effect upon the termination of the SPA in accordance with its terms.
7. This letter is being provided to the Seller solely in connection with the SPA and shall be kept confidential and not be disclosed to any third party, unless otherwise provided for herein. This letter may not be used, circulated, quoted or otherwise referred to in any document (other than the SPA) except with the written consent of the Purchaser; provided that, no such written consent is required for any disclosure of the existence or terms of this letter to the parties to the SPA or their representatives or advisors or to the extent required by applicable law, by the applicable rules of any national securities exchange or if required in connection with any required filing or notice with any Governmental Authority relating to the SPA.
8. No party shall be entitled to set off (aufrechnen) against any claims of any other party under or in connection with this letter or to exercise any right of retention (Zurückbehaltungsrecht).
9. This letter shall be governed by, and be construed in accordance with, the laws of the Federal Republic of Germany without reference to its conflict of law provisions.
10. All disputes arising under or in connection with this letter or its validity shall be finally settled by three arbitrators in accordance with the Arbitration Rules of the German Institution of Arbitration e.V. (Deutsche Institution für Schiedsgerichtsbarkeit e.V.) as applicable from time to time without recourse to the ordinary courts of law. The venue of the arbitration shall be Frankfurt am Main, Germany. The language of the arbitration proceedings shall be German, provided that documents originating in the English language are not required to be translated. This arbitration clause shall be governed by the laws of the Federal Republic of Germany."

b) Debt Commitment Letter

55 Das Gegenstück zum Equity Commitment Letter stellt hinsichtlich des fremdfinanzierten Kaufpreisteils der sogenannte **Debt Commitment Letter** dar. Er wird von der finanzierenden Bank ausgestellt und enthält eine (verbindliche) Finanzierungszusage gegenüber dem Akquisitionsvehikel. Eine (direkte) Verpflichtung gegenüber dem Veräußerer gibt es im Gegensatz zum Equity Commitment Letter nicht, da eine eigenständige Durchsetzbarkeit der Finanzierungszusage durch den Veräußerer von der finanzierenden Bank regelmäßig nicht akzeptiert wird.[39]

56 Den Debt Commitment Letter gibt es in den unterschiedlichsten Erscheinungsformen. Teils wird er gemeinsam mit der Unterzeichnung des Kreditvertrags über den fremdfinanzierten Teil des Kaufpreises (Facility Agreement) oder zumindest eines Überbrückungskredits (Interim Facility Agreement) erteilt.[40] Sofern bereits

39 Eilers/Koffka/Mackensen/v. *Rosenberg* S. 89.
40 Jesch/Striegel/Boxberger/*Ingenhoven* S. 270.

bindende Kreditverträge vorliegen, bedürfte es freilich eines Debt Commitment Letters nicht mehr. In der Regel wird jedoch der Commitment Letter lediglich mit einem sogenannten **Term Sheet** bzw. Eckpunktepapier verbunden, welches die Rahmenbedingungen des vor Kreditausreichung abzuschließenden Facility Agreements enthält. Von einem **„Fundable Commitment Letter“** spricht man, wenn die Bank ggf. sogar ohne vorherigen Vertragsabschluss allein auf Basis des Commitment Letters eine Auszahlung vornimmt.[41] Dies dürfte allerdings nur ausnahmsweise vorkommen.

Der Veräußerer wird stets den bindenden Abschluss eines vollständigen und endgültigen Kreditvertrags bereits zum Signing bevorzugen. Jedoch liegt es regelmäßig auch im Interesse des Erwerbers, wenn er bei Signing auch die Fremdfinanzierung sichergestellt weiß. 57

2. Verpflichtungen (Covenants) bei der Beteiligung eines Private Equity-Investors

Dass es beim „Locked Box“-Modell aus Sicht des Erwerbers wesentlich ist, dass der Veräußerer sich bis zum Closing gewissen Verpflichtungen im Hinblick auf die Fortführung des Geschäftsbetriebs unterwirft, wurde bereits oben ausgeführt.[42] 58

Darüber hinaus wird der Investor aber noch auf weitere Verpflichtungen drängen, um Transaktionssicherheit zu erhalten. Hierzu zählt die **Mitwirkungsverpflichtung** des Veräußerers im Zusammenhang mit der Bankenfinanzierung. Regelmäßig verlangen nämlich die Banken, dass die Zielgesellschaft dem Kreditvertrag bereits zum Closing bzw. zum Auszahlungszeitpunkt als (weiterer) Schuldner beitritt oder zumindest dessen Erfüllung garantiert. Dies erfordert die entsprechende Mitwirkung des Verkäufers bereits im Zeitraum zwischen Signing und Closing,[43] was regelmäßig im Kaufvertrag zu vereinbaren ist. Auch werden nicht selten im Vorgriff auf das Closing vorbereitende Maßnahmen vereinbart, die eine schnellere – zumeist steuerlich motivierte – **Umstrukturierung** nach dem Vollzug ermöglichen sollen.[44] Im Gegenzug tut der Veräußerer gut daran, für den Fall, dass es nicht zum Vollzug kommen sollte, eine Freistellungsverpflichtung des Erwerbers hinsichtlich sämtlicher mit dieser Umstrukturierung verbundenen Nachteile oder die Zahlung von sogenannten **Break Fees**[45] zu verlangen. 59

41 Jesch/Striegel/Boxberger/*Ingenhoven* S. 270.
42 Vgl. Rn 27 f.
43 Hölters/*Weinheimer* Unternehmenskauf, S. 1266.
44 Eilers/Koffka/Mackensen/*Schrader* S. 73.
45 Dazu unten Rn 67 f.

V. Closing, Vollzugsvoraussetzungen und -hindernisse

1. Allgemeines

60 Wie bereits oben erwähnt, wird beim Unternehmenskaufvertrag zwischen „Signing", also der Unterzeichnung des Kaufvertrags und dem „Closing", d.h. dem Vollzug des Vertrags unterschieden. Rechtstechnisch werden beim Signing die schuldrechtlichen Verpflichtungen zur Übertragung des Unternehmens und zur Zahlung des Kaufpreises begründet. Beim Closing werden diese Verpflichtungen erfüllt, also der Kaufpreis gezahlt und das Unternehmen (bzw. die Anteile daran oder seine Vermögensgegenstände) dinglich übertragen. In der Praxis werden daneben meist noch eine ganze Reihe weiterer (tatsächlicher oder rechtlicher) Handlungen (sog. **„Closing Actions"**) vorgenommen, wie etwa die Übergabe von Dokumenten, der Abschluss oder die Beendigung von Verträgen oder der Rücktritt von Organmitgliedern.[46]

2. Vollzugsvoraussetzungen und -hindernisse

61 Zum Closing kommt es nur, wenn sämtliche zwischen den Parteien vereinbarten Vollzugsvoraussetzungen bzw. -bedingungen (sog. **„Closing Conditions"**) eintreten oder die Parteien auf diese Voraussetzungen verzichten.

62 Neben den Vollzugsvoraussetzungen werden regelmäßig auch Vollzugshindernisse vereinbart, welche – gleichsam einer negativen Vollzugsvoraussetzung – nicht vorliegen dürfen, wenn es zum Vollzug kommen soll. Bei Eintritt solcher Vollzugshindernisse dürfen die Parteien bzw. die Partei, in deren Interesse das Vollzugshindernis in den Vertrag aufgenommen wurde, den Vollzug verweigern und vom Vertrag zurücktreten.

a) Termination Rights

63 Bei Private Equity-Transaktionen haben sich diesbezüglich einige besondere Vertragsgestaltungen herausgebildet, insbesondere die sogenannte MAC-Klausel. Diesen Vertragsklauseln ist allen gemein, dass sie es dem Käufer ermöglichen, sich nach Signing aber vor Closing wieder vom Unternehmenskaufvertrag zu lösen. Aus diesem Grund werden diese Vollzugshindernisse auch **„Termination Rights"** genannt.

64 MAC-Klauseln zielen darauf ab, das Risiko des Erwerbers zu minimieren, das Unternehmen bei Closing übernehmen und den bei Signing festgelegten Kaufpreis zahlen zu müssen, obwohl das Unternehmen in der Zwischenzeit aufgrund einer

46 Vgl. *Holzapfel/Pöllath* S. 41; *Rödder/Hötzel/Mueller-Thuns* S. 149.

wesentlichen nachteiligen Veränderung („**Material Adverse Change**" kurz „**MAC**") einen wesentlichen Wertverlust erlitten hat. Die vereinbarten Garantien schützen den Erwerber in einem solchen Fall in der Regel nicht ausreichend. Zwar mögen sie teils verletzt sein und dem Erwerber einen Schadensersatzanspruch verschaffen. Ist die eingetretene nachteilige Veränderung und Werteinbuße jedoch von erheblicher Natur, kann es für den Käufer im Einzelfall besser sein, vom Erwerb gänzlich Abstand zu nehmen. Letztlich bedeutet dies die Risikoverlagerung auf den Verkäufer. Dieser kann nicht bereits bei Vertragsschluss, sondern erst bei Closing sicher sein, dass die Transaktion auch durchgeführt wird. Dies gilt umso mehr, wenn die MAC-Klausel allgemein und umfassend gehalten ist, um möglichst alle denkbaren nachteiligen Veränderungen einschließlich etwaiger allgemeiner Marktveränderungen erfassen zu können. Demgegenüber tut der Verkäufer gut daran, wenn er – sofern er überhaupt eine MAC-Klausel akzeptiert[47] – auf einer detaillierten Formulierung besteht und die „Wesentlichkeit" der nachteiligen Veränderung konkret beziffert.

Muster MAC

„Der Käufer kann das Closing verweigern, wenn zuvor eine Wesentliche Nachteilige Veränderung eingetreten ist. Unter einer „**Wesentlichen Nachteiligen Veränderung**" sind Ereignisse, Tatsachen oder Umstände zu verstehen, die allein oder gemeinsam

(i) durch ihre Auswirkungen auf Vermögensgegenstände, den Umsatz, den Ertrag, die Finanzlage, die Geschäftslage oder die finanziellen oder geschäftlichen Aussichten der Zielgesellschaft einen Gesamtschaden [im Sinne von §§ 249 ff. BGB] in Höhe von mehr als [■] € zur Folge haben oder erwarten lassen, wobei für Zwecke der Berechnung des Gesamtschadens etwaige Ersatz- oder Freistellungsansprüche der Zielgesellschaft gegen Dritte (einschließlich von Versicherern) außer Betracht bleiben, oder

(ii) einen negativen Effekt auf das durchschnittliche Jahres-EBITDA der Zielgesellschaft für das bis zum [■] endende Geschäftsjahr von mindestens [■] EUR haben oder erwarten lassen, wobei die Berechnung in Übereinstimmung mit bis zum Abschluss dieses Vertrags von der Zielgesellschaft angewandten Bilanzierungsgrundsätzen, und -verfahren zu erfolgen hat.

Eine Wesentliche Nachteilige Veränderung liegt unabhängig davon vor, ob die zugrunde liegenden Ereignisse, Tatsachen oder Umstände Ersatz- oder Freistellungsansprüche oder andere Rechte, Ansprüche oder Einwendungen des Käufers nach diesem Vertrag begründen.

[Eine Wesentliche Nachteilige Veränderung liegt nicht vor, sofern die betreffenden Ereignisse, Tatsachen oder Umstände vergleichbar schwerwiegende Auswirkungen generell auf Gesellschaften mit gleicher oder ähnlicher Geschäftstätigkeit haben.]"

---

47 Dies mag z.B. der Fall sein, wenn der Investor seinerseits in den Finanzierungsverträgen MAC-Klauseln der Banken akzeptieren muss, die es dann ggf. im Unternehmenskaufvertrag zu spiegeln gilt, vgl. dazu Eilers/Koffka/Mackensen/*Schrader* S. 68.

65 **Breach-of-Warranty-Klauseln** haben einen ähnlichen Zweck wie die MAC-Klauseln. Sie ermöglichen es dem Käufer, den Vollzug des Kaufvertrags zu verweigern und zurückzutreten wenn bereits zum Closing eines oder mehrere der Garantieversprechen des Verkäufers in wesentlicher Hinsicht verletzt wurden. Solche Breach-of-Warranty-Klauseln sind gegenüber den MAC-Klauseln deutlich spezifischer, da sie aufgrund der Anknüpfung an die vertraglichen Garantien konkreter auf das verkaufte Unternehmen bezogen sind. Weiter lässt sich durch die Festlegung eines konkreten Schadensbetrags die Schwelle der erforderlichen „Wesentlichkeit" der Garantieverletzung besser bestimmen.

Muster Breach of Warranty

„Der Käufer kann das Closing verweigern, wenn zuvor eine oder mehrere der Garantien des Verkäufers gemäß § [■] dergestalt verletzt sind, dass der Zielgesellschaft hieraus einen Gesamtschaden [im Sinne von §§ 249 ff. BGB] in Höhe von mehr als [■] € entstehen würde, wobei für Zwecke der Berechnung des Gesamtschadens etwaige Ersatz- oder Freistellungsansprüche der Zielgesellschaft gegen Dritte (einschließlich von Versicherern) außer Betracht bleiben."

66 **Financing Out-Klauseln** sollen es dem Finanzinvestor ermöglichen, sich vom Unternehmenskaufvertrag zu lösen, wenn die erforderliche Fremdfinanzierung nicht zustande kommt. Angesichts des oben dargestellten „Certainty of Funds"-Konzepts verwundert es nicht, dass solche Klauseln sich – zumindest im deutschen Markt – nicht durchsetzen konnten.[48]

b) Break Fees

67 Besteht der Erwerber auf Termination Rights, könnte der Veräußerer versucht sein, sich im Gegenzug eine Abfindung („**Break Fee**") für den Fall des Rücktritts versprechen zu lassen. Bei Financing Out-Klauseln erscheint dies auch durchaus als angemessener Ausgleich. Bei den MAC-Klauseln und insbesondere bei den Breach-of-Warranty-Klauseln ist dies hingegen zweifelhaft. Erfolgt der Rücktritt aufgrund einer wesentlichen Garantieverletzung, die den Verkäufer andernfalls zu erheblichen Schadensersatzzahlungen verpflichten würde, kann er kaum noch eine Abfindung beanspruchen.

68 Gelegentlich werden Break Fees auch für den Fall vereinbart, dass die Transaktion aus fusionskontrollrechtlichen Gründen scheitert. Dies ist immer dann der Fall, wenn der Käufer akzeptiert, dass das Risiko einer kartellrechtlichen Untersagung der Transaktion in seine Sphäre fällt, jedenfalls aber von ihm getragen wird.

48 Anders wohl der US-amerikanische Markt, vgl. Eilers/Koffka/Mackensen/*Schrader* S. 79.

VI. Sonstige typische Regelungen

Neben den vorstehend dargestellten wesentlichen Regelungsbereichen des Unternehmenskaufvertrags gibt es noch weitere typische Vertragsregelungen, die aufgrund der spezifischen Anforderungen von Finanzinvestoren Modifikationen erfahren. Insbesondere handelt es sich dabei um die typischen Klauseln zur Geheimhaltung[49] sowie das generelle Abtretungsverbot, welche aufgrund der regelmäßigen Fremdfinanzierung der Unternehmensakquisition und der vorherrschenden Exitstrategie von Private Equity-Investoren eingeschränkt werden. 69

1. Einschränkungen der Vertraulichkeit

Die in jedem Unternehmenskaufvertrag enthaltenen Klauseln zur Geheimhaltung 70
bzw. Vertraulichkeit bezwecken einen strikten Schutz sowohl des Inhalts des Unternehmenskaufvertrags als solchem, als auch der im Zusammenhang mit der Transaktion ausgetauschten (vertraulichen) Informationen der beteiligten Parteien und verbundenen Unternehmen sowie insbesondere auch des Zielunternehmens selbst. Ausnahmen von der Geheimhaltungsverpflichtung gibt es regelmäßig nur, wenn und soweit die Offenlegung von vertraulichen Informationen gesetzlich oder aufsichtsbehördlich erforderlich ist oder gemäß den Regularien einer anerkannten Börse, bei der die Anteile einer der Parteien oder eines mit dieser Verbundenen Unternehmens notiert sind, gefordert wird.

Wird der Kaufpreis (teilweise) durch Banken fremdfinanziert, haben auch diese 71
ein berechtigtes Interesse daran, sowohl über das Zielunternehmen als auch über die Inhalte des Kaufvertrags informiert zu sein. Gleiches gilt auch hinsichtlich der Investoren des Private Equity-Fonds. Verträge mit Finanzinvestoren auf Käuferseite müssen daher die Offenlegung der geschützten Information an die finanzierenden Banken und Investoren ermöglichen.

Muster Einschränkung Vertraulichkeit

„Die Parteien verpflichten sich, den Inhalt dieses Vertrages sowie alle im Zusammenhang mit seiner Verhandlung und Durchführung über die jeweils andere Partei und mit ihr verbundene Unternehmen erlangten Informationen streng vertraulich zu behandeln. Von der vorstehenden Verpflichtung nicht umfasst sind Informationen, die öffentlich bekannt sind oder ohne eine Verletzung dieser Verpflichtung öffentlich bekannt werden oder deren Offenlegung durch Gesetz oder kapitalmarktbezogene Regularien vorgeschrieben ist. Der Käufer ist berechtigt, den mit ihm verbundenen Unternehmen sowie Dritten, insbesondere Banken, sonstigen Kreditgebern, seinen Investoren und professionellen Beratern sämtliche hiernach geschützten Informationen zugänglich zu machen, wenn dies zur Durchführung dieses Vertrags und der hierin vereinbarten Rechtsgeschäfte oder sonst zur Wahrnehmung seiner berechtigten Interessen notwendig ist."

---

49 Vgl. dazu bereits Kap. 7 Rn 247 ff.

72 Bei einem Verkauf der Zielgesellschaft (Exit) kann der Finanzinvestor auch gehalten sein, den Unternehmenskaufvertrag gegenüber dem neuen Kaufinteressenten offenzulegen. Zwingend ist dies dann, wenn er versucht, die mit dem ursprünglichen Verkäufer vereinbarten Garantien an einen Erwerber weiterzureichen.[50] Soweit die Vertraulichkeitsklausel keine zeitliche Beschränkung ihrer Gültigkeit enthält, die eine spätere Offenlegung gegenüber Kaufinteressenten zulässt, wird der Private Equity-Investor daher darauf achten, die Geheimhaltungsverpflichtung im Kaufvertrag auch für diesen Fall einzuschränken.

73 Um die grundsätzliche Geheimhaltungsverpflichtung nicht mehr als notwendig einzuschränken, sollte der Verkäufer aber darauf drängen, dass die Banken, Investoren, Berater, Kaufinteressenten etc. nur auf einer sog. „Need-to-know"-Basis und unter der Bedingung informiert werden dürfen, dass sie, soweit sie nicht ohnehin zur Berufsverschwiegenheit verpflichtet sind, sich auch zugunsten des Verkäufers einer Vertraulichkeitsverpflichtung unterwerfen.

2. Einschränkungen des Abtretungsverbots

74 Üblicherweise sehen Unternehmenskaufverträge ein grundsätzliches Abtretungsverbot hinsichtlich der aus dem Vertrag resultierenden Rechte vor. Ausnahmen erfolgen in der Regel nur soweit die jeweils andere Vertragspartei der Abtretung (ausdrücklich und schriftlich) zustimmt, oder die Abtretung zugunsten von verbundenen Unternehmen der Vertragsparteien erfolgt.[51]

75 Bei der Beteiligung von Private Equity-Investoren sind die Ausnahmen vom Abtretungsverbot meistens vielfältiger. So wird sich der Private Equity-Erwerber etwa vorbehalten, dass eine (partielle) Abtretung an mögliche Co-Investoren zulässig ist. Insbesondere aber wird ein Finanzinvestor darauf bestehen, Rechte aus dem Vertrag an die finanzierenden Banken abtreten zu können. Dies resultiert daraus, dass die Banken üblicherweise in den Finanzierungsverträgen darauf drängen, unter anderem auch die Gewährleistungsrechte des Erwerbers als Sicherheit abgetreten zu erhalten.

Muster Einschränkung Abtretungsverbot

„Eine Abtretung von Rechten und Ansprüchen aus diesem Kaufvertrag ist nur mit vorheriger schriftlicher Zustimmung der jeweils anderen Partei wirksam, unbeschadet zwingender Bestimmungen des deutschen Rechts. Der Zustimmung des Verkäufers bedarf es nicht, soweit die Abtretung durch den Käufer allein zur Absicherung der finanzierenden Banken im Rahmen von Finanzierungsmaßnahmen zu dem Erwerbsvorhaben dient."

50 Vgl. dazu oben Rn 38.

51 *Rödder/Hötzel/Mueller-Thuns* S. 503.

Auch im Hinblick auf den späteren, planmäßigen Exit wird der Finanzinvestor ein Interesse daran haben, seine Gewährleistungsrechte an einen Dritten abtreten zu können, um seinerseits bei der Weiterveräußerung keine eigene Garantieverpflichtung eingehen zu müssen.[52] 76

C. Beteiligung des Managements

I. Allgemeines, insbesondere Ziele der Managementbeteiligung

Unter dem Stichwort „**Managementbeteiligung**" versteht die M&A-Praxis die Gesamtheit aller derjenigen Regelungen, die im Zusammenhang mit einem Unternehmenserwerb in Bezug auf die Art, den Erwerb, das Halten und die Beendigung einer (echten) Kapitalbeteiligung des Managements an der Zielgesellschaft getroffen werden.[53] Mit ihr soll ein **Gleichlauf der Interessen** von Investor und Management erzielt bzw. eine Interessendivergenz vermieden werden.[54] 77

Die Managementbeteiligung, welche technisch nicht im Unternehmenskaufvertrag, sondern in einer separaten (Gesellschafter-)Vereinbarung zwischen dem Finanzinvestor und dem Management umgesetzt wird, stellt ein ganz wesentliches Element bei Private Equity-Transaktionen dar. Wie bereits erwähnt, resultiert dies daraus, dass der Private Equity-Investor im Gegensatz zu einem strategischen Investor viel stärker auf die Übernahme und Bindung des bestehenden Managements angewiesen ist. Darüber hinaus lässt sich das zentrale Ziel eines jeden Finanzinvestors, die größtmögliche Steigerung des Unternehmenswerts, nur realisieren, wenn es gelingt, die (gegensätzlichen) Interessen von Investor und Management in Gleichklang zu bringen.[55] 78

1. Ziele des Private Equity-Investors

Mit einer Managementbeteiligung verfolgt der Investor maßgeblich zwei Ziele: Zum einem soll sie dem Management einen **Anreiz** geben, dem Unternehmen längerfristig, zumindest bis zur Weiterveräußerung zur Verfügung zu stehen. Zum anderen soll das Management sein Handeln darauf ausrichten, einen möglichst hohen Erlös beim späteren Exit zu erzielen. 79

Dies gelingt dadurch, dass mit einer Kapitalbeteiligung ein eigenes wirtschaftliches Interesse des Managements an der Wertsteigerung des Ziel- bzw. Portfolio- 80

52 Zur Weitereichung von Garantien s. bereits oben Rn 38.
53 Jesch/Striegel/Boxberger/*Hohaus* S. 207 f. mit Abgrenzung zu anderen Anreizmodellen.
54 Eilers/Koffka/Mackensen/*Mackensen* S. 415 f. Jesch/Striegel/Boxberger/*Hohaus* S. 208 m.w.N.
55 Jesch/Striegel/Boxberger/*Hohaus* S. 208.

unternehmens bis zum Exit begründet wird.[56] Das Management erhält, genauso wie der Investor, die Möglichkeit am Exiterlös zu partizipieren. Allerdings auch nur dann, wenn es auch tatsächlich bis zum Exit aktiv an der Wertsteigerung mitarbeitet.

2. Ziele des Managements

81 Das primäre Ziel des Managements liegt darin, ein möglichst hohes Einkommen bei eher geringem Risiko zu erzielen. Da die laufenden Gehalts- und Bonuszahlungen, die an den Arbeitseinsatz des Managements anknüpfen, begrenzt sind, bietet sich die Beteiligung am Exiterlös geradezu als Anreizmodell an. Freilich wird das Management immer darauf bedacht sein, einen hohen Erlös bei möglichst geringem Kapitaleinsatz zu erzielen und auch das Risiko hinsichtlich des Verlusts des eigensetzten Kapitals zu minimieren.[57]

II. Gestaltung der Managementbeteiligung

82 Zu den Kernelementen bei der Gestaltung der Managementbeteiligung zählen
- das Investment des Managements, also die Ausgestaltung der eigentlichen Beteiligung am Kapital,
- die Regelungen für den Fall des Ausscheidens vor Exit, sog. „**Leaver Scheme**“, und
- die Teilhabe des Managements am Exiterlös.

1. Investment des Managements

83 Das Investment des Managements erfolgt meist durch einen Erwerb von Anteilen an dem Erwerbsvehikel des Private Equity-Investors oder die Übernahme von Anteilen im Rahmen einer Kapitalerhöhung. Der Umfang der gesamten Beteiligung des Managements liegt dabei in einer Bandbreite von 5–20%[58] des rechtlichen Eigenkapitals. Höhere Quoten, insbesondere über 25%, wird es schon deshalb kaum geben, weil damit das Management eine Sperrminorität erhalten würde, die seitens des Finanzinvestors nicht gewünscht ist. Damit liegt die wirtschaftliche Beteiligung des Managements unter Berücksichtigung von Zahlungen in die Kapi-

56 Eilers/Koffka/Mackensen/*Mackensen* S. 415 f.

57 Jesch/Striegel/Boxberger/*Hohaus* S. 208.

58 Jesch/Striegel/Boxberger/*Hohaus* S. 210; vgl. auch die Nachweise bei Eilers/Koffka/Mackensen/*Mackensen* S. 420, der selbst von einem Umfang von 5–15% ausgeht.

Beispiel
Typischerweise erhält der Bad Leaver nur den Wert seiner Anschaffungs- bzw. Einstiegskosten beim Beteiligungserwerb, oder, falls dieser niedriger ausfallen sollte, den Verkehrs- bzw. Marktwert seiner Beteiligung.
Der Good Leaver erhält hingegen den höheren Wert von Anschaffungs- bzw. Einstiegskosten oder Verkehrs- bzw. Marktwert.[67]

Zusätzliche Unterscheidungen bei der Kaufpreisbestimmung kann es auch über das 89 sogenannte **„Vesting"** geben.[68] Danach wird die Höhe des Kaufpreises von weiteren Kriterien, insbesondere vom Zeitraum des Bestehens der Managementbeteiligung (**„Time Vesting"**)[69] abhängig gemacht.

Auch hinsichtlich der Ermittlung des Verkehrs- bzw. Marktwerts ergeben sich 90 Besonderheiten. Die in Gesellschaftsverträgen für das Ausscheiden von Anteilsinhabern üblicherweise herangezogene IDW-S 1 Bewertung wird von Finanzinvestoren ungern akzeptiert, da sie aufwändig und kostspielig ist. Stattdessen greifen sie gerne auf brancheneigene Bewertungsrichtlinien (z.B. IPEV Valuation Guidelines) zurück.

Eine weitere Bindungswirkung wird auch über die typischen, nachvertraglich 91 wirkenden Wettbewerbsverbote[70] für das Management erreicht. Diese verbieten es einem ausscheidenden Manager für einen gewissen Zeitraum – in der Regel zwei Jahre – eine Tätigkeit auszuüben, mit der sie in irgendeiner Form in Konkurrenz zu dem Portfoliounternehmen treten würden. Je nach Branchenfokussierung des jeweiligen Managers kann so ein Wettbewerbsverbot im Einzelfall auch einem Berufsverbot gleichkommen. Dies wiegt dann besonders schwer, wenn das Verbot nicht mit einer Karenzentschädigung verknüpft ist. Weiter werden solche Wettbewerbsverbote gerade in Private Equity-Transaktionen häufig durch hohe, teils unangemessene Vertragsstrafen für das Management abgesichert. Hierdurch wird eine besondere Abschreckungswirkung erzielt. Die Wirksamkeit solcher weitreichenden Wettbewerbsverbote steht zwar immer wieder in Frage. Das Risiko, möglicherweise gegen das Wettbewerbsverbot zu verstoßen und gegebenenfalls eine empfindliche Vertragsstrafe zu verwirken, trägt aber allein der ausscheidende Manager.

67 Vgl. zu den unterschiedlichen Gestaltungsvarianten Jesch/Striegel/Boxberger/*Hohaus* S. 224.
68 Zur Bedeutung des Vestings Jesch/Striegel/Boxberger/*Hohaus* S. 219.
69 Zur Unterscheidung von Time u. Performance Vesting Eilers/Koffka/Mackensen/*Mackensen* S. 438.
70 Zu Wettbewerbsverboten in Beteiligungsverträgen vgl. Jesch/Striegel/Boxberger/*Inhester* S. 249f.

3. Teilhabe des Managements am Exiterlös

92 Der Exit bei einem Private Equity-Investment kann auf unterschiedliche Art durchgeführt werden. Der wohl häufigste Fall es Exits ist der sog. **„Trade Sale"**, d.h. der Verkauf der Anteile an der Portfoliogesellschaft im Wege eines individuell verhandelten Kaufvertrags an einen Dritten, in der Regel einen strategischen Investor.[71] Daneben kommen aber auch ein Börsengang (**„Listing"**) oder die **Liquidation** der Gesellschaft in Betracht. Letztlich ist es der vertraglichen Vereinbarung zwischen Finanzinvestor und Management überlassen, die möglichen Exitszenarien festzulegen.

Muster Definition Exit

„Als „Exit" im Sinne dieses Vertrages gelten jeweils in einem oder mehreren Schritten

a) die Verkauf sämtlicher Vermögensgegenstände der Gesellschaft im Rahmen eines Trade Sale gemäß Ziffer [■];

b) die Durchführung eines Listings gemäß Ziffer [■]; oder

c) die Auflösung oder Liquidation der Gesellschaft."

---

93 Für die Verteilung des Exiterlöses, also die Auskehrung des bei Veräußerung des Portfoliounternehmens erzielten Erlöses, an den Investor und das Management werden ebenfalls detaillierte vertragliche Regelungen getroffen. Dabei erfolgt die Erlösverteilung – nach der vorrangigen Rückführung der Akquisitionsfinanzierung an die Banken und dem Ausgleich der Kosten des Exits – regelmäßig im Verhältnis der bestehenden (wirtschaftlichen) Beteiligung des Investors und des Managements.[72] Zum Teil gibt es jedoch auch eine von den vorstehenden Quoten abweichende Erlösverteilung auf Basis sogenannter **„Ratchets"**.[73] Dabei gewährt der Private Equity-Investor dem Management bei Erreichen bestimmter Renditeschwellen zusätzliche Anteile (positives Ratchet). Zur Vereinfachung des Exitprozesses muss die Anteilsgewährung dabei nicht tatsächlich durchgeführt werden. Vielmehr kann sie auch durch eine disproportionale Erlösverteilung Berücksichtigung finden. Bei der anzusetzenden Zielgröße wird zumeist auf eine vom Finanzinvestor zu erzielende Mindestrendite (Internal Rate of Return – IRR) von 20–30% sowie ein Mindestkapitalmultiple von 2,5–3,5 abgestellt.

94 Daneben wird für die Erlösverteilung auch eine Reihenfolge festgelegt, in der die Beteiligten ihren Anteil erhalten (sogenannter **„Waterfall"**). Dieser Waterfall ist dann von besonderer Bedeutung, wenn der Exiterlös nicht ausreicht, um allen Be-

---

71 Jesch/Striegel/Boxberger/*von Beauvais/Hellich* S. 364.

72 Zur abweichenden Erlösverteilung aufgrund sog. „Liquidationspräferenzen" vgl. Hölters/*Weinheimer* Unternehmenskauf, S. 1286.

73 Hierzu ausführlich Eilers/Koffka/Mackensen/*Mackensen* S. 442 ff.

teiligten den vollen, ihrer Beteiligung entsprechenden prozentualen Anteil auszuzahlen.

Muster Waterfall

„Die beim Exit jeweils erzielten Exiterlöse werden wie folgt und in der folgenden Reihenfolge verwendet bzw. unter den Parteien dieses Vertrages verteilt („Waterfall")

a) Erstens, zur Rückführung von Darlehensverbindlichkeiten, die der Gesellschaft von finanzierenden Banken zur Verfügung gestellt wurden, oder von Tranche A unter dem [■] Darlehensvertrag, einschließlich aufgelaufener Zinsen, soweit diese Verbindlichkeiten nicht vom Erwerber bei dem Exit übernommen wurden;

b) Zweitens, zum Ausgleich sämtlicher Kosten, Gebühren und anderen Ausgaben der Gesellschaft im Zusammenhang mit dem Exit;

c) Drittens, zur Rückführung von Tranche B unter dem [■] Darlehensvertrag nebst aufgelaufener Zinsen;

d) Viertens, zur Rückführung bestehender Gesellschafterdarlehen der Managementgesellschafter nebst aufgelaufener Zinsen;

e) Fünftens, zum Ausgleich der von den Parteien jeweils erbrachten Zahlungen Kapitalrücklage, wobei hierfür zur Verfügung stehende Nettoexiterlöse vorrangig zur vollständigen Rückführung der Zahlungen Kapitalrücklage des Investors zu verwenden sind;

f) Sechstens, zum Ausgleich der von den Parteien jeweils erbrachten Zahlungen Stammeinlage, wobei hierfür zur Verfügung stehende Nettoexiterlöse vorrangig zur vollständigen Rückführung der Zahlungen Stammeinlage des Investors zu verwenden sind;

g) Siebtens, an sämtliche Parteien unter Anwendung der für die jeweilige Partei geltenden Wirtschaftlichen Beteiligung sowie Zahlungen auf Finanzierungsbeiträge gemäß folgender Formel:
Betrag X = (Nettoexiterlös × Wirtschaftliche Beteiligung) ./. Zahlungen auf Finanzierungsbeiträge

Für Zwecke dieses Vertrages bedeuten:

„Exiterlös" sämtliche von der Gesellschaft oder den Parteien im Zusammenhang mit einem Exit realisierten Erlöse, einschließlich Zahlungen auf bestehende Finanzierungsbeiträge, Gesellschafterdarlehen, Veräußerungserlöse, Dividenden etc.;

„Nettoexiterlös" den nach Rückführung bzw. Ausgleich der in vorstehender lit. a) und b) genannten Beträge verbleibende Exiterlös;

„Zahlungen auf Finanzierungsbeiträge" sämtliche Zahlungen welche die jeweilige Partei auf ihre Finanzierungsbeiträge gemäß vorstehender lit. c) bis f) bereits erhalten hat."

Kapitel 12
Bedeutung kultureller Unterschiede für das Transaktionsmanagement am Beispiel chinesischer Investoren

A. Einleitung

I. Kultur und Unternehmenskultur als Erfolgsfaktor bei Transaktionen

Im Vorfeld der Fusion mit Chrysler untersuchte Daimler in einer detaillierten Analyse fünfzig gescheiterte internationale Unternehmenskäufe, um **kulturelle Konflikte** als grundlegendes Problem zu identifizieren. Das Ende ist bekannt. Als sich in den ersten zwei Jahren die Geschäftsergebnisse von Chrysler stark verschlechterten, waren die Deutschen daran schuld. Allerdings lag das gesamte Chrysler-Geschäft in den ersten zwei Jahren weiterhin **vollständig** in amerikanischer Hand. 1

Der Faktor Kultur wird mittlerweile für **ausschlaggebend** für den Erfolg oder Misserfolg des Unternehmenskaufs gehalten.[1] 2

Gelten die Erkenntnisse auch für ein Transaktionsmanagement am Beispiel chinesischer Investoren? Das tun sie, aber bereits viel früher. Kulturelle Unterschiede werden nicht erst nach einer erfolgreichen Transaktion spürbar, sie begleiten vielmehr die Transaktion von **Anfang** an. Bereits das erste Zusammentreffen beispielsweise des chinesischen Investors und des deutschen verkaufswilligen Mittelständlers macht schnell deutlich, was hier gemeint ist. Hier stehen sich erst einmal gänzlich anders denkende und anders handelnde **Kulturkreise** gegenüber, die gemeinsam erfolgreich einen Unternehmenskauf abwickeln wollen. Anders als bei deutschen und amerikanischen Unternehmen kann in der Regel nicht davon ausgegangen werden, dass ausgesuchte Rechtsabteilungen die Verhandlungen bis ins Detail vorbereiten und von gleichen Prämissen ausgehen. Der chinesische Investor ist in der Regel vollkommen unerfahren in allen Bereichen der Transaktion. Dies war für ihn bis vor kurzem weder Teil seiner politischen noch wirtschaftlichen Laufbahn. Vorsichtige Annäherungen erfolgten über Joint Ventures von deutschen Unternehmen und chinesischen Unternehmen in China. Dies waren teilweise vollkommen andere Ansätze, die auch politisch geprägt waren und dem chinesischen – oftmals staatlich geführten – Unternehmen mehr Rechte oder hohe Mitsprachen kraft Gesetzes einräumten. Das alles gilt insoweit nicht mehr, wenn der chinesische 3

1 *Rathje* Interculture Journal 2006, S. 103.

Investor auf den deutschen Markt tritt. Was aber hat sich geändert, damit dies überhaupt für unsere Verhältnisse in vertretbar schneller Zeit erfolgen konnte?

II. Neue Entwicklungen aus Fernost – Mainland China

1. Änderung des politischen Umfelds

4 Noch im Jahr 2010 betrug der Anteil chinesischer Käufer an M&A-Transaktionen im deutschen Markt knapp 1%. Nur ein Jahr später, im Jahr 2011, sprang der Anteil auf 17%.[2] Was war passiert?

5 Der chinesische Staat, genau genommen der National People's Congress (NPC) verabschiedete Ende März 2011 seinen inzwischen zwölften Fünfjahresplan.[3] Dieser – fälschlicherweise oft als nur unverbindliche Empfehlung angesehene – Plan veränderte sowohl das **Verhalten** der chinesischen mittelständischen Unternehmen als auch das der chinesischen Staatsbetriebe (state owned enterprises, sogenannte SOE) enorm. Die neue Botschaft hieß: „Go Global" oder „Going out". Seit dieser Zeit sind chinesische Investoren sehr präsent auf dem deutschen M&A-Markt.

2. Die chinesische Wirtschaft greift nach Europa

6 Wie funktioniert ein Fünfjahresplan und wie wirkt er sich auf den deutschen M&A-Markt aus?

7 Der aktuelle Fünfjahresplan gilt bis zum Jahr 2016. Er definiert Investitionen in sieben Schlüsselindustrien als politisches Ziel. Diese Schlüsselindustrien sind:[4]

- Neue Energien (Nuklear/Wind/Solar)
- Energieeffiziente Fahrzeuge
- Energiehaltung und Umweltschutz (Energiereduktionsziele)
- Biotechnologie (Medikamente und medizinische Geräte)
- Neue Materialien (seltene Erden, High-End-Halbleiter)
- IT (Breitbandnetze/Internetsicherheit)
- High-End-Produktion (Flugzeugtechnik, Telekommunikationstechnik)

---

2 https://www.dbresearch.de/servlet/reweb2.ReWEB;jsessionid=F4091D70EEE3DAC1CBAD0BFFB1919C5D.srv-loc-dbr-de?rwsite=DBR_INTERNET_DE-PROD&rwobj=ReDisplay.Start.class&document=PROD0000000000348707.

3 Chinas 12. Fünfjahresplan: http://www.spiegel.de/politik/ausland/fuenfjahresplan-chinas-volkskongress-billigt-wirtschaftliche-umstrukturierung-a-750727.html.

4 Quelle: KPMG China's 12th Five-Year Plan: Overview (http://www.kpmg.com/CN/en/IssuesAndInsights/ArticlesPublications/Documents/China-12th-Five-Year-Plan-Overview-201104.pdf).

Die dahinterliegenden politischen Ziele sind die Förderung von M&A-Aktivitäten insbesondere im Bereich Forschung und Entwicklung sowie die Schaffung internationaler Präsenz chinesischer Unternehmen durch Investitionen im Ausland. In diesem Fünfjahresplan prognostiziert der chinesische Staat ein jährliches Wachstum von 17% und insgesamt 560 Mrd. USD in Investitionen. 8

Dies ist aber nur ein Steuerungsinstrument des Staates. Anders als in vielen anderen Teilen dieser Erde müssen chinesische Investoren aufwändige staatliche Genehmigungsprozesse durchlaufen, die unterschiedliche Prüfungsansätze haben. Dies betrifft im Einzelnen: 9

- NDRC (National Development and Reform Commission)
  - Prüfung der Vereinbarkeit mit NDRC (National Development and Reform Commission)
  - Prüfung der Vereinbarkeit mit chinesischem/internationalem Recht
  - Prüfung im Hinblick auf die Vereinbarkeit mit wirtschaftspolitischen Zielsetzungen
- MOFCOM (Ministry of Commerce People's Republic of China)
  Prüfung nationaler und außenwirtschaftsrechtlicher Gesichtspunkte, wie Souveränität, nationale Sicherheit, öffentliches Interesse von China, Reputation und internationale Abkommen sowie Einführverbote
- SAFE (State Administration for Exchange)
  Genehmigung für Umtausch von Renminbi in ausländische Währung oder Verwendung ausländischer Währung
- CSRC (China Security's Regulatory Commission)
  Genehmigung von M&A-Transaktionen bei börsennotierten Bietern
- SASAC (State Assets Supervision Administration Commission)
  Überwachung und Kontrolle der Staatsunternehmen

Somit ist der chinesische Staat auch im Rahmen seines Fünfjahresplans in der Lage, das „Go Global" oder „Going out" explizit zu fördern, indem er Genehmigungserfordernisse erleichtert oder die Bearbeitungsdauer verkürzt. Auch heute dauern bei komplexeren Transaktionen die **Genehmigungsverfahren** zwischen 6 und 18 Monaten.[5] 10

3. Besondere Herausforderungen einer deutsch-chinesischen Transaktion

Der Erfolg einer M&A-Transaktion hängt vor allem von sorgfältiger Vorbereitung und professioneller Begleitung in allen Phasen dieses komplexen Prozesses ab. Sind 11

5 Lazar Analyse aus *Hurt/Hummitzsch* CORPORATE FINANCE law 2012, 227, 228 ff., sowie *Von Oppen/Kampmann* M&A Review 3/2012, 120 ff.

an der Transaktion **unterschiedliche Kulturen** beteiligt, kommt noch ein ganz wesentlicher Aspekt dazu. Das Stichwort ist hier:

„Interkulturelles Bridging"

12 Was ist damit gemeint? Zwei Parteien haben sich genau überlegt, warum der Kauf oder ein Unternehmenszusammenschluss Synergieeffekte bringt, die im Sinne der Umsetzung dieser Strategie messbar sind. Was nur beschränkt vorhersehbar und kaum messbar ist, ist das **Zusammenwirken** der Menschen, die es in dieser Transaktion – auch schon in deren Vorbereitung – miteinander zu tun haben. Hier wird es darauf ankommen, durch **sensible** Verhandlungsstrategien eine Atmosphäre zu schaffen, in der die Parteien lernen, miteinander vertrauensvoll zu kommunizieren.

13 Ein Beispiel ist ein asiatischer Verhandlungsführer, der vor seinem Team in der ständigen Sorge lebt, „sein Gesicht zu verlieren". Er vermeidet jede Art von Unhöflichkeit, findet aber in langen und blumigen Sätzen, die auch für einen qualifizierten Dolmetscher schwierig zu übersetzen sind, selten ein einfaches „ja" oder „nein".

Beispiel
An einer Verhandlung in Dalian nahmen vier chinesische Verhandlungsführer und eine Dolmetscherin teil. Nach mehreren Stunden schien ein Verhandlungsthema als für beide Seiten gelöst. Auf die Frage der Dolmetscherin, ob der Punkt so abgeschlossen werden kann, antwortete der Verhandlungsführer auf der chinesischen Seite 15 Minuten lang. Die Dolmetscherin übersetzte die Antwort mit: „Nein."

14 Dies ist nur eine kleine Vorstellung von dem, warum interkulturelles Bridging sehr wichtig ist und Geduld in China einfach durch nichts zu ersetzen ist.

III. Eigenschaften der deutschen Unternehmenskultur

1. Kulturbegriff im Fokus des Transaktionsmanagements

15 Wie ist eine **Unternehmenskultur** im Sinne eines **Transaktionsmanagements** zu begreifen? Die Römer interpretierten „Cultura" als Pflege des Geistes. Ihnen galt der Begriff als Synonym für ethisch-moralisch gute Sitten.[6] Dies kann ein Oberbegriff sein, hinter dem sich verschiedene Elemente der Unternehmenskultur ganz unterschiedlich darstellen. Jeder ist schon einmal als Neuling zu einem damals noch fremden Unternehmen gekommen. Das, was man dort hört, sieht oder auch fühlt, ist ein solches **Phänomen**, das durch die Art der Möblierung, der Gestaltung der Räume, der Sprach- und Umgangsweise der Menschen dort miteinander zu Tage tritt. Dazu gehö-

6 Brackert/Wefelmeyer/*Perpeet* S. 21.

ren auch der Führungsstil, Rituale und Gebräuche, Logos, Organisationsstruktur oder Informationssysteme. In manchen Unternehmen läuft der gesamte interne Informationsaustausch über E-Mails, in anderen wird mehr gesprochen. Insbesondere die Art des Führungsstils, die Einbindung der Mitarbeiter und die Funktion des Personal- und Sozialwesens sind tragende Elemente einer Unternehmenskultur.

2. Eckpfeiler der deutschen Unternehmenskultur

Die vorgenannten Grundzüge werden sich in Deutschland völlig unabhängig von 16
den unterschiedlichen Bundesländern schon zwischen Mittelständlern und Großunternehmen ganz erheblich unterscheiden. Auch in der juristischen Beratungspraxis können Kulturen von zwei verschiedenen mittelständischen Unternehmen höchst unterschiedlich sein. Dass dies so ist, zeigen immer wieder Probleme bei der Post Merger Integration.

Dies vorausgeschickt wird klar was passiert, wenn man versucht, ein chinesi- 17
sches und ein deutsches Unternehmen zusammenzubringen. Letztendlich wird der chinesische Käufer eines deutschen Mittelständlers dieses Unternehmen weiterhin nur dann profitabel führen können, wenn es ihm gelingt, die von ihm in der Vorbereitungs- und Durchführungsphase festgestellten **Synergien** auch in ein konstruktives Miteinander von **neuen** Führungskräften und alten Mitarbeitern umzusetzen. Auch dass das **Grundverständnis** von Führung und Führungsqualität oder Führungsanspruch bei einem staatlichen chinesischen Unternehmen innerhalb des dort möglichen politischen Spielraums anders ist als das eines deutschen mittelständischen Unternehmers, bedarf kaum weiterer Ausführungen.

3. Das größte gemeinsame Vielfache – ein Wunschdenken?

Vor etwa zwanzig Jahren scheiterten – gerade auch im internationalen Bereich – 18
viele Unternehmenskäufe daran, dass jede Vertragspartei ohne Rücksicht auf Verluste das für sie bestmögliche auch in der vertraglichen Gestaltung für sich festzurren wollte. Der zukünftige Vertragspartner las den Vertrag, war entsetzt und der Deal beendet. Dies führte Jahre später zum „Harvard-Prinzip". Hier wurde an einer renommierten Universität gelehrt, wie sich die Parteien auf einander zubewegen konnten, ohne auf dem Weg zum Ziel den Vertragspartner direkt zu verlieren. Ziel des Harvard-Prinzips ist es, Sach- und Beziehungsebene zu trennen, Interessen auszugleichen und **Entscheidungsalternativen** unter Verwendung **neutraler** Beurteilungskriterien zu suchen – dies schafft einen Gewinn für alle Beteiligten.[7] Das Harvard-Prinzip ist so etwas wie ein dritter Weg – hier wird Härte in der Sache mit der

7 Das „Harvard"-Verhandlungs-Prinzip von *Marcus Knill*, vgl. http://www.rhetorik.ch/Harvardkonzept/Harvardkonzept.html.

Sanftheit gegenüber dem Verhandlungspartner vereinigt. Dies schafft eine gute **Verhandlungsatmosphäre**, ohne gleich wichtige Verhandlungspunkte aufzugeben. Hier ist vor allem der Berater gefragt.

19 Der chinesische Käufer hat hier vor allem eins: Angst. Im Gegensatz zum deutschen Kulturkreis vertraut der Chinese niemandem, nicht den Gesetzen seines Landes, dem Rechtssystem, seinen Beratern, seinen Anwälten – all dies ist zunächst einmal geprägt von **starkem Misstrauen** und einer darin begründeten Angst, zu viel zu bezahlen oder nicht das zu bekommen, was einem im Rahmen des Kaufs versprochen wurde. Dies ist ein **generelles Phänomen**, das sowohl der deutsche oder internationale Berater als auch der Mittelständler, dessen Unternehmen gekauft werden soll, kennen müssen. Viele Fragen, die in diesem Zusammenhang auftauchen, auch bezüglich Themen, die im Kaufvertrag aufzunehmen sind, haben hier ihren Ursprung. Auch wenn der deutsche Berater glaubt, ein bestimmtes Thema sei kein Regelungsgegenstand, da es sich aus dem Vertrag insgesamt oder dem Gesetz ergäbe, sieht der chinesische Käufer dies vollkommen anders. Was für ihn nicht nachvollziehbar einer Regelung im Vertrag unterworfen ist, existiert nicht. Das größte gemeinsame Vielfache ist kein Wunschdenken – aber einfach ist es auch nicht. Hier helfen nur Geduld und viele **vertrauensbildende Maßnahmen**.

B. Die Culture Due Diligence (CDD)

I. Funktion der CDD

20 Dieses Praxishandbuch enthält viele wertvolle Hinweise und Erklärungen zum Thema Due Diligence, Vendor Due Diligence uvm. Was ist die Aufgabe einer Culture Due Diligence[8] und deren Funktion innerhalb einer Transaktion? Während die Due Diligence die systematische Analyse und Bewertung eines Unternehmens im Zusammenhang mit einem Vertragswerk zum Kauf oder Verkauf eines Unternehmens ist und damit **wertvolle Informationen** zum Preis, zu sogenannten Deal Breakern und anderem zusammenstellt, soll die Culture Due Diligence **Deal Breaker** frühzeitig **aufdecken**, die nach einem durchgeführten Transaktionsprozess auftreten können. So können riesige kulturelle Unterschiede und Barrieren zuvor errechnete oder antizipierte Synergieeffekte, die vermeintlich strategisch geplant und messbar waren, vollkommen zunichte machen. Dies frühzeitig festzustellen ist genauso **wichtig**, wie eine Legal oder Financial Due Diligence, die mit jeder üblichen Transaktion einhergeht.

8 *Schenk* Kredit- und Ratingpraxis, April 2007, S. 23ff.

II. Inhalt der CDD

Bereits im Jahre 1996 wurde in einer Studie des British Institute of Management festgestellt, dass der Hauptgrund für M&A-Misserfolge in der Unterschätzung der Kulturunterschiede zweier sich zusammenschließender Unternehmen lag.[9] Inzwischen gibt es einige spezialisierte Beratungsgesellschaften die mit wissenschaftlich fundierten Methoden arbeiten, um diese kulturellen Deal Breaker möglichst sicher im Rahmen einer Culture Due Diligence feststellen zu können. Im Wesentlichen basieren diese Untersuchungen darauf, Unternehmenskulturen so präzise wie möglich zu unterscheiden und zu typologisieren. Am Ende entstehen graphische Bilder, auf denen unterschiedliche **Kulturtypologisierungen** optisch gut zu erkennen sind und damit der kulturelle Unterschied sichtbar wird. 21

III. Durchführung der CDD

Das „zu sichtende Material" bei einer CDD sind nicht Ordner im elektronischen Datenraum, sondern **Menschen**. Die CDD versucht zu ermitteln, welche Meinungen und welche Einstellungen die Menschen haben, die in den unterschiedlichen Unternehmen arbeiten. Hier werden **soziale** Phänomene sowie **kulturelle** Hintergründe erforscht. Herangezogen werden zu dieser Datenerhebung auch Texte und Dokumente, die diese gesuchten Inhalte wiedergeben, zum Beispiel Reden und Ansprachen durch die Geschäftsführung, Presseartikel oder eine interne Auszeichnung. 22

Ein weiterer Schritt ist die sogenannte „Critical Event Analysis". Hier werden Ereignisse, die besonderen Einfluss auf die Firmengeschichte hatten, untersucht: Erfolge wie Misserfolge, Umsatz- und Marktanteilsveränderungen, Produktrückrufe oder Umweltkatastrophen. Weitere Mittel zur Durchführung einer CDD sind sogenannte Simulationen. Mit Käufer- und Verkäufer-Teams werden unabhängig voneinander verschiedene Situationen simuliert, um festzustellen, wie die unterschiedlichen Teams hierauf reagieren. Gerade im Zusammenhang mit dem Kauf und Erwerb deutscher Unternehmen durch chinesische Investoren sollte dieses Thema in welcher Form auch immer ausreichende Berücksichtigung finden. 23

9 Vgl. *Cartwright/Cooper*.

C. Same-Same: Deals mit chinesischen Geschäftspartnern – nichts ist gleich

I. Sprachliche Barriere

1. Wie hilfreich sind qualifizierte Übersetzer?

Beispiel
Bei Vorverhandlungen über einen Letter of Intent zwischen einem deutschen Mittelständler und einem chinesischen Investor kann nach zwei Tagen im wesentlichen Einigung erzielt werden. Der deutsche Mittelständler ist bereit, den Chinesen eine Due Diligence in seinem Unternehmen zu gestatten. Einzige Voraussetzung ist ein unterschriebener Letter of Intent. Der von den Chinesen entworfene Letter of Intent hat dann jedoch mit dem verhandelten Deal nahezu nichts mehr zu tun. Liegt eine Verwechslung vor?

24 Gerade mit chinesischen Käufern sind face-to-face Verhandlungen unerlässlich – und zwar von Anfang an. Wie bereits ausgeführt, misstraut der Chinese seinen eigenen Beratern und auch seinem eigenen Anwalt, der in China anders als in Deutschland eine vollkommen untergeordnete Position hat. Der chinesische Anwalt führt die Verhandlungen nicht, er redet nur, wenn er gefragt wird und bereitet die Dokumente vor. Im Ansehen der chinesischen Bevölkerung ist er Dienstleister auf mittlerem Niveau. Dies sehen die Großkanzleien in Shanghai und Peking inzwischen anders; ob dies bei 1,6 Mrd. Menschen von Bedeutung ist, sei an dieser Stelle offen gelassen.

25 Der obige Beispielsfall macht deutlich, dass Verhandlungen mit chinesischen Käufern ausschließlich erfolgreich geführt werden können, wenn eine **exzellente Kommunikation** sichergestellt ist. Dies war offensichtlich ein Problem im obigen Beispiel. Hier wurde während der Verhandlungen als Verhandlungssprache Englisch gewählt, ohne dass sich alle bewusst waren, letztendlich von den guten Englischkenntnissen einer **chinesischen Sekretärin** abhängig zu sein. Sie kann nur das ins Chinesische übersetzen, was sie **selbst versteht** und selbst das ist bei den vielen juristischen Fachbegriffen bei einem Sales Purchase Agreement oder den sogenannten Vorfeldvereinbarungen nicht einfach. Gelingt dieser Schritt nicht, fehlt eine **gemeinsame** Grundlage für weitere erfolgreiche Verhandlungen.

26 Soweit auf chinesischer Seite jüngere Leute mit Bachelor- oder Masterabschluss aus den USA beteiligt sind, dürfte Englisch als Verhandlungssprache kein großes Problem sein. In allen anderen Fällen, auch bei Beteiligung eines chinesischen Staatsunternehmens, ist dies in keiner Weise gewährleistet. Es darf niemals die Chance aus der Hand gegeben werden, dass sich die beiden Prinzipale auf chinesischer und deutscher Seite direkt unterhalten, und zwar am besten durch einen hochqualifizierten Simultandolmetscher, in lang andauernden Verhandlungen am besten zwei. Nur so kann die Gefahr abgewendet werden, dass durch unqualifizierte

Übersetzungen eine Meinungsbildung auf zweiter oder dritter Ebene (im Beispiel der Sekretärin) stattfindet und weitere Verhandlungen davon abhängig sind, wie und in welcher Form diese Mitarbeiter die entsprechenden Botschaften an ihren Prinzipal weitertragen. Gerade bei Spannungsverhältnissen in der zweiten und ersten Ebene kann dies zu völlig unbeabsichtigten und ungewollten Ergebnissen führen.

2. Mehrsprachige Texte und mehrsprachige Verhandlungen?

Rein deutsche Texte oder Vertragsentwürfe in eine Verhandlung mit Chinesen einzubringen, ist nahezu sinnlos. Der chinesische Verhandlungspartner kann diese selbst nicht lesen, zu dem ihn beratenden Anwalt hat er bestenfalls das Vertrauen in eine gute Beratung, niemals jedoch in einer Weise, die es für ihn entbehrlich macht, alles selbst zu lesen. Nicht jeder deutsche Mittelständler hingegen spricht fließend Englisch. 27

Ein zweisprachiger Verhandlungstext ist hier der Königsweg. Dies schafft Vertrauen und gibt dem chinesischen Verhandlungspartner eine sehr hohe Gewähr, zumindest **all das lesen** zu können, um das es hier geht. Allein ein Vertragstext komplett in Englisch macht nur Sinn, wenn auch die chinesische Seite in gleicher Weise gut englisch spricht. Viele Chinesen können jedoch deutlich besser Englisch lesen und verstehen als es selbst zu sprechen. Damit wäre die schriftliche Seite sicher, für Verhandlungen über die Vertragstexte hingegen bestehen wieder die Unwägbarkeiten, die bereits oben beschrieben wurden. 28

3. Einsatz moderner Technik bei der Informationsvermittlung (Face Time/Skype/Vechat)

Eine Reise nach China ist aufwendig, teuer und langwierig. Gerade wenn für bestimmte Targets verschiedene chinesische Käufer grundsätzlich in Frage kommen, kann ein erstes Kennenlernen auch durch eine Skype-Konferenz oder vergleichbare Techniken sehr hilfreich sein, um mehr Eindrücke zu gewinnen, als nur durch eine Stimme am Telefon. Gerade wegen der kulturellen Unterschiede möchte oft auch der deutsche Vertragspartner den chinesischen Vertragspartner persönlich kennenlernen. Für eine aussichtsreiche Transaktion ist dies unbedingt erforderlich. 29

II. „Kulturen-Schulung" des Managements: Der Schlüssel für eine aussichtsreiche Transaktion

1. Wichtige Gepflogenheiten im chinesischen Geschäftsleben

China ist kein religiöses Land, aber ein Land, das sich an der Lehre von Konfuzius 30
orientiert. Diese Lehre spielt in China eine große Rolle. Ihre wichtigste Verhaltens-

regel: Die eigene Person wird herabgesetzt und anderen besonderer Respekt entgegengebracht. Hier ist **Bescheidenheit** die wichtigste Tugend. Das sollte auch der deutsche Geschäftsmann beherzigen, um in China Erfolg zu haben. Überhebliches und arrogantes Verhalten mögen Chinesen gar nicht. In China drängt sich niemand in den Vordergrund; vielmehr ist es richtig, seinen Stolz über erbrachte Leistungen zu zeigen, aber die Bodenhaftung zu bewahren.

31 China ist ein sehr formales Land, dies fängt schon bei den Begrüßungen an. Kennt der chinesische Geschäftspartner die westliche Kultur, ist der Handschlag üblich – aber auch nur dann; man sollte daher abwarten, ob einem die Hand angeboten wird. Ansonsten begrüßt man sich im Reich der Mitte geordnet nach Hierarchien mit einer dezent angedeuteten Verbeugung, keinesfalls jedoch mit einer Verbeugung im eher japanischen Stil. Anschließend übergeben die Geschäftspartner Visitenkarten, aber mit beiden Händen. Anders als in Deutschland sollte die Visitenkarte hier stets kurz **angeschaut** werden, bevor sie zu den übrigen Karten genommen wird. Da Chinesen sehr hierarchisch denken, ist diese Geste wichtig. Man macht sich so ein **angemessenes Bild** von dem Rang, den der Geschäftspartner, der gerade vor einem steht, hat. Die Frage des „Gesichtes“ und des „Gesichtverlierens“ wird in diesem Beitrag öfter vorkommen. Dies ist für Chinesen eine äußerst wichtige Frage. Das „Gesicht“ stellt in China so etwas dar wie einen **virtuellen Rang** in der Gesamtheit. Das „Gesicht verlieren“ bedeutet, dass bei einem Chinesen in einer bestimmten Situation Position, Rang und Stellung in der Gesellschaft in Frage gestellt werden.

Beispiel

Der niedrige Angestellte korrigiert in Anwesenheit anderer einen sprachlichen Ausdruck des höheren Managers.

oder

Ein Angestellter des höheren Managers spricht – ohne dazu befugt zu sein – in Anwesenheit des Managers sofort den Gast an.

oder

In Anwesenheit mehrerer Personen wird einem niedrigeren Angestellten Versagen vorgeworfen.

32 Dies sind alles Dinge, die in Deutschland auch vorkommen können, jedoch ohne schwerwiegende Folgen. In China hingegen hat die Art der Verhandlung oder die Einführung in einen Arbeitsprozess grundlegende Bedeutung.

Beispiel

Eine deutsche Firma unterhält in China eine Repräsentanz und führt dort einen deutschen Mitarbeiter ein. Der deutsche Geschäftsführer kommt zu dieser Ernennung hinzu und bespricht mit den chinesischen Partnern den ganzen Arbeitsprozess und stellt danach den neuen deutschen Mitarbeiter vor, als einen herausragenden, für diese Position geeigneten Mann. Dieser bedankt sich dafür.

Deutsche Sicht: Ein Vorgang, der durchaus positiv gewertet werden kann.

Chinesische Sicht: Hier ist die Anwesenheit des Geschäftsführers allein durch seinen Rang vollkommen **ausreichend**, diesem Treffen Gewicht beizumessen. Aus chinesischer Sicht hätte sich der Geschäftsführer nur kurz selbst vorstellen dürfen und hätte sodann Ausführungen zur tatsächlichen Arbeit an seinen **neuen Repräsentanten** übergeben müssen. Dies hat er aber nicht getan. Folge: die Chinesen sind überzeugt, dass der Repräsentant keine eigene Handlungsvollmacht hat; er wird daher **nicht ernst** genommen.[10]

Die Beispiele zeigen, wie gefährlich Verhandlungsführung in China sein kann. Die 33
Chinesen messen Bedeutungen auch ohne Sprache. Gesten, die Anwesenheit eines Ranghöheren, Reihenfolgen im Auftritt und der Begrüßung sprechen vielmehr für sich. Hier sollte der deutsche Geschäftsmann behutsam vorgehen, um nicht falsche Weichen zu stellen.

Ein weiterer wichtiger Hinweis betrifft Verhandlungen mit chinesischen Ge- 34
schäftspartnern. Hier sollten sich die **Verhandlungsteams** vorher genau überlegen, wer was zu welchem Thema sagt und vorträgt. Für sein chinesisches Gegenüber ist es ein absoluter Gesichtsverlust des deutschen Teams, wenn während der Verhandlung im deutschen Team **kontrovers** diskutiert wird, in Gegenwart des chinesischen Geschäftspartners. Dies wertet er als Zeichen von **Unkoordiniertheit** und **Schwäche**.

2. Dos and Don'ts: Das geht gar nicht

Wer mit Stäbchen in China essen kann, gehört dazu. Aber bevor es dazu kommt, 35
stellt sich die Frage, welchen Platz wer an einem reservierten Tisch erhält. Grundsätzlich wird der chinesische Gastgeber die Reihenfolge und Anordnung der Plätze vergeben. Wer mit dem Gesicht zur Tür sitzt, gehört schon zu den wichtigen Gästen. Ein mit einer Serviette hochdekoriertes Glas ist das eindeutige Zeichen dafür, dass hier der Gastgeber sitzt – und auch bezahlt.

Geschenke sind in China wichtig, sie sollten aber niemals in rotem, gelbem oder 36
rosafarbenem Papier eingepackt sein. Ein weiterer Fauxpas: Niemals Blumen schenken – diese gibt es nur zur Beerdigung.

Auch an einem heißen Sommerabend ist das kurze ärmellose Kleid weiblicher 37
Personen unangemessen. Im Geschäftsleben sollte zumindest an der Menge des Stoffs nicht gespart werden.

---

10 China-Knigge, vgl. auch http://www.demmer.info/China/China-Knigge/china-knigge.html.

38 Noch eines zum Schluss: Pünktlichkeit wird in der chinesischen Volksrepublik ganz groß geschrieben. Das bei uns übliche akademische Viertel gibt es dort nicht; maximal fünf Minuten sind gestattet. Alles andere gilt als unhöflich. Viele chinesische Geschäftsleute vergessen diese Tugend in Deutschland vollkommen – insoweit passt man sich schnell an.

39 Smalltalk selbst ist in China äußerst wichtig. Man trennt strikt kulturelles Zusammensein von Businessgesprächen. Bei Tisch lernt man sich kennen, bespricht aber keine geschäftlichen Fragen. Dass daneben Gespräche über Familienpolitik und Menschenrechte die Freundschaft nicht unbedingt beflügeln, braucht an dieser Stelle nicht weiter ausgeführt werden.

40 Eine sehr schöne chinesische Weisheit besagt:

„Das Leben meistert man lächelnd, oder überhaupt nicht."

Dies und eine sehr große Portion Geduld sind der Schlüssel, um den nächsten geschäftlichen Termin im Reich der Mitte zu meistern.

III. Investitionsmotivation und Kriterien chinesischer Investoren

1. Investitionsmotivation

41 „Made in Germany" statt „Copy". In China hat ein starkes Umdenken stattgefunden. Die Herstellung und Produktion absoluter Billigprodukte liegt nicht mehr im Trend, hochpreisige Produkte auch für den einheimischen Markt bestimmen die Handlungsweise der Unternehmer. Mit diesem Ansatz geht auch der chinesische Käufer auf Einkaufstour in Deutschland. Chinesische Investoren konzentrieren sich stark auf klassische herstellende Industrien. Automobilzulieferer oder Firmen für die Herstellung von Techniken für erneuerbare Energien sind stark im Fokus. Maßgeblich beeinflusst wird dies durch den chinesischen Fünfjahresplan und die dort genannten Schlüsselindustrien. Der deutsche Maschinenbau steht sehr hoch im Kurs, aber auch andere wichtige Schlüsselindustrien für Märkte, die sich in China erst noch öffnen werden.

Beispiel

Im Jahre 2011 erwarb ein großes chinesisches Staatsunternehmen einen Flugzeugmotorenhersteller in Ostdeutschland. Was waren die Hintergründe? Noch ist in China der Luftraum nicht freigegeben für Privatflugzeuge. Es steht aber zu erwarten, dass dies ein riesiger Markt der Zukunft wird. Entsprechende politische Pläne befinden sich bereits in der Umsetzung. Große Unternehmen, auch Staatsunternehmen, sehen daher eine Möglichkeit, sich dieses Entwicklungspotential zu Nutze zu machen. Das technische Problem sind Flugzeugmotoren für Privatflugzeuge, die auf Avgas-Basis arbeiten, also einem speziellen Dieseltreibstoff. Fast alle Motoren für Kleinflugzeuge kommen aus Amerika und fliegen mit unverbleitem Superbenzin. Dieser Treibstoff steht in China an Flughäfen nur sehr eingeschränkt zur Verfügung. Demnach musste ein Motorenhersteller gefunden werden, der in der Lage war, flugtaugliche Dieselmotoren herzustellen, da sich der Einbau von Turbinen erst bei größeren Privatflugzeugen lohnt, die dann wiederum aufgrund der Preisgestaltung für die Sportfliegerei zu teuer sind. Dies als Beispiel dafür, wie Made in Germany friedlich den chinesischen Luftraum erobern kann und wie weit der chinesische Investor nach vorne schaut.

2. Fazit: Deutschland ist ein attraktiver Handelspartner

Der chinesische Unternehmer oder auch chinesische Staatskonzern kauft selten in 42
Deutschland ein, um damit die in Deutschland hergestellten Produkte in Deutschland zu vertreiben. Er hat seinen Markt direkt vor der Haustür. Vielfach laufen die Geschäftsmodelle dahin, dass der chinesische Investor in Deutschland Know-how einkauft oder sogar in Deutschland produzieren lässt, um dann mit dem Siegel Made in Germany in China einen sicheren Absatzmarkt zu finden, zudem noch zu auskömmlichen Preisen.

Eine Untersuchung von Merger Markets in den Jahren 2002–2012 ergab, dass 43
80% der Transaktionen in den Top 3 mit chinesischen Investoren in den Branchen Industrie, Automobilzulieferer und erneuerbarer Energien erfolgten.[11] Trotz des enormen Volumens von Exporten aus China gibt es auch dort viele Produktbereiche, in denen chinesische Unternehmen keine relevante Weltmarktposition haben, so zum Beispiel bei Autos oder auch im Maschinenbau. Hier wird die deutsche Technologie dringend benötigt, um zunächst einmal den eigenen Markt und später gegebenenfalls den Weltmarkt bedienen zu können.

3. Hidden Motivations – Worüber der chinesische Investor nicht gerne spricht

Gespräche mit chinesischen Investoren über **Politik** sind verpönt. Sie gehören zu 44
den absoluten „Don'ts". Es wäre geradezu ein Kardinalfehler, einen Verhandlungspartner in solche Gespräche – auch nicht beim Abendessen – zu verwickeln. Aus demselben Grunde wird der chinesische Verhandlungspartner eine politisch getriebene Motivation, etwa durch den **Fünfjahresplan**, nicht in den Vordergrund stellen. Viel lukrativer für ihn ist es jedoch, staatliche oder gar lokale – von den einzelnen Provinzen ausgehende – Förderungen für sein Vorhaben zu erhalten. Vor kurzem berichtete ein hoher Mitarbeiter aus dem politischen Umfeld in China, dass alleine für die Förderung grüner Technologie ein oberer zweistelliger Milliardenbetrag in Euro (dreistellig in Renminbi) an staatlichen Förderungen bereitsteht. Diese Dinge kennt der chinesische Investor, er redet nicht gerne darüber und möchte auch nicht danach gefragt werden. Gleiches gilt für **Börsennotierungen** in China oder Hongkong, es sei denn der chinesische Investor ist selbst stolz darauf und berichtet von sich aus über diese Begebenheiten.

11 Fellhauer/Berg NZI 2013, 874.

D. Nur nicht das Gesicht verlieren – Die hohe Kunst der Verhandlung mit chinesischen Geschäftspartnern

I. Mangelnde Erfahrung im Umgang

45 Der chinesische Geschäftspartner ist in der Regel kein Investmentbanker oder M&A-Berater, sondern Mittelständler oder Angestellter eines staatlichen Konzerns. Seine mangelnde Erfahrung auf diesem Gebiet führt eher zu einem sehr ängstlichen und risikoscheuen Verhalten, was oft den Verhandlungen nicht dienlich ist. Anders als ein deutscher Mittelständler verlässt er sich – wie oben ausgeführt – in der Regel nicht auf die von ihm beauftragten Anwälte. Selbst vollständig zwischen seinen Anwälten und den Anwälten des Verkäufers ausgehandelte Kaufverträge bedürfen einer Neuverhandlung in seinem Beisein, um ihm die Gewähr zu geben, dabei gewesen zu sein und die Verhandlung entsprechend gesteuert zu haben. Dieses Verhalten erfordert ein sehr hohes Geduldpotential. Manchmal gelangt man dabei an Kapazitätsgrenzen, physisch wie psychisch.

II. Mangelnde Erfahrung und Wissen über die Struktur einer internationalen Transaktion

46 Selbst gut ausgebildete chinesische Anwälte – wenn dann solche eingeschaltet sind – sind mit internationalen M&A-Standards wenig vertraut. Wie muss sich da erst der chinesische Investor fühlen, wenn es seinem Übersetzer überhaupt gelungen ist, die teilweise von Anglizismen geprägten Begriffe verständlich in die chinesische Sprache zu übersetzen?

Beispiel
In einem komplexen Kaufvertrag, bei dem Gesellschaftsanteile veräußert werden, verlangt der chinesische Investor die Aufnahme von Anlagen, in denen die einzelnen Wirtschaftsgüter aufgelistet sind, wie bei einem Asset Deal. Wie kommt es dazu? Der chinesische Investor traut den in westlichen Ländern üblichen Methoden zur Unternehmensbewertung auf der Grundlage der Erträge nicht. Er befürchtet, einen zu hohen Kaufpreis zu zahlen. Er traut ausschließlich historischen Zahlen und hat große Skepsis gegenüber zukunftsgerichteten Parametern. Den Chinesen interessiert nicht der Businessplan des Zielunternehmens, sondern dessen technologisches Know-how oder deren Stärke im Markt. Er denkt insoweit eher strategisch und möchte vor allem kleine und mittlere Unternehmen auf Basis der einzelnen Vermögensgegenstände bewerten, falls es in der von ihm angestrebten Transaktion keine Vergleichstransaktion mit tatsächlich gezahltem Kaufpreis gibt. Diese Hintergründe muss man kennen, um den Ansatz des chinesischen Käufers nachvollziehen zu können. Hier helfen Erklärungen dahin, dass er ja nicht einzelne Wirtschaftsgüter kauft, sondern das gesamte Unternehmen, wenig.

III. Zuverlässigkeit und Vertrauen

Zuverlässigkeit und Vertrauen sind Schlüssel zum Erfolg. Wer ein chinesischen Unternehmen oder einen chinesischen Investor erfolgreich beraten will, muss es schaffen, zu seinem Mandanten ein **Vertrauensverhältnis** aufzubauen, das so belastbar ist, dass auch schwierige Dinge erklärt und verhandelt werden können. Dies kann dazu führen, dass der chinesische Investor über seinen Schatten springt und dem deutschen Berater glaubt, obwohl er ihn nicht wirklich versteht. 47

IV. Es dauert lange: Die Entscheidungsprozesse in den chinesischen Unternehmenshierarchien

Je größer das chinesische Unternehmen, desto komplexer und schwieriger sind die Entscheidungsprozesse. Die einzelnen Zuständigkeiten sind sehr stark begrenzt, alles wird mehrfach überprüft und die Ergebnisse lassen lange auf sich warten. Dies ist einer der Gründe, warum chinesische Unternehmen bei großen Auktionsprozessen bisher selten erfolgreich waren. Das Tempo der Auktionsprozesse wie auch das Tempo, welches mancher Insolvenzverwalter an den Tag legt, um sein insolventes Unternehmen zu veräußern, sind nicht ausgerichtet auf chinesische Entscheidungsprozesse. Hinzu kommt, dass chinesische Behörden, wie z.B. NDRC und MOFCOM,[12] grundsätzlich nur einem chinesischen Unternehmen den Kauf **eines** Unternehmens genehmigen können, auch wenn sich vier an der Auktion beteiligen. Ob dieses Verfahren allerdings dem Fünfjahresplan noch lange standhält, bleibt abzuwarten. 48

V. Zeitplanung und Strategie im Reich der Mitte

Der chinesische Investor ist weit weg. Auch er kann Deutschland nicht ohne Schwierigkeiten besuchen, vielmehr benötigt er ein Visum. Zugleich schrecken ihn die hohen Flug- und Beraterkosten in Deutschland ab. Dies hat auch Einfluss auf seine **Zeitplanung** und **Strategie** im Rahmen der Verhandlungen. Oftmals werden Besuche nicht sorgfältig abgestimmt. Vielmehr teilt der chinesische Investor seinen Beratern und auch dem Verkäufer einfach mit, wann er in Deutschland sein wird. Dies kann auch am ersten Weihnachtsfeiertag oder am Karsamstag sein. 49

Hier ist wieder einmal der Berater gefragt, der gemeinsam mit dem Berater des Verkäufers dem Investor vorsichtig nahebringen muss, dass gewisse Feiertage bei 50

12 Vgl. Rn 9.

uns genauso wichtig sind wie das chinesische Neujahrsfest in China. Ist der chinesische Investor einmal in Deutschland, hat sein Fall höchste Priorität und wird an mehreren Tagen zwölf Stunden pro Tag und länger behandelt. Dies lässt sich ebenfalls mit deutschen Gepflogenheiten nicht immer in Einklang bringen, auch der deutsche Mittelständler auf Verkäuferseite ist oft nur schwer davon zu überzeugen, dass dies so nötig ist. Auf der anderen Seite hat es einen unschätzbaren Vorteil, die Entscheidungsträger auf chinesischer Seite vor Ort zu haben. Hier werden – und da ist der chinesische Investor nicht kleinlich – ganze Strategien kurzerhand **über den Haufen** geworfen und **neue** erfunden. Diese hohe **Flexibilität** schreckt oft den deutschen Mittelstand, zeigt ihm aber auch, was alles möglich ist, um letztlich zum größten gemeinsamen Vielfachen zu gelangen – dem Geschäftsabschluss.

E. Und es geht doch – am Ende ist Hoffnung

51 Ist der chinesische Investor womöglich nur eine zweite Wahl oder sollte man dem deutschen Mittelstand grundsätzlich raten, solche Verhandlungen erst gar nicht zu beginnen? Es ist noch nicht so lange her, da war dies eine der vorherrschenden Meinungen. Seit jedoch auch im Automotive-Bereich Zuliefererfirmen mit Zustimmung der Hersteller an chinesische Investoren verkauft werden, dürfte sich hier einiges geändert haben.

52 Wo ist die Erfolgschance? Der chinesische Investor hat in der Regel eines: Geld. Er kennt seinen **Markt in China** und weiß, dass er nicht die nächsten 100 Jahre vom Export verschiedener Billigprodukte abhängig sein kann. Er will hin zur **Qualität** und dies vor allem im **produzierenden** Bereich. Deutschland hat sich in der Welt vor allem in der Industrie großen Respekt erarbeitet. Qualität und Know-how sind für den Chinesen ein herausragendes Ziel. Dies deckt sich jedoch oftmals mit den Interessen des deutschen Mittelständlers. Er möchte sein Unternehmen und vor allem seine langjährigen Mitarbeiter in gute Hände geben, die es ermöglichen, das Unternehmen fortbestehen zu lassen und womöglich sogar noch weiter auszubauen. Diese Chance ist hier gegeben. Der chinesische Investor produziert in Deutschland nicht für den deutschen Markt, sondern für seinen Markt in China. Produkte mit dem „Made in Germany"-Siegel lassen sich in China hochpreisig und gut verkaufen. Der chinesische Investor macht sich zu Nutze, was in Deutschland teilweise fehlt – ein riesiger Absatzmarkt.

Stichwortverzeichnis

Die Zahlen und Buchstaben in Fettdruck beziehen sich auf die Kapitel des Werkes, die Ziffern beziehen sich auf die Randnummern innerhalb der Kapitel.

N

Ü

U

W